孩子13岁前
妈妈一定要懂的心理学

王宁 主编

中国华侨出版社

图书在版编目（CIP）数据

孩子13岁前，妈妈一定要懂的心理学/王宁主编．—北京：中国华侨出版社，2016.1
ISBN 978-7-5113-5926-1

Ⅰ．①孩… Ⅱ．①王… Ⅲ．①儿童心理学 Ⅳ．① B844.1

中国版本图书馆 CIP 数据核字（2016）第 000578 号

孩子13岁前，妈妈一定要懂的心理学

主　　编：	王　宁
出 版 人：	方　鸣
责任编辑：	茂　素
封面设计：	中英智业
文字编辑：	玳　瑁
美术编辑：	刘　佳
经　　销：	新华书店
开　　本：	720 毫米 ×1040 毫米　1/16　印张：26　字数：660 千字
印　　刷：	三河市万龙印装有限公司
版　　次：	2016 年 4 月第 1 版　2019 年 3 月第 2 次印刷
书　　号：	ISBN 978-7-5113-5926-1
定　　价：	59.00 元

中国华侨出版社　北京市朝阳区静安里 26 号通成达大厦 3 层　邮编：100028
法律顾问：陈鹰律师事务所
发 行 部：（010）88866079　　传　真：（010）88877396
网　　址：www.oveaschin.com
E-mail：oveaschin@sina.com

如发现印装质量问题，影响阅读，请与印刷厂联系调换。

前 言
PREFACE

13岁前,是孩子人格、品质、行为方式形成的关键时期。这一时期,孩子可塑性非常强,如果给他的大脑中输入乐观、勇敢、有礼貌、知识无价、人生美好等关键词,那么这些优良的品质与思想,就将伴随孩子的一生,令其受益终生;而如果此时将狭隘、自私、懒惰、学习很苦、社会黑暗等关键词输入孩子的大脑,那么这些不良的品质与思想以后就很难改变,也必将伴随孩子的一生。13岁前,也是培养孩子的很重要的阶段,这个阶段涵盖了学龄前和小学,是各种能力发展、素质提升的打基础时期,基础打好了,中学、大学乃至成年后的职业生涯都会很顺畅。

人们常说:"见其母,知其子。"妈妈这个角色,在孩子的成长过程中至关重要,甚至在某种意义上决定着孩子的生存质量以及前途、命运!国外某教育机构经过研究发现:小孩子90%以上的素质,是由妈妈决定的!换句话说,母亲的素养如何、教育方式如何,将直接决定孩子的未来,乃至一生!妈妈是孩子的第一任老师,从孩子出生开始,她的一举一动带给孩子的都是最直观、最有效的经验指导。孩子是敏锐的,他们擅长捕捉妈妈的喜好,然后不动声色地学习、模仿、调整自我。妈妈错误的教育方式,往往会使孩子误入歧途;而妈妈正确的言传身教,也可以让孩子功成名就,这就是妈妈的作用。从这个意义上说,每个妈妈都应该是教育家,要有爱和洞察力,还要能够透彻认识自己,完善自己的育儿知识和教养方式,为孩子提供一个适宜的成长环境。只有这样,才能够把自己的孩子教育好,使孩子健康幸福地成长,并在人生道路上取得成功。

随着社会竞争的日趋激烈,每位妈妈都希望自己是最好的妈妈,能够教出最优秀的孩子。遗憾的是,不少妈妈对如何教育孩子感到力不从心。有的妈妈,她们想当然地按照自己的想法"教育"孩子,可最后发现孩子越来越难教,越来越不"听话",于是,她们的"教育"方法就"升级"了——呵斥孩子,甚至是打骂孩子,结果可想而知。有的妈妈不惜血本儿把孩子送进各种名气很大的"艺术班",并且花重金把孩子送到一流的幼儿园、一流的学校,希望孩子样样都好,可到头来孩子特长、才艺、学习成绩却没有一样突出,甚至还产生抵触心理,变得越来越叛逆。为什么妈妈们用心良苦、付出颇多,教育的结果却与初衷背道而驰呢?究其原因,就在于妈妈没有真正走进孩子的内心。

孩子是一本无字的书,妈妈们在解读孩子的成长问题时,应该从"心灵"入手,而非单纯地从"行为"入手。教育实际上就是一门"动心"艺术,妈妈们应该懂得教育孩子的心理学。孩子的内心世界，跟成年人是大不相同的。90多年前，鲁迅先生就曾说过："孩子的世界，与成人的世界截然不同，倘不先行理解，一味蛮做，便大碍于孩子的发达。"教育孩子，很关键的一点就是要走进孩子的心里，了解他的心理，知道他在想什么，"对症下药"，对孩子施以正确的、有效的教育，这样才能培养出卓越不凡的孩子。

《孩子13岁前，妈妈一定要懂的心理学》这本书，旨在帮助妈妈了解最基本的教育学、心理学知识，掌握科学的教育方法、技巧，用心理学的规律去调适孩子，培养出真正优秀的孩子。本书的上篇详细介绍了孩子在0～13岁这一年龄段的心理学基础知识，首先，详细介绍了儿童心理学发展的基本路线和儿童心理学涉及的具体问题；其次，对儿童认知心理学、儿童发展心理学、儿童社会心理学、儿童情绪心理学进行了深入浅出的分析；最后，为了给每一个孩子制定适合自己的个性发展路线，我们还介绍了儿童的气质心理学、个性心理学。下篇主要是教给妈妈们心理学知识在教育孩子中的应用技巧。针对孩子的心理需求、学习能力、自控能力、思维能力、自立能力等各个方面可能存在的问题，我们为大家提供了教育孩子时切实可行的操作方法，揭开孩子行为背后的心理真相，帮助妈妈们避开教育中的暗礁。

本书内容贴近现实生活，科学实用，书中收录的一些实例，极具参考价值，是妈妈了解孩子心理、塑造最棒孩子的不可多得的好帮手。每个孩子都是珍贵的存在，每个孩子都可能成为天才，而每位妈妈，都可能是培养天才的教育家。我们不能仅仅关注孩子智力的开发和身体的成长，更应该关注孩子心理上的微妙变化，更应该知道妈妈在家庭教育中应该懂得的心理学，知道如何在生活中运用它们。最后，衷心祝愿每一位妈妈都能做有智慧、懂教育的好妈妈，每一个孩子都能受到最好的教育，都能健康、快乐地成长。

目录
CONTENTS

上篇　孩子13岁以前，妈妈一定要懂的心理学常识

第一章　孩子13岁以前，妈妈要懂的儿童基础心理学

孩子心理发展的起跑线 ·· 2
　　生命开始之时，心理发展之初 ······································ 2
　　基因不是万能的——环境对胎儿的影响 ···························· 3
　　走向新世界——分娩对胎儿心理的影响 ···························· 4
　　早产的孩子心理会有缺陷吗 ·· 5

探索美丽新世界，婴幼儿生理机能发展 ································· 6
　　本能反应，生存的基础 ·· 6
　　动作发展，渴望独立的信号 ·· 8
　　提前训练对孩子是好还是坏 ·· 9

青春期序曲，男孩女孩搞分裂 ··· 10
　　性别分界——课桌上的"三八线" ································· 10
　　青春期来临，大脑也变化 ·· 11
　　情绪化有原因，化学物质在捣蛋 ··································· 13

第二章　孩子13岁以前，妈妈要懂的儿童认知心理学

感知觉，认知能力的最初发展 ··· 14
　　五官动起来，感受摇篮里的小世界 ································· 14
　　婴儿也有思维吗 ·· 15
　　条件反射——婴儿的特殊记忆 ····································· 16
　　孩子3岁前的记忆去哪里了 ·· 18
　　即使眼不见，心里也在想 ·· 19
　　孩子怎么记不住老师的话 ·· 20
　　哪个容器里的牛奶多 ··· 21
　　以"我"为中心的孩子 ··· 22

智力发展，心理成长的催化剂 ··· 24
　　智力发展有规律，避免"填鸭式开发" ····························· 24
　　孩子不哭不闹是好事吗 ·· 25
　　智商与天才没有必然关系 ·· 26

· 1 ·

男孩比女孩聪明吗 ·· 28

语言，表达心理感受的直接武器 ································· 29
"咿咿呀呀"——掌握语言的准备工作 ··································· 29
孩子说出的第一个有意义的单词 ·· 30
不要错过孩子语言发展的关键时刻 ·· 31
从单词到复合句：语言的小宇宙爆发 ···································· 32
孩子可能走进的语言误区：外延过度和外延不足 ················· 34
孩子什么时候才能理解你的"正话反说" ······························ 35

第三章　孩子 13 岁以前，妈妈要懂的儿童发展心理学

敏感期——儿童发展进程中的黄金时期 ························· 36
多样的敏感期行为 ·· 36
蒙台梭利的九大儿童敏感期 ·· 37
敏感期决定孩子的一生 ·· 39

视觉敏感期 ·· 40
视觉也需要开发吗 ·· 40
宝宝看的是光影交错 ·· 41
教大宝宝认识世界的颜色 ·· 42

听觉敏感期 ·· 43
有声音就有吸引力 ·· 43
孩子喜欢"妈妈腔" ·· 44
让孩子的听力更上一层楼 ·· 46

口的敏感期 ·· 47
口是探索世界的工具 ·· 47
吃手也是孩子的成长任务 ·· 48
糖是甜的——给孩子最直观的味觉认知 ······························ 49

嗅觉敏感期 ·· 50
固定的气味带来安全感 ·· 50
教孩子认识更多的气味 ·· 51

触觉敏感期 ·· 52
让孩子的双手自由舞动 ·· 52
宝宝爱上黏糊糊的世界 ·· 53
玩沙、玩水也是触觉锻炼 ·· 54

动作敏感期 ······ 55
- 宝宝的世界变大了 ······ 55
- 宝宝爱上了爬楼梯 ······ 55
- 让孩子体会改变世界的乐趣 ······ 56
- 爱游戏的孩子更灵活 ······ 57
- 孩子为什么行动迟缓 ······ 58

语言敏感期 ······ 59
- 感知语言，出生就开始的任务 ······ 59
- 学习语言，从重复和模仿开始 ······ 60
- 孩子说话晚是大问题吗 ······ 62
- 教孩子用语言代替哭泣 ······ 63
- 让"口吃"的孩子变成"辩论家" ······ 64

第四章 孩子13岁以前，妈妈要懂的儿童社会心理学

个性，影响心理健康的重要因素 ······ 65
- 角度不同，心理感受就不同 ······ 65
- 外表也会影响孩子个性吗 ······ 66
- 孩子能禁得住糖果的诱惑吗 ······ 67
- 要时刻保护好孩子的自尊心 ······ 68

道德，孩子价值观的根基 ······ 69
- 孩子为什么爱告状 ······ 69
- 出于同情的奖励伤害更大 ······ 71
- 孩子的暴力行为从何而来 ······ 71
- 你的孩子能管住自己吗 ······ 73

做个小小"社会人"——社会性发展对孩子心理的影响 ······ 74
- 妈妈离去，为什么孩子的表现如此不同 ······ 74
- 婴猴实验带给人类的启示 ······ 75
- 不要擅自剥夺孩子应得的母爱 ······ 76
- 同龄人才是孩子最好的朋友 ······ 78
- 生活就是游戏，让孩子在游戏中感受社会 ······ 79

第五章 孩子13岁以前，妈妈要懂的儿童情绪心理学

情绪，孩子心理的外在表现 ······ 80
- 情绪是婴儿交流的手段 ······ 80
- 婴儿也会"察言观色" ······ 81

孩子为什么会"认生" ……………………………………………… 82
　　什么是"情绪能力" ……………………………………………… 83
　　"永远不生气"——环境也能控制情绪 ………………………… 85

0~3岁，难舍的情感依恋期 …………………………………………… 86
　　认识依恋，满足孩子爱的需求 …………………………………… 86
　　信任关系的最佳建立期 …………………………………………… 87
　　自己的孩子自己带 ………………………………………………… 88
　　孩子不认生，不一定是好事 ……………………………………… 89
　　别让孩子患上"肌肤饥饿症" …………………………………… 90
　　让孩子时刻感受你的爱 …………………………………………… 91

3~6岁，关键的敏感期 ………………………………………………… 92
　　孩子敏感期，妈妈要谨慎 ………………………………………… 92
　　让孩子在玩耍中度过敏感期 ……………………………………… 93

6~12岁，迷茫的儿童期 ……………………………………………… 94
　　孩子迷茫，你知道吗 ……………………………………………… 94
　　做孩子的灯塔 ……………………………………………………… 95
　　帮助孩子安全度过青春期 ………………………………………… 96
　　别在学习上给孩子施高压 ………………………………………… 98

顽固的"水泥期" ……………………………………………………… 99
　　人生中的两大"水泥期" ………………………………………… 99
　　利用"水泥期"塑造好性格 ……………………………………… 100
　　训练独立的最佳时机 ……………………………………………… 101

反叛的抗逆期 …………………………………………………………… 102
　　自我意识觉醒的"第一抗逆期" ………………………………… 102
　　心理烦恼的"第二抗逆期" ……………………………………… 103
　　掌握技巧，让孩子安全渡过抗逆期 ……………………………… 104

第六章　孩子13岁以前，妈妈要懂的儿童气质心理学

孩子的气质是天生的 …………………………………………………… 106
　　孩子气质越早了解，越好教育 …………………………………… 106
　　气质没有好坏之分 ………………………………………………… 107
　　测测孩子的气质 …………………………………………………… 108

"火爆易怒的小狮子"——胆汁质的孩子 ………………………… 110
　　气质特点：热情似火、行为冲动 ………………………………… 110

训练孩子的情绪控制力 ·· 111
　　　以鼓励为主，培养耐性 ·· 112

"胆小敏感的小鹿"——抑郁质的孩子 ······························· 113
　　　气质特点：细心谨慎、敏感怯懦 ····································· 113
　　　让孩子走出自己的小世界 ·· 114
　　　多与孩子沟通，培养自信心和独立性 ······························· 115

"稳重冷静的小乌龟"——黏液质的孩子 ····························· 116
　　　气质特点：专注冷静、固执己见 ····································· 116
　　　摆脱固执的惯性，让孩子学会变通 ································· 117
　　　创造幽默活泼的环境，给孩子快乐的享受 ······················· 118

"机灵敏捷的小猴子"——多血质的孩子 ····························· 119
　　　气质特点：适应性强，精力分散 ····································· 119
　　　让孩子学会按计划踏踏实实做事 ··································· 120
　　　帮助孩子控制好情绪 ·· 121

第七章　孩子13岁以前，妈妈要懂的儿童个性心理学

确定孩子性格，发现性格优势 ·· 123
　　　什么是九型人格 ··· 123
　　　成长中的孩子也有九型人格吗 ······································ 125
　　　按天性生长，更容易长成大树 ······································ 126
　　　性格各有优势，家长不必强求 ······································ 127
　　　测一测：确定孩子的"型号" ······································· 128

"富有正义感的超人"——领袖型孩子 ································· 132
　　　人格特点：雄心勃勃，控制欲强 ····································· 132
　　　性格枷锁：性情暴躁，独断专行 ····································· 133
　　　开锁密码："做事要雷厉风行，不要目中无人" ··················· 134
　　　培养技巧：提高孩子情商，让他淡化追逐权力 ················· 135

"与世无争的世外高人"——和平型孩子 ····························· 136
　　　人格特点：温和友善，自得其乐 ····································· 136
　　　性格枷锁：内心胆怯，害怕冲突 ····································· 137
　　　开锁密码："宝贝，你是怎么想的" ································ 138
　　　培养技巧：激发孩子斗志，让他勇敢接受竞争 ················· 140

"注重细节的小监察员"——完美型孩子 ····························· 141
　　　人格特点：责任心强，乖巧听话 ····································· 141

性格枷锁：规矩高于一切，过于追求完美 …………………………… 142
开锁密码："玩就要玩得酣畅淋漓" ………………………………… 143
培养技巧：鼓励孩子放松，接受世界的不完美 …………………… 144

"体贴入微的小护士"——助人型孩子 ……………………………… 145
人格特点：助人为乐，甘于奉献 …………………………………… 145
性格枷锁：牺牲自己满足他人，拒绝求助 ………………………… 146
开锁密码："你的存在就是最珍贵的礼物" ………………………… 147
培养技巧：告诉孩子爱别人也要爱自己，帮他设定付出底线 …… 148

"聚光灯下的主角"——成就型孩子 ………………………………… 149
人格特点：讲求效率，积极进取 …………………………………… 149
性格枷锁：嫉妒心强，爱出风头 …………………………………… 150
开锁密码："妈妈爱的是你，跟成绩无关" ………………………… 151
培养技巧：让孩子正确认识成功，不要太注重别人眼光 ………… 152

"多愁善感的林黛玉"——浪漫型孩子 ……………………………… 153
人格特点：情感细腻，想象力丰富 ………………………………… 153
性格枷锁：性格孤僻，喜欢独处 …………………………………… 154
开锁密码："你很可爱，好好享受每一天" ………………………… 155
培养技巧：让孩子时刻感受到爱，引导他珍惜已有的事物 ……… 156

"理智冷静的思想者"——思考型孩子 ……………………………… 157
人格特点：沉静独立，善于思考 …………………………………… 157
性格枷锁：行动迟缓，习惯一个人解决问题 ……………………… 158
开锁密码："你的意见对妈妈非常重要" …………………………… 159
培养技巧：给孩子思考的空间，鼓励他及时行动 ………………… 160

"焦虑多疑的小曹操"——怀疑型孩子 ……………………………… 161
人格特点：注意力集中，责任感强 ………………………………… 161
性格枷锁：缺乏安全感，爱猜疑 …………………………………… 162
开锁密码："无论什么时候，我都会保护你" ……………………… 163
培养技巧：让孩子保持冷静，学会相信他人 ……………………… 164

"活泼外向的开心果"——活跃型孩子 ……………………………… 165
人格特点：喜欢探索，动作夸张 …………………………………… 165
性格枷锁：专注力差，害怕挫折 …………………………………… 166
开锁密码："遇到困难，我们一起面对" …………………………… 167
培养技巧：生活有欢乐也有痛苦，学会承担才能成长 …………… 168

九型妈妈PK九型娃：巧适合不如会磨合 …………………………… 169
　　以符合孩子性格的方式表达对孩子的爱 …………………… 169
　　与孩子性格相同就和谐吗 …………………………………… 171
　　妈妈有脾气，九型妈妈大PK …………………………………… 172

第八章　孩子13岁以前，妈妈要懂的教育误区

教育要保持一颗平常心 ………………………………………… 174
　　玩是婴幼儿时期孩子的唯一任务 …………………………… 174
　　被剥夺童趣的孩子只能沦为失去养分的花朵 ……………… 175
　　"小大人"不应成为妈妈炫耀的资本 ………………………… 176
　　幸福和快乐是妈妈最应给予的东西 ………………………… 177
　　关注过程，慎求结果 ………………………………………… 178

把握好自己的角色 ……………………………………………… 179
　　孩子不是大人的宠物，大人也不是孩子的玩具 …………… 179
　　妈妈不是孩子的"保护神" …………………………………… 180
　　父母不是监工，教育不能靠"管" …………………………… 181

做妈妈要有大智慧 ……………………………………………… 182
　　做家长要有点儿"悟"性 ……………………………………… 182
　　教育孩子的方法不能生搬硬套 ……………………………… 183
　　孩子的梦想要保护，"科学家"和"菜农"都不能少 ………… 184
　　像珍视宝物一样欣赏自己的孩子 …………………………… 185

下篇　孩子13岁以前，妈妈要掌握的心理学技巧

第一章　"小行为大心理"，揭开孩子行为背后的心理真相

小孩子的"怪癖好" ……………………………………………… 188
　　孩子为什么爱扔玩具 ………………………………………… 188
　　孩子为什么总是说"不" ……………………………………… 189
　　"人来疯"宝宝心里在想啥 …………………………………… 190
　　偷东西的孩子就是贼吗 ……………………………………… 191
　　怎样剪断妈妈的"小尾巴" …………………………………… 192
　　孩子为什么离不开他的破枕头 ……………………………… 193
　　比"网瘾"还可怕的"考试瘾" ………………………………… 194

孩子总是欺负同学怎么办 ······················· 195
　　孩子得了"多动症"怎么办 ······················ 196

这些行为要理解 ······································· 197
　　孩子打人有原因 ································· 197
　　骂人的孩子不一定是坏孩子 ······················ 198
　　我的孩子是个破坏王 ····························· 199
　　孩子为什么故意"考砸" ·························· 200
　　孩子犯了错误总是狡辩怎么办 ···················· 201
　　孩子遇到困难只会哭鼻子怎么办 ·················· 202
　　孩子任性其实是一种心理需求 ···················· 203
　　"为什么"没有错，回答有技巧 ··················· 204
　　孩子有自慰行为时应怎么办 ······················ 205
　　孩子是在自残吗 ································· 206

第二章　"再穷不能穷精神"，满足孩子的心理需求

满足孩子家的归属感 ································· 208
　　归属感是孩子最早的安全感 ······················ 208
　　缺少归属感，孩子更叛逆 ························ 209
　　让孩子顺利找到归属感 ·························· 210

小孩子也需要被尊重 ································· 212
　　许下的诺言要实现 ······························· 212
　　别跟"别人家孩子"比 ··························· 213
　　尊重孩子的小秘密 ······························· 214
　　小成员也有权参与家庭讨论 ······················ 215

授予被爱和爱人的体验 ······························· 216
　　微笑是最甜蜜的礼物 ····························· 216
　　爱孩子，不妨直接告诉他 ························ 218
　　让孩子学会表达爱 ······························· 219

帮助孩子实现自我认可 ······························· 220
　　珍惜孩子的每一次成功 ·························· 220
　　给孩子创造成功的机会 ·························· 221
　　和孩子一起设计奋斗目标 ························ 222

给孩子充分的信任 ··································· 223
　　信任是最大的尊重 ······························· 223
　　相信孩子做出的选择 ····························· 224

给孩子一个可以打破的碗 ………………………………………… 225
你信任孩子，孩子就信任你 ……………………………………… 227

距离产生美，让孩子独立自主 ……………………………………………… 228
独立意识从娃娃抓起 ……………………………………………… 228
别让"自己的事情自己做"成为口号 …………………………… 229
创造条件，让孩子独立 …………………………………………… 231
聪明的妈妈要"无为而治" ……………………………………… 232

第三章 "好妈妈就是好导师"，做好孩子的心灵导师

孩子迷茫时，做好心灵咨询师 ……………………………………………… 234
"妈妈，我从哪儿来" ……………………………………………… 234
"妈妈，我怎么和别人不一样" ………………………………… 235
让孩子没有负担地质疑老师 …………………………………… 236
天上不会掉馅饼，帮孩子拒绝外界的不良诱惑 ……………… 238

孩子有压力时，做好心理治疗师 …………………………………………… 239
及时去掉心理包袱，让孩子轻松前行 ………………………… 239
理解孩子，小孩也会"心累" …………………………………… 240
开心的父母才有快乐的孩子 …………………………………… 242
改变不了事实，就改变"想法" ………………………………… 243
爱能让孩子从沮丧中重生 ……………………………………… 244

及时扑灭不正常的小火苗——消除孩子的心理障碍 …………………… 246
恐惧症：生活是黑暗的 …………………………………………… 246
抑郁症：童年是灰色的 …………………………………………… 247
缄默症：沉默不语 ………………………………………………… 248
感觉统合失调：都市儿童的流行病 …………………………… 249
孤独症：蚂蚁比小伙伴更有吸引力 …………………………… 250
怀疑癖：樱桃到底什么颜色的 ………………………………… 251
强迫症：不断洗手的孩子 ……………………………………… 252
不正常的占有欲：丧失自我的"物质小奴隶" ……………… 253

第四章 "心病还需心药解"，由心治疗学习困难症

谁扼杀了孩子的学习兴趣 …………………………………………………… 255
好奇心是学习的催化剂，兴趣是最好的老师 ………………… 255
教孩子识字越早越好吗 ………………………………………… 256
孩子厌学，妈妈怎么办 ………………………………………… 257
看似"没用"的书，也许最有用 ………………………………… 259

阅读量够大，走遍天下都不怕 ………………………………… 260

巧用心理学，让学习更高效 ……………………………………… 261
　　为孩子营造最佳的读书氛围 …………………………………… 261
　　多种感官齐动员，学习效率提上来 …………………………… 263
　　妈妈假装不知道，虚心向孩子"请教" ……………………… 264
　　孩子为什么只记得开头和结尾 ………………………………… 265
　　记忆有曲线，别忘捡起旧知识 ………………………………… 266
　　别用贿赂向孩子要成绩 ………………………………………… 267

适度减压，让孩子在快乐中学习 ………………………………… 269
　　要求从低到高，每天进步一点点 ……………………………… 269
　　"第一名"不骄傲，"第十名"也很好 ……………………… 270
　　奖励要适当，否则可能毁前程 ………………………………… 271
　　孩子遭遇学习低谷怎么办 ……………………………………… 272
　　给学习压力大的孩子做做情绪疏导 …………………………… 273
　　让自卑的孩子相信自己的能力 ………………………………… 274

第五章　"妙语生花出奇效"，妈妈会说孩子才会听

对号入座，不同年龄的沟通小妙招 ……………………………… 277
　　0岁至4岁孩子的对话方法 ……………………………………… 277
　　5岁至小学二年级孩子的对话方法 …………………………… 278
　　小学三年级至青春期孩子的对话方法 ………………………… 279

妈妈要会听孩子才肯说 …………………………………………… 280
　　80/20：对话黄金法则 ………………………………………… 280
　　孩子有说话的权利，妈妈才有"听话"的机会 …………… 281
　　再忙也要留下和孩子对话的时间 ……………………………… 283
　　要想好好听，先得好好坐 ……………………………………… 284
　　做孩子最忠实的倾听者 ………………………………………… 285

妈妈怎么说孩子才肯听 …………………………………………… 286
　　低声说与大嗓门，哪个更有效 ………………………………… 286
　　南风效应：温暖的沟通法最得孩子心 ………………………… 287
　　教育不粗暴，说服有技巧 ……………………………………… 288
　　超限效应：说教切忌唠唠叨叨 ………………………………… 289
　　一个拥抱胜过十次说教 ………………………………………… 290

争论无罪，分辨有理 ……………………………………………… 292
　　别把自己的想法强加给孩子 …………………………………… 292

让孩子理解你，不是服从你 ·················· 293
　　巧用"近因效应"，用愉快结束谈论 ············ 294
　　给孩子写信也能出奇效 ···················· 295

第六章　"对症才能下准药"，击破孩子的疑难杂症

家有小小"电视迷" ························ 297
　　电视不是保姆 ························ 297
　　让孩子少看电视，妈妈最好以身作则 ············ 298
　　循序渐进，不强行剥夺看电视的权利 ············ 299
　　用阅读和亲近大自然的方式对抗电视的诱惑 ········ 300

孩子沉迷网络怎么办 ························ 301
　　不可阻挡的"e"时代 ···················· 301
　　孩子们都在网上干什么 ···················· 302
　　你的孩子上网成瘾了吗 ···················· 304
　　妈妈的"新职业"：网络导航员 ·············· 305

害人不浅的电脑游戏 ························ 306
　　电脑游戏是非多，巧妙利用能立功 ············ 306
　　如何和游戏上瘾作斗争 ···················· 307
　　和孩子一起选择游戏、玩游戏 ················ 309

"追星"是把双刃剑 ························ 310
　　疯狂"粉丝"的疯狂举动 ·················· 310
　　孩子为什么爱追星 ······················ 311
　　明星不是妈妈的敌人，教会孩子正确追星 ········ 312

第七章　"梅花香自苦寒来"，不可或缺的逆商教育

告诉孩子：没有人会一直做赢家 ················ 314
　　你的孩子是不是个"瓷娃娃" ················ 314
　　世界"不公平"，心情要平静 ················ 315
　　要好胜，也要输得起 ···················· 316
　　放手，让孩子去失败 ···················· 317
　　不妨给孩子颁个"失败奖" ·················· 319
　　"劣性刺激"有必要，给孩子一颗"钻石心" ······ 320
　　请绕行：挫折教育的误区 ·················· 321

孩子遭受挫折后怎么办 ······················ 322
　　正确归因，让孩子认清事实 ················ 322

失败也是另一种收获 …… 323
　　别低估了孩子的抗挫力 …… 324
　　鼓励孩子向失败学习 …… 325
　　挫折越多，成长越快 …… 326

鼓励孩子多坚持一秒钟 …… 328
　　告诉孩子：你是自己最大的敌人 …… 328
　　让孩子尝到坚持的果实 …… 329
　　让孩子把一件事情坚持做下去 …… 330
　　坚持不一定到底，别让孩子做无谓的坚持 …… 331

第八章　"他山之石来攻玉"，给淘气的孩子把把心理脉

小小淘气包，各有各的淘 …… 333
　　讨好成人的操纵型小淘气 …… 333
　　幽默狡黠的谈判型小淘气 …… 334
　　关注公平的辩论型小淘气 …… 335
　　一心求胜的竞争型小淘气 …… 336
　　刺激至上的冒险型小淘气 …… 337
　　神秘敏感的消极型小淘气 …… 338

专治淘气包：用对药才能见疗效 …… 339
　　操纵型：针锋相对，秘密调查都不可取 …… 339
　　谈判型：避免"以恶制恶"，重点关注行动 …… 339
　　辩论型：解释自己的行为没必要，孩子只是需要关注 …… 340
　　竞争型：不要争执或乞求，禁止拿别人作比较 …… 341
　　冒险型：避免战战兢兢，事先提出条件让孩子遵守 …… 342
　　消极型：不要做孩子的激励导师，让他去承担责任 …… 343

扭转局面：让淘气的孩子服气 …… 344
　　扭转不良情绪，你需要八个武器 …… 344
　　让淘气包转变的五部曲 …… 345
　　巩固转变成果，养成良好习惯 …… 346

第九章　"巧打板子妙给糖"，好妈妈要善用赏识和批评

孩子喜欢被人夸 …… 348
　　赏识——激发潜能的武器 …… 348
　　多一点赏识，让孩子更看重自己 …… 349
　　真心期望孩子变好，孩子就会更好 …… 350
　　妈妈的谎言也能成"真" …… 352

罗森塔尔效应：给孩子积极的心理暗示 ………………………………… 353

赞美做到位，孩子更受用 ……………………………………………………… 354
　　赞美孩子，从一言一行开始 ………………………………………… 354
　　发自内心的表扬才是有效的激励 …………………………………… 355
　　表扬要适量，多了孩子烦 …………………………………………… 356

表扬要高调，批评要低调 ……………………………………………………… 357
　　批评不可少，但绝不能多 …………………………………………… 357
　　批评不是挖苦，别拿讽刺来伤害孩子 ……………………………… 358
　　孩子有尊严，尽量私下批评他 ……………………………………… 359
　　三明治效应：批评需要讲艺术 ……………………………………… 360
　　用表扬"刺激"孩子主动反省 ……………………………………… 362

让孩子承担犯错的后果 ………………………………………………………… 363
　　教育孩子不能"心太软" …………………………………………… 363
　　让孩子尝尝"自作自受"的后果 …………………………………… 364
　　不要因为错误而全盘否定他 ………………………………………… 365

第十章　"事倍功半要不得"，爱得多不如爱得对

爱是孩子最不可或缺的情感 …………………………………………………… 367
　　缺爱的孩子易患"心理性矮小症" ………………………………… 367
　　母爱是孩子心理的"安全岛" ……………………………………… 368
　　聊天是另一种形式的爱 ……………………………………………… 369
　　别让爱被条件绑架 …………………………………………………… 370

溺爱会毁掉孩子的一生 ………………………………………………………… 371
　　溺爱其实是一种害 …………………………………………………… 371
　　妈妈注意：这些行为都是溺爱 ……………………………………… 372
　　溺爱的家庭易养出"心理肥胖儿" ………………………………… 373

不要用爱扼住孩子的喉咙 ……………………………………………………… 374
　　"我都是为了孩子好"是谬论 ……………………………………… 374
　　封闭的爱会封住孩子的路 …………………………………………… 376
　　妈妈要牢记：母爱是为了分离的爱 ………………………………… 377

父爱，不可缺席与代替 ………………………………………………………… 378
　　母爱父爱大不同 ……………………………………………………… 378
　　教出坏孩子，爸爸责任大 …………………………………………… 379
　　一个向左一个向右——教育的大忌 ………………………………… 380

给予宽严适当的父爱 …………………………………………… 381

别把严格与粗暴画等号 …………………………………………… 382
严格不是粗暴的遮羞布 ………………………………………… 382
精神暴力比肢体暴力更可怕 …………………………………… 383
粗暴是毁掉亲子关系的刽子手 ………………………………… 384

第十一章 "永远的避风港",别让家成为孩子的伤心地

删去家中不和谐的"音符" …………………………………………… 385
角色倒置:母亲被儿女保护 …………………………………… 385
性别错位源自父母的"畸性"养育 …………………………… 386
恋父or恋母,过度依赖的恶果 ………………………………… 387

营造幸福的家庭环境 …………………………………………… 388
打造一个五星级家庭 …………………………………………… 388
房间布置也能透出母爱 ………………………………………… 390
幸福的家里没有"瘾君子" …………………………………… 391
幸福的家是妈妈送给孩子的最好礼物 ………………………… 392

不完整的家庭也可以很温暖 …………………………………… 393
让孩子了解家庭破碎的真相 …………………………………… 393
向孩子保证:对他的爱永无终止 ……………………………… 394
别对孩子抱怨前夫或前妻 ……………………………………… 395
让孩子在感激中长大 …………………………………………… 396

上篇

孩子13岁以前,妈妈一定要懂的心理学常识

第一章

孩子13岁以前，妈妈要懂的儿童基础心理学

孩子心理发展的起跑线

生命开始之时，心理发展之初

一天，妈妈带着2岁多的璐璐出去散步，璐璐看到一个大腹便便的阿姨，就奇怪地问道："妈妈，这个阿姨怎么这么胖呀？"

妈妈告诉她："这是因为这个阿姨的肚子里有个小宝宝啊。"

璐璐又接着问："妈妈，我小时候也住在肚子里吗？"

妈妈笑着回答说："是啊，小璐璐也是从妈妈的肚子里出来的。"

璐璐又好奇地问："妈妈，我在你肚子里的时候也会吃饭睡觉吗？"

妈妈摸了摸她的头说："当然，不过跟现在的吃饭睡觉不一样。璐璐知道吗？在你还很小很小的时候，就已经开始理解妈妈的心思了。妈妈开心不开心，你都知道呢！"

璐璐听完，拍着手说："哇，璐璐好聪明啊！"

在大人眼里，出生是孩子人生的开始，但对孩子来说，他的人生在出生之前就已经开始了。孩子心理发展的起点不是他降生的时刻，早在受孕的时候，孩子就已经被赋予了很多对他今后的发展具有重大影响力的特质。在孩子的一生中，环境和基因这两种因素对孩子的心理发展起着重要作用。其中，基因是在受孕的时候就开始起作用的因素，这也被称为"基因禀赋"；同时，很多可能影响他未来的心理发展的事情在孩子还生活在妈妈的子宫里的时候也会发生。

一个人的生命是从受精卵开始的。精子和卵子的结合标志着一个新的、独一无二的个体的到来。同时，也是父母将特定的基因传递给这个新生命的过程。父母的基因组合将伴随这个新个体一生，它也为这个孩子的人格和心理发展奠定基础。

那么基因有什么样的性质，为什么它能够影响孩子的性格发展呢？

基因首先为孩子的健康成长奠定物质基础，正常的基因可以保证孩子发育成一个身体健康的人。

基因存在于细胞核内，是染色体上一个个具有遗传功能的片段，就像项链上的珍珠一样串联在染色体上。这些基因中蕴藏着每个人的身体密码。每个基因都对应着身体上的某个特征或者身体发育的特定方面。身高、体重、智力、眼睛的颜色等都与基因有着密切的关系。以眼睛的颜色来说，这个生理特征是有一个单独的基因控制的，它决定了这个孩子究竟是拥有蓝眼睛还是黑眼睛；人体基因有时候采取"单打独斗"的方式控制

人体特征，就像上边提到的控制眼睛颜色的基因，但是更多的情况下，它们是采取"合作"的方式来控制人体特征的。有研究表明，一个人的智力水平至少受到150个基因的影响。

为什么所有的人都有两只手两只脚，为什么人类的耳朵没有像小猫一样顶在头上，为什么我们身后没有长长的大尾巴？其实，这一切的答案都是基因。其实如果从基因的角度来看的话，所有的人都是"亲戚"，因为我们拥有一部分相同的基因，这些基因保证了我们作为人类所具有的共同特征，是他们保证每个人发育出双手双腿，都具有相同的神经系统，并且在一定的年限中完成性发育来保证人类的繁衍生息。

从上面的例子我们可以看出，基因不仅决定了静态的外貌，它还与发展变化密切相关。基因保证了人类的生长发育按照一定的时间顺序进行，婴儿的运动能力就是按照一定的顺序出现的，首先是头部控制、坐起，然后才是爬行、站立、行走等能力的出现。比如孩子站起来了，这之后我们可以轻松地预测孩子就要开始走路了。其实这个序列的可预测性都是由正常发育的人类个体所具有的基因控制的。

但是，就像世界上没有完全相同的两片树叶一样，世界上也没有完全相同的两个人。即使是双胞胎，不管他们的外貌多么相似，他们之间总会有一些细微的差别，也许一个孩子性格外向，一个孩子性格内向，这些差别同样来自基因。正是人体的另外一部分基因将我们区分成为独一无二的个体，让我们的生理外观和心理特性，以及个体能力具有极大的差异性。比如虽然说每个正常发育的婴儿都应该能够学会走路，但是他们达到这个阶段所需要的时间却是不同的，这就是基因带来的差别。那么同是人类的基因，为什么会产生如此大的差别呢？其实差别是父亲的23条染色体和母亲的23条染色体上所携带的基因的自由组合的产物。父母之间染色体的随机组合会产生极富差异性的特征，而这些基因之间如何组合纯属偶然，就像是买彩票一样不可预测，这就是所谓的"基因彩票"。而我们都是它的产物。

总之，在精子和卵子结合的瞬间，孩子未来的样貌和潜在的心理特征就已经被设定了，心理特征在那时就已经有了发展走向，那是孩子出生后心理发展的基础。

基因不是万能的——环境对胎儿的影响

孕妇在怀孕期间，往往会出现妊娠反应，表现为恶心、呕吐、厌食等。为了停止这种折腾人的"妊娠反应"，20世纪60年代的时候，德国一家医药公司推出了一种具有很好镇静作用的药，它能够停止妊娠反应，因此人们把它称为"反应停"。

因为这种药的效果很好，许多孕妇都愿意服用，所以这个药一时间畅销海内外。但是在随后的时间里，这些国家忽然间诞生了很多没有胳膊没有腿的畸形胎儿，人称"海豹症"。得了"海豹症"的孩子除了四肢残缺外，还有骨骼发育不全、缺耳、无眼等多种畸形表现。

开始人们并不知道罪魁祸首就是这种深受欢迎的"反应停"，直到两三年后，经过流行病学调查和动物实验才确证，"海豹症"畸形儿是"反应停"强大致畸作用的结果。

人类以惨重的代价认识到了"反应停"的严重危害，使更多的孕妇和胎儿摆脱了它的威胁，并且由此引起了各国科学家对环境致畸作用的重视。

科学家发现，药物可以通过母体血流经胎盘进入胎儿体内，对胎儿产生不良影响；有些药物则可能直接导致胎盘功能降低，影响胎儿的正常发育。药物致畸的另一种方式是引起孕妇生理状况的改变，从而也改变了子宫内的环境。所以，怀孕或可能已怀孕的妇女应避免使用任何药物，如果确有服药的必要，应该在医生的指导下进行。

另外，如果孕妇在孕期大量饮酒，酒精可以通过胎盘对成长中的胚胎产生显著的危害和永久性的影响。即使是少量饮酒，也有可能会给孩子正常的适应性功能带来风险。大量吸烟的妈妈所生的婴儿则体格明显小于其他婴儿，这是因为烟中所含的尼古丁限制了流向胎盘的血液流量。

除此之外，孕妇还要注意环境中的一些有毒物质可能对胎儿产生的影响。有研究表明，环境中的有害物质和污染物都会对胎儿的生长发育产生影响，比如铅、汞等。铅的来源很广，水管、蓄电池、一些建筑材料以及油漆、染料和防腐剂等都存在不同含量的铅。铅摄入量过多可能会引起流产；在孕早期的时候也能够对胎儿产生毒性作用。环境中的汞污染大多来自被污染的鱼类。如果食用了被汞污染的水产品，就可能会造成汞中毒。汞中毒可能会引起孩子脊髓麻痹和小头畸形。我们日常生活中经常会用到的杀虫剂也会对胎儿造成不良的影响，不仅会增加流产率，也会使胎儿发育迟缓。杀虫剂种类很多，怀孕后应该禁止在家庭或工作区使用这些杀虫剂。如果孕妇无法做到完全与环境中的毒素隔离，那么就要做到尽量避免接触这些物质。在吃瓜果蔬菜前要彻底清洗，如果实在无法避免接触农药，一定要在接触后彻底洗手。

除了这些有毒的化学物质，我们还不能忽视的致畸因素就是辐射。目前科学家确定的是X射线一定会对胎儿产生影响。镭射线不但会使胎儿流产、畸形、死胎，还可能会增加孩子长大后血癌的发生率。即使是在怀孕前半年接受了X光照射，也可能会对胎儿产生影响。因此准备怀孕的时候，一定要注意在怀孕前一年到半年都要避免X光照射。

X光照射在我们的生活中毕竟不常见，我们生活中接触最多的辐射是家用电器发出的辐射。家用电器尤其是电脑的辐射对人体究竟会不会产生影响以及会产生怎样的影响目前在科学界还没有统一的答案。但是有些研究表明这些辐射会对胎儿的生长产生不利的影响。中国聋儿康复研究中心通过对北京28709个0~6岁儿童听力状况的调查，得出结论：孕妇在怀孕期间过度使用电脑，下一代发生听力障碍的危险会增加84倍。因此专家提醒，孕妇应该避免连续4个小时以上长时间地操作电脑，并且要尽量远离微波炉、电视等电器，处于孕早期的孕妇更要注意，不要电脑及家用电器集中在孕妇经常活动的室内；电脑使用者与显示器的距离要不低于70厘米。同时，由于辐射的剂量是叠加的，所以减少上机时间是必要的。与电脑两侧和后部保持的距离不少于120厘米。此外，减少与电脑等接触的时间，也是重要的。因为接受辐射的积累剂量是同辐射强度与辐照时间的乘积成正比。因此减少使用电脑和家用电器的时间是必要的，孕妇使用电脑的时间每天最好在2~4小时之内。

走向新世界——分娩对胎儿心理的影响

孕妇分娩是家庭中的一件大事，其实分娩对于整个社会的存在和继续发展也具有重要的意义。许多年以来，人们一直关注分娩中孕妇所要承受的剧痛，并且想尽一切办法想要减轻这种痛苦的感觉。社会对分娩过程的操作方式一直在改变，这个过程从家里搬到了更加安全干净的医院，从只有产妇自己面对分娩痛苦到孩子的父亲可以进入产房鼓励妻子，而且对分娩母亲的可以使用的镇痛剂的许可程度和种类也一直在变化，在进步。

其实，分娩对于孩子来说也同样重要，甚至对他的未来发育会产生重要影响。分娩是孩子迈向外界生活的第一步。很多专家持有这样的观点：分娩过程的轻松程度以及自然度，甚至是妈妈分娩时的行为和念头以及婴儿在分娩过程中的体位都对孩子的未来有影响。

精神分析学家奥托·兰克就支持这样的观点，他说分娩是一个很严重的具有创伤性的事件，它是孩子未来生活中一切心理问题的根源。他的看法不无道理，因为孩子原本处于一个安全的具有高度保护性的子宫环境中，但是现在他要被赶到一个不安全而且充满紧张气氛的世界里去，孩子极有可能产生分离忧虑或者神经质的恐惧，这些不良的心理体验可能会在日后的生活中再现到他的脑海里。遭遇了母亲难产的孩子产生这种再现的可能性更大。

不过以上的说法至今没有人证明，弗洛伊德也认为这个论断缺乏证据，明确表示与它保持距离。当然，某些难产会导致孩子脑部发生创伤并产生心理后遗症。一般情况下，脑细胞的活动需要持续不断地供氧，但是如果分娩时间过长，婴儿脑部长时间缺氧，脑细胞可能遭受永久性损伤，留下脑瘫、智力残疾或者认知障碍等后遗症。虽然现代产科的技术已经能使新生儿发病率和死亡率大大降低了，但是因为各种各样的原因，分娩仍然是一个充满危机的重要关头，大约会有1%的婴儿会经历严重的挫折。如果婴儿的大脑缺氧严重甚至可能会夭折。

但是准妈妈们也不要因此就产生很大的心理压力，因为孩子的成长不仅与最初的环境有关，而且与随后所处的社会和物质环境有关。如果后天环境较好，那么最初的影响会能逐渐减少甚至消失。

早产的孩子心理会有缺陷吗

俗话说"十月怀胎，一朝分娩"，妈妈们一般都是怀孕40周左右生下宝宝。但是也有一些特殊情况，比如说早产儿。

早产儿通常是指怀孕37周内出生的婴儿，现在有记录的最低龄出生并存活的早产儿是20周时候出生的。早产现象在所有的生产中所占的比例不大，大约在5%，但是在不同的群体内发生的比例差异很大。分娩母亲的社会经济地位比较高的话，发生早产的概率比较低；而那些社会经济地位比较低的母亲中，早产的现象会相对较多。同时，如果是低龄产妇，发生早产的几率也偏高。

引起早产的原因有很多，包括孕妇在怀孕的时候喝酒、吸烟、滥用药物等等，此外，一些社会因素如贫困等也会导致早产。同时有研究表明，如果在怀孕时期孕妇精神紧张，孩子也容易早产。

早产的孩子先天不足，容易发生各种问题。短期内，早产儿在应对外界环境这些方面明显处于劣势，他们可能出现体温控制困难，吮吸和吞咽困难。有些产龄过小的则可能因为重要器官功能不全而需要更长时间接受治疗。

那么，早产的孩子会因为这些先天的原因出现心理缺陷吗？科学家做了很多对早产孩子的跟踪调查，但是得出的结果却不太一致。不过总体来说，早产的孩子在感知和运动能力、语言学习和游戏等方面会比正常出生的孩子滞后，他们也更容易出现好动、注意力不集中和缺乏情绪控制能力等问题。孩子上学之后也可能会比同龄的孩子智商低，遇到更多的学习困难，社会交往能力也会出现问题。

但是这些研究也都揭示了早产儿之间巨大的差异。那些产龄很小，处于极端劣势的孩子在成长过程中出现各种心理障碍的可能性很大；但是很多其他的早产儿在生理和心理功能两个方面都与正常儿童一致。

不过这些早产儿是否能够赶上正常的儿童或者在多大程度上赶上正常的儿童，取决于他们出生时情况的严重性和随后的医疗是否到位，当然他们在家庭生活中所得到的心理支持所起到的作用是更加重要的因素。一些科学家的调查发现，先天条件不利但是社会条件优越的家庭中成长起来的儿童，早产一般不会产生长远的影响；但是最初病情一样却在条件较差的家庭中长大的孩子，早产对他们有明显的负面影响。但是社会条件包括很多因素，它不单单指家庭中的物质条件，还包括孩子所处的语言环境、受到的教育和父母的支持等因素。如果家长积极帮助孩子削弱早产的消极影响，那么孩子未来是不会受到影响的；但是如果父母不能给予必要的支持，甚至对他们施加恶劣的影响，那么早产将会影响孩子生活中的方方面面。

既然父母的态度对早产儿能够产生这么大的影响，那么父母与孩子的相处中应该注意些什么呢？

毫无疑问，产下一个体重偏低而且可能带有某种疾病的孩子对父母来说是一个巨大的打击，但是父母要明确这样的观点：照料孩子是父母的责任，不能因为孩子的提前到来自己心情不好，就不去履行这个责任，父母要努力与孩子建立良好的亲子关系。早产儿的爸爸妈妈也不要因此而紧张，即使是正常孩子的家庭，想要建立和谐的亲子关系也并不是一件轻松的事情，所以你所面对的问题并不是特殊问题，不要把它想成是一座不可逾越的山峰。

由于孩子的提前出生，因此他的社会交往开始时间相对较早，所以他可能没有做好接受父母提供的各种信息的准备。如果父母通过说话或者抚摸等刺激没有引起孩子的注意或者孩子关注你的时间很短，这时候千万不要因为感到被拒绝而减少尝试甚至放弃尝试。因为这是孩子社会互动的开始，父母绝对不能因为自己的沮丧心情而关闭了孩子走向未来世界的大门。

其实只要父母给孩子足够的关爱，这些孩子在产后的3~6个月大多数都能赶上足月婴儿的步伐。

探索美丽新世界，婴幼儿生理机能发展

本能反应，生存的基础

小米满月之后，原本有些消瘦的脸庞变得白白嫩嫩的。每当她醒着的时候，爸爸都要跟小米玩上一阵。"小米，爸爸在这儿呢！"小米的爸爸手里拿着小手电筒在她身边晃来晃去。这时候本来正在专心吃奶的小米就转过头来开始寻找光柱，等发现了光柱，小米又转过脸去继续她的"工作"了。

小米的爸爸还惊奇地发现了一些有趣的现象。有一次他在挠小米的小脚丫的时候，小米不但没笑，而且还把大拇指翘起，其余的几个小脚趾张开成扇形，就像一张小小的芭蕉扇。如果托住小米的两腋，让她脚底碰到地面，她还会做出迈步的动作，就像大人走路的时候一样；如果她把她横着托起来，小米的四肢还会像在游泳一样做出划水的动作呢！

另外爸爸发现虽然小米个头不大，但是手可有力了。如果你把笔放在她的手心，她会紧紧地握住，要想把笔从她手里拿出来还得费一定的力气才行。

小米还是一个特别贪吃的宝宝，有时候妈妈用手指在她的小脸颊上轻轻一碰，小米

便会扭过头来吸吮妈妈的手指头,而且吸吮越来越有力、越来越有节奏。

其实小米的这些动作都属于无条件反射,所谓"无条件反射",也就是人类生存的本能反应,人类的这些活动方式是与生俱来的,婴幼儿不用任何学习,只要刺激条件一成立,他们就会做出这些动作来应对出现的刺激。这些反射是神经系统固有的遗传反射,是人类进化过程中遗留下来的。心理学家经过对婴幼儿上述动作的长期研究发现,这些动作几乎每个婴幼儿都存在,而且出现和消失的时间几乎是一致的。

婴幼儿的这些反射活动具有明显的生物学意义。婴儿经常会把眼睛转向光源,这种反射是人类保护自己的基础,也是生存和发展的基础。而吮吸反射则让孩子一出生就会自己吮吸乳汁,保证了自己能够生存下来。说到底这些反射都是人类能够在这个世界上存活的基本保障。

婴幼儿的本能反应中,还有一些反射没有实际的生物学意义,出现一段时间后就会消失得无影无踪。如果在今后的生活中需要这种技能,人们需要重新学习才能再次掌握。

根据生理和心理学家的统计,这些无条件反射至少有27种,包括觅食反射、抓握反射(又称达尔文反射)、围抱反射(又称莫罗氏反射)、游泳反射、正支持反射(包括行走反射、爬行反射)等。这些反射既满足了儿童早期生存的需要,也是神经正常发展的基本标志。许多证据显示,如果这些反射中的某些反射没有出现,或者出现了却没有在一定的时间内消失,这些都可能表明儿童患有某种病症。更严重的是,这些病症大多是由于儿童大脑受到损伤而导致的。因此,这些反射活动不仅是孩子的生存基础,而且在临床上有很重要的诊断价值,可用来进行小儿智能发育检查。目前在一些国家,有不少人利用婴幼儿先天的游泳反射和行走反射来训练婴幼儿游泳和提早行走,并且取得了一定成效。

下面是一些新生儿的常见反射运动,爸爸妈妈可以对比着了解自己的孩子是否发育正常。

眨眼反射:轻轻触摸婴幼儿的眼睫毛或者对着孩子的眼睛轻轻吹一口气,婴幼儿就会表现出眨眼的行为。

觅食反射:用手指或乳头轻轻地触碰孩子嘴角附近的面颊,孩子就会转头张嘴,并做出吮吸动作。酣睡中的婴幼儿一般没有觅食反射。

吮吸反射:用手指或其他物体轻轻触碰新生儿的嘴唇,或者把其他什么东西塞进孩子的嘴里时,婴幼儿就会做出吮吸动作。吮吸反射会延续到若干年以后。有观察者指出,熟睡中的孩子,甚至成人身上也还能发现这种具有原始生存意义的吮吸反射。

强直性颈部反射:当婴幼儿仰躺在床上时,他的脸部会转向一侧,摆出击剑似的姿势,伸直一侧的手臂和腿,弯曲另一侧的手臂和腿。有研究者称婴幼儿经常喜欢伸出的那一只手可能就是他的优势手,这种反射在出生3个月后就会消失。

抓握反射:当用手指或小木棒去触碰婴幼儿的手掌时,他会握起拳头或使劲抓住手指或木棒不放。其抓力足以把孩子的身体悬挂起来。这种反射在出生后2~3个月消失。

游泳反射:把一个不满6个月的婴幼儿俯卧着放进水里,他就会表现出看上去很协调的游泳动作。游泳反射大约在6个月时消失。

巴宾斯基反射:用手触摸婴幼儿的脚底,他的脚趾会张开成扇形,而且腿也会朝里弯曲。该反射在6个月左右消失。

拥抱反射：用手托住婴幼儿，脸朝上，然后迅速地下降，婴幼儿会伸直双臂，然后缩回紧贴胸前，握紧拳头。出生一个月内这种反射表现最明显，大约在5个月时就会消失。

行走反射：刚出生的婴幼儿被人托住腋下，让他光脚站在桌子上或者床上，孩子就会做出看上去很像走路的动作。该反射会在2个月左右消失。

动作发展，渴望独立的信号

小洁已经有10个月大了，这些日子她总是喜欢扶着东西站立。如果爸爸妈妈想帮助她，她还会扳开他们的手，一定要自己扶着东西站，然后会睁大圆溜溜的大眼睛看着自己的爸爸妈妈，那神情就好像在说："爸爸妈妈，你们看我，很厉害吧，我都能自己站了。"她一定是觉得这样很好玩，总是反反复复地做这个动作。站累的时候，小洁才会坐下自己玩玩具。

慢慢地，她能够站立一段时间，而且还站得很稳。有时候她还尝试先跪着，然后再站起来；偶尔自己站起来，勇敢地向前挪动两步后，会略显紧张地看着爸爸妈妈。爸爸妈妈这时候就会给她鼓鼓掌，小洁这时候就好像得到巨大的支持，自己也拍着手乐滋滋地扑到爸爸妈妈怀里。

人类的动作事实上在胎儿时期已经开始，大约从怀孕第4个月开始，胎儿的活动就已经可以被他的妈妈所感知，这个时期的胎儿就已经开始了吸吮手指、打嗝等活动。胎儿5个月大的时候会出现踢蹬动作，母体外部感觉十分明显。经过大约260多天的成长，一个全新的生命诞生了，在众人的关怀和照顾下，婴儿真正作为一个独特的个体拉开了自己人生舞台的序幕。动作的发展就是这个时期儿童发展的主旋律。

动作在婴儿心理发展中的作用一直是心理学研究中的一个重要问题。多年来，心理学家们从不同的角度探讨了这一问题，并提出了各自不同的理论和假说。

根据相关的研究结果，我们认为，从心理的起源与发展来看，动作发展对于个体早期的心理发展有着广泛而深刻的影响。首先，有句话叫作"实践出真知"，每个人心理的起源都与动作密不可分。认识并不是人与生俱来的简单感知觉，而感知的源泉和思维发展的基础有赖于动作的发展。

一个人想要认识世界并且对外界产生感知就必须通过对它施加动作才能实现，只有这样，人与外界才能相互作用，相互改变。通过对外界施加动作，人可以获得对事物的直观认识，同时可以获取社会经验，产生自己的想法，完成自己主观世界的构建。

从个体心理的发展历程来看，每个人的心理发展都是逐步内化的，而动作在心理的内化过程中则起着关键性的作用。心理发展初期，动作是婴儿认识活动的主要工具，向外界施加动作，并根据动作的结果进一步调整动作方式是婴儿认识世界的基本方式。随着婴儿与外界进行交往的动作不断丰富，一岁半到两岁之间的孩子就开始了心理的内化过程。

动作除了是心理发展的基础，它还能够使个体更加积极地参与心理发展。首先动作对于大脑的发育具有促进作用。动作可以完善大脑结构，为个体心理的发展奠定良好的基础；动作可以使个体对外界的刺激更加警觉，还能使感知觉更加精确；动作既可以促使个体认知结构的不断优化，还可以通过提供新经验引起个体原有认知结构与新环境刺激间的冲突和不协调。

动作的发展在婴幼儿时期主要是指运动的发展，包括婴幼儿对自己身体运动的控制和对外界事物的控制两个方面。这些控制的发展过程都是从不灵活到灵活、不稳定到稳定。

刚出生的孩子颈部肌肉还不能够支撑头部的重量，所以抱新生儿时，一定要连头一起抱着，否则你就会发现小孩的脑袋东倒西歪，整个人没精打采的。孩子出生4周左右就能抬起下巴；2个月之后才可以微微抬头，到第12周时，婴儿可以使自己的头和肩部离开地面并且支持住。6个月之后，他可以抬起腹部以上的身体，并且能以俯卧的姿势翻身。7个月时，他又能以仰卧姿势翻身。9个月时，孩子基本上可以学会坐，而且可以支持10分钟左右。

一般而言，儿童动作的发展顺序是：

（1）从整体到局部。以婴儿抓握东西为例，首先是试图整只手去抓，接着出现拇指的分化，然后才出现其他另外四指的分化。

（2）从分化到整合。当上述局部动作发展到一定程度之后，小的动作单元又会重新组合成大的协调的动作系列，形成新的动作。

（3）头尾及近远序列。婴幼儿最初的动作出现在头部，而后才向脚趾的方向发展，遵循头尾序列原则。另外，身体的发展首先是从身体中心逐渐向四肢扩展，也就是说婴儿活动主要集中在身体的中心部分——躯干。随后才会向手臂、手、手指以及腿、脚方向发展。

提前训练对孩子是好还是坏

涛涛学走路似乎比别的孩子稍晚一些，同龄的孩子都已经走得稳稳当当了，涛涛才刚刚开始学步。因为涛涛身体平衡能力发展慢一些，妈妈怕他摔倒，总是有意减少他学步的时间，认为孩子走路是"船到桥头自然直"，反正人长大早晚都会走路的，多练少练没什么关系。到了年龄自然会，练不练本身意义不大。而涛涛爸爸却持有不同的观点，他认为应该抓紧时间让涛涛学习走路，否则就会落后于其他孩子。为了这个问题夫妻俩经常发生冲突。

那么，涛涛到底要不要练习走路呢？

其实，从能力发展的过程来看，不必让孩子提前"预习"什么，顺其自然是最好的法则之一。人类有许多与生俱来的能力，一个人成长到特定的年龄阶段自然就会掌握那个技能，走路也是一样的。

但是，哈佛大学学前教育研究项目主任伯顿·怀特曾经指出：如果到婴儿2岁时父母亲才注意到婴儿的教育，那就太晚了。因为研究表明，1岁半左右的婴儿就已经开始显示出他今后的发展方向。这个时期的一些动作操作成绩，将会逐渐代表婴儿以后包括学业在内的各种成绩可能达到的水平。尤其如果在最初的6个月里，婴儿的动作训练没有得到足够的关注，那么对今后婴儿对学习的兴趣、对新鲜事物的好奇心以至于信任感都会受到影响。

心理学家吉布森也提出过这样的观点，渐进的训练对未来的学习体验具有积极的效果，我们不可能让婴儿学习他无法体验的东西，却可以渐进地训练和积累，培养他学会怎样去学习。

但是不可忽视的是，动作训练不仅依赖于后天的学习，也依赖于先天条件的成熟。

如果忽视了先天条件的成熟而强行进行动作训练，也许会给孩子带来不可挽回的负面影响。

美国著名儿童心理学家格塞尔认为，支配儿童心理发展的因素有两个：一个是成熟，另一个是学习。在两者之中，他觉得成熟更为重要。格塞尔认为：不成熟就无法产生学习，学习只是对成熟起到一种促进作用。

格塞尔为了证明自己的观点曾经做了一个很著名的实验——双胞胎爬梯。在这个实验中，格赛尔选择了双胞胎中的一个从48周起就开始每天进行10分钟的爬梯训练，连续训练6周。到第52周时，他才能熟练地爬上5级楼梯。在此期间，另一个孩子不进行任何爬梯训练，而是从53周才开始进行爬梯训练。结果发现两周以后，第二个孩子不用成人帮助就可以顺利地爬到楼梯顶端。

格塞尔的这个实验表明，儿童的心理主要是一个自然成熟的过程，孩子的成长是受到生理和心理成熟机制制约的，教育并不能改变心理发展的主要时间进程。只有当儿童的心理成熟到一定程度的时候，教育才能使儿童的发展加快。任意地对孩子的动作采取提前训练的方法，可能会在短时间内占有一定的优势，但这种优势并不是自然形成，它改变了孩子应有的成长顺序，因此这种优势不一定能长时期地保持下去，并且还可能破坏儿童对学习的兴趣。所以，对儿童来说，一切学习都要建立在生理成熟的基础上，否则只能适得其反。

其实类似双胞胎爬楼梯实验的例子在生活中也比比皆是。比如说排便训练，在我们中国似乎特别重视早期的排便训练，而在西方国家，多数父母都是在孩子1岁之后才开始训练孩子独自排便，有的甚至会在2岁之后才开始。心理学家研究表明，过早训练排便不仅没有收到更好的训练效果，而且还可能会造成更多的排便心理障碍，为许多心理疾病埋下祸根。所以建议家长们不要对1岁前的小孩进行排便训练，有条件使用纸尿布的，最好不要过多地强调这项训练。

青春期序曲，男孩女孩搞分裂

性别分界——课桌上的"三八线"

小玉的妈妈最近发现了一件奇怪的事情，那就是小玉忽然不爱搭理曾经的好朋友飞飞了。飞飞是个男孩子，两个孩子上幼儿园的时候就经常在一起玩，飞飞总是像小哥哥一样照顾小玉，两个人在一起从来不吵架，非常合得来。小学一二年级的时候，飞飞和小玉还是经常在一起玩，但是小玉升入三年级之后，就开始刻意地远离飞飞，有时候飞飞叫她出去玩她还会很不高兴地拒绝。妈妈问她："小玉，你和飞飞吵架了吗？""没有啊！""那最近怎么不跟他一块玩了呢？""他是男孩子，我是女孩子，我才不跟讨厌的男孩子一块玩呢！"

刘洋在小学做老师，是四年级的班主任。他发现班里的每张课桌上几乎都画着一条"三八线"，尤其是那些男孩和女孩是同桌的课桌，这条线往往更加明显。另外他在课堂上还发现，有时候男孩做什么事情，女孩看见了就会"鄙视"地把嘴撇到一边，同样，男孩也看不惯女孩的那些行为举止。不过，有时候有些"淘气包"会故意把胳膊伸过界，看见同桌的女孩为此生气的时候，他的脸上总是一副得意洋洋的表情。

孩子们到底怎么了呢？为什么原本男孩和女孩很和谐的关系忽然变成了势同水火的对立关系呢？其实，这些现象的发生都是在悄悄地告诉父母——孩子们的青春期就要来临了。在孩子十岁左右的时候，世界在他们眼中已经变成了两个半球——"男半球"和"女半球"。性别分界在这个时候变得非常清晰，男孩和女孩在这个时候似乎终于清楚地认识到了自己所属的阵营，明确了"不同的性别就该做不同的事情"的观点。比如，他们会认为男孩子就该去踢足球、玩弹珠，女孩子就应该去跳皮筋，打扮布娃娃，这两个半球泾渭分明，互不侵犯。对于青春期前期的孩子来说，他们的世界清楚地标明了自己的观点："异性禁止入内！"

而且在这个时期，似乎男孩和女孩已经成为"敌人"，两个阵营的"战士们"都在用尽自己的方法战胜对方。男女生在课桌上画出一条"三八"线，每天展开课桌争夺战；男生经常会揪住前排女生的辫子；女生则擅长群体战术，经常七嘴八舌地对男生群起而攻之……老师和家长经常被孩子们之间发生的这些小事弄得焦头烂额。

不过，这其实是孩子们心理发育正常的标志。心理学家的研究表明，这种表面的对立背后，实际上潜藏着相互间的吸引和好感。只是这种吸引和好感通过一种被称为"反向作用"的心理防御机制以相反的方式表现出来而已。

这时候的孩子用"野蛮交往"的方式表现出对异性的好奇与探究。对好动的男孩来说，"欺负"眼前真实的女孩，比从书本上获得"男女有别"的知识要更加直接，更加有趣。心理学上的"异性效应"告诉我们，有异性参加的活动，比那些只有同性参加的活动更令人愉悦，会让人玩得更起劲，干得更出色。通过这种"野蛮"的交往方式，孩子们同样可以获得某些异性之间交往的乐趣。通过言语惹怒对方以及推推搡搡所引起的异性交往，不仅能把异性"拖"进自己的世界，在异性面前表现自我，吸引对方的注意，而且还避免了同学们的流言蜚语，这种"野蛮交往方式"当然会成为受孩子们欢迎的"首选"交往方式。

所以面对这个年龄的孩子忽然产生的行为变化，家长和老师完全不必大惊失色，自乱阵脚，不要只是粗暴地制止他们的行为，而是要对男女生的正确交往给以恰当的引导，通过提早消除矛盾发生的根源或者迅速解决冲突的方式，防止孩子陷入愤怒和攻击的深潭。

这时候的家长要注意在家里营造和谐的气氛，杜绝有攻击性的行为，在严格要求孩子的同时要充分相信他们，另外还要扩大孩子的交往范围，帮助孩子养成与他人合作的习惯。

青春期来临，大脑也变化

英国著名的喜剧演员斯蒂芬·弗莱曾经收到过一份来自校长的评语："他身上带有众多非常狰狞的缺点，在刚刚过去的那个学期里，我们显然体验到了它们的可怕程度。"另一个演员诺曼·维斯顿则被老师这样评价："这孩子从头到脚每一寸都是愚蠢的，幸好他身材不高。"

这些评语都是对这两位演员青春期表现的评价。一提到"青春期"，很多家长的脑袋很可能"嗡"地一下就变大了，而后会历数自己家那个"小冤家"的"斑斑劣迹"。在很多成年人的眼里，青春期就是一个谜。这个阶段，人会发生最重要的两个转变，一是开始具备生育能力；二是自我意识基本确立。

孩子进入青春期之后，通常会出现几个"反常现象"：

1. 与同龄人的交往增多

孩子会一改往日喜欢与爸爸妈妈黏在一起的状态，转而喜欢与同龄人的交往。孩子们会在做一些感兴趣的事情，另外他也很害怕失去同龄人的认同。

2. 对压力更加敏感

研究表明，与成人相比，日常生活的压力更容易影响青少年的决策能力，更不好的消息是他们可能面对比成年人更多的困扰。

3. 冒险行为增多

青少年天生爱冒险，同时爱冒险的人更容易被同龄人接受和崇拜。研究表明，11岁到15岁之间的孩子，有80%每个月都会至少做出一种不良的冒险行为，比如违抗父母管教、在校表现不好等等。

很多人认为处于青春期的孩子暴躁易怒，不服管教，是心理上追求独立的过程。但是除了心理作用，其实他们的大脑在这个时候也处于急速变化中。

掌管着人类计划、考虑和抑制冲动、做出明智决定的大脑额叶是最晚成熟的器官，青春期阶段的大脑额叶基本上处于停止运作阶段，因而青少年的大脑随时处于斗争、激动和逃避的状态，几乎没有计划、自控能力。这个时候的父母应该暂时充当孩子的大脑额叶，用自己的经历帮助孩子周全地筹划事情和做出人生的计划。

但是此时大脑中控制青少年情感的区域却十分活跃，这让青春期的孩子几乎时刻处于情感震荡中，他们喜欢高强度、高刺激的音乐和电影，并且爱用夸张的非声音语言，例如翻白眼、叹气等表情，一些不了解真相的父母往往会对孩子的这些表现大发雷霆。

还有一种情况会让父母抓狂，那就是父母问这个时期的孩子"你在想什么？"的时候，经常会得到这样的回答"不知道"，父母会以为孩子是故意装出来的，但是实际情况是，孩子是真的不知道。这就涉及大脑髓鞘的变化了。髓鞘是包裹在脑细胞外面的物质，能够帮助神经传导更加快速和高效，也就是说能够让孩子的思维变得更快。青春期时，与记忆相关的海马体和与情感相关的扣带的髓鞘是大量形成的时候，也就是说在青春期之前，孩子的记忆力处于相对较低的水平，这就解释了孩子说"不知道"的原因，可能是他们的思维过快而记忆水平没有跟上。而扣带则掌管着理智和道德，因此他们考虑后果的能力相对薄弱，也不能很好地控制自己的理智，所以很有可能父母只是去让他倒垃圾，他就会丧失理智，发疯甚至做出极其过分的举动。

对于孩子正在经历的这些变化，明智的父母应该做到以下几点：

（1）明确这种观念，孩子并不是微型的成人，他们的大脑无论在生理结构还是神经反应上都和成年人不同。

（2）因为他们的大脑额叶基本处于停止工作的状态，所以不要指望他们会思前想后和体谅别人。

（3）要善于利用孩子丰富的情感，让他们把从书里或者其他媒体获得的积极的情感体验运用到。

（4）要相信自己的影响力。即使孩子会跟你大吵大嚷，但是这并不妨碍他们暗地里模仿你的行为。

情绪化有原因，化学物质在捣蛋

冉冉是个活泼可爱的孩子，妈妈一直都为养了这么一个女儿而骄傲。但是自从冉冉上了初中，她就像变了个人一样。整天做事无精打采的。以前妈妈去叫她吃早饭，她都是兴高采烈地冲到饭桌旁边，大叫着："我饿了！好香的饭啊！妈妈真棒！"但是现在，孩子总是淡淡地回应一声："知道了。"然后磨磨蹭蹭地坐到桌子旁边，默默地吃饭。冉冉的妈妈很奇怪，反省了一下自己的行为，但是自己什么也没做，为什么孩子会变得这样了呢？

与冉冉的妈妈不同，彤彤的妈妈则是为女儿总是过于激烈的情绪烦恼。有时候孩子放学回来还开开心心的，忽然之间就可能会因为父母一句无心的话暴跳如雷。彤彤的妈妈对自己的女儿也非常不理解。

孩子的成长过程中，都会经历一个青春，这一时期的孩子缺乏适应社会环境的独立思考能力、感受力和行动能力等；另一方面，初步觉醒的自我意识又会支配他们强烈的表现欲，即处处想体现自己，想通过展示自己和别人不同来证明自己的价值。所以，这一时期的孩子总是喜欢和别人打扮得不一样，喜欢做一些引人注目、与众不同的事情，也爱说一些令人吃惊的话，希望别人能够对他们另眼相看，这就是他们想要的效果。如果了解到这些，相信很多妈妈就不难理解孩子这一时期的情绪化表现了。

我们每天的情绪不仅会受到当天所发生的事情的影响，而且也取决于我们的大脑和身体里面的化学反应。

肾上腺素可能是不受家长欢迎的化学物质。当肾上腺素大量存在时候，它会让人冲动和丧失理智。当孩子的体内肾上腺素激增的时候，试图改变他的行为可以说是白费力气。肾上腺素分泌与遗传和周围的环境相关，肾上腺素分泌过多的孩子常常会表现为行为缺乏理智，过度"亢奋"，一生气就跑掉，喜欢和人小吵小闹，看上去忙碌无比实际上收效甚微。为了减少肾上腺素的分泌，家长应该努力去营造一个有规律和规矩分明的家庭环境。如果孩子因为这种激素分泌过多而出现情绪混乱的时候，你可以平静地告诉他解决办法，并且说这是我们家的惯例。这会增加孩子的安全感，并且能够冷静下来思考自己的行为。其实，肾上腺素也不是十恶不赦的，父母也可以利用它做些对孩子有益的事情。最好的办法就是让孩子和时间来一次赛跑。比如让孩子收拾玩具的时候，可以这样说："让我们试一试能不能在5分钟之内把房间打扫干净！"

皮质醇是另外一种不受欢迎的化学物质，它是人们承受压力并且产生紧张感时分泌的一种激素。它不仅会降低孩子的语言表达能力，还会影响人灵活处理问题的能力，人在压力之下做事常常毫无章法可言就是这个原因。皮质醇水平过高的孩子经常坐立不安，爱生气，防御心理很强，做事不分主次。为了减少孩子们皮质醇的分泌，让他们经常处于安静平和的状态，除了维持有规律的家庭生活外，还要避免让孩子们遭受暴力和语言上的羞辱。良好的睡眠也可以减少皮质醇的产生。

多巴胺和羟色胺则是能给人带来激情和快乐的物质，这两种物质分泌不足，孩子就会做事缺乏积极性，精神疲倦，情绪低落，不爱说话，不喜欢与他人进行交流。要改变这些情况，家长要带着孩子积极参加运动，多多鼓励孩子，夸奖孩子。如果发现孩子经常处于忧郁状态，还要及时带着孩子去医院检查，因为羟色胺的缺乏极有可能引发抑郁症。

第二章

孩子13岁以前，妈妈要懂的儿童认知心理学

感知觉，认知能力的最初发展

五官动起来，感受摇篮里的小世界

辉辉的小床上方挂着一串风铃。每当辉辉醒着的时候，妈妈就摇晃摇晃风铃，听到风铃叮叮当当的声音，辉辉总是会高兴得手舞足蹈。随即奏出甜美的音乐。每当此时，辉辉都会高兴得手舞足蹈。听完音乐，妈妈还要让辉辉看看彩色的气球和颜色鲜艳的小玩具，并用温柔的声音告诉辉辉气球的颜色、小玩具的名称等。奶奶经常说辉辉妈妈是瞎操心，刚出生的孩子什么都不懂。但是妈妈看到辉辉高兴的样子，坚信这样做对宝宝是有益的。

宁宁刚刚出生两个月。这天，姨妈带着5岁的小表哥皓皓来看望宁宁，皓皓看着宁宁粉嘟嘟的小脸很喜欢，于是他就把在街上买的臭豆腐串放到了宁宁嘴边，没想到宁宁把小脸偏到了一边，小嘴撇了撇，似乎要哭。见小表弟要哭了，皓皓掰了一小块蛋糕放到宁宁的嘴边，这次，宁宁没哭，小嘴还动了动。宁宁的妈妈把这一切都看在了眼里，她很纳闷难道两个月的孩子就已经能分辨气味了？

那么，新生儿到底能否感知这个世界呢？他们眼里的世界究竟是什么样子的呢？

在大多数人的印象中，刚出生的婴儿似乎就是吃饱了睡，睡醒了吃，是一个不断长胖长大的过程。甚至在20世纪初，医生们还普遍认为刚生下来的孩子又盲又聋，他们要过很长时间后才能注视物体。

可是在实际生活中，每当成人用带声响或颜色鲜艳的玩具去逗引他们时，他们的视线总是注视并跟随着玩具。现在的研究已经证明，新生儿出生后便能立即察觉眼前的亮光，还能区分不同明度的光，只是敏感性远低于成人。此外，新生儿还能察觉移动的灯光。而后，婴儿的视觉会得到迅速的发展，6个月至1岁左右婴儿视力已达到成人正常水平。

刚出生的婴儿是分辨不出色彩的，他们的世界是黑、白、灰的世界。从三四个月开始，婴儿就能分辨彩色与非彩色。红颜色特别能引起儿童的兴奋。4~8个月的婴儿最喜欢波长较长的温暖色，如红、橙、黄色，不喜欢波长较短的冷色，如蓝紫色，喜欢明亮的颜色，不喜欢暗淡的颜色。

那么，婴儿能感受周围的声音吗？一百多年前，曾经有一位儿童心理学家断言"一切幼儿刚刚生下时都耳聋"，但是随后的研究推翻了这一说法，研究证明出生第一天的

新生儿已有听觉反应。

新生儿不仅能听到声音，还能区分音高、音响和声音的持续时间。连续不断的声音对婴儿能起到抚慰或镇静的作用。此外，新生儿对人的说话声音反应敏感。有研究者发现新生儿对一个妇女的说话声做出的反应要比对铃声的反应更多、更有力。儿童的听力在12、13岁以前一直在增长，成年后逐渐降低，主要是高频部分听力丧失。

此外，刚出生不久的孩子已经能够感受周围的气味。人的嗅觉感受器位于鼻腔顶端一个很小的部位。有很多实验已经证明，新生儿能够区分好几种气味，而且对气味的空间定位也很敏感，常常会回避令人不快的气味。

科学家还曾经做过这样一个实验：

把一小块纱布垫子放进婴儿母亲的胸罩里，然后把这块带有母亲乳汁气味的垫子放在孩子头的一侧，靠着他的脸颊，同时把另外一块干净的垫子放在另一侧脸颊边，然后进行录像；接着再把这两块垫子交换一下位置，继续录像。结果显示，那些5天大的孩子更多地转向带有母亲乳汁气味的垫子，而不是干净的垫子。实验继续进行，发现2天大的孩子对这二者没有区分能力，6天大的孩子就已经会更多地朝向母亲的而不是另一个妇女的乳垫。换句话说，就是6天大的婴儿已经能够区分母亲和其他妇女的乳汁气味了，这一现象对10天大的孩子来说更是明显。

这就是说，在出生后短短的几天内，婴儿已会认识自己母亲的气味。灵敏的嗅觉对婴儿有着重要的意义，它可以保护婴儿免受有害物质的伤害，发达的嗅觉还可以指导婴幼儿了解周围的人和东西。婴幼儿嗅觉的发展很稳定。研究认为一个人从6岁到94岁之间嗅觉保持了相当高的一致性。

因此，刚出生的孩子也有自己的世界，他们会动用自己的五官来感受和熟悉周围的环境，为产生初步的归属感和安全感打下基础。

婴儿也有思维吗

1960年的春天，心理学家埃莉诺·吉布森带着未满周岁的孩子来到科罗拉多大峡谷，放松繁忙工作带来的紧张心情。在欣赏峡谷那奇妙无比、变幻莫测的景色后坐下来野餐时，吉布森无意间回头眺望，身后是犹如刀削的陡峭山崖和深不可测的峡谷，她心跳猛然加快，浑身的血液似乎凝住了。走到安全地带后，她低下头看了一眼怀里沉睡的孩子，突然想到一个奇怪的问题：婴儿是否也会有这样的深度和高度知觉，并对此有所反应呢？她决定进行研究，找出答案。

后来她和沃克设计了"视觉悬崖"实验，他们首先人为设置了一个"悬崖"，而后在这个"悬崖"上边铺上了一层透明玻璃，也就是说孩子其实可以通过这层玻璃安全地通过"悬崖"，但是如果婴儿有更高级的知觉，他会不敢通过这个"悬崖"。吉布森和沃克选择了儿十个从6个半月到14个月的婴儿进行实验，实验的结果表明当婴儿刚会爬行时，就表现出对视崖边界的认识，说明此时的婴儿已经具有一定的深度知觉。

几十年前，大多数的哲学家、心理学家和精神病学家还认为婴幼儿没有思维，只关注事物的具体形态，而不可能理解它的前因后果，由于思维能力的欠缺，大部分人婴儿和儿童称为"有缺陷的成年人"。

但是在过去的30年中，科学家们逐渐发现，即使是最小的儿童，他们的思考能力也远远在我们原来所认为的水平之上。

1999年，在一本名为《摇篮里的科学家》的图书中，作者对婴儿的思考能力做了系统的解读。作者在书中说："大部分人所看到的婴儿只是一张白纸，但是我们所看到的婴儿床，却是世界上最有效的学习机器，在这里躺着伟大的头脑。"

婴儿最早学习的知识就是对人的认知。新生儿倾向于首先识别人脸而不是其他事物，他们会模仿张嘴、伸舌头等基本的面部动作。一年之后，婴儿就开始知道用物体来引起别人的注意，也会对别人指向的物体产生反应，实际上这个过程已经涉及注意力和对交流的思考。

婴儿同时也开始意识到某些情绪所产生的影响。如果一件事情可能引起母亲的不悦，他可能会避免做这件事。18个月大时，他们就可以意识到自己的行为可能与别人的愿望发生冲突。

婴儿对事物也有一定的认知能力。前边所提到的视觉、听觉和嗅觉不仅是婴儿认识世界的基础，也是婴儿感觉活动的开始。但是他们的思维模式和成人是不一样的，如果一个物体被另一个物体遮挡，他们可能认为被遮挡的物体消失了。

儿童的思维能力不仅是大脑机能的发育，它还与大脑内部的神经网络连接关系的转变有密切的关系。虽然新生儿的大脑中拥有和成人一样多的神经细胞，但是这些神经细胞之间的联系并不紧密。通过一定时间的学习和实践，神经细胞之间的联系会逐渐变得复杂。儿童在3岁的时候，大脑中所拥有的神经细胞联系可以达到成年人的两倍，这种水平一直维持到9到10岁，之后人体会对它们进行一次"修剪"。

虽然这次"修剪"对我们智力的发展至关重要，这次"修剪"是为了孩子培养某种特长做准备。这次"修剪"同样让我们失去了一些东西。这些丢失的东西，可能是人类在童年时期拥有千奇百怪的浪漫幻想。如果我们现在拥有两倍的脑神经细胞连接，我们的感知将会变得十分敏感，也许我们真的会发现沙子中的一个世界，或者是花中的一个天堂。但是也正是这次"修剪"让孩子学会适应社会的生存技能并且具备思考能力和可塑性，从而更好地适应环境，在这个社会中顺利地生存下去。

条件反射——婴儿的特殊记忆

小凡刚出生没有多久，她的妈妈经常是先给她换尿布然后再喂奶。刚开始的时候，小凡在换尿布的时候还会哭闹。但是现在只要妈妈把她的双脚一提，她就会安静下来，用圆溜溜的眼睛盯着妈妈，好像已经知道换完尿布就有奶喝一样。

难道这么小的孩子已经有了记忆吗？她已经开始记得换完尿布就可以吃奶了？其实这是一种条件反射，条件反射是婴儿记忆开始的标志。

那么什么是条件反射呢？条件反射是人出生以后在生活过程中逐渐形成的后天性反射，与前面所提到的"非条件反射"是一个相对的概念。条件反射就是一种高级的神经活动，原本不能引起某一反应的刺激，经过一段时间的学习之后，把这个刺激与另一个能引起反应的刺激同时给予，最终使这两个刺激之间彼此建立起联系。这种情况在生活中很常见。比如说当我们在超市里边看到山楂的时候，我们的嘴里会分泌唾液。这是因为我们以前多次吃过山楂，在山楂这个外界刺激和分泌唾液的生理反应之间建立了联系，这就是一种条件反射。

新生儿出生不久就出现了对刺激物的习惯化，这就是原始的记忆素材，也就是说，新生儿已经有了记忆，只不过他们的记忆表现方式比较特殊，容易让人忽略。新生儿和幼小婴儿的习惯化,是宝宝最初的记忆;随后出现条件反射,就是对条件刺激物作出条件性反应。随着宝宝的成长,他们记忆的内容也会慢慢地复杂起来。

婴儿的记忆有几种模式,最先出现的是运动性记忆出现最早,在出生后2周左右就会出现这种记忆,它是指宝宝能够记住自己的运动或动作。例如我们依靠最基本的运动技能来翻身、使用勺子等,又比如当宝宝偶然把瓶子扔进浴盆,瓶子落入水的时候发出的溅泼声让宝宝觉得很有趣,于是记住了这件事情,同样的场景出现时,他就会重复这个动作。

然后在孩子半岁左右的时候,情绪记忆就会出现。所谓情绪记忆是指对于体验过的情绪或者情感的回忆。然后是形象记忆(6~12个月)。其实宝宝2个月的时候就已经能够认识奶瓶了,每当妈妈把奶瓶放在他的嘴边,他就会笑着张开嘴巴,有时候还轻轻地吮吸着。这就是婴儿的形象记忆,是指根据具体形象来记住各种材料。当宝宝半岁以后,他就认识妈妈,知道谁是自己熟悉的人,谁是陌生人,认生的现象也是在这时候出现的。

最后出现的是词的逻辑性记忆,这种记忆是以语言材料作为记忆的内容,这种记忆会在宝宝掌握语言的过程中逐渐发展起来。因为语言比较抽象,所以宝宝的词语记忆发展也最晚,并且要求宝宝的语言能力发展到一定阶段才能够出现词语记忆。

儿童记忆发生后,便随着生理和心理等其他方面的发展,在量和质上不断地发展着。

记忆能力和人的其他能力一样,同样可以经过后天的训练而加强,所以爸爸妈妈可以采取一些措施来提高宝宝的记忆能力。

1. 提供形象具体的记忆对象

充分利用生动具体的形象来吸引宝宝的注意力,并且在日常生活中,给宝宝提出明确的记忆要求,促使宝宝从无意记忆过渡到有意记忆。

2. 帮助宝宝理解

3岁以前的宝宝,记忆主要以机械记忆为主,因为他的理解能力不够,所以家长在给宝宝讲故事的时候,应该多给宝宝讲解详细内容,帮助宝宝理解其中的含义,在理解的基础上进行记忆。

3. 多和宝宝一起回忆

也许宝宝并没有记住以前发生的事情,但是父母如果多和宝宝一起谈论以前的事情,一起念以前学过的儿歌,还是能够帮助宝宝回忆,巩固他的记忆的。而且,和宝宝一起谈论以前的事情,分享他的生活,还能够帮助他更深地了解自己。

4. 循序渐进

宝宝记忆过程不是一蹴而就的,需要从简单到复杂,从少数到多数。以讲故事为例,可以让宝宝先记住题目,然后记住故事的人物,再让他记住其中一个一个的小内容,等到这些内容都记住了以后,再让他把整个故事连贯起来记住。

孩子3岁前的记忆去哪里了

小宝的爸爸最近非常生气，为什么呢？因为小宝最近经常说"胡话"。前两天，在小区里面散步的时候，小宝遇见了一只小花猫，他高兴地告诉爸爸："爸爸爸爸，我们昨天见到的小猫！"爸爸有些疑惑地说："我们不是上星期看见的这只小猫吗？"更可气的是今天，去年小宝的爷爷奶奶为了照顾小宝，在这里住了一年才回老家去。今天来看自己的孙子，小宝竟然一个劲儿地往爸爸身后躲，不认识爷爷奶奶了。爷爷奶奶伤心地说："唉，这大孙子白疼了！"

为什么小宝会忘记什么时候见到的小猫呢？为什么小宝记不起原本见过的爷爷奶奶呢？其实这些都是3岁前的孩子的正常反应。这个时期的孩子，记忆为什么会有这么多的偏差呢？

首先，婴儿期宝宝的记忆在头脑中保留时间比较短，年龄越大的宝宝记住东西的时间越长。

3个月大的宝宝可以记住前一天第一次看到的东西；5个月大的宝宝可以记住两周前第一次看到的东西；9个月大的宝宝活动记忆能力开始发育。此时，他的大脑已经能够准确地捕捉到发生在他面前的事情。等到孩子到了1岁，他的记忆力就开始迅速增强了，开始能够长久地记忆他经历过的一些事情，但是记忆的保持时间仍然不能与成人相比。3岁的孩子只能回忆起几个星期以前的事情，所以故事中的小宝才会不认识爷爷奶奶了。

3岁前孩子记忆的另一个特点是精确性差，容易遗忘。3岁前宝宝的记忆是片段式的，不完整的，所以常常会出现丢失细节、顺序颠倒或者将人物和时空随意组合等情况。

许多父母可能会因为宝宝3岁前的记忆无论如何会出现空白，所以忽视了宝宝3岁前的记忆训练。其实这是错误的。因为宝宝在这个时期，记忆发展十分迅速。如果能很好地培养他的记忆力，对孩子的智力发展可以起到相当大的作用。其中，两岁是一个非常关键的时期，如果爸爸妈妈能够在这个时期给予宝宝良好的训练，那么孩子会终身拥有杰出的记忆水平。

那么，要怎么训练宝宝的记忆力呢？0~3岁的宝宝喜欢鲜明生动的事物，所以要选择一些具体的事物，比如"汽车"、"飞机"等，只要爸爸妈妈多次重复，宝宝就会记住。不过，宝宝往往不能将这些东西和具体的事物联系起来，所以爸爸妈妈要多多重复加强宝宝的记忆。

此时宝宝的记忆还是以机械记忆为主，所以爸爸妈妈可以采取机械记忆的方法，简单多次地重复宝宝感兴趣的事物。这时候宝宝的大脑就像是一架照相机，虽然他不能理解自己认识的事物，但是会留下印象。此时，爸爸妈妈也可以利用宝宝的机械记忆让他背诵一些简单的单词、儿歌等，在宝宝背诵之后，适当讲解。当宝宝长大之后，他就能很快适应理解记忆。

下面这些游戏都可以有效提高孩子的记忆力，爸爸妈妈可以经常跟孩子一起做这些游戏。

1. 交朋友

爸爸妈妈可以带着孩子到外面和小朋友一起玩。宝宝和其他小朋友认识之后，就可以问他一些简单的问题：这个小朋友叫什么名字啊？和他都做了什么游戏？这样不仅可以训练宝宝的记忆力，还可以提高宝宝的交际能力。

2. 拿东西

在桌子上放置几样东西，让宝宝看一分钟，然后把其中一样东西藏起来，让他说说少了哪一样。但是需要注意的是，这个游戏一定要循序渐进，东西不要一下子摆放过多。

3. 逛街

带宝宝上街，走过一个商店之后问孩子，"刚才那个商店门口放的是什么呀？"你还可以与宝宝比赛，看谁记得准，记得多。

4. 背诵儿歌

这也是一个很好的提高记忆力地方法，但是不要强迫孩子背诵自己不喜欢的东西，也不要过多地苛求孩子，让他承受过多的压力。

即使眼不见，心里也在想

小攀5个月的时候，手脚的动作和视线的变化变得比以前更协调了。这天，爸爸跟他在一起玩，拿着刚买的小汽车逗他，他看到汽车就会顺着视线伸出小手做出抓取的动作，嘴里还"嗯呀嗯呀"地急切地叫着。但是，当爸爸把小汽车藏到身后的时候，小攀就不再继续寻找小汽车了，视线又重新转回爸爸脸上。当爸爸把小汽车又从身后拿出来的时候，小攀"咯咯咯咯"地笑了，再次伸出手去拿。

小攀长到9个月的时候，即使爸爸把玩具藏在身后，小攀也会试着推开爸爸，努力想拿到那个看不见的玩具。这说明，此时的小攀已经可以意识到"看不见的东西"也依然存在。

在生活中，大多数儿童都会与小攀有一样的表现，随着年龄的增长，他们会开始寻找"看不见的东西"，因为儿童此时已经开始有了"客体永久性"的概念。

那么什么是"客体永久性"呢？这个概念最初是由著名的教育学家皮亚杰提出的，指的是我们关于客体基本性质的内隐的常识信念。例如，我们知道：客体之间都是相互独立的物理实体，共存于同一个空间；不管有无生命，也不管我们是不是与它之间存在相互作用，客体都是独立存在的，此外客体也独立于我们与它之间所可能存在的各种心理联系。只有确立了"客体永久性"的概念，我们才能区分施加于客体的动作（如看到、听到或触摸到它等）和客体的物理存在，即使当我们和它之间失去了行为联系的时候，我们也不会认为它已经消失了。此外，我们也知道，即使从我们的视野中消失，客体仍然可能从一个位置移动到另一个位置。客体的存在独立于我们与它们之间的知觉和运动联系。

按照皮亚杰的理论，婴儿最初是分不清自我与客体的，客体对儿童来说只是忽隐忽现的不稳定的视觉图像，儿童不了解客体可以独立于自我而客观地存在，儿童只认为自己看得见的东西才是存在的，而当自己看不见时它也就不存在了。当客体从眼前消失，而儿童依然认为它是存在的，这就是儿童建立了"客体永久性"的观念。客体永久性的建立是儿童已经把主客体区分开来的标志，建立起这种观念的年龄在一周岁左右。

在建立客体永久性的观念中，爬行能够起到非常重要的作用。

爬行首先是婴儿运动发展的一个过程。在爬的过程中，婴儿的躯干和大腿相继离开地面，是最后脚掌接触地面来支撑全身重量，完成直立姿势的过渡阶段。爬行动作对婴儿身体的全面活动、四肢动作的协调，以及全身各关节的运动都起着重要作用。可以说，爬行锻炼了全身的骨骼、关节、肌肉和内脏各器官，让婴儿的全身都参与到活动中来。此外，通过爬行，孩子还能开阔视野，接触到更多的外部世界，这有利于他感知觉的发育。总之，与不会爬的孩子相比，会爬的孩子的运动协调能力、对外界事物的反应能力和认知水平都要好得多。

曾经有人做过这样一项研究，发现爬行能促进儿童的客体永久性发展。

研究者选取了8个半月的婴儿作为研究对象，并将这些孩子分为不会爬、不会爬但使用学步车、手膝爬行三组。研究的结果发现，不会爬但使用学步车的婴儿和手膝爬行婴儿的客体永久性发展水平要高于不会爬的婴儿，其中手膝爬行经验在9周以上的婴儿表现最佳。

这项研究结果说明，形成客体永久性观念的过程中，年龄上的成熟虽然有一定的作用，但是并不能起到制约作用，而爬行等运动经验对婴儿客体永久性的发展具有明显促进作用。

婴儿从仰卧到直立行走的过程中，爬是很关键的一步。但是目前有很多家长因为怕脏、怕摔等原因不给孩子爬的机会，其实这是一种非常错误的做法。当孩子6~7个月时，父母就应该经常教他爬的动作，8~9个月时训练他用手和膝盖爬行，使他越爬越好，越爬越快，直到他能独立站立和行走为止。

孩子怎么记不住老师的话

文羽今年开始上幼儿园了，她非常喜欢那里，每次从幼儿园回来都显得无比兴奋。星期一的早晨，妈妈又要送她去幼儿园了。文羽穿着妈妈给她新买的蓬蓬裙，一路上蹦蹦跳跳的，就像一个活泼可爱的小公主。但是当她们走到教室时，妈妈很奇怪，因为她发现文羽所在的班上几乎每个小朋友都穿着运动服，于是妈妈就问文羽说："小羽，今天要穿运动服吗？你怎么没告诉妈妈这件事情呢？""妈妈，我不知道今天要穿运动服呀！"文羽轻松地回答。妈妈听了心里顿时觉得很担心："怎么小朋友都知道的事情就小羽不知道呢？莫非小羽在幼儿园不专心听老师说话？"

儿童心理学家研究发现，类似文羽的这种行为，几乎每个孩子都出现过，只是有的孩子出现得明显些，情况严重一点，有的孩子的情况没有那么明显。婴儿一生下来就有注意，但是这种注意是不受孩子大脑控制的，是一种先天的定向反射，是无意注意的最初形态。

婴儿期注意的发展主要表现在注意选择性的发展上。1~3个月的婴儿比较容易受到复杂的、不规则的图形的吸引，更喜欢曲线形状的、集中的或对称的刺激物；对3~6个月的婴儿来说，他们的视觉注意能力会在原有基础上进一步提高，平均注意时间增加，在注意时更偏爱复杂而有意义的对象，看得见的和可操纵的物体更能引起他们特别的兴趣和持久的注意；而6~12个月的婴儿的注意对象和注意选择性在范围和内容上会更进一步扩展，他们的选择性注意越来越受知识和经验的影响与支配，受当前事物（或人）在其社会认知体系中的地位以及婴儿所知的自己与它们之间的关系的支配或影响。1岁以后，由于语言的出现，婴儿的注意与语言紧密联系起来，成人的语言提示或指导对婴儿的注意能够起到一定的制约和调节作用。

在孩子的幼儿时期，儿童的注意主要以无意注意为主，随着年龄的增长，儿童的有意注意逐渐发展起来。幼儿的有意注意也有一定的发展过程。儿童3、4岁时的有意注意还不是很稳定，还需要成人有计划地向他们提出需要完成的任务的要求，帮助他们提高注意力。当儿童到了5、6岁的时候，他就开始能够独立地组织和控制自己的注意力了，这标志着儿童的有意注意开始形成。但是，在幼儿时期，儿童的有意注意始终具有明显的不稳定性。

另外，除了儿童的有意注意和无意注意的逐渐发展外，儿童注意的稳定性也随着年龄的增长逐步有所发展。科学家的实验研究证明：在良好的教育环境下，3岁幼儿能够集中注意力3~5分钟，4岁幼儿能够集中注意10分钟左右，5~6岁的幼儿能够集中注意15分钟左右。此外，由于游戏能引起幼儿极大的兴趣，所以现实生活中，处于游戏中的幼儿的注意时间会比在枯燥的实验室条件下还要长。

能够引起孩子注意的事物的范围也在不断地扩大。幼儿注意范围比较小，但是随年龄的增长，注意范围逐渐扩大。如幼儿园小班的儿童，一般只能注意到具有很鲜明特征的事物外部特点以及一些动作，比如火车或者轮船发出的汽笛声；幼儿园中班的儿童能注意到事物的不明显部位及事物之间的简单关系，比如火车、轮船的去向和忙碌的旅客，以及他们的表情之间存在的关系；大班儿童则开始对火车、轮船为什么能开动，船为什么在水上不会沉等内部状况或原因产生极大的兴趣。

哪个容器里的牛奶多

4岁的贝贝看到妈妈正在厨房里准备早餐，便走了进去。在厨房的桌子上放着两瓶完全相同的牛奶。贝贝看着妈妈打开其中的一瓶，把里面的牛奶全都倒进了一个玻璃杯里。她好奇地看着那只仍装满牛奶的瓶子转到杯子，又从杯子转回那个瓶子。妈妈发现了，就笑着问她："贝贝，你说，是瓶子里的牛奶多呢，还是杯子里的牛奶多？"贝贝又来回看了看杯子和瓶子，最后给出了一个出人意料的答案。她十分肯定地指着那个仍装满牛奶的瓶子奶声奶气地说："这里的牛奶多。"

家长们听到这个回答，大多数可能会哑然失笑。但事实是，如果你也只有4岁，那么你的回答很有可能会跟贝贝的答案一样。

为什么这么说呢？因为一般来讲，孩子到了7岁左右才能明白同一种液体不管倒到什么容器里体积都是不变的。贝贝只有4岁，如果她只是智力水平正常的小孩，当她看见瓶子里的牛奶比杯子里的牛奶液面高很多的时候，她自然就会认为是瓶子里的牛奶比较多。

儿童心理学家皮亚杰曾做过这样一个实验：

向儿童出示两个一模一样的瓶子，两个瓶子中装有相同体积的液体。在儿童确认两个瓶子装有相同数量的液体后，实验者将一个瓶子中的液体倒入另一个比较高但比较狭窄的瓶子里，并问被试儿童："这个比较高的瓶子里的水比这个矮瓶子里的水多，还是少？或者是一样多呢？"四五岁的儿童的回答通常是说较高的瓶子里的水比较多，而七八岁的儿童就已经认识到了液体的体积并没有变化，尽管知觉外表发生了变化。

为什么会出现截然相反的答案呢？皮亚杰认为，那是因为四五岁的孩子只注意到高瓶子里液体的高度超过了矮瓶子，将注意力集中到了事物变化的一个方面或一个维度，不能同时注意事物变化的多个方面或多个维度，因而做出了错误的判断。

下面的守恒实验也同样证明了以上结论。

先向儿童呈现两排一模一样的五角星，在儿童同意两排五角星的数量是一样的之后，将其中一排摊开。四五岁的儿童可能会说较长的一排五角星比较多，因为他们专注于一个维度（长度），并且使用的是知觉线索而非逻辑原则，而七八岁的儿童则能够在心理上逆转运算（移动五角星使其恢复原来的长度）、去中心化（既考虑长度也考虑密度），并且能够使用同一性原则推论出重新排列并不会改变一排五角星的数量。

皮亚杰的守恒实验说明，小孩子的能力是有限的，复杂的推算对于他们是比较困难的。我们不能苛求他们，要尊重他们的心理发展阶段，不要揠苗助长。

家长们可以用一下几个小游戏来测试一下孩子是不是理解了守恒，如果孩子年龄小没有理解，也不要板起面孔生硬地教孩子，要知道，只是他的理解水平还没到那个层次而已。

1. 长度守恒的小游戏

父母准备好一盒火柴，和宝宝一起数出4根，把它们摆成一条直线；然后再数出4根，摆成一个"M"形，然后问宝宝："上下两条线，哪条比较长？"宝宝如果已经形成了守恒的概念，就会给出正确的答案，否则，他会说上面的直线比较长。

2. 容量守恒的小游戏

父母在宝宝面前放上两个透明的玻璃杯，一个又粗又大的，一个又高又细的；再准备一盆水和一个舀水用的碗。让宝宝各舀一碗水倒进两个玻璃杯里，问宝宝："哪个杯子里的水多？还是一样多？"已形成容量守恒概念的宝宝会说一样多，否则，宝宝很可能会说又高又细的杯子里的水更多。

3. 数量守恒的小游戏

父母先摆上5支铅笔，让宝宝数数。如果宝宝还不会数到5，可以少放几支。宝宝数完后会说有5支。然后，父母把铅笔放进一个纸盒里，再问宝宝盒子里有几支铅笔。如果宝宝已经形成了守恒概念，他马上就会说是5支，反之，他就会认真地重新数一遍铅笔。

4. 质量守恒的小游戏

准备两块同等体积的橡皮泥，然后当着宝宝的面将其中一块分成3份，将另一块分成5份，让宝宝数一数。等他数完后，问宝宝："刚才两大块橡皮泥，哪块多啊？还是一样多呢？"如果宝宝已经形成了守恒概念，他会给出正确的回答。

以"我"为中心的孩子

鹏鹏今年4岁，特别招人喜欢。一天，家里来了一位客人，这位客人问他："嘿，鹏鹏，你有兄弟吗？"

"有。"鹏鹏很自豪地说。

"他叫什么名字？"客人问道。

"他叫龙龙。"鹏鹏说。

"那，龙龙有兄弟吗？"客人故意逗鹏鹏。

这下可把鹏鹏难住了，龙龙有兄弟吗？他很认真地思考了一会，非常肯定地说：

"没有！"

看到鹏鹏的回答，你一定会觉得十分好笑。但是，对于一个4岁的孩子来说，这个回答是十分正常的，因为此时的儿童是以自我为中心的。由于2~7岁的儿童的心理表象与直接感觉到的事物的形象联系十分直接，也十分密切，因而形成了这一时期思维另一个特点：自我中心。所谓自我中心就是指儿童往往只注意主观的观点，不能从客观事物的角度出发，只能从自己的角度来思考问题，只能考虑自己的观点，无法接受别人的观点，也不能将自己的观点与别人的观点相协调。

皮亚杰曾做过这样一个实验，来测验儿童的自我中心的思维特征：

他布置了一个风景秀丽的假山模型，模型包括三座高低、大小和颜色不同的山，先让儿童从四个方向对山进行仔细的观察，而后交给儿童四张这座山的侧景照片。然后实验者又让一个布娃娃在山的各处走动，当布娃娃停留在山的某一侧面时，他让儿童从四张照片中取出一张布娃娃面对的山的风景照。结果，受试儿童取出的照片并不是娃娃面对的那座山的照片，而是他自己面对的那座山的照片。这个实验说明，幼儿还不会站在别人的立场上来观察世界、分析问题，只能站在自己的立场上去看问题。

日常生活中我们也常常可以发现幼儿的思维有自我中心的特点。如幼儿知道自己有个哥哥或姐姐，但不知道他的哥哥或姐姐是否有他这个弟弟。生活中还有一个明显的例子是关于左右手的分辨。儿童很早就能认识自己的左右手，但是却要隔很长一段时间才能分清别人的左右手。

自我中心是儿童早期自我意识发展的一个必然阶段，但是如果父母能够从旁引导儿童，可以缩短儿童以自我为中心的思维方式。不过想帮助儿童走出自我中心，父母必须需要采取科学的教育方式，这个引导必须建立在正确认识儿童自我意识发展规律的基础上，父母应该主要从以下几个方面努力，来促进儿童自我意识的健康发展。

1. 引导孩子设身处地地为别人着想

帮孩子走出自我中心，需要父母的引导。作为家长，应该通过讲故事、做游戏和打比喻等手段引导孩子认识他人、理解他人和同情他人，促进孩子从"自我"走向"他人"，由自己想到别人。

例如，一对父母带着孩子去拜访朋友，朋友家的孩子正在吃苹果，朋友就叫自己的孩子拿一个苹果给来玩的孩子吃，但孩子不肯，朋友就开导他说："小朋友到我们家来玩，我们应好好地招待人家。如果你去别的小朋友家玩，人家只顾自己吃东西而不给你吃，你会高兴吗？"孩子说："不高兴"。朋友接着说："对呀，所以我们要给小朋友吃，他才会高兴呀。"通过一个比较，朋友家的孩子就很开心地拿出苹果来了。

2. 转移家庭注意的焦点

为了避免孩子的自我中心，父母应该有意识地转移家庭注意的焦点，把孩子视为一个独立的人，一个与其他家庭成员平等的人。这样就会使孩子不但能正确地认识自己，也能看到别人。

3. 让孩子多多参加集体活动

集体活动能使孩子品尝到成功带来的喜悦，体验到与他人合作的意义，走出自我中心。过度保护、封闭，会使孩子失去与他人游戏的机会，也会使孩子失去认识他人价值的机会。

智力发展，心理成长的催化剂

智力发展有规律，避免"填鸭式开发"

小勇今年4岁了，在妈妈的精心教育之下，他的智力发展一直都很好。但是妈妈仍担心会因自己的疏忽而影响了小勇的智力发展，为此，妈妈带小勇去做心理咨询。了解了妈妈的担忧，心理咨询专家告诉妈妈，其实人的智力是随年龄增长而增长的。在出生到16、17岁的这段时间里，智力发展呈上升趋势，之后智力发展速度减慢，但还是有所升高。22~30岁这段时间智力发展达到了顶峰，并保持这一水平。35岁之后，人的智力水平有所下降，但幅度不大。只要教育得当，是不会对孩子的智力造成影响的。听了专家的话，妈妈终于松了一口气。

根据心理学家的研究，人类的智力水平随着年龄的增加而增长。但是，智力增长过程是怎样的？成长曲线是等速的还是加速进行的？智力在多少岁达到高峰？研究者对这些问题的看法和意见并不一致。

但是大多数的研究都表明，人的智力发展水平是有一定的规律的，呈现出最初逐渐升高、最后又有所下降的过程。在出生到16岁的这段时间内，智力发展呈上升的趋势，且智力发展速度最快；此后智力发展速度虽然减慢，但是依然有所升高。大约在22~30岁这个时间段，人的智力发展达到顶峰，并一直保持这一水平。35岁后，人的智力开始逐渐下降，但趋势并不明显。

李先生是一家汽车制造厂的副总裁，为了开发儿子的智力，李先生从来都舍得大把大把地花钱，经常给儿子买各种各样的电动玩具、小人书，周末还带儿子去"开智班"进行智能训练。然而让李先生没有想到的是，儿子现在经常对着各种小玩具发呆出神，或者先玩一下积木，然后又转而去玩电动狗，不一会儿又开始玩机器人，就这样东摸摸、西碰碰，几乎把所有的玩具都翻了一个遍，但是还是无精打采的。

最让李先生吃惊的是，有一天晚上，他下班回家的时候，看见儿子坐在地板上，眼神空洞地望着一堆玩具发呆，看到爸爸回来，儿子忽然冒出了一句："爸爸，我好无聊啊！"李先生百思不得其解，他实在不明白儿子小小年纪为什么会说出这样的话，自己在孩子身上下了那么大的劲儿，去开发他的智力，为什么不见成效，反而把一个原本活泼的孩子变成了一个经常"无聊"的人呢？

其实，在儿童的智力开发中，这是很常见的事，这种现象通常被称作"智力厌食症"，也就是说儿童像厌食一样，对各种形式的智力开发活动产生了厌恶的情绪。这种情绪常常不是通过情感宣泄表达出来的，而是儿童的一种无意识的表露。"智力厌食症"常常表现为对以前十分喜欢的玩具产生厌倦，经常独自一个人发呆，对父母、教师布置的任务总是拖延时间，更为严重的可能会导致儿童厌食、失眠等。

据研究，造成这种所谓的"智力厌食症"的最主要原因是父母违背了智力开发理论的第四个方略——最近发展区理念。所谓"最近发展区"就是离孩子当前智力水平最近的那个区域，它处在当前智力发展水平稍高的地方，但又不是太高。就像我们摘树上的桃子，这个桃子我们站在地上伸直胳膊够不着，但如果我们稍微跳一跳，努力一下，就能摘着了。那么这个桃子的位置，心理学中就叫作"最近发展区"，而对孩子的智力开发就是要开发最近发展区的智力。儿童心理学研究表明，任何人的智力发展都有一个"最近发展区"，儿童尤为明显。如果父母求胜心切把孩子智力发展的目标定得过高，超过了最近发展区，那么就会给孩子带来压力，容易产生"智力厌食症"。

对于李先生的儿子那样的"智力厌食症"，最好的办法就是降低难度，减少刺激，而且最好进行几次"情绪宣泄"疗法让孩子把不良情的绪释放出来。"情绪宣泄"疗法对不同年龄阶段的人，具体的做法各不相同，对孩子来说，最有效的就是玩游戏，让孩子尽情玩耍，不要怕孩子"玩野了"。孩子把心中的不快通过游戏宣泄之后，就可以减轻压力，消除"智力厌食症"。

孩子不哭不闹是好事吗

悠悠的妈妈对迪迪的妈妈是好朋友，经常在一起交流教育心得。悠悠的妈妈对迪迪妈妈抱怨说："你别身在福中不知福了，我们家悠悠每天晚上哭得我都快要烦死了，恨不得把他变成一个机器人，只需要按一下键，就可以让他睡就睡，让他吃就吃。悠悠要是有你家迪迪一半乖就好了！"悠悠妈妈的话让迪迪的妈妈在高兴之余也不免犯起了嘀咕："我家迪迪是不是也太乖了？每天吃饱了就睡，肚子饿了也不知道闹，尿布湿了也不哭，这孩子是不是不正常啊？"日子一天天地过去了，迪迪的省心却越来越让妈妈的担心，迪迪的各项发展指数都比不上同龄孩子，甚至妈妈当着他的面离开，他也不哭，迪迪真的有病吗？

正像迪迪妈妈所担心的那样，实际上，不哭不闹看起来最省心的孩子可能是最不省心的，迪迪的种种表现已经呈现出智力低下的迹象。

智力低常的儿童又称智力落后儿童、弱智儿童、智力不足儿童、智力残疾儿童等，是相对于智力超常儿童来说的，一般是指智商低下（一般低于70），即智力发展水平明显低于同龄儿童或在智力发展上存在严重障碍的儿童。

事实上，智力低常的儿童不是某一种心理活动水平低下，而是整个心理活动各个方面的水平都很低下。一般来说，智力低常儿童对词和直观的材料识记能力都很差，在记忆再现中出现大量的歪曲和错误，缺乏逻辑和意义上的联系。另外记忆的保持性也很差，视觉表象贫乏、缺乏分化和稳定。而对于重度智力低常儿童来说，他们完全缺乏注意力，对周围的事物也漠不关心，置若罔闻；轻度智力低常儿童可以有被动注意，对自己感兴趣的事物也能有主动注意，但注意力不稳定，注意广度也很狭窄。低常儿童的语言能力出现比较晚而且发展缓慢，词汇量小，对词语意思的理解也很模糊，说话缺乏连贯性。此外，低常儿童在个性上通常也会表现出沮丧、缺乏自信、对人有敌意、情绪紧张、压抑等消极情绪，而且常常以失败的心态来对待自己所做的工作，思想方法绝对化。

智力低常虽然涉及心理学范畴，但是从医学或临床的角度看，这种情况一般被认为与生理缺陷密切相关，引起智力低常的这些生理因素包括以下几种：

（1）妊娠意外，如因事故或突发性刺激造成的早产等。早期被诊断为智力低常的儿童，经过特殊的教育、训练，智力会有一定程度的提高。

（2）病毒性感染，母亲怀孕时患有病毒性疾病而使胎儿感染，如梅毒、麻疹病毒感染等。

（3）神经系统病变，如结节性脑神经硬化症等。

（4）由新陈代谢紊乱造成的苯丙酮尿症或由于甲状腺素分泌不足所引起的痴呆等。

（5）染色体异常，如唐氏综合征等。

（6）意外事故，如车祸、强烈的放射性刺激、窒息等。

那么，儿童智力落后能不能在早期就发现呢？智力落后的早期发现是十分重要的，如果发现得早，孩子的智力往往能够得到一定程度地恢复。但是对于3岁前的幼儿来说，要判断孩子的智力发育情况，父母常常感到没有可依据的标准，所以常常延误对智力低常孩子的早期发现，并给早期教育带来更多的困难。

事实上，智力发育落后的孩子在其早期阶段有许多不同于正常儿童的表现，只要父母细心观察孩子的动作、表情、语言等，就可以发现孩子是否存在发育迟缓的现象。

以下的这些智力低常幼儿的早期表现都可以作为诊断的依据：

（1）3个月幼儿在母亲逗他（她）时，还不会微笑。

（2）4个月时对铃声还没有反应。

（3）5个月以后的幼儿完全没有认生现象。

（4）6个月时幼儿不能注视自己的双手，眼睛不能跟踪人或物体；动作很少，哭声无力或呈尖叫声。

（5）7个月以后尚未出现咀嚼动作。

（6）在打针时不知道哭，需要反复、持续地对其进行刺激才能引起啼哭。

（7）幼儿"乖"得出奇，整天睡觉，而且喂奶困难，如不给他喂奶，就一直睡下去。

（8）6个月以后乃至1周岁之后仍出现玩弄自己手的现象，或者经常将东西放入口中。

（9）6个月以上幼儿头围小于43厘米，伴有前额狭窄，发际低，枕部扁平，有时还有抽风，这时候要怀疑孩子是不是患有小头畸形。

智商与天才没有必然关系

军军今年5岁了，是一个人见人爱的小男孩。"五一"长假期间，小区里举办了一个"为了孩子的明天"的活动，其中有一项是为孩子测智商。妈妈一向很重视对军军的教育，也带军军参加了测试。经过半个小时的测验，结果终于出来了，妈妈迫不及待地问测试的老师："我家军军的智商是多少啊？""105，你家小孩挺聪明的。"听到这个结果，妈妈并不高兴，因为在军军3岁时曾进行过一次智商测试，那时，军军的智商是117。妈妈纳闷了，怎么军军的智商下降了，难道是自己的教育出了问题吗？

智商（IQ）这一概念是由美国心理学家首先提出的。他把智力年龄（MA）和实际年龄（CA）的比值称为智商，具体计算公式为：IQ=（智力年龄/实际年龄）×100。

这个概念说明，如果一个儿童的智力年龄与实际年龄相当，那么不论他有多大，他的智商总是100。如果一个4岁的儿童智龄是6岁，那么他的智商是150，一个10岁的儿童智龄是12，那么他的智商是120。

那么儿童的智商（IQ）随其年龄的增长是稳定不变的吗？如果一名儿童4岁时的智商为100，到了8岁或12岁的时候，他的智商还是100吗？智力测验有预测的功能，人们在用智力测验做预测时，一般都假定智力是相当稳定的。但实际上，智商有其稳定性，也有一定的可变性。首先婴儿时期的智力测验结果不能很好地预测以后的智力发展。但是随着年龄的增长，儿童的智力趋于稳定。就同一名儿童来说，随着年龄的增长，他的智商也不是一成不变的，绝大多数儿童的智商都出现了一定程度的变动。造成智商变动的原因可能是：智力发展的速率存在着个体差异，比如，有的先快后慢，有的则是先慢后快，这样导致多次测验分数的起伏；此外一些测验题目可能过分强调了某一个方面的知识或某种技能，这样有无机会习得这些知识或技能也会造成智商偏高或偏低的现象。前者是智力本身的变化，后者则是测验本身的效度问题。

"哗——"，两盒牙签落在地上，服务员连忙道歉，而雷蒙却愣愣地盯着一地的牙签出神，不一会儿，他脱口而出："198根。"

弟弟瞅了他一眼，问服务员："是198根？"

"每盒100根，应该是200根。"服务员答道。

"198根。"雷蒙似乎没有听到服务员的回答，执拗地重复着，弟弟一笑，想拉他走。

"等一等，"服务员突然说："对不起，应该是198根，这里还有两根。"在他手里的一个牙签盒里还留着两根未掉落的牙签。

这是影片《雨人》中的一个场景。那个叫雷蒙的人，自幼住在精神病院，智商仅为50，远远低于常人，然而他却有着惊人的记忆力、计算力和视觉判断力。像这种低智商与一种或数种高度发达的特殊才能并存的病例，在心理学上称为"白痴学者"。如果我们不知道雷蒙的真实情况，我们很可能在心理惊呼："天才！"

智力超常儿童是指智商在140以上的儿童，美国心理学家推孟称之为"天才"，我国古代称之为"神童"。

一些家长非常关心智商高是否意味着孩子是天才。研究者通常认为，天才的真正含义是在某个或某些领域具有一定历史时代所能达到的最高或较高的认识能力和实践能力的人，而高智商与天才之间往往并没有必然的联系。

有些天才只具有超过平均或者是普通的智力，有些天才的智力水平甚至是远远低于平均水平，也就是所谓的"白痴天才"或者"白痴学者"。对儿童来说，以下几个方面有助于我们鉴别天才儿童：

（1）有旺盛的好奇心、求知欲和创造性。

（2）有丰富的想象力。

（3）有广泛的兴趣。

（4）敏捷，善于解决问题。

（5）有较强的组织、概括能力，思维具有逻辑性。

（6）有较高的比较、判断能力，不盲从，依赖性小。

（7）较高的忍耐性，对已定目标有坚持下去的决心。

然而，这里需要强调的是，即使对于天才儿童，正确的引导和教育、适宜的成长环境也是至关重要的。对家长来说，最重要的并不是请专家鉴定自己的孩子是不是天才，而是科学、全面地了解自己的孩子，不仅包括智力方面的特点，也包括非智力方面的特点；并且为他提供适宜的环境和恰当的教育方法，使他的潜能得以充分挖掘。

男孩比女孩聪明吗

小雨今年上初三，马上就要参加中考了。对于即将到来的中考，小雨心里没有一点把握，她不知道自己能否顺利考入市重点高中。其实，小雨的成绩一直很不错。小学的时候，她一直是班里的第一名，小学升初中时，她又以全校第一名的成绩考入了这所重点初中。

上初中后，她的成绩依然名列前茅，从来没有出过前三。照理说小雨没有发愁的必要，可是她为什么会担心自己考不上重点高中呢？其实主要问题出在小雨的奶奶和妈妈身上。她奶奶和妈妈经常在她耳边唠叨说，女孩子小时候聪明，长大了就不行了；别看上小学时成绩很好，可一到中学就不行了，明显不如男孩子了……诸如此类的话小雨听得耳朵都起茧子了。听得多了，小雨现在也开始怀疑了，难道男孩真的比女孩聪明吗？

男女两性之间的智力发展存在差异吗？许多专家研究发现，虽然男女儿童在身体结构、体质等方面确实存在一定的差异，但是性别差异并不影响人的智力高低。整体而言，智力在男女儿童之间并不存在明显的差异，但是在智力发展的速度和智力的结构上还是存在一定的区别的。

多数心理学家研究揭示，在幼儿园阶段，男女儿童智力发展的速度几乎相等。所以，男女儿童的智力没有明显的差异。不过从小学开始，女孩的智力发展速度开始超过男孩，因此女孩的智力在这一时期明显优于男孩。到中学时期，男孩的智力发展速度开始比女孩快，而且随着年龄的增长，这种智力发展的差异越来越明显，因此男孩的智力明显优于女孩。

在智力结构方而，男女之间也存在一定的差异。在记忆方面，男孩善于理解记忆，女孩善于机械记忆；在注意方面，男孩倾向于注意物，女孩更倾向于注意人；在思维方面，男孩善于逻辑思维，女孩善于形象思维；在知觉方面，男孩易被图案吸引，女孩易被声音所吸引，所以在辨别方位时，男孩视觉能力比较强，女孩听觉能力比较强。造成这些智力结构差异的原因与男女儿童的生理特点、环境影响和所受的教育不同等因素相关。

有研究发现，非智力因素会造成男女在智力上的差异。比如，在小学阶段，男孩和女孩在数学上旗鼓相当，但到了高中，男性略微胜出，到了大学则占明显的优势。汉森在1986年的研究中得到这样一个结论：这一智力差异很可能是由男性和女性学到了不同的归因方式而导致的。比如，男性往往表现出更为适应的归因方式——认为成功缘于能力而失败归于运气；女性则倾向于认为失败是因为缺乏能力，这是一种不良的归因方式。

由此可见，男女智力发展并不存在显著的差异，即使有差异的存在也可能是由非智力因素导致的，而不是智力因素。

虽然男女的智力发展水平并不存在显著的差异，但是男女儿童在智力的某些方面有不同的特点，各具特色：

（1）在智力活动的某些方面，男女儿童各有所长。女孩的语言表达能力一般优于男孩，女孩通常说话早，词汇比较丰富，语言缺陷较少，口吃患者多见于男孩，而男孩在判断推理能力以及摆弄拆装物体方面的能力常胜于女孩。女孩的形象思维比较好，考虑问题周到、细致，男孩的抽象思维和创造性思维则比较强。另外，女孩的触觉、痛觉及听觉分辨能力比较敏锐，尤其是手指尖的感觉发展较快，能较早地学会做比较精细的动作，而男孩以视觉分辨及视觉空间能力见长。

（2）男女儿童之间存在特殊才能的差异。一般来说，女孩的表演才能占优势，而男孩操作和运动方面的才能占优势。

男女儿童智力各具特色，但对于每个具体的人来说又可能出现各种不同的情况，所以每个家长都应该要根据自己孩子才能的具体情况扬长避短，克服缺点，发挥优势，使孩子的聪明才能能够得以充分地发挥。

语言，表达心理感受的直接武器

"咿咿呀呀"——掌握语言的准备工作

自从牛牛出生，妈妈每天都跟他有说不完的话，说话时也总是用充满母爱的目光注视着牛牛的眼睛。无论做什么事情，妈妈都要用语言告诉牛牛，比如"牛牛，饿了吧，来，妈妈抱你吃奶"，"牛牛尿湿了，没关系的，换块尿布，就舒服了"……牛牛现在已经7个月了，有一天，牛牛吃完奶，冲着妈妈"哼"了一声，妈妈学着他也"哼"了一声，他很高兴地又发出一声"哎——"，妈妈又模仿他，紧接着他又变化了音调发出"啊——"，妈妈也愉快地继续学牛牛说话。牛牛看妈妈学他，更加高兴。于是就一会儿大声，一会儿轻声，一会儿短音，一会儿长音地说个不停。

自从婴幼儿满月之后，他们就开始越来越多地发出不同的单音节。百天后，他们就开始能够像唱歌似的发出一些连续的单音节，并出现了简单辅音。婴幼儿在第一和第二个月的时候就会用独特的喊叫声来表达他的喜悦之情，慢慢地他会越来越多地用兴奋的发音来替代喊叫。这一时期的婴幼儿不仅喜欢与别人"聊天"，而且还经常自言自语。例如，清晨醒来时，喝完奶后，他都会躺在小床上，一边玩耍，一边咿咿呀呀地说个不停，自得其乐。

大约5个月左右的时候，儿童就进入了牙牙学语的阶段。所谓"牙牙语"就是类似于成人语言中所使用的那些音节的重复。婴幼儿的言语能力都是从模仿成人的声音开始发展的。这个时期的儿童会发出和语音极为相似的声音，并能将辅音和元音结合到一起连续发出，例如把辅音b、m和元音a相结合连续发出，形成ba—ba—ba，ma—ma—ma等这些类似于"爸"、"妈"的单音节语音。其实这些音节对婴儿并没有实际意义，此时婴儿能发出的音节很多，而且不限于母语的声音，此时不同种族和生长在不同社会文化环境中的所有婴儿发出的音节都很相似。聋儿在此期间也会像正常婴儿一样发出牙牙语，只是因为他们缺乏听觉反馈，所以他们的"牙牙语"停止得比正常儿童早。

大约从第9个月开始，婴儿的牙牙语的出现率达到高峰，此时他们不但能重复不同音节的发音，还能发出同一音节的不同音调。这时的婴儿还能调节自己的发音以适合于当时的情景。当婴儿在小床内看一个运动着的物体和坐在妈妈膝上看这个物体时,牙牙语的发音是不同的;坐在妈妈膝上比坐在爸爸膝上的发音又要高些。虽然婴儿的牙牙语听起来像语音,并常常具有升降调,但它们仍然是毫无意义的,是不能被成人理解的。

牙牙语的作用很多,除了让儿童通过牙牙语掌握特殊的感觉运动技能,也让儿童了解某个具体的音调应该怎样发出,以便以后使用,同时儿童还能通过牙牙语,学会调节和控制发音器官的活动。这是以后真正的语言产生和发展所必需的。

了解宝宝的牙牙学语过程对父母很有帮助,它能让父母知道宝宝在干什么,他想干什么,从而做出正确的应答。

1. 新生儿

新生儿对语言的反应比其他声响更为敏感。当一个月大的婴儿听到一种陌生声音时,特别是陌生人的说话声时,吮吸奶瓶的速度会加快。

2. 2个月大的婴儿

他们大多已经能够发出响亮的"啊啊"声了,尽管他们还不能用语言跟你交谈,但会努力尝试着和你交流,或用声音对你的微笑和话语做出反应,他们会试图以成人的方式和你沟通交流。比如,当听到你的说话声时,孩子就会发出咿咿呀呀的声音,似乎是想和你说些什么,并期待着你的回答,然后他再做出反应。

3. 3个月大的婴儿

此时他们开始能分辨出不同人的说话声,这正是学习语言过程中的一个最为基础的环节。

4. 6个月的孩子

他将继续他的牙牙学语,而且会时不时地故意以喊叫的方式来引起你的注意。此阶段孩子的牙牙学语已变得非常动听,当你为他哼唱一曲童谣时,他会试图模仿你的歌声。当你和别人说话时,如果他也在一旁,即使他并不一定能听明白你们在说些什么,他也仍然会仔细倾听,同时还会观察你们各自的反应。

5. 1周岁的孩子

此时,他的牙牙学语明显变得更加频繁、复杂,他的话语之中开始加入了他所知道的音节,并用类似句子的短语把它们拼读出来——你应该知道他就要说话了。在不久的某一天,孩子也许会说出第一句真正的话。在这句话中,他所选择的那几个词语必定是对他十分重要又十分熟悉的人物或东西的名称,可能是妈妈、爸爸,也可能是奶瓶或布娃娃。

孩子说出的第一个有意义的单词

毛毛刚刚满1周岁,近来嘴里总是发出"ba—ba"的声音,这可把毛毛爸爸乐坏了,一回家就让毛毛叫他"爸爸",也不管毛毛正在玩还是已经困了。有时毛毛看着他,迟迟不肯张口,爸爸就没完没了地招呼毛毛叫"爸爸"。妈妈觉得毛毛只是发出类似"爸爸"的声音,不是因为认出爸爸才叫的。

从生理发展的角度看，儿童最初开口发音不是有目标、有指向地称呼别人，而是无意识地发出一些简单的音节，常常是容易上口的"ba—ba"、"ma—ma"、"yi—yi"、"ya—ya"，这些"前奏曲"还不能算是真正意义上的语言。

有人说自己的孩子在9个月之前就能理解成人的某个词语，但一些科学家的研究否定了这一种说法。实验者问一个6个月大的婴儿"灯在哪儿"时，婴儿能抬头看着天花板来作答，他们还发现，即使天花板上并没有灯管，婴儿也会抬头去注视，当发现上面没有灯时，也不会表现出困惑的表情。这个实验充分地证明了：婴儿并没有真正理解成人的言语，这只是对成人特定言语活动的一种特定的反应，也就是条件反射作用的结果。

许多研究表明，婴儿从第9个月开始就能真正地理解成人的言语，并且按照成人的吩咐去做出相应的事情和相应的动作。如跟婴儿说"和阿姨再见"，他就会摆摆手，但这都是在成人不断重复的吩咐和带领下才会做出的动作；等到婴儿11个月大的时候，婴儿就能对成人的吩咐马上做出反应，当听到妈妈说"跟爷爷奶奶说再见吧"的时候，婴儿会马上伸出小手做出"再见"的动作。到了12个月左右，婴儿对词语的理解和表达能力逐步发展，促进了言语的产生。

心理学界一般都以第一批词的产生作为婴儿言语发生的标志。什么是"第一批词"呢？欧美的心理学家认为婴儿说出的第一个与某一事物有特定指代关系的母语中的词就标志着言语的发生，而我国心理学家则把"第一批词"定义为把婴儿最早说出的第一个有概括性意义的词，所以我国通常认为婴儿言语发生的时间基本在10~14个月之间。

儿童在1岁到1岁半左右开始说出有意义的单词，看到父母时能分别叫出"爸爸"和"妈妈"。这个时期的儿童会用一个单词来表达更多更为丰富的意思，如这个年龄段的儿童说"兔兔"的时候，那么他想表达的意思并不只是"这是兔子"，而且还可能包含有"兔子真可爱"、"我想要兔子玩具"等含义。这时候的儿童就是用某个单词来表达某件事或自己的感觉、意愿等。

爸爸妈妈可以采用一些方法来促进婴儿的语言发展。当孩子3个月的时候，他已经熟悉了人说话的声音，这个时候，当婴儿处于清醒、愉快的状态时，父母或其他的监护人可以尽可能多地跟他讲话。讲话过程中要注意观察婴儿对你所说的话是不是注意，是不是感兴趣。跟婴儿说话的时候，态度要自然，速度要适当，语调要尽量柔和，发音要清晰。当还稍微大一点，4~5个月的时候，他们已经能通过喊叫的方式影响别人，所以父母或成人要注意婴儿愉快的叫喊和咿咿呀呀模仿说话的声音，并要及时地给他反应和回馈。此外，有意识地训练婴儿的发音器官也是十分重要的。如教他进行如下的发音训练：妈—妈、爸—爸、哥—哥、姐—姐、打—打、拉—拉等，这些训练能够使婴儿的唇、喉、舌、鼻等发音器官受到训练，增进发音器官的活动能力，研究表明7个月以后的婴儿对重复发音就已经有了模仿性，9个月以后的孩子模仿积极性更强，发音器官的训练可以在这个时候开始。

不要错过孩子语言发展的关键时刻

卡玛拉1912年生于印度，当年被狼叼走，与狼一起生活了8年。后来她被救回来并送到附近的一个孤儿院，由辛格牧师夫妇抚养。回到人类社会的第一年，卡玛拉只有狼的习性而没有人的心理，她不会思考、不会说话，用四肢行走，睡觉也和狼一样。卡玛拉经常半夜起来在室内外游荡，像狼一样嚎叫，吃饭、喝水都是在地上舔食。入院6年时，她能说出30个单词，智力达到两岁半的水平。第七年，卡玛拉基本上改变了狼的习性，能与正常孩子生活在一起，能说出四、五个单词，能用三言两语表达简单的意思，能唱简单的歌。她17岁死去时的智力才达到3岁半儿童的水平，仅知道一些简单的数字概念，学会了50个单词。

狼孩卡玛拉的例子说明如果错过了智力和语言发展的关键时期，后来的教育也难以起到太大的作用。

正常情况下，婴儿主要是在后天环境中不断接受语言的刺激，通过模仿成人的语言，逐渐学会说话的。儿童心理学家认为，整个婴儿期都是学习语言的准备期。当母亲与2个月左右的婴儿说话时，可以发现孩子的小嘴一动一动开始做出回答，这就是母婴对话的萌芽。6~7个月的孩子开始认生，这时父母应给他看各种景色、事物，听各种声音，同时用语言告诉孩子这些图片和声音的内容，使他留下记忆，为未来学习口语打下良好基础。当孩子能理解大众说话的意思时，可采用"模仿游戏"、"命名游戏"等方法促进孩子语言的发展，如喂饭时说"吃饭"，客人离开时教孩子说"拜拜"之类。

2~3岁是学习口语的最佳年龄。如果这时候妈妈能够利用孩子喜欢"语言游戏"的特点，抓住时机多与婴幼儿说话，反复发某个音或某些词语都会使他感到兴奋、喜悦。

尽管心理学界对语言关键期的具体时间仍有分歧，但是人们都支持语言发展的确存在关键期，一般认为口头语言学习的关键期是在2~3岁，书面语言学习的关键期是4~5岁，所以人的一生中学习语言最好的时期是1~5岁。这时期孩子学习语言既轻松，又迅速，其效率是任何成年人都无法比拟的。但是如果训练不当，孩子就会丧失语言能力或者成年后自我表达能力非常差。因此父母一定要抓住学习语言的最佳年龄，积极发展儿童的语言能力，以免错过语言发展的关键期，为孩子未来良好的沟通能力打下基础。

家长在帮助幼儿学习语言的时候，可以参考以下方法：

（1）积极发展儿童的语言能力，在儿童已有词汇和经验的基础上，不断扩大和丰富儿童的词汇范围。例如，可以有意识地训练孩子叙述见到的事情的能力，并注意纠正孩子的错误用词和多余的话；如果孩子讲得正确，要及时给予表扬，使孩子形成正确的语言表达方式。

（2）由于孩子年龄小，说话的时候难免会有错误和缺点，这个时候家长千万不要嘲笑孩子，不要故意重复他的错误和缺点，而要进行正确的示范。

（3）因为儿童语言的主要特点就是模仿，理解能力很差，所以即使周围的人存在语言上的错误，孩子也会照搬不误。家长应该尽量不让孩子同说话粗鲁、口齿不清的人接触，而要让孩子多向广播、电视里的人学习发音。

（4）给孩子提供尽量多的语言交流机会。例如，经常同孩子谈话，教孩子说歌谣，让孩子自己讲故事等。

（5）鼓励孩子多说话，如果有条件，可以让孩子学习一门外语。但是对孩子的外语学习要求不能过高，可以学习一些简单的句子和单词。在幼儿期间学习的外语，对孩子将来在学校以及长大成人后的外语学习都能起到非常深远的影响。

从单词到复合句：语言的小宇宙爆发

婷婷两岁半了，妈妈发现：最近一年来，婷婷的语言能力发生了很大的变化。一年前的婷婷只能说几个简单的词语，而且发音还不清晰，外人基本很难听懂她在说什么。可是现在，经常会有一些新词从她的小嘴里"蹦"出来。

有一天，妈妈正在厨房里做饭，婷婷就一直跟在妈妈的屁股后面转，闹着要去肯德基，妈妈被她吵得很烦，就批评了她几句，没想到她竟然转身跑到爸爸那里去告状："妈妈坏，骂婷婷，婷婷不理妈妈了。"爸爸见婷婷一口气说了这么多句子，心里很诧异，因为之前婷婷很少能一下子说这么多句子，她只会说诸如"妈妈做饭"、"爸爸上班"之类的简单语句。爸爸奇怪地想：婷婷的语言能力怎么会突然发展这么快了呢？

儿童语句的产生和发展经历了从简单到复杂的过程。这个过程大体上可以分为单词句、简单句和复合句三个不同的阶段。

1. 单词句阶段

单词句指儿童用一个单词来表达一个比该词意义更为丰富的想象力意思。比如儿童说"狗狗"，可能表示着"这是小狗"、"小狗真可爱"、"我要小狗"等几个意思。

1岁到1岁半的幼儿语言能力发展是建立在婴儿后期"初懂人意"的基础上的，"初懂人意"的婴儿大多能够听出10~20个词和说出几个词，而后就会进入进一步对言语的感知阶段。这时，幼儿开始说出有意义的单词，看到父母时能分别叫"爸爸"和"妈妈"。对一些经常接触的人和物已能在不同情况下正确地称呼，表现出一定的分化和概括。这个时期的幼儿大约可以理解40~100个词，但是这些单词只是作为事物或动作的一般标志，随后不久就出现了单词句。但是，这个时期的幼儿很少主动使用语言，表现得很被动。

2. 简单句阶段

1岁半到2岁的儿童说出的句子通常是简单句。此时由于幼儿掌握的词汇量增加，这时一个句子一般包括两三个或三四个词。如"爸爸上班"、"妈妈再见"等。这种句子在表达一个意思时虽然与单词句相比更明确，但是表现形式是不连续的、简略的，就好像电报式文件，所以又被称为电报句。此时的儿童句子中基本上没有修饰语，有时即使形式上看起来是有修饰语的，如"老伯伯"、"大积木"等，但是儿童实际上是把整个词组当作一个名词来使用的。

3. 复合句阶段

研究发现儿童在2岁时开始说为数极少的简单复合句，4至5岁时发展较快。复合句主要有联合复句和主从复句两大类，在联合复句中出现最多的是并列复句。如"爸爸排排坐，宝宝吃饭"。其次是连贯复句和补充复句。连贯复句如"吃好饭以后，我在家里找小华玩了一会儿，就看电视了"，补充复句如"我搭东西，我搭桥"。主从复句中反映了较复杂的逻辑关系，所以对儿童来说比较难掌握。主从复句中出现较多的是因果复句，如"这个汽车坏掉了，不好玩了"。

幼儿的复句中最显著的特点是结构松散，缺少连词，儿童在3岁时开始使用极少数连词，但直到6岁，使用连词的句子仍不多，仅占复合句总数的四分之一左右。

父母应该时刻关注孩子各个时期的变化，有计划地发展孩子的语言能力。1岁半到2岁的幼儿学习语言明显变得主动了，会经常向成人发问，让成人教他说出各种事物的名称。而且这时候幼儿言语发展的速度也加快了，到2岁末期，大约可掌握300个词。到3岁末期就可掌握近1000个词，甚至有的心理学家认为，3岁的孩子已掌握了本民族的基本语言。这段时间是孩子语言发展最为迅速的时期，如果父母按照以上的时期分别采取不同的措施，就能够获得事半功倍的效果。

孩子可能走进的语言误区：外延过度和外延不足

南南今年2岁了，这天，爸爸妈妈要带她去动物园玩，南南早就听妈妈说动物园里有很多动物，有老虎、狮子、大象、小猴子……虽然南南已经在画报上见过了，可她还是想去动物园看动物。吃过早饭，妈妈要带2岁的南南去动物园，为了快一点收拾完，妈妈就对南南说："南南乖，去帮妈妈拿一下鞋子。"南南非常听话地跑去拿鞋，不一会儿就回来了，可她手里拎的却是自己的一双小皮靴。妈妈见她把自己的小皮靴拿来了，就问南南："南南，那是妈妈的鞋子吗？"南南想了想，还是把自己的鞋子递给了妈妈："皮鞋，妈妈。"显然，在南南的思维中，"鞋子"就是特指她自己的鞋子。

随着年龄的增长，儿童掌握的词汇量不断增加，而且幼儿对自己所掌握的每一个词本身的含义也逐渐确切和加深了，但总的来说，和以后的发展比较起来，这个时期的词汇还是贫乏的，概括性也很低，理解和使用上也常常会发生错误。儿童使用单词的方式与成年人是不一样的，儿童开始使用单词的时候明显存在着词义扩大和词义缩小的倾向，也就是说儿童用词的时候会出现外延过度和外延不足。

外延过度是指将一个单词包含的词义扩展至比习惯用法更广的范围。例如当孩子学会用"狗"这个词的时候，看见猫、兔子和牛，他也可能用"狗"来称呼它们，这是因为孩子认为所有四条腿的小动物，或所有会活动的小动物，或者有毛的小动物等都叫作"狗"，甚至也可能见到任何毛茸茸的物体，如鸡毛掸子等也叫"狗"。词义扩张的倾向在1~2岁时最为明显，约1/3的词会被扩大运用，到3~4岁的时候这种情况会逐渐被克服。

外延不足是指缩小习惯用词的词义，表现为对一个词的可用范围理解过窄，把单词仅仅理解为最初与词结合的那个具体事物。例如"狗"这个词只是专指自己家养的那条狗，当看到其他的狗的时候，孩子就不知道那个东西要怎么来表达。随着年龄的增长以及知识经验的积累和抽象概括能力的发展，孩子对单词的理解外延不足的倾向也会逐渐减少。

凡是儿童能够正确理解又能正确运用的词，称为"积极词汇"。有时候幼儿虽然会说出一些词，但是他并不理解，或者虽然有些理解却不能正确使用，这样的词被称为"消极词汇"，消极词汇不能正确表达思想。虽然幼儿已经掌握了许多积极词汇，但也有不少消极词汇，因此常常发生语言混乱的现象。例如把"解放军"与"军队"混用，甚至可能会把"敌军"表达为"敌人解放军"等。因此父母在发展儿童语言能力的时候，应该注重发展幼儿的积极词汇，促进消极词汇向积极词汇的转化，不要满足于孩子会说多少词，而是要看孩子是否能正确理解和使用这些词。

另外，父母在教孩子说话的时候还要注意最好不要教孩子"奶话"。"奶话"指当刚出生8~9个月的婴儿，随着成人的语音刺激"咿咿呀呀"学话时，父母教给孩子的诸如"喵喵（猫）"、"汪汪（狗）"之类的奶话。这些话虽然生动有趣，符合孩子的特点，有助于孩子形象思维的开发，但是却忽略了孩子抽象思维的培养。其实，对于孩子来说，记住"猫"和"喵喵"所花的时间差不多，而前者是迟早要学的语言，后者却是以后要抛弃的语言。因此，为了使让孩子的语言能力得到良好的发展，家长在教孩子学说话时，最好直接教孩子比较正式的理性词汇。

孩子什么时候才能理解你的"正话反说"

小敏已经5岁了，星期天妈妈带她到游乐场玩。一进游乐场，小敏就被深深地吸引了。妈妈陪小敏在游乐场疯玩了两个小时，想休息一下再带小敏去玩，谁知道公司打电话要妈妈去加班。所以妈妈只好跟小敏说："小敏，乖，我们回家吧！妈妈下午有事，改天再来……""不，我还没玩够呢！""妈妈下午要加班，我们必须回去……"妈妈苦口婆心地说了半天，小敏就是不肯出来，妈妈生气了地说："好啊，你自己去玩啊。"谁知道小敏听到这句话竟然真的又跑去玩碰碰车了。

有一次妞妞不小心把牛奶打翻了，妈妈对她说："看你干的好事！"结果第二天，妞妞故意把牛奶打翻了，然后高兴地冲着妈妈喊："妈妈快来呀！我又干了一件好事！"妈妈看见之后哭笑不得。

2~4岁是孩子发展自我意识和语言能力的关键期，虽然此时孩子已经会说很多话，但是对语意的理解仍然处于发展中，所以经常出现词不达意的情况。在孩子本身理解能力有限，家长还要经常"正话反说"的情况下，孩子就会感到困惑，不利于孩子理解能力的发展，而且家长与语意完全不同的表情让孩子无法猜测家长的真实意思，这也不利于亲子之间的沟通。

家长在一气之下，偶尔说些气话来发泄一下是难免的，但是千万不要总是用反话去刺激孩子，否则孩子就会在遇到同样的情况时用这些反话去"安慰"别人，因为他分不出"正话"、"反话"，他只会有样学样地套用家长的话，这很可能会影响孩子与他人的沟通，让别人误解，认为孩子不讲礼貌、没有同情心。

幼儿对话语中讽刺意图的理解能力，以及对诚实话和讽刺话以及侮辱性话的辨别能力需要相当迟才会出现。他们常把成人的反话当作正面话理解。如年幼儿童擅自过马路，妈妈说，"你再走走看"，他就更向前走。幼儿把爸爸的书乱扔，爸爸说，"好啊，你把我的书扔得乱七八糟"，孩子就会扔得更起劲。

有一个研究小组考察了小学生是否能理解隐含在话语中的讽刺意义。例如说话者明明知道一个人跑得很慢，但却对这个人说："你跑得真快！"结果发现，一年级小学生还不能理解这句话的真正意义，三年级学生才基本理解。

由于幼儿的思维通常具体形象的，不善于分析事物的内在含义，难以理解语言的寓意、转义，所以在对幼儿进行教育时，家长一定要坚持正面引导，并且辅以肢体语言让孩子清楚地明白了家长要表达的意思，切忌讲反话，切忌嘲笑、讽刺幼儿。例如，孩子做完游戏后很兴奋，回家后还不能安静下来。这时候爸爸如果生气地说："你再吵，我就给你点颜色看看。"孩子很快就会安静下来等着看"颜色"，因为他们并不理解此处的"颜色"是什么意思。还有当父母带着孩子出去散步的时候，如果孩子缩脖、猫腰，父母却讽刺地说："你走得真好啊，跟个小老头一样。"孩子听了，不但不会挺起腰来，反而会更严重地都缩脖、猫腰。其实是孩子没有理解父母的正话反说。在批评孩子的时候，最好要坚持正面引导的原则，用具体形象的榜样感染、影响幼儿，空洞的说教和嘲讽，无论是对孩子心理的发育，还是对孩子语言能力的发展都是有害无益的。

第三章

孩子13岁以前，妈妈要懂的儿童发展心理学

敏感期——儿童发展进程中的黄金时期

多样的敏感期行为

冲冲今年已经6岁了，从冲冲出生的那天起，妈妈就为他准备了一本成长日记，准备作为孩子18岁的"成人礼"。不过这本成长日记有个特别的地方，那就是上边记录了孩子的表现和妈妈的心情，下边妈妈用另一种颜色的笔写下了孩子出现这种表现的原因。虽然带孩子是一件很辛苦的事情，但是每当翻开这本成长日记，妈妈的脸上总是会浮现出幸福的微笑。

"我的宝宝好可爱！他来到这个世界已经3个月了！离开他一会儿我都觉得想念得很。我每天都会拿着小玩具在他的眼前晃，而他的眼睛也会滴溜溜地跟着玩具转来转去。孩子的眼睛真的很纯净，黑白分明。不写了，我要去看宝宝。"

孩子感官的发育中，最先发育的是视觉。视觉能力发展的关键时期是在1岁之前的婴儿期。3个月大的时候，孩子的眼睛已经可以跟随物体运动，也能把视线固定在某一个物体上。所以，有色彩或者运动的物体都能吸引孩子，这些都能促进孩子视觉的发展。

"冲冲到底喜欢谁呢？前两天我们和冲冲一起睡觉，他爸爸随手抓过我的枕头放在了头下边，冲冲使劲儿推开了他爸爸，嘴里嘟囔着：'妈妈的枕头，爸爸不用！'我当时心里那个开心啊，很骄傲地冲着老公挤眼睛！结果昨天冲冲就来了个180度的转变。我们去郊游，我拿过他爸爸的帽子戴上，没想到冲冲一下就把我头上的帽子摘了下来，给他爸爸戴上了。这下轮到老公冲我挤眼睛了。"

其实这与孩子喜欢谁并没有多大关系，而是因为他正处在秩序敏感期，对物品所有者的秩序感非常敏感。孩子都需要一个有序的环境来帮助孩子认识周围事物各个部分之间的关系，这样才能让孩子更适应环境，行动更具有目的性，并且在建立秩序感之后找到自己最喜欢的生活方式。

"冲冲今天变成了一个'坏孩子'。我去幼儿园接他的时候，他竟然对我说了一句：'坏妈妈，我踢死你！'听到这句话，再看看孩子那认真的表情，我的心里别提多难受了！"

这是孩子进入了语言敏感期。当孩子的语言能力进一步提高之后，他会发现语言具有力量，尤其是具有强烈感情色彩的词汇竟然可以产生让别人生气的力量！所以孩子骂人的时候是在验证语言的威力。此时最好的应对凡事就是"淡定，不做出任何反应"。

"冲冲学会走路以后，活动范围增大了，喜欢的东西也越来越多了。今天我不小心把他房间的一个小盒子打翻了，里面的东西都是冲冲的'宝贝'——碎纸片、小树叶、小纽扣、黄豆粒……看到自己的'宝贝'被打翻，他迅速冲了过来，把这些东西一个一个捡起来，然后小心翼翼地放进了小盒子里。这孩子，以后不会成为'破烂王'吧？不过也好，行行出状元嘛！"

其实并不是孩子爱上了"收破烂"，而是他进入了对细微事物感兴趣的敏感期。在这个时期，孩子开始喜欢观察和收集琐碎的事物。如果这时候忽视了对孩子观察细微事物能力的培养，那么孩子长大以后就会成为一个粗心的人；如果对孩子的引导得当，那么孩子就会具备惊人的观察和探索能力。

冲冲妈妈的这本日记记录了孩子每一天的变化。而6岁前孩子的成长确实可以用"日新月异，突飞猛进"来形容。因为此时他们正处在一个接一个的敏感期内，在这些时期，孩子受到内在生命力的驱使，在某个时间段，专心吸收环境中某一个事物的特质，并且不断实践。每通过一个敏感期，孩子的智力水平就会上升到一个新的层面。孩子在敏感期的行为是多样的，而且富于变化性，成人有时候会很难理解，无法理解的时候不妨放手给孩子一个宽松的环境，千万不要让他失去这一生只有一次的特殊生命力。

蒙台梭利的九大儿童敏感期

著名的幼儿教育家蒙台梭利对婴幼儿的敏感期行为进行了系统地观察和研究，她把儿童必然会经历的敏感期归纳成下列九种：

1.感官敏感期

这个时期通常为孩子0~6岁。从出生的时候开始，孩子就会借助视觉、听觉、味觉、嗅觉、触觉等感官来熟悉周围的环境、认识事物的本质。3岁前，孩子通过生理本能来了解周围的事物；3~6岁的孩子除了能直观地认识事物之外，还能通过感官对事物进行分析和判断。蒙台梭利在提高孩子感官敏感程度的时候利用了很多教具，比如：听觉筒、触觉板等，这些教具可以更好地帮助孩子发展自己的感受能力。在孩子处于感官敏感期的时候，家长也可以准备一些教材，比如色彩纯净鲜艳的图片、会发出声音的玩具等等。当孩子对周围的一切充满探索欲望时，只要对自己没有危险同时不会侵犯别人，那么家长都应该尽量满足孩子的需求。

2.动作的敏感期

这个时期通常为0~6岁。动作发展主要包括两个领域，一个是身体运动方面，比如走路，走路的敏感期是在1~2岁；另一个是敏感期是手的动作，这个敏感期是在1.5岁~3岁。孩子在学习走路的过程中，是非常愿意不断行走的，而且在这个阶段也引起了手部动作的发展，因为孩子走到哪里，手就抓到哪里。研究表明，孩子的大脑发育与手部精细动作的发展具有密不可分的关系。所以孩子手部动作发育良好，对于孩子智力的发育也是很重要的。学会走路的时候是孩子最活泼好动的时候,在孩子动作的敏感期,父母应该充分让孩子运动,使其肢体动作正确、熟练,而且运动也有利于孩子左、右脑的均衡发展。

3. 语言敏感期

虽然孩子并不是一出生就会开口说话,但是他们从来到这个世界就开始了语言的学习,所以语言敏感期是0~6岁。当婴儿学会注视大人说话的口形,并发出咿咿呀呀的声音时,就开始了他的语言敏感期。对成人来说,学习一门语言是一件很困难的事情,但是对于婴幼儿来说,这很容易,这正是语言敏感期所具有的魔力。在这一时期,父母应该经常与孩子说话、讲故事;也可以多用"反问"的方式来加强孩子的表达能力。一般孩子在1.5岁左右都会开口说话,如果自己的孩子在2~3岁的时候还是迟迟不会说话,父母应该带着孩子到医院求助专业的医生。

4. 对细微事物感兴趣的敏感期

这个敏感期通常为1.5~4岁。整天忙忙碌碌无暇顾及周围的大人常常会忽略环境中的一些细小事物,但是孩子却能捕捉到其中的美妙。所以当孩子拾起一根头发丝,或者对着泥土里的小昆虫发呆的时候,不要粗暴地打断他,因为对细微事物感兴趣的敏感期是孩子锻炼观察能力以及培养孩子关注细节的优秀品质的最佳时期。

5. 秩序敏感期

这个时期通常为2~4岁。蒙台梭利通过观察发现这个时期的孩子会因为无法适应环境而害怕,甚至大发脾气,所以这个时期的幼儿对秩序有着极高的要求,他们对秩序的要求表现在事物一定要按顺序摆放,生活习惯不能改变,每个人都有自己的物品不能交换。这时候的孩子需要一个熟悉的环境来帮助他认识事物、了解自己生活的地方,所以他会对自己所在的地方是不是有变化非常敏感。一旦他所熟悉的环境发生变化或者消失,他就会感到无所适从。

6. 社会规范敏感期

这个时期通常为2.5~6岁。两岁半的孩子开始脱离以自我为中心的生活,逐渐表现出对结交朋友、群体活动的倾向。此时,父母要注意帮助孩子明确生活规范、学习日常礼节,使孩子长大后成为遵守社会规范、能够自我约束的人。

7. 书写敏感期

这个时期通常为3.5~4.5岁。蒙台梭利发现孩子的书写敏感期早于阅读敏感期。当孩子喜欢拿笔涂涂画画的时候就是孩子书写敏感期到来的时候。孩子进入书写敏感期一般需要经过用笔在纸上戳戳点点,来回画不规则的线条,画不规则的圆圈,书写规整的文字等几个阶段。要维持孩子的书写激情以及提高孩子的书写技艺,父母一定要对他书写的行为给予肯定和赞赏,并且尽量为他提供丰富的书写材料,充分调动他的好奇心来延长孩子练习书写的时间。实际上,如果父母给孩子创造出充满了乐趣的书写环境,他的书写敏感期就会提前出现或者爆发得更为猛烈。

8. 阅读敏感期

这个敏感期通常出现在孩子4.5~5.5岁的时候。孩子的阅读能力虽然出现得比较迟,但是如果孩子在语言、感官、动作等敏感期内各种能力得到了充分的发展和挖掘，那么他的阅读能力会自然而然地产生。此时，父母可以为孩子布置一个充满阅读氛围的环境，提供尽量多的书籍，这样孩子就能养成爱读书的好习惯，成为学识渊博的人。

9. 文化敏感期

这个敏感期是最晚的，在孩子6~9岁的时候才会出现。蒙台梭利指出孩子对于文化学习兴趣的萌芽出现在3岁左右；但到了6~9岁的时候，则对探究事物产生了浓厚的兴趣和强烈的愿望，此时孩子的大脑已经做好了接受大量文化信息的准备，只要父母在此时能够提供丰富的文化信息，孩子就会很快接收并内化为自己的知识。

敏感期决定孩子的一生

大家都熟悉印度"狼女"的故事，这两个女孩子被狼群带大。当她们被带回人类社会的时候，一个七八岁，一个大约两岁。后来小一点的孩子不幸去世了，而那个大狼女仅仅学会了几个单词，智力水平只相当于一个普通的婴儿。

在第二次世界大战时期，一个士兵在大森林里迷了路，在深山里过了20多年与世隔绝的生活。当人们把这个士兵带回人类社会之后，他只在开始的一段时间出现了语言障碍，说话的时候有些词不达意，但是没用多久他就能够顺畅地与人交流，把自己在深山中的生活讲给很多人听。后来这个士兵还娶妻生子，过上了正常人的幸福生活。

同样都是与世隔绝，为什么他们的结局会有天壤之别呢？其中的奥秘就在于儿童的"敏感期"。"狼女"所有重要的敏感期都是在狼的世界度过的，即使人类想尽了办法也无法让她回归社会，而她的心智也永远不可能回到正常的水平。而那个士兵虽然在森林中独自度过了20年的时光，但是促进他发育成长的所有敏感期都是在人类社会中度过的，那时候他的心智已经基本定型，所以只需要短暂的恢复期，那个士兵就顺利地回归了正常的生活。

这些事例告诉我们，教育的"关键期"就在儿童时代，这个时期是孩子特定能力和行为发展的最佳时期。处于敏感期的孩子对于外界的刺激有着敏锐的感觉，很容易吸收环境中的信息。蒙台梭利曾经这样描述敏感期的孩子和外界环境的关系："孩子爱恋着环境，和环境的关系有如恋人同伴一样。"

虽然儿童的敏感期现象是在幼儿的教育领域发现的，但是自然科学的研究也为这个时期的存在提供了证据。美国大学儿科神经生物学家哈利·丘加尼教授对婴儿大脑进行扫描后发现，婴儿大脑的各个区域在出生后会一个接一个的活跃起来，并逐渐建立起联系。科学家把大脑接收外部信息的时间段称为"机会之窗"，"机会之窗"会打开也会关闭，当它打开的时候孩子学习东西会变得容易、轻松，当"机会之窗"关闭的时候，学习会变得艰难。其实这个生理上的"机会之窗"就是幼儿心理学中的"敏感期"。

儿童的发展一旦错过了敏感期，就会产生或多或少的遗憾，这种遗憾也有大有小，而且在儿童以后的成长过程中将会很难弥补。有些敏感期可以得到弥补的机会，但是需要耗费更多的经历和时间；有些敏感期如果错过了就一生都不会再有机会去学习了。在各个敏感期如果孩子受到干扰或者阻碍，就不能正常使用他们身体的各种功能，相关的功能可能就会丧失或者发展不好。可见敏感期的作用是举足轻重的，它对孩子的一生都会产生影响。

敏感期是自然赋予孩子顺利成长的生命助力,为人父母者与其逼着孩子痛苦地学习某些技能,不惜一切代价让孩子赢在起跑线上,不如耐心地等待孩子敏感期的到来,让他们遵从心灵导师的指引,自发自主地快乐学习和成长。抓住敏感期,不仅会让学习变得轻松愉快,而且事半功倍。

视觉敏感期

视觉也需要开发吗

意大利有一个男孩,他有一只眼睛非常"奇怪",为什么这么说呢?因为多位眼科大夫检查后得出来的结论都是一样的:在生理上,这只眼睛完全正常。但实际上,这只眼睛是失明的,看不到任何东西。

这是怎么回事呢?原来男孩刚出生的时候这只眼睛轻度感染,医生就用绷带把它蒙了起来,两个星期后才拆掉。对于成人来说,蒙两个星期的眼睛完全不会影响视觉,但是对于刚刚出生的婴儿说这却是有着极大伤害的做法。

很多父母认为,孩子到了一定的年龄,视觉会自然而然地发展起来,有意识地去开发孩子的视觉根本没有必要。事实上,这种观点是错误的。无论动物还是人,在生命的初期,大脑还处于构建的过程中。任何一种感觉的形成都需要接受一定的刺激后与大脑中的神经中枢联系在一起才能正常地发挥作用。而意大利的那个男孩却在视觉与大脑功能建立联系的时候被剥夺了接触外界刺激的权利,所以原本控制着那只眼睛工作的大脑神经也就慢慢退化了。

一般来说,孩子的视觉敏感期是从出生到6个月的时候,父母一定要抓住这段时间,积极地开发孩子的视力。生活中,父母可以通过一些小游戏有意识地训练孩子的视觉感知能力。

比如,可以准备一个手电筒和一块纱布,晚上用纱布把手电筒蒙上,这样光线就不会太强烈。打开手电筒的同时关上房间的灯,让手电筒慢慢移动训练孩子用眼睛追逐光线。家长们会发现这时候孩子的目光会专注地留在光束上。不过这个游戏不应该玩得太久,当孩子对光束失去兴趣的时候,就应该停止。

需要提醒父母的一点是,游戏应该是在轻松的氛围中进行的,父母千万不要急功近利,为了训练孩子而强迫孩子做游戏。类似的游戏有很多,父母可以多发现,多尝试。

悠悠家卧室的一面墙上贴了两排CD碟片。这是为什么呢?原来是有一次悠悠的妈妈回家带回来一张碟片,才5个月大的悠悠发现了这张碟片,十分兴奋地看了十来分钟,而且从那以后,悠悠每次看到光碟都会露出开心的笑容。妈妈看见这种情况,就翻出了十几张碟片贴在了墙上,有时候还会变换一下粘贴的形状。

其实这也是一种培养孩子视觉的做法。5个月大的孩子会对光碟感兴趣是因为他们正处于视觉的敏感期,这个时候,孩子对明暗的对比十分敏感,而光碟常常会呈现出不同的颜色、明暗，还能够折射很多物品的影像，而这一切都能吸引孩子的注意力。因此孩子的视觉范围稍微扩大之后，家长们都可以采用这个办法来培养孩子的视觉。

除此之外，为了发展孩子的视力，家长还应该为孩子创造更丰富的视觉环境。一位妈妈分享了培养孩子视觉的经验：

我家孩子的婴儿床是可以调节角度的。孩子4个月的时候我就经常为他的婴儿床变换不同角度，这样，孩子就能够看到周围环境中更多的事物。除此之外，我还在他的床里挂了一些小玩具。里边有一个很特殊的洋娃娃，它的头很大，五官没有进行任何的艺术夸张和变形，我常常用这个娃娃来教孩子认识人的五官。我会指着娃娃的鼻子说："宝宝，这是鼻子，宝宝和妈妈都有鼻子。看，这个是妈妈的鼻子，"然后我会指着孩子的鼻子说："这是宝宝的鼻子。"这个时候，孩子总会非常开心，"啊、啊"地回答我。

其实，对于半岁之前的孩子来说，一个五官分布合理的娃娃是一个必需品，因为当孩子的视觉能力得到发展之后，最先引起他兴趣的就是人的五官。当然，当孩子开始对五官感兴趣的时候，镜子也是一个非常有用的道具。当孩子看到镜子后，他会凑上去看镜子里的自己，如果父母在镜子前教孩子找到五官，这不仅有利于孩子视觉的开发，而且还能帮助孩子了解镜子里的人就是他自己，提高孩子的认知水平。

一位妈妈曾经在女儿的床边放了一面镜子，孩子一觉醒来总是会先去寻找镜子，有时候还会翻个身去照镜子。后来这位妈妈发现自己女儿的翻身和抬头能力明显高于同龄人。

孩子稍大一些之后，父母可以让孩子去接触各种形状的东西，比如一些瓶瓶罐罐、勺子、餐盘等等。虽然他可能并不知道这些东西是用来做什么的，但是让他去接触这些东西，就能提高他的视觉注意力。

人们常说"眼睛是心灵的窗户"。视觉是其他感觉的基础，只有打好视觉基础，孩子的触觉、听觉才能更直接、更具体，也更敏锐。所以家长们一定要抓住孩子视觉发展的敏感期，利用各种方法和道具培养孩子的视觉能力，进而提高孩子的认知能力。

宝宝看的是光影交错

教育大师蒙台梭利曾经讲述了这样一个生物学案例：

雌性蝴蝶总是把卵产在安静又隐蔽的地方，但是刚出生的幼虫却总是爬到树顶去吃嫩叶。为什么会这样呢？难道幼虫一出生就知道长在树顶的嫩叶才是好吃吗？后来生物学家做了一个实验：把树梢上的嫩叶采下来放到蝴蝶卵所在的地方，但是孵化后的幼虫仍然努力地向树顶爬去。

不久生物学家终于揭开了谜底：蝴蝶幼虫的行为完全是因为光的刺激。当幼虫出壳后，对光的敏感让它们马上就朝着最明亮的地方爬去。当幼虫对光的敏感消失之后，它们所吃的嫩叶就不限于树梢上的了。

其实这就是视觉敏感期的作用。不仅仅是蝴蝶的幼虫存在对光的敏感期，刚刚出生的婴儿也存在对光的敏感期，这是视觉敏感期的开始。

意意一个多月的时候，妈妈抱着他在楼下晒太阳。妈妈忽然发现他一动不动地盯着爬山虎的叶子看，妈妈高兴地想："这么个小不点就对叶子这么感兴趣，将来没准能成个植物学家！"

第二天，妈妈又带着他来到楼下，发现他还是盯着叶子看。妈妈抱着他换了个位置，但是他马上到处寻找那些叶子，直到找到了才安静下来继续盯着叶子看。妈妈很奇怪，就顺着他的角度看过去，这才发现了他的秘密：原来他是在看阳光透过叶子投下的斑驳的光点。

出生后的第一个月，孩子大部分时间都是在睡眠中度过的，在这个时期，他们唯一的"爱好"就是睡觉，很少对其他事物产生兴趣。但是随着时间的推移，孩子睡觉时间明显减少了，经常会盯着一个地方看很长时间，连吃奶都变得不专心了，总是这看看那看看。当妈妈手里拿着玩具在他面前晃动的时候，他已经学会把注意力放在这个玩具上了。

小文3个月了，爸爸妈妈已经开始对他进行视觉训练了。有一天，妈妈手里拿了几个五颜六色的气球，心想："彩色的气球一定可以吸引孩子的注意力，锻炼他的视力。"出人意料的是，当妈妈把彩色的气球拿到孩子跟前时，孩子并没有显示出任何开心的表情，甚至没看两眼就转头去看别的东西了。

而当爸爸把几个白底黑点的气球放在小文眼前时，小文的表现让妈妈大跌眼镜，他看到这几个气球非常兴奋，伸手就去抓，抓到后就躺在小床上乐呵呵地玩了起来。

这是因为婴儿的视力发展并不完善，他们的眼睛只可以看到模糊的、明暗相间的世界，所以很多时候色彩鲜艳的气球反而吸引不了孩子的注意，对孩子的视力发展并没有太大的帮助。如果父母仔细观察的话，你还会发现孩子对从门缝中射进来的灯光或者窗外照进来的阳光非常感兴趣，有时候甚至会伸出小手去抓那道光线。此外孩子还对黑白照片、黑白相间的衣服有着浓厚的兴趣。因此对于处于视觉敏感期的孩子来说，那些色彩鲜艳的玩具远不如那些黑白对比强烈的东西或者光影有吸引力。

随着年龄的增长，孩子慢慢可以看清楚他周围的事物了，比较明显的是，他开始能够认出妈妈或者其他照顾他的人，并且会有选择地看周围的人。

随后孩子不仅能看清周围的物体，还能看到远处的事物，他们的视线范围在不断扩大。这是家长锻炼孩子视力和认知能力的最佳时期。这个时期，孩子长时间盯着某个物体看的注意力和精神是孩子认知能力的基础，家长可以抓住这一时间段用语言来激发孩子的视觉和认知能力。比如孩子们吃手的时候，会把手拿出来看一会儿再吃，趁着这个机会，妈妈可以拿着孩子的手在他眼前晃，告诉他这是他的小手，是用来抓东西的。家长还可以准备一些放大的照片给孩子看，一边看一边告诉他这些是什么东西。

虽然孩子暂时听不懂父母的话，但是这有什么关系呢？当父母不停地重复描述某件事情或者某个物体的时候，孩子就会慢慢地理解你所说的话，在这个过程中，不仅孩子的发展了视力，提高了认知能力，而且与父母的关系也会变得更亲近。

教大宝宝认识世界的颜色

4岁的莉莉开始对色彩产生了浓厚的兴趣。每当她进入幼儿园的教室，她就会马上拿出自己的图画书，在上边认认真真地进行涂色。老师总是夸莉莉色彩搭配越来越协调,涂的颜色越来越好看。

莉莉回家也不闲着,画画的时候,她能够在书桌前面坐上几个小时。就算妈妈喊她吃饭,她也会对妈妈说:"妈妈我想涂完这幅图再吃!"妈妈知道这是女儿在享受色彩敏感期,也就没多说什么,不一会儿,莉莉涂完了,把作品展示给妈妈看完之后才去洗手吃饭。

吃过午饭,莉莉又坐在书桌前开始了下午的涂涂画画……

孩子在3~4岁的时候就进入了色彩敏感期。一开始的时候,他们非常喜欢认识各种色彩。这时候父母可以有意识地拿一些色彩鲜艳的东西在孩子眼前晃一下来吸引孩子的注意力。可以给孩子买比较简单的8色或者12色的画笔,再告诉孩子这些是什么颜色的同时在纸上画一下,这样可以加深孩子的印象,提起他认识色彩的兴趣。

父母也可以准备一个棱镜,把它放在阳光下边,让七色光都反射在地板上,让孩子仔细观察这些色彩。也要注意游戏的时间,不要让孩子失去兴趣。前边我们提到光盘可以帮助孩子提高视觉敏感性,其实光盘也可以帮助孩子认识色彩。父母可以把光盘的背面展示给孩子,变换不同的角度,告诉孩子那些都是什么颜色。注意在阳光下的时候不要把阳光反射到孩子的眼睛里。

当孩子再大一些的时候,他们就会进入触摸、感知色彩的敏感期,大多数孩子都会爱上涂色游戏。儿童心理专家同时指出,孩子涂色的过程也是为以后的书写打基础的过程,只有通过最开始的乱涂乱画阶段,他们的书写才会有规律。父母可以给孩子准备油彩让他们去自由地创作,当然也可以跟孩子一起投入到涂色游戏当中,与孩子一起感受其中的乐趣。

不过,关于色彩的使用,父母或者老师的诱导是非常重要的。如果没有大人的诱导,孩子基本上不会使用色彩,有时候孩子画一张画只使用一种色彩。虽然父母应该引导孩子使用色彩,但是需要注意的是引导孩子而不是强迫孩子。如果发现孩子只使用一种色彩,你可以用商量的口气引导他是不是再加上一种色彩更漂亮,但是千万不要要求孩子按照你的想法去涂色,那样不仅会打击孩子认识色彩的积极性,也会阻碍孩子创造性的发展。

另外父母也要知道,孩子的发展具有不一致性,有的孩子色彩敏感期可能会提前到来,有的可能会延迟到来。所以父母不要看到孩子不喜欢认识色彩不喜欢画画的现象就强迫孩子去学习,要耐心等待孩子色彩敏感期的到来。

听觉敏感期

有声音就有吸引力

4个月大的宝宝又哭了,妈妈赶紧拿出刚买的小铃铛,在宝宝面前摇晃起来。这时候清脆的鼓声传了出来,宝宝就像得到命令一样,立刻停止了哭泣,眼睛开始跟着妈妈手中的小铃铛四处乱转。

妈妈继续摇动铃铛,孩子继续目不转睛地看,妈妈看着宝宝这么认真,就对宝宝说:"宝宝,这个是小铃铛,会响的小铃铛。"说完又摇了一下铃铛。这时候,孩子的小手开始伸出来，向着铃铛抓去。

还有一个孩子非常奇怪，原本安安稳稳的，如果房间里突然没了声音，孩子就会哇哇大哭。妈妈发现了这种情况之后，以后当妈妈在房间里做事的时候就会故意发出一些声音，或者自己哼唱一些儿童歌曲。每当房间里有声音的时候，孩子就会安安静静的，不再哭泣。

从故事中，我们可以看出，孩子其实是很喜欢有声音的环境的。很多父母为了给孩子一个安静的生活环境，说话总是细声细语，走路也总是悄悄地，其实这是完全没有必要的。让孩子生活在正常的环境中是最有利于孩子成长的，这样他就不会对家里过于安静的气氛感到恐惧。

孩子刚出生的时候，视觉与听觉是分开的，互不干涉，对外界环境的刺激不能做出一致的反应。但是在孩子0~2岁的时间段，既是视觉发育的敏感期，也是听觉发育的敏感期。所以在这个时期，爸爸妈妈应该有意识地给孩子提供一些刺激，让这种刺激既可以训练孩子的听觉，也可以提高孩子的视觉。其实第一个故事中妈妈的做好就很好。这样既可以同时提高听觉和视觉，也能够让这两种感觉协调发展，提高孩子反应的灵敏度。

要抓住孩子的听觉敏感期，妈妈可以试试以下几种小游戏。

1. 运用有声音的玩具

妈妈手里可以拿着玩具，把玩具放在离孩子25~30厘米的位置，一边让玩具发出声音，一边缓缓地移动玩具。当孩子听到声音的时候，他们的视线也会跟着玩具一起移动。妈妈要注意的是，玩具移动的速度一定要慢，如果过快的话，孩子的视线跟不上，就失去了提高孩子反应灵敏度的效果。当孩子对一种声音失去兴趣的时候，妈妈可以换另外一种声音的玩具，或者休息一会儿再继续玩。

2. 让孩子听听舒缓的音乐

不要以为孩子小就听不懂音乐，他们同样会被美妙动听、节奏流畅的曲子吸引。所以妈妈可以选择一些经典的曲目来刺激孩子的听觉，但是要注意，音乐的声音不能过大，同时不要选择那些情感变化剧烈的曲子。

3. 在孩子的耳边呼唤他的名字

妈妈可以与孩子面对面，确定孩子把注意力放在妈妈身上之后，在他耳边轻轻呼唤他的名字，当孩子向一边转头的时候，再到孩子的另一边呼唤他的名字。这样就可以提高孩子的注意力和对外界刺激的反应能力。

做以上游戏时一定要注意的是，不管是父母发出的声音还是玩具或者和音乐的声音，都一定要柔和动听。那种成人听到都感觉很恐怖的声音一定不要给孩子听。同时，父母不要让孩子长时间的暴露在同一种声音之中，否则孩子就会最终丧失对这种声音的敏感度。

孩子喜欢"妈妈腔"

研究表明，很多孩子都喜欢听"妈妈腔"，那么什么是"妈妈腔"呢？妈妈腔是一种被很多妈妈发现和使用的能够促进孩子听力和智商的说话腔调。

科学家曾经做过这样一个实验：

他们将一个陌生女子的录音放给一些4个月大的孩子听。录音的内容分为两部分。一部分是这位女子用成人的语言对婴儿们讲话；另一部分是这位女子用"妈妈腔"对孩子们说话。研究结果发现，婴儿们听到第一部分的录音时几乎没有反应，但是当听到第二部分录音的时候，他们就会不停地转头，寻找声音的来源。

通过这个实验，科学家证明了婴儿的确喜欢听"妈妈腔"。通过进一步的研究，他们发现婴儿能辨别出"妈妈腔"的最小年龄是在5周左右。

读到这里，很多妈妈可能会产生疑问，到底怎么说话才是"妈妈腔"呢？我们通过一个故事来了解一下。

一位妈妈领着两岁多的女儿到公园去游玩。她们都看到了池塘里非常漂亮的小金鱼，于是妈妈就带着孩子走近那朵花，对女儿说："这是金鱼。"女儿听完了并没有表现出任何的情绪波动。这时候妈妈换了一种语调对孩子说："宝宝，你看，这些都是小金鱼，是会游泳的小金鱼。过来看看，它们是怎么游泳的？"女儿听了这一番话，很开心地凑到池塘边观察金鱼，还给妈妈表演金鱼游泳的姿势。

妈妈用的第二种说法就是所谓的"妈妈腔"。"妈妈腔"一定要具有以下的特点才能帮助孩子更好地认识世界和了解世界。

（1）妈妈腔的语速要缓慢，只有这样孩子才更容易接收你的信息。虽然孩子的大脑拥有无穷的潜力，但是孩子在理解语言的时候还是比成人慢得多，所以想要和孩子更好地交流，就要拿出耐心，放慢语速。

（2）发音要清晰。孩子获得语言能力都是通过模仿来学习的，所以妈妈腔要字正腔圆。这并不是要求妈妈一定要讲普通话，而是要求不管是用普通话、方言还是外语，都要发音清晰明确。

（3）语句要简短。长句子是说给成人听的，孩子分不清主谓宾定状补，更听不懂语气变化所带来的含义变化，所以要让孩子充分理解你所说的话，就要把句子说得简洁明了。

（4）注意适度重复。只有不断地重复，孩子才能充分地吸收你所说的内容，否则，它对孩子的大脑是产生不了刺激的。

（5）注意说话内容要具体。比如说一朵花漂亮，一定不要直接问孩子"这朵花漂亮吗？"因为以孩子的词汇量，他们还不知道什么是漂亮。父母说话的时候要具体地描述花朵如何漂亮，只有这样孩子才会循序渐进地掌握更多的抽象词汇。

另外在运用"妈妈腔"的时候，家长要注意避开几个误区。首先"妈妈腔"不是妈妈的专利，它只是描述了一种语音语调的特点，这种强调妈妈可以用，爸爸也可以用，它并不是某一种性别的专利。另外，"妈妈腔"不是儿语。很多小孩子说话的时候"是的"会说成"细的"，"老师"会说成是"老西"，这是一种错误的发音，但是父母往往觉得很可爱，常常用这种发音和孩子说话，其实这会让孩子养成不良的说话习惯，以后再纠正也会很难。

"妈妈腔"也是有有效期的。孩子6岁之后，他已经掌握了语言工具，理解力和抽象思维也有了很大的发展，如果此时父母依然用"妈妈腔"和孩子说话的话，反而会阻碍孩子的发展。

让孩子的听力更上一层楼

很多父母可能有这样的经历，那就是每当夜幕降临，周围开始安静下来的时候。孩子总会时不时地问上一句："妈妈，你听见什么声音了吗？"而妈妈仔细听完之后会发现根本没有任何声音，但是孩子似乎被声音弄得烦躁不安。妈妈再仔细观察周围之后会发现，的确有着不同于以往的噪音，但是并不影响人们休息，不知道孩子为什么会这么敏感地捕捉到这些声音。

其实之所以成人听不到的声音孩子能听到，是因为我们已经非常熟悉周围的环境了，所以我们常常可以自动过滤掉一些噪音。比如我们白天工作的时候，即使外面的马路上有很多汽车经过，我们依然可以继续工作；另外我们还可以从噪音中提取我们想听到的那个声音，而孩子并不具备这样的能力，所以他们常常会被噪音干扰。而当孩子开始被噪音困扰的时候，这也代表着孩子的听力比以前提高了。

在嘈杂的环境中选择某种声音或者忽视某种声音，这也是人们听觉能力完备的一种表现。比如当父母开着音乐训练孩子听力的同时，还开着电视等其他的电器，那么孩子是无法集中注意力听音乐的。在这种情况下，家长要有意地训练孩子忽略噪音和在噪音中提取有效声音的能力。

那么怎样帮助孩子的听力更上一层楼呢？

1. 有意在孩子的生活中添加一点噪音

下面是一位母亲训练孩子听力的方法：

为了锻炼孩子应对"噪音"的能力，我故意在给孩子讲故事的时候把电视打开。开始的时候声音很小，等到孩子适应了这种背景声音后，我会渐渐地把声音加大，直到电视的声音和我讲故事的声音差不多的时候。但是到了这个阶段，孩子在两种声音都存在的情况下依然能够专心听我讲故事。

其实这位母亲的做法是很科学的，她循序渐进地培养了孩子适应噪音的能力，而不是一下子把孩子放在一个被噪声环绕的环境中。需要注意的是，如果孩子被电视中的画面和声音吸引，父母应该关掉电视，因为孩子不能专心听故事的情况下，还开着电视就可能会使孩子养成做事不专注的习惯，这样就得不偿失了。

除了以上这种方法，父母还可以带着孩子到商场或者菜市场这样比较嘈杂的场合中，锻炼孩子的听力。

2. 要注意添加噪音的度

给孩子的生活加点噪音提高他们的听力水平，这个想法是好的，但是如果发现孩子已经被噪音折磨得烦躁不安，父母应该主动带着孩子走出噪音环境，稳定孩子的心情。否则，就违背了自己的初衷，还给孩子带来了不必要的压力。

口的敏感期

口是探索世界的工具

一位妈妈这样讲述自己家的孩子：

我的孩子今年一岁半，我经常带着他到楼下的小花园去玩耍。可是我发现孩子特别喜欢用手抠地面上的土，而且把能捡到的东西都放进嘴里。我跟孩子说过不要用手抓脏东西，更不要把脏东西放进嘴里。可是孩子就像没有听懂一样，还是见到什么就往嘴里塞什么。这样下去，我真的害怕孩子因为吃了脏东西而生病。

上面的现象并不是个例。另外一位妈妈也有同样的困扰。

女儿14个月大的时候已经学会用手抓东西了，凡是抓在手里的东西她就一定会送进嘴里"检验"。最开始的时候，连自己的手和脚也不放过。现在女儿开始了咬东西，见到什么咬什么。有些人看到女儿这样总是会忍不住阻止她，每当这个时候，孩子总会痛苦地大声哭喊。妈妈就会走过去告诉那些大人不要打扰孩子的"工作"。

话虽如此，但是妈妈也有自己的担心，因为分不清楚放进嘴里的东西是不是安全，所以妈妈只能眼睛时时刻刻都盯着她看，生怕她把瓜子皮、硬币等吞下肚子里。还有一次，女儿找到一个带皮的橘子瓣，想都没想就全都放进了嘴里。妈妈刚想上前帮女儿把橘子皮剥下来，只见女儿皱着眉头把橘子皮吐了出来，吃掉了橘子瓣。妈妈笑了："看来孩子还真是用口来认识世界的！"

一般来说，孩子的口腔敏感期集中在出生到2岁这个阶段，在这一阶段，孩子会把自己的大部分注意力放在口上，但是随着年龄的增长，孩子的手和其他器官也会出现敏感期，此时口就不再是探索世界的主要方式了。

口腔敏感期持续时间的长短和孩子所处的环境有很大的关系。如果在这一时期，父母能够给孩子一个宽松的环境，让孩子尽情地去"品尝"世界，探索世界，那么孩子的口腔敏感期会很快过去。但是如果父母强行阻止孩子，这个敏感期可能就会持续很长时间，因为孩子是通过口把自身与外界建立联系的，如果没有建立起与外界的良好关系，那么孩子的口腔敏感期是不会停止的。

那么为了让孩子顺利度过口腔敏感期，父母可以采取哪些技巧来帮助孩子呢？

1. 首先要尊重孩子的口腔敏感期

这时候要允许孩子用口去品尝味道，去探索世界，否则就会引起孩子的不满。第二个故事中当孩子遭到阻止的时候会哭闹就是孩子反抗的表现。为了让孩子快速地度过这个敏感期，父母首先应该明确口腔敏感期的存在并且要尊重孩子的口腔敏感期。

2. 尽量满足孩子的需求

知道孩子具有口腔敏感期后，父母应该尽量去满足孩子的这一需求。如果父母没有满足孩子，那么孩子极有可能去抢别人的食物，拿别人的东西，如果孩子养成了这种坏习惯，以后再想纠正是很困难的。所以为了避免上述情况的发生，父母应该从最大程度上满足孩子的探索需求，支持孩子的探索行动，只有这样，孩子的这段敏感期才会迅速结束。当然父母也要注意孩子的安全，把一些危险的东西，比如剪刀、图钉等物品放到孩子看不到的地方。

3. 关于卫生的问题

其实对于孩子的口腔敏感期，很多父母最担心的就是卫生问题，因为此时的孩子分不清干净和肮脏，所以不管看到什么都会放进嘴里。在家里的时候，父母可以把孩子喜欢放进嘴里的东西洗干净，另外要让孩子锻炼身体以提高免疫力。在外面的时候，父母要学会转移孩子的注意力。比如当孩子捡到小石子的时候，可以自己也捡起一个小石子，扔向远处，然后对孩子说看看谁扔得远。这样孩子把石子放进嘴巴里的机会就减少了。

吃手也是孩子的成长任务

小兰今年已是五岁的孩子了，但仍保留着吸吮手指的习惯。其父母每每看到她的这种行为就严加斥责，甚至打骂。然而，孩子仍然难以改变这种习惯，往往下意识地将手指塞进嘴中。如今，小兰的右手食指已经有一些畸形，焦虑的父母也发现一个现象，每当孩子紧张不安时就会选择这种方式慰藉自己。

在日常生活中，只要稍加留意，就会发现身边有孩子在吃手。如果你的孩子在3岁以前，那么这种孩子的这种情况不必特别在意。因为有统计表明，90%的正常婴儿都有吃手的行为，特别是儿童长牙的时候，这是儿童发展过程中的正常现象。

心理学专家认为宝宝到了2~3个月时，随着大脑皮质的发育，婴儿学会了两个动作，一个是用小手在眼前摇动，眼睛会盯着自己的小手看，这是看手游戏；另一个就是吃手，因为宝宝最开始是以口来感知外界的，他们就是用这种特殊的方式来认识自己身体的各个部分的。6个月左右的孩子看见什么东西都喜欢把它放进嘴里，吃手也是同样的道理。吃手可以说是智力发展的信号。随着时间的推移，大部分孩子不用妈妈操心就可以改掉这个坏习惯，因为对他来说，这个世界更大了，他会发现更多的有趣的事情。所以，6个月之内的孩子喜欢吃手并不是什么大问题。

孩子6个月到3岁之间的吃手通常是为了排解无聊。此时，吃手就是孩子的心理安慰剂。他们往往在自己的某种需求得不到满足的时候用吃手来稳定自己的情绪，这一时期的吃手现象也不需要纠正。但是需要父母反思自己是不是平时没有花足够的时间陪孩子玩耍，孩子身边的环境是不是过于单调等等。如果父母没有发现这样的问题，那么孩子吃手并不是什么大问题，自然而然就会变好。

不过心理学家进一步指出孩子在两3岁时吃手是很正常的事情，但如果到了四五岁甚至更大时还吃的话，就有些不正常了，这需要引起家长的注意。

那么，应该如何矫治孩子吃手指这一习惯呢？

1. 要发现并消除环境中的紧张因素

如果父母关系紧张，经常吵架，或者对孩子要求过于严厉，经常打骂孩子等都会加剧孩子吃手的毛病。只有温馨轻松的家庭氛围，才能稳定孩子的情绪，更有利于克服孩子吃手的毛病。

2. 家长不要暗示或强化这种吃手的行为

在孩子出现吃手、咬指甲等行为时，家长就叫嚷："看，他又在吃了！"这样做，不仅不能帮助他克服这种毛病，有时候反而会让情况恶化。当他听到叫嚷时会感到紧张，越紧张，就越会不由自主地咬起来。因此，家长不要总是神经质地监视着他。

3. 父母要在孩子吃手的时候分散、转移他的注意力

可以培养他的兴趣，总是让孩子有事可干，如画画、搭积木，也可以让他帮助父母干点家务，这样孩子吃手的时间就会逐渐减少，而这种不良的行为习惯也可能最终消失。

4. 如果在以上的方法都不奏效的时候，可以试试"厌恶疗法"

在孩子的手指上抹上一些黄连素或者胡椒粉，让他吃手的时候产生难受的感觉，最终他会对吃手产生一种厌恶感，这样可以减少或消除这种不良行为习惯。不过需要注意的是，这是下下策，父母最好耐心地帮助孩子克服吃手这种行为。

糖是甜的——给孩子最直观的味觉认知

味觉是孩子出生时候最优秀的感觉之一，它同样是孩子认识外界事物、探索世界奥秘的重要途径。不过味觉很多时候都需要嗅觉的辅助，所以很多时候两者是密不可分的。

长期以来，人们一直认为味觉对于孩子的心理和生理发展不像视觉和听觉那样重要，但是最近的研究结果表明，味觉是人类最初维持生存、防御危险的重要手段，所以训练孩子的味觉同样非常重要，对味觉的训练同样能够促进孩子感官功能的全面发展。

田田出生后，妈妈身体没有恢复好，所以不能给孩子进行母乳喂养，只能给她吃配方奶粉。后来妈妈听朋友说另外一种奶粉质量很好，于是就打算给孩子换换。可是不管用什么办法吸引她，田田就是不肯喝新奶粉。田田妈妈把自己的苦恼和其他的新妈妈们进行交流，这才发现原来并不是田田很挑剔，很多孩子都出现过同样的状况。那些妈妈教给田田妈妈一个好办法，那就按照每天递减原有奶粉的比例冲调奶粉给田田喝，让孩子逐渐接受新奶粉的味道。

香香最喜欢吃妈妈做的馄饨，每次都能吃上好几个。最近，妈妈为了让女儿能够摄取更多的营养，也为了给女儿换换口味，于是给孩子做了羊肉香菜馅的馄饨。谁知刚吃了一口，女儿就把嘴里的东西吐了出来说有股怪味道。后来女儿就学会了给妈妈做的菜挑毛病，不是咸了就是淡了，要不就是有股怪味道。妈妈很奇怪，女儿以前不挑食的，这是怎么回事呢？

当孩子刚刚出生的时候，他就会以一种对味道的偏爱与养育者进行一种无声的沟通。这时候他的味觉已经很灵敏了，对于不同的味道会有不同的反应。婴儿时期的孩子更喜欢吮吸和吞咽一些带有甜味的东西，对于苦味、酸味和咸味的东西非常排斥。其实，这种反应对与生存具有重要意义，因为对新生儿来说最理想的食品就是略带甜味的母乳。

孩子4个月左右的时候才开始喜欢咸味，这也是为他开始吃非流食做准备。口味形

成和味觉发育的黄金时期是在1岁以内，此时父母应该避免给孩子吃过甜或者过咸的食物。为了给孩子添加辅食做准备，父母可以让这一时期的孩子多喝一些果汁和蔬菜汁，这可以让孩子记住更多的味道并且不排斥这些味道，也可以防止孩子养成挑食的毛病。

还有很多妈妈可能会发现原本不挑食的孩子变得挑食了，就像故事中的香香一样，其实这是孩子进入了味觉敏感期的原因。这个时期的孩子，即使是同一种食物，只要味道稍有改变，他们就能很敏锐地觉察到。有些孩子对于酸味的食品特别敏感，有些则对胡萝卜、青椒非常反感。其实父母应该在孩子敏感期的时候引导孩子尝试更多的味道，刺激他们的味觉感受。否则孩子就会排斥某种食品，严重的甚至会影响孩子一生的口味。

要给孩子更丰富的味觉感受，父母要让孩子多多品尝各种味道，并在一旁给予语言的介绍，这样孩子就会对味道形成直观的感受。比如给孩子一杯糖水，可以在孩子喝的时候，轻轻告诉孩子："孩子，这杯水是甜的。"这样孩子就会将他所听到的声音和味觉联系起来，随着经验的积累和认知能力的发展，孩子就会逐渐学会辨别味道并理解这种味道所代表的含义。

嗅觉敏感期

固定的气味带来安全感

孩子天生就有嗅觉，那么嗅觉还需要培养吗？其实这是一个见仁见智的问题。有些人可能会说虽然人的嗅觉没有视觉和听觉那么重要，但是训练过和没训练过还是有差别的；另一些人可能持这样的观点：我的孩子长大不当闻香师、调味师、调酒师……训练嗅觉没有必要。其实嗅觉的功能远远不止闻味道那么简单，它在人类出现的早期曾经起到过重要的作用。早期的人类可以依靠嗅觉来避免危险的环境和事物，嗅觉是一种凭直觉作出反应的感觉。当人吸气时，空气中的气味借着鼻黏膜上的感受器，由嗅觉神经传送到大脑中的海马叶。人类可以通过嗅觉来避免很多潜在的危险，比如很多人如果闻到不好的味道会自动避开那个环境，这就是嗅觉的功能之一。

当然嗅觉除了可以帮助人类避免危险的环境和事物，也可以帮助人们拥有一种安全感。如果到了一个气味与家里很相似的地方，人们大多数会感到放松和舒适，如果这个环境的味道与自己喜欢的味道大相径庭，人们就不自觉地感到紧张。

研究表明，孩子从刚刚出生的时候就具有了一定的嗅觉功能，而且是非常灵敏的，他们能够很轻松地识别母亲的气味。

曾经有科学家做过这样一个实验，当孩子哭闹不休时，将留有母亲气味的衣服放在婴儿的枕头下面，就可以帮助孩子安然入睡。有的孩子即使在睡觉的时候，也能够轻松地辨别出躺在自己身边的是不是自己的妈妈。有人曾经做过这样的实验：一位妈妈抱着不属于自己的孩子给其喂奶，但是孩子凭着灵敏的嗅觉知道这不是自己的妈妈，所以拒绝吃奶。

小皮皮刚刚出生不久，因为妈妈忙不过来，所以外婆过来帮忙带孩子。开始的时候，皮皮和外婆很亲，但是最近不知道怎么回事，只要外婆一抱他他就开始放声大哭。妈妈很奇怪，就仔细观察了一下，发现外婆和以前并没有多大的变化，只是这两天染了下头发而已。

其实皮皮的妈妈不知道，皮皮的变化就是因为外婆染头发所用的染发剂。染发剂通常会有很大的味道，有的时候一周都散不掉。而孩子习惯了外婆身上原来的味道，他知道那种味道没有危险，很安全。当孩子闻到陌生的味道时，孩子就会觉得自己来到了一个不安全的环境，会很恐惧，也正是这个原因，外婆一抱起皮皮，皮皮就会哭闹。

其实，熟悉的味道能够给孩子带来安全感，他知道熟悉的味道代表着安全的环境，知道自己没有危险，这样他的心情会很平和。一旦周围的气味发生了改变，他就知道自己所处的环境有不熟悉的人或物品进入，他不能判断这个人或物品是不是有危险，只能靠大声哭喊来呼唤父母保护自己。

所以，为了给孩子安全感，父母要保证孩子周围的气味相对固定。只有这样，孩子才能对周围的环境产生信任的感觉，同时这种环境也有利于亲子依恋关系的形成。

教孩子认识更多的气味

正如孩子对某些图案和声音有偏爱一样，他对气味也十分敏感。当孩子闻到牛奶、香蕉等食物发出的香味时，他会深呼吸；当他闻到酒精和醋等刺激性气味时，他会扭头。在孩子出生仅一周的时候，他就会把自己的头转向自己母亲的乳房衬垫，而对其他母亲的乳房衬垫没有反应。嗅觉就像一个小雷达，时时刻刻搜索着美好的感受和安全的环境，并且指导他远离可能造成伤害的物质。因此，对于嗅觉的训练是有必要的。如果孩子的嗅觉发育不健全，本来可以嗅出的味道不能辨别，这不仅会使孩子反应迟钝、辨别力差，也有可能让孩子对潜在的毒气、毒物、危险品不够警觉，最终不能及时回避、逃离，严重的可能会有生命危险。

训练嗅觉的关键就是要让孩子对于潜在的危险气味有一种本能的警觉，一旦嗅到气味不对，就应该迅速逃离。当父母带着孩子出去玩的时候，首先要带着孩子深呼吸，闻闻周围的气味，如果周围的气味不正常，那么就要带着孩子马上离开。时间长了，孩子就会对气味形成警觉性。

为了提高孩子嗅觉的灵敏度，父母要在孩子出生早期就开始有意识的嗅觉训练，给予孩子更多的嗅觉刺激。实验表明，孩子在出生1个月之内就已经拥有灵敏的嗅觉了，此时他们的嗅觉系统非常发达，能够分辨出不同的气味，一点点特殊的气味都能引起孩子的注意。7个月大的婴儿开始能够分辨出芳香的气味，但是要很好地辨认各种气味，要到2岁左右才可以。

在孩子一个月的时候，父母可以把孩子抱在怀里，让孩子闻闻不同的香水味。首先把一种香水放在孩子的鼻子下面，缓慢地移动3次，如果宝宝脸部肌肉抽动，就是他对这种气味有了反应。另外也可以在孩子洗澡的时候，让他闻闻香皂、爽身粉的味道，并且要告诉他这是什么味道。

等到孩子稍微大一点，可以让孩子闻各种鲜花的香味。等他熟悉了这些味道之后可以把孩子的眼睛蒙起来，让他闻到花香说出花的名字。做这个游戏的时候要注意的是，对孩子的嗅觉训练不可能一蹴而就，所以不要一次性选择过多的花朵，而且要选择气味对比强烈的鲜花进行区别。此外，要注意孩子的体质，如果宝宝是过敏体质，要避免这项训练，否则会引起花粉过敏。父母可以开动脑筋，其实周围有很多东西可以利用，比如蔬菜水果、海鲜或者蛋糕店等一些具有独特气味的地方。

父母还可以与孩子玩"闻香识人"的游戏。可以让孩子闻闻周边亲人的味道，然后蒙上孩子的眼睛，让孩子嗅一嗅，就像听声音就知道是谁发出的一样，让孩子闻到味道就知道是谁。虽说人的鼻子没有狗鼻子灵，但是人的鼻子同样能嗅出很多气味的细微差别，不同的人有不同的味道，对人类来说，这并不是不能区分的。

其实训练孩子嗅觉最好的场所就是大自然了，父母要抓住一切机会让孩子认识各种不同的味道。爸爸妈妈可以经常带着孩子去户外闻闻花草树木的气味，以及泥土的味道，也可以到海边感受一下略带鱼腥的味道。只要走入大自然，来自大自然的种种味道一定能够给孩子的嗅觉带来全面的冲击。

还有研究显示，用鼻子来呼吸可以提高脑部对气味的灵敏度，使脑电波波动幅度变大，这也会使脑部的运作更灵活。鼻子不通畅的人，气体无法上传到嗅觉细胞，所以可能会暂时或长期地失去嗅觉，这会影响注意力和记忆力。所以父母要提醒孩子用鼻子呼吸，改掉他们用嘴呼吸的习惯。

触觉敏感期

让孩子的双手自由舞动

公交车上，一位爸爸抱着四五个月大的孩子上了车。人们纷纷给这位爸爸让座。爸爸坐下后，孩子就伸着手要抓车上的吊环，爸爸不想站起来，就没有动，结果孩子不依不饶，手一个劲儿地往上伸。爸爸没办法只好抱着孩子站了起来，孩子拿着吊环，玩得十分开心。后来孩子玩够了，爸爸抱着他坐下，发现孩子的手仍然一刻都闲不下来，一会儿摸摸窗户玻璃，一会儿摆弄一下衣服，一会又去摸摸椅背。

6个月的小伦也是这样一个手闲不住的孩子。前天他意外地发现了一条丝巾，于是就拿着这条丝巾来回挥舞，还把它放在地上拍打、揉搓。妈妈发现的时候气坏了，原来这是当年小伦的爸爸送给她的定情信物，两个人都把这条丝巾看得很贵重，但是现在已经变成了小伦口水布。

前面我们说过孩子认识世界时，最开始使用的工具是口。通过口与物体的亲密接触，孩子慢慢知道了什么是可以吃的什么是不可以吃的，一般0~8个月的孩子就能准确地使用口。实际上孩子不仅用口来认识世界，也可以用口来唤醒身体的其他部分。当孩子第一次把手放到嘴里的时候，其实就已经唤醒了手的知觉，从那时候开始他们就在尝试着用手来探索世界。

等到孩子口的敏感期过去，他们使用手的敏感期就来了。这时候的孩子总是一刻不停地挥舞着双手，见到方的就捏、见到圆的就按、见到线就拽、见到扁的就扔。有时候他们会把手放在物品上摸一下，然后握紧拳头，再张开，在家长眼里很无聊的动作，孩子就能一下玩上几个小时。其实这在大人看来是一个非常简单的动作，但是对孩子却有着特殊的意义。这是他们用手去捕捉事物、认识世界的一次次尝试，在不断尝试的过程中，孩子不仅通过摸、揉、扔、拽的动作感知这些物体，而且在这个过程中了解到手是自己的一部分，具有很强大的力量，同时也在这个过程中增加了手的灵活度。

父母要充分尊重孩子的用手的敏感期，抓住这个时机提高孩子的触觉敏感度。首先父母要给孩子用手探索的自由。我们中国有句古话叫作"心灵手巧",父母要知道,孩子手的活动不仅仅是手的活动,它还与孩子的智力发展水平紧密相连。如果父母对这些不了解,不仅不给孩子用手的自由,还人为设置很多障碍的话,就相当于剥夺了他认识世界的机会。

父母还要开动脑筋,给孩子提供尽量多的物品,可以给孩子准备一些不怕摔的东西。孩子喜欢摔东西并不是有意给父母找麻烦,而是他们发现了手的新功能,那就是不仅能够抓东西,还能扔东西,这对他们来说是一个重大的发现,所以他们要不断地验证手的功能,借此来表明自己力量的强大。

现实中我们常常可以看到有些人非常善于做一些细活,比如缝纽扣、绣十字绣之类的,但是有些人却在面对这些东西的时候显得十分笨拙,有的甚至穿针都不会,这就是因为每个人手的灵活性的差异,这与其在手的敏感期所处的家庭环境有很大的关系。

宝宝爱上黏糊糊的世界

兰兰是一个很爱吃香蕉的孩子。不过妈妈最近发现,香蕉对于兰兰来说已经不仅仅是食物了。在兰兰的眼里,香蕉已经成了最有趣的玩具。原来最近妈妈在喂兰兰吃香蕉的时候,当香蕉只剩一点点的时候,她挥舞着双手向妈妈扑过来,用手紧紧地抓住了最后的那一点香蕉,然后用手捏了起来。不一会儿,整个手上就糊满了香蕉。

第二天,妈妈为了防止兰兰故技重施,就把最后一点香蕉放进自己嘴里吃了。这一下,兰兰可气坏了,张开嘴就哭了起来。妈妈没有办法,只好给兰兰重新剥了一个香蕉递给她。兰兰一下就不哭了,接过香蕉就用手捏了起来。看到香蕉被捏成糊糊一样的东西,兰兰开心地拍手大笑。

从那以后,妈妈喂兰兰吃香蕉的时候总是会把最后的一点点留给兰兰,让她尽情地用手去捏。

跟兰兰相比,囡囡的爱好更加"可怕"。她的"怪癖"是从一次失手把鸡蛋打碎开始的。那次她不小心弄碎了一个生鸡蛋,然后就试探地摸了摸里边的蛋清,这个发现让她很开心,她抓了满手的鸡蛋清给妈妈看,似乎是在向妈妈宣告一个重大发现。从那以后,悠悠就爱上了把鸡蛋打碎。妈妈无奈之下只好把鸡蛋放在高处,防止女儿搞破坏。

读到这两个故事,可能很多家长都产生共鸣:"我们家的孩子七八个月的时候也是这样的,他们也喜欢这些黏糊糊的东西,喜欢玩香蕉、面团或者米饭。"其实这是孩子手的敏感期到来的一个明显标志。

那么,孩子在手的敏感期为什么喜欢黏糊糊的东西呢?其实那是孩子在验证手的能力。孩子手的敏感期刚刚被唤醒的时候,他们知道了手可以抓东西,但是他们不知道手也可以改变事物,直到他们再一次偶然的机会发现原来自己拥有改变世界的能力。

当他们抓到黏糊糊的东西的时候,他们发现这些东西在没有被手抓的时候是一种形状,抓过以后就变成另外一种形状,这让孩子产生了极大的兴趣,所以他们才会对香蕉和打碎的生鸡蛋如此感兴趣。在做这些游戏的时候,他们的脑子里在想:"哇,原来手这么神奇啊!"在这个过程中,孩子体验到巨大的满足感和成就感。在孩子处于手的敏感期时,如果在他们面前摆放两样东西,一个硬的一个软的,那么他们一般不会去碰那个硬的。

也许有的家长会产生这样的疑问:"如果我们没有让孩子自由体验手的功能,会出现什么样的情况呢？"一般来说，孩子手的敏感期大多数出现在0~2岁这个阶段，如果在这个时期，家长没有给孩子提供软软黏黏的东西，那么孩子的敏感期就会相应延长。有可能当孩子到了四五岁的时候，他们拒绝学习使用工具吃饭，而是直接用手抓饭、抓菜来体验那种改变物体形状的感觉。

在手的敏感期，父母还要开发孩子利用手来做精细动作的能力。那么什么是手部精细动作呢？用两个手指把细小的物品捏起来，这就是手部精细动作。手部精细动作的发展对于孩子的智力发育具有很大的促进作用，可以大大提高孩子的认知能力，而且有助于空间感的建立。如果妈妈经常有意识地引导孩子去抓握细小的物品，不仅可以改变孩子的抓握方式，锻炼孩子指尖细小肌肉的协调能力，还能促进孩子神经系统的发育。

玩沙、玩水也是触觉锻炼

小区里的健身中心有一个沙池，每天总是有几个孩子在那里乐呵呵地玩沙子，似乎总也玩不够。

有一个小朋友抓起一把细沙，让沙子从指缝间流出，落到手臂上，再从手臂上落到沙池里。这种感觉让他惊喜，他的脸上流露出难以掩饰的兴奋表情。还有个小孩子手里拿着一个袋子，他用手把沙子收到袋子里，当袋子装满以后，他立刻就会倒掉重装。另一个孩子则在角落里专心地制作什么东西，旁边一个孩子问："你在做什么？"这个孩子回答："做蛋糕！""那我们一起做吧！""好啊！"说完两个孩子就开心地做起蛋糕来了。

这些小朋友每天都在这里玩沙子，没有人干扰他们，他们也互相不干扰。

星期六上午，妈妈在打扫卫生，3岁的女儿一个人在卫生间折腾着，很安静，一点也没有打扰到妈妈干活。妈妈打扫完房间就来到孩子面前看看她在做什么。

原来女儿正在兴致勃勃地玩水，她一声不响地玩着自己发明的小游戏，先在盆里装满水，然后把自己的小鸭子玩具和所有的皮球都扔进了盆里。接着，又把这些玩具都捞了出来，放进另一个盆里，然后把原来盆里的水倒进这个盆里。就这样，来来回回，女儿玩得不亦乐乎。

前面我们说过，孩子在手的敏感期会喜欢一些软软黏黏的东西，其实沙和水跟那些东西相比有相似之处，所以他们很容易被沙子和水吸引，而且在玩沙和玩水的时候，他们会非常专注，脸上挂着满足的表情。

沙子虽然是固体的，但是会像水一样流动，它变化无常又容易被掌握，有着数不清的玩法，这在很大程度上促进了孩子的想象力和创造力，同时也能培养孩子的空间感。水和沙子一样也具有各种各样奇妙的玩法。所以孩子总会把沙子和水融为一体，在它们之间寻找更好的玩法。孩子们对水的兴趣甚至会持续到12岁。

父母要理解孩子这种喜欢玩水玩沙的行为。你可以回想一下自己小时候，肯定会回想起一些玩泥巴玩水玩沙的经历。即使是现在，我们到海边或者河边，总是会情不自禁地脱鞋感受细沙和水流，这其实就是在最大程度上亲近自然，感受沙与水的魅力。所以父母一定要理解孩子的玩沙玩水行为，要允许他们去玩，不要担心孩子的衣服被弄脏。与发展孩子的天性相比，衣服弄脏算得了什么呢？

有些孩子很喜欢玩水，有的时候父母会发现孩子正在玩尿。其实，父母完全没有必要过于担心孩子的心态，因为在孩子眼里，尿跟水是没有区别的，尤其是孩子把尿尿到土上的时候，他们会非常开心地玩尿泥。

动作敏感期

宝宝的世界变大了

笑笑刚刚出生的时候就像一个布娃娃，妈妈怎么摆放就得怎么待着。但是随着孩子的抬头、翻身、坐、爬等一系列动作的完成，笑笑的世界明显变得更大了。现在她可以不用妈妈的帮助就爬到自己喜欢去的任何地方，似乎每一天都能发现新鲜的乐趣。

最近，两岁半的宁宁爱上了转圈。刚开始的时候，她是不停地围着大人转来转去。有时候也会牵着大人的手在屋里旋转。只要一转，她就会变得非常高兴。后来，她觉得拉着大人的手转圈不过瘾，于是就开始自己在原地不停地旋转。妈妈总是很担心她转晕了摔倒，但是宁宁似乎很有分寸，每当快要晕倒的时候，就找个地方扶着休息一会儿。

这种转圈的游戏在大人心里可能会觉得非常无聊，可是宁宁却玩得很开心。每次转完之后，她都会咯咯地笑上一会儿，一脸满足的样子。

2岁的丁丁最近喜欢上了扔东西。他最爱的游戏就是拼命把球扔进树丛里，然后再自己去捡回来。把球捡回来的时候，丁丁就会很开心地大笑，笑过之后就会把球换个方向扔出去，然后再去捡……

以上的几个例子中，孩子都是在训练自己的动作，属于动作敏感期的范畴，蒙台梭利曾经说过："运动除了能够增强体质之外，对心理发展本身也起着非常重要的作用。"

当然，孩子动作的敏感期也是探索空间的敏感期。通过运动，孩子会产生空间感，形成空间的概念。就像第二个故事中的孩子喜欢旋转一样，每个孩子实际上都会出现这么一个时期，这是因为他忽然发现自己生活在一个自由的空间里，所以就选择用旋转的方式来感知这个空间。

不过遗憾的是，很多父母并不了解孩子的运动敏感期和空间敏感期的重要性，他们甚至会以为孩子是在故意捣乱。很多孩子喜欢在这个阶段爬到高处再跳下来，但是很多父母会以危险为理由阻止孩子这样做。还有些父母被孩子弄得精疲力竭之后会采用强制的方法限制孩子的行为。这些父母的做法实际上严重阻碍了孩子的正常发展，科学研究也显示这样的做法是不科学的。父母要知道，孩子喜欢爬高和跳低是因为孩子有相应的心理需求，如果父母干涉孩子的行为，那么不仅孩子的心理需求难以得到满足，而且他们动作的发展潜能也得不到正常的发展。

但是需要注意的是，父母在此时不要帮助孩子完成探索的动作，而是要在孩子身后做一个欣赏者。如果孩子在爬高的时候得到了家长的帮助，则会让他丧失了安全意识，因为有了被帮助的经验之后，孩子就会觉得，以后当他需要支点或者踩空的时候，一定会有人来帮助他。产生这种错误意识后，孩子再去探索空间的时候很容易受伤。

宝宝爱上了爬楼梯

1岁多的鑫鑫自从学会了走路就爱上了这项神奇的运动。以前妈妈带着鑫鑫上街的时候，鑫鑫总是希望妈妈抱着他，但是自从孩子会走之后他就再也不让妈妈抱了，而且很喜欢走有坡的地方。有一次，妈妈带着他到一个商场，人很多，于是妈妈就想抱着孩子乘电梯上去，但是妈妈刚把孩子抱起来，鑫鑫就开始大哭大闹，非要下来自己走。妈妈把他放下来，他牵着妈妈的手就向楼梯口走去，然后一步一步地走上了楼梯。妈妈很纳闷："这孩子是怎么了？真是想不通！"

1岁半的妞妞也爱上了爬楼梯。尽管她爬得很慢，但是却一步一步爬得很高兴。每次从外面回家，妞妞都喜欢爬楼梯，所以妈妈就陪着妞妞爬楼梯。这还不算什么，关键是有时候妞妞好不容易爬上了自家的6楼，当妈妈正打算舒一口气的时候，妞妞又决定下楼。妈妈想，既然孩子的行走敏感期到了，妈妈也只能舍命陪君子了。

一般来说，孩子的行走敏感期会从七八个月一直持续到两岁以上。很多父母可能都有这样的经历，那就是七八个月大的孩子总是喜欢父母架着他们的胳膊让他们跳跃，每跳一次，他们就笑得非常开心。但是当父母想停下来歇一歇的时候，他就会觉得很委屈，有些甚至会大哭不止。其实这就是孩子进入行走敏感期的标志。他是在通过练习跳跃这个动作来锻炼自己的腿和脚，为行走做好准备。

当孩子处于行走敏感期的时候，他们会对楼梯产生浓厚的兴趣，不仅如此，他们对有坡的地方都会很感兴趣。那么孩子为什么会喜欢这些地方呢？这实际上一方面是孩子对空间进行探索的一种表现，另一方面也是他在培养双脚和双腿的力度，增强腿脚的功能。孩子只有反复感知，腿脚的功能才能逐渐被激发出来。当孩子处在行走敏感期的时候，父母应该跟在孩子的后面，他走你就走，他停你就停。

另外在这个时期，孩子会发狂般地爱上走路，但是由于孩子个子小，所以当他一门心思地想要去自己想去的地方时，父母不得不跟在他后边时刻准备弯腰扶他。这个时候父母会非常疲劳，但是父母一定不要厌烦，而是要耐心地保护孩子，因为如果错过了这个敏感期，会影响孩子的健康成长。

当孩子学会自如地走路时，他们还会喜欢上另外一种唤醒腿脚的方式，那就是专门捡不平的路走。有时候会专门去踩小水洼，有时候会专门踩那些又脏又乱的地方走，甚至是自己的尿形成的小水洼也不放过。此时父母要尽量满足孩子的探索欲望，不要害怕孩子弄脏衣服。因为在孩子的眼里，这些地方非常有意思，能激起他们探索腿脚功能的欲望。所以这段时期，父母要学会欣赏孩子探索的行为，对他们的探索行为进行鼓励而不是横加干涉或者阻止。

另外，还有一点需要父母注意，那就是虽然孩子学会了走路，但是在他们的行走能力得到充分发展之后，他们可能会产生重新回到父母怀抱的想法。所以如果有一天，孩子走着走着忽然回过头来让你抱抱，那么你应该把他抱起来，否则会让他误以为妈妈不爱他了，从而给心灵留下严重的创伤。

让孩子体会改变世界的乐趣

最近，原本喜欢户外活动的晓峰忽然喜欢上了"宅"在家里。那么他在家里干什么呢？原来他喜欢上了剪纸游戏。

他总是先拿出一张纸来折叠，折好折痕之后就拿出剪刀沿着折痕去剪纸。这个孩子的手很灵活，总是能够按照折痕把纸剪得整整齐齐的，然后他会把自己剪好的小纸片小心翼翼地装进一个塑料袋里边保存起来。

娜娜今年3岁半，她前一段时间突然迷上了剪纸，不过剪得很不好。但是妈妈没有嘲笑她也没有训斥她，而是给她提供了足够的纸让她自由发挥。后来大约过了一个月，妈妈惊奇地发现女儿已经不是乱剪一气了，而是开始喜欢按照一条线来规规矩矩地剪。后来她又让妈妈给她买来剪纸的书，然后她就顺着线剪出各种各样的形状，她的房间里也贴满了她的剪纸作品。

后来她对剪纸失去了兴趣，爱上了涂涂画画的。开始的时候同样是乱涂乱画没有一点章法，但是现在她不仅能够按照线涂出物品的形状，而且也学会了很好地搭配色彩。

其实，孩子到了三四岁的时候会自然地爱上剪、贴、涂的动作，并且能够专心致志地做这些事情做上好久。至于他怎么来完成他的作品或者他的作品到底体现了什么样的主题就只有孩子自己知道了。父母要做的就是给他提供材料，让他去完成这些事情，尽量不去打扰。在这个过程中，孩子能够学会使用一些简单的工具，比如剪子、小刀等物品。他们创作的过程也是孩子享受改变世界的乐趣的过程。

在孩子剪、贴、涂的过程中，他们提高了动作的灵活性。此时他们虽然还不能做更精细的动作，比如写字、创作一幅真正的画，但是他们做剪纸或者剪图这样的动作是不难的。开始的时候父母不要强迫孩子一定要剪成什么形状，要让孩子随意地去剪。在这个过程中孩子手的灵活性已经得到了提升，随后孩子自然而然就能够更灵活地把纸片剪成自己喜欢的形状。

孩子在这个敏感期，不仅喜欢剪纸，还会慢慢喜欢涂色。当然这也是孩子色彩敏感期和绘画敏感期的表现。为了让孩子顺利地掌握这些技能，父母可以为孩子提供一些涂色或者教孩子涂鸦的书，给孩子讲解书中的内容，指导孩子去模仿和学习。随着孩子使用笔的能力的提高，他们就会逐渐形成自己的想法，并且开始自己的创作。此时，父母不要强迫孩子画什么，也不要教孩子应该怎样画，要保护孩子用笔的积极性，为孩子后期学习写字打下基础。

为了提高孩子动手的兴趣，教会孩子使用更多的工具，父母还可以与孩子一起进行一些手工制作。比如可以买一些富有特色的建筑物模型与和孩子一起来完成，这不仅可以锻炼孩子的动手能力，还可以增进亲子间的感情。另外，也有很多传统的东西可以利用，比如爸爸妈妈小时候常做的用饮料瓶子或者易拉罐制成的装饰品，现在同样可以拿来和孩子一起游戏。其实生活中有很多东西都可以"变废为宝"，爸爸妈妈不妨开动脑筋，让这些没用的东西变成孩子成长过程中的"大功臣"。

爱游戏的孩子更灵活

孩子学会用手之后，大多数会爱上扔东西。合格的父母能够了解这是孩子敏感期的特殊行为，他们会试着包容孩子的行为，辛辛苦苦地为孩子捡东西。而优秀的父母则会让孩子的这个游戏变得更加有意义。

一位父亲是这样做的：

我的儿子最近爱上了扔东西，我想这不仅可以让孩子练习用手，还可以锻炼他肢体的协调性。有一天吃过晚饭，孩子又开始了扔东西的行为。我把他最喜欢的皮球放到他手里，他很开心地拿着皮球笑了笑，然后就用尽全力扔了出去。我乐呵呵地跑过去把球捡回来交给儿子，儿子看了看我，又把球扔了出去，我又去捡回来交给儿子……这样重复了十几次之后，我装作很累的样子对孩子说："宝宝，爸爸好累啊！现在咱们换个玩法，我来扔，你去捡，好吗？"儿子正玩得开心就毫不犹豫地答应了。我把球扔出去之后，看着孩子慢悠悠地走向那个皮球，然后费劲地抱起来还给我的样子，真是有趣极了！这样孩子不仅锻炼了手的灵活性，还提高了身体各个部分的协调能力。

这位爸爸的做法是很科学的。父母都可以试试与孩子玩这样的游戏。这样，孩子不仅在游戏中获得了快乐，还在不知不觉中练习了动作，提高了身体的灵活性。

当孩子开始尝试自己行走的时候，他就到了动作的敏感期。这时候他们喜欢走路，喜欢爬坡。其实父母也可以发明一些小游戏让孩子练习手脚的协调性。

星星的妈妈最喜欢与孩子做的游戏就是"模仿小动物"了。她经常会选择一个温暖的周末带着孩子到动物园去观察各种小动物，回家之后她就会对孩子说："我们来做个游戏吧，让爸爸来说一种动物的名字，咱们一起学，看谁学得像，好不好？"于是，孩子就在妈妈的带领下学兔子跳，学大猩猩行走，星星最擅长的就是学长颈鹿了，听到学长颈鹿的口令，她马上就会兴奋地趴在地上，然后四肢着地，把脖子伸得很长，爸爸妈妈每次都会被星星这个动作逗得大笑。

学习小动物的游戏也是很受孩子们的喜欢，在模仿小动物的过程中，父母可以根据不同的目的说出不同的动物。比如想要锻炼孩子双脚跳的协调能力，那就可以多说一些蹦跳的小动物，比如"兔子"或者"袋鼠"等等；如果想要锻炼孩子四肢的协调能力，可以让孩子模仿一些四肢着地的动物。

其实游戏不仅可以给孩子的生活带来缤纷的色彩，对孩子的健康成长也至关重要。游戏可以让孩子在快乐中提高反应能力和肢体的灵活性，所以在孩子的成长中，父母一定要善于利用"游戏"这个工具。

不过父母要注意的是，我们这里所说的"游戏"是那种孩子在生活中或者户外可以全身心参与其中的游戏，而不是电脑游戏。虽说电脑游戏也可以提高孩子的反应能力，但是并不能提高孩子肢体的协调性，不利于孩子的全面发展。

孩子在游戏的时候，父母要尽量去鼓励孩子，这样才会给孩子动力。千万不要看到孩子笨手笨脚就讽刺或者跟其他的孩子作比较。游戏的目的首先是给孩子带来快乐，父母千万不要本末倒置，把游戏看成是训练孩子的手段。只要孩子在游戏中玩得高兴，那就已经达到了目的。至于提高孩子协调能力的事情，那是需要时间慢慢来的，孩子不可能通过一个游戏就能变成身体灵活的运动员。

孩子为什么行动迟缓

一到冬天，儿科总是会有很多家长带着孩子来看病，这些家长觉得自己的孩子行动非常缓慢，怀疑孩子大脑发育有问题，所以带着孩子来做检查。

为什么一到冬天行动迟缓的孩子就多了起来呢？其实答案很简单，那就是家长给孩子穿得太多了。穿得过多，不仅会让孩子动作迟缓，而且还会影响孩子的大脑发育。初生的婴儿，尤其是出生在秋、冬两季的婴儿，冬天正是他们动作发展的关键时期，而这个时候孩子却常常被家长层层紧裹，动弹不得，所以孩子的运动能力会受到很大限制，最终会让孩子运动迟缓。孩子的运动能力也和大脑的发育息息相关，所以穿得太多不仅会影响孩子的运动能力，也会影响孩子的智力发育。

那么，孩子没有按照正常的发育阶段完成动作的学习是不是以后就会永远比同龄的孩子差一截呢？其实只要父母能够及时发现并帮助孩子进行锻炼，这种情况很快就可以得到改善。不过育儿专家仍然建议冬天的时候只要保证孩子的体温就可以了，没有必要把孩子包得像粽子一样，要保证孩子能够自由活动，并且帮助孩子做一些身体上的训练。

不过很多孩子行动迟缓是由别的原因造成的，下面列举了几个可能导致孩子行动迟缓的原因。

1. 孩子情绪不良导致行动缓慢

研究表明，运动发育和情绪发育相辅相成，某一方面能力发展不足，往往会影响到另一个方面的发育。

有不安和畏难情绪的孩子，即使他们的身体发育良好，而且也具备正常的运动能力，但是他们因为胆小，不敢去尝试走路。对这样的孩子来说，他们的精细运动能力发展也会比较缓慢。所以孩子运动迟缓，应该先了解是不是存在让孩子不安的因素。如果是情绪的原因造成行动缓慢，那么只要消除这些因素，提高孩子的自信心就可以解决问题。

到了孩子要走路的时候，有些家长会拉着孩子的手强迫他们学习走路，这会让孩子产生抵触情绪，为了反抗父母，他们可能会消极对抗父母的要求，故意行动迟缓。

2. 视力发育不良引起行动缓慢

现在很多孩子喜欢长时间看电视、电脑，这会造成孩子视力下降。孩子视力下降不仅会影响视觉，同时它也会对孩子其他方面的能力产生影响。由于视力的退步，孩子观察世界以及目测距离等能力都会下降，可能会出现经常摔跤的情况，这样一来孩子就会失去参与户外活动的兴趣，久而久之，孩子的行动就会越来越缓慢。

3. 先天的气质引起的行动迟缓

有些孩子天生就是慢性子，做起事来过于精细，这样他们的运动发育也会相对慢一些。但是父母要知道行动迟缓并不意味着智力水平低或者不能成就大事业。一般来说，行动迟缓的孩子具有顽强的意志力并且做事很踏实，这些优点也很可能引导他们走向成功。

4. 强迫症引起的行动迟缓

行动迟缓是儿童强迫症的一种表现。例如当孩子出去玩的时候，他所有的注意力只能放在一个东西上，比如不断地确认大楼有几层，这样孩子对其他事物的反应自然就会变慢，行动也会显得迟缓。所以如果儿童行为表现异常或者孩子经常没有理由地行动迟缓，家长就应该带着孩子去心理医生那里进行检查。

语言敏感期

感知语言，出生就开始的任务

孩子对语言的认识和最终学会使用语言这个工具是有规律的。一般来说，孩子的语言敏感期是0~3岁，这个时期可以被划分为两个阶段。第一个阶段是语言前期，这时候孩子并不会开口说话，不过家长不能因为孩子没有开口说话就忽视了孩子语言能力的培养。这个时期不要让孩子远离语言，而是要让他们时刻处于语言的环境中，熟悉和认识语言，为学习语言打好基础。第二个阶段被称作"语言期"，是孩子的1~3岁，这个时候孩子的主要任务是通过模仿练习发音和学习语言。

下面我们来详细讲述一下父母如何让孩子感知语言，为孩子开口说话打下基础。

语言的学习规律是先接收，再理解，最后是自己的表达。这就像是盖高楼，只有基础打得牢固，孩子日后的语言学习才能顺畅地发展。

在感知语言的阶段，父母要为孩子准备优良的、丰富的、多元化的语言环境。有研究表明，孩子在出生几天后就能够辨别外界不同的声音，尤其对妈妈的声音十分敏感，他们甚至已经学会通过声音来判断妈妈的情绪。这都表明此时孩子对语音已经产生了敏感性。这时候，为了保持和进一步刺激孩子对语音的敏感程度，父母不必刻意保持房间的安静，而是应该让孩子慢慢熟悉家庭中正常的声响。在这种自然的声响中，孩子对声音的感知能力会逐步得到提高。

2~3个月的时候，孩子就有了想要"说"的意识，他们感到舒服或者高兴的时候，会发出很满足的声音，比如"啊"、"哦"等。孩子越高兴，发出的声音就越多，所以父母要尽量为孩子创造一个舒适的环境，这样他们就会不断地进行发音练习，这实际上是孩子学习语言的开始。此时，如果父母模仿孩子的声音会给他们带来极大的满足感，这同样可以激发他们继续学习发音的兴趣。

5~6个月的时候，孩子会对一些叠音词非常感兴趣，这时候家长可以给孩子念一些比如"爸爸"、"妈妈"、"哥哥"、"妹妹"等词给他听。不过需要注意的是，家长不要把所有的物品都用叠字的形式告诉孩子，比如"桌桌"、"饭饭"等。虽然这一时期的孩子喜欢这类叠字，但是如果长期听到这样的词，会把孩子领进语言的误区，使孩子养成不良的说话习惯。

当孩子7~8个月的时候，他们已经开始理解父母的语言了。这时候的孩子可以听到爸爸妈妈的指令后做出相应的动作，比如再见或者拍手等动作。这个时候，父母要注意抓住一切机会与孩子说话，无论是在给孩子喂饭、洗澡还是穿衣服的时候，都要一边说一边做，这样孩子就能把家长的语言和动作联系起来，还会对很多概念形成自己的认识。

在孩子9~11个月的时候，孩子已经会喊"爸爸妈妈"，还会用手指向自己想要的东西，用摇头来表示反对。这个时期的孩子对拟声词非常感兴趣，所以为了激起孩子学习语言的兴趣，家长可以在说话时多用一些拟声词，比如"小狗汪汪叫"、"自来水哗哗地流"等。孩子听到这些会非常开心，也会跟着去模仿。

对于孩子来说，前语言时期是他们掌握语言的基础，这时候他们最重要的任务就是感知语言，并且练习最基本的发音。父母一定要抓住这个敏感期对孩子进行语言的启蒙训练。

学习语言，从重复和模仿开始

"我的孩子正处于语言敏感期，最近她变得有些奇怪。那天我正在厨房做饭，刚刚学会说话的孩子自己在客厅里玩游戏。忽然，我听见孩子叫我：'妈妈！'于是我赶紧放下手里的活去看她。我问她怎么了，她看了我一眼，没有说话。于是我又回到厨房，没过一会儿，孩子又叫我，我跑出去看发现还是没事。就这样来来回回重复了好多次，我真不知道孩子到底是怎么回事！"

下面是一个正处于敏感期的孩子和妈妈之间的对话：
妈妈："宝宝，我们去花园里吧？"
孩子："宝宝，我们去花园里吧？"
妈妈："你真淘气！"
孩子："你真淘气！"
妈妈："告诉妈妈去不去！"
孩子："告诉妈妈去不去！"
妈妈："我要生气了！"
孩子："我要生气了！"

其实上面出现的两种情况都是孩子学习语言的过程中出现的正常现象。孩子的语言基本上是从重复和模仿开始的。

大多数刚刚学会说话的孩子都喜欢重复同一个词，那么孩子为什么会出现这种情况呢？站在孩子的角度上，这种情况并不难理解。孩子刚刚开始学会语言的时候可能并不能把语言和物品对号入座，直到有一天他惊喜地发现自己说出一个词，妈妈竟然递给他一个东西，这个时候他们就知道原来自己的语言是有力量的，她可以帮助自己得到想要的东西。于是他就会开始有意识地把自己知道的语言和物品配对，就像第一个故事中的孩子一样，她在和妈妈的一问一答中体验到了语言所带来的乐趣。这种重复的现象正是孩子进入语言敏感期的第二阶段的标志。

随后，孩子会放弃这种简单的词语重复，进入一种更高级的重复阶段，那就是模仿别人所说的话。在这一阶段，孩子就像一个复读机，别人说什么，他也说什么，别人问他话他也不懂，只是机械地重复别人的话。

也许最早的时候，孩子是模仿父母说的某一个字，或者一个词，但是随着时间的推移，他模仿的东西就会越来越多，句子也会越来越长。

不过孩子对句子的模仿通常不分场合，只要自己高兴或者感兴趣，他就会说出来。这有时候会让家长很尴尬。还有很多家长，他们会把孩子的这种行为当作是"淘气"的一种，常常阻止孩子的这种行为。其实这对孩子的语言学习是很不利的。

模仿是孩子最重要的一种学习语言的方式，也是语言敏感期的儿童常见的表现。如果家长强行剥夺了孩子模仿别人说话的权利，那么孩子语言能力的发展就会大大减缓。

所以父母在这个语言发展的关键时期，一定不要强迫孩子，要给他自由，让他随意模仿。孩子本身没有是非观念，所以这个时期他所学的话是五花八门，无所不包。有可能是动人的诗句，当然也有可能是不雅的脏话，对这些话他们都会不加选择地去重复，而且很开心。如果听到孩子学会一句诗歌，父母大多会很高兴；但是孩子嘴里说出脏话的时候，家长就很难保持平静了，其实骂人的脏话和优美的诗歌在孩子眼里并没有区别，所以父母不必很着急，也不必强迫孩子不去说。等到孩子失去对这个词汇的新鲜感，他就自然不会再说了。

当父母发现孩子喜欢模仿别人说话的时候，可以有意识地进行一些语言训练。比如，给孩子读一些文字优美的故事，让孩子去模仿这种精确优美的语言，体验语言的魅力；也可以把孩子已经会说的话放进新的句子里，不断加长句子让孩子来重复。这样孩子就能从最初的单纯模仿慢慢过渡到使用语言来表达自己的想法。

孩子说话晚是大问题吗

我国民间有"贵人语迟"的说法，认为说话晚的孩子会更聪明。不过育儿专家表示，这种说法毫无根据。

临床上的确有一类说话迟的孩子不属于病态，也不需要特殊干预，这种现象叫作"特发性语言发育延迟"。这类孩子在智力、听力、行为等方面都是正常的，就是说话很晚，可能到了两岁半或3岁还什么都不会说，但是这类孩子的理解能力是正常的，能明显感觉到可以听懂家长的话。

这些孩子能用眼睛和别人对视，还能模仿别人的行为，并且可以通过手脚动作等非语言方式与别人自由沟通，这说明孩子能够理解大人的对话，只是还不能用语言来表达，这时候父母不必担心。只要注意在平时多与他说话，增加一些语言上的刺激，给他一些时间，他就会自己打开语言的闸门。不过需要注意的是，"特发性语言发育延迟"的诊断必须由医生作出，父母不要自己判断，以免耽误孩子的病情。

要帮助这样的孩子学会说话，父母必须要时刻注意与孩子的互动。当孩子用其他方式表示自己的情绪时，父母要积极与他互动，比如说："宝宝现在心情不错啊！""你为什么不高兴呢？"要这样不断地通过互动来刺激孩子说话。父母可以多次重复孩子能跟着说的话，慢慢教会孩子正确表达自己的想法。另外父母不要强迫孩子说话，因为这会产生对孩子负面的影响。

智力水平低下也是导致语言发育迟缓的一个原因。智力低下是指在发育期智力明显低于同龄人的平均水平，同时伴有一些行为障碍的疾病。造成智力低下有很多原因，有些是先天性因素造成，比如遗传病、先天畸形、出生前妈妈感染病毒等等；也有后天环境因素造成，如出生时窒息、脑外伤、脑部肿瘤等；教育环境也是引起智力低下的重要原因，如教育不良、环境剥夺、情感剥夺等。父母可以通过以下的方式大致判断一下自己的孩子的智力水平，看孩子的身体发育是不是正常，玩耍能力与别的孩子是否相当。如果孩子3~4岁的时候还不喜欢过家家的游戏，只喜欢搭积木和跑跑跳跳，就要带着孩子到医院做智力检查。

还有一些生理上的疾病可能会引起孩子说话晚。比如听力障碍，1~2岁是婴幼儿语言发育的重要阶段，如果这个阶段听力受损，患儿接受不到任何语言刺激，必然会导致语言发育障碍。所以要提醒父母留意自己孩子的听力状况。对于初生的孩子来说，可以在他看不见的地方摇铃铛，看他有没有反应。如果一点反应都没有，就应考虑去看耳科医生。一般来说，先天性的听力丧失较容易被父母留意到。孩子长大一些之后，仍然可能会因为外界的因素导致听力受损，所以发现孩子对巨大的响声没有反应的时候，或者在看不见的地方叫他的名字，也没有引起他的注意时，也要带着孩子去看医生。不要等到孩子两3岁甚至五六岁以后，发现孩子不会说话或吐字不清，才想到带孩子去医院检查，那时已经错过了最佳治疗期，学习语言的效果也不是很理想。

孤独症是造成孩子说话晚的一个原因，自闭症的孩子行为方面往存在明显的异常，但父母最早注意到的通常是语言方面的问题。父母非常清楚孩子的听力正常，但他就是不说话，对父母的指令也充耳不闻。有些自闭症儿童虽然可以讲话，但往往是一些无意义的重复或者是根本就无人能懂的语言。有人形容自闭症儿童在语言发育方面的特点是要么不说，要么乱说。

即使家长了解了以上的几种常见原因，对于非专业的人来讲，分辨孩子属于哪种情况绝对不是容易的事，所以父母一定要记住，1~2岁是孩子语言发育的关键时期，如果你的孩子到了2岁仍不说话，就一定要带孩子去医院做进一步的诊断。

教孩子用语言代替哭泣

3岁的洋洋正坐在客厅里专心致志地玩着一个小汽车，妈妈在厨房做饭。过了一会儿，洋洋忽然大哭起来。妈妈听见了，赶忙丢下手里的东西冲出去。她发现洋洋正在电视柜附近坐着，小手指着柜子下面，眼睛里噙满泪水。妈妈一看就明白了，是小汽车滑到了柜子下面，孩子拿不出来了。她对孩子说："洋洋告诉妈妈想要什么，说完妈妈给你拿！""汽车！"洋洋带着哭腔回答。"宝宝乖，你对妈妈说：'妈妈，我想要小汽车。'妈妈马上就拿给你。""妈妈，我想要小汽车。"洋洋听话地重复道。然后，洋洋拿到了妈妈给他的小汽车。

后来有一次，爸爸在书房看书，妈妈在卧室织毛衣，洋洋自己在客厅玩，忽然停电了，可是洋洋没有哭，只是一直喊："妈妈，快来！我怕……"

其实，洋洋面对黑暗的屋子，能够做到不哭，而是用语言表达自己，这跟妈妈的引导有很大关系。因为在平时的生活中，孩子已经养成了这样的思维方式，遇到事情先用语言表达自己的感受，或者用语言向父母求助。

在孩子进入语言敏感期的初期，他们还习惯用哭泣来表示自己的心中的委屈、恐惧或者某种需求。这时候父母应该读懂孩子的表达方式，并且试着让孩子用语言来代替哭泣来表达自己的想法。

父母在孩子的语言敏感期要多多鼓励孩子用语言表达自己，而不是用哭泣来引起别人注意。其实在语言敏感期，孩子不仅需要学习语言，还需要养成良好的思维方式，当然这就需要父母在日常生活中注意对孩子加强引导。

在生活中我们常常见到这样的场景：

孩子吃饭的时候不小心被烫着了，妈妈会这样安慰孩子："这饭真不好，把宝宝烫着了。宝宝不哭，我们把它倒掉！"

孩子走路不小心被石子绊了个跟头，结果孩子还没哭，妈妈就跑上前去："宝宝不疼，都怪小石子，咱们把它踢开！"

但是以上的两种场景可能会出现同样的结果，那就是孩子放声大哭。其实这就是误导了孩子的思维方式。在孩子学习语言的敏感期，他们不仅要学习一些具体的名称，更重要的是要学习一些简单的逻辑思维方式。在上面的两个例子中，父母就向孩子传达了错误的因果关系。孩子被烫或者摔倒，与饭或石子是没有关系的，这本是孩子自己不小心造成的，而且孩子也并没有把原因归结到其他事物上面，但是父母却自以为是地帮助孩子开脱，说了那么多"道理"，这就让孩子顿时感觉很委屈，于是就用"哭泣"来表达内心的"委屈"。

父母一定要牢记，当孩子因为某些意外觉得自己受了委屈并用哭泣来表达的时候，父母一定要理智，千万不要把责任推给无辜的人或物，而是要用语言告诉孩子真正的原因，让孩子形成正确的思维模式。当孩子学会正确的思考问题时，他就不会动不动就大哭，而是会理智地用语言告诉父母自己的面临这什么样的问题，需要父母帮忙做些什么。

让"口吃"的孩子变成"辩论家"

李浩是一个聪明可爱的小男孩，但他有个小毛病——说话结巴。其实，李浩开口说话挺早的，也很流利。可是到了3岁的时候，突然变得结巴了。从那时候开始，李浩就接受了妈妈自创的言语矫正训练，播放教学录音让李浩模仿，但没有成效。时间长了，李浩觉得妈妈是在折磨自己，而妈妈却认为李浩"我……我……我……"地说话是故意的，于是批评、苛责、一招接一招。结果妈妈越着急，李浩就越害怕，越害怕就越结巴。后来，妈妈看到一篇相关的文章，上面说2~7岁的孩子结巴是正常的，于是就不再苛求他。果然没有了妈妈的强制要求，李浩的结巴慢慢地变好了。在他6岁的时候，再也没有人能听出来他曾经是个"小结巴"了。

口吃不仅影响孩子语言的发育，还会损害孩子的心理健康，使他们产生心理压力，没有自信，形成孤僻、羞怯、自卑的性格。口吃的孩子情绪往往很不稳定，容易激动。他们害怕在大庭广众下讲话，害怕上课时回答老师的问题，也不愿意主动与同学交往。

其实说话不流畅是2~7岁儿童比较常见的生理现象。此时的孩子思维迅速发展，想用语言表达一种思想，但是往往找不到合适的词汇，于是在大脑中搜索合适词语来表达自己想法的过程中就会出现口吃，通俗点来说，就是脑子快，但是嘴跟不上。这种口吃一般只是阶段性的。在这个年龄阶段，有很多孩子开始学数数、念儿歌，但是说的技能赶不上思维的速度，以语言为基础的思维跑到语言功能的前面，所以口吃就会更加明显了。但是随着孩子语言能力的逐渐完善，这种阶段性的口吃会慢慢减少直至消失。

那么为什么有的孩子没能顺利地度过这一阶段，反而变成了真正的口吃患者呢？研究表明这与家长教育不当有直接的关系。一些父母见到孩子出现口吃现象，就会时常提醒孩子注意，最后失去耐心，演变成严厉的责备。而孩子在这个过程中就对说话产生了不安、恐惧的心理，口吃现象就会变得更加严重。而这些又会换来父母更严厉的批评。最后孩子和父母都陷入了恶性循环中，孩子也就真的成了一个口吃患者。

所以，当发现孩子出现口吃的毛病时，父母应该做到以下几点：

1. 耐心倾听，不要指责

家长要了解这是孩子成长过程中的正常现象，所以应该对此保持平静，采取无所谓的态度，一定不要严厉地责备孩子，也没有必要也不必提醒"你又口吃了，要注意"，因为这些都会增加孩子的紧张情绪，使他们更加结巴。

2. 慢慢跟孩子说话

如果孩子的口吃比较轻，则不必采取任何措施，时间长了，口吃自然就会消失。如果孩子口吃现象严重，家长在同孩子讲话时，就应该降低语调，用缓和、拖长音的语气说话，这样孩子就会不自觉地去模仿这种说话方式，口吃也会得到缓解。

其实，在孩子正常的发育阶段发现孩子口吃的时候，父母完全没有必要过度紧张。当孩子的词汇量增加，思维和语言能力取得协调的时候，口吃的现象自然就会好转，反倒是那种过于紧张的父母更容易把孩子变成真正的口吃患者。

第四章

孩子13岁以前，妈妈要懂的儿童社会心理学

个性，影响心理健康的重要因素

角度不同，心理感受就不同

有一对孪生兄弟，一个非常乐观，一个却出奇的悲观。

有一天，父亲想要对他们进行"性格改造"。于是，他把那个乐观的孩子放进了一间堆满马粪的屋子里，把悲观的孩子放进了一间放满漂亮玩具的屋子里。

一个小时后，父亲走进悲观孩子的屋子里，发现他正坐在一个角落里，一把鼻涕一把眼泪地哭。父亲看着泣不成声的孩子，就问："你怎么不玩那些玩具呢？""玩了会坏的。"孩子哭着回答。

当父亲走进乐观孩子的屋子时，发现孩子大汗淋漓地用一把小铲子挖着马粪，把散乱的马粪铲得干干净净。看到父亲，乐观的孩子高兴地喊："爸爸，这里有这么多马粪，附近肯定有一匹漂亮的小马，我要帮它清理出一块干净的地方！"

一对孪生兄弟为什么会有这么大的差别呢？这主要是因为他们看事情的角度不同，而这种看事情的角度在某种程度上是天生的，与天生的气质特征有密切关系。

我们常说的气质，指的是在情绪反应、活动水平以及注意和情绪控制方面所表现出来的稳定的个体差异。迄今为止最有影响的气质研究是托马斯和切斯在1956年发起的。这项研究发现，儿童在出生后的几周就会表现出明显的个体差异。有的孩子很容易哭泣，有的孩子比较安静；有的孩子很容易安慰，有的孩子则需要好久才能平静下来。研究结果也表明，气质是影响儿童日后心理健康的重要因素。然而，托马斯等人也发现，气质并不是恒定不变的，父母的教育能够在相当大的程度上改变儿童的气质。

托马斯、切斯等人将婴儿的气质分为三种类型：

第一种是"容易护理型"儿童。他们的饮食、睡眠习惯以及大小便都有一定的规律，喜欢探究新事物，对环境的变化很容易适应。

第二种是"困难型"儿童。他们的活动没有节律，对新生活很难适应，遇到新奇的事物或人容易退缩，心态很消极，容易表现出紧张反应，如大哭、大叫，发脾气时脸会变色。

第三种是"迟缓型"儿童。他们的生活节律多变，初遇到新事物或陌生人时往往会退缩，对新环境的适应较慢。

儿童最初表现出来的气质特点是个性发展的基础，也是个性塑造的起跑线。正是由

于这种差异或特点制约了父母与儿童相互作用的方式,也制约了父母对儿童的教育方式和效果。有的婴儿生下来就对人很冷淡,有的婴儿则相反。于是,那些喜欢别人拥抱、亲吻的儿童就可以从父母那里得到更多的关注,而且会促使父母对他表示更多、更亲热的行动,而冷冰冰的儿童则容易引起父母对他的远离和忽视。当然,这里也要考虑父母的个性。一个喜爱安静的孩子可能不讨喜欢说笑的妈妈的欢心,但却可能得到安静的爸爸的喜爱。

总之,儿童的个性,从一开始就在带着自身已有的特点与周围的人、周围的环境发生相互作用中发展起来。这也使得孩子看世界的观点有所不同,因此世界带给他的心理感受也不同。

作为家长,越早了解儿童的气质越好,这样就可以给孩子提供正确的生活环境,并且更好地理解和体谅孩子在学习上、与人和环境相处上所遭遇的困难,积极地引导孩子,使孩子能够用积极向上的方式去感受世界。

外表也会影响孩子个性吗

因为父母搬家,锐锐换到了一家新的幼儿园上学。第一天去的时候,妈妈特意为他换上新衣服,还给他拿了几块很好吃的巧克力。锐锐高高兴兴地来到了新幼儿园上学。但是妈妈下午来接锐锐回家的时候,却惊讶地发现锐锐的新衣服竟然已经被撕破,脸上还有一块淤青。锐锐一见到妈妈就"哇"地哭出来声来:"妈妈,他们笑话我,说我瘦,说我矮,我不喜欢他们,我讨厌上幼儿园!"

妈妈望着弱小的锐锐,想不出合适的话来安慰。是啊,锐锐在班里一直是最瘦最矮的孩子,妈妈经常要去幼儿园,拜托老师多多关注一下锐锐,但是锐锐现在已经5岁了,不能总是受到特殊的保护,是该好好想个办法了。

于是妈妈先带锐锐去医院检查了身体,医生说锐锐的身体没有什么问题,还建议锐锐多进行运动,这样才能强壮起来。

听了医生的话,妈妈给锐锐制订了详细的运动计划。半年后,锐锐比以前强壮了许多,虽然不胖,但很结实,也很精神。现在锐锐总是很自豪地跟妈妈说:"我是班上最有劲的男孩子,现在谁也不敢欺负我了,我还能保护其他的小朋友呢!"

运动不仅改变了锐锐瘦弱的外形,也改变了他的个性。锐锐以前很内向,缺乏自信,很少主动参加班上的活动,现在他经常主动参加一些活动,而且也比以前自信多了。?

体貌、体格指的是一个人的面部特征、身高、体重以及身体的比例。体貌与体格是影响个性的间接因素,因为体貌和体格会影响个体对自己的评价和他人对自己的反应。

我们在生活中经常可以看到,有些长相俊俏的人为自己的容貌出众而得意洋洋,同时也比较自信;而那些长得丑陋的人,或者是身体有缺陷的人,往往会为外貌苦恼、愁闷,容易滋长否定、消极的情绪。

但是,这并不是说外貌特征可以决定一个人的个性。外貌在每个人的个性发展中究竟占有什么样的地位,是产生积极的影响还是消极的影响,完全取决于儿童所处环境中的其他人,尤其是在儿童心目中的"权威人士"对自己外貌的看法,以及儿童本人其他的一些个性特征,特别是一个人的能力和理想。一个外貌出众的孩子可能会由于家庭不和谐、父母教育不当、学习成绩不佳以及不能正确认识自己等原因,变为一个缺乏自信、依赖性极强的人；而一个相貌不佳或者身体有缺陷的儿童，如果在家庭和集体得到足够的温暖与帮助，自己的能力出众，对人生有正确的看法，而且愿意为自己的梦想努力，最后极有可能在事业上取得非凡的成就，赢得人们的尊敬。

有些研究表明，正常儿童的身体体格与个性特征存在着一定的相关性。那些个子矮小、协调性差而且体质相对比较羸弱的儿童倾向于表现出害臊、胆怯、消极、忧愁的个性特点。对比之下，那些同年龄中长得高的、强壮的、精力充沛的、协调性好的儿童往往具有幽默、乐观、喜欢自我表现、健谈、有创造性的性格。

事实上，虽然体格对个性会产生影响，但是社会因素才是对个性的发展起决定性作用的因素。所以父母应该在尽量让孩子拥有健康的体格之外，更重要的是关注孩子的内心，同时注意让孩子不要养成以貌取人的坏习惯。

孩子能禁得住糖果的诱惑吗

一家幼儿园的小朋友正在观看一部动画片，这部动画片引起了小朋友们的热烈讨论。

森林里正在召开一场别开生面的运动会——"看谁能坚持到底"。比赛规定每个运动员必须带上自己最喜欢吃的东西跑完1000米，中途不能偷吃。小羊、小猫和小白兔报名参加了这项比赛。

起跑线上，小羊的脖子上戴着青青的草环，小猫的脖子上挂着一串小鱼，小白兔则拿着一根新鲜的胡萝卜。发令枪一响，运动员们像离弦的箭一样冲了出去，谁也不甘落后。跑到一半，小猫忍不住吃了一条小鱼，"味道太美了！"但它没敢吃第二条，然后一路跑到了终点。小白兔看着自己手里的胡萝卜，也很想咬一口，可是比赛规定不到终点时不能吃，于是就把胡萝卜放进了口袋里，让自己看不到胡萝卜，然后继续往前跑。小羊虽然落后于它小猫和小白兔，但是小羊忍住没有碰一下青草，坚持跑到了终点。这一切都被裁判看在眼里，最后裁判把冠军给了小羊。

小朋友们讨论的时候认为裁判不公平，因为小白兔比小羊先到终点，而且很聪明，藏起了胡萝卜没有吃；有的小朋友则坚持认为裁判是对的，因为只有小羊没有碰青草坚持跑到了终点；究竟谁应该得到冠军呢？其实这涉及心理学上的"延迟满足效应"。

心理学家米切尔在20世纪60年代曾经对斯坦福大学附属幼儿园的孩子做过类似的实验。在孩子们面前摆上糖果，他们可以马上就吃，但是如果坚持到20分钟之后实验员回来，就可以得到两块糖果。有些小朋友抵制不住诱惑，实验员一走就把糖吃了；有些孩子决心熬过那漫长的20分钟。为了抵制诱惑，他们有的闭上双眼，有的把头埋在胳膊里休息，有的喃喃自语，有的唱歌，有的干脆努力睡觉。凭着这些简单的技巧，这些小家伙战胜了自我，最终得到了两块糖的回报。

这个实验表明，儿童抗拒诱惑和延迟满足的能力并不是像人们想象的那样——要等孩子上学懂事之后才能形成。这种能力在幼儿时期就已经有所发展，只不过此时儿童更容易受到外界各种因素的干扰。

米切尔的这项研究是从这些孩子4岁时开始跟踪研究的，一直坚持到他们高中毕业。大约在12~14年后，这些孩子进入青春期时，他们在情感和社交方面的差异已经非常明显。那些在4岁时就能够为两块糖抵制诱惑的孩子长大后有着更强的社会竞争性、更高的效率和更强的自信心，能较好地应付生活中的挫折、压力，他们不会轻易崩溃，自乱阵脚或者惶恐不安。面对困难，他们勇敢地迎接挑战，有自信心，独立性强，办事可靠，能够得到普遍的信任。

经不住诱惑的孩子中有1/3左右的人缺乏上述品质，心理问题相对较多。社交时他们羞怯退缩，固执己见又优柔寡断；一旦遇到挫折，就会心烦意乱，把自己想得很差劲或者一文不值；遇到压力就不知所措。此外经过跟踪调查，能够等待的孩子在学习品质上也比最早拿糖果的孩子更优秀。

这项研究表明，那些能够为获得更多的糖果而等得更久的孩子要比那些缺乏耐心的孩子更容易获得成功。由此可见，培养孩子"延迟满足"的能力对培养孩子的良好性格是非常重要的。那么父母要如何培养孩子的"延迟满足"能力呢？"延迟满足"不是单纯地让孩子学会等待，也不是一味地压制他们的欲望，更不是让孩子"只经历风雨而不见彩虹"，培养这项能力的关键就在于要帮助孩子形成控制、调节自己的情绪和行为的能力。说到底，就是一种克服当前的困难而力求获得长远利益的能力。

培养孩子这种能力的方法多种多样，但是针对不同年龄段的孩子应该有不同的侧重点。

对于1~3岁的孩子，父母跟孩子做这样的游戏：在孩子想吃某种喜爱的糖果之前，先和孩子共同完成一个游戏，如果成绩"达标"，就奖励孩子想吃的糖果。另外，"延迟"的时间可以逐渐加长，告诉孩子："刚才你已经吃过一颗糖了，这颗糖要等晚上吃完晚饭才能吃。"这样让孩子学会适当地控制自己"渴望"与"失望"的情绪，并让孩子逐渐认识到"任何东西都不是想要就能立刻得到的"。

而四五岁的孩子已经有了许多自己喜欢的活动，如果孩子想去游乐园，可以说："这个星期爸爸妈妈很忙，我们下周末去游乐园好吗？"孩子如果参加了舞蹈班，就应该告诉他们："每次都要认认真真地跟老师学，儿童节演出的时候你才能表演给其他小朋友看。"对于参加了棋类活动的孩子，可以告诉他们："不要着急，一着一着地下，坚持到最后你就是最棒的。"

总而言之，孩子的"延迟满足"能力事实上是"自我控制"能力的一种体现。这种能力的获得，并非一朝一夕就能形成的。是否要延迟，延迟多长时间，都不是关键所在，最关键的是父母要帮助孩子形成一种认识并最终成为习惯：任何愿望都必须通过自己的不断努力来实现。

要时刻保护好孩子的自尊心

李珊是一位小学一年级的美术老师，一天，她给孩子们讲完画画的技巧之后就让他们自己画。快要下课的时候，她发现甜甜的画纸上什么都没有，于是就问："甜甜，你为什么没画呢？"

甜甜撅着小嘴说："我不愿画。"

"能告诉老师原因吗？"

"老师，我告诉您，您不要告诉我妈妈好吗？"

"好。"

"上次我在家画画，妈妈说我画得乱七八糟的，什么都不像，所以我现在不想画了。"

甜甜的话让李珊的心情非常忐忑，因为她以前也曾使用过类似的语言。她不知道那样一句无心的话竟然会伤害了孩子的自尊心，也挫伤了他们的自信心。

课后，李珊找甜甜谈了心，并指导她完成了一幅画，第二次上美术课的时候，李珊向全班同学展示了甜甜的作品，并表扬了甜甜。

从那之后，李珊发现甜甜对自己有了坚定的信心，绘画技能有了明显提高，各方面都发展得很快。

科学研究表明，有高度自尊心的儿童性格活泼，智力发展状况也会比较好，他们更善于表达自己的思想，讨论问题时能主动发言，对周围的事物感兴趣，喜欢探索，富于创造，对自己从事的活动充满自信。这样的儿童身体也相对健康，很少生病。而缺乏自尊心的儿童，多半情绪低沉，害怕参加集体活动，认为没有人爱他们、关心他们，也不愿表达自己的思想。

英国作家毛姆说过："自尊心是一种美德，是使一个人不断向上发展的一种原动力。"自尊心是个人对自己的一种态度，是要求自己受到别人的尊重，不允许别人歧视、侮辱的一种积极情感。自尊是健康人格发展的必备要素之一，它对人的认知、动机、情感及社会行为均有重要影响。所以保护自尊心对儿童心理的正常发展以及身心健康的成长都是至关重要的。

要保护好孩子的自尊心，家长要经常从正面表扬、鼓励，努力帮助他们解除心理障碍。

作为家长，营造一个和谐、愉快、宽松、安全的家庭氛围对孩子来说是至关重要的。父母一定要多给孩子关心和鼓励，让孩子独立自主。尊重他们的爱好兴趣，正确对待孩子的学习成绩，尽量使孩子的生活丰富多彩，容许孩子有不同的观点与见解。如果孩子长期生活在相互尊重的环境中，他就更容易形成良好的自尊心。

另外，要尽量为孩子创造成功的情境和体验。成功的体验是儿童获得积极自我评价的基础，是自尊心形成的关键。家长可以给儿童确立一个适当的标准，让孩子通过完成这一标准来获得成功的体验。在确立标准时不能主观地以过高的标准要求儿童，而是要从儿童自身的能力和特点出发，如果标准定得过高，孩子屡遭失败，他们的自尊心就会受到伤害。在孩子达到要求之后，要给予儿童积极的评价，使其体会到成功感。

不过，虽然自尊心对一个孩子来说是很重要的，但是也要有一个度，如果表现得太强反而会变成人格弱点。有心理学家曾经用气球对儿童的自尊心作了形象的比喻："一个没有气的气球毫无价值，然而气充得太满则容易胀破；只有气充得不多也不少，才会兼具观赏性与安全性。"

那么对于那些自尊心过强的孩子父母应该怎么办呢？

首先应该帮助孩子树立适当的挫折意识。让孩子明白人生的挫折就像自然界的风雨一样不可避免；其次在孩子遭遇挫折的时候，家长要帮助孩子对失败进行分析，找出原因。通常失败有三种原因：一是孩子本身努力不够，二是超出了孩子的能力范围，三是客观因素影响。第一种归因有助于激发孩子继续努力，提高信心，后两种归因应引导孩子正确对待，不要自暴自弃，怨天尤人，今天做不到，以后可能就能做到。

道德，孩子价值观的根基

孩子为什么爱告状

午饭时，孩子们都吃得津津有味，教室里只有吃饭的声音。这时贝贝指着阳阳对老师说："老师，阳阳把青菜扔了一桌子！"这时候所有小朋友的目光都集中在阳阳身上。"是呀，阳阳把青菜都扔了！""老师说过要珍惜粮食的。"小朋友们你一言我一语都显得很激动。老师看到阳阳面前一片的青菜和一群唧唧喳喳的孩子，温和地说道："好了，阳阳以后不要再扔青菜了。小朋友也不要再说话了，快吃饭吧。"孩子们这才把目光从阳阳身上移开，不再说话。

涛涛从家里带来了一个玩具手枪，男孩子个个都爱不释手。小伟一早来到幼儿园后就玩个不停，小宇也很想玩，就一直在旁边等着，还不时说上一句："让我玩一会儿吧！"可是小伟总是说："不行，我还没玩好呢！"小宇听了马上跑到老师跟前告状："老师，他都玩了那么长时间了，还不让我玩！"老师摸摸小宇的头说："你再跟小伟商量一下，要不你就先选一样别的玩具吧！"

孩子们正拿着自己的小杯子排队接水喝。航航忽然伸手推了推前面的小仪，想抢到前面去。小仪扭头瞪了他一眼以示抗议，但航航还是伸手推她。"老师，他推我！"小仪委屈地说。老师正在教喝完水的小朋友摆放杯子，听到小仪的话，她转过身轻轻安慰了小仪一下，然后瞪了一眼航航，航航马上排好了队。

在幼儿园里，几乎每时每刻都会有孩子告状，是幼儿日常活动中最常见的行为之一。其实，孩子爱告状是由于年龄的关系，因为他们的道德认识还处在一个非常幼稚的阶段，道德概念和道德知识也比较贫乏。特别是幼儿园的孩子，对于是非、好坏、善恶的理解带有明显的直观、具体和肤浅的特点。好就是和我一块儿玩，坏就是把玩具借给别人而没有借给我……孩子就是这样根据直接的利害来看待好坏、判断是非的，他们不可能像大人那样从本质上去理解道德的含义。

不同年龄的孩子，对道德感的体验是不同的，所以父母应该根据孩子的年龄采取不同的方式来培养他的道德感。

3~4岁的孩子道德感体验不深，他们的道德判断容易受到成人的暗示，只要大人说是好的，或他自己觉得有兴趣的，就认为是好的。反之，就是坏的。同时，他们判断某件事情，只关注结果，而不注意行为的动机。比如妈妈告诉一个3岁的孩子"要和小朋友友好相处"时，他会点点头，但当他和小朋友抢玩具时，他不会意识到这有什么不对。如果4岁的孩子看到有小朋友帮班里修玩具，却把玩具修坏了，他也会认为这个小朋友不好。这时候父母要做的是用自己良好的行为规范为孩子树立榜样，培养孩子遵守良好的道德规范。

4~5岁的孩子已经掌握了生活中的一些道德标准，并且开始注意别人对自己行为的关注，同时，他也开始关心其他人的行为是否符合道德标准。比如一个5岁的孩子想玩小伙伴的玩具，他会友好地和小伙伴商量，如果此时父母表扬他懂礼貌，他就会非常高兴。以后，他也会用这种商量方式来处理类似的事情。如果遇上别的孩子抢玩具，他还会出于"正义感"而向家长或老师"告状"。

5~6岁的孩子道德感的发展已经开始趋向复杂和稳定，对好、坏、对、错，他们已经有了比较稳定的认识。同时，他们会开始关注某个行为的动机，而不是单单从结果来进行判断。例如当一个6岁的孩子还是看到小朋友帮着班里修玩具，同样把玩具修坏了，但他会知道小朋友修玩具是出于好心，会认为这个小朋友并没有错，这个小朋友和弄坏玩具的小朋友是不一样的。这个年龄段孩子的道德标准基本上开始稳定，如果他对某些事物有不同的看法，父母最好用讲道理的方法来说服他。

出于同情的奖励伤害更大

今天，幼儿园里来了客人，游戏区里摆满了新的积木。中班孩子的任务是搭建一座大桥，知道任务后，他们首先兴致勃勃地讨论了前一天刚刚参观过的大桥。不一会儿，孩子们就脱了鞋子坐在地毯上，开始用各种颜色的积木安安静静地搭建心中的大桥了。

时间在孩子们的游戏中流逝，很快就到了游戏结束的时候，孩子们争先恐后地展示着自己的成果：有的大桥线条流畅，有的气势磅礴，有的色彩和谐，但也有些大桥摇摇欲坠，还有的正在"建设"中。

每个完成任务的孩子都得到了一颗糖的奖励，其中有一位来参观的客人也给一个没有完成任务的孩子一颗糖以示鼓励。接下来是户外活动，大部分孩子都拿着糖兴高采烈地跑到门外去参加活动。可是，那个孩子手里紧紧攥着那颗糖，迟迟没有出门，看上去十分伤心……

尽管拿到了糖，但那个孩子却显得很伤心，这说明，此时孩子已经有了羞愧心理。羞愧心理不是天生的，而是随着年龄的增长，孩子的羞愧感也在随着个性和道德的发展而发展。

库尔奇茨卡娅用曾经设计了一个实验来研究了孩子的羞愧感。她比较了孩子在不同情况下的表现，发现3岁的孩子身上已经出现了羞愧感的萌芽，但是这种羞愧感还没有从惧怕中"独立"出来，它往往与难为情、胆怯交织在一起。最开始的羞愧感并不是由于认识到自己的过失而产生的，而是由于成人直接刺激——带有责备和生气的口吻才产生的。这个年龄段的孩子，羞愧感全部显露在外面。比如当孩子背儿歌忘词，老师羞他的时候，他会脸红，然后不好意思地跑到自己的座位上坐下。

稍稍长大一些的学龄期儿童已不需要成人的刺激，他能为自己的行为不对而感到羞愧，而且他们已经能将惧怕感与羞愧感区分开。研究还发现，小班和中班的儿童只有在成人面前才会感到羞愧；大班儿童在同伴面前，特别是在本班同伴面前也会感到羞愧，这表明集体舆论已经越来越重要。

随年龄的增长，儿童羞愧感的范围在不断扩大，而且越来越"社会化"，但把羞愧感表现在外部的范围在缩小，对羞愧感的心理体验在加深。儿童还会记住产生这种情绪的条件，以后遇到类似的情况就会努力克制可能使他再做错事的行为和动机，将成人对他们的要求逐渐变为对自己的要求。

库尔奇茨卡娅还认为，儿童羞愧感的产生意味着儿童的个性正在发生变化。当羞愧感成为个性中一种稳定的品质时，它就会改变孩子个性的结构。道德情感的发展是一个从外部行为控制向内部控制转移并不断内化的过程。有了这种羞愧感，就有可能使儿童自觉地克制不良行为。

但是家长们要注意，对待孩子的一些不当行为，应该采取正向引导的态度和方式。不能过多的指责，否则，由于过多责骂而引起的极度强烈的羞愧感可能会束缚儿童的发展，并使孩子形成不良个性。

孩子的暴力行为从何而来

1996年5月18日，辽宁沈阳某中学的模拟考场上，一名男生用事先准备好的刀子刺伤两名同学后，扔下刀逃走了。

2001年12月，山西襄汾县的古城中学发生一起初中生伤害事件。这所中学的陈某因与同学发生矛盾，用稀释硫酸制造了一起致使20人受伤、13人被毁容的惨剧。

2002年1月3日，陕西铜川15岁的初中学生余某与一四川打工者一起，向同班同学李某勒索钱财后，又劫持李某向李某父母敲诈钱财。

2004年5月28日上午，江苏泗洪县某中学高二男生陈东因不堪同学欺侮，在校园内用匕首刺伤多名学生，其中一学生被刺中心脏死亡。

2004年2月23日，云南省昆明市云南大学2000级学生马加爵残忍地用钝器将4名同学杀死后逃跑。

2011年12月5日，湖南宁远八中校园出现了暴力事件，学生上午放学后正在吃午饭时，该校学生乐宇星叫来6名社会上不明身份的成年男子，对同校的周某一阵子拳脚脚踢，并要求他下跪求饶。

以上均是摘自报上的新闻。现代社会的犯罪案件，情节越来越恶劣，而犯罪的年龄也越来越小，而很多研究社会问题的专家把批评的矛头指向了暴力影片。

大量的研究发现，如果儿童看到他人的违规行为受到老师的斥责，他们就可能会避免犯类似的错误。反过来，如果看到他人的反社会行为受到了赞赏，儿童就有可能去尝试这种行为，在道德不良群体中这种现象尤其突出。在这两种情况下，儿童本人没有行动，也没有受到直接的惩罚和强化，但"榜样"所受到的对待方式会影响儿童的道德行为，这就是"替代强化"的表现。

心理学家班杜拉有一个经典实验，研究儿童对攻击性行为的观察和模仿。研究的结果发现：看过有攻击性行为的录像之后，所有儿童都表现出了一定的攻击行为。这就是说，儿童平时对电视、电影中的打斗情境的观察，虽然没有直接地加以模仿，但是也并没有能阻止他们的学习，而且即使是对这些反社会行为给予惩罚，也不能阻止他们对这类行为的无意识学习。此后，只要遇到与影片中类似的情境，上述这些行为就很可能在儿童的实际生活中再现。

最新的研究表明，电视对孩子暴力行为的产生具有重要的影响。在儿童的生活中，看电视是不可缺少的一部分。电视对儿童的价值判断和行为方式的形成有着强有力的影响。不幸的是，如今的电视节目中存在着许多暴力场面。有研究发现，受电视暴力的影响儿童可能变得在暴力场景前变得无动于衷，并且会逐渐接受"暴力是解决问题的途径"的观念，并且会认可电视剧中的角色，不过孩子认可的这个角色既有可能是受害者也可能是侵害别人的人。有情绪、行为、学习或冲动控制问题的儿童，更容易受电视暴力的影响。

有时，观看一个暴力节目也会增强儿童的好斗性。儿童大量地观看电视暴力会导致更强的侵略性和好斗性。如果电视节目中的暴力场景非常真实，并且重复出现而施暴者不受惩罚，儿童在观看后更可能模仿所看到的东西。

尽管电视暴力不是儿童产生暴力行为或好斗行为的唯一原因，但它对儿童的暴力行为有着重要的影响，因此，父母应该从以下几个方面保护孩子不受电视暴力的影响：

（1）限制孩子看电视的时间。

（2）注意儿童正在观看的节目以及谁与他们一起观看。拒绝让孩子观看暴力性很强的节目，在暴力镜头出现时换频道或关掉电视机；向孩子解释这样的节目错在什么地方。

（3）在孩子面前表示对暴力场景的不赞同和厌恶，强调这样一种信念：暴力行为并不是解决问题的最好方法。

你的孩子能管住自己吗

东东是一个很聪明的孩子，就是没定性，上课不专心。晚上回家，妈妈给他辅导功课的时候，不是要吃东西就是要喝水，刚坐下没两分钟又吵着要上厕所，来来回回地折腾，本来半个小时就能做完的作业，非得花上两个钟头。东东的妈妈为此头疼不已，她实在不明白为什么东东就不能集中精力，专心学习？

东东的例子比较典型，在小学低年级的儿童身上经常看到的好动、可控性差的特点，这是儿童缺乏自我控制的体现。

自我控制是指个体在无人监督的情况下，从事指向目标的单独活动或集体活动。宝宝自控能力差表现多样，包括做事缺乏坚持性、随便乱发脾气、无故招惹别人等。

自我控制既是个体社会化的重要内容，又是实现社会化的重要工具。自我控制能力差会影响儿童的身心健康、同伴关系、社会适应能力等，宝宝要建立符合社会道德的行为模式必须学会自我控制。

自我控制能力并非与生俱来的，宝宝在后天的环境中，随着生活范围的扩大、生活经验的丰富、认知的发展和教育的影响，他开始逐步学习并掌握了一定的策略来控制自己的活动和情绪。宝宝自我控制能力的发展主要体现在以下几个方面：

初步移情阶段：宝宝由于年龄小，心理认知还没有完全发展等原因，决定了他以自我为中心的心理特点，考虑事情多是站在自己的角度，很少考虑他人。但是这个阶段的宝宝已经具有了初步移情能力，对别人的体会和感受具有了一定的理解能力。

延迟满足阶段：宝宝的自我控制能力在这个阶段的一个重要表现就是延迟满足。宝宝在遇到有喜欢吃的食物又不能马上吃的情况的时候，会控制自己的行为，忍一会儿，直到可以吃的时候再行动。

有效掌握阶段：这个阶段的宝宝已经掌握了一些有效的自我控制方法，对自己的行为和情绪进行调节，比如采取转移注意力、同其他人进行协商等方法。

善于自我控制的儿童又可以称为"弹性儿童"。他们有很强的灵活性，对自己的控制程度随环境变化而改变，在需要控制的时候能很好地管住自己，在不需要控制时也能完全放松自己，如同弹簧一样，既能紧，也能松。这样的儿童在学习的时候能够专心学习，在玩的时候也能尽兴地玩耍。

那么，是不是自我控制能力越强越好呢？其实并不是，自我控制有一个适宜的度。

自我控制过度的儿童很少表达情绪，不会直接表达应该表达的需要，行为刻板，有很强的抑制性，做事情不分心，没有主见。他们平时很少惹麻烦，很容易被老师和父母忽视，容易焦虑、抑郁、不合群。

然而，很多妈妈烦恼的是自己的宝宝学习时太容易分心，一旦想要什么吃的玩的也要马上得到，这是儿童自我控制过低的表现。这样的儿童无法延缓满足，易冲动，情绪多变，在人际交往中带有一定的攻击性。

如何才能提高宝宝的自我控制能力呢？比较常见的做法有：

1. 正确评价宝宝的行为

父母要及时对宝宝的行为做出反馈，宝宝做得对的要积极表扬，同时，宝宝做得不对的也要进行批评，帮助宝宝建立正确的自我评价体系，如：欺负别的小朋友是不对的，主动帮助别人是高尚的行为等。需要注意的是，批评的方法要斟酌，让宝宝抱有希望。只有正确认识和评价自己，宝宝才能提高自我控制的动机水平。

2. 在日常生活中树立规则概念

父母可以让宝宝在实际生活中去体验一些常见的规则和要求，如红灯停绿灯行等，让宝宝真正理解和掌握这些规则要求，从而逐渐养成遵守一定规则的行为习惯，逐步提高自我控制能力。

3. 培养宝宝的坚持性

培养宝宝的时间观念，有意识地延迟满足，让宝宝学会等待，在平时要求宝宝坚持做完一件事情后再去做另一件事，帮助宝宝提高自我控制水平。

宝宝的自我控制能力的发展是一个渐进的过程，家长们要从宝宝还小的时候做起，针对宝宝的特点，采取有效措施，促进宝宝自我控制各方面的平衡发展。

做个小小"社会人"——社会性发展对孩子心理的影响

妈妈离去，为什么孩子的表现如此不同

姗姗的妈妈很苦恼，因为姗姗已经两岁了，却还是黏妈妈黏得厉害，妈妈离开一会儿就哭闹不休，连爸爸都哄都不行，更别说陌生人了，这样下去可怎么行？

晴晴也是两岁了，但是，晴晴跟姗姗不同，晴晴不怕生，也不依赖妈妈，似乎跟妈妈还有点合不来，妈妈在不在都漠不关心，妈妈抱她的时候她也挣扎着不让妈妈抱。

为什么姗姗和晴晴的表现截然相反呢？因为她们对妈妈的依恋类型不同。

依恋是婴儿出生后形成的第一个社会关系，是婴儿寻求并企图保持抚养者亲密的身体联系的一种姿态和信号。依恋发生的时间因人而异，不同的文化背景也有影响，但依恋发展的基本模式一致，它是随着婴儿的生理成长循序渐进增长而逐渐地复杂化的，具有一定阶段性的发展。

根据鲍尔比的理论，婴儿的依恋可分为四个阶段：

第一阶段对人无差别反应和表现信号阶段，是婴儿从出生到3个月大，这阶段婴儿对所有人的反应相同，出现社会性微笑，激发母性行为。

第二阶段集中于熟人的有差别反应和表现信号阶段，3个月到6个月大，婴儿对亲人的反应频率高于陌生人，尤其是对妈妈，表现出自发性喜悦之情。

第三阶段积极维持接近阶段，6个月到3岁，婴幼儿处于"陌生人焦虑"阶段，喜欢与妈妈在一起。

第四阶段与依恋对象建立确定关系，3岁以后婴幼儿与妈妈或其他依恋对象已形成永久联系，能考虑妈妈的需要，预测其行为，从而调整自己的行动。

安斯沃思在鲍尔比理论的基础上，设计了"陌生情境"实验。在实验中，安斯沃思等人将几十个1~2岁的幼儿放在一个陌生的环境中，让这些幼儿分别与母亲分离，和陌

生人在一起。通过观察这些幼儿的反应和行为表现,将婴幼儿的依恋分为三种类型:安全型、回避型和矛盾型。

属于安全依恋型的婴幼儿,喜欢接近妈妈,但并不总靠在妈妈身边,也可以安心玩耍,在妈妈离开时会表现出不同程度的痛苦,妈妈回来时会积极寻求安慰,很快平静下来。对陌生人有焦虑性反应,但也有主动接近行为。

属于回避依恋类型的婴幼儿对妈妈采取回避态度,妈妈离开时和返回时,都没有什么反应,没有明显的陌生焦虑。

矛盾型的婴幼儿对妈妈怀有矛盾的情感。当妈妈离开时会歇斯底里地反抗,妈妈回来时又拒绝同妈妈接触,需要花费较长时间才能平静下来。对陌生人表现得消极被动,有明显的陌生焦虑。

后有研究者又补充了第四种依恋类型——紊乱型。这种类型的婴幼儿行为组织性很差,有明显的陌生焦虑,妈妈回来时表现出一系列混乱、矛盾的行为,有时对父母表现出像陌生人一样谨慎。

婴幼儿的依恋使他以妈妈为安全基地,主动大胆地去探索周围的环境,是孩子自信心和安全感的来源。一般来说,婴幼儿在突然离开父母时,会使其依恋感受阻,引起不安全感,产生"分离性焦虑"。幼年时经常体验到分离性焦虑又不能得到缓解的孩子,其日后在情感发展方面可能会潜藏着一些问题。

那么,如何缓解孩子的这种焦虑呢?一方面是要尽可能地多和孩子在一起玩耍,鼓励孩子多交朋友,在孩子和小伙伴一起玩耍的时候陪伴在侧,让他知道和小伙伴一起也是安全的。

另一方面,分步骤做好分离铺垫工作,也就是说要根据孩子的年龄和承受能力缓慢进行,不要让孩子感觉突然间"失去"了重要关系。重要的是,不能欺骗孩子,也不要偷偷离开,你可以告诉孩子你去做什么,何时回来,并且一定要按照所承诺的按时回来,如此经历几次之后,孩子就知道妈妈不会"远离"他而放下心来。

婴猴实验带给人类的启示

中国有句古话叫作"有奶便是娘",直接意思就是婴儿对大人产生感情的原因仅仅是因为成人满足了他的物质需求。不仅在中国,国外也有相似的说法。美国著名的心理学家、行为主义心理学的创始人华生曾经这样说过:"孩子对爱的需求来源于对食物的需求,满足了他对食物的需求就满足了他对爱的需求。"

但是美国心理学家哈洛对这个结论很是怀疑,于是他设计了一个独特的"婴猴实验",这个实验最终推翻了上面的结论。

哈洛把刚刚出生的婴猴从母猴所在的笼中取出来,放到另一个装有两个人造母亲的笼子中。这两个人造母亲一个使用纯金属丝打造的,但是胸前有一个奶瓶,能够24小时为小猴子提供食物;另一个人造母亲是用柔软的布做的,但是这个母亲的胸前没有奶瓶。也就是说,这两个母亲,一个能给满足小猴子对食物的需求,另一个能给小猴子带来温暖的感觉。按照华生的理论,婴猴应该经常爬到安有奶瓶的金属丝妈妈的身上才对,但是结果却恰恰相反,婴猴只是在肚子饿要吃奶的时候才爬到金属丝妈妈身上,而其余大部分时间都抱着布妈妈不肯撒手。如果在布妈妈的身上也安上奶瓶,那么婴猴就几乎不会再接触金属丝妈妈了。如果在婴猴下地玩耍的时候突然放入一个自动玩具,婴猴会吓得马上逃到布妈妈身上，但是不久它就开始观察这个恐怖刺激，然后回到这个玩具面前去试着接触它，最后会摆弄起这个玩具来。但是，对另外一只生活在只有一个金属丝母亲的笼子的婴猴做这样的实验，研究者发现笼子里的小猴子总是极其恐惧地躲在一边，一直不敢去触碰那个玩具。

这个实验推翻了人们传统思想中"有奶便是娘"的认知。从这个实验我们可以知道，婴猴对母猴的依恋主要不是有食物吃，而是有柔软、温暖的接触。推而广之，孩子依恋母亲的怀抱也并不仅仅是为了吃奶，他更需要的是柔软而温暖的皮肤接触。孩子只有在母亲温暖的怀抱里才能健康地成长，就像小猴子不喜欢只能提供食物的"金属妈妈"一样，孩子也不喜欢只能提供食物、金钱的"金属父母"，他更需要的是爸爸和妈妈温暖的关爱。

后来哈洛还做了另外一组实验，他把刚出生的婴猴分为四组，一组由真正的母猴喂养，一组由金属丝妈妈喂养，一组由绒布妈妈喂养，一组单独放在一个笼子里人工喂养；然后每一组有分成两种情况：一种是每天几次让它们与其他小猴子接触玩耍，另一种是不让它们与其他小猴子接触。这些小猴子长大以后，在行为和情绪方面表现出极大的差异。

由母猴喂养并与其他小猴子频繁接触的猴子成年后行为最正常，而且母性也最强，但不与其他小猴子接触的猴子稍微胆小些。单独人工喂养并不与其他小猴子接触的猴子行为反常，它们孤僻、不合群、胆小、没有母性，但与其他小猴子接触的猴子则行为基本上正常，不过十分好斗，没有母性，成年后甚至会虐待自己的子女。另外的几组猴子所表现出来的行为介于上述两组之间。

从哈洛的实验我们可以很明显地看出，亲子依恋对孩子未来的心理发展有重要的影响。所以父母一定要把培养亲子依恋关系放在一个很重要的位置，经常与孩子做游戏就是培养这种依恋关系关系的重要方式。通过全身心投入游戏和亲密的身体接触建立起来的依恋关系，可以培养孩子强烈的自我感知力、信任力及在生活中建立信任关系的能力。

爸爸妈妈可以尝试用下面的方法来建立亲子间的依恋关系：

（1）让爸爸用皱纹纸将孩子装饰起来，作为礼物送给妈妈。妈妈则假装不知道，满怀欣喜地打开，并告诉孩子："你是上天赐给我们的礼物，是我们最大的惊喜。"？

（2）妈妈在孩子的手上吻三下，然后迅速地把孩子的手放进自己的手里，防止这些吻"飞"走了。

（3）让孩子在自己身上用面粉分散着画几个点，爸爸妈妈假装寻找，找到一个就亲一下。

（4）与孩子相互喂食，可由妈妈扮演婴儿，孩子扮演妈妈，让孩子喂东西给她吃。

不要擅自剥夺孩子应得的母爱

一对夫妻在事业上非常有成就，结婚生子后，两个人一起到国外去攻读博士学位，临行前他们将孩子托付给爷爷奶奶照顾。三年之后，他们学成归来，把孩子接回了自己家。孩子刚接回来的时候还挺乖的，可没过多长时间他就开始跟爸爸妈妈较劲，不服管教。爸爸妈妈也发现孩子身上有许多爷爷奶奶惯出来的坏毛病，于是他们千方百计想把孩子的这些坏毛病纠正过来。结果，父母和孩子之间的战争不断，大人烦恼、孩子生气，一家人整天都处在不愉快的氛围中。

  这个家庭出现的问题，其根本原因是孩子没有在父母的身边长大。孩子刚接回来时乖巧的样子是因为他跟父母还不熟悉，之后开始跟父母"叫板"，并提出很多无理要求，这是孩子开始在心理上依恋父母的表现。孩子从小远离父母，没有体会过和妈妈的绝对依赖关系以及在妈妈怀里的安全感，所以孩子需要补偿。
  这个补偿的过程同时也是孩子退化的过程，他会突然变得不如从前，甚至越来越爱犯错误。其实，他只是在试探妈妈是不是真的爱他，是不是会无条件地接受他。经过顶撞和冲突，亲子关系大多会变得更加亲密。如果孩子接回来之后一直都很乖巧，从来不知反抗或顶撞，这才是最可怕的现象。因为这样的孩子很难对父母敞开心扉，他对待父母可能会一直客客气气的，就像对待跟陌生人一样，那时候父母要想介入孩子的世界，就更加很困难了。
  在儿童成长发育的关键时刻，他会和日夜照料他的妈妈建立起强烈的母子感情，这种强烈的情感是维系母子亲情的纽带。而早年没有得到妈妈照顾的孩子并没有建立起这种感情纽带，和妈妈的心理距离很远，再加上生活习惯有差别，母子之间极有可能互相看不习惯。由于没有感情，妈妈教育孩子的时候通常也不会手下留情，孩子对妈妈的教育也不情愿接受。时间长了，母子之间没有形成感情依恋，反而形成了强烈的心理对抗，冷漠的种子也就埋下了。
  与父母长期分离对孩子的成长十分不利，严重者会导致儿童性格上的缺陷。因此，父母要尽量在孩子身边，使他能够健康快乐地成长。

  有一对夫妇离婚，5岁的儿子由父亲抚养。一段时间之后，孩子开始不吃东西，也不说话，经常哭闹，后来到医院经过精神科医生的诊断后发现孩子已经患上了儿童抑郁症。在医生的建议下，孩子的妈妈把孩子接到身边，经过妈妈精心的照顾，尤其是感情上的抚慰和交流，孩子终于又开口说话了，也恢复了儿童应有的天真烂漫。

  这是一个典型的由于母爱被剥夺而罹患儿童抑郁症的病例。因为孩子被强制剥夺了得到妈妈关爱和呵护的权利，所以孩子在心理上产生了强烈的不安全感。母爱被剥夺除了可能引发儿童抑郁症之外，长大成人之后也很容易受到刺激罹患各种心理疾病，或者形成过于内向、胆小的个性特征。
  因此，父母一定要利用一切机会多与孩子在一起，与孩子进行感情的交流，培养孩子与父母的感情。有些父母因为工作的关系，一旦孩子不吃奶了，就送到外地交由他人抚养，等到上学时再把孩子接回来。其实，这种做法对孩子的伤害是很大的，因为一旦错过了与孩子发展亲密关系的"关键期"，父母与孩子就很难再建立亲密的关系了。感情的疏离，会给孩子的心理带来无可挽回的伤害。
  孩子在出生的头几个月和他的母亲发生了广泛而持久的联系，这相当于经历了一个敏感的社会化阶段。这种联系的目的不完全是从母亲那里获得物质报偿，更重要的是形成一种稳定的依恋关系。只有早期建立了这种牢固的依恋，成年后他们才有和其他人建立良好人际关系的可能。
  孩子有了被爱的经历，他长大后才会爱别人，爱社会，才能友好地与他人相处。所

以为了孩子的未来,妈妈要尽量做到以下几点:
(1)提高做母亲的敏感性,及时地应答孩子的需求。
(2)多和孩子做亲密的身体接触,婴儿抚触操就是一种很好的方法。
(3)按照孩子的需求调整自己的行为,不要把自己的意识强加给孩子,不能心情好时就和孩子玩,心情不好时就拿孩子出气。

同龄人才是孩子最好的朋友

齐齐刚上幼儿园,是个活泼调皮的孩子,可是这天妈妈发现,齐齐从幼儿园回来后一声不响的,问他也不说话,妈妈还以为齐齐生病了。好说歹说哄了半天,齐齐红着眼睛说小朋友不喜欢他。妈妈还没问明白怎么回事呢,幼儿园老师的电话就打来了。老师说,今天给班上的小朋友们做了一个小测试,请每一位小朋友挑选出最喜欢一起玩和最不喜欢一起玩的三个小朋友。根据记录,齐齐有三次是被拒绝的,这说明齐齐的同伴交往能力还需要培养,请家长到幼儿园具体商量一下。齐齐的妈妈有点纳闷,孩子也需要培养交往能力吗?

婴幼儿间的同伴交往是指在各种因素的作用下,婴幼儿在集体中所形成的一种独立、平等、自愿、互助的友好关系。同伴交往所形成的同伴关系与同伴经验有利于促进婴幼儿身心健康发展,是婴幼儿社会性发展的一种需要,是幼儿社会化的重要途径。

研究发现,婴儿在半岁之前会互相接触、互相注视,一个婴儿哭,另一个婴儿以哭来回应等,这些都不是真正的社会反应,因为婴儿并不期待从另一个婴儿那里得到相应的反应。婴儿半岁后才开始出现真正意义上的同伴交往行为。

婴儿早期同伴交往可划分为三个阶段:首先是以客体为中心阶段,婴儿的交往更多地集中在东西或玩具上,而不是别的婴儿本身,大部分是单方面社交行为,一个婴儿的行为并不能引起另一个婴儿的反应;其次是简单交往阶段,婴儿之间有了直接的相互影响、接触,婴儿已能对同伴的行为作出反应,经常企图去控制另一个婴儿的行为;再次是互补性交往阶段,出现了更多更复杂的社交行为,婴儿彼此之间相互模仿已经较为普遍,婴儿同伴间的行为趋于互补,如你追我逃、共同进行一个游戏等,婴儿能积极地进行交往,还经常伴随有语言、情绪等反应。

影响同伴交往的因素主要有婴幼儿自身因素和环境因素两个方面。

婴幼儿自身因素指宝宝的认知能力、性格特征、兴趣取向等,如愿意分享、友好、外向的宝宝更受小伙伴的欢迎。由于婴幼儿自身因素影响,使他们形成了不同类型的交往模式,大致分为以下四种:专一型、受欢迎型、攻击型、忽略型。专一型婴幼儿倾向于和固定的小伙伴玩;受欢迎型婴幼儿多半性格外向,常常乐于接受同伴的请求或共同游戏的邀请;攻击型婴幼儿性格暴躁,常见表现为喜欢骂人、打人,对别人的行为活动进行破坏;忽略型婴幼儿胆小、怯懦,不愿参加小伙伴的游戏或活动。攻击型和忽略型的孩子就是不善于和别人交往或交往手段不恰当的孩子。

环境因素指成人的指导和玩具游戏等,如成人为孩子准备适合一起玩的玩具或游戏,将有助于孩子同伴交往能力的发展。

家长可以从以下几方面入手,帮助孩子培养交往能力,促进其社会性的发展。

提供良好的家庭环境。家长应该创造宽松和谐亲密的家庭关系,让孩子充分体验到爱和被爱的感觉,以积极的培养环境造就孩子健康积极的身心,这是迈向成功交往的第一步。

以身作则，给孩子学习的榜样。家长待人接物的方式是孩子学习初步的人际交往的最直接对象，积极的交往态度必定会对幼儿产生积极的影响，因此，家长在与邻居、亲友、同事相处中要相互尊重，相互帮助，相互宽容，让孩子在潜移默化中学会交往。

创造更多的交往机会。家长可以经常让孩子把小伙伴邀请到自己家里来玩，或去别的小朋友家里做客，给孩子创造与同龄伙伴交往的机会，指导孩子进行共同游戏，或与孩子一起游戏，如老鹰抓小鸡等，在游戏中培养孩子的同伴交往能力。

生活就是游戏，让孩子在游戏中感受社会

3岁的微微经常自己做游戏。她最爱玩的游戏就是每天模仿妈妈的日常活动：买菜、做饭、梳妆打扮、电话聊天、匆匆忙忙出门去上班等，甚至会边穿衣服边拿东西，嘴巴里还会忙不迭地喊着："来不及了！来不及了！宝贝再见！要乖……要听话……"

游戏占据了孩子的生活中的很大一部分。游戏是孩子最基本的活动，它是想象和现实生活的独特结合，是人的社会活动的初级形式。但是游戏并不是孩子的本能活动。孩子动作和语言发展后，渴望参加社会实践活动但是又缺乏相关经验和能力水平，在这种情况下，游戏就成了孩子参加社会实践的一种方式，是孩子的一种社会性需要。

孩子的游戏内容通常来自周围的现实生活，例如"过家家"、"开汽车"等，都是现实生活的反映，都是孩子在社会中经历过的事物为素材的。同时，孩子的游戏不是原原本本地照搬生活，而是孩子根据自己对生活的理解，并且加入了自己对生活的愿望，将内容进行重新组合后的创造性活动。

游戏在孩子社会能力的发展中起着十分重要的作用，孩子可以在游戏中按照自己的意愿去扮演任何角色，并从中体会到各种思想和情感。孩子还可以通过游戏学会如何在集体里发挥自己的作用，如何与别的孩子合作得更好。另外游戏在发展孩子的自我控制、活动方式以及改造孩子的问题行为方面也起着重要作用。

很多妈妈都知道游戏对孩子的好处，所以她们总是带着孩子到户外去与其他的小朋友一起玩耍。虽然户外活动对孩子来说是必不可少的，但是面对大自然的诱惑，很多孩子并不买账，这是怎么回事呢？

小波特别爱在家里玩玩具，因为玩得专心，有时连妈妈叫他都听不见。妈妈想让小波到外面和小朋友们一起玩。可是妈妈发现小波好像更迷恋玩具，每当妈妈让他外出时，小波总是表现出有些不情愿。妈妈很不理解，小波这是怎么了？

其实，孩子的玩乐没有大人那么强的目的性，他们关注的只是玩的过程，能够体验快乐情绪对他们来说已经就足够了。玩具是孩子幻想中的玩伴，无生命的玩具在他们看来和真实的小朋友并没有区别的。4~5岁左右，玩具依然是孩子无伙伴时的假想伙伴，过了特定的时间，他就会跨过以独自玩耍为主的阶段。

妈妈们经常可以看到孩子一边自言自语，一边摆放玩具，或者指挥打仗，或者和小动物对话，孩子不是单纯地在玩，他是在"演练"将来如何与人交往。在家玩玩具和外出找小伙伴玩，这两者之间不是对立的关系，无论孩子选择哪种游戏方式，家长都应该支持，不要勉为其难。

第五章
孩子13岁以前，妈妈要懂的儿童情绪心理学

情绪，孩子心理的外在表现

情绪是婴儿交流的手段

雯雯生下来就是个"哭"宝宝，动不动就咧嘴哭，眼泪来得特别快。妈妈像大多数母亲一样，学会了理解孩子的哭声。可随着雯雯年龄的增长，她依然还是说话少，哭声多。听到小朋友说："我不跟你玩了"，她就哭；别人不小心碰到，她也哭；分蛋糕时，因没得到喜爱的奶油小花也要哭。在不断满足孩子的需求之余，妈妈会经常不耐烦地冲她喊："整天就知道哭，哭有什么用，也不嫌丢人！"

人类的基本情绪在婴儿的生存和生长中起着十分重要的作用。情绪和语言一样，是婴儿进行人际交流的重要手段。婴儿的情绪交流是以表情的形式来传递的，情绪表达主要有面部肌肉运动模式、声调和身体姿态3种形式，婴儿用得最多的是面部肌肉运动模式，比如，喜、怒、惊、恐等都是通过面部表情来传递情绪信息，声调和身体姿态都是面部表情的辅助形式。

有人将婴儿因饥饿、痛、生气而发出的哭声录下来，放给不知情的母亲听。当这些母亲听到因痛而发出的哭声时都冲进房间去看看自己的孩子是不是发生了意外，而听到另外两种哭声时，都慢吞吞地做反应。由此可见，婴儿已能用不同的哭声传达自己的情绪。

行为主义创始人华生指出，新生儿有三种非习得性情绪：爱、怒和怕。爱——婴儿对柔和的轻拍或抚摸会产生一种广泛的松弛反应，比如展开手指和脚趾，或者发出咕咕和咯咯声那样的一些反应；怒——如果限制婴儿的运动，就会产生身体僵直的反应，或屏息、尖叫之类的反应，有些还会出现手脚"乱砍"似的运动；怕——听到突然发出的声音会产生吃惊反应，当突然失去身体支持时就发抖、啜泣和哭号。

情绪是性格结构的重要组成部分，许多性格特征，如活泼、开朗、忧郁、粗暴等都和情绪密切相关。随着年龄增长，幼儿在一定的、不断重复的情景中，经常体验着同一种情绪状态，这种情绪逐渐稳定后，就会成为幼儿的性格特征。大约5岁以后，幼儿情绪逐渐系统化和稳定下来。如果周围成人此时经常关心、爱抚幼儿，尊重幼儿，使幼儿经常体验到安全感和信任感，这有助于促进朝气蓬勃、活泼开朗等良好个性的形成。如果父母和教师经常要求幼儿帮助别人，关心生病的小朋友，要求幼儿相互谦让等等，这样孩子就能逐渐形成比较稳定的同情心和关心体贴他人的情感。久而久之，这种情感也会成为幼儿个性的一部分。故事中雯雯的哭闹对妈妈来说都是因为一些微不足道的小

事，但是对雯雯来说，这是她解决问题的一种途径和控制外界环境的一种手段。

情绪不仅会影响儿童的心理健康，也能影响儿童的生理健康。在儿童发展早期，如果儿童被剥夺了正常体验情绪的机会，儿童的身心健康和发展就会受到严重影响。儿童情绪被剥夺，缺乏父母的爱，会抑制脑垂体分泌激素和生长素。少数被父母拒绝或在孤儿院中长大的儿童，很可能有情绪被剥夺的经验，这样容易导致他们身体发育不良，动作和语言发展迟滞，对他人的微笑毫无反应，无从学习人际交往，变得沉默寡言、无精打采。

因此，在儿童生长发育的过程中，给予他们适当的关爱和情绪刺激是十分必要的。

婴儿也会"察言观色"

秋季的一天，妈妈带着9个月的清清到楼下的花园里散步。清清看到花园里有许多小哥哥小姐姐在玩，十分高兴，也跟着他们"咿咿呀呀"地乐。这时，有两个淘气的小男孩趁人不注意摘了好几朵花，碰巧被邻居张大爷看见了，张大爷生气地批评了这两个孩子。没想到当清清看到张大爷生气的表情时，突然"哇"的一声哭了，妈妈哄了好半天也不管用，妈妈只好带她回家了，回到家后清清才不哭了。

婴儿除了能够表达自己的情绪以外，还能对他人的情绪进行辨别和做出反应。研究发现，儿童运用面部表情和分辨他人情绪表情的能力是逐步发展起来的。半岁之后，婴儿就能够理解成人面部表情的意义，并且可能利用情绪进行信息交流。8个月左右的婴儿对母亲的微笑、悲伤或无表情面孔，显示出相应的欢快、微笑、呆视、犹豫或哭泣反应。1岁左右的孩子已经能够"察言观色"：别人发怒时，孩子会感到焦虑不安，并会想离开那个环境；当别人对自己的妈妈表示温情或亲密时，孩子也会表现出深情的行为或妒忌的行为。

婴儿能够区别不同情绪的最有力证据来自对面部表情的研究。科学家进行的几项研究表明，一个三天大的孩子已经可以模仿成年人做出高兴、伤心或者惊奇的表情。

在他们的研究中，新生儿被垂直地抱着，脸部与一个女模特的脸相距约10英寸。女模特做出以上三种表情中的一种，直到婴儿的视线移开。与此同时，观察者仔细观察婴儿并且记录婴儿的眼睛、眉毛和嘴的变化，而后猜测婴儿模仿的是何种表情。婴儿在模仿"惊奇"时张大眼睛和嘴，在模仿"高兴"时张大嘴巴，在模仿"伤心"的时候紧闭嘴唇或锁住眉毛。

尽管有一些研究者质疑这些发现，但是还是有许多研究者相信婴儿对情绪表情具备早期的敏感性，或者说，婴儿很早就能识别和模仿成人的面部表情。

在测查婴儿识别面部表情照片的能力时，研究者采用了另外一种方法，这就是习惯化和去习惯化。国内的研究者采用习惯化-去习惯化实验设计，测查了42名8~12个月的婴儿对愉快、愤怒和惧怕三种表情照片的习惯化速率以及在六种表情配对顺序下的识别能力。结果发现，多数婴儿的注视高峰出现在习惯化早期，不同年龄的儿童对三种表情的习惯化速率相同，在识别过程中不存在顺序效应。

喜怒哀乐是人类天生的一种能力，但是如果宝宝从小没有足够的情绪体验，他识别和理解他人的情绪时就会反应相对迟钝。想要宝宝对情绪"明察秋毫"，那就和他一起玩一些提高对情绪反应和辨别能力的游戏吧！

（1）找一些杂志或者图书，和宝宝一起观察书里面人物的表情，让宝宝指出难过的脸、高兴的脸或者其他表情的脸。

（2）说出指令"我高兴！""我难过！"等，然后和宝宝一起扮演出不同情绪的表情。指令可以由爸爸妈妈发出，也可以由宝宝发出。指令可以由"高兴"、"难过"入手，进而过渡到别的情绪，并逐渐扩展，让宝宝逐渐学会用表情来表达各种情绪。

上边的两个游戏适合2岁以上的宝宝，这些游戏能够宝宝理解不同的表情，学会以恰当的方式表达不同的情绪。

（3）罗列一些令妈妈自己或者宝宝高兴、难过的事情。如："宝宝会自己滑滑梯了，我真高兴！""抱着你我真开心……""我的玩具不见了，我很难过。""看到你不高兴，我也很难过……"

然后可以引导孩子罗列一些可能招致其他不同情绪的事情。比如"下雨了，不能去公园玩了，真让人沮丧。""小哥哥把我的玩具抢走了，我很生气。"等等。

这个游戏适合2岁半以上的宝宝，它能够帮助宝宝理解情绪和事件之间的关系，学会体察他人的情绪。

孩子为什么会"认生"

风和日丽的一天，妈妈带着1岁半的乐乐在公园小路边的草丛中玩耍。可爱的蝴蝶从乐乐眼前翩翩飞过，乐乐高兴地晃动小手，试图用小手抓住蝴蝶，却见蝴蝶轻盈地从她的手前掠过，逗得乐乐手舞足蹈。这时，邻居家的王爷爷从远处走来，笑眯眯地对乐乐说："乐乐，爷爷抱抱你？"说着王爷爷就伸出了双手，乐乐"哇"的一声哭了起来，推开王爷爷的手，哭着跑向妈妈。妈妈抱起她一边安慰，一边说："这是王爷爷，怎么不认识啦？上次王爷爷抱你时，你还那么听话，怎么突然间就不乖了？"

认生不是突然发生的，它也是一个逐渐显露的过程。4个月的婴儿对陌生人也笑，只是比对母亲笑得要少。他们对新奇的对象显示出极大的兴趣，不害怕陌生人。4、5个月的婴儿注视陌生人的时间甚至会多于注视熟人的时间。到了5~7个月左右，婴儿见到陌生人往往会出现一种严肃的表情，7~9个月见到陌生人时就感到苦恼了。

很多孩子在1岁多的时候都会出现认生现象，其实这是孩子身心发育过程中一种很正常的现象。在心理学上，人们将婴幼儿对陌生的人所表现出来的害怕反应称为怯生。过去有一段时期，人们认为怯生和依恋一样，是一种不可避免的、普遍存在的现象。但是现在许多研究表明，认生不是普遍存在的。孩子对陌生人的害怕取决于很多因素，这些因素包括陌生人的行为特点、儿童发展的状况、儿童当时所处的环境等等。

下面是引起儿童认生的几个因素：

1. 父母是否在场

如果父母抱着孩子，这时即使陌生人进来，对孩子的影响也不大。但是如果母亲与婴儿有一定的距离，那么孩子就可能害怕。

2. 看护者的多少

如果婴儿只由母亲一个人来看护，那么他所产生的害怕的程度可能比由许多成人看护的婴儿要高。在托儿所看护的婴儿与在家里看护的婴儿相比，前者发生认生的情况比后者少。

3. 婴儿与母亲的亲密程度

婴儿与母亲的关系越亲密，婴儿见到陌生人越害怕。

4. 环境的熟悉性

如果自己家里进来一个陌生人，那么他们几乎没有认生的反应；要是婴儿在一个陌生的环境里，这时有陌生人走进来，有50%的婴儿会产生害怕。

5. 陌生人的特点

婴儿并不是对所有的陌生人都感到害怕，他们对陌生的儿童的反应与对陌生成人的反应完全不同，他们对陌生儿童产生积极温和的反应，而对陌生成人感到害怕。此外，脸部特征也是引起婴儿害怕陌生人的重要因素。

6. 婴儿接受刺激的多少

婴儿平时获得的听觉刺激和视觉刺激越多，越不容易认生，这是因为儿童已习惯于接受各种刺激，所以即使陌生人出现，他们也不觉得新奇，因而不太容易产生害怕的情绪。

那么父母怎样做，才能让孩子不认生或减少认生的情况，塑造活泼开朗的性格呢？

首先要抓住孩子不认生的阶段（3~4个月以下）多带婴儿到更广阔的生活天地中活动，接受丰富多彩的刺激，特别要让孩子接触各式各样的人群，熟悉男女老少、成人、儿童的各种面孔；对于安静内向的婴儿来说，父母要有意创造与人接触的各种条件与环境。这一段时间的训练，也是决定以后是否会认生的关键。

3~4个月以后的孩子已经有了认生现象，这个时候既不要避免让他们与陌生人接触，也不要强迫他们与陌生人接触，否则会适得其反。父母可以经常带孩子到亲朋好友家串门，或邀请他们来自己家作客。但是要避免众多的陌生人七嘴八舌地一起与他打招呼或争抢着抱他的情况发生，因为这会使他缺少安全感，增加认生的程度。

到了2~3岁仍然认生的孩子，父母不要当着孩子的面经常提起他这个缺点，以避免增加孩子的心理压力。可以常带孩子到儿童游乐场，先让他与陌生的孩子交往；还可以为孩子寻找不认生的孩子做伙伴；当然，当孩子能够自然地回答陌生人的问话或有礼貌地跟陌生人打招呼时，一定要及时肯定和称赞。

什么是"情绪能力"

8岁的小雨已经是个小学三年级的学生了。她的学习成绩一向十分突出，各方面都很优秀，可是上学期的期末考试却完全击垮了小雨，在她拿回家的成绩单上，三门功课的成绩分别是：语文78分，数学97分，英语87分。小雨把成绩单给爸爸后，还没等爸爸做任何反应，就冲进自己的房间把门关起来，哇哇大哭起来。爸爸没有急于敲门，而是等了好一会儿，听见女儿的哭声变小了才轻轻地敲开小雨房门。

爸爸走进去轻轻地拍了拍她的肩膀，安慰道："怎么啦？小雨，是为这次考试成绩伤心吗？小雨一向是个坚强的孩子，去年在医院都没有哭过，怎么就为这次考试哭了呢？这次考试成绩不理想是因为你得病休学两个半月造成的。以前的考试，我们的小雨不都是非常出色、首屈一指的吗？"小雨感激地看着爸爸，不停地点头。

"那么，就让过去的永远过去。这次考试表明你有许多知识不会，我相信我们的小雨一定会尽快找出不足，学好这些知识的。"小雨听后又十分自信地点了点头。

人的智力有区别是大家都承认的事实，但是个体的情绪能力也同样有区别，这一点让人们难以理解，主要是因为情绪水平测试比智力水平要模糊、混乱得多。但现在的研究让我们可以基本肯定是儿童早期受到的教育让儿童的情绪能力产生了较大差异。

科学家普遍认同，一个人的情绪能力主要包括以下8个主要部分：了解自己的情绪状态的能力；分辨他人情绪的能力；运用自己文化中的情绪词汇的能力；同情他人情绪经历的能力；认识到自己的和别人的内在情绪状态不与其外在表现对应的能力；适应性地应对讨厌和痛苦情绪的能力；认识到关系主要取决于情绪是如何交流的以及关系中情绪的相互性；自我控制情绪的能力，也就是控制和接受自己的情绪的能力。

这8个部分是孩子在成长过程中需要掌握的技能，但是这8个部分不一定同时出现，更别说全部都很优秀了，就像智商一样，一个人可能在逻辑思维方面特别强，但是在其他方面就相对较弱，同样情绪能力也存在着个体差异。

情绪能力也必须与特定的年龄段联系在一起，这一点也与智商类似。比如一个4岁的孩子可能跟其他同龄的孩子相比比较成熟，但是与10岁的孩子相比会很不成熟。另外社会环境对情绪能力也有影响，因为在一个社会环境中被看作"成熟"的行为在另一个社会环境极有可能被认为是"幼稚"的。比如，泰国人把善于抑制情绪的、害羞的人看作是成熟的人，而这样的人到了美国就会被看成是无能力的人。

孩子的情绪能力往往与社会交往能力紧密联系在一起，因为处理自己和他人情绪的能力是社会交往的中心。通常情况下，我们会发现那些善于把自己的情绪和别人的联系在一起的孩子比较受同伴欢迎；如果孩子情绪反应激烈，控制外在表现的能力差，那么他和同伴之间极有可能会起冲突，因此被同伴拒绝的可能性很大。

情绪能力不仅包括表现自己情绪的能力，还包括调节情绪的能力。每个人都要学会控制、转移和修正自己的情绪，才能让自己的情绪符合社会标准，被大众接受。

那么儿童的情绪能力为什么不一样呢？一般来说，情绪能力受到3方面因素的影响。

1. 生理因素

遗传上气质的不同在很大程度上造成了情绪行为的不同。患有唐氏综合征的孩子情绪调节能力有问题就是因为生理上的原因，一方面大脑中与抑制控制有关的组织发展缓慢，另一方面，生理反应性低。造成的结果是这些孩子很难兴奋起来，一旦兴奋起来又很难控制自己的情绪。

2. 人际的影响

儿童应对压力的能力首先取决于气质特征，但是这些特征受到父母的影响。在一个充满了暴力的家庭中，孩子不断地目睹消极情绪的爆发，他们就不会有控制自己情绪的动机。有抑郁等情绪问题的父母，他们的孩子也常常有抑郁的倾向。

3. 环境的影响

比如低收入的家庭中存在的经济担忧、过分拥挤的住所等都会给孩子的情绪调节能力带来消极影响。再加上父母由于忙碌和焦虑，很少有时间和孩子进行交谈，这会给孩子的情绪能力带来巨大的破坏。但是这并不是说所有贫困家庭中的孩子在情绪上都是失败的,这只是提醒家长们在培养儿童情绪能力的时候不要忽略大环境的影响。

"永远不生气"——环境也能控制情绪

人类学家琼·布里格斯曾经写过一本书叫作《永远不生气》,在书里她记录了自己和北极圈附近的奥特古的爱斯基摩人一起生活的经历。她在那里居住了17个月,借宿在当地一家爱斯基摩人家中,这样她可以在他们的圆顶小房子里面近距离地观察这家人和他们的邻居。

奥特古人拥有罕见的平和心态,他们的社会交往中几乎没有任何互相攻击的迹象。他们反对任何形式的生气。在奥古特人的社会观念里,理想的人是在与别人的交往中始终保持热情,时刻准备保护别人和脾气温和的,这种理想的人永远不会在外在行为中显露敌意。

在孩子出生后的前两三年中,儿童允许有生气和愤怒的情绪,但是在那以后,父母会不断地告诉孩子这些情绪是不允许的。他们努力通过各种渠道疏通孩子的消极情绪,用来帮助孩子们获得耐心和自我顺从这些奥特古人的美德。父母不是靠吼叫或者威胁做这些的,而是用语言和脸色平静地表现出他们的禁令。最后社会环境影响的结果是,奥特古儿童比其他地方的孩子明显地缺乏攻击性,而且从很早开始,同伴间的敌意就是很少见的现象。

这样的社会环境控制情绪的例子还有很多。比如西太平洋岛上的伊菲鲁克人不允许表现出高兴,他们认为这种情绪是不道德的,会导致人们忽视责任。所以他们在抚养孩子的过程中会避免表现出与这种情绪相关的兴奋。生活在委内瑞拉和巴西边境的雅诺马莫人在人际关系中把凶猛看作最优秀的品质,他们之间的一切问题都用暴力来解决。无论男孩还是女孩都被教育要在与其他孩子的交往中富有攻击性。

情绪发展拥有共同的生理基础,但是情绪后期的发展是受到各种社会经验影响的,结果使得每一个社会文化中表现情绪的方式千差万别。每一个社会都会发展处被自己的社会文化所接受的应对情绪的方法。而孩子们即使开始没有任何区别,在社会文化的影响下,为了能够和其他的社会成员顺利交往,孩子们会逐渐发展出被社会所接受的情绪表达方法。为了早日被社会成员所接纳,孩子们总是尽早地学习所在社会的情绪表现规则。

孩子只有早日学会表现规则,他们才能知道自己在某个情境下要如何合适地表现自己的情绪。在某些场合中,人们常常宽容孩子们的"自然表现",但是在多数情景中,即使是小孩也要学会掩饰情绪的自然流露,甚至需要用不同的情绪代替自己的真实感受。

"在别人送给你一件他认为你会喜欢的东西的时候,你要看上去高兴",这似乎是一个在各个社会中都赞同的情绪表现,一位科学家针对这种情绪曾经做过一个实验:

他选择了一批6~10岁的孩子,让他们去帮助一位大人评价教科书,然后这个大人送给他们每人一件漂亮的礼物作为感谢。过几天,这几个孩子又被要求去帮助大人,但是这次只送了一件很普通的适合婴儿玩的玩具。这位科学家对这些孩子接受礼物时候的表情、声音和其他的身体反应都进行了录像。

在回应第一件礼物的时候,孩子们都表现出常见的高兴的神情:微笑,看着大人,真诚地说谢谢。当看见第二件礼物的时候,大一点的孩子很好地掩饰了自己的失望,至少表现出了一些高兴的迹象;可是小一点的孩子就明显地表现出了失望。由此看来,大一点的孩子已经掌握了将外在表现与真实感受区别开来的要求,但是小一点的孩子却刚刚开始学习这个情绪表现方式。

所以,孩子情绪的表达并不是随意的,它往往受到多种因素的影响,社会环境也有很强的控制情绪的能力,父母帮助孩子建立受社会文化接受的情绪表达方式,而不能一味地让孩子总是以"自我为中心"。

0~3岁,难舍的情感依恋期

认识依恋,满足孩子爱的需求

前面我们已经提到过妈妈与孩子之间建立良好的依恋关系对于孩子的重要作用,那么妈妈要怎么做才能更好地满足孩子对爱的需求,建立起稳固的依恋关系呢?

1. 父母要保证孩子有比较固定的依恋对象

依恋关系的建立不是很快就能形成的,它需要经历一个过程,而一个或几个特定的成年人持续照顾孩子是他获得安全感的重要途径。如果父母不能亲自带孩子,或者照顾孩子的人总是在变,那么孩子是很难建立起稳定和安全的依恋关系的。如果孩子的主要照顾者突然离开,由陌生人接替,那么由于这个人不了解孩子的气质与个性,就会使孩子安全感缺失。这也是我们提倡自己的孩子自己带的原因。如果妈妈真的工作很忙,不得不随时离开,那么家里最好至少有两个人能同时担当起妈妈的角色,这样在妈妈离开的时候,孩子不会产生过大的心理落差。

2. 提供充满爱心的照顾

并不是只要孩子与妈妈在一起就一定能建立起安全的依恋感。孩子先天的气质类型决定了他们有不同的需要,而他们对回应速度和回应方式的要求也是不一样的。这必然会给妈妈的养育带来很大的难度。所以,即使是生他养他的妈妈也要充分了解孩子身心发展的规律,与孩子充分的磨合后才能通过孩子的行为读懂孩子的想法,并且给予及时准确的回应。父母要善于识别婴儿发出的需求信号,拥抱、谈话、逗孩子笑,这样才能让孩子有真实的被爱的感受和愉快的生活经验。这种互动可以促进孩子与外界沟通互动,产生对父母的信任感,并且将这种信任感推及他人。其实在孩子的婴儿时期,如果想让他们产生安全感,就是要做到"一哭就抱"。因为,此时婴儿与父母唯一的交流手段就是哭。如果他哭时,父母置之不理,这其实是阻碍了亲子间的交流。而一哭就抱,则让孩子感到自己唯一拥有的交流工具非常有效,不知不觉中就会增加婴儿与父母的互动。而婴儿与外界互动越多,获得的回应越多,他的感情和智力也会成长得越快。父母从小鼓励孩子"发言",他长大以后才会能够更顺畅地与别人交流。

3. 对孩子的需求延迟满足

有的父母担心事事顺着宝宝,会养成他任性的坏习惯。其实这种担心不无道理。科学的做法是,要积极回应孩子的需求但是不要立即满足。这要怎么做呢?其实很简单,当孩子产生各种需求时,父母可以先用声音和肢体动作回应,让他知道到父母听到了他的呼唤，让他学会在希望中忍耐几秒钟。这种几秒钟的忍耐和等待，不仅不会损害婴儿的健康，还会对他的心理健康、智力发育以及交往潜能产生积极的促进作用。

4. 陪伴孩子但不干预行动

孩子在2岁左右会进入一个"反抗期"，此时他们希望摆脱大人的控制，自己去探索世界。此时，父母要做的是为孩子提供安全感，但是不要过度保护。很多家长认为陪孩子游戏就是要为孩子做点什么，其实这是一个错误的认识。陪孩子游戏，重点在孩子。如果孩子需要你参加，你就要及时参与到孩子的游戏中；如果他不需要，你完全可以坐在一边做些自己的事情。其实孩子只要能够听到大人的声音或者知道大人在哪里，他们就会产生安全感，不会害怕。慢慢的，孩子的安全感得到发展和提高之后，他们就学会了独自玩耍。

总之，当孩子需要关爱时，如果父母能够及时给予，就好像在他的心里建起了一座安全的港湾，这会让他的心灵安定，健康成长。

信任关系的最佳建立期

小石头刚刚出生几个月，现在他简直就是家里的皇帝，要风得风要雨得雨。有什么事情不满意，咧嘴一哭，爸爸妈妈马上就会在第一时间赶到，看看他出了什么状况。当爸爸妈妈帮他处理好之后，小石头就会看着爸爸妈妈，然后安静地进入梦乡。

每个父母对于孩子都是极富热情和耐心的，他们总是在孩子需要的时候第一时间出现，生怕孩子受了什么委屈；孩子虽然来到这个世界不久，但是父母对他的这种超乎寻常的热情他很快就会感受到，当然他们也会用自己的"语言"来回应父母，比如哭泣、手舞足蹈或者微笑等，这些都是他们给父母的信号。父母往往在接受信号之后满足孩子的愿望。孩子就在发出自己的信号和接收父母信号的过程中逐渐产生了最初的信任感。

孩子通过自己的需求与社会发生最初的联系，他用哭声、表情、姿态来表达自己的需求，这些需求不仅包括吃、喝、拉、撒、睡等生理方面的需求，也包括爸爸妈妈的关注和抚摸的需求。如果父母能够对孩子的需求做出敏感而准确的回应，孩子就会感到周围的人和世界都是可靠的，他们就会在父母给予自己的满足中建立安全感和信任感。

不过现实中我们常常看到父母走进这样的误区：孩子平安地来到世界之后，早已经储备了很多提高孩子智商和情商妙招的父母就迫不及待地把这些方法在自己的孩子身上进行实验。对于开发孩子的智商，很多父母已经驾轻就熟，但是在提高情商方面，父母还有很多误区。爸爸妈妈总是认为只要能够给孩子足够的爱就可以了，但是爸爸妈妈忽略了孩子是有自己的发展规律的。孩子在不同的年龄段所需要的爱的内容和方式也是不同的。父母只有给了孩子需要的爱，才可以养育出身心健康的孩子。

那么在孩子生命的早期，他需要的爱是什么样的呢？心理学大师艾里克森指出，孩子在0~2岁的时候，心理发展的最重要的任务就是建立信任感，克服对世界的怀疑感。如果宝宝能够建立很好的信任感，那么就会为他长大以后的人际交往能力打下基础。

那么父母要怎样做才能充分利用这个建立信任感的关键时期呢？

首先要培养对孩子的敏感度。敏感的爸爸妈妈很容易和孩子建立信任关系。因为他们懂得孩子的需要，也知道怎样才能让孩子开心。孩子通常是在体验父母给自己的满足后感到安全并和父母建立信任感的。与父母成功建立信任感的孩子长大后大多数会具有乐观、自信的人格特征。如果父母对孩子的需求不敏感，经常让宝宝的期望落空，那么孩子就会对周围的人和世界产生不信任和恐惧的感觉，这样长大的孩子对周围的人和世界也会很冷漠，成人后大多性格悲观、多疑。

多多触摸孩子也能让孩子感觉到父母的爱意，帮助孩子建立信任感。孩子的皮肤十分敏感，他可以通过触摸来感受父母的爱。抚摸会给孩子带来安全和愉快，还能消除他的不安情绪，放松他紧张的神经。

此外，规律的生活也会给孩子带来稳定感与安全感。如果经常变化生活环境和日常作息时间，就会使孩子感到不安。所以父母要保证孩子每天的作息时间相对固定，这样可以使孩子习惯在特定的时间做相同的事情，并且能对下一个即将发生的事件作出预期。

0~2岁不仅是建立信任关系的最佳时期，而且也是建立亲子依恋的最佳时期，所以父母一定要抓住这一时期，让孩子走好迈向社会的第一步！

自己的孩子自己带

奥地利著名的生物学家康拉德·劳伦兹曾经对灰腿鹅进行了一项不寻常的实验。他把灰腿鹅生的蛋分为两组孵化。第一组由母鹅孵化，孵出的雏鹅最先看到的活动物是母鹅。后来出现的现象是母亲走到哪儿，它们就跟到哪儿。第二组蛋使用人工孵化器孵化的，雏鹅出世后没有让它们看见自己的母亲，而让它们最先看到劳伦兹本人。奇怪的事发生了：劳伦兹走到哪儿，小鹅就跟到哪儿，原来小鹅把劳伦兹当作"妈妈"了。

随后劳伦兹把两群小鹅放在一起，扣在一只箱子下面，让母鹅站在不远的地方。当劳伦兹突然把箱子提起时，受到惊吓的小鹅分别朝两个方向跑去：记住母亲的那些小鹅冲向了母鹅，记住劳伦兹的则朝劳伦兹跑来。

这就是生物学中常见的"印随行为"。以后又有很多科学家对此进行了研究，发现能产生印随行为的动物有许多种，大部分鸟类、豚鼠、绵羊、鹿、山羊、水牛、某些昆虫及多种鱼类都能产生印随行为。

虽然这是发生在动物界的现象，但是也给我们以启示。是什么启示呢？那就是妈妈的工作不能由别人代替，孩子的教育必须要由母亲来承担。小动物出生之后都会本能地追随母亲，何况是有情感、有思想的人类呢？孩子不仅需要生理上的满足，还需要母亲感情的投入。现在很多母亲都是职业女性，也许没有很多的时间和孩子朝夕相处，你可以请别人代为照顾孩子的生活起居，但是孩子的教育和平时的感情满足，这是一个母亲的天职，无论有什么样的理由，这个责任都不能推卸。

孩子成长的早期环境将会直接影响他成年后的社会关系，决定他与别人相处的模式。如果他从小没有形成良好的依恋关系，那么在他日后与别人建立信赖关系方面就会出现障碍。孩子刚出生的时候，第一个本能反应就是寻找母亲的乳头，因为这是他与世界的第一个紧密、安全的联系。一岁半之前，孩子需要和母亲亲密相处，才能建立母婴依恋的安全感。如果这个时候，母亲不能照顾孩子，那么这种安全感将很难建立，孩子心里会充满恐惧。

后来劳伦兹又做了一个实验，他把刚出生的小鹅与外界隔离，过了几天再让别的动物去接近他，结果小鹅就再也不找妈妈了，即使母亲出现也不去理睬。劳伦兹把这种现象称为"母亲印刻期"，也叫作"关键期"。

这个时期非常有限也很短，错过这个时期，小动物就再也不能形成"母亲印刻期"了，以后也不可能弥补。所以自己的孩子自己带不仅是为了让孩子得到好的教育和形成安全感，从母亲的角度来说，这也是与孩子建立感情的最好时期。只有在这个时候对孩子进行了感情投资，孩子才可能与母亲形成亲密的关系，并把这种与母亲的亲密感保持一辈子。

此外，现在的母亲大多是把孩子交给老人抚养，其实这样做虽然自己轻松，但是却拉开了自己与孩子的心理距离，而且对孩子的成长十分不利。

虽然老年人对孩子的爱不能否定，但是他们的爱同样会对孩子产生很大的负面影响。大多数老人都喜欢安静不愿意外出，而孩子却是时时刻刻需要新鲜的刺激才能健康成长的，孩子的语言能力和交际能力也需要他们不断地与外界接触，老人带大的孩子在认识事物、探究事物上的能力有限，这会让孩子视野狭小，缺乏应有的活力，不利于培养孩子开阔的胸襟和活泼、宽容的性格。这样长大的孩子，不善与人交际，很容易产生交际恐惧症。

孩子是上天赐给母亲的天使，每个母亲都有抚育他们的责任，除了在生活上的照顾外，心理上的影响更加重要，而这也关系到孩子日后基本心理素质的养成。所以自己的孩子最好自己带，并且抽出尽可能多的时间陪伴孩子成长，这将是母亲送给孩子最好的礼物，当然也会成为一个母亲一生中最美好的回忆。

孩子不认生，不一定是好事

在现实生活中，大部分的妈妈似乎都在为孩子的认生而苦恼，有些孩子甚至连看到自己的爸爸都感到害怕。

豆豆就是这样一个孩子。9个月的豆豆每天大多数时候都很开心，总是在屋子里这里看看那里摸摸，但是只要墙上的时钟打过六下，他就会开始莫名地紧张。紧接着，就会传来爸爸开门的声音。这个时候，孩子大哭的声音也会随着爸爸进门而响起。每天这个时候也是爸爸最郁闷的时候，他总是气得直哆嗦："这孩子，每天见到我都哭得上气不接下气的，真是太不像话了！"

从孩子出生到8个月的时候，教育孩子的主要目的是让孩子形成与妈妈之间的依恋关系，也就是孩子和主要抚养人之间的关系。如果在这段时期，孩子出现认生的现象，说明妈妈的工作是及格的，由于爸爸不是主要的抚养人，所以，出现故事中的现象是情有可原的。不过，虽然孩子与妈妈之间的依恋关系很重要，但是在孩子8个月之后，也要帮助孩子与家里的其他亲人形成依恋关系。

因为孩子与爸爸的相处时间比较短，所以孩子会在开始认生变得害怕爸爸。这时候，不管是什么原因造成了孩子与爸爸之间的情感交流不顺畅，出现这种情况之后爸爸都要开始努力修补这段关系。即使爸爸每天忙得不可开交，也一定要参与到孩子的教育中来，否则造成的结果将会是一生的遗憾。

另外妈妈也要积极帮助爸爸参与到孩子的教育工作中来。感情的建立不可能是一瞬间的事情，所以妈妈要及时把孩子的动态报告给爸爸，比如孩子喜欢什么，讨厌什么等等。增进与孩子感情最快捷的方法就是陪孩子一起玩耍。如果发现平时与爸爸不亲近的孩子跟爸爸玩得不亦乐乎的时候，妈妈不要贸然加入这个游戏，不妨在旁边欣赏一下父子之间其乐融融的温馨画面。

相对于"认生"的问题，很多妈妈都觉得不认生是一件好事，如果自己的孩子不认生，妈妈们大多会把这件事当作一件很令人自豪的事情到处炫耀。其实，妈妈的这种认识存在着很大的误区。很多妈妈觉得孩子不认生是性格随和温顺或者处事大方的表现，但是实际上孩子不认生可能会比特别认生存在这更大的问题。

为什么这么说呢？孩子的认生现象是发育过程中出现的正常现象。如果孩子到了一周岁的时候仍然不认生，那么孩子有可能存在下面的三个问题：

1. 依恋障碍

正如我们前面提到的，孩子的认生现象可以说是母子依恋关系是否形成的一张成绩单。一般情况下，孩子最喜欢妈妈，也最喜欢和妈妈亲近，但是如果孩子没有和妈妈形成稳定的依恋关系，那么就会出现谁抱都不哭闹，任何人都可以亲近的现象，这实际上是一种"依恋障碍"。没有形成良好依恋关系的孩子长大后会对周围的一切缺乏安全感，长大成人的孩子很难建立与其他人之间的健康良好的交往关系，合作能力也会比较差。所以当孩子在1岁左右仍然没有表现出明显的"认生现象"的时候，妈妈要反思自己是不是与孩子之间的关系出现了问题，然后要采取措施及时补救，比如把孩子接回来自己带，尽可能满足孩子的要求和愿望等措施。

2. 孩子患有孤独症

有些不认生的孩子是患有孤独症的孩子，由于患有孤独症，所以这些孩子不能与妈妈形成正常的互动关系，也不能正常地认识世界，所以社会性非常缺乏，不能正确地认识其他人。也正是这个原因让孩子不知道什么叫作"认生"。

3. 孩子的智力水平低下

智力水平低下的孩子脑部发育缓慢，到了一定的年龄却还不能找出妈妈和其他人之间的区别，所以认生情况会出现得比较晚，但是有些问题比较严重的就不会出现认生的现象。

如果妈妈确定自己已经全身心地照顾孩子，也保证了与孩子相处的时间，可是孩子在8个月左右仍然没有出现认生现象，那么就有必要求助医生来确认孩子是否患有孤独症或者智力低下。

别让孩子患上"肌肤饥饿症"

相信很多人都有过这样的感受，当自己情绪低落或者不开心的时候，自己亲近的人如果能够给我们一个拥抱甚至只是拍拍自己的肩膀，我们内心的痛苦也会减少很多。产生这种感受的原因其实来自我们小时候父母给予的照顾。爸爸妈妈在孩子伤心失望的时候常常会用拥抱和爱抚来表达他们的关切和安慰。最终我们形成了这样的条件反射，那就是只要是亲近的人对我们做出这种动作，我们就会感到踏实和安慰。

其实除了条件反射之外，我们还对拥抱有着天生的依赖。很多研究都得出了这样一个结论："人类和其他的恒温动物都有一种天生的特殊情感需求，也就是互相接触和蹭摩。"这种需求被称为"肌肤饥饿"。刚出生不久的孩子对这种接触的需求更加强烈，所以从某种程度上说，小孩子喜欢大人的拥抱和抚摸是天生的，而这种来自父母的爱抚也是他们健康成长的动力。

心理学家米拉尔德的研究表明，拥抱和触摸的感觉让孩子充满活力并且是大脑的兴奋和抑制达成一种协调。所以，拥抱和触摸能够促进孩子大脑的发育，提高智商并且使他的心态保持平和。

那么如果一个孩子长期处于"皮肤饥饿"状态会怎么样呢？研究证明，长期缺少温柔的爱抚和拥抱的孩子在身体和精神上都会出现问题。首先，孩子会出现食欲下降。许多处于皮肤饥饿中的孩子会出现食欲下降的现象，而因为没有足够的营养，所以孩子的身体发育也会受到影响。此外，缺少肢体接触的孩子还会出现智力发育缓慢的现象。当然，长期的"皮肤饥饿"造成的最严重后果就是对孩子心理问题的影响。他们常常会表现出孤独和胆小的心理，有的孩子也会患上"恋物癖"，他们在正常的恋物期过后依然不能放弃身边的安慰物，总是要搂着那些"安慰物"睡觉。长此以往，孩子极有可能出现极为严重的恋物现象。

所以在孩子的成长过程中，父母一定要适时给还拥抱，避免他们产生"皮肤饥饿"。

在孩子小的时候，父母大多喜欢抱着孩子玩，这是很正确的做法。因为这会让孩子变得更加聪明，促使他们形成健康的人格。有些父母可能会说："我长时间不抱孩子，他也不会哭闹，所以我们家孩子对拥抱的需求少一些。"其实这种认识是错误的。孩子渴望被人拥抱是正常的心理需求，如果孩子对这种接触的需求不强烈，那么妈妈要注意孩子是不是有心理或者生理上的问题。还有些父母说："我总是抱着孩子的话，孩子长大后就会黏着父母，这样长大的孩子怎么能独立面对社会呢？"这种观点表面上看起来似乎很正确，但是事实上忽略了孩子的成长规律。0~1岁孩子的培养重点并不是他的独立性，而是与父母形成良好的依恋关系，此时的独立性培养只能让孩子丧失健全的人格，是一种得不偿失、揠苗助长的行为。

随着孩子渐渐长大，亲子间的接触也渐渐地减少了。很多父母不知道，青春期是孩子可能产生"皮肤饥饿"的另一个关键时期。这个时期经常被触摸和拥抱的孩子往往拥有比其他孩子更好的心理素质，还能消除孩子的沮丧心理。同时这时候的肢体接触可以大大减少亲子间的摩擦，这对孩子顺利度过青春期大有好处。

让孩子时刻感受你的爱

心理学家将人出生后的前三年称为人类的"早产现象"，这是因为人在出生的时候不能像动物那样，拥有一个成熟的大脑，生下来不久就能跑会跳。但是也正是拥有了这种"人类的早产现象"，人类才拥有了高于其他动物几万倍的智慧潜力。而在这三年中促进智慧发展的最好刺激就是母爱。

如果一个孩子在生命的最初时刻没有感受到无时无刻的母爱，那么他的生理和智力水平的发展以及社会适应能力等方面都会受到严重的影响，轻的是发展缓慢，更加严重的就会出现各种生理和心理上的病变。

有人曾经对缺少母爱的孤儿院孩子进行了智力和心理方面的研究。研究结果发现，孤儿院的婴儿不仅死亡率高，即使侥幸活了下来，他们的身上也会出现各种问题，比如啼哭、冷漠、笨拙、退缩和缺乏活力。这是因为这些孩子长时间躺在自己的小床上，没有人理睬，只能孤孤单单地长大，以至于很多孩子两岁的时候，智商却仅仅相当于一个正常发育的10个月大的孩子的智商。

所以，在孩子智力和心理发展的关键时期，妈妈一定要时刻让孩子感受到自己的爱，要经常向孩子表达爱意，而不是把它们藏在心里。

妈妈和孩子的交往态度和行为以及婴儿天生的气质决定了孩子的依恋类型。如果妈妈是一个负责任、充满爱心的妈妈，那么孩子能够形成安全型的依恋；如果妈妈冷漠，与孩子关系疏远，那么妈妈永远不可能与孩子建立健康良好的依恋类型。另外表达母爱的方式有很多，妈妈要尽量多地待在孩子身边，有时间就多多抚摸孩子，给孩子做做婴儿体操，并且用温柔的话语多多和孩子聊天，这会在无形中给孩子带来很大的鼓励。

随着孩子的长大，孩子所需要的爱的类型也在变化。如果说3岁之前的孩子需要妈妈无时无刻地照顾，那么3岁以后的孩子就开始需要妈妈给他"松松绑"，给孩子更多的自由。

如果孩子很小的时候，你就把自己的希望全都寄托在孩子身上，时常对他说："爸爸妈妈这辈子可就指望你了！"为了实现自己的梦想或者期望，你让孩子早早就背上了梦想的枷锁，在他们应该痛快游戏的时候，你带着他们穿梭在各个辅导班和兴趣班之间，还自以为为孩子做出了很大的牺牲。你从来都没有想过这样的爱对孩子来说太苛刻了，他们要用自己的一生去满足你的愿望，他只是你的一个工具。所以妈妈要按照孩子的需要来付出爱，而不是按照自己的想法去付出爱，那样只会让孩子被爱压得无法呼吸。

爱孩子的爸爸妈妈，不仅会用行动来表达对孩子的爱，而且还会用合适的语言去表达对孩子的爱，让孩子对父母的爱有一个直观的感受。比如，当孩子拿着一幅画欢快地跑到你的面前，你可以对孩子说声："孩子，你太棒了！"这比你在外拼命挣钱给他们创造更好的物质生活更加重要。对于孩子来说，父母的表扬和肯定才是最珍贵的。

其实，不仅是鼓励，对孩子的批评同样能够体现爱的含义。如果不分青红皂白对孩子的行为一律采取鼓励的态度，那么最终会把孩子引向失败的人生道路。而在孩子犯错误的时候，用温和的态度指出孩子的错误，并在以后监督孩子改正，这才是对孩子负责任的爱。

《左传》里面有这样一句话"父母之爱子，则为之计深远"。是的，为了孩子的一生幸福，父母要及时给予孩子正确的爱，只有为了孩子未来的爱才是对孩子真正的爱。只有得到了这样的爱，孩子才能够为自己的人生负责，依靠自己的翅膀搏击天空，创造未来。

3~6岁，关键的敏感期

孩子敏感期，妈妈要谨慎

早上，点点妈妈全家人每人准备了一个水煮鸡蛋。当妈妈把鸡蛋递给点点的时候，点点没有接住，鸡蛋"啪"地一声掉到了地上。妈妈想：破了就破了吧，反正鸡蛋都是要剥了壳再吃的。于是没有多想，就把鸡蛋捡了起来再次递给点点。不料点点却不干了，他大声哭着说："鸡蛋破了！我不要吃破的鸡蛋！"妈妈没有办法，只好重新给他换了一个完整的鸡蛋，点点这才开开心心地吃了起来。

点点还有一个枕头，枕头上有两只小花猫。妈妈开始的时候没有注意，觉得能枕就行，怎么摆放无所谓。但是点点却不是这样想的，一定要小花猫正对着他才可以。有时候,妈妈摆放错了时候,他就会大声抗议或者自己重新摆正。只有按他的要求摆放正确他才会安安静静地躺下睡觉。

点点到底是怎么回事呢?是他不听话专门给妈妈找麻烦吗?其实不是的。这个时候的点点是进入了"完美敏感期"。什么是"完美敏感期"呢?此时的孩子有什么表现呢?

进入完美敏感期的孩子此时对事物的关注已经不仅仅是对物质本身的关注,而是转移到这种物质所带来的精神上来了。这是儿童心理发展的一个重要阶段。进入完美敏感期的孩子非常在意周围的事物是不是符合自己的审美要求,是不是完整没有缺陷的。如果此时的他们喜欢上一个东西,那么他们就会连它的形状一起保护起来。比如一个孩子喜欢上一个布娃娃,如果妈妈给这个布娃娃换一件衣服都是孩子不允许的。当他们发现自己喜欢的东西形状完整的时候,他们就会感到欣喜;一旦这个物品的形状受到了破坏,他们就会发脾气,或者是尽自己最大的努力去还原这个事物的形状,此时的他们完全不理会家人的劝说。也正是因为这种种表现,使孩子的行为受到大人的误解,认为他们无理取闹,不懂事。

其实,如果父母了解完美敏感期的话,就不会去破坏孩子心中建立起来的美好形象。只有父母有意或者无意地破坏了孩子心中的完美形象,他们才会发脾气,所以父母不要总是一看见孩子哭闹就指责孩子的任性,其实很多时候很有可能是父母的错误在先才引起了孩子的反抗。

所以,当父母发现孩子开始对事物的要求变得十分苛刻,就要想到孩子可能是进入了完美敏感期,这时候的父母要尽量满足孩子对完美的要求,因为这是孩子审美的开始。保护了孩子对于完美的要求,也就保护了孩子进一步提升自己情感世界的需求。在这个阶段,父母不要破坏孩子的完美需求,如果做错了事情,要尽量去弥补。

当然,孩子的成长过程不仅有完美敏感期,还有许多其他的敏感期,比如对细小事物的敏感期、自我意识的敏感期、秩序敏感期等等。在这些敏感期内,孩子就会专门吸收环境中某一种事物的特质,无视环境中的其他因素的,并且不断地重复这种实践活动,直到内心得到满足或者对这种事物特质的敏锐直觉减弱。而此时,孩子的某一时期特有的敏感期也就随之过去了,以后不会再出现,错过了这一时期也很难再重新培养起孩子对这种事物特质的关注。所以,儿童心理学家也把孩子的敏感期成为"学习关键期"或者"教育关键期"。

孩子每通过一个敏感期,他的智力和心理水平的发展都会提升到一个更高的层次。所以,父母要关注孩子在每个敏感期的表现,在这些敏感时期,每个妈妈都要谨慎地保护孩子的探索欲望,帮助他们更深入地了解事物本质,抓住机会帮助孩子充分发展各种能力,千万不要因为自己的误会伤害孩子。

让孩子在玩耍中度过敏感期

婴幼儿智力开发的最好时期就是0~6岁,一旦错过这个时期,可能花费几倍的努力都无法获得同样的结果。而这一时期也是孩子的敏感期最集中的时候,所以家长应该充分利用婴幼儿智力开发的最佳时期,抓住敏感期对孩子进行积极的教育。这对孩子的一生都将起到重要的作用。

现在很多家长都是有文化的人,对于孩子的到来不仅做好了物质上的准备,大多数也做好了教育上的准备，看了很多书来充电，希望能够帮助孩子"赢在起跑线上"。

提起早期教育，相信很多父母都能如数家珍般地列举很多条。但是实际上很多父母所说的利用敏感期进行早期教育是存在着很大误区的。

很多家长都知道孩子在敏感期内大脑发育非常活跃，于是他们就开始了所谓的"早期教育"。这些教育无非给孩子灌输一些自然知识和科学文化。这些家长希望孩子能够早日掌握这些知识，这样就可以在小学、初中、高中一路遥遥领先于同龄人，直到进入一所名牌大学，成为一名优秀的大学生。

很多学者都对家长的这种心态提出了反对意见。一位来自韩国的教授曾经说过："把本来应该在上小学时教给孩子的知识，结果在他上幼儿园时就教给他了，这根本不能算是什么早期教育。"韩国著名的儿童心理学家申宜真也对这种"早期教育"深感忧虑。她说："孩子1~3岁这个时期，他们的大脑的确在飞速地发展。但是如果因此就希望使用一些人为的手段对他们的大脑进行开发，那么这样的想法是非常危险的。"她在临床上的经验表明在孩子还非常幼小的时候，就强迫他们学习，这很可能会增加他们的暴力倾向，同时也会对他们的大脑造成损伤。

那么孩子度过敏感期的最好方式是什么呢？家长又能做些什么呢？这个问题的答案其实非常简单，那就是游戏。研究表明，在儿童时期，直观的体验性教育具有最好的效果，其中玩就是一种直接的体验，是一种非常有价值的学习形式。

在教育专家看来，玩耍和掌握知识一样重要。很多家长都认为，玩耍不过是孩子消磨时间的一种方式而已。但是事实上，玩耍具有非常重要的作用，它也是学习的一种方式。孩子在出生后不久就已经开始了这样的学习。孩子就是在玩耍中知道物体的重量，了解了什么是大什么是小，逐渐认识了周围的环境；同时玩耍也可以训练孩子动作的协调性；在了解物体属性的基础上，玩耍还对孩子的创造力、想象力以及解决问题能力的提高有着重要的作用。一个年幼的孩子玩耍的复杂程度通常会让人感到十分吃惊。你可以试着回忆一下孩子在玩过家家的时候所设计出的场景、台词、动作等，一个小小的游戏已经把孩子在社会中可能会遇到的问题提前展现在孩子面前，这样当孩子长大成人之后，就会更熟练地去解决自己遇到的问题。因此，玩耍对于健康的大脑发育和身体发育都是至关重要的，它能够帮助年幼的孩子逐渐理解外面的世界。

在孩子的敏感期，他们对父母只有一个要求，那就是尽情地玩耍。但是这样一个简单的要求，很多父母却不容易做到。也许父母了解玩耍的重要性，但是看到其他的孩子已经会数到100，而自己的孩子却把泥巴糊了一脸的时候，他们很难保持内心的平静。父母要勇于面对外界的压力，时时刻刻提醒自己保护好孩子的敏感期和对玩耍的热情，只有玩得好，长大才能学得快。

6~12岁，迷茫的儿童期

孩子迷茫，你知道吗

在孩子6~12岁的时候，会面对他们人生中的两件大事：一件是离开幼儿园，进入小学开始系统的学习文化知识；另一件就是小学升入初中，面临第一次比较大的同龄人之间的竞争。在这两个时期年龄，孩子都是刚入学或者是即将进入一个新的学习阶段，压力会突然增加。而在压力增大的同时，心理就会出现变化，孩子对未来的生活充满了迷茫和恐惧，这种迷茫和恐惧往往会通过一些异常的行为表现出来，比如不想上学，沉迷网络等等。

下面我们来分别看一下这两个阶段孩子的心理压力都来自哪些地方。

6岁是孩子进入小学的年龄，孩子们将要开始面对一个全新的环境，他们不知道这个环境会给自己带来什么，而自己又能对这个环境产生什么样的影响，所以会产生害怕和迷茫的感觉。

从幼儿园踏进小学的校门，对孩子和家庭来说都是一件大事。很多家长会在孩子入学那一天准备一桌好吃的来庆祝孩子的成长。但是从孩子的角度来说，他们的生活发生了翻天覆地的变化，每天除了有上学的兴奋，还会逐渐感受到学习和其他同学带来的压力，生活一下子变得紧张起来。如果你去问年幼的孩子上学有什么感受，他们的反应大多数是"累"。

如果上小学前孩子没有做好心理准备以及生活习惯上的准备，那么他们很难一下子爱上校园生活。对这个年龄的孩子来讲，他们表现自己压力的方式可能是"逃学"。他们上学之前会大声哭闹，不愿离开父母；或者是突然"生病"，很多家长可能会以为是孩子装病，但是除了装病之外，孩子的确可能会因为心理上的压力产生身体不适。所以当父母发现孩子上学之后变得体弱多病或者情绪低落，就要及时与孩子沟通，多谈谈学校中发生的事情，引导孩子把对学校的看法说出来，同时父母还要多多向孩子传递学校的正面信息，比如和蔼的老师、可爱的同学以及优美的校园环境等等。

对于12岁的孩子来说，他们最大的压力来自"小升初"的考试，同时这时候的孩子大多已经进入了青春期，心理压力和生理上的变化都会让他们感到困惑和忧虑，这时候的孩子所承受的压力更是显著。又因为此时孩子的行为能力和思维能力得到了进一步的提高，所以他们逐渐有了自己的思想，会产生一种想要脱离父母的心理状态；而对于父母来说，此时孩子能够自己照顾自己的生活，所以对孩子的关心程度很明显不如幼儿时期。这两方面原因叠加，最终造成的结果是亲子沟通的时间越来越少。甚至有时候孩子鼓足勇气向父母求助，却被父母批评为撒谎、懒惰、没有上进心，这就会使孩子更加迷茫，同时心里更觉得压抑。

现实中很多这个时期的孩子迷恋网吧、不喜欢回家，这种行为实际上是孩子牺牲了自己的成长来向父母抗议，同时也是一种很强烈的求救信号。不过当孩子使用这种信号来求救的时候，父母再开始重视孩子的心理，就有些晚了。

其实只要父母在平时多多关注一下孩子的行为，就很容易发现孩子的"求救信号"，然后要寻找合适的机会和孩子交流，对症下药，帮助孩子减压。另外家长还要委婉地为孩子指引今后要走的方向，不要总是指责或是训斥，而是要不断地鼓励孩子，支持孩子。

做孩子的灯塔

安安今年6岁了，在幼儿园的时候是个活跃分子，每天都有说有笑的，蹦蹦跳跳的。妈妈原本以为这样的孩子进入小学一定会很快适应环境的，但是却没想到只上了2个星期小学，安安就像变了一个人一样，每天安安静静地不再说话，父母跟她说话的时候也是心不在焉的。妈妈以为孩子在学校出了什么问题，就给班主任打了个电话，班主任说："没发现什么异常，安安是个很文静的女孩子。"放下电话，妈妈觉得很奇怪，难道上学能够改变人的性格吗?后来经过仔细询问,妈妈才知道原来安安觉得周围的同学很陌生,不喜欢和他们说话。妈妈想原来孩子有这么大的心理压力。

一个人在特定的环境中生活时间长了,这个环境就会成为他的一部分,每件物品也不再是单纯的物,他的情感也渗透其中。环境中物品的组合方式、自己与周围人之间的关系都成为生活的一部分,这种情况就是我们常说的"同化"。而孩子离开幼儿园来到小学不仅在环境上有很大的改变,而且小学对孩子的培养重点和要求也会产生很大的改变,这是一个较大的跨度,适应起来比较困难。为了避免孩子在这个阶段产生迷茫,家长应该做孩子生活和学习中的灯塔,把他引导正确的航向上来。

其实对于孩子如何适应小学的问题,最好是提前引导孩子适应小学生活,让孩子在入学之前就对校园生活有个初步的认识。

1. 逐步改变孩子的作息时间

学校有自己的制度和计划安排,所以要求孩子不能迟到。在这种情况下,孩子通常需要早上7点之前就起床,因此为了保证孩子充足的睡眠,父母要让孩子提前上床睡觉,而不是像上幼儿园的时候一样能让孩子比较灵活地安排时间。

2. 提前带孩子到学校参观、熟悉环境

开学前,父母可以带孩子到学校参观,让孩子认识上学的路线,然后告诉他学校的一些设施和活动场所,并且给他描述在教室上课的情况与课外活动的种种乐趣,逐步培养孩子对学校产生好感,熟悉环境。

3. 利用孩子提出的问题让他对学校产生向往

孩子总是喜欢提出各种各样的问题,家长在给孩子解答的时候可以说:"你问的问题越来越有深度了,妈妈也不完全懂,等你上学了,老师会告诉你的。""到学校上学,你会学到很多知识。"这样孩子就会对上学产生兴趣,并且在脑海中形成一个初步的概念。

4. 培养学习兴趣

爱玩是孩子的天性,贪玩并不奇怪,所以父母不要惊慌,而是要开动脑筋把玩和学习联系起来。学习形式多种多样,当孩子不肯读书时,可以找几个小朋友到家里和孩子一起读。出去玩的时候,也可以引导孩子对一朵鲜花,或者一件事情进行描述,这样既能让孩子玩得开心,也可以让孩子学得轻松。

5. 鼓励孩子参加集体活动

到了学校,集体生活会逐渐占据孩子的大部分时间。刚进入小学的孩子与同学相处的时候可能会不习惯,也会因此对学校生活产生恐惧感。这时候,父母要多多鼓励孩子参加集体活动,如运动会、游戏等,也要放手让孩子去同学家玩,或者邀请同学到自己家。让孩子在活动中学会与人交往,逐渐适应小学生活。

帮助孩子安全度过青春期

一位心理咨询师说:每年的9月份开学之际,也是我们心理咨询中心最繁忙的时

候。这个时候，每天都会有很多新生哭丧着脸走进资讯室，其中大多数是刚刚进入新学校的初中生或者高中生。他们会在这里讲述自己在新生活中的种种不愉快，怀念自己以前的生活。

有这样一个刚进入初中的男生，刚进学校的时候，充满好奇，情绪也很高涨，可是新鲜劲一过，他的情绪就陷入谷底了。他是住校生，每天早上醒来哭一次，傍晚时分哭一次，晚上躺在床上不睡觉，偷偷地流眼泪，他也少与班上的同学说话，只是每天都要给父母打2~3次电话，而父母呢，也没有询问过孩子是否与同学交往顺利，是否能够吃饱睡好，只是不停地询问孩子的功课。

其实，这是新生适应不良综合征的表现，很多新生会不同程度地出现。在新的学习环境中，身体和心理上的变化带来不安，自我独立意识与父母期望也有矛盾，这往往让刚刚进入初中的孩子不知所措，充满迷茫。

作为家长，应该如何帮助孩子渡过这个新生活的起始阶段，让孩子更好地适应中学生活呢？

（1）对新生来说，最初的一个月是适应期。他们从课业压力相对较小的小学进入功课繁重的中学，内心的紧张不言而喻。而在心理紧张的情况下，很多孩子还开始了住校生活，这让他们不能与父母及时沟通，无法倾诉自己的烦恼。所以家长一定要利用好周末时光，多多观察孩子的行为，多跟孩子聊聊中学生活，也可以计划一些活动，比如短途的旅游等，这都能增进亲子感情，帮助他们发泄不良情绪。

（2）引导他们憧憬未来。很多新生进入初中后会强烈地想念小学的生活，这是他们对新的变化适应不良的表现。在这种情况下，父母要和孩子聊聊对未来的向往，让他们自己想象初中生活的美好，这样他们就会逐渐摆脱对过去的生活模式的依赖。

（3）孩子进入中学的时候大多处于青春期，他们的身心也悄悄地发生着变化。此时孩子可能不会像以前一样活泼，父母不要感到失落，进而对孩子大发脾气，试图控制孩子。父母要在心里告诉自己，孩子长大了，自己要改变对待孩子的态度。这个时候，父母一定要学会倾听孩子的心声，尊重孩子的隐私。

在孩子刚刚进入初中的时候，父母还有一个很重要的任务，就是帮助孩子树立人生的理想和目标。

有一位13岁的少年，刚刚进入初中，是班里的班长，各方面都很优秀，是个前途无量的孩子。有一天，他看了一个电视节目，记者现场采访一个偏僻乡村的放牛娃。"你在这儿放牛做什么？""让牛长大！""牛长大以后呢？""卖钱，盖房子。""有了房子做什么？""娶媳妇，生娃。""生了娃呢？""让他也来放牛呗！"

没想到这几句远在千里之外的问答，却诱发了这个13岁少年的死亡念头。死前，他在日记中写道："看了电视，我想到了自己——我为什么读书？考大学。考上大学又为什么？找一份好工作。有了好工作又怎样？找个好老婆。然后呢？生孩子，让他也读书，考大学，找工作，娶媳妇……生命轮回，周而复始。这样的生活没有意义，这样的生命没有价值。"

对于刚刚升入初中的孩子来说，他们很容易产生迷茫感，失去了自己的方向。所以父母要多与孩子交流，帮助他树立远大的目标，并且把这些目标拆分成一个个可以实现的小目标，让他每天都活在对自己未来的憧憬里。如果那个13岁孩子的父母能够及时在孩子的心里撒下一片理想阳光的话，也许这一出生命的悲剧就可以避免。

别在学习上给孩子施高压

在生活中我们常常可以听到这样的事情：

"我们家孩子不知道怎么回事，平时的测验都发挥得很好，一到关键时刻就掉链子。碰上期中考试或者期末考试这样的'大考'，就表现很差。真怀疑他平时是不是作弊。"

"我们同事的儿子参加中考晕倒在考场上了。听说是因为看到一道题平时没见过，马上就呼吸急促，整个人都慌了。"

其实这种感觉我们都不陌生，就是越紧张事情越做不好，越发挥不出原有的水平。其实这可以用心理学上的"动机适度原理"来解释。在心理学上，"动机水平"是指一个人渴望完成一项任务的程度。心理学家通过研究发现，在一般情况下，动机水平越高，学习或者工作的效率就会增加。但是如果动机水平过高的话，学习和工作的效率反而会降低。美国心理学家耶克斯和多德森认为，中等程度的动机激起水平最有利于效果的提高。这就是"动机适度原理"。

望子成龙、望女成凤的心态可以理解，但是父母过度的期待只能给孩子带来负面的影响，取得适得其反的效果，既让孩子在考试和学习中表现失常，也剥夺了孩子应该有的快乐。

在竞争压力越来越大的今天，不需要家长的教育，很多孩子已经感受到了很大的压力。在这种情况下，父母就更不能对孩子的学习施以高压，而是要保持平常心，而且当孩子拼命学习，给自己施加过高压力的时候，父母还要学会给孩子减压。

我们常常会听到孩子说："我要不惜一切代价保证考试成功！""如果我考试不好，很没面子，别人都看不起我！""如果考不好，我以后怎么办？"这些话虽然能表现出孩子的决心，但是也是心理压力过大的表现。这时候父母要帮助孩子减压，"考不好也没有多大的关系，一次考试并不能决定什么，关键还是看个人的素质和能力。你只要尽最大努力去考就好，考不好爸爸妈妈也还是你的爸爸妈妈，天塌下来还有我们帮你顶着呢！把心态放轻松就好了！"总之，父母要做的就是让孩子总是在适度的压力下学习，既不过高，也不过低。

此外父母也要真正改变自己的心态，不要把孩子的成绩看得过于重要，相对来说，发现孩子的优势和劣势才是父母最重要的任务。

奥托·瓦拉赫小时候，父母希望他走文学之路，结果老师写下了这样的评语："他很用功，但是过分拘泥，这样的人不可能在文学上有很高的造诣。"接着，根据瓦拉赫自己的想法，妈妈又让他去学油画，可是评语是："你是在绘画艺术方面不可造就的人才！"父母看到这两个评语，几乎绝望了。但是一位化学老师却觉得这个"笨拙"的学生做事一丝不苟，是个研究化学的好材料。结果化学激发了他的潜能，这个文学和绘画上的"差生"，摇身一变成了"化学天才"，最终获得了诺贝尔化学奖。

心理学研究表明，每个正常的孩子都具有一定的"潜能"。所以父母要充分地了解自己的孩子，帮助孩子把优势发挥出来，而不是根据自己的主观愿望和片面印象帮助孩子设定属于他的未来。很多孩子可能不擅长学习数学，但是他可能在音乐上有很高的天分；

也有的孩子不喜欢课堂上的学习,那么一些独特的教学方法可能会开启他智慧的大门。

因此,父母完全没有必要纠结于孩子的学习成绩,给他们很大的压力,父母最应该做的是发现孩子的优势,让他们充分发挥自己的潜能,成为一个对社会有用的人,拥有幸福快乐的人生。

顽固的"水泥期"

人生中的两大"水泥期"

燕燕原本是个活泼可爱的小姑娘,可是今年妈妈忽然发现了一个奇怪的事情,刚满5岁的燕燕变得不爱说话了。以前燕燕在楼下见到邻居家来的叔叔阿姨爷爷奶奶总会甜甜地打声招呼,但是最近她遇到这些邻居的时候,总是先偷偷地瞄上几眼,然后羞涩地垂下眼帘,最后躲在妈妈身后拉着妈妈的衣角不敢出来。妈妈问她为什么不跟别人打招呼,她自己也说不出来,就是觉得"不好意思"。而和小朋友在一起玩的时候,也不像以前那样喜欢和其他人围在一起叽叽喳喳,反而更喜欢自己一个人默默地在一旁玩耍。

刚刚今年12岁,是个让妈妈很伤脑筋的孩子。刚刚现在是小学六年级,正面临着小学升初中的考试。可是不知道为什么,原本爱学习的他在面临这么重大的考试的时候开始贪玩,每天都和同学们玩够了才回家。妈妈为此批评了他好几次,他不仅不听,还大发雷霆,冲进房间后,"砰"的一声把门摔上,饭也不肯出来吃。

妈妈总是很奇怪地发现自己的孩子不知道从什么时候起变得害羞、内向、不善于与别人交往,也不知道孩子是从什么时候开始了发脾气和耍小性子,甚至变得自私和喜欢用暴力解决问题。这些问题通常会一下子出现在妈妈面前,让妈妈措手不及,不知如何应对。其实,孩子的情绪不是一天两天之内忽然形成的,孩子的性格也有一个累积的过程。

当孩子第一次说出"不"的时候,那就是孩子的自我意识萌芽的时候,从那之后,孩子就开始了性格塑造的过程,他们开始试着用自己的方式表达喜爱和讨厌,随着时间的流逝,孩子的性格和情商会逐渐定型,成为孩子特有的标志。

不过,孩子不可能一生都处在心理的形成阶段,在孩子的性格形成过程中,有两个时期是非常重要的,在这两个时期,孩子会迅速完成心理的发育。这两个时期又被称为"水泥期",水泥期是孩子情商和性格形成和发展的关键时期,通常出现孩子3~12岁之间。它通常又被划分为两个时期:一个被称为"潮湿的水泥期",这是3~6岁的孩子形成自己性格的关键时期,这是孩子性格塑造最关键的时期,在这一时期,孩子80%~90%的性格、理想和生活方式都在逐渐形成。比如孩子的自我欣赏与接纳,同理心以及表达自己的勇气等都是在这一时期形成的;另一个时期被称为"正在凝固的水泥期",此时孩子大多在7~12岁。这时候,孩子85%~90%的性格都已经形成,而且这时候孩子的学业压力日益增加,各种学习和生活习惯也正在形成,此时需要重点培养的是孩子的决策能力以及压力处理和解决冲突的能力。此时家长还会发现孩子产生了更强的独立鱼丸,不仅在行为上想要挣脱父母的管束,而且在思想上也开始对父母产生了怀疑,不再把父母的话当作生活中唯一的标准。

之所以把这两个时期称为"水泥期",是因为孩子的性格此时并没有固定,如果爸爸妈妈能够很好地接受孩子发出的"心理信号",引导孩子形成健康的心理,那么孩子就会养成好性格,高情商,而这一切会让孩子一生受益无穷;如果父母没有抓住孩子的"心理信号",在孩子出现行为偏差的时候没有及时阻止,对孩子的性格发展听之任之,那么孩子就会形成不受社会欢迎的性格,甚至可能会形成对社会稳定存在威胁的性格特征。

利用"水泥期"塑造好性格

孩子3~6岁的阶段被称为"潮湿的水泥期",这个时期是孩子性格塑造最重要的阶段。所谓:"3岁看大,七岁看老。"人的很多性情在很小时候,就初见端倪了。对于处于"潮湿的水泥期"的孩子,家长和外界的环境对他的影响十分重要,此时对孩子进行方向性的指导帮助是必需的。不要以为孩子好的心理特征会自己形成,如果没有家长的关注和培养,孩子很有可能在某点或者某些方面上产生欠缺。所以在这个时期爸爸妈妈想把孩子打造成什么样子,孩子就会变成什么样子。3岁以后孩子的性格言行预示着他们成年后的个性。所以,父母如果希望自己的孩子成为一个快乐、自信、受欢迎的人,那么身上担负的引导责任是很重大的。

具体来说,父母在这个时期首先要学会平静看待孩子的怪脾气。因为如果家长对孩子的脾气产生过激的反应,则会让孩子的这种情绪爆发得更加频繁。所以,父母首先要让自己有一个平静的心态,了解孩子有这样的情绪是正常的情况,在这种了解的基础上再去平静地处理孩子遇到的问题。父母还要教会孩子如何控制自己的坏脾气以及如何发泄负面的情绪。虽然人人都会生气、伤心、沮丧和失望,但是,情绪管理能力强的人,会用健康的方式表达出情绪。父母要向孩子灌输这样的观念,在地上打滚、摔东西、踢打都是坏情绪的表达方式,是不健康的。那么孩子要怎样发泄自己的坏情绪呢?可以给孩子设置一个"安全发泄岛"或者"情绪垃圾箱",让孩子在这里用健康的方式把坏情绪发泄出来,比如运动以及把不开心的事情画下来或者写下来投入"情绪垃圾箱"。总之,父母要在这一时期教会孩子用健康的方式表达自己的想法。

很多孩子在水泥期都会出现变得害羞的情况,他们在家的时候手舞足蹈、能唱能跳,可是一旦出了门或者家里来了其他的客人,孩子就马上像变了个人一样,立刻安安静静地不肯说话。大多数家长可能都遇到过这样的尴尬情况,无论父母怎样苦口婆心,孩子就是不肯跟长辈打招呼;如果有些叔叔阿姨想要逗一下,孩子更是立刻把身上的刺都竖起来时刻防备着。

在这个时期,父母的一项重要人物就是要教会孩子如何接触陌生人。害羞的孩子并不是时时刻刻都害羞,他们的害羞大都只表现在陌生环境中或陌生人面前。虽然任何气质的孩子都可以成材,但是过于害羞对于孩子并不是一件好事,他们很容易对陌生环境和事物感到紧张和恐惧,适应环境变化的能力很弱,而且由于他们不喜欢在公众面前说话,所以在幼儿园也很少得到其他同学的关注。在这样一个快速竞争的年代,害羞的孩子可能会产生自卑心理,对自我形象产生严重怀疑。在这时候,父母首先要帮助他正确地认识自我,告诉孩子他并不是那么"与众不同",而只是自己适应环境的能力稍微弱一些。另外还要教给孩子一些在公众表现的具体方法和技巧,但是这些方法不能泛泛而谈,而是要具体到解决每一个困境的方式。

孩子在这一时期并不懂得什么是真正的友谊,"好朋友"也仅仅是建立在玩具、零食等物品上的，但是我们不可否认的是，有些孩子似乎天生是个交朋友的能手，无论和谁在一起玩都很融洽。而在这样的孩子身上，有这样一些共同的特质：喜欢分享、有爱心、乐于助人、遵守规则。还有一些孩子不管在哪里都是"另类人物"，他们总是激怒别的孩子，破坏别人的游戏。如果你在自己孩子身上发现了这样的问题，那么就要对孩子进行教育了。要逐渐引导他们摆脱以自我为中心的心态，遵守游戏规则。有些害羞的孩子也存在不合群的问题，对这样的孩子父母要多多鼓励他们参加集体活动。

专家们提醒父母，3~6岁时培养孩子如何接触陌生人、控制情绪以及怎样结交新朋友的关键时期。控制情绪的能力、良好的人际关系、社会交往技巧都是可以通过训练形成的，父母一定要抓住塑造孩子性格最好的时期进行情商培养，等到孩子的性格定型之后再想改变就非常困难了。

训练独立的最佳时机

孩子的7~12岁这个时间段，被称为"正在凝固的水泥期"，这时孩子85%~90%的性格都已经形成了。在这段时间里，由于学业压力日益繁重，学习习惯和生活习惯正在养成，孩子又急于尝试独立，试图从行为和思想上挣脱父母的束缚，而且也更容易受到同伴的影响，因此，特别需要父母的关注与引导。

处于这一时期的孩子，希望能够脱离父母实现独立，所以是训练他们的决策能力、独自处理压力的能力和解决冲突能力的最佳时期，所以家长要注意培养孩子这些方面的心理素质，为成年后脱离父母独立打下一个良好的基础。

那么如何培养孩子决策能力呢？首先父母要学会放手，让孩子自己的事自己做主。如孩子有什么兴趣爱好，父母就要尊重孩子的这一爱好，而不是强迫孩子去适应父母的安排。另一方面，父母不要包揽那些本来属于孩子的事情，如文化学习方面的事等，这些事情让孩子自己去完成和安排。孩子与朋友之间的交往也由孩子做主。当孩子之间出现矛盾和争执的时候，让孩子自己去解决。家庭的事情也要让孩子参与。孩子小不懂事是现实，但是通过让孩子参与家庭事务的决策，不仅可以让孩子感受到作为"主人翁"的责任感，也能使孩子的决策能力得到锻炼和提高。

7~12岁的孩子所面临的压力大多是来自学业的压力。父母要帮助孩子建立正确应对压力的方法，通过言传身教让孩子成为能够战胜压力的"达人"。首先，面对孩子的学业和考试，鼓励会比惩罚有更明显的促进作用。此外，家长还要给心理压力过大的孩子传达"欲速则不达"的思想，让孩子不要对一时的结果耿耿于怀，而是要把目光放得长远，只要一直努力就可以，不要为没有取得好成绩而自责。考前要帮助孩子合理地安排生活作息，有意识地为孩子减轻心理压力，告诉孩子只要尽力了就是好样的。最重要的是父母本身要以轻松的心态面对孩子的学业和考试分数，这是帮助孩子积极应对学业和考试压力的一个重要前提。

在与同伴的交往中，孩子会进一步强化自己的自信心，感受到个人价值的提升。一般来说，此时学习成绩的好坏与孩子的自信心直接挂钩，所以父母要帮助孩子养成良好的学习习惯。这对孩子的学习成绩会有很大帮助。另外也要重点培养孩子学习中的注意力和创造力，一些成绩差的孩子如果自信心受挫，父母要鼓励孩子坚持，不要因为孩子成绩不好责骂他，更不能用与别的孩子比较来进一步刺激他，否则孩子极有可能产生厌学情绪，出现逃课的现象。

7~12岁的孩子进一步想要脱离父母的保护，不管是从行为上还是思想上，所以朋友对孩子来说显得尤为重要。他们此时更喜欢参加集体活动，而且一些思想和行为也很容易受到同伴的影响，很多孩子甚至会在这个时候找到志同道合、可以维持一生的好朋友。所以爸爸妈妈要在这一时期一定要关注孩子的交友问题。如果孩子喜欢攀比，总是嫉妒别人，那么父母要从中引导孩子。如果在这一时期孩子出现不合群的现象，更要引起家长的注意。因为在这一阶段，学校和同学对他们影响越来越大，如果他不能得到同学的认可，在校园里没有朋友，或者冲突不断，受人排挤，这种现象引起的厌学情绪比成绩欠佳更加强烈。如果孩子不合群，父母一定要找出原因，改变孩子的这种状况，否则等到孩子性格塑造的"水泥"凝固，再去教育就晚了。

反叛的抗逆期

自我意识觉醒的"第一抗逆期"

许多年轻的父母都有这种体会：孩子到了两3岁就开始不听话，经常和父母顶嘴，事事都喜欢与家长对着干。当发现孩子出现了这样的问题的时候，首先不要生气，而是要思考一下孩子是不是进入了抗逆期。在3岁左右，几乎所有的孩子都会出现持续半年至一年的"抗逆期"，这个阶段是儿童心理发展的一个必经阶段，心理学上称为"第一抗逆期"。这一时期孩子最突出的表现是：心理发展出现独立的萌芽，自我意识开始发展，好奇心强，有了自主的愿望，喜欢自己的事情自己做，不希望别人来干涉自己的行动，一旦遭到父母的反对和制止，就容易产生说反话、顶嘴的现象。

当孩子甩开你的手说："不要妈妈，我自己来"的时候，这就表示孩子已经开始拥有了自己的意识，他知道自己具有影响周围的人和环境的力量。孩子这种意识的萌发是孩子心理发展的一次飞跃。而父母之所以产生孩子变得不听话的心理感受是因为习惯了孩子事事都听自己摆布，一旦孩子开始说"不要"、"我要自己来"的时候，父母就觉得产生了心理落差，有些失落，所以会觉得孩子变得不乖了，但这是孩子心理迅速成长的表现，也是他独立性和自信心发展的大好时机。

此时，两3岁儿童在动作能力方面已经有了较大的发展。他们身体活动能力已经较强，日常生活中的很多事情都可以自己做。因此他们就渴望扩大独立活动范围，不断尝试去独立完成新的事情。他的"不"宣告了他要开始用自己的行为探索世界，并且希望爸爸妈妈能够认同自己的这种想法并对孩子的探索行为表示支持而不是限制或者干涉。如果父母进行干涉，一定会引起孩子强烈的反抗。

另外，此时孩子的自我意识也得到了发展。原本孩子还不能区分自己的意愿和别人的意愿。现在，他们已经能够清楚地知道哪些事情是让"我"做的，哪些事情是"我"想做的。因此，他们就想顽强地表现自己的意志。但是这种表现往往与成人的规范相抵触，于是孩子就会产生挫折感，从而导致反抗行为。

当然，此时的孩子因为年龄还小，所以他们无法正确地区别是否安全，而父母在看到他们从事不安全行为的时候，一定会阻止孩子。为了让自己的探索行为顺利进行，孩子就会用哭闹、撒娇来表示自己的不满并且请求父母让自己继续进行下去。

很多家长都非常讨厌孩子这种"蛮不讲理"的行为，认为自己一片好心不想让他遇到危险，结果却引起了孩子与自己激烈作对的无理行为。其实这时候父母不要急着去谴责孩子的无理,而是应该站在孩子的角度想一想。孩子年纪很小,当然没有很强的情绪控制能力,而此时他们的心智也没有发育成熟,所以他们一旦有不满,就直截了当地表现出来。所以大人不要以为这是孩子故意在和自己作对。

其实,反抗并不总是一件坏事。

曾经有专家做过这样的研究:将2~5岁的孩子分成两组,一组反抗性较强,一组反抗性较弱。研究结果发现,反抗性较强的孩子中,80%长大以后独立判断能力较强;反抗性较弱的幼儿中,只有24%长大以后能够自我行事,但是独立判断事情的能力仍比较弱,常常依赖他人。

所以,反抗行为有时候是孩子有独立自主的想法的代表,这是孩子发展判断力的大好时机,值得父母重视。知道了这一点,父母完全可以试着冲破传统观念的束缚,尝试着去鼓励孩子的想法,你要想到孩子的反抗只是他表达自己的方式,如果孩子的要求合情合理,父母完全应该去满足孩子的要求。

心理烦恼的"第二抗逆期"

皓皓在家里一直是个非常听话的好孩子,爸爸妈妈让他做什么,他就去做什么,从来不会惹爸爸妈妈生气。可是自从皓皓上了中学之后,情况就发生了改变。有一天皓皓放学回到家里,妈妈已经把饭都做好了,正在等他回来吃饭。看见皓皓回来,妈妈就说:"皓皓,你去把爷爷奶奶叫来,该吃饭了。"可是皓皓却说了句:"不,我不去。"妈妈听了这话就说了他几句,可他竟然跟妈妈吵了起来,还顶嘴。妈妈不禁想:皓皓一直是个好孩子呀,怎么上了初中就变坏了呢?

心理学研究发现,孩子3~6岁和7~12岁期间会有两次特殊的心理发育时期,这两个时期他们都表现出叛逆的特点。如果你的孩子在这两个时期没有表现出特别叛逆的现象,妈妈反而要思考孩子的成长中是不是出现了什么问题。而孩子7~12岁这一年龄段正处于"第二抗逆期"。由于孩子之间的发展不平衡,所以这个抗逆期可能出现在小学高年级,也可能延迟到高中初期。这段时期的孩子处于生理和心理发展急剧变化的时期,他们对父母的管教深为反感,甚至会在行为上发生反抗。有的学者也把这段时期称为"心理断乳期",国外有的心理学家则把它称作"为从父母的束缚中解放出来而战斗的"的时期,或叫"心理烦恼期"。可见,孩子在这一时期的心理问题比较多,比较复杂。

第二抗逆期产生的主要原因是孩子对自己的发展认识超前,而父母对他们发展的认识滞后。简而言之就是孩子认为自己已经长大了,而父母认为孩子还小。所以这个时期的孩子会觉得父母们非常不理解自己,认为父母很主观,很自以为是,根本不关注他们的感受。这一时期他们的交往也逐渐地从与成人的纵向交往转向横向的同龄人交往。

那么孩子为什么会产生自我认识超前的现象呢?首先是孩子的身体在这一时间段加速成熟,使他们产生了"成人感"——自以为已经成熟。但是事实是,虽然他们的身体日益接近成人,但是他们在知识、经验、能力方面并没有成熟。这就造成了成人感与半成人现状之间的矛盾,这种矛盾是造成抗逆期的主要原因。

在心理方面他们的自我意识飞速发展,因此他们要求在精神生活要摆脱成人,以独立人格出现。

他们所处的社会环境也会对他们的思维意识产生影响。进入中学以后,学校环境和教与学的要求都发生很大的变化,这种更高的要求,就势必激励他们产生"长大成人"

的责任感。而且，他们在这时候非常在意自己在同龄人中的地位，希望得到别人的尊重和接纳，他们为此要争取独立自主的人格。当自主性被忽视或受到阻碍，人格伸展受阻时，就会引起反抗。

面对孩子的种种反抗行为，妈妈要做的是学会勇敢放手。因为这个时期的孩子喜欢反抗父母，有的时候甚至会为毫无道理的事情为难父母。这时候父母要学会从束缚中解放孩子，让他们为自己的反抗负责任。比如有时候孩子可能会非常生气地冲你大吼，说："你为什么总是要叫我起床，我都这么大了，起床的事情不用你管！"这时候妈妈要做的不是冲着孩子大吼大叫，或者泪水涟涟地控诉孩子不知好歹，而是安静地走开，第二天不要叫他起床。经过迟到的教训之后，他自然会自己对自己负责。其实这是一个让孩子成长的大好机会。

虽然孩子有了独立的意识，但是因为孩子的经验不足，所以很多事情还是需要父母从旁保驾护航的。但是父母不要生硬地提出自己的观点，而是要用旁敲侧击的方式去引导孩子，否则只会引起孩子更严重的反抗。

其实，如果父母处理得当，随着孩子的逐渐成长和理解能力的逐渐增强，他们的反抗心理会逐渐消失。

掌握技巧，让孩子安全渡过抗逆期

对于处于不同抗逆期的孩子，家长需要用不同的技巧来帮助帮助孩子。具体说来，在第一抗逆期的时候，家长在教育孩子的过程中需要注意以下几点：

1. 首先要给孩子树立好脾气的榜样

孩子的模仿能力是很强的，而他们最常模仿的就是自己的父母。如果父母的脾气都很大，常常遇到一点小事就大发雷霆，动不动就气得脸红脖子粗，这样不能控制自己脾气的父母往往也带不出能够很好控制情绪的孩子，因为父母是孩子最好的榜样，父母对待事情的态度往往会被孩子照搬到自己身上，这也是为什么很多人都说"孩子是父母的镜子"的原因。

2. 父母的教育要一致

每个家庭中都应该建立固定的习惯和秩序，父母在孩子的教育问题上一定要保持一致。对待孩子的同一个行为，千万不要爸爸是这种处理方法，而妈妈采取的则是截然相反的方法，这样会让孩子在生活中变得无所适从。即使父母有一样的教育理念，也一定要避开孩子私下讨论，达成统一，绝对不要在孩子面前争论谁的教育方法更先进，更有效。

3. 父母要理解孩子，多站在孩子的角度去思考

父母要在情感上多多与孩子进行耐心、真诚地交流。在交流的过程中要注意孩子的情绪。当孩子出现抗逆行为时，父母不要怒气冲天，而是应该先平静下来站在孩子的角度去理解一下他的感受和想法，然后跟孩子确定自己的理解正确与否，如果正确，再对孩子的行为进行引导。家长最好养成与孩子谈心的习惯，时时关注孩子的思想状况和动态。

4. 给孩子提供展现自我的机会

处于第一抗逆期的孩子有了较强的独立意识，此时家长应该鼓励孩子自己动手做一

些力所能及的事情，并且要尊重孩子的劳动成果。即使孩子第一次做得不好，也不要当着孩子的面帮助他重做，因为这样只会打消他自己动手的积极性。

5.对孩子的脾气不能一味忍让

虽然此时孩子发脾气情有可原，但是如果对孩子这种行为一味退让的话，时间长了，孩子就会把反抗作为一种手段来试图控制父母并达到自己的目的，这无形中反而会促进孩子养成常发脾气的坏习惯。

孩子的"第二抗逆期"又被称为"危险期"，这是说7~12岁这一年龄段的孩子对父母的管教极为反感，甚至会在行为上产生对抗。对这个时期孩子的教育，父母要注意以下几点：

1.把"他律"变成"自律"

好孩子不一定是听话的孩子。当孩子不听话的时候，家长可以和孩子进行交谈，把自己的约束潜移默化为孩子内心的自我要求，变成"自律"，孩子的反抗意识就会得到缓解，同时这也有助于孩子的独立发展。

2.不要压抑孩子，也不要放纵孩子

压抑孩子的反抗并没有多大作用，反而可能会引起孩子更大的心理反抗。"哪里有压迫，哪里就有反抗"，这个道理在家庭教育中也是适用的。当然，对孩子也不能过度放纵，当孩子出现严重的原则性问题的时候，父母一定要进行教导，不能任由孩子发展下去。

如果孩子能够顺利地度过这两个抗逆期，那么他们的心理健康、智力发展以及意志力、创造力都会得到很大的发展，所以父母一定要重视这两个孩子的教育，一定不要在这两个时期让孩子误入歧途。

第六章

孩子13岁以前，妈妈要懂的儿童气质心理学

孩子的气质是天生的

孩子气质越早了解，越好教育

　　气质，是表现在心理活动的强度、速度、灵活性与指向性等方面的一种稳定的心理特征。孩子刚出生的时候就具有明显的个性差异，这就是天赋的气质，比如有的孩子一出生就很安静，有的总是哭个不停；随着年龄的增长还会表现出更多的行为差异，比如有的孩子见到生人不害怕，总是笑脸盈盈，而有的孩子则躲在妈妈身后很久才肯与人打招呼；有的孩子遇到困难就容易放弃，有的则锲而不舍，坚持到底；有的孩子对声、光、冷、热很敏感，有的则很难感受这些环境的细微变化；有的孩子生活很有规律，有的则喜欢随性地生活……这就是天生的气质带来的不同表现。气质是人格形成的原始材料之一，两者之间的区别在于，人格的形成以气质、体质等先天条件为基础，并且受到社会环境的影响；而气质是指人格中的先天倾向。

　　气质学说最早是由古希腊的医生希波克拉底提出的，他认为人体内有四种体液：黄胆汁、黑胆汁、黏液和血液。根据这4种体液的在人体内的不同比例，他把人的气质划分为4种类型：体液中黄胆汁占优势的气质类型被称为胆汁质；黑胆汁占优势的气质类型被称为抑郁质；体液中黏液占优势形成黏液质；血液占优势则是多血质。

　　这几种气质类型的人具有不同的行为特点。胆汁质的人性格暴躁，容易情绪激动，不过他们反应迅速，行动敏捷，能以极大的热情投身于自己感兴趣的事物中，不过一旦精力消耗殆尽，他们就会变得沮丧且一事无成；抑郁质的人情感细腻，总是会因为微不足道的原因动感情，行事孤僻，面对危险时会极度恐惧；黏液质的人动作缓慢，但是注意力持久，情绪不易激动，自制力强；多血质的人能够很快适应环境，善于交际，受不了一成不变的生活。

　　孩子从很小的时候就已经表现出了自己的气质类型，如果父母能够早些了解孩子的气质类型以及这种气质可能带来的人格特点，那么父母就可以有针对性地教育孩子，帮助孩子扬长避短，这对孩子早日成材大有好处。

　　父母首先要明确的是气质不等于人的风格和气度。人的气质可以划分成不同的类型，每一个人都有不同的气质类型，但绝大多数人都只是接近某种纯粹的类型，同时兼具其他气质类型的特点，所以家长在判断孩子的气质类型时，千万不要把硬把孩子划到某一类型中去，而是应该通过观察和测定去发现孩子具有哪些气质特点。

　　父母在判断孩子的气质类型时，一定要了解以下几个原则：

（1）明确每个孩子都有固有的独特气质。每个孩子都具有与众不同的一面，不同的孩子对同一事物可能会出现完全不同的反应，但是他们的反应模式在一定程度上具有一贯性。

（2）气质类型在遭遇变故或者有压力时会表现得更加明显。一个人在面对困难时的态度和反应更能体现出本质。比如当孩子转学到新的学校时如何适应新环境或者当孩子面对重大考试时的态度都能很好地体现孩子的气质特征。

（3）试图改变孩子气质的努力是徒劳的。儿童的气质与生俱来，想要改变它非常难。如果父母总是想要按照自己的期望去塑造孩子而不是根据他的天性去发展，那么结果往往是让孩子和父母都失望。

（4）父母应当顺应孩子的气质进行教育。这就需要父母明确孩子的气质类型之后调整自己的期望或要求，为孩子提供能够契合他的气质的生活环境。当父母的期望能够与孩子的气质相吻合时，孩子的发展前景往往是乐观的。

气质没有好坏之分

一位儿童心理医生讲述了某一天的经历：

今天有两个家长分别带着孩子来做气质测试。第一个是个小女孩，叫莎莎，这个孩子从一出生就是个人见人爱的小宝宝，从出生那天起就从来都没有像其他的小孩那样半夜哭闹不止，吃奶有规律，吃饱就睡觉，爸爸妈妈都为有这样一个省心听话的小女儿而骄傲，总是自豪地向朋友夸耀自己的孩子。不过莎莎从小就不爱运动，爬起来也慢吞吞的，像个小乌龟。莎莎的测试结果是黏液质，我告诉莎莎爸爸黏液质的气质特点决定了这个孩子很让父母省心，是比较容易养育的类型。这位爸爸听了，高兴地抱着孩子亲了又亲，好像自己的孩子刚刚得了大奖一样。

另一个是叫贝贝的小男孩，这个孩子和莎莎刚好相反，爱哭闹，经常会为了一点小事大哭不止。不过他学习爬行和走路倒是很快，比同龄人都早，而且学会了走路之后就更是一刻都安静不下来，这让妈妈头痛极了。测试结果显示，贝贝是个典型的胆汁质孩子，控制情绪的能力不强。听到这个结果，妈妈满面愁容地请教医生怎么才能让孩子安静下来。

现在的父母大多是有文化的人，很重视孩子的教育，也不会轻易放过任何能够改造孩子的机会，因此带着孩子做气质测试的父母也越来越多。在为孩子做心理测试的时候，父母们似乎出现了这样一种倾向，听到自己的孩子性格沉稳就高兴不已，听到孩子淘气冲动就愁容满面。

其实这是完全没有必要的，气质是人的天性，根本没有好坏之分。它只是给人们的言行涂上一种色彩，但是并不能决定一个人的社会价值，也不能依靠气质来评价孩子的道德水平。任何一种气质类型的人都可以成为品德高尚、有益于社会的人，当然也可能成为道德败坏的人，对社会造成危害。虽然性格沉稳让父母省心，但是这些孩子也会出现固执己见的倾向；虽然孩子打打闹闹很调皮，但是他们也拥有热情似火的生活激情。所以气质本身是一个中立的概念，并不存在好坏之分，具有独特气质的孩子在性格上没有优劣之分，都有各自的优缺点，每一种气质的人都可以通过自己的努力在不同的领域取得成就。

不过，虽然气质没有好坏之分，但是每种气质都有积极的一面和消极的一面，所以任何一种气质类型的人都既可能发展为具有良好的性格并且充分发挥自己才能的人，也都有可能会成为性格不良、才能受到限制的人。父母大可不必为了孩子的气质不是自己所期望的类型而失望，因为任何一种气质都有它的优点。

虽然气质不能决定一个人能干什么和不能干什么，但是气质可以告诉我们孩子做什么会比较顺手，做什么会比较困难。比如要求持久、耐心、细致的工作，黏液质和抑郁质的人干起来就很容易适应，而对另外两种类型的人来说就是一种痛苦；但是如果一项工作需要很强的应变能力，这个舞台就会让胆汁质和多血质的人大放异彩。

所以父母要尊重孩子的气质天性，只有按照天性长大的孩子才能够充分挖掘自己的潜力健康快乐地长大。如果父母一定要逆势而为，强行改变孩子的气质，那么最后的结果极有可能与自己最初的期望背道而驰。

测测孩子的气质

请完成下面的测试，了解一下孩子属于哪种气质类型？在符合孩子日常行为的（ ）内打"√"。

测试1

（ ）喜欢争辩并且喜欢压倒别人
（ ）遇到可气的事情必须一吐为快
（ ）爱看情节跌宕起伏的故事
（ ）喜欢表现自己，有争当第一的倾向
（ ）认准一个目标就希望尽快完成
（ ）情绪高涨的时候，做事很有热情；情绪低落的时候，对什么都没有兴趣
（ ）精力总是很旺盛
（ ）喜欢运动量大、场面热烈的活动
（ ）容易出口伤人，自己却不觉得
（ ）喜欢侃侃而谈，讨厌窃窃私语
（ ）做事莽撞，不考虑后果
（ ）不能克制自己的感情
"√"的个数（ ）

测试2

（ ）碰到危险的时候，会处于极度恐惧中
（ ）遭遇失败的时候会感到很痛苦
（ ）感觉烦闷的时候，别人的开导也不能起作用
（ ）对新知识接受慢，但是理解之后不容易忘记
（ ）感情脆弱，一些小事就能让他紧张
（ ）喜欢独自一个人，不喜欢热闹的场合
（ ）喜欢看感情细腻，有很多心理描写的文字
（ ）有心事的时候喜欢自己想
（ ）见到陌生人很拘束
（ ）比别人更常感到疲倦

（　）遇到事情总是优柔寡断
（　）会可以避免强烈的刺激，比如尖叫、噪音等
"√"的个数（　）

测试3

（　）喜欢安静的环境
（　）遇到让人气愤的事情也能控制自己的情绪
（　）对待任何事情都认真、严谨
（　）喜欢有条不紊地做事
（　）不做没有把握的事情
（　）善于克制，能够容忍别人的误解
（　）不易激动，很少发脾气，情感不外露
（　）与人交往不卑不亢
（　）注意力集中，不容易分心
（　）不喜欢讨论问题，喜欢动手解决问题
（　）能够长时间从事单调的工作
（　）能够埋头苦干，有耐心
"√"的个数（　）

测试4

（　）反应迅速，头脑敏捷
（　）接受任务后希望迅速完成
（　）喜欢变化大、花样多的游戏
（　）累了只需短暂休息就可以恢复精力
（　）枯燥乏味会让他情绪低落
（　）大多数情况下乐观开朗
（　）能很快忘记不愉快的事情
（　）如果对所做的事感兴趣，就能投入；没兴趣会找借口拒绝
（　）善于适应新环境
（　）讨厌做细致的事情
（　）能够同时关注多件事情
（　）善于与人交往
"√"的个数（　）

如果测试1 "√" 的个数最多——胆汁质孩子
如果测试2 "√" 的个数最多——抑郁质孩子
如果测试3 "√" 的个数最多——黏液质孩子
如果测试4 "√" 的个数最多——多血质孩子

"火爆易怒的小狮子"——胆汁质的孩子

气质特点：热情似火、行为冲动

艾伦从小就是个活泼的孩子。他的身上似乎总是充满着能量，无时无刻不闪耀着夺目的光辉。新邻居刚刚搬来的时候，艾伦就跑到他家热情地邀请邻居的孩子来家里做客；每次有人敲门，他也总是第一个跑过去开门，所以送报纸的邮递员最熟悉的人不是家里的女主人，而是孩子艾伦。而艾伦在整个街区也是出了名的受欢迎，他总是活力四射地和每一个人主动打招呼。

不过这个孩子也很让妈妈头疼。有一天，艾伦跑到妈妈跟前说："妈妈，我不喜欢我的书桌颜色，我想换一个颜色。"妈妈和蔼地笑了一下，说："孩子，你喜欢什么颜色呢？想好后我们买涂料一起来粉刷怎么样？""好！"艾伦跑开之后好久都没再来缠着妈妈。妈妈就去他房间看了一下，眼前的一切让妈妈惊呆了！原来艾伦正坐在地上，把墨水往书桌上涂。看到妈妈来了，艾伦还兴高采烈地嚷道："妈妈，你不用担心了！我觉得蓝墨水的颜色就很好！我自己来刷就好了！"

艾伦就是一个典型的胆汁质孩子，这类孩子总是热情似火，似乎身上有着用不完的能量。胆汁质的孩子喜欢运动，喜欢说话，总是能够无形之中拉近和别人的距离；另外胆汁质的孩子爱管闲事，讲义气，爱打抱不平，做事光明磊落，所以很容易交到朋友。这是他们的优点。但是胆汁质孩子的性子总是很急，做事冲动，总是不经过思考就急于采取行动，这也是他们最大的缺点。比如故事中的艾伦，他一旦做出了决定就要马上行动，几乎一刻也不能等待。胆汁质的孩子是非常容易做出决定的，而且他们会不加考虑地立刻就执行这个决定。此外所有的决定他们都希望是自己做出的，如果别人强加给他们一些要求，他们是一定会反抗到底的。

胆汁质的孩子小时候很容易生气，为他们没有达到某种目的而懊恼。比如，当你拿着一个玩具逗他，他伸手想要你却故意把玩具拿走，这时候胆汁质的孩子不会像其他孩子一样理解父母的用意，他会十分生气地大哭，知道你把玩具放在他手里为止；甚至胆汁质的孩子学写字和其他孩子都有很大区别，他们常常会因为用力过猛弄断笔头；而他们的画作也常常是浓墨重彩。

其实，胆汁质的孩子并不是"小恶魔"，他们只是无法控制自己的情绪。即便随着年龄的增长，他们也无法像其他孩子那样做出足够的思考之后再行动，他们永远急于行动。

在家长的眼里，胆汁质的孩子总是能够给自己带来积极向上、充满激情的感觉，但是也要时时担心孩子会不会行事冲动，出去闯祸。而在老师的眼里，胆汁质的孩子就是那种麻烦不断的家伙，上课的时候坐不住，总是在椅子上动来动去；老师问题还没问完，他们的答案已经脱口而出，但是常常"驴唇不对马嘴"；他们喜欢玩打仗游戏，而且经常会和同学动手打架。不过，如果老师给他们安排一些"领导职务"，他们却会马上放弃自己这种出格的举动，变身为一个合格的"领导者"。

其实，这并不是一件奇怪的事情，因为让他们担任一定的职务就是让他们承担了相应的责任，而这种责任就可以培养孩子的自控能力。对于胆汁质孩子来说，如果能够提高自己的情绪控制力，他们其实很具有领导才能，不仅能够热情地帮助别人，还能公平公正地处理事情，会成为特别受欢迎的孩子。

训练孩子的情绪控制力

晶晶是个热情活泼的女孩，她对待别人十分真诚，而且总是主动地去帮助别人，很受同学和老师的欢迎。晶晶还是一个热爱班集体的人，学校大扫除的时候到处都能看到她活跃的身影。可是这样一个讨人喜爱的孩子，竟然是一颗"小炸弹"，稍有不顺心就会大发脾气，而且发泄方式也很吓人，教室里经常会上演她声嘶力竭地大哭，使劲揪自己的头发，撕书撕纸的戏码。发完脾气之后，老师找她谈话，她也会很平静地承认自己不对，但是用不了多久，她还是会故态重萌。

其实晶晶是一个很典型的胆汁质儿童，她的种种表现是胆汁质孩子的共同特点，精力旺盛、易冲动、情绪变换剧烈。对于胆汁质孩子来说，提高他们的情绪控制能力是最有效地解除气质枷锁的武器。那么父母要怎样才能帮助孩子提高情绪控制能力呢？

首先最重要的一点是要爱孩子。也许有的家长会说："谁不爱孩子呢？这跟提高情绪控制能力有什么关系呢？"其实这一点很重要。因为胆汁质的孩子脾气火爆，所以很多时候会让成人面对他们的时候也会不由自主地怒气冲天。对胆汁质孩子的爱要体现在尊重他们的气质，不要强迫他们去改变。虽然任何类型的孩子都不应该去改变他们的天性，但是胆汁质孩子被强迫的时候会出现非常强烈的反抗。另外当他们发怒的时候，父母要控制住自己的情绪，不要被孩子的情绪影响，否则只会让整个事件火上浇油，不能从根本上解决问题。

要提高孩子的情绪控制能力，要让孩子学会冷静。父母要帮助发脾气的胆汁质孩子冷静下来，当孩子平静之后，不要当天解决问题，而是要在第二天为孩子分析整个事情的前因后果，让他们认识到自己的错误。如果当时场面失控，父母要立刻做出反应。比如有的胆汁质孩子和小朋友玩耍的时候，极有可能一言不和就动手打人，有的时候甚至会不管三七二十一拿起手边的东西扔过去。这时候父母要冲过去抱住孩子，不管他们如何挣扎都不要放手，另外还要在孩子的耳边低声安慰，平复他们的心情。

当孩子心情平复之后，家长要引导孩子思考有没有更好的解决办法。首先要告诉孩子在遇到冲突、矛盾和不顺心的事情的时候，发脾气是不能解决问题的，可以采取这样的三步来解决问题：首先，明确生气的主要原因是什么；然后，进行冷静地分析，明确哪些方式可以解决问题；最后，找出最佳的解决方式，并采取行动。

如果父母的努力没有抑制住孩子愤怒，那么父母也可以用其他东西来转移孩子的注意力。其实人的情绪往往只需要几秒钟、几分钟就可以平息。但是如果不良情绪没能及时转移，就会变得更加强烈。比如，忧愁的人越是往忧愁的方面想，就越会感到自己的无助；而正在生气的人越是想着让自己发怒的事情，就越会觉得自己的怒气还没有发泄出来。现代生理学的研究表明，人在遇到不恼怒的事情时，会把不愉快的信息传到大脑里面，随后逐渐形成神经系统的暂时性联系，形成一个优势中心，而且越想越巩固；但是如果马上转移，想高兴的事，建立起愉快的兴奋中心，就会有效地抵御、避免不良情绪。

父母还要教给孩子合理地宣泄不良情绪。看到孩子情绪低落的时候，可以抽出时间和孩子一起聊聊天，做做游戏；发现她要发脾气的时候，可以带孩子去做做运动。

以鼓励为主，培养耐性

从前面的介绍我们知道胆汁质的孩子从小行为冲动，很难控制自己的情绪，属于"点火就着"的类型。所以父母在家庭教育中应该以培养孩子的耐性为主，让孩子学会三思而行，并且能够在感情爆发的时候控制住自己的情绪和行为。

缺乏耐性的孩子通常会表现出三种倾向：暴力性、依赖性以及注意力的散漫性。由于气质的影响，在胆汁质孩子的身上最常表现出暴力性和散漫性两种特质。暴力性是缺乏耐性的胆汁质孩子的最大特征。不管是谁让自己做不愿做的事情或者得不到想要的东西时，这类孩子就失控地尖叫、骂人甚至打人。他们最开始出现这种行为的时候还会自责，但是形成习惯后，这种内疚和自责就会消失，会连父母的劝导都听不进去，发起脾气来会更可怕。由于胆汁质的孩子易冲动，一旦做了决定就会马上实行，所以他们做事常常没有持久性，所以会显得注意力低下、散漫。胆汁质的人很容易分心，在做一件事情的过程中，要是出现了什么干扰，他会马上转移注意力。这种气质类型的人不到万不得已，或者是情绪亢奋，是集中不了注意力的。

儿童心理学家表示，胆汁质孩子的耐性应该从小开始培养，如果孩子没有得到正确的引导，他们长大后就可能要承受缺乏耐性的"恶果"，对于胆汁质的孩子来说，这个果实会更加苦涩，因为他们本身气质决定自己非常容易被情绪左右，稍微有些不如意就觉得无法忍受，不能够冷静地思考解决问题的方法，不能承受挫折，最后必然会影响自己的工作和生活。

那么，在培养胆汁质孩子的耐性时父母可以采取哪些方法呢？

首先父母要以身作则，如果父母本身也是急性子，就很难去训练孩子的耐性。所以父母要注意自己在生活中的表现，要努力为孩子树榜样。

父母要在孩子的生活中灌输"等待"的概念。孩子很小的时候不明白"等待"的含义。比如他想喝奶的时候，很可能指着奶瓶说："喝。"这时候家长可以说："等妈妈帮你把衣服穿好再去给你倒牛奶。"对很小的孩子来说，父母要把抽象的"等待"变成具体的时间，同时让孩子知道实现自己的愿望是需要时间的。这就是家庭教育中的"延迟满足"。父母可以根据孩子的年龄一点点地延长让他们忍耐的时间。

其实父母也可以用一些有趣的游戏来锻炼孩子的耐力。比如积木和拼图游戏，把一个个小木块堆积在一起，组成不同的形状，这很需要孩子的耐性，因为只要稍不小心整个作品就会垮掉；另外拼图游戏也是一个锻炼孩子耐力的好方法，把一个个混乱的图片拼成想要的形状是很需要耐心的。

父母要在孩子力所能及的范围内为他们确定目标，并在他们为实现目标努力的时候反复用嘴说出自己的目标。实际上孩子可以通过这一方式暗示自己一定要信守承诺，完成目标。

虽然胆汁质的孩子具有强大的行动力和爆发力，但是当他们受到严重打击的时候，会陷入一种消极忍耐的境地。他们会一动不动地忍耐着，等着情形好转。所以在培养孩子耐性的时候，父母要多给孩子一些"阳光雨露"，多多鼓励孩子的行为。其实控制情绪的时候是非常痛苦的，当孩子努力刷新了自己的纪录时，父母一定要及时肯定孩子，多多给予孩子精神或物质上的小奖励。

"胆小敏感的小鹿"——抑郁质的孩子

气质特点：细心谨慎、敏感怯懦

  5岁的浩浩，长得白白净净、眉清目秀的，谁见了都说像个女孩；他的性格也是出奇地安静，平时很少出门和其他的小朋友一起玩，也不要邀请其他的人来家里做客，总是喜欢一个人看书，玩玩具或者赖在家里听奶奶讲故事。浩浩很乖，哪些事情不能做，只要对他说一遍他就不会违反。家里人从来不会担心他会有什么冒险的举动。如果父母答应了什么却忘记了他也不会大吵大闹，相反会变得更加小心翼翼，好像是因为自己不够好父母才惩罚他。

  但是父母却对孩子的这种表现有些头疼，因为和同龄的孩子比，浩浩太过温顺，而且胆子很小，不仅怕狗怕猫，甚至连小白兔也不敢摸一下；浩浩还害怕上幼儿园，老师说他在幼儿园很少说话，也很少参加集体活动，被老师点名回答的时候也很不自在。

  晓晓从小就是一个很敏感的孩子。她胆子一直很小，所以每天上幼儿园的时候都会与妈妈上演一场"生离死别"的大片。但是最近妈妈发现晓晓这种害怕上幼儿园的倾向更加严重了。开始每天早晨赖着不起床，到了幼儿园总是抱着妈妈不让走。后来终于在妈妈的询问下说出自己不喜欢英语课，因为老师总是说她，而且英语课还总是需要学生上去演讲，这对她来说很痛苦。于是，妈妈找到老师打听情况，老师说："晓晓上课的时候有些心不在焉，我有时候会提醒她一下。"妈妈明白了，因为晓晓的敏感，她把老师的善意提醒当成了对自己的批评，后来妈妈跟老师讲了孩子的性格，并且拜托老师要尽量私下提醒孩子。晓晓不喜欢能够表现自己的英语课，她最喜欢的是能够安安静静地不说话，并且能够展示内心的美术课。

  浩浩和晓晓都是典型的抑郁质孩子，让他们产生兴奋的感觉很难。这种类型的孩子一般都比较胆小，不爱说话，不喜欢与人交往，不适应陌生环境，一遇到陌生人会害怕。在老师叫他们回答问题的时候，他们经常需要比其他孩子更长的时间才能站起来，而且回答问题的声音也很小，让他们做抛头露面的事情更是绝对不可能的。他们受到表扬的时候也不会喜形于色，受到批评时则会默默承受，被冤枉的时候也不去辩解。虽然孩子在幼儿园里不唱不跳，让别人感觉有些笨笨的，认为他们没有学会，但是回家后他们又能够把学过的东西表现出来。这个类型的孩子安静、守纪律、懂道理、注意力集中，具有丰富的想象力，情感细腻，善于觉察细微的变化；缺点是胆小，缺乏与他人交往的能力，缺乏自信，敏感沉闷。

  抑郁质孩子的家长要为家庭创造出轻松、快乐、温馨的气氛。要始终用特别亲切温和的态度关系孩子，热情鼓励他们参加各种活动并且要帮助他们获得成功的感受。而且在孩子参加活动的过程中还会提高他们与人交往的能力。

  当抑郁质的孩子犯了错误时，家长一定不要当这别人的面批评他，而是要选择在别人不注意时，轻描淡写地说明错误，并鼓励他去改正。此外还要注意自己说话的语气，一定不能流露出厌烦的情绪。

  为了激发他的勇气和信心，家长要鼓励抑郁质的孩子多参加集体活动，以便增强适应能力，克服孤僻、敏感。为了帮助孩子克服不敢上台的困难，可以在家里创造表演、讲话的环境，帮助他做好充分准备，这样就能逐步提高他们面对众人的勇气和信心。此外家长还要带着孩子多多参加户外的体育运动，鼓励他们参与具有表演性的训练。

有人说过，如果抑郁质孩子教育得当，他们会是这个世界上最幸福的人，因为他们情感细腻，如果学会事事从乐观的角度去思考，他们会体验到更多的幸福和快乐。

让孩子走出自己的小世界

抑郁质的孩子大多性格内向，无论做什么都喜欢一个人，不会主动与其他孩子交流，即使小伙伴与他说话，他可能也会害羞地避开。所以对抑郁质的孩子来说最重要的就是要走出自己的小世界，学会与别人沟通和交流。

有些家长认为抑郁质孩子不打架，不闹事，虽然现在不爱说话，长大之后一定会在社会的要求下改掉这种适应性差的缺点。但是如果想让孩子接受社会经验和规范，将来能够更好地适应社会，父母应该从小就培养孩子这方面的能力，而不是等孩子长大之后自己去承担痛苦，而且性格和习惯养成之后是很难改变的。

即使抑郁质孩子有很高的智商，如果没有很好地发展和锻炼出适应社会的能力，他们就会在未来的社会生活中感到难以处理人与人之间的关系，也很难和别人建立起真诚的友谊。孩子适应社会的能力在很大程度上不是父母教的，而是在与同龄的小伙伴玩耍、游戏以及交往中体验到的，所以父母要引导抑郁质孩子走进小伙伴的世界中，让他在同龄人的世界中发展出健康的心理，并且纠正自己的缺陷，让自己的性格更加完美。

那么，让孩子走出自己的世界，去了解其他小伙伴的生活要从哪里开始呢？没有一个孩子不喜欢游戏，父母可以鼓励孩子参与到小伙伴的游戏中，增加交往的机会。比如当孩子们玩"过家家"的时候，可以鼓励孩子去尝试不同的角色，可以尝试扮演"爸爸"、"妈妈"，也可以是老师、医生等与别人交流比较多的角色。不过抑郁质的孩子刚开始的时候可能会游离在游戏之外，他可能也参与了游戏，但是他会为自己选择一个比较游离的角色，比如与别人沟通不多的"小警察"。当父母发现孩子的这种倾向时，其实不妨仔细询问孩子想要扮演的角色，然后帮助孩子开口寻求这样的角色。只要玩得开心，其他的孩子是不会在意的，不过这对抑郁质孩子却有着重大的意义。另外还可以请幼儿园的老师多关注自己的孩子，请他在孩子积极参与了集体活动的时候给予表扬，让孩子树立信心，不致在其他小朋友面前感到羞怯和自卑。

父母还要学会倾听孩子的心里话。抑郁质孩子话不多，高兴或者不高兴都不会挂在脸上。所以这也要求父母要多多关注自己的孩子，注意引导孩子说出自己的想法。当幼儿园的老师对父母说孩子在幼儿园不喜欢学习的时候，父母一定不能冲动地质问孩子到底是怎么回事，一定要仔细询问孩子出现这种情况的原因。抑郁质的孩子很少撒谎，所以当孩子说出了自己的原因，要相信他们，随后把解决问题的方法轻轻告诉他们。在整个过程中，父母一定要注意的自己的语气，不要轻易责备抑郁质的孩子，因为在你责备他之前，他已在心里暗暗责备自己无数次了。而且不能当着别人的面询问，而是要私下里询问，私下里解决问题，否则会让孩子感到很受伤。

抑郁质的孩子有完美主义的倾向，总是会给自己很大的压力，有时候即使自己已经非常努力了，但是还是可能会与其他的孩子有一定的差距，所以父母要学会用平常心来看待孩子，适当降低自己对孩子的期望，因为当他们已经力求完美的时候，家长还要把过高的标准强加给孩子，这就很容易让孩子产生自卑感。

父母还要多多肯定孩子的优点，增强他们的信心。当孩子把自己与其他人进行比较的时候，父母要引导他看到自己的进步，让他学会自己与自己进行比较。这样他就会逐渐觉得自己其实是很能干的，自信心也就随之增强了。

当抑郁质孩子学会用平常心看待周围的世界，并且拥有自信的时候，让他走出自己的小世界就不再是一件非常困难的事情了。

多与孩子沟通，培养自信心和独立性

现在这个时代的标志就是竞争，自信恰恰是竞争必备的品质。可是抑郁质孩子最缺少的恰恰是自信心，因此抑郁质孩子最需要培养的品质就是自信心。

中国家庭教育专家鲁杰曾经说过："对孩子自信心影响最大的是家长平时的做法。而在家长与孩子的沟通中，恰到好处的语气是其中关键的一环。"那么什么样的语气才是恰到好处呢？其实最简单的标准就是父母能够在合适的地方运用商量、鼓励和信任的语气，而不要使用命令、要求的语气。即使是相同的话，用不同的语气说，也会带来不同的效果。如果父母能够长时间地用商量、鼓励和信任的语气和孩子说话，就算是再没自信的孩子，慢慢地也会信心倍增。

父母和孩子之间良好的沟通，是孩子增加自信的条件之一。而父母与孩子沟通的时候，还要注意准确运用一些肢体语言，比如用手摸摸孩子的脑袋、轻轻拍拍孩子的肩膀表示肯定和鼓励，这些都对孩子自信的建立有重要的作用。

鼓励是培养抑郁质孩子过程中很重要的一个方面，虽然每个孩子都需要不断鼓励，但是抑郁质孩子对鼓励的需求更多。当孩子试着做一件事却没有成功时，家长一定不要用语言进一步成绩孩子，而是要告诉孩子做一件事情失败了并不意味无能，只不过是他还没有掌握技巧而已。

还有些家长喜欢用"激将法"来鼓励孩子，但是这对抑郁质孩子来说无异于在孩子受伤的心上又撒了一把盐。

不过要注意的是，虽然对抑郁质孩子的教育要以表扬为主，但是表扬也是要讲究技巧的。家长在称赞孩子做的事情时不要太笼统，也不要过于轻描淡写。要尽量指出哪些地方做得好，让孩子觉得不是在虚夸，而是确实在肯定自己的成绩，这样会让他们勇于创造的信心大增。

要提高抑郁质孩子的自信心，还要帮助孩子发现自己的优点，让孩子感受到自己在某一个方面或某些方面比别人强。父母要多角度观察孩子，引导孩子发现自己的优点之后，适当放大孩子的优点，这很有利于增强孩子的自信心。因为抑郁质孩子不喜欢与其他孩子一起游戏，如果他勇敢地跨出了第一步就和其他的小朋友玩，父母除了要及时表扬之外，还要观察孩子与小伙伴之间的能力，同种能力相差太大的孩子最好不要总在一起玩。因为总是输的孩子，很容易产生沮丧和自卑心理。

成功的喜悦能够很好地帮助孩子获得自信心，所以父母要帮助孩子获得成功的体验。给孩子布置一些他一定能够完成的任务，他做到了就给他表扬。家长应该根据孩子的特长和能力提出适合他水平的任务和要求，让他们能够经过努力完成。

抑郁质的孩子因为性格内向，还很有可能养成依赖父母的习惯，所以对于抑郁质孩子来说，培养孩子的独立性也是很必要的。

首先，放手让孩子去做力所能及的事情。凡是孩子自己能做的就让他自己做，不要代替他，比如让他自己整理书包、收拾玩具、洗袜子等等。不过在这个过程中，父母要有耐心，因为没有人是生来会做所有的事情的，所以当孩子没有做好的时候多一些宽

容，不要求全责备。

抑郁质孩子的依赖性更多地表现在让父母帮助自己做决定方面。家长要知道自我选择是独立性中很重要的一个方面，家长一定要引导、鼓励他们自己去决断，这样才能克服他们优柔寡断的缺点。家长要有意识地给孩子更多做选择的机会，凡是可以让孩子参与讨论作决定的事情一定要孩子参加，比如去哪里旅游，什么时候去博物馆等等。如果孩子提出的意见能够被采纳，这不仅能够提高他们的决策能力，也能提高他们的自信心。

"稳重冷静的小乌龟"——黏液质的孩子

气质特点：专注冷静、固执己见

黏液质的人通常是抱有中庸之道的一类人，他们善于与人相处，容易适应新环境，即使是独处也能过得悠闲自在，自得其乐。他们为人非常低调，总是安静地做着自己喜欢的事情，总是尽力避免冲突，不易发怒。黏液质的成人会是一流的老板，但是不适合创业，只适合做"守业者"，因为他们虽然善于与人相处，不制造事端，不干涉别人，能够客观地看待别人，但是他们没有主见，适应新事物需要一段时间。如果孩子有一个黏液质的父母也会过得很开心，因为他们会是优秀的父母，对孩子随和，不会提出过高的要求，只要孩子开心快乐就好。

那么黏液质的孩子是什么样的呢？

西西今年5岁，是个很安静的女孩子，很害羞，在很多人面前讲话的时候会很害羞。虽然她总是很羞涩，但是班里的每个小朋友都喜欢和她玩，因为无论是谁想借她的玩具，她都不会拒绝；有时候就算是很不情愿，自己低着头思考好久，但是最后一定会把玩具递给别的小朋友。如果被别的孩子欺负，西西也不会反抗。她的父母为此十分苦恼。

西西就是一个典型的黏液质的孩子。他们平时很安静，不会惹事，动作总是很缓慢，做事也拖拖拉拉的，即使是一个人玩玩具也能玩很久，而且看起来还是兴致勃勃的，没有丝毫的烦躁。

他们受到表扬的时候会微微一笑，受到批评的时候会低着头不说话。当他们沉浸在自己的小世界中的时候，他们不容易受到周围环境的干扰。不过他们很害怕变动，如果习惯了一件事情，他们就会总是用同样的方法解决问题。黏液质的孩子天性看问题比较消极，但一般不会出现情绪低落的情况。

黏液质的孩子情绪总是很稳定，引起他们的兴奋很难，但是他们同一种情绪可以保持很久。此外，虽然他们能够敏锐地感受到周围的变化，但不会灵活地去处理这种变化。

"黏液质"又被称为"安静型"，在生活中他们是勤奋而稳重的优秀员工。因为他们具有可以与兴奋过程相抗衡的抑制兴奋的能力，所以这些人看起来总是缓慢而沉着的，通常不会为无谓的诱因而分心，他们会严格恪守已有的生活习惯和工作制度，不会主动去改变。

黏液质的孩子一般都有"小大人"的倾向，他们总是稳重有度，不卑不亢。与别人交往的时候也会坚持"适度原则"，不会把自己的心扉完全向别人打开。他们讨厌毫无内容的夸夸其谈，情感上不易出现波澜，也不喜欢发脾气，情感一般也不会外露，也不常常显露自己的才能。所以这种人在社会中很受人欢迎，因为他们善于倾听，而且能够给别人客观地指出问题所在，并且提出中肯的意见，而且他们也有自己幽默的一面，不过通常是些"冷幽默"。黏液质的人还拥有坚持不懈的毅力，能够长时间有条不紊地从事自己的工作。

不过黏液质的人也有自己的缺点，那就是不能够灵活地处理事情，也不善于转移自己的注意力。这种思维上的惰性严重地阻碍了他们的发展，这种个性让他们因循守旧，容易安于现状，不思进取。

黏液质孩子如果教育得不好，他们极容易形成保守、固执、冷漠、不关心集体的性格，还可能会成为事件的幕后主事者；但是如果他们能在健康的环境中长大成人，他们就会成为踏实稳重、非常敬业的员工，也具有成为优秀管理者的潜力。

摆脱固执的惯性，让孩子学会变通

黏液质孩子最大的特点就是"稳"，父母要在充分发挥孩子"稳"的长处的同时注意让孩子学会变通。黏液质的孩子往往喜欢上什么东西之后就不会再去关注别的东西，习惯了某一种解决问题的方式之后就会固执地用同样的办法去解决一切问题，所以他们常常会陷入"思维定势"的困扰中。

"思维定势"是指先前的活动造成的一种对类似或者相同活动的特殊的心理准备状态，或解决问题的倾向性。思维定势在解决问题的时候具有重要的意义，思维定势可以帮助人们根据当前面临的问题联想起已经解决的类似的问题，然后可以帮助我们迅速地运用旧知识解决新问题。它是一种按照常规处理问题的思维方式，可以省去很多摸索、试探的步骤，缩短思考时间，提高解决问题的速度和效率。

不过思维定势既有积极的一面，也有消极的一面，它会让我们的思维产生惰性，养成一种机械、千篇一律地解决问题的习惯，会使人墨守成规，难以涌出新思维，作出新决策，是束缚创造性思维的枷锁。

而黏液质的孩子最厌恶改变，他们希望能够找到一种方法解决所有问题，这是一种惰性，很不利于孩子在这个日新月异的社会中生存，所以父母要帮助孩子克服思维定势，让他们能够从各个角度去思考问题，找到更多的解决问题的方式，从而选出最优方案。

为了帮助孩子学会变通，父母要培养孩子多方面的兴趣，因为他们一旦喜欢上一样东西，对其他的东西就会视而不见，所以父母要经常带着孩子去尝试新鲜事物，培养他们更多的兴趣爱好。

兴趣和好奇心是孩子思维的突破口，他们对事物越是好奇，他的思维运动就越强烈。但是现在的孩子生活面很窄，见识也很少，所以很难对事物产生好奇心，而且由于传统的思维定势的影响，孩子思维的灵活性也受到了很大的限制。所以父母应该多带着孩子走出家门，走进社会，走进大自然，让孩子了解社会，接触各种各样的人，开阔眼界，增加知识积累，扩大思维范围。当孩子知识面拓宽之后，他思考的问题以及方向就会变得更加灵活，就不会被旧的思维限制。

当孩子的思维更加活跃的时候，父母一定要注意保护孩子的这种好奇心。当孩子把一个又一个"为什么"抛向你的时候，父母千万不要回避，而是要保护孩子这种打破沙锅问到底的精神，对于孩子提出的问题要表现出兴趣，如果自己不了解答案，就要和孩子一起去寻找答案。

黏液质孩子的想象力通常具有局限性，父母同样可以利用大自然，和孩子一起去观察花草树木，鸟兽虫鱼。当他们提出问题的时候，可以让他们自己先给一个回答，不要管这个回答是不是科学，让孩子充分发挥想象力去解释各种现象，即使孩子的解释是荒诞的，也要对此孩子的回答进行鼓励，然后再跟孩子一起寻找正确的答案。另外孩子的世界应该是充满童话色彩的，已经有研究表明，从小接触很多童话故事的孩子想象力明显比接触童话很少的孩子更丰富。

另外，父母还可以试着让孩子进行"头脑风暴"，比如让孩子迅速答出家里的杯子都能有什么用途，只要是正确的答案就要给予肯定，即使孩子说出"可以砸人"的答案也不要怒不可遏，而是应该先肯定孩子的思维，再纠正孩子的道德观念。

面对闷闷的黏液质孩子，父母有时候可以故意引起一些争论，让孩子充分表达自己的想法；如果有孩子可以参与决定的家庭问题，一定要让孩子充分阐述他的理由。

最后，创新和变通只能产生在自由、宽松的环境中，所以父母不要给孩子过多的限制，应该给他们足够的空间去进行天马行空的想象。

创造幽默活泼的环境，给孩子快乐的享受

黏液质的孩子总是会给人性格沉闷的感觉，像个老成持重的"小大人"，虽然很让父母放心，但是身上总是少了一些孩子天真活泼的朝气，这进而影响到了孩子的思维。黏液质孩子的父母如果想让孩子变得活泼开朗一点，那就一定要在家里营造出一种幽默轻松的气氛，让孩子总是受到一些甜蜜的刺激，给孩子一些出其不意的惊喜，让孩子逐渐适应充满变化的家庭氛围，这样他的个性就会慢慢出现改变。

如果家里经常充满欢声笑语，孩子在很大程度上也会成为一个具有快乐个性的人。和谐快乐的家庭氛围对于孩子的成长是非常重要的，如果家庭成员之间关系不和谐，孩子生活在这种氛围中总是会感到非常惊恐，所以爸爸妈妈应该为孩子创造一个轻松、愉快、充满幽默感的家庭氛围，这样孩子就能获得充分的安全感，健康快乐地成长。

家里如果总是充满幽默风趣的气氛，那么黏液质孩子就很容易摆脱沉闷的性格。那么家长要怎么在生活中发现幽默，创造幽默，利用幽默，进而改善孩子的个性呢？

首先家长可以试着用亲子游戏来让生活充满笑声。幽默的孩子一定是爱笑的孩子，同时爱笑的孩子往往善于发现生活中的幽默和制造幽默，这对于改善黏液质孩子的个性是非常有好处的。在日常生活中，家长可多跟孩子玩一些有趣的亲子游戏，如"两人三足"、"袋鼠跳"等，这不仅在游戏中增强亲子感情，让孩子懂得团结协作的重要性，而且游戏夸张有趣的肢体动作，妙趣横生的失误环节也肯定让你和孩子忍俊不禁，让孩子在轻松快乐的环境中产生幽默感。

另外，当孩子遇到挫折的时候，比如当他刚刚学走路的摔倒，不小心撞到身体或者做什么事情失败的时候，家长要学会用幽默的环境来安抚他，可以向他做个鬼脸，表示没关系。幽默具有神奇的力量，看到父母的鬼脸，孩子极有可能破涕为笑，重新燃起希望。

父母还可以经常让孩子阅读幽默故事、机智故事、脑筋急转弯等，这不仅可以让孩子变得开朗，学会乐观地看待生活，还可以训练孩子思维的敏捷性，丰富孩子的词汇。当孩子的阅读量到达一定程度大的时候，家长可以和孩子一起编幽默故事，也可以通过改编电影、电视剧的情节或结局来激发孩子的幽默感。

因为黏液质的孩子不善于灵活地解决问题，所以父母要多创造一些变化来让孩子情

绪高涨。可以用动感的游戏来促进孩子的发展，训练孩子的灵敏度。"过家家"是一种很需要创造思维的游戏，适合黏液质的孩子。此外玩游戏的时候，尽量让孩子来领导父母。父母要有意识地向孩子请教，创造机会让孩子出主意，激发他的指挥兴趣。

家长还要努力创造条件让孩子走出家门，去一些公共场合与其他的小朋友一起玩。开始的时候，父母可以为孩子选择几个性格开朗的朋友，当孩子学会如何与别人交往之后，要鼓励他们多多与小伙伴交往，并且当孩子的交往中出现问题的时候，要及时指导孩子如何处理这种问题。

家长还可以有意让孩子多与外界接触，比如需要和邻居借东西的时候让孩子去，也可以邀请自己的朋友带着他们的孩子多来家里做客或者带着孩子去他家做客。同时家长对孩子的所做事情要及时的给予鼓励，即便第一次做不好都没有关系，这样能激发孩子下次做事的欲望。

如果家长总是能够用这些新鲜的体验给孩子带来快乐的感觉，那么黏液质孩子一定可以克服固执不会变通的缺点，喜欢上这种充满变化的世界。

"机灵敏捷的小猴子"——多血质的孩子

气质特点：适应性强，精力分散

晓雯是个初一女生，她聪明可爱，见到陌生人从来不会感到拘束，也很容易与陌生人成为朋友，即使这些人不是她的同龄人，她也能应对自如。

有一次，晓雯跟着妈妈去参加了一次妈妈单位组织的活动，她开朗幽默，充满朝气，似乎和每个人都有共同的话题，走到哪里就把笑声带到哪里，很快整个队伍中的人就都认识了她。同事们纷纷对晓雯妈妈竖起大拇指，说她培养出了一个优秀的女儿。

妈妈表面上笑着，心里却在想："唉，这些同事是没有看到我发愁的一面啊！"原来晓雯喜欢说话，活泼开朗，很受大家的欢迎，每个人都喜欢和她做朋友，而晓雯也喜欢交朋友，所以把大部分时间都用在了结交新朋友，和朋友聊天中。晓雯还有一个毛病就是做事虎头蛇尾，不管是学习还是做家务，常常是三分钟热度，没有耐心。妈妈总是想："这孩子除了有一张讨巧的嘴，没有任何让我满意的地方。"

我们在生活中经常会听到一些父母抱怨："我那个孩子一刻都安静不下来，上学经常违反纪律，跟老师抢话。"这种类型的孩子往往是多血质的，故事中晓雯就是一个典型的例子。多血质孩子活泼外向，朝气蓬勃，充满活力，兴趣广泛。他们善解人意，对所有人都十分热情，不管是熟人还是陌生人，总是能够找到和别人的共同语言，所以多血质的孩子常常拥有很多朋友。他们喜欢尝试新鲜事物，总是能够迅速地抓住事物的重点，而且具有很强的环境适应能力。多血质的孩子思维也很活跃，他们上课常常不经老师许可就打断老师的话，这不是他们故意违反纪律，相反这是他们大脑正在高速运转的体现。他们上课的时候喜欢回答老师的问题，而且能够有条理、表情生动地回答问题。

虽然多血质的孩子优点很多，但是他们身上也有着很多让老师和父母头疼的毛病，最常见的就是做事情总是三分钟热度，没有办法把注意力长时间集中在一件事情上。此外，他们做事情不认真，不仔细，总是觉得任何事情做得差不多就可以，没有必要追求完美，这一点和抑郁质以及黏液质的孩子有很大区别。另外多血质的孩子也会出现任性霸道的时候，生气的时候会非常愤怒，犯了错误也会固执地坚持自己的意见。

父母要对多血质孩子具有的优势进行因势利导的教育，充分发挥他们的长处，让他们保持自己开朗活跃、朝气蓬勃的优点。另外父母也不能忽视孩子精力分散的缺点，要多多训练孩子的注意力，并且要逐渐延长时间，让孩子最终能够达到长时间关注一件事情的水平。做事时，先让孩子先从简单的做起，复杂的事情要循序渐进地引入他的生活，另外父母要对孩子是否完成了这件事进行监督和检查。最开始的时候可以每件事都检查，然后慢慢变成抽查，当发现孩子有了明显进步的时候要给予肯定。这样孩子就会慢慢克服做事有头无尾、浮躁的缺点。

家长还要让孩子多做一些细致的事情，可以是游戏，也可以是家务劳动，总之要让他们坚持把事情做完，并且质量要高。这样可以改善他们无论做什么都大而化之的倾向，养成吃苦耐劳的品质。如果有矛盾的话，要和孩子讲道理，不要强迫孩子也不要放纵他们。

多血质的孩子如果教育不好，就容易形成注意力不集中、做事怕苦怕累、虎头蛇尾、变化无常的性格，但是如果教育得当，这些孩子就能够成为乐观向上、勇敢有韧性的人才。

让孩子学会按计划踏踏实实做事

拥有多血质气质的孩子反应迅速，喜欢与人交往，但是注意力很容易分散，兴趣广泛但是变化快，做事没有耐性不踏实。有研究表明，即使孩子的智力水平很高，但是如果缺乏意志力，爱虚荣，怕吃苦，他们长大之后也会变成平庸的人。而对于多血质气质的孩子来说，这些特质恰好是他们最突出的缺点。所以要打开多血质孩子的性格枷锁，家长一定要培养孩子的专注力，让他们在吸收新信息的同时学会自我控制，能够锲而不舍地完成任务，加强他们的责任感和纪律性。只有这样，多血质的孩子才能扬长避短。

生活中，很多多血质的孩子做事都是只有三分钟热度，常常是只有开头却没有结尾，在完成任务的过程中也常常"三天打鱼两天晒网"，所以他们所做的事情大多最后是以没有结果告终。一个人要想成功必须具有能够坚持不懈地做好每一件事情的品质，如果心态浮躁，碰到一点困难就打退堂鼓，最终一定会前功尽弃。"功亏一篑"、"行百里者半九十"这些话都告诉我们关键时刻不能松懈，做事一定要脚踏实地，只有为了一个目标不断付出，最终才能得到成功的果实。

那么怎样才能帮助一个多血质的孩子学会坚持和脚踏实地呢？对待粗枝大叶的多血质孩子来说，最好的办法是让他们学会计划，也就是让他们对自己要做的事情做出具体的时间规定，然后按照这个规定有准备、有措施、有步骤地向前推进。学会按计划做事，不仅是一种良好的生活和学习习惯，而且也能反映一个人做事的态度，是一个人能否取得成就的重要因素。

要想让孩子学会计划，父母首先要培养孩子的时间观念。没有时间观念，孩子做事就会总是拖拖拉拉，根本不会有计划性可言。

父母在日常的生活中，要有意识地培养孩子的时间观念。要让孩子明白什么时间应该做什么事情，什么时间不应该做什么事情，让他养成作息规律的好习惯。

时间观念的培养越早越好。在孩子小的时候，父母可以制定一个时间表，科学地安排孩子的作息时间。要注意的是，一定要尊重孩子的意见，和孩子商量之后再做出最后的时间表。家长可以在时间表上写下孩子每天需要完成的事情，然后让孩子自己选择在哪个时间段去完成它。每当孩子完成一件事情后，让孩子在完成事情的后面标注一下。如果任务完成出色，可以给孩子一个表扬或者是一个小小的奖励。

当孩子稍大一些的时候，比如上小学后或者幼儿园的时候，要让他们学会独立收拾自己的东西，大多数有计划性的孩子，都会知道事先把自己的东西收拾好。家长要做的就是注意孩子生活中的细节，从小事抓起，有意识地帮助孩子养成良好的时间观念。如果孩子忘了收拾自己的东西或者没有安排好自己的生活，父母不必急着出面帮孩子搞定一切问题，可以让孩子吃几次苦头，当孩子体验到自己行为可能产生的后果时，他也就体会到做计划的重要性了，最终他就会改变自己做事没有计划的坏习惯。

培养孩子的计划性，一定要教孩子学会分清主次。可以把孩子一天内要完成的事件列出来，让孩子按照事情的轻重缓急排序，然后监督孩子是否能够按照自己的排序完成任务。

当孩子学会计划之后，父母要引导孩子踏踏实实地去完成计划，可以试着把大目标拆分成小目标，让孩子一个个地去攻破这些"障碍"。当孩子学会拆分目标并且分别实现的时候，他实际上就已经在不知不觉中养成了踏踏实实做事的好习惯。

此外，"言传永远比不过身教"，所以要培养孩子的计划性，父母要从自己做起，严格遵守时间，做事踏踏实实，讲究效率，这样孩子自然会模仿大人。

另外父母在教育孩子的时候，一定要坚持原则。如果与孩子发生矛盾，要多和孩子讲道理。只要父母耐心帮助孩子培养按计划认真做事的好习惯，改掉做事虎头蛇尾的坏毛病，多血质孩子就能充分发挥自己的长处，拥有一个光明的未来！

帮助孩子控制好情绪

平平是个典型的多血质孩子，她很喜欢和小朋友们一起玩，楼下院子里的小朋友也都很喜欢她。但是妈妈却发现了一个让人挠头的问题，那就是平平虽然人缘很好，但是只要小朋友说了一句惹她不开心的话或者做了让她不高兴的事，她可能会马上大发雷霆，也有可能站在那里哇哇大哭，可是过不了多久，她又会开开心心加入小朋友的新游戏中，似乎一切都没有发生过。妈妈很担心："孩子这样不会调节情绪，虽然朋友很多，但是能够交到可以交心的朋友吗？"

多血质的孩子天生的特点就是"动"，他们总是喜欢追求变化，所以父母首先要尊重孩子的特点，在这个基础上再去完善孩子的性格。父母可以从以下几个方面入手去稳定孩子的情绪：

第一点仍然是要求父母以身作则，控制好自己的情绪。虽然多血质孩子的情绪本身就属于善变型的，但是孩子的情绪仍然会受到父母的影响。有句话是这样说的"妈妈脾气坏，孩子坏脾气。"特别是当孩子情绪失控的时候，家长更要控制好自己的情绪，不要让自己的情绪被孩子的情绪牵着走。当孩子情绪发生剧烈变化，如果这时候父母与他形成对抗，那么不但不能平复孩子的情绪并解决问题，还会增加孩子情绪波动的强度。

多血质的孩子在生活中做事比别人快，人际关系也比别人好，所以他们受到表扬的机会会比一般的孩子多。生活中他们并不缺少表扬，父母可以适当地减少对他们的称赞，因为如果表扬过多的话，他们的思想就会更加浮躁，变得越来越骄傲，这样时间长了，他们产生一种高高在上的感觉之后就会更容易对别人发脾气。

多血质的孩子情绪来得很快，非常不稳定。别人顺着他的时候，他就高兴地笑，只要稍有不如意就会大发脾气。这时候父母要用冷静的态度去纠正孩子的态度，比如用有趣的东西转移他的注意力。等到孩子情绪稳定之后，再告诉他刚才那样随意地发脾气会伤害自己的朋友。还可以引导孩子进行换位思考，让孩子站在其他小朋友的角度上去认识自己的行为，引导他对自己乱发脾气造成的后果感同身受，这样他就会理解自己的情绪给别人带来了不好的感受，以后就会注意。父母也要关心孩子发脾气的原因，如果是为了合理的心理诉求，那么应该支持孩子，但是要告诉他如何提出自己的合理要求。

为了让孩子更好地感受情绪带来的影响，父母可以和孩子一起玩角色扮演的游戏，通过扮演处于不同情绪状态下的人，让孩子学会正确处理自己情绪的方式；也可以与孩子一起设计情境，进行角色互换，增强孩子对自己情绪的自控力。

多血质孩子的妈妈还可以试一下用蔬菜来帮助孩子稳定情绪。新加坡的儿科专家们对"情绪不稳定儿童"进行了专门的研究。通过研究他们发现蔬菜具有镇定情绪的作用。因为咀嚼的动作可以缓解孩子的紧张和焦虑以及其他负面的情绪，如果给孩子的食物中包含更多的蔬菜，那么他们就会更充分地发挥咀嚼的功能。如果孩子不爱吃蔬菜，那么妈妈可以开动脑筋，变换烹调方式，让孩子尽量多吃一些。

多血质孩子的父母还可以选择一些舒缓的音乐来帮助孩子平复情绪，这种方式同样也可以用来帮助孩子养成平和的心态。

多血质的孩子本来就善解人意，很受别人的欢迎，如果能够改掉这个情绪多变的毛病，他一定会拥有很多值得一生珍惜的好朋友。

第七章

孩子13岁以前，妈妈要懂的儿童个性心理学

确定孩子性格，发现性格优势

什么是九型人格

爱因斯坦曾经说过："一个人智力上的成就很大程度上取决于人格的伟大。"

那么什么是"人格"呢？

一个下着小雨的中午，车厢里乘客很少。在桥头站，上来一对残疾父子。父亲是个盲人，儿子则只剩下一只眼睛稍微能看到东西。当车子缓缓向前开动时，小男孩开口说："各位先生女士，你们好，下面我唱几首歌给大家听。"接着，小男孩用电子琴自弹自唱起来。

正如人们所预料的那样，唱完了歌曲之后，男孩走到车厢头，开始"行乞"。乘客们都装出一副不明白的样子，或干脆扭头看车窗外面……

当小男孩两手空空地走到车厢尾时，一位中年妇女大嚷起来："真不知道怎么搞的，乞丐这么多，连车上都有！"听到这番话，小男孩竟然表现出了与年龄极不相称的冷峻，他一字一顿地说："女士，你说错了，我不是乞丐，我是在卖唱。"

这就是人格的魅力。面对尊严被践踏，小男孩把他坚毅的性格和不卑不亢的个性表达得淋漓尽致。

在心理学中，人格就是指每个人不同于其他人或动物特征的总和。人格完整是指人格构成诸要素如气质、能力、性格、信念、人生观等方面能够平衡发展。健康的孩子一定会言行一致，具有积极进取的人生观，并以此为中心把自己的需要、目标和行为统一起来。而心理健康的最终目标是保持孩子人格的完整性，培养健全的人格。对于每个生活在这个社会的孩子来说，健康完美的人格都至关重要，这关系到他们能否健康而愉快地享受生活。

现代心理学把人格分为九型，称为"九型人格"，是婴儿时期人身上的九种气质，包括活跃程度、规律性、主动性、适应性、感兴趣的范围、反应的强度、心境的素质、分心程度以及专注力的范围和持久性。

九型人格原来是在宗教层面上寻找人格的成熟和灵性的启发而产生的一种理论，现在被广泛应用于心理咨询、教育和商业等多个领域。

九型人格是一种深层次地了解人的方法和学问，它按照人的世界观、思考方式、行为模式以及情绪特征将人分为九种类型，并认为所有的人都必然属于其中的某一类。九型人格作为一种精妙的分析工具，最绝妙的地方就在于它能够穿透人们表面的行为举止

和喜怒哀乐，进入到人心最隐秘的地方，发现人们最真实、最根本的需求和渴望。

这九种类型分别如下：

	优点	缺点	主要表现
领袖型	果断，自信，不拘小节，独立，勇敢有闯劲	具攻击性，以自我为中心，报复心强	父母不让做的事情，偏要去做；爱指挥同学干这干那；经常成为班级活动的带领者
和平型	随和，接受能力强，有耐心，协调性好	做事缓慢，易懒惰、压抑，优柔寡断	怕见生人，害羞；没有爸妈的督促就完不成家庭作业；不喜欢和同学争辩，也不爱出风头
完美型	有条理，负责任，能够自我控制，追求完美，注重细节	自我批判过度，爱钻牛角尖，苛刻	不玩稍有破损的玩具；作业字迹工整；要求自己必须考100分才能得到奖励；非常注重老师的表扬；容易内疚
助人型	有爱心，乐善好施，随和，善于处理人际关系	占有欲强，不懂拒绝，缺少主见，爱随大流	喜欢小动物；爱帮助别人，但不考虑自己的实际能力
成就型	自信，适应力强，注意力集中，卓越，有干劲，察觉力强	自恋，爱炫耀，争强好胜，逃避失败，害怕被人洞悉自己的内心	学习观察能力很强；在小朋友们面前非常注重自己的形象；爱在大人面前表现自己；喜欢出风头受到老师的关注
浪漫型	具有独特性、创造力强，有主见，自信	情绪变化无常，对批评过度敏感，易忧郁、妒忌	认为自己才是正确的；生活中我行我素追求独特；情绪变化很快，易激动；经常沉迷于自己的幻想当中；喜欢向老师父母提出奇奇怪怪的问题
思考型	遇事冷静，条理分明，观察敏锐，求知欲强，分析能力突出	沉默寡言，缺乏活力，反应缓慢，固执死板	喜欢和身边的同学保持一定的距离；不喜欢参加课外活多；对《大百科全书》等类型的书很感兴趣

怀疑型	做事谨慎负责，团体意识很强，务实，守规	不轻易相信别人，多疑虑，安于现状，缺乏创造力	对父母依赖性很强，不喜欢单独活动；在学校遵守校纪校规；对待学习踏实认真
活跃型	热情开朗，乐观，积极主动，具有感染力	做事欠缺耐性，亦冲动，定力很差	贪玩，很容易对电子游戏机上瘾；多才多艺，喜欢带动朋友之间的气氛；不喜欢受老师父母的管教；学习特长时老半途而废

毫无疑问，九型人格也已经成为家长进入孩子的世界、从最深的心理层面了解、发现孩子的有利工具。世界上没有完全相同的两个孩子，每个孩子都是独一无二的，性格也是千差万别的，有的孩子性格内向，有的则活泼开朗；有的谨小慎微，有的则无所畏惧。孩子的这些特质都是需要父母通过日常生活中的仔细观察才能掌握的。同时值得注意的是，每一个人的成长环境也是不同的，所以同类型孩子之间可能有许多共同点，却也各自拥有一些只属于自己的东西。这些类型并无优劣之分。事实上每一型的孩子都各有其优缺点，父母不应该为孩子贴标签，然后拿着"类型特征"的借口限定孩子，或者是武断地认定孩子未来的发展状态。优秀的父母应该具备观察孩子特质的眼睛，了解他的喜好厌恶、长处短处、优势劣势以及可以长足发展的潜能，帮助他扬长避短，根据他的优势潜能重点打造，同时补足他的短板。

成长中的孩子也有九型人格吗

妈妈和孩子一起去逛街的时候，不同的孩子会有不同的反应——

有的孩子会拒绝出去逛街，问他为什么，他会说"我对购物没兴趣，我更喜欢自己待着。"有些孩子则会帮妈妈提着袋子，嘴里还说着："妈妈，这个也给我！我来拿！"有的孩子专门喜欢买最贵最好的东西；有的孩子在面对选择的时候，会要求妈妈来拿主意；还有的孩子会想拥有和其他小朋友一样的衣服、发卡等东西。

可见，每个孩子都有各自不同的思维模式和行为特点。究其根本，正是因为不同的孩子具有不同的价值观所致，有的孩子重视自己的想法、有的重视原则、有的重视他人的感受，由此就可以将不同的孩子划分到不同的人格类型里面。

每个孩子从出生的时候开始，就有自己独特的气质，也就是天生的性情和脾气。这从孩子的婴儿时期就可以感受到，有的婴儿脾气很暴躁，经常哭哭啼啼，而另一些孩子则很少哭闹、特别爱笑，这些其实都是婴儿内在气质的外部体现。不过，孩子在婴幼儿时期的情绪并不是仅仅受自己的气质影响，很多时候父母的性格脾性和管教方法也会影响他们的反应。所以，如果想要孩子朝着其所属类型的高层次发展的话，父母就要根据他们固有的性格特征进行引导和教养，让孩子能有一个健康的发展方向。

那么，父母怎样才能知道自己的孩子属于哪种人格呢？

最简单的办法就是平时仔细观察孩子的一言一行，尤其是在他不说话的时候，最能反映出他的类型。而且，年龄越小的孩子越容易观察，因为年龄较小的孩子心理防御机制还没有成型，此时的孩子不会对自己的感受、情绪、想法和行为做出过多的掩饰或抑制，所以父母此时很容易看出孩子大概属于哪一种类型。

相对而言，年龄较大的孩子采取直接观察的方法就不一定那么有效了。不过，孩子每做一件事都是他心理活动的反映，所以父母只要留心孩子的行为、言语甚至是表情，在此基础上保持和孩子的深度沟通，了解他行为背后的心理活动机制，就能获得关于孩子的最准确的信息。

在现实生活中，家长们往往容易忽略孩子行为背后的心理原因，对孩子稍有不满就横加指责。例如，有的父母看到孩子在墙角蹲着看蚂蚁就说他没出息、看见孩子大哭不愿离开父母就埋怨他长大了还不能独立、看见孩子拿着剪刀把新衣服剪得破破烂烂就大怒呵斥说他爱搞破坏等等。也许孩子自身的一些隐性特质和天赋还没有被发现或是刚刚为此跨出发展的第一步，就被不善于观察的父母无情地扼杀了。其实，当孩子表现出一些在成人眼里不合规矩、有些"乱来"的行为时，只要父母多问他一句，也许就能了解孩子心里的想法，知道他到底为什么会这么做。例如好奇地观察蚂蚁的孩子可能是在探索大自然，不愿意与父母分离的孩子可能是因为缺乏安全感，用剪刀剪衣服的孩子可能是在发挥他的创造力。

另外还要提醒父母注意的是，每个孩子的成长环境都是独一无二的，所以即使是同一种类型的孩子，他们之间在拥有很多共同点的同时也会拥有一些只属于自己的特点，所以家长不要抱怨为什么都是同一类孩子，别人孩子有的优点自己的孩子没有。

要知道，每一型的孩子都会受健康或是不健康的发展影响并因此会产生不同的变化。因此，父母应该在了解孩子的基础上，结合孩子的个性特征采取不同的教育方式，给他们一个舒适的成长环境，创造机会最大限度地令其发挥出自身的优势。

按天性生长，更容易长成大树

许多年来，心理学家都在探讨一个问题：性格究竟是天生的，还是在成长过程中形成的呢？实际上，性格是天生具备的特点，但是会受到环境的影响。这种从小保留下来的性格是天生性格，而成长过程中因为受到周围环境影响形成的性格是后天性格。

既然性格是人固有的特征，那么最大限度地发挥性格优点就是自我实现的过程。著名心理学家卡尔·古斯塔夫·荣格在《心理类型学》一书中提出："植物要开花结果，首先需要的是适合自己的土壤。"就像不同的花朵需要在不同的生长条件才能开出绚丽的花朵一样，不同性格的孩子也需要在不同的环境去培养才能实现自己最大的价值。只有把"本性的根"种植在"适合的土壤"中，这根最终才能成长为"茁壮的树"。

帅帅是一个活泼的男孩子，总是精力充沛，但是她妈妈却总是希望他能安安静静地坐在书房里看书，所以经常把他放在书房里不让出门。这样过了一段时间之后，不仅帅帅的学习成绩没有得到提高，整个人也变得萎靡不振，天天无精打采的。

了解自己的性格是认识真正自我的过程，了解自己的性格就像是在思考自己是属于什么样的"树"，也可以说是了解自己到底是什么样的人的过程。每个人都想实现自我的机制，但是想要成为人生的主人，就必须要了解自己天生的性格。不过性格的培养不是随意进行的，而是需要根据天生的性格进行培养，与其说这是一个培养的过程，不如说是一个让天生的性格更加健全的过程。而为这一过程奠定基础的就是父母提供的成长环境，父母对孩子的任何期望都应该建立在了解孩子的天性的基础上，只有这样孩子才能更好地了解自己，接纳他人，并使自己的努力更加有效率。让孩子按照天性去成长，孩子会更容易成材。

有这样一个家庭，在外人看来孩子非常优秀，这个孩子从来没有上过任何的课外辅导班就考上了重点中学，按理说应该是家里的骄傲。但是不知道为什么，这家的爸爸和儿子总是冲突不断，有时候爸爸气急了甚至会动手打儿子，而最近两人的矛盾达到了顶峰，儿子再也不肯跟爸爸说话了。

后来妈妈拖着这对父子来到一位心理医生面前进行心理治疗。心理医生为父子俩分别进行了测试，结果发现爸爸是性格豁达开放，很善于解决现实问题并且手段高明的性格类型；儿子则属于内向型的性格，直觉出众，但是不爱说话，虽然解决现实问题的手段比较弱，但是思维敏捷严密，这种孩子最擅长抓住事物的本质和规律。

父子俩闹矛盾的根源是爸爸希望儿子像自己一样成为一个现实、务实的人。但是他没有注意到儿子的性格，这种性格的孩子绝对不能出手打他，因为家庭对他逼迫越厉害，他就会反抗越厉害，这样父子之间的感情也就越来越远了。

世界上没有不爱孩子的父母，但是如果父母不考虑孩子的真正需要，一意孤行地采取单方面的行为，这样最终会毁掉孩子。只有父母首先认可了孩子天生的性格，并且按照孩子的性格来设计未来，这样孩子才会感觉到幸福，才会更容易成材。

性格各有优势，家长不必强求

一个妈妈有两个儿子，大儿子今年上四年级，懂礼貌，成绩好，在家里和学校都表现很好。但是刚上二年级的二儿子则是一个不折不扣的淘气包，在学校上课从来不认真听讲，回家也不听妈妈的话，甚至有一次还偷了别人的钱包。这个孩子生性冲动、莽撞，学习成绩也很糟糕，孩子对此也感到无奈，甚至在日记本中写下了"想要自杀"几个字。

妈妈苦恼地找到心理医生，心理医生认为妈妈是一个对孩子要求十分严格的人，一旦发现儿子冲动、莽撞的行为就会马上进行严厉批评，而小儿子是一个典型的活泼爱玩闹的性格，脑子里经常会冒出奇思妙想，而且总是试图把这些想法付诸实践。这种孩子好胜心强，跟朋友接触也总是想在竞争中领先，喜欢听到他人的称赞。所以当妈妈强硬地想要把他的性格变成和哥哥一样的性格的过程中，小儿子在心理上逐渐远离了妈妈，同时由于实现自己价值的愿望没有得到正确表达，所以那些过剩的能量就以错误的方式和不适当的行为表现了出来。

听了医生的这些话之后，妈妈首先接受了孩子的性格特点，改变了对小儿子的态度，儿子犯错误的时候不再骂他，而是以提出建议为主，只要有好的表现就会立刻表扬他。过了不久，妈妈又征求孩子的意见，假期要去做什么，小儿子乖巧地回答："只要是妈妈让我做的，我都愿意去做。"在妈妈的眼里，活泼的小儿子也变得非常可爱。

孩子正处于性格完善的阶段，他们对自己的性格很关心，希望了解自己到底是什么样的人，以及自己以后会有什么样的特长和发展，所以大家都很关心自己的性格特征，还有人会担心自己的结果出来不理想。但是真实情况是性格评估不是为了寻找个人身上存在的"毛病"的，而是要寻找潜藏在每个人内心中的性格特征，从而使人更自信自爱的。性格是一个人区别于其他人的特征，没有好和坏的区别。可能有人会说在任何场合直言不讳地说出自己意见的人是一个率真、爽快的人，但是也有人说这种人过于直接，会伤害别人，所以关于性格的好坏之分，只是别人的主观判断，每个人区分好坏的标准都是不一样的，所以别人口中的"好与坏"只是相对的说法。

虽然性格能够在一定程度上左右人的行为，但是我们不能把所有的行为全都归结为性格原因，所以做性格测试只是去了解自己的性格，而不是医生作诊断，所以大可不必把性格类型想得过于严重。

现在的社会中，人们总是觉得外向的人更受欢迎，更容易相处，而且也更适应社会。而那些内向胆小的人就总是觉得自卑，讨厌自己的性格，对周围那些活泼开朗、能说会道的人总是怀着羡慕之情。

其实认为外向性格比内向性格更受欢迎是一种社会偏见，并没有任何的科学根据。事实上外向与内向各具优势。在需要对外部环境变化作出迅速而准确反应的行业中，比如推销员，外向性格的确具有优势；但是在需要对人内心变化有敏锐洞察力的行业中，比如文艺创作，内向性格就会具有一定的优势。《哈利·波特》的作者J.K.罗琳就是内向性格成功的典范。所以说性格并没有好坏之分，而是要在了解自己的性格之后让自己的性格发挥最大的作用。

另外，健康的心灵状态要求个人内心与外在世界达到和谐统一。因此，内向的人要适当地关注外部世界，多多练习如何与他人相处；而外向的人也应该通过阅读、写作等方式，练习深入了解自己的内心世界，增强对他人和自己情绪的感受能力

测一测：确定孩子的"型号"

请完成下面的测试，了解一下孩子属于哪种人格？在符合孩子日常行为的（）内打"√"。

测试1

（ ）有很多朋友
（ ）身体强壮有信心，精力旺盛
（ ）无论在哪里都喜欢做领导者，是个"孩子王"
（ ）经常轻视朋友的意见或者跟别人发生争执
（ ）把好朋友当作自己人，努力保护他们
（ ）不喜欢服从别人
（ ）勇敢，喜欢冒险
（ ）有时候固执己见，会顶撞父母和老师
（ ）看到慢条斯理的人，就会焦急烦躁，不能忍耐
（ ）发脾气的时候行为过激，不过脾气来得快去得也快
（ ）雷厉风行，敢作敢为
（ ）对前辈谦逊有礼，毕恭毕敬
（ ）坦诚率真，但是偶尔也有脆弱的一面
（ ）做自己喜欢的事情时干劲十足，埋头钻研
（ ）独立意识强，但是会尽力孝顺父母

"√"的个数（ ）

测试2

（ ）温顺听话，做事让父母放心
（ ）喜欢父母拥抱自己或是类似的身体接触
（ ）家人或者朋友吵架的时候会感到郁闷，并且会刻意回避
（ ）在学校里受了伤也不告诉父母，这类现象很多
（ ）遇到选择性的问题，倾向于把决定权交给朋友或者长辈
（ ）不擅长整理物品，一些杂七杂八的东西不会及时清理
（ ）购物的时候，挑选必需品需要很长时间
（ ）必须要做的事情拖拖拉拉，开始之前浪费很多时间
（ ）喜欢在家无所事事，或者是用电视、电脑打发时间
（ ）考试的时候漫不经心，填写答案草草了事，知道的问题也会出错
（ ）平时做事不紧不慢，但是一旦开始就不会放弃
（ ）受到训斥或者被强制做什么事情，就会固执己见或者什么都不做
（ ）在他人面前言行不够自然大方
（ ）害怕电影电视中的暴力场面
（ ）乐观开朗，游戏的时候不计较输赢，而是享受游戏本身带来的快乐

"√"的个数（ ）

测试3

（ ）能够自己把房间或者书桌整理得干干净净
（ ）在学校和家里喜欢包揽事情
（ ）眼疾手快，不需要父母催促就可以把事情做得井井有条
（ ）责任心强，无论担任什么角色，都能做到尽善尽美
（ ）喜欢忙碌的生活节奏
（ ）喜欢装作了解他人，并且有干涉他人的倾向
（ ）心里很在意别人对自己的看法，担心受到批评或者指责
（ ）发完脾气不容易恢复
（ ）生气的时候过分激动，时常自己怄气
（ ）富有正义感，思考问题比较理想化，希望能改善不良的现状
（ ）认真，不喜欢开玩笑
（ ）有毅力去改正自己的缺点
（ ）对待别人总有一种颐指气使的倾向
（ ）当朋友不遵守纪律的时候，总是气愤地进行批评
（ ）回家后立刻做作业，做完才肯放松

"√"的个数（ ）

测试4

（ ）心灵脆弱，容易受伤害
（ ）不擅长向别人提要求
（ ）善解人意，即使对方不说出来，也能领悟别人的意思

（ ）表现活泼开朗，但是通常是为了博得别人的好感
（ ）喜欢朋友依赖自己
（ ）讲义气，总是把自己和朋友的关系放在第一位
（ ）和朋友吵架，会主动求和，希望恢复和对方的友谊
（ ）在意别人对自己的评价
（ ）如果父母喜欢其他孩子，嫉妒心会表现得很明显
（ ）十分在意朋友喜欢的话题以及别人说话的语气
（ ）总是设身处地地为别人着想而不考虑自己
（ ）怜悯身处困境的人，希望自己可以帮助他们
（ ）排斥暴力镜头，悲剧故事或者残酷的新闻报道
（ ）希望得到父母的爱，并为此不断努力
（ ）喜欢把自己的玩具和食物与朋友一起分享
"√"的个数（ ）

测试5

（ ）踊跃参加学校活动，并发挥主导作用
（ ）学习刻苦，希望得到长辈的宠爱和夸奖
（ ）活泼开朗，才华横溢
（ ）责任心强，分内之事都做到善始善终
（ ）有很强的求胜心，希望自己任何事情都能做到最好
（ ）喜欢一马当先
（ ）喜欢将自己最好的一面展示给别人，并且为此大费心思，甚至可能会假装
（ ）喜欢树立目标，并且能为此奋斗
（ ）对于"开心"、"悲伤"这样的情感表达无动于衷
（ ）喜欢把自己过失产生的错误转嫁到别人身上
（ ）即使忙得不可开交，也会表现得朝气蓬勃，充满自信
（ ）随机应变能力强，做事效率高
（ ）追求时尚，想法很现实
（ ）注重着装，出门总要精心打扮
（ ）认为只要能达到目的，说说谎话也无妨
"√"的个数（ ）

测试6

（ ）认生，容易被外界环境左右
（ ）情感脆弱细腻，有较强的感受性
（ ）想象力丰富，喜欢创新
（ ）喜欢安静，不喜欢有规律地做事情
（ ）对故事、电影等感性的东西感兴趣
（ ）不喜欢和朋友千篇一律，希望自己与众不同
（ ）对物品十分挑剔，喜欢收集美丽的饰物
（ ）善于察言观色，乐于帮助别人

（　）性格内向，在他人面前表现得充满活力

（　）刻意表现得端庄大方，温文尔雅

（　）羡慕朋友们的优点

（　）如果认为父母误解了自己，就会拒绝一切表示反抗

（　）对死亡和悲剧性的事物感兴趣

（　）对批评敏感，会因为琐碎小事伤心

（　）喜欢读名人传记，或者那些理想化的英雄和人物的故事

"√"的个数（　）

测试7

（　）不喜欢引人注目

（　）不喜欢集体活动

（　）不喜欢别人动自己的东西

（　）喜欢自己玩

（　）对社会准则不关心

（　）不随便丢弃东西，而是储存起来

（　）探究自己感兴趣的领域时，能够长时间地陶醉其中

（　）对理论感兴趣，喜欢搜集信息

（　）朋友不多，只喜欢与自己的好友安静交谈

（　）遇到不理解的问题，有"打破沙锅问到底"的习惯

（　）话少安静，但是别人咨询意见的时候，答案清晰明确

（　）喜欢简洁有条理的对话

（　）深沉，即使是自己很渴望的东西也不会缠着父母为自己买

（　）以倾听为主，喜欢像旁观者一样观察

（　）表情单一，很多时候别人不知道他在想什么

"√"的个数（　）

测试8

（　）典型的好学生，深得老师和朋友的信任

（　）做事小心翼翼，过于谨慎

（　）神经敏感，总是为一些琐事烦恼

（　）喜欢和朋友成群结队

（　）害怕自己被朋友疏远排斥

（　）对父母百依百顺

（　）富有同情心，同情弱者和有困难的人

（　）可能会在背后抱怨或嘲讽朋友

（　）胆小，容易受到惊吓

（　）经常会有无谓的担心

（　）性情多变，有时候本来有说有笑，忽然就会发脾气

（　）害怕受斥责，做事小心谨慎以防出错

（　）关心学校的事情，严格遵守各项制度和规则

（　）遵守时间和秩序
（　）优柔寡断，但是一旦下定决心就会坚持不懈
"√"的个数（　）

测试9

（　）乐观向上，活泼开朗
（　）对待任何事情都漫不经心，喜欢恶作剧
（　）朋友成群，喜欢和朋友在一起
（　）拿到零花钱马上就会花光
（　）在言行上看起来比同龄人要成熟
（　）有明星意识和自我陶醉的倾向
（　）喜欢用玩笑来让朋友愉快
（　）常常向长辈撒娇
（　）好动，忍受不了无聊的事情
（　）如果得不到喜欢的东西就无法忍受
（　）无论做什么都很自信，做事情速度快
（　）即使受到训斥也会很快忘记
（　）做事虎头蛇尾，缺乏毅力和耐心
（　）对新事物很快就感到腻烦
（　）好奇心强，一日多餐
"√"的个数（　）

如果测试1"√"的个数最多——领袖型孩子
如果测试2"√"的个数最多——和平型孩子
如果测试3"√"的个数最多——完美型孩子
如果测试4"√"的个数最多——助人型孩子
如果测试5"√"的个数最多——成就型孩子
如果测试6"√"的个数最多——浪漫型孩子
如果测试7"√"的个数最多——思考型孩子
如果测试8"√"的个数最多——怀疑型孩子
如果测试9"√"的个数最多——活跃型孩子

"富有正义感的超人"——领袖型孩子

人格特点：雄心勃勃，控制欲强

王宁提起自己的儿子总是一副哭笑不得的表情，因为儿子虽然年纪不大，但是已经是街巷里有名的"大人物"了。这个孩子从小就身强力壮，信心十足，有很多小朋友跟着他，是名副其实的"孩子王"，在所有的玩伴中都是"他说了算"，否则就会以一种很强势的态度压制对方，或者干脆不让对方加入到他们的团队中。他还有一种"路见不平拔刀相助"的大侠风范，和别的小朋友一起玩的时候，如果有大一点的孩子欺负小一

点的孩子，他一定会挺身而出去"主持正义"，而且爆发出来的力量往往能把那些大孩子吓得乖乖听话。

这个孩子的身上体现出了领袖型孩子的典型特征——不拘小节，敢作敢为，喜欢替别人做主和指挥别人，不喜欢受人支配或控制，个性冲动率直，被别人触怒会立即反击，不易服输，不愿求人。

领袖型的孩子很容易让家长头疼，他们是典型的"小霸王"，做事有些独断专行，雄心勃勃，总是想支配别人，完全不受家长的控制。领袖型孩子的体内似乎充满了能量，必须时时刻刻地尽情释放才能让他们心情平静，所以见到领袖型孩子的时候会发现他们常常是大喊大叫的，说话的时候总是喜欢用命令式的语气，而且语调坚定。这些孩子的情绪变化非常快，容易翻脸，所有的情绪都表现在脸上，高兴就高兴，不高兴就不高兴，喜怒哀乐一看便知。

领袖型孩子对权力特别着迷，他们认为只有掌握权力并且能控制整个局面时，才能获得安全感和成就感。为了追求权力，他们永远都是精力充沛的。与他人交往时，领袖型孩子身体里的支配欲会蠢蠢欲动，他们恨不得让周围所有的人都听从自己的指挥。伴随他们这种欲望而来的，往往是严重的自我膨胀，这在人际交往中是非常危险的，会不可避免地与人发生激烈冲突。

只有当他们能够控制整个局面的时候，他们才会感到安全；只有当他们能够反抗别人制定的准则时，他们才会感到自己的力量。领袖型孩子希望他们能同时拥有制定限制和打破限制的权力，这就会令他们的行为出现两极分化——一方面，他们会以非常严格的要求来规范自己和他人做出正确的行为，另一方面他们又会做出那些被禁止的事情，这就很容易招致他人的反感。

领袖型孩子除了喜欢控制别人之外，还充满了正义感，他们眼里的世界总是充斥着各种各样的困难和不公平的事件，他们认为只有通过自己的努力把自己变强，才能保护周围脆弱的人，才能维持世界的公平，并以此来换取别人的尊重。在这种心理机制下，领袖型孩子会产生一种强者的心态，释放出一种凡事都要尽全力的能量，所以他们的身上会散发出一股强而有力的霸气和攻击性。

领袖型孩子坚信凡事都要靠自己，不能依赖他人，但另一方面却希望所有人都依赖他们。如果发现某些人身上有自己看不过去的行为习惯，或是做了什么他们认为有失公平的事情，他们就会毫不留情地指出来，完全不考虑具体的情况和周围的环境，也很少去考虑别人的感受。他们最希望看到的就是对方低头认错接受他们教育的状况，然而现实情况往往并非如此，长此以往，这类孩子那种坚强自信的个性会在别人眼里演变为张扬跋扈与自高自大，让所有人都远离他。

性格枷锁：性情暴躁，独断专行

领袖型孩子对权力的追逐，来自他们固有的价值观：只有掌握权力，自己才能变得强大，才能保护自己和别人，才能维护世界的和平正义，才能获得尊重。孩子在这种观念下的指导下，为了追逐权力充满了斗志，为人强悍，性格暴躁，虽然刚正不阿但是又独断专行，时时刻刻都表现出一种强大的控制欲望。当他面前出现了阻碍自己完成目标的问题时，或者当他们发现无论自己多么努力都不能伸张正义时，他们就会像愤怒的狮子一样暴躁，最后令自己疲倦不已，别人纷纷躲避。这种暴躁的性格和独断专行的行事风格是领袖型孩子最沉重的性格枷锁。

这些孩子总是给人一种高高在上的距离感，再加上说话总是粗声粗气的，不知道根据场合给别人留情面。很多领袖型孩子都有过与人发生冲突的经历，而且他们的角色永远是欺负别人的那个，他们的这种个性让很多不熟悉的人很害怕和他们相处，甚至都不敢跟他们接近。

苏苏的能力很强，从小的时候就是小伙伴中的"小领导"，上了小学之后也是一直奋力争取班干部的职位。她看起来非常享受那种可以领导别人的感觉，喜欢把所有的权力握在自己手里，但却有些独断，不给他人留说话的余地。例如，每次和班里同学召开班级会议时，她只要听到有人提出不同于她的想法，就立即打断对方，绝不允许对方再说下去；和朋友一起玩也是如此，每次她都要拿主意，很少关心朋友的想法。在周围的同学朋友的眼里，她是个很强势也很霸道的女孩。

天生的领袖气质造就了领袖型孩子的领导潜能，这类型的男孩从小就有着超前于年龄的霸气和男子汉气魄，女孩在这一点上也不输于男孩。这些孩子天生就喜欢权力和控制，既会受到自身欲望的驱使去追逐权力，也会运用自己的权力去帮助自己和他人。

领袖型孩子在集体中很容易被大家视为英雄人物，因为他们往往极具号召力，能让人激情澎湃，但是他们不一定懂得尊重别人。他们总爱把自己摆在很高的位置上，这就很容易使他们产生"高处不胜寒"的感觉，这对他们人际关系的建立是很不利的，所以也会在某种程度上对他们今后长远的发展造成一定阻碍。

此外，领袖型孩子对权力的过分关注，很容易给周围的人带来莫名的压力，而且总是认为自己心中的真相就是客观事实，一旦认定了自己的观点，他们会摒弃一切反对意见，任何的意见或者建议都会成为他们攻击的目标。这种固执的个性让别人不愿意去接近他，更不要说对他提出合理的建议了，所以领袖型孩子很容易因为这种个性失去获得有效建议的机会，这会减慢他们成长的速度。

在领袖型孩子的世界里，他们坚信"要么满载而归，要么满盘皆输"，非此即彼，在他们的世界里没有灰色的中间地带。要解开孩子的心结，首先要让他们学会用心观察和体验生活，学会分享，学会发现世界中的真善美，而不要让他们只关注世界上的不公平。领袖型孩子具有很强的责任心，坚强的意志，还有不怕困难的精神，所以这类孩子如果能够得到很好的引导和协调，他们在今后的成长过程中会脱颖而出，成为优秀的领导者。

开锁密码："做事要雷厉风行，不要目中无人"

领袖型孩子喜欢那种高度投入、充满能量的活动状态，他们做事几乎都是依循自己的冲动进行的，而很少去考虑自己的动机。正是因为如此，相对其他类型的孩子来说，领袖型孩子是不受约束的，他们能够迅速地把大量精力投入到自己安排的活动中，一旦欲望出现就会很快付诸行动。这种雷厉风行的做事风格，能够让健康状态下的领袖型孩子在第一时间抓住最好的发展机会，以最好的状态展现个人能力，并且在行动过程中进一步提升自己的综合实力和个人影响力。

但是因为他们过度追求权力，并且受到强烈的控制欲的影响，他们有时候会表现得目中无人。其实领袖型孩子通常能够找到切实可行的方法来减轻别人的麻烦或者心理压力，如果能够克服人际交往中的障碍，他们具有可以让自己和周围的人生活得更加幸福的潜能，而且极有可能在长大之后在自己的活动领域中作出一番成就。

为了改善领袖型孩子的人际关系，父母应该帮助领袖型的孩子更好地适应生活。首先要教会孩子基本的社交礼节，让他学会使用"谢谢"、"对不起"等礼貌用语。领袖型的孩子总是不拘小节，而且他们总是觉得自己有义务去指导、纠正他人，所以他们很少会对别人说"对不起"、"谢谢"之类的话。这时候父母要有意识地通过言传身教，让他们懂得在社会交往中礼节的重要性，尤其是要懂得怎样对别人表示感谢。

领袖型孩子常常会因为心直口快得罪别人，所以父母应该将训练孩子说话技巧作为改变孩子的重点工作来做。当孩子说出不合时宜的话时，父母要告诉他这么说话会让别人感觉不舒服或者是难堪，但是必须要肯定孩子的初衷，随后再告诉孩子同样的意思换另外一种方式表达出来就会更容易被别人接受。如果父母能够长期这样做的话，就可以让孩子在不知不觉中接受你的建议，改变自己的行为方式。

很多集体中的"小领导"、"小干部"都有过这种困惑："为什么我做的一切都是为了同学好，但他们却都离我远远的"，其实这都是因为他们自视甚高。因此，领袖型孩子的家长就要有意识地引导孩子放低姿态，让他们懂得亲和力的价值。在领袖型孩子的眼里，帮助他人就是对弱者的施舍。所以在面对请求他们帮助的人的时候难免会表现出一种高高在上的感觉。为了能够让他们理解亲和力的价值，父母要仔细观察他们的言谈举止，在他们亲切友好的时候，要及时提出表扬，时间长了，爱的种子就会在他们的心里生根发芽，当他们带着爱心来理解和帮助别人的时候，自己也会找到心灵的平静，脾气也不会那么暴躁了。

领袖型孩子倾向于高估自己的力量，觉得自己很重要，并希望借此来使别人对自己心生畏惧，迫使别人服从。当他们所希望的与现实情况不一致时，就很容易大发雷霆，因此训练这类孩子控制情绪的能力也是很重要的。例如可以让他们在每次将要发脾气时先冷静三分钟思考一下有没有必要、值得不值得发脾气等，引导他们正确面对问题并且正确认识自己的能力，还可以教他们一些客观评价自己的方法，防止他们陷入极端的情绪中。同时要让孩子知道，如果一定要和别人较量，一定要先看清形势，有时候用妥协和对话的方式也可以解决问题，而不一定要大吵大闹甚至是大打出手。

培养技巧：提高孩子情商，让他淡化追逐权力

领袖型孩子性格中最大的枷锁就是对权力的追逐和控制别人的倾向，他们喜欢领导者的位置，希望能够用自己的能力来控制局势，希望能够战胜其他强劲的竞争者。所以，从童年开始，他们的生活就充满了斗争。一旦感到自己失去了控制能力，他们就会感到厌烦和枯燥，或是感到身体里过剩的能量在不断冲击着，急需发泄。这种情况下，领袖型孩子很容易不断制造麻烦，他们经常通过与人打架、干扰别人的生活，或者是小题大做、无理取闹来散发体内过多的能量，此时他们变得非常不受控制，在惹怒他人的同时也把自己推向了负面情绪的深渊。

领袖型孩子的外在能力和行动力是不容置疑，也是不需要家长担心的，最需要家长关注的是他们内在个性特质的发展过程，重点培养的也是内在品质。很多领袖型的成年人因为喜欢冒险，大多有过大起大落的经历，出现这种大起大落主要是因为他们情商不高。如果他们的情商能够有所提高的话，那么领袖型孩子的发展会很顺畅。因此，领袖型孩子的家长要从小时候就着重培养他的情商，锻炼他们与别人的沟通能力、合作能力、倾听能力以及情绪的自控能力等等，为他们的成长和今后的发展奠定坚实的内在根基。

要提高领袖型孩子的情商，父母可以试着这样做：

1. 教给孩子如何平息怒气

让孩子懂得和平的价值，告诉他武力有时候并不能解决任何问题。告诉他在情绪激动的时候可以选择离开让他生气的地方、深呼吸几次或者在心里默默地数数。另外孩子成功地平息怒气的时候，家长要及时夸奖他，强化他避免正面冲突的心理。

2. 让孩子自由地展现内心柔弱的一面

领袖型的孩子虽然外表强悍，但是他们却有一颗婴儿般柔弱的心，充满爱也容易受伤。但是他们认为展现这样的一面是软弱的表现，所以总是把这一面隐藏起来，只有在信任的人面前才会表现出真实的自己。所以父母在他们表现出脆弱或者亲密的时候，父母要有意地去迎合，并且要告诉孩子这一丝的脆弱并不会影响他的形象，相反，只有勇于表现自己情感柔弱面的才是真正的强者。另外要注意的是，这类型的孩子只在自己信任的人面前才会表现出这样的一面，所以父母与孩子平时相处时要真诚、率直，如果父母遮遮掩掩或不遵守约定，很容易使孩子产生背叛的感觉。

3. 使孩子养成有规律的生活习惯

领袖型的孩子很难坚持做某件事情，他们为了转换心情，可能会暴饮暴食或者彻夜专注于某件事情，所以父母要引导他们养成良好的生活习惯。父母可以与孩子制定相关的生活准则，并引导他们持之以恒地遵守，不要中途放弃。因为领袖型的孩子有破坏规则的倾向，所以父母要让他们切身体会到规则的重要性。

4. 父母可以为孩子安排一些可以抑制兴奋情绪的活动

白天，尽可能地为孩子提供玩耍、奔跑的自由空间。傍晚或者临睡前，为他安排一些可以平静心情的游戏，比如沐浴、冥想或者读书等。如果到了时间孩子仍然没有睡意，可以让他继续玩一会儿，直到消除他的兴奋感。

5. 培养孩子的团队合作精神和爱心

为了培养孩子的合作精神，可以让孩子多参加一些团体活动，比如足球、篮球等，这时候他们会知道团队合作的重要性，要取得最后的胜利，不完全在于自己，而在于团队合作。平时也可以让孩子养养小动物或者植物，让他体会到照顾别人的快乐。对待领袖型孩子，父母千万不能说出"软弱是无能的表现，不能轻易相信别人"这样的话。

此外，色彩也可以帮助领袖型孩子抑制暴躁的性格，父母应该让他们多接近柔和的色调和天然色调，他的房间最好以象牙色或者米黄色系列为主色调，孩子穿的衣服也尽量不要选过于艳丽的颜色，应该多穿一些代表温和、稳重的灰色服饰。

"与世无争的世外高人"——和平型孩子

人格特点：温和友善，自得其乐

小静是个"没脾气"的女孩，好像从小就没有什么事情能惹她生气。她特别喜欢洋娃娃，但是妈妈带着她到商店去挑选洋娃娃的时候，她又不知道选哪个，总是眨着眼睛看着妈妈说："妈妈，我不知道哪个娃娃好看，你帮我挑！"有的时候，她有些愿望妈妈没有满足她，她会显得很不高兴，但是一转念就会忘了，好像什么事情都没有发生过一样继续做自己的事。如果别人有什么事情想要询问她的意见，她永远都是挂着一副茫然的表情回答说"我不知道"。

小静就是一个典型的和平型孩子——温和友善，很少发脾气，非常能忍耐，很少记得不快乐的事情，害怕做决定，害怕与人冲突，容易妥协，不善表达自己的意见，优柔寡断，能够很好地配合他人。

和平型孩子心地善良，性情温和，是别人眼中的"乖宝宝"。他们的情绪通常不会有太大的起伏，他们害怕冲突，最希望的就是维持当下的现状永远不要出现变化。在这九种人格中，和平型孩子的欲望是最低的，他们追求的是内心的平静，所以他们的愿望也是最容易达成的。这类孩子认为，只要自己的内心是平静的、生活是安稳的，那么其他一切都不重要。因此，他们总是一副无欲无求的样子，做起事来也是不紧不慢的，给人的整体感觉有点闷。

他们不喜欢把内心的情感展现出来，向往生活在一个无忧无虑的世界，害怕与别人发生纠纷，所以总是委曲求全，常常迁就长辈和朋友。即使面对自己不情愿的事情也会点头称是，所以他们总是接受别人的建议，常常无法提出自己的主张。

和平型孩子心态平和，不会给别人带来压力，而且朋友有困难的时候会主动伸出援手，所以朋友很多，但是他们不会主动与别人结交，而是等着别人来接近他们。虽然朋友看起来很多，但是真正亲密无间的朋友往往只有少数几个。他们善于倾听朋友的心事和苦恼，从来不会把自己的想法强加给别人，能够急他人之所急，想他人之所想，所以和平型孩子的人际关系通常很好。

和平型孩子说话时语气很平淡，语速慢且声音低沉，他们的言语间极少表现出他们的情感变化，最喜欢说的话就是"随便"和"无所谓"。此外他们的表情大多数时候也不会有太大变化，和平型的男孩不喜欢笑，也懒得笑，常常面无表情；但是和平型的女孩笑起来非常甜美，招人喜欢。

和平型的孩子害怕变动，懒得思考，是一类贪图安逸、懒惰消极的孩子，他们认为一切如常、不用思考是最好的。他们在学习上不喜欢用功，总是怀着"顺其自然"的心态。"事情总会解决的""总会有人帮我的"，和平型的孩子总是会这样自我安慰。

和平型的孩子追求的是与整个外部世界的融洽，他们认为只有这样才是对的，才有安全的保障，所以他们极少把注意力放在自己身上，总是花费大部分的时间关注外部环境，并通过妥协和忘记自己的真实想法和情感来达成与外界的匹配。他们觉得自己的存在、付出并不重要，重要的是整体上的那种归属感和舒适的感觉。也正是由于这个原因，和平型的孩子很容易受到外界环境的影响，所以身上可能会具备所有人格类型的特点。由于生长环境的不同，有些和平型孩子可能会变得温柔敦厚，有的则可能成长为独立刚强的人。

性格枷锁：内心胆怯，害怕冲突

和平型孩子认为只要自己乖乖地，就会赢得父母和周围其他人的喜爱，就能获得恬静愉悦的生活。在他们的想法中，他们觉得只有把自己塑造成一个与人为善的形象，与别人融为一体，才能保证和谐、无忧无虑的生活，生活中的宁静才能不被任何突发事件干扰，所以他们很害怕因为自己的想法不同而引发冲突，更担心因此失去他人的关爱，所以他们总是放弃自己的想法，关注别人的反应，顺应别人的要求，让自己的行为符合既有的模式，以"我不想受到影响"的心态来缓解自己的压抑，不断降低自己的需要，这些特点都很容易让和平型孩子丧失追求自我成长的动力，这也是他们未来发展的很大障碍。

和平型孩子喜欢简单、安静、日复一日的生活，他们的情绪通常很稳定，也很能包容别人，能给人带来很好的安慰。不过，由于他们习惯将别人的感受和目标当作是自己的，并且以此来寻求一种平衡和和谐，所以在他们的世界里几乎不存在自己要为之奋斗的目标。为了迎合他人的感受和目标，他们会不降低自我需求，渐渐地，自我意识就会慢慢消失。对于一个处于成长期的孩子来说，自我意识的发展程度与他未来的心理成熟程度和心理水平有密切的关系，所以这种一贯怠惰的模式如果不加调整的话，就会对孩子将来的发展产生不可逆的影响。

一旦自我意识消失，他们就会习惯性地放弃思考，不知道自己的真正需要，不会设定自己的目标，也不会做出决定自己未来的选择等等。懒得进行思考，盲目跟随别人的意见是和平型孩子的最大特点，他们总是摆出一副什么都无所谓的架势，时间久了，周围的人可能也会渐渐淡忘了他的存在，更不用提顾及他们的感受了，所以和平型孩子害怕冲突的这种个性也不利于他们与别人建立坚实的关系和亲密的友谊。

和平型的孩子是出了名的不愿面对困难，对于自己不能实现或难以突破的东西都采取逃避的态度。和平型孩子经常强调别人处境的优势，并以此来作为摆脱自己困境的借口。如果有人对他说"如果你努力一点肯定比现在的成绩好，你看某某同学就因为努力取得了很好的成绩……"这时候和平型的孩子一定会回答说"某某比我聪明，所以肯定比我学得好"。在家长和其他人看来，他只要努力一点，就能做得更好，但是孩子自己则往往会想"只要保持平和就够了，做得那么好有什么用呢"。其实，和平型孩子很多时候就是被这种"无所谓"的态度困住了自己的发展潜能。

对于很容易就受到他人情感影响的和平型孩子来说，说"不"也是一件相当困难的事情，对别人说"不"就像自己遭到拒绝一样难受。他们更愿意对他人点头，同意他人的观点，而不是公开表达自己的反对意见，因为他们很害怕因为自己的不同声音而导致不和谐或冲突的出现。

虽然和平型孩子习惯于配合和服从，不轻易发脾气，只会无声地反抗，但他们也有不愿认同的时候，如果他们心底反对的声音积累到一定程度，愤怒达到顶峰，这时候他们的情绪如果直接发泄出来的话，就会火山爆发一样的效果，无论别人怎么劝都无济于事，这会让周围那些已经习惯和平型孩子温柔平静性格的人们大吃一惊。

开锁密码："宝贝，你是怎么想的"

丹丹是科学兴趣小组的成员。每次小组成员跟老师一起讨论实验步骤的时候，丹丹总是不说话，等到其他人都说完之后，她才在老师的催促下慢悠悠地说出自己的想法。有时候，当她说完自己的想法，有同学提出异议，她就会马上说："是啊，我也觉得我的想法有问题，你说得对！"

丹丹是一个典型的和平型孩子，这种孩子总是给人一种毫无主见、容易妥协的印象。如果让他和其他人一起发表意见，他一定是最后一个说话的，而且通常是对别人的肯定。如果他偶然提出了不同的意见，也总是底气不足，只要有人稍有疑问，他就会马上妥协。

其实这是和平型孩子一贯的思维模式决定的。他们习惯于凡事都站在他人的立场去思考，以至于忘了自己的观点。因为只有当他和别人表示一致时，才会觉得自己所做的行为是符合维持外界和平宁静的需要的。出于这种行为思考模式和价值观，和平型孩子很小的时候就有从不同角度理解不同的人的心理的能力，他能够理解不同立场的出发点，因此他的随声附和可以说是建立在理解的基础之上。此外，这些孩子很害怕发生冲突，当周围的人出现对立的情况时，他们会感到左右为难，甚至会害怕因此破坏自己平静的内心，因此他们总是迫不及待地想要通过自己的妥协来避免冲突，保持周围环境和自己内心的平静。

如果爸爸妈妈就和平型孩子应不应先写作业的问题进行讨论，双方各执一词，互不相让。爸爸说可以先玩一会儿再写作业，妈妈则坚持说小孩子必须要有良好的习惯并且要建立规律的作息时间。这个时候如果爸爸先和孩子说"你没有必要一定要先写作业，先休息一会儿也可以"，那么这类孩子会说"我也觉得是"；如果紧接着妈妈又对他说"小孩一定要养成先写作业的好习惯"，那么孩子就极有可能又掉过头来附和妈妈："老师也说应该先写作业。"不仅在家如此，和平型孩子在外也会经常附和别人的意见，哪怕这些意见原本就是相互矛盾的。看到孩子这种情况，很多家长都为孩子没有主见而发愁，担心这样的孩子以后在复杂的社会上无法立足。

那么父母可以做些什么来帮助和平型的孩子更好地适应社会呢？

1. 让孩子表达自己的意见，让他们学会说"不"

和平型孩子虽然外表看起来很容易得到满足，但是内心总是觉得别人对自己漠不关心，所以很少表达真实的意愿，父母应该教会孩子堂堂正正地表达自己的意见和要求。从发展心理学上来看，人类所学的第一个抽象概念就是用"摇头"来表示"不"，这个动作是自我概念的起步，它不仅代表着拒绝，也代表着选择，而每个孩子都是在通过选择来形成自我、界定自我的。所以和平型孩子的家长有必要教会孩子如何拒绝他人，如何对别人说"不"，家长不妨为孩子做一个生动的亲身示范，教会他们用得体的方式拒绝他人。

2. 让孩子学会选择，并为自己的选择负责

从日常生活中的小事开始，让孩子学会自己选择和决定，比如今天要穿什么鞋子去上学，在商店想买哪个布娃娃。孩子开始的时候可能不知道怎么选择，但是为了孩子的未来，父母要有耐心，直到他们学会选择为止。此外父母也不要过于保护孩子或者替孩子承担责任，如果孩子受到了朋友的影响做了错事，要询问孩子遇到的状况，随后鼓励他们为自己的行为负责。

总之，作为和平型孩子的家长，应该有意识地去问孩子："宝贝，你是怎么想的？"并且要直接地告诉孩子，爸爸妈妈需要他的意见，此时孩子就会把表达自己的意见当作维持内心和环境和谐的需要，也就自然而然地能表露心声了。此外，当他说出自己的想法时要及时给予肯定。对于和平型孩子来说，得到家长的肯定是最有力的鼓励和最高层次的赞誉。

培养技巧：激发孩子斗志，让他勇敢接受竞争

在父母爱的怀抱中长大的孩子大多数为和平型，他们和父母之间没有矛盾，父母也会尽量满足他的要求。而且这样的家庭中，大多夫妻感情和睦。即使父母之间感情不和，给孩子的爱却是足够的，这样家庭中生长的孩子也会成长为和平型。这样的孩子性格随和，而且在家里没有感觉过内心的纠结，所以体会不到外部的矛盾。一旦他离开家门，开始上幼儿园和小学的时候，就会经历一些外部环境的纷争，但是面对这些纷争的时候他一般会选择回避。

其实，要改变和平型孩子内心胆怯害怕冲突的缺点，应该从家庭环境开始做一些改变。和平型的孩子大多数性格内向，做事瞻前顾后，没有魄力，这时候就需要给他们一些适当的刺激和活力。爸爸妈妈应该让孩子多接触一些鲜艳的色彩，他们不喜欢灰暗的色调，就把他们放到充满阳光的屋子里。

父母也不要因为孩子是文静的乖宝宝，不出去玩也不会闹脾气就总是把他们关在屋子里。和平型的孩子需要一些能够培养他们积极心态的游戏。可以每天带着孩子去游乐场里玩耍，或者根据他们的能力让他们参加一些他们一定能完成的活动，培养他们的自信心。但是家长要注意的是，虽然要让孩子适应竞争的环境，但是不可操之过急，不要一开始就让和平型孩子参加激烈的竞争性活动，比如跆拳道等，这会让他们对户外活动产生反感。

另外，父母要利用好大自然这个天然教室。和平型的孩子天生对大自然有一种亲近感，因为大自然中没有那么多的纷纷扰扰，可以让他们心境平和，并且寻找到一种安全感。父母应该经常带着他到郊外尽兴地游玩，释放他全部的活力。另外要注意的是，到了郊外不要频繁更换活动地点。

为了让孩子有勇气战胜困难，首先要鼓励孩子勇敢地面对困难，而不是一见有困难就退缩逃避。不过值得注意的是，当和平型孩子面临困境的时候，仅仅是简单地告诉他"逃避不是解决问题的方式"或者只是一味安慰他们是起不了任何积极作用的，因为他在心里早已经为自己寻找了足够多的理由并且进行了过度的自我安慰，此时如果父母再安慰他一番，那就会让孩子以后面对困难的时候更加消极。那么父母怎样做才能更好地鼓励孩子面对困难呢？最好的方法是跟孩子一起把需要面对的问题摆上台面，并给他足够的时间来正面审视这个问题，然后和他一起找出问题的原因所在。当然，在这一过程中，家长要时刻提醒自己孩子才是主角，家长要做的是引导孩子认识到问题产生的原因，而不是一股脑把问题的根源和解决方案直接灌输给孩子。因为找出一个解决困难的办法只是这个过程的次要目的，最主要的目的是让孩子完成一次主动思考的过程，让他学会摆脱事事都让别人拿主意的依赖性。

用简单的刺激方法是很难激发和平型孩子的斗志的。比如有的家长可能会用其他孩子的例子来对比和平型孩子是多么的不思进取，但是他一定会找出一个很合理的理由来继续逃避问题。其实激起和平型孩子斗志的最好方法是给他足够的时间，鼓励他说出内心的想法和想做的事情，并真诚地表示支持，而后给孩子充裕的时间去制定整个计划。当他确定了行动计划之后，父母要向他传达"爸爸妈妈希望你能完成它"的信号，以此来鼓足他行动的勇气。并且在他的行动过程中，还要随时随地地提供鼓励，做孩子坚强有力的精神后盾。

"注重细节的小监察员"——完美型孩子

人格特点：责任心强，乖巧听话

然然是个优秀的女孩，在学校里成绩优异，也担任着学生干部，是个名副其实的模范生。她在家里懂事听话，爸爸妈妈要求她做的事情，她全都能做得井井有条，即使有时候对父母的要求有些不满，但是她最终还是会把这些不满压在心里，因为在她的心中，父母的要求时自己应当遵循的习惯，对父母的反抗和抱怨是错误的，是不可以的。

虽然然然很优秀，但是她的父母有时候还会有些担心。因为这个孩子把规矩看得过重。比如在学校里，一旦发现有同学违反记录或者出现失误，她马上就会对那个同学大发雷霆，不留余地地批评。这样做的结果就是然然俨然成了同龄人中的"小老师"，虽然是为了同学好，但是也不免引起别人的反感。

然然是一个具有完美型人格的典型特征——这类孩子心中有一个崇高的道德标准，要求自己严守纪律，严格按照长辈所教导的方式做事，有人做了不正确的事情就应当被制止。

完美型的孩子有较高的自我要求和期待，希望自己的一举一动都无可挑剔。他们通常会强迫自己服从大人的行为标准，将长辈的期待看作是一条行为准绳。他们永远像个懂事的"小大人"，凡事都力求做到尽善尽美，眼里揉不得半点沙子，并且不允许自己做出任性的孩子气行为。他们对同龄孩子的游戏也不感兴趣，也不太合群，如果有弟弟妹妹，他们通常会扮演父母的角色，因此他们的心理年龄常常比实际年龄成熟。

他们无论做任何事，都有自己的一套标准和原则，并且这一标准和原则多数是建立在父母所要求的基础上的。他们对规矩特别敏感，不允许自己做出任何越轨的行为，并且也看不惯别人不守规矩的行为。在他们的眼里，规矩高于一切，当自己的某些想法或情绪与心中的规矩发生冲突时，他们会想尽一切办法拼命压抑住它们，否则便会陷入强烈的自我批判中，甚至会做出某些自我惩罚的行为。

同时，他们无形中也要求其他人能够像自己一样守规矩，所以常常担任"批判者"或者"老师"的角色，批评不守纪律的同学，自以为是。如果看到其他孩子冒冒失失、调皮捣蛋，他们会从心里觉得那些孩子都不是好孩子。

完美型的孩子极具责任感，不管在哪里负责什么样的工作，他们都会速战速决，但是因为任何事情都追求完美，所以往往会用掉很多时间。但是当有些事情付出了努力仍然没有成效的时候，他们就会失去面对困难的勇气，倾向于放弃；一旦有些事情不适合自己就会停止，不会再去挑战第二次；面对自己不擅长的领域，他们会畏首畏尾，不敢轻易尝试；如果他们觉得某一件事自己做不到完美，达不到极致，从一开始他们就不愿意去尝试这种事情。

对于完美型的孩子来说，最大的痛苦来自别人的批评。因为他们骨子里对正确的追求是永无止境的，所以一旦事情没有达到自己的预期，他们就会进行严厉的自我批评，如果在这个时候又遭到别人的批评，那无异于火上浇油，这样完美型的孩子就会陷入深深的自责中不能自拔，这对他们的心理健康是非常有害的。

此外，完美型孩子处事客观，克制力强，所以过分的紧迫感和责任感让他们时时处于紧张状态，很难像其他的孩子那样天真烂漫。

完美型孩子总是努力按照师长的要求来做，并希望以此来换取父母的爱。在他们的潜意识中，只有事事做到最好，别人才能喜欢自己，所以长辈要经常夸奖孩子，千万不要对他们说："失误是不对的，是不允许的！"这会让孩子在无形中钻入完美主义的牛角尖，不会变通。

性格枷锁：规矩高于一切，过于追求完美

完美型孩子从很小的时候，就是个"小大人"。例如在幼儿园里，如果老师对小朋友们说："大家乖啊，把手背在后面坐好。"有的小孩调皮捣蛋，爱搞小动作，但完美型的小孩绝对不会这样做，他会一直背着手乖乖地坐在那里，如果有人不听老师的话，他还会举手向老师报告，提出自己的批评。

完美型孩子的眼里，规矩就是一切，任何破坏规矩的行为都是不允许的，所以他们也时刻审视着自己以及周围的人和事是否符合自己的标准，加上过于追求完美极致的个性，使他们时刻处于一种紧张的状态中。

一个完美主义者曾经这样描述自己小时候的状态：

我是个很认真的人。上小学的时候，做了功课，老师会要求我们带回家给家长签名，表示看过了。可是如果看到爸爸妈妈的签名是歪的，我就会没来由地想要对自己生气，然后会把整篇作业重新写一遍，让他们重新签名。

但凡完美型孩子"看不过去"的事物，他们都会拿出来品评一番，这是完美主义者的特征之一。完美型成年人每次遇到一件事或是一个人的时候，总是会很自然地拿出他心里那把标尺把眼前的人或事衡量一番，做出比较。如果比较的结果是比较对象符合或超出他的标准，那么完美型人会认为这是"应该"的，并不会因此而说出任何赞美的话或者表现出激动的心情；但是如果所比较的对象没有达到他的标准，那么他会产生强烈的想要批评这个对象的冲动，如果环境允许，他会直截了当地提出批评，甚至会不顾对方的感受，使用非常激烈的言辞。这是完美型人的性格惯性。

同样的，完美型孩子也是个"小批评家"。在很小的时候，他们心里的标准和规矩可能是父母或其他长辈建立的。随着年龄慢慢增长，与同龄人相比，他们会较早制定出自己的一套标准。当身边的家人、学校的同学和老师或者周围的玩伴出现不符合他们标准的行为，或者是有他们看不过去的事情发生时，他们绝对不会容忍，会不留情面地直接指出来。因为他们认为遵守规则是一件理所当然的事情，所以他们批评别人的时候不会有任何感受，也不会留意别人的感受，因此完美型孩子常会给别人留下一种"不近人情、吹毛求疵"的印象。

完美型孩子很少知道自己真正想要从生活中得到什么。因为他们只知道去做正确的事情，却不知道自己想要做的事情。他们总是有不满的感觉，这种不满实际上是长期的恼怒累积形成的，同时易产生不满的现象也说明了这些孩子只是为了满足别人的期望而强迫自己努力行动，而并非发自内心地想要去做这件事情。

其实完美型人格的人很容易陷入这样一种恶性循环中——发现令他们感到不满的状况时，他们会立即陷入一种恼怒的情绪中。但是这种恼怒的情绪很快就转化为一种更深程度的自责，最终他们会把这些没有达到要求的事物的成因归咎于自己，认为是自己不够好才引起了令人不满的结果。即使他们发出怒气,也会因为发怒这件事本身而感到内疚,并为此耿耿于怀很长一段时间,觉得所有的一切都是因为自己还不够好。

所以,在这种心理状况下,完美型孩子很容易陷入一种紧张不安的情绪中,所以父母要关注孩子的情绪变化,教会他们调节情绪,放松自我,寻求一种平和的心境,让孩子健康快乐地长大。

开锁密码:"玩就要玩得酣畅淋漓"

在上小学之前的成长过程中,如果孩子与父亲的关系不是很好,孩子很可能成长为完美型的孩子。

在亚洲的传统家庭中,父亲常常扮演者一个不苟言笑的严肃角色,很少直接向孩子表达爱意。所以东方家庭中的孩子总是有些害怕父亲。这样的家庭中生长的孩子会认为,在父亲面前是不能追逐打闹,调皮放肆的,应该行为端正,如果让父亲失望,后果是很严重的,轻则训斥一番,重的就免不了一场皮肉之苦了。

另外,即使父亲很温柔慈爱,但是由于种种原因不能总是和孩子生活在一起的话,也会让孩子成长为完美型的小孩。这是因为在这些孩子眼里,父亲与一位客人并没有什么两样,他们不会对父亲产生依赖的感觉,也不会对父亲撒娇或者索要一个亲密的拥抱。父子之间的关系产生了距离,这就会让孩子在父亲面前总是紧张,事事小心,希望做到尽善尽美。

为了让孩子学会放松,不要总是被规则捆住手脚,父母应该打造一个有利于完美型孩子成长的生活环境。

首先可以在家里为孩子打造一个能够随心所欲表现自己的私人空间。完美型孩子能把任何事物都整理得有条不紊,他们喜欢事物井井有条,即使是房间有些乱,他们也能清楚地记得什么东西放在什么位置,不喜欢别人进入自己的领地,也不喜欢别人乱碰自己的东西。家长应该尊重孩子的这个性格,并且要专门为他们准备一个抽屉让他们随意摆放自己的东西,即使抽屉再乱,也不要批评他。

另外还要在家里营造一种轻松的气氛。完美型孩子总是处于谨慎或者紧张的状态,所以家长不要用过多的规矩去束缚他,因为他已经为自己设定了很多规矩而且绝不会违反,如果家长再强化规矩这一方面,孩子就更容易陷入过度追求完美的境地。家长们吃饭的时候可以试着先说一些轻松的话题,让孩子慢慢打开话匣子,和孩子愉快地聊聊天,制造一家人的开心时刻。另外,完美型孩子经常排斥幽默和玩笑。其实父母应该引导他学会用幽默和玩笑来提高自己的交际能力,可以向他们推荐一些合适的幽默童话或者漫话等等,让他们放松身心。也可以一家人定期举办"讲笑话大赛"或者"扮鬼脸大赛",让一家人在一起开怀大笑。如果父母能够放下平日里的威严面孔,跟孩子一起追逐嬉闹,孩子也会感到轻松。

那么如何在活动中改善完美型孩子的性格特征呢?这样的孩子适合什么样的活动呢?

完美型的孩子因为本身思维方式的限制,即使在做游戏的时候也希望自己表现得最好,所以常常被规则束缚,不能尽情地玩耍。其实当孩子因为在游戏中表现不好而自责的时候,家长可以这样对他说:"宝宝是不是特别开心啊?爸爸妈妈看到你刚才笑得好灿烂啊!"也就是引导他不要专注于游戏中的条条框框,而是让他感受自己心情的放松。时间长了他们就会明白,生活不都是快节奏的,也有闲适的一面。可以多让孩子参加一些放松身心的活动，比如捏泥巴、涂指甲等，也可以是跳舞、散步等，只要能引导孩子享受生活，游戏的形式并不重要。

所以，为了让孩子摆脱凡事都追求完美、陷于规则中不能自拔的状况，父母要经常告诉孩子："你是个好孩子。玩就要玩得酣畅淋漓，让自己快乐最重要！这样开开心心的你最可爱了！"

完美型的孩子如果能在健康的环境中成长，那么他们将来就会成为聪明稳重、富有人情味、有强烈责任感的领导者。

培养技巧：鼓励孩子放松，接受世界的不完美

完美型孩子天生有着很强的自律性，所以作为他们的父母，应当扮演孩子指导者的角色，为孩子领路和疏导孩子的情绪，而不是帮孩子制定这样或那样的规矩和目标。

如果你家里有一个完美型的孩子，请给予他百分之百的信心和自主权，相信他自己就可以做得很好。但是必须要保持和孩子的沟通，随时观察他的情绪变化。当孩子出现困惑时，要及时帮他理清头绪，解决困难。完美型孩子为了追求完美总是会给自己施加很大的压力，所以父母要时刻鼓励孩子放松心情，去努力接受世界的不完美。

完美型孩子在生活中要学习的重点就是放松自我，找回内心的平静。完美型孩子的父母可以带着孩子多去大自然里面走走，这有利于放松孩子紧张的神经。此外，还应该让孩子尽量减少批评别人的次数，提高他们的接受能力，让他们感受到包容的可贵。在平时的生活中，父母对待孩子的态度要积极宽容。因为即使只是犯了一个很小的错误，孩子也会自责不已，所以这时候父母要做的是允许他们的言行稍微散漫些，鼓励他们去做自己想做的事情。要用自己的宽容去影响孩子，让孩子不再苛求自己。

完美型孩子在成长过程中由于各种各样的原因，使他们过早成为一个"小大人"，同时给自己的内心拉了一道"警戒线"，这道警戒线把本来的"小孩"死死地挡在了内心的深处。但实际上，这个内心深处的孩子却永远不会消失，即使成年后，他们的内心深处同样还是会有个爱玩爱闹、天真无邪的孩子。完美型的孩子在成长期的时候由于强烈的责任感，使他们放弃了发现和享受乐趣的过程，这对他们来说实在是有些不公平。所以完美型孩子的家长有义务把完美型的"小大人"重新变回一个"孩子"，让他去玩、去闹，抛开那些生活中的条条框框，敞开心扉去感受快乐，这对完美型孩子的身心发展是大为有益的。

此外，让完美型孩子明白"金无足赤，人无完人"也是非常重要的。要让他们知道不完美才是人生的写照，要允许自己、也要允许他人有不完美之处。当他们的心慢慢变得开放时，轻松和平静的心情自然也就随之而来了。

那么怎样让完美型孩子去接受别人的不完美呢？首先就是要教会孩子学会欣赏别人的优点。完美型孩子很小的时候就感觉自己有很多东西可以教给身边的同龄人，这时候家长要提醒孩子：你可以做别人的好老师，但是不要期望别人会立刻改变，否则会给别人带来太多的压力，别的小朋友都会渐渐疏远你。要学会欣赏他人的优点，肯定他人的行为，当别人做了或说了某些你所喜欢的事情时，要去称赞他们，肯定他们，这会让你更受欢迎的。

另外，完美型孩子的最大优点就是守规矩，而最大的缺点是太守规矩。他们很容易被自己心中的"条条框框"局限，进而阻碍自己发展，所以完美型孩子的家长要有意识地培养孩子做事的灵活性，尽可能多提醒和引导他从不同的角度看待问题，鼓励他在做事的时候多想出几套不同的解决方案，并和他一起去尝试每种方案的可能性。

一旦做某件事情失败，完美型孩子马上就会陷入强烈的自我批评，所以完美型孩子的家长要重点培养孩子的抗挫折能力，教给他们正确面对困难的态度，告诉他们在每个人的生命中都会出现这样或那样的难题，当遇到困难时不必太过自责，只要能找到问题的根源，并调整自己的做事方式，就能解决眼前的困难。

"体贴入微的小护士"——助人型孩子

人格特点：助人为乐，甘于奉献

小雨从小就是个可人的女孩，很会讨巧，知道大人们喜欢什么，总是按照大人们的喜好来说话做事，常常被家里的亲戚和周围的邻居夸赞。小雨上了小学之后，在学校里也特别受老师和同学的欢迎，因为她总是帮助老师和同学做这做那，是老师的好帮手，同学的好伙伴。小雨最高兴的事就是受到大家的肯定和表扬，但是，一旦她做了什么没有被别人注意到或是没有被别人肯定，她就会变得明显情绪低落。小雨总是觉得周围所有人都需要她的帮助，没有她的帮助是不行的。

小雨身上体现了典型的助人型人格特点——乖巧懂事，总是能敏锐地察觉到别人的需要，渴望得到父母和他人的爱，很在意别人的评价，总是有一副热心肠，不计付出地帮助有需要的人。

助人型的孩子性格温和友善、随和，乐善好施，能主动帮助别人，是个热心肠。他们总是细心地照料同龄的小朋友或者弟弟妹妹，他们希望自己所爱的人都能够幸福快乐，为了这个目标，他们不争不抢，总是自我牺牲。而他们也在自我牺牲与奉献中得到精神上的满足。

助人型孩子很注重朋友，喜欢时时刻刻都与朋友待在一起。放学后和朋友一起游戏，一起写作业，总是积极认真地经营着自己的友谊，他们能够设身处地地为朋友出主意，想办法，排忧解难。他们这样的行为能够得到朋友的好评，而这些好评也是助人型的孩子最看重的。

助人型孩子非常乖巧，知道如何能让别人高兴，能迅速发现自己身上吸引他人的地方，还能针对不同的成年人做出不同的表现。他们对父母体贴孝顺，总是尽力让父母高兴，照看宠物，关心弟弟妹妹，对谁的请求都有求必应。他们天生有一种引起人们怜爱的天分，和朋友聊天的时候，他们会把别人喜欢的说话方式和话题时刻记在心里；和长辈说话的时候，也知道如何控制自己的言谈举止，让自己得到长辈的喜爱。助人型的孩子大多开朗外向，总是让人心情愉悦。他们喜欢在众人面前做一些滑稽的表演或者唱歌跳舞等，来引起别人的注意，并以此来博得大家的好感。

助人型的孩子对于别人的需求特别敏感，总是希望自己能够成为别人生活中不可或缺的同伴或者帮手。在助人型孩子的心里，他们最渴望得到的就是别人的爱，但是他们的世界观是"想要获得爱，就必须要有所付出"，因此他们会认为只有用自己的付出满足他人的需求之后，才能换得别人的爱，换得自己在他人心中的一个重要的位置。让他们最感到满足的事情就是看到自己的付出得到别人的肯定，这会激起他们心里强烈的成就感。

　　从自我认知方面来看，助人型的孩子对自我的感觉来自他人的反应。绝大多数情况下，别人的赞许能够激发他们做出最出色的表演，而他们也知道自己迎合他人是为了确保获得他人的爱。他们会把自己分成若干份，每一份都分给了不同的亲人、老师和伙伴，但是很难有人能完整地看到他们到底是什么样子。因为助人型孩子从很小的时候就存有这样一种认知——要获得爱，就必须把不被接受的方面隐藏起来。

　　助人型孩子对他人的批评十分敏感，内心很容易受到伤害。这类孩子心思细腻，情感起伏很大。他们对长辈的训斥非常敏感，同时如果朋友对自己不够关心，他们也会认为自己遭到了背叛，会产生一种灰心丧气的感觉。如果他们实在无法忍受，也会不顾自己以前的形象大发雷霆。助人型孩子虽然以帮助他人为己任，但是他们也需要别人用良好的评价来回报自己。如果对方没有像自己期待的那样感激和重视，就会失落甚至不悦。

　　实际上，助人型孩子的心理是希望用自己的乖巧赢得别人的爱，然后用这种爱作为武器去干涉对方。

性格枷锁：牺牲自己满足他人，拒绝求助

　　校学生会宣传部部长林佳是有名的"保姆型"领导，一方面他对手下的干事体贴入微，倾尽一切为大家提供各种各样的支持和帮助，满足他们的需求；另一方面他总是事必躬亲，承担起很多本该是干事们的职责和工作，弄得自己分身乏术，疲惫不堪。而每当别的同学问他需要什么帮助时，他却总是摆摆手表示自己可以。

　　助人型孩子总是把别人的需求摆在第一位，这源于他们的价值观——付出是获得爱的唯一途径。他们觉得想要从别人那里获得什么，就必须先要有所付出。要想被大家喜爱，就必须被别人需要。他们很害怕被众人排斥和忽略。为了引起别人的重视，占据在别人心中的位置，他们甚至会以牺牲自己的需要和感受来不计一切地去迎合和满足别人。久而久之，在他们的心中就形成了一道自困的枷锁，把自己的真实感受和需要深深锁在了里面。

　　助人型孩子往往过于重视他人眼中的自己。为了得到别人的爱，他们很小的时候就学会把自己最好的一面呈现给别人。为了保持良好的人际关系，他们甚至会不惜牺牲自我，努力改变自己去帮助他人，所以助人型孩子所说的话、所说的事往往是出于取悦他人的目的，一般情况下人们很难从助人型人格的人嘴里听到批评和不满的话。很多时候，他们为了做好别人眼中的自己，常常牺牲掉了那个真正的自己。

　　此外，助人型孩子无时无刻不在侦查别人的需要并及时予以帮助，满足他人的需要可以让他们获得最高层次的满足感，有些时候为了得到满足感，他们甚至可能会主观臆想出别人的"需要"并出手相助。这其实是出于一种满足私欲的自私心理，但是他们是绝不会承认自己是自私的。

　　助人型孩子的行为模式是通过热心帮助别人来肯定自己，从而让家长、老师和同学接纳欣赏自己。所以当有人向他们请求帮助时，他们自然开心不已，也会有产生自豪的感觉。但是，他们在别人身上投入的时间和心力越多，希望得到的回报也越多，而他们希望看到的回报方式只有一种，那就是对方只亲近和喜欢自己一个人。这也就反映出了助人型孩子内心强大的占有欲。一旦对方的表现不像他们所期待的那样，他们便会感到

失望，甚至还可能向对方施加压力，试图控制别人。

助人型孩子太爱帮助人了，这种性格难免给人"帮倒忙"的感觉或是帮了忙，他人不领情的时候，孩子反而会产生极度的失落感。因此这类孩子的家长一定要告诉他们帮人要适度的道理。可以让孩子在每次要帮助人之前先冷静地想一想，确定对方是否真的有此需要以及是不是真的希望得到你的帮助。此外，家长还要给孩子打一针预防针，告诉他如果自己提供帮助对方没有领情的话，自己要如何对待。提前做好这种心理预期和调适工作，可以很好地缓解孩子在心理上的失落感，使他能够保持积极良好的心态。

另外，作为助人型孩子的家长，应当引导孩子勇敢面对真实的自己，打消他们怕给人留下不好印象的顾虑，鼓励他们诚实地表达自己的真情实感。最主要的是让孩子明白，每个人都有自己的优缺点，没有必要为了迎合别人而隐藏自己的缺陷或者压抑自己的情绪，同时还要多肯定他们，让他们感受到来自家长的爱，这可以提升助人型孩子的安全感。

开锁密码："你的存在就是最珍贵的礼物"

助人型孩子的后天性格是怎么形成的呢？研究表明，在6周岁之前，如果爸爸很爱孩子但是爱的方式不正确的话，很容易让孩子成长为助人型性格。孩子虽然理解爸爸的爱，但是因为爸爸爱的方式不对，所以孩子不能轻易接受爸爸的爱，对爸爸的感情有爱有恨，十分复杂，对于这种复杂的感情自己的内心还有一种负罪感。

由于这种负罪感，他们总是想补偿父亲，同时又想得到父亲的爱，所以就会对爸爸的需求特别敏感，时间长了，他们就变得特别善于发现别人的需要，并形成热心帮助别人的性格。

每个助人型孩子的身上仿佛都装有一个敏锐的雷达装置，随时侦测目标人物的需求。他们最大的成就感就来源于满足他人的需要并得到他们所期望的回报和反馈，而最怕的就是被别人拒绝，因为这不但会伤害他们的"面子"，还会折损掉他们的"私心"，也就是通过帮助别人以获取爱的目的。

虽然助人型孩子乐善好施，但是也存在强迫别人接受他们好意的模式或标准，这也会让他们通常变得自我中心，失去理性。值得家长注意的是，孩子最大的问题就是常以他人的需要为首，而忘了自己真正的需要，并且他们很怕向别人说出自己的需要，因为他们会认为那样的自己是无能的，而且会削弱自己在他人心中的地位。

那么，父母如何帮助助人型孩子解开人格中存在的枷锁呢？

首先，助人型孩子的家长扮演的应该是安抚者的角色，不要对孩子过分严厉。比起其他的孩子，父母应该对助人型孩子倾注和表达更多的情感，同时还要安抚孩子时时刻刻都想要通过付出来获得爱的焦躁不安的情绪，抚平他们由于没能得到回报时所产生的失落、难过的心情，并及时拔除他们因为心理失衡而产生的嫉妒的毒瘤。

助人型孩子对爱的渴望极其强烈，他们所做的一切都是为了获得爱。因此家长的肯定是激励他们的良药。如果你有一个助人型孩子，那么就千万不要吝啬你的爱意，只要告诉他你爱他，不管他做什么、或是有什么缺点，你还是一样的爱他。告诉孩子："你的存在就是上天给我的最好礼物，而不是因为你做了什么事情我才会喜欢你"，你要让孩子真切地感到你对他的爱是无条件的。只有源源不断的肯定，才能鼓舞助人型孩子勇敢地面对真实的自己，说出自己的需求和想法。

此外，助人型孩子最在乎的就是自己能否给他人留下一个好印象，所以当着别人的面批评他，甚至只是稍微严苛的教导，对他们来说都是一种可以摧毁心灵的打击。身为家长，绝对不要在人前批评助人型的孩子，更不要当着孩子的面把他和别的孩子作比较。要记住，对助人型孩子的一切教导都要放在"幕后"进行，也只有这样的"幕后"教导，才会收到良好的成效。

助人型孩子总是担心别人受到伤害，所以很少表达自己的真实想法。长此以往，他们会渐渐忘掉自己的需求。父母应该常常询问他们是否有喜欢的东西，让他们养成不盲从、勇于表达想法的习惯。当助人型孩子直言不讳地说出一句话或是出现了"一反常态"的直言行为，家长一定要及时给予鼓励，因为他们能出现这样的行为必然是克服了内心"想要做好人"的强大压力的。家长及时的奖励对他们而言非常重要，这种肯定有利于培养助人型孩子正直诚实的性格，防止他们走进阿谀奉承的误区。

培养技巧：告诉孩子爱别人也要爱自己，帮他设定付出底线

在班里，如果有孩子向助人型孩子借转笔刀。他会非常爽快地把转笔刀给这个同学，还会热心地问道："你铅笔够不够用？橡皮呢？要不把我的尺子和圆规也都拿去用吧！"如果这个孩子没有推脱，那么助人型孩子极有可能一股脑地把自己的文具全都递给对方；如果对方表示拒绝的话，助人型孩子会非常不满，心里会犯嘀咕："你为什么不需要呢？"

助人型孩子非常愿意分享，他会拿着爸爸妈妈给他买的零食、玩具等与同学或者邻居家的小朋友一起玩，如果玩伴玩得很开心或是很高兴地接受了他递过来的东西的话，那么助人型孩子就会显得非常开心，手舞足蹈。如果对方表示拒绝的话，那么他就不高兴了："这么好的东西你都不要？"

助人型孩子最懂得如何表现自己来获得他人的欢迎，但这种迎合有时就会成为他们的负担，因为他们并不是心甘情愿地牺牲自己的。可以这样说，助人型孩子是舞台上的演员，他们所展示的只是别人想看到的，而不是真正的自己。他们可以扮演不同的角色，但这些不同的角色也会让他们产生混乱。他们常常会陷入一种深深的困扰中，会看不清到底哪一个才是真正的自己。

助人型孩子很容易陷入这样一种恶性循环中：当他们不断通过付出来满足别人的需要时，他们不惜以忽略或牺牲自己的感受和需要为代价，去迎合他人，设法令更多的人喜爱自己，以此来施展自己的"爱心"。但这有时也会给别人带来被操控的压力，最终把自己和身边的人都弄得疲惫不堪。

助人型孩子最容易被自己的"好"所拖累，所以作为他们的父母，最重要的就是帮孩子卸掉"行善"的包袱，引导他们多去关注自己的真情实感和内在需要，提醒他们帮人也要有底线，永远不要为了帮助别人而让自己陷入负面的情绪，防止他们在付出与回报的权衡中迷失自我。

要避免孩子活得太累，助人型孩子的家长就要教孩子几招委婉拒绝别人的技巧，并且在传授拒绝技巧的同时，还要给他们讲讲为什么要拒绝以及拒绝可能带来的后果，这样就让他们产生一个心理预期，提高他们对可能产生的后果的心理承受能力。当然，父母要明确告诉孩子，有的时候，拒绝不一定表示自己"不好"，也并不会由于你的拒绝而损坏了你在他人心中的印象。总而言之，要扫清孩子的一切潜在顾虑，让他勇敢地去行动。

父母还要告诉孩子帮助别人和干涉别人的区别。助人型的孩子总是想帮助别人，但

有的时候热心过度，可能会好心办坏事。他们还可能为了"帮助别人"而打断别人的谈话或者是随便乱动别人的东西，让人厌烦。因此父母一定要告诉他哪些行为是真正的助人行为，哪些行为是干涉别人的行为。

因为助人型孩子非常看重与他人的相处，喜欢时时刻刻与朋友待在一起。其实这类孩子的父母也要教会孩子享受独处的时光，让他们懂得独自一人也可以生活得有滋有味，这同样是一个人必须具备的生存能力。独处时，可以让孩子安静地审视自己的内心，整理思绪。同时也可以培养他们的自立意识，减轻孩子一味盲从朋友的倾向。父母可以给孩子规定一个"独自游戏"时间，在这段时间让孩子玩他们自己感兴趣的游戏，如果孩子这段时间过得很有意义，父母一定不要吝啬自己的夸奖。

如果助人型的孩子能够在健康的环境下成长，具备健康的心理状态，那么他们会成长为善解人意、谦虚谨慎的人，是一个值得信赖的可以全心全意帮助他人的人。

"聚光灯下的主角"——成就型孩子

人格特点：讲求效率，积极进取

有个男孩的数学、物理和化学等理科成绩一直很好，但语文和历史成绩很差。上了高中之后，学校每个月和每个学期都会按照所有学科总成绩排名顺序评定优秀个人。这个男孩为了得到优秀的荣誉，便更加努力地学习理科科目，将文科科目放在了一边。虽然他每次都被评为优秀个人，但是偏科现象非常严重，可是他却毫不在乎。因为他觉得他的目标就是争优秀，只有这样才会被老师、同学和家长认可，才能体现出他的价值。文科成绩差不要紧，等到高二分班的时候去报理科就好了。

这个男孩的身上体现的就是典型的成就型人格的特征——积极进取，精力充沛，讲求效率，重视成就和表现，注重个人形象，爱以优胜劣败来看待自我价值的高低，希望成为大家的焦点，乐于接受挑战。

成就型孩子的性格和身体都很活跃，身体以及脑部的发育比同龄人略快。当同龄的小孩还在蹒跚学步的时候，成就型孩子很可能已经在稳步行走了。在成就型孩子的心中，他们认为受到夸奖往往是因为自己的所作所为以及取得的成就，而不是他们自己。随着年龄的渐渐增长，他们会逐渐认识到，获得他人认可和爱的途径是要有成功的表现，因此他们学会了如何去进行自我推销，如何把自己塑造成他人需要和认可的理想角色，这一特征在15~20岁这个年龄阶段尤为突出。的确，成就型孩子往往是有能力的，只要他们愿意进入某个群体，那么他们就一定有办法把自己变成这一群体中的"明星"。例如，当他和优等生以及模范生在一起的时候，他们就会按照他们的水准来调整自己，所以无论他们身处怎样的团体中，他们都不会成为可有可无的边缘人物。

成就型孩子特别喜欢学习，其他类型孩子的家长可能或多或少都会面临孩子不爱学习的难题，但是这类孩子的家长完全不用担心这个问题，因为他们完全不用家长的督促，就会乖乖地拿起书本主动地去学习了。只要是成就型孩子认为符合他目标的学习内容，那么他就会努力认真地去学，当然，他学习的目标也是取得好成绩来满足他的成就欲望，得到老师和家长的夸奖以及同学们的羡慕。

成就型孩子大多数学习努力,成绩优异。他们思路清晰,组织能力强。即使他们对学习不是很感兴趣,他们也能在其他方面锋芒毕露。他们通常多才多艺,适应力强,有闯劲,常常希望自己在所有领域都高人一等。所以,成就型孩子总是一副胜券在握又忙忙碌碌的样子。

成就型孩子是实用主义者,特别在意自己人前的形象,虽然在家的时候可能仪表不整,但是一出家门一定很光鲜靓丽。成就型孩子非常在意自己在别人眼中的形象,举手投足大方得体,有强烈的自我表现欲望。他们喜欢让别人看到自己好的一面,喜欢出风头,而且富有激情,喜欢跟人打成一片。成就型孩子的目标感很强,他们通常能够把握住通往成功的机会,并且无所畏惧,勇往直前。但是如果你说他们有野心,他就会不太舒服,矢口否认;当你把"有野心"换成"有远大理想"的时候,成就型孩子就会开心地承认"本来就是"。成就型孩子孩子是乐观的,凡事喜欢往好的方面看,这是非常好的。

不过成就型孩子也有自己的缺点,那就是他们有时候过于自信,甚至演变为自负,常常出现自吹自擂的情况。他们有时候会忽略朋友之间单纯的友谊,而只是想要表现出强烈的好胜欲望,在不如自己的朋友面前趾高气扬。所以,他们身边的朋友有时候会对他敬而远之。他们还有一定的自恋倾向,总是认为自己是最出色的一个。当第一名的"皇冠"出现在别人的头上时,他们就会感到内心遭到了重创,认为自己是一个失败者。

性格枷锁:嫉妒心强,爱出风头

灵灵是个爱美的女孩,从小就有个明星梦。小的时候,她总是喜欢穿上妈妈给买的漂亮裙子,站在客厅里唱歌跳舞,要求爸爸妈妈和爷爷奶奶必须要围着她,做她的观众,并且一定要在她表演完给她最热烈的掌声,否则她就撅着小嘴闹脾气。到中学的时候,灵灵的明星梦更甚了,她总是梦想着有一天可以站在绚丽的舞台接受众人的追捧和倾慕,无数的鲜花和掌声都围绕着她。用她自己的话说就是,她所有的努力都是为了让更多的人崇拜她。

成就型孩子的终极梦想是做别人眼中成就不凡的人,他们需要通过别人的赞美来获得内心的安定,并且认为这种赞美取决于自己做了多少努力,而并非自己是谁。例如,这类型的孩子想要讨得父母的喜爱,他一定会努力学习争取全校第一的好成绩,或者是当着父母的面积极主动地做家务。他们从来没有想过自己获得父母的爱只是因为是父母的孩子,只有当自己获得了耀眼的光环时他们才觉得父母是爱自己的。

不可否认的是,成就型孩子的行动力是非凡的,他们做事讲求效率,非常懂得专注于能体现出自己潜能的东西,因此他们会是极其出色的实干者。成就型孩子在行动时似乎总有使不完的劲,他们的能力和竞争力确实很强,不仅能坚持完成自己的任务,还在集体活动中以高亢的热情和勤奋的态度激励所在团队的每一个人,进而提高整体的士气。

此外,成就型孩子还是极具启发性的交谈者,能够激励他人勇挑重担,坚持将事情出色地完成。也正是因此,成就型孩子在人群中具有很强的吸引力,很容易吸身边的人。他们最聪明的一点还在于能够准确地知道如何去吸引他人,如何让他人对自己感兴趣。他们就像一块磁铁,身上散发着一种引人注目的绚丽光芒。

没有成就,不被认可是成就型孩子最害怕的事情。如果有人说成就型孩子一事无成,那么他的内心就会受到严重的伤害,产生一种挫败感。成就型孩子认为只有荣誉和成就才能体现自己的个人价值,他们把自己的价值体现在获得的鲜花、掌声、头衔和光环上。换句话说，成就型孩子就是把自己的个人价值建立在了别人的价值观上，通过获得别人的肯定来肯定自己。他的基本欲望是被大家接受。如果他们有了成就，大家一定要给他掌声，这样他才会感觉舒服；如果大家都不知道他取得了成就，那么他就会感觉很不开心。也正是因为如此，成就型孩子会渐渐地忘记自己的情感，一心想要用出色的表现来获得他们需要的爱和肯定，换句话说，就是他们喜欢用出风头来赢得别人的喜爱，这对他们的健康发展是很不利的。

成就型孩子很喜欢争强好胜，喜欢不断地推动自己向前走，在他们眼里没有"退缩"这个词。他们喜欢接受挑战，会把自己的价值与成就连成一线。在追求成功的过程中，成就型孩子未免会显得有些急躁，做事缺乏深思熟虑，所以也可能会出现事倍功半的情形，这自然会严重影响成就型孩子的健康成长。

当成功的光环没有戴在自己头上，他们往往会对成功的那个人表现出极强的嫉妒心，他们会变得非常急躁，显现出躁郁型性格的行为方式，疯狂想要获得成功。如果实在做不了有成就的事，他们也可能会做一些不好的事情来博得大家的关注。如果他们的成功可能会被其他的人、事、物干扰的话，那么他一定会排除所有干扰，为了达到这个目的甚至会不择手段。在这个过程中的行为，很可能会为他们的发展造成极其不利的影响。

开锁密码："妈妈爱的是你，跟成绩无关"

有个成就型的女孩非常崇拜她的爸爸，因为她爸爸在工作中取得了很多奖项，这些大大小小的奖状奖杯都摆在家里显眼的位置上。每当她看见这些奖状奖杯时，她都会在心里对自己说：我一定要努力做好每一件事，争取像爸爸一样有成就，这样爸爸就会更爱我了！

成就型孩子的内心深处早已把他人给予的爱与自己的表现画上了等号。父母的肯定是他们认识自己的途径。成就型孩子在心里对给予自己关心照顾和肯定的家长是极其认同的，他们常常会主动找出这位家长对自己的期待，然后尽力达成它，以此来获得更多的肯定和关爱。

成就型孩子在小的时候，由于非常渴望家人的赞许或认可，他们会将家人的喜好与期待内化为自己的行为标准和目标。他们希望看到家人为自己的优异表现出骄傲和自豪，这是他们追求成就的最大动力，甚至不在乎为此放弃自己真正的喜好和追求。

所以，成就型孩子在很小的时候，就已经学会把自己的价值观建立在了优异的表现上。他们认为，只有靠自己不断努力，做出令人满意的事情，才有可能获得家人的爱。换言之，他们觉得家人之所以爱自己，不是因为自己是这个家庭中的一分子，是爸爸妈妈的孩子，而是因为自己有优异的表现和卓越的成就。

为了修正成就型孩子的这种错误观念，父母应当经常这样对他们说："做最真实的自己，即使你不是最出色，也很可爱，因为我们爱的是你，不是你的成绩。"父母要告诉自己的孩子，即使他们没有得到赞赏，没有拿到第一，父母对他的爱也不会因此而减少一分。父母要随时向孩子传递这样一种信息："我为你自豪，即使你做得不好，我还是以你为骄傲，因为你是我们独一无二的宝贝。"

在培育成就型孩子的过程中，家长要注意一定不要拿他和别人作比较。成就型孩子最怕的就是被别人认为没价值，而把他与别人进行比较的行为都可能会使其受挫，所以成就型孩子的家长最好不要拿他们与别人做任何比较，更不能拿别人的优点对比他们的缺点，这会让他们感到十分沮丧，甚至可能会出现极端的想法和倾向，做出既不利己也不利人的事情。

由于成就型孩子太在乎能否做好家人眼中优秀的自己，所以当自己的真实感受与家人的要求产生矛盾时，他们会调整自己来配合家人，并且家人的性格越不好，他们就会越小心翼翼，抛弃自我的程度也就越深。

另外，要注意的是，即使自己的孩子的确非常优秀，也不要在别人面前夸耀孩子的成绩。如果孩子总是得到称赞，就会渐渐地把别人的关注看得越来越重，那种不正常的追求成就的心理就会得到强化。而一旦某一次自己没有做到最好，他的内心就会产生失落的感受。成就型孩子本身就很刻苦努力，重视自己的成绩。在这样的情况下，如果父母还是十分重视成绩，那么就会给孩子造成不必要的心理压力。在孩子已经非常重视成绩的情况下，父母不要再给孩子加压，而是应该试着淡化成绩在孩子眼中的重要性。

同时成就型孩子喜欢为自己设定目标，而这些目标往往超出他们自己的能力范围，一旦没有办法实现，他们就会把责任推到他人身上或者找其他借口，还会产生强烈的挫败感，这很容易诱发他们愤恨的仇视心态。所以，家长要尊重孩子的能力，不要做太多的干预，对他们的期待要适度，同时还要注意帮助他们把目标调整到合理的范围内，让这个目标可以通过努力去实现。

培养技巧：让孩子正确认识成功，不要太注重别人眼光

一位成就型人格的人曾经讲述了这样一次经历：

我刚上小学的时候，有一次跟着学校的舞蹈团做汇报演出。因为我个子太小而且跳得也不熟练，所以就被老师安排在了最后不起眼的角落里。当时我就想，我一定要站在最前排，让所有观众都能看到我。为了这个目标，我偷偷地练习了半年。当我终于被老师调到第一排，站在舞台上接受台下热烈掌声的那一刻，我激动得差点流下眼泪来，因为我终于成功了！

成就型孩子通常是活在众人的眼光和虚拟的内心世界两种环境里，他们坚信只有表现得最好才能展现自己的个人价值，而唯有获得成功才能令自己的人生更有意义。但是他们对成功的定义常常是非常简单的：那就是获得别人的关注。为了达到这一目的，他们追求时尚吸引别人的眼球，他们树立很高的目标并且为了这个目标不断努力；他们甚至不惜利用朋友间的友谊来获得别人的关注。

成就型孩子的性格惯性促使他们热衷于追求成就感。他们会朝着目标勇往直前，在过程中遇到的任何阻力和妨碍他们达成目标的人和事都会被他们一一解决掉，这当中自然也包括他们自己内心的感受，特别是负面情绪。他们解决负面情绪的办法就是自欺，最常见的一种情况就是他们为了塑造成功者的形象从来不肯承认自己的失败。如果你对一个成就型孩子说他的某种做法是失败的，他一定会运用聪明的头脑选择另外一种途径来证明他是可以达到目标的。但是这样的自欺情绪，会让成就型孩子很难面对真实的自己，让他永远活在自己的谎言中无法自拔。实际上，成就型孩子的潜意识是拒绝接受真正的自己的，与此同时他们还会把所有的精力都倾注在修饰自己的完美形象上。但是，他们并不愿承认这种修饰行为，他们会形容这只是"换一种方式而已"。不过这种行为在别人眼里，就是一种哄骗或吹嘘的感觉。显然，如果在交往中给人留下这种不好的印

象，是很不利于人际关系的拓展的。

为了改变成就型孩子对于成功的错误认识，父母可以从以下几方面帮助孩子，从而让他们更好地适应社会：

首先要教会孩子以平常心看待得失。作为成就型孩子的家长，你应该给自己的孩子一颗平常心，让他知道人不可能永远是胜利者，不能因为一次的失败而气馁。成就型孩子通常无法忍受失误和失败，因为这会让他们陷入绝望中不能自拔，仿佛自身的价值在一瞬间消失殆尽。这时候，父母应该让孩子明白别人不会因为一次失败而否定他，只要他努力了，就是对自己的最好证明，同时也要告诉孩子失败也是成长的必经之路。

此外，在教育成就型孩子的过程中，应该告诉孩子过程比结果更加重要。称赞孩子的时候，不要笼统地夸奖孩子说："你是最棒的！"而是应该针对孩子的某一个具体的行为或事件告诉孩子他哪里做得出色；不要过分强调结果，要表扬他努力的过程。成就型孩子喜欢参加一些能够有胜负之分的活动，其实父母可以引导孩子去参加一些与竞争无关的纯粹帮助别人的活动，让他们理解这样没有胜负的活动也是很有意义的，在这样的活动中也可以收获快乐，比如可以让他们去参加一些社会义工活动或者和小伙伴一起去野营、排练话剧等需要合作的活动。

最后父母要注意的是一定要端正孩子的竞争心态，让他们养成正直和公平竞争的品行。成就型孩子的内心时刻都存有一份竞争的心态，恨不得所有的事情都能与他人一较高下，有的时候为了达到目的甚至会不择手段。身为竞争性孩子的家长，应该从他小时候就有意识地端正他的竞争心态，告诉他竞争的目的是锻炼自己、提高自己的能力，而不是为了获得第一而去竞争。

如果成就型的孩子能够在健康的环境下成长，他们大多能够成为能力出众、能向着目标脚踏实地努力的人，他们能够尊重别人，同时也能赢得别人的尊重。

"多愁善感的林黛玉"——浪漫型孩子

人格特点：情感细腻，想象力丰富

阳阳和朵朵是一对人见人爱的双胞胎姐妹花，家人、邻居和老师都觉得姐妹俩一样漂亮一样可爱，但姐姐阳阳却并不这么认为，她总觉得妹妹性格乖巧，比自己更受大人欢迎，而且总觉得即使是一样的衣服，妹妹穿着也比自己好看。慢慢地，她就变得有些闷闷不乐了。

有一次，朵朵发高烧，妈妈在她身边照顾了好几天，晚上还搂着她一起睡觉，阳阳看着满脸焦急细心照料朵朵的妈妈，便跑到厕所里哭了起来。后来她说，当她看到妈妈照顾朵朵的时候突然觉得特别害怕，她觉得妈妈只爱朵朵一个人，自己被妈妈抛弃了。

阳阳是一个典型的浪漫型孩子——敏感、情绪化、占有欲强、害怕被人拒绝、容易沮丧或消沉，爱和他人作比较，常常产生被遗弃的感觉，既重视又害怕人际交往，富有幻想和创造力，乐于追寻生活的美好。

浪漫型孩子从小身上就散发着一种浪漫的气质，他们自认为是优雅的小公主或者是风度翩翩的小绅士，他们的身体语言十分优雅，动作很慢，语调柔和，措辞小心翼翼。

其他类型的孩子小的时候都可能会出现调皮捣蛋的现象，但是浪漫型孩子很少会有什么大动作，说话也是慢条斯理，从来不会用大嗓门去喊。

浪漫型孩子从小就体现出了敏感和爱幻想的倾向，他们的注意力总是集中在远方，关注的也总是些遗失的事物。他们经常会从对缺失物品的关注中找出一些美好的感觉并深陷其中，这种运用自己的想象力去关注遗失的美好和眼前的缺陷的惯性使他们对眼前的现实毫无兴趣。比较矛盾的是，虽然他们对美好的事物有着敏锐的知觉，但是他们又总觉得这些美好的事物总是与自己擦肩而过，因此又常常会感觉到分外失落。

浪漫型孩子似乎天生对忧郁、哀伤等感觉有着比常人更深的理解，细腻的感情和天赋的同情心让他们有种将身边细微的东西提升到更高层次的感受中的能力。他们富有创意、喜爱幻想，重视沟通，善于聆听，情感诚实，坚持认为所有的情感都需要立刻得到回应。

浪漫型孩子是非常感性的人，他几乎每分每秒都在用心感受周围的一切，因此他们的情感就显得更为细腻，更容易将外界的事物延展到一个大多数人都看不到的层次，这一过程充分展现出了他们的创造才能。他们思想浪漫富有创意，拥有敏锐的感觉和独特的审美观，为这个世界增添独特的色彩，是浪漫型孩子的强项。他们总是想要创造出独一无二、与众不同的形象和作品，所以总是在不停地自我察觉、自我反省以及自我探索。他们认为自己具有创造美好事物的责任与义务，并且相信自己有能力可以做到，所以他们一直在努力地脱离平凡，以达到在这个世界上生存的意义。

除了细腻的情感和丰富的想象力这些优点之外，浪漫型孩子很容易陷入嫉妒的负面情绪当中。他们产生嫉妒心的直接原因是他们不明白为什么别人能够得到幸福而自己却不能。因为情感细腻敏感，所以他们很容易发现自己和别人不一样的地方，如果别人有而自己没有、偏偏那又是自己很想要的东西时，浪漫型孩子就会忍不住羡慕甚至是崇拜对方，更严重的就会发展出不正常的嫉妒心理。当浪漫型的孩子起了嫉妒心，他们不会像某些类型的孩子那样去中伤或是诋毁他人，比如向老师或父母说他嫉妒对象的坏话，他们的做法是陷入更深的忧郁中难以自拔，因而更难合群，更深地将自己与外界隔阂起来。而浪漫型孩子的这种心思别人很难猜出来，只会觉得他们性格很奇怪，最后导致别人更不愿意与他们过多接触。

性格枷锁：性格孤僻，喜欢独处

一个浪漫型人格的人曾经这样回忆自己小时候：

我小的时候不喜欢运动或者室外活动，也不喜欢和小朋友们一起玩。大多数时候我都是待在家里看看书打发时间，有时候看到感人的童话还会泪流满面。经常是我自己玩到很晚才去睡觉。

浪漫型孩子大多数性格内向，喜欢独自一个人做事，总是尽量减少和他人相处的时间，总是沉浸在自己天马行空的想象世界里，或者总是思考解决问题的办法。当然，也有些浪漫型的孩子性格外向，但是他们虽然能够和朋友融洽相处，却不会向朋友敞开心扉，表面上看来他和朋友们有说有笑，但是内心却感觉自己是游离于群体之外一个孤独的个体。

浪漫型的孩子表面上看来非常情绪化，常常给人以捉摸不定的感觉，他的喜怒哀乐变化非常明显，常常发生于一瞬间，而周围的人通常跟不上他的思维，不明白他为什么突然就好像变了一个人一样。此外，浪漫型孩子总是摆出一副事不关己的懒散姿态，就好像外界所有的事情都与他无关一样。浪漫型孩子会让人觉得是一个怪脾气的人。

实际上，浪漫型孩子是一个矛盾体，他们一方面觉得自己很难沟通却渴望他人能了解自己，另一方面又不屑去为自己的世界观和感受对外界做出任何解释，于是就显得非常情绪化，令人难以亲近，给人留下怪脾气的印象。其实这种孤僻的怪脾气不过是浪漫型孩子用来掩饰自己的保护膜，他们最害怕的就是自己没有特点，和其他人没有区别。要他们去承认自己只是一个平凡的人太困难了；而且他们觉得就算自己表达出了自己的想法，其他人也绝对不会明白。所以他们干脆放弃了表达，藏在自己的世界里，与世隔绝。

由于浪漫型孩子对世界的看法，他们常常会感到别人唾手可得的幸福对他们来说遥不可及，而这一切都是因为自己是一个存在不足的人，他们总觉得自己是被这个世界遗弃的，并为此感到郁郁寡欢，这种情绪别人很难体会到，而他们又懒得去解释，最终他们就成为别人心里神秘而不好接近的对象，人们很难主动去拉近和他的距离。

浪漫型的孩子多少还有些"艺术家的脾气"，这个特性也让他们显得不太合群，可能别的孩子凑在一起玩闹，而他则一个人静悄悄地躲在一个角落里专心干着自己的事情。随着自我意识的发展，他开始意识到自己与他人经常有不同的想法，但是其他人又不能彻底了解自己的内心，再加上他总是羡慕其他人拥有很多自己没有的东西，这令他很难在现实的朋友圈里得到满足，因此就只好顾影自怜，更深地沉浸在自己的幻想世界里。

如果浪漫型孩子遭遇了挫折，他们的自怜情绪就会变得更加严重。他们会以最快的速度返回到自己的小世界中，脱离与外界的联系，拒绝别人的帮助。他会停止一切活动，最终彻底丧失希望，认为没有人能够理解他的内心。

实际上，浪漫型孩子的这种孤僻和喜欢独处的特质是因为在他们的价值观中，如果他们和别的孩子一样，他们就不会得到应有的关注。而这种孤僻和独处正是能够显示他们与其他人与众不同的重要手段。所以作为浪漫型孩子的父母，当面对孩子所谓"怪脾气"的种种表现时，应当给予他们充分的理解和宽容，而不是去变本加厉地去数落和埋怨他，否则只能令孩子陷入负面情绪的恶性循环中。

开锁密码："你很可爱，好好享受每一天"

有个女孩在她小的时候，爸爸非常宠爱她，总是背着或抱着她到处去玩，给她洗澡，晚上给她讲好听的故事，搂着她轻轻哼着儿歌拍着她直到她甜甜睡去。后来她慢慢长大了，爸爸自然也就不会再像她小时候那样和她有过多的身体接触了，她为此觉得自己被爸爸遗弃了，无论爸爸如何逗她哄她，她还是整天郁郁寡欢。

如果换作是一个其他类型的孩子，这样的事情他可以自然而然地接受，并且也不会产生难过失落的感觉，但浪漫型孩子就会把这样微不足道的细节之事无限地放大，最终产生一种被抛弃的感觉，进而陷入一种忧郁的状态中。

如果孩子在父母消极甚至不正确的教养方式下长大，就容易感到孤独。在浪漫型孩子的眼里，自己与父母的关系是若即若离的。他们总感觉自己处于家庭的边缘，觉得自己跟谁都不像，因此就容易产生一种被抛弃的恐慌。同时他们自认为与父母的感情不深，最主要的原因是他们感觉父母看不见自己的特质，并且他们往往也无法在父母身上找到自己想要认同的特质，因此很多的浪漫型孩子产生过自己是被父母领养或者被抱错的孩子的想法。

当浪漫型孩子还很小的时候，他们就对自己的一些小缺点和自己所缺乏的东西特别敏感，总是觉得正是因为这些他才不被父母所爱。这里要澄清的是，有一些浪漫型孩子在成长过程中可能确实是孤单的，如父母离异或父母关系不好等，但并不是所有的浪漫型孩子都真正经历过被遗弃和没人理会的事。一些成长在正常家庭的孩子，照样可能成长为浪漫型孩子。假如这个孩子有一次因为生病，所以妈妈精心照顾了他好几天。当他病好之后，妈妈自然就相对少了一点关心和照料。这其实是很正常的一件事，但是浪漫型孩子就会极端地认为妈妈不理会自己、不再爱自己了，于是被遗弃的感觉又产生了。所以，并不是所有的浪漫型孩子一定有个缺少爱的童年，只是他们在心里会把被遗弃的感受无限扩大。

如果想要浪漫型孩子健康快乐地成长，父母就要在孩子面前多多扮演朋友和知己的角色，多与孩子进行交流，尤其要注重心灵上的沟通和关怀，让孩子感到你是理解他、能真正了解他的感受的。

浪漫型孩子有这样一种特质，就是一旦发现有人能感受他的情绪和想法的时候，他们就会产生一种心有灵犀的感觉，并且很容易与之亲近，这会令他忘记失落的感受，变得开朗起来。

浪漫型孩子的家长最好将自己的关爱源源不断地传递出来，这可以有效减缓孩子被遗弃的感觉。父母要注意的是，浪漫型的孩子天生有一种忧郁的气质，所以不要指责孩子总是有不好的情绪，也不要因此担心自己不能给孩子所期待的安全感。只有重视起日常生活中的交流沟通和情感交融，当孩子说出他的想法时，不要过多的指责，或是过于强调自己的感受，只要他能够在父母那里获得存在感，自然就会觉得安全了。

虽然很多家长都或多或少地做过敷衍孩子的事情，但是对于浪漫型的孩子千万不要这样做。因为其他的孩子可能察觉不到你的敷衍，但是天生敏感的浪漫型孩子很容易察觉他人的真实情绪，父母的敷衍之词对他们而言就是不爱自己的意思，这会让他们特别难受，并唤起他们内心不幸的体验。

不过，浪漫型孩子也有优点，他们在健康的状况下，通常会成长为有创意、内心平和的人，所以父母应该鼓励孩子："你是个美丽、可爱的孩子。不要紧张，好好享受你现在拥有的每一天吧！"经常提醒孩子享受当前的开心状态有助于孩子忘记那些内心的忧郁，能够让他们变得乐观起来。

培养技巧：让孩子时刻感受到爱，引导他珍惜已有的事物

小凡有一双巧手。她从上中学的时候就觉得自己和别人不一样，但那个时候必须要穿校服，这令她觉得特别不舒服。后来上了大学，她就经常把买来的衣服花些心思做点小的修饰，或者加一条花边，或者配一些其他饰物，这样就显得她的衣服与众不同，自然也就令周围的女孩都艳羡不已。每当身边的朋友伙伴向她投来艳羡的目光时，她就会觉得她是与众不同的，也为此感到特别开心。

浪漫型孩子所追求的是一种与众不同的特性，并总是倾向于以此来彰显自己。他最怕的就是自己和别人没什么两样。很多时候，他们通过跟身边人比较，总觉得自己与众不同但很难被他人了解，同时还觉得其他人拥有很多自己没有的东西，所以浪漫型孩子在现实生活中总是很难得到满足。由于在现实生活中得不到满足，浪漫型孩子就会通过幻想构建起自己的理想世界，制造出一些无人之境，从而让自己的情绪得以发泄。因此，浪漫型孩子就会显得比较情绪化，令他人难以捉摸。

浪漫型孩子对自己与别人的差异总是特别敏感，甚至会对自己所欠缺的东西产生梦幻般的向往，总觉得得不到的才是最好的。针对浪漫型孩子这种敏感且容易自扰的性格，家长无须挑剔他们的敏感、情绪化和感情用事，而是要给他们更多的爱护和关心，让他们感受到父母的爱与支持，最重要的是强化他们这样一种观念——每个人都是完整且被爱的。

要使浪漫型孩子的情绪保持平稳，家长需要掌握一些巧妙的"脱敏法"，用来去除孩子心中敏感的刺。最好的办法是鼓励孩子相信自己的直觉，让他们尝试各种行动，并事先帮他们扫清所有可能顾虑的事情。需要家长格外注意的是，这类孩子不开心的时候往往选择独自来处理不开心的情绪。所以家长在平时生活中要多留意孩子的情绪变化，然后再进行有的放矢地引导和帮助。

此外，浪漫型孩子总是有意无意地把注意力放在遗失的美好上，而忽视眼前原本已经拥有的一切。他们习惯破坏眼前的成就，去换取对那些还未得手的事物的向往。这种破坏力是惊人的，无论是多么辛苦获得的，他们也不会在意，因为他们只关注生活中缺失的东西。拥有的东西在他们眼里是毫无价值的，而他们对不属于自己的东西的渴求常常会陷入不能自拔的地步，这会使他们的情绪受到干扰，也影响了行动力的发挥。因此，浪漫型孩子很可能会被自己的不知足害了自己。

浪漫型孩子的不知足并不是因为他们想要的东西太多，而是他们天生的性格倾向所致。他们习惯凡事都与他人做比较，而结果往往是发觉他人所拥有的比自己好、比自己多，所以常常产生一种被遗弃的悲观心态。当家长了解孩子的这种心理机制之后，可以引导他们多去看看自己拥有的东西，用一种感恩的心态来看待身边的事物，这样可以有效避免孩子产生不良的情绪。

此外，父母还要引导孩子在人际交往中感受他人的爱。浪漫型孩子虽然会给人以清高的印象，但是在一对一的情况下，也能表现得可亲可爱。因为他们不喜欢很多人的聚会，所以在学校里会显得很不合群。但是在个人对个人的交往中，他们就不会感到孤单，父母可以邀请几个孩子合得来的小朋友到家做客，为孩子创造交友的机会。

"理智冷静的思想者"——思考型孩子

人格特点：沉静独立，善于思考

牛牛就像个小问号一样，每天都有数不清的问题，而且提出的问题都是奇奇怪怪的。比如他会问妈妈人为什么要吃饭，问爸爸为什么白天出太阳、而到了晚上却是月亮。上了小学之后，他又开始围着老师和同学问问题。但这些似乎还远远满足不了他的好奇心，于是他开始存零用钱，买来了《十万个为什么》、《儿童知识大百科》等书，平时一写完作业就会打开来专心地研究，主动去寻找问题的答案。

飞飞是个很安静的有些内向的男孩，他很少跑出去和邻居的孩子一起玩，平时就自己闷在房间里面看书，不过他不像同龄的男孩子那样喜欢漫画、侦探故事，反而喜欢阅读一些很深奥甚至有些冷门的专业知识。他不太喜欢和家人的交流，大人给他什么他都乐于接受，从来不会向家人主动要求什么，更不要说因为没有满足自己的愿望而和父母闹情绪。实际上他也喜欢和亲戚家的表兄弟玩，并也很开心很投入，但即便如此，他也很少会主动提出再到亲戚家去玩。绝大多数的时间，飞飞都保持在独处的状态中，并且自得其乐。

牛牛和飞飞具有典型的思考型人格——沉静、独立、不善交际、喜爱阅读、乐于思考却很少积极行动，愿意长时间独处，不希望被人打扰，不善于表达内心的感受，总是将自己抽离于外部世界。

思考型孩子是不倦的学习者和实验者，特别是在专业或技术类的问题上。他们喜欢详细了解，乐意跟随求知欲去研究他们想要弄清的知识。对那些深奥的科学，尤其是能够解释人类行为的系统知识，他们总是表现出特别的兴趣，而且总是能够对事物进行高度分析，具有很强的逻辑思考能力和挖掘真知的潜能。

对于思考型孩子来说，他们的终极理想就是用自己的思考找出宇宙中一切的脉络，然后分析出一些非常有价值、并能帮助社会进步的观念，最后把每个人都纳入最完美的轨道。他们很少去关心财富和物质享受，他们不会把自己有限的精力花在追求世俗物品上，会把时间和精力全部投入到精神学习和追求中。

这类孩子通常理解力很强，最擅长的是理论性、逻辑性强的学习研究。他们热衷理智思考，对数据、研究结果、分析方法等特别敏锐，能够迅速从诸多混乱的材料中找出它们之间的某种关系、逻辑或者模式，因此思考型孩子的理科成绩一般比较好。

因为这类孩子总是能从自己的精神生活中找到巨大乐趣，不会为琐事浪费时间和精力，所以他们的日常需求很少，个性十分独立。正是由于他们这种心无旁骛的专注力，使他们能够把自己的注意力从情感中抽离出来，集中精力进行逻辑思考。如果给他们一个自由宽松的研究环境，不用其他事情去干扰他，那么这类孩子一定能展现出他惊人的思维潜力。

其实思考型孩子是九种人格类型中最容易观察出来的一个类型，因为他们的身体反应和情绪表达都比一般孩子平淡，他们的习惯性动作是双手交叉抱在胸前、上身后倾，面部表情冷漠，喜欢皱着眉头。这类型的孩子说话的时候，总是喜欢用淡淡的语调可以表现深度，甚至可能把一件原本很简单的事情，故意兜兜转转地讲得很复杂。他们讲话的时候，还喜欢把"我想……"、"我认为……"、"我的分析是……"之类的口头语挂在嘴边，以此来反映他们所说的话都是经过大脑思考后再讲出来的。因此，这种类型的孩子常常会呈现出一种与他们年龄不相符的睿智。

性格枷锁：行动迟缓，习惯一个人解决问题

思考型孩子希望自己能够成为既有知识又能干的人，他们最害怕的就是因为自己的无知显得自己无助和无能。为了让自己充满知识的能量，他们具有很强的求知欲望，而且在追寻知识的过程中，表现得非常独立，不喜欢被别人干涉。

对于周围不了解的事物，他们会主动去收集资料，然后把所有材料集中在一起去做进一步的分析和了解。在他们的眼里，不了解的事会令他们感到十分不安，所以拥有思考型人格的人终生的奋斗目标就是获取更多的知识，让自己对每件事都了如指掌，也让自己在面对任何问题的时候都知道如何去应对。

但是，当思考型的孩子也有一个缺点，那就是行动缓慢。他们拥有超强的好奇心，对未知知识有着强烈的兴趣，而且很想成为某个领域的专家，因此他们会投入相当惊人的精力和时间去研究学习。但是，他们是"思想的巨人，行动的矮子"，由于总是担心自己的计划做得还不够好，所以他们即使已经有了个非常漂亮完美的计划，也往往因为自己还停留在搜集资料准备的阶段或还在不断修正自己的作品而迟迟不愿意发表成果。他们会进一步去寻找更多的资料来检测现有的资料，经过一番缜密的求证之后才会采取行动。所以思考型孩子做事总是慢吞吞的。虽然做事的结果大多时候会令人十分满意，但是他们有时候也会因为过于小心翼翼而错过一些发展的大好机会。

由于思考型孩子通常比较沉静、独立、而且不善交际，他们对自我独立的空间有着很高的诉求，这是他们的性格使然。作为思考型孩子的家长，应该尊重孩子的这种天性，给予他们足够的空间去思考和处理自己的问题，尊重他们的决定，不要强行为他们做主，让他们独立自由地去发展，不要对他们的发展方向做出过多的干涉。对于思考型孩子来说，要做什么，要学习什么，他们自己很清楚。

此外，思考型孩子相对于其他的同龄孩子来说具有更强的专注力和认真的作风，而且他们的兴趣也比同龄的孩子多得多，而且五花八门，涉及各个方面。这的确是好事，但是如果希望思考型孩子能够把一个兴趣作为个人特长长期地学习和研究下去，家长就要想办法保持孩子对这件事的浓厚兴趣和强烈的好奇心。不过值得家长注意的是，由于思考型孩子倾向于独自行动，所以家长最好不要直接去干涉孩子的兴趣活动，只需要及时提供给他们必要的帮助，让他们的尝试活动能顺利进行下去就可以了。

另外，由于思考性的孩子总是疑虑重重，对自己的计划或者即将采取的行动不自信，所以父母应该在加强孩子的自信心方面多多关注。虽然思考型孩子总是显露出一副不需要有人从旁支持协助的样子，但是在大多数思考型孩子的心里还是很希望能有人不断鼓励他们，给他们自信的。不过，由于思考型孩子的一贯行为作风，他们的这种心情一般是很难直接说出来的，所以作为思考型孩子的家长，应该在平时多注意孩子的行为表现，因为很多心理活动是可以通过外在的身体语言和情绪变化表现出来的。家长通过一段时间的观察和适当的沟通，找到孩子在需要支持时会出现的动作或情绪上的变化，就可以有针对性地针对某件事去鼓励他，提升他的自信心。

思考型孩子通常性格内向，不会主动与他人接触，这种习惯性的独自解决问题的性格会让他们在未来的发展中受到限制。要解除孩子的这种心理性格枷锁，家长就要多多向孩子灌输这样一种认识——世上的无形资源是取之不尽、用之不竭的。如果你能回归到人群中用心生活并多多与他人接触，就能给自己带来更多的无形资产。

如果能够让孩子变得勇于采取行动而且善于与他人交流，这样，思考型孩子会拥有睿智的头脑和坦然的心态，能够轻松地面对自己的未来。

开锁密码："你的意见对妈妈非常重要"

宁宁是一个典型的思考型男孩。他很小的时候就不会向任何人过多地解释什么，哪怕自己受了委屈，他也不愿意去解释，他总是觉得这种解释是无谓且浪费时间的。他心里总是认为人们要明白的早晚会明白，不明白的再怎么解释都不会明白，不如省下时间去做自己的事。宁宁在学校里也是常常独来独往，不愿意参与集体活动，大部分时间都是一个人研究他感兴趣的东西，很多同学都在背地里叫他"小老头"。

思考型孩子总是以观察者的姿态与群体保持一定距离，自己却经常产生被孤立的感觉和疏离感。他们外表看起来很淡定，但是内心往往隐藏着恐惧，总是处于防备状态。因为思考型孩子的这种特点，所以很多思考型孩子的家长都曾经担心过孩子是不是患上了某种社交障碍，但实际上绝大多数的思考型孩子虽然在外人面前很害羞，但是在自己的世界里还是很快乐的,他们会对诸如阅读、演奏乐器、做小型生物实验等心智活动或可以发挥想象力的事物特别感兴趣,能自己一个人玩得废寝忘食,所以他们的心理还是能够健康发展的,家长大可不必为此过于担忧。

思考型孩子对自己的独立空间非常重视,甚至希望父母也不要入侵自己的小世界,他的心目中与父母家人之间最理想的关系是——互不要求,互不干涉。他们希望父母不要对自己有什么要求,因为他也不会对父母有什么要求,并且这些孩子的确也是这么做的,他们极少向父母要求什么,大部分时间都是一个人静静地做自己的事情。

不过,不要因此以为他们对待父母是一种疏离的态度,他们也常常会思考自己能为家人做些什么。不过当他们经过一番观察后,会觉得自己根本没有给家人帮忙的空间,这时候他们就会产生在家里找不到自己位置的不安全感,于是只能退回到自己的内心世界,不与家人发生过多的关系,然后努力培养一种不常见的技能,期望以后能有机会为家人做些事情,令家人刮目相看。

对待思考型孩子,父母的态度一定要亲切平和,不要表现出过分的亲密,因为他们喜欢与他人保持距离。如果要让孩子做某件事时,一定要采取请求的语气,用生硬的命令语气会引起孩子的反感。再有,当孩子肯表达出他们想法的时候,家长一定要认真地倾听,最好是能就某件他感兴趣的事和他共同研究,这可以让他产生知己般的亲切感,从而慢慢地放下心中的防备。而且,当孩子表达出自己的意见的时候,父母要及时地对孩子说:"谢谢你的意见,你的意见对我们来说非常重要,以后你要多说说你的想法。"父母千万不要对孩子说:"你不能提出这样无理的请求。"因为思考型孩子本身就是很少提出要求的,而一旦突破自己的勇气,却得到这样的评价,思考型孩子就会把自己深深地锁在内心的世界里,不肯再出来了。

很多思考型孩子在家里都有过紧张的感觉,他们有时候会把父母的关心变成压力,压得自己透不过气来。因此,一个轻松愉快、自由民主的家庭环境对于思考型孩子的健康成长是必需的。做为思考型孩子的父母,一定要尽力去营造这样的家庭氛围,让孩子有一个自由的空间去放松他的身心,让他能够以轻松愉快的心情去面对新的生活。

培养技巧:给孩子思考的空间,鼓励他及时行动

诺诺从小就喜欢自娱自乐,读书的时候更是全神贯注。如果有人在他身边让他别玩了,他总是很不耐烦,皱着眉头,一脸气愤的样子。他学习还不错,思维能力强,总是对一些奇奇怪怪的事情感兴趣,最近就迷上了宇宙和不明飞行物。他平时一言不发,但是一旦提到他喜欢的话题,他总是两眼放光,说起来滔滔不绝。

不过,诺诺是个标准的"行动的矮子"。上一次,老师让他给同学们讲一讲宇宙的事情,他在家准备了好长时间,搜集了很多资料,但是在最后一刻,还是跟老师说自己还有很多问题没有准备好,如果同学们问这个他不知道,问那个他也不知道,他还需要继续准备。最后这件事也就不了了之。

思考型孩子给人的印象就是冷漠和被动,他们能够对外部世界长时间保持不干涉、不参与、不涉及的状态。即使这样他们觉得不妥,反而很享受这种一个人独自思考、独自工作的状态。他能够把自己完全投入到内心世界里去喜欢思考,但是几乎不会与别人讨论。他们热衷思考,性格冷静,很少出现思想混乱、情绪激动的状况。

另外,思考型孩子对于知识的探索和需求是永远得不到满足的,当别的孩子在玩游

戏或者做其他休闲活动时，他一定是坐在自己的书桌前如饥似渴地看着书，皱着眉头研究他要感兴趣的东西。在他们心里，做出一番成就和实现自我价值的唯一途径就是通过知识成为某个方面的专家。

因为思考型的孩子非常看重自己的私生活，喜欢独处和沉浸在自己的小世界里面研究问题，不喜欢受到他人的干扰，所以父母应该理解孩子，给他们独处的时间和空间，让他们能够安心地思考问题。同时思考型孩子神经敏感，讨厌噪音，所以家长也要尽可能给孩子创造一个安静的环境。房间的装饰最好也不要采用大面积的能给人带来强烈刺激的色彩，也不要用色太多，要尽量使用一些让人冷静的淡雅色彩或者是驼色。

无论做任何事情，思考型孩子都喜欢在大脑中进行一番严密的思考，这可以从他们的口头用语中表现出来。所以，父母永远不要催促孩子做决定，而是要给他们足够宽松的时间和独处的空间，让他们进行思考和衡量后再引导他们说出自己的想法。同时要注意的是，即使他们的想法有缺陷或者还不够完善，也要在肯定的前提下再进行下一步引导，而不能直接否定孩子的想法，并且把自己的想法强加给他。思考型孩子容易形成心理负担，在大多数时候不愿意说出自己的想法，因为他们害怕遭到批评，所以父母要鼓励孩子说出自己的想法，在鼓励他们的时候，首先要卸下他们的心理负担，可以这样对孩子说："在什么情况下我们都理解你。"这样会让孩子更容易接受父母的帮助。

思考型的孩子大多数不能及时采取行动，并且不喜欢直接参加实践活动，父母应该通过旅行或者野营带着孩子去了解书本上的知识和直接体验是有区别的，有些事情不去体验就永远无法得知其中的奥秘，让他们充分理解参加活动或者采取行动对于自己的知识是大有裨益的。比如当孩子对海洋感兴趣的时候，可以带孩子到海边去感受一下海水和沙滩；当孩子对树木感兴趣的时候，可以带他到植物园去触摸真正的植物，让他对自己的知识又有了拓展而感到高兴。

此外，父母要引导孩子在准备好的时候及时行动。可以帮助孩子成立一个兴趣小组，这不仅可以帮助孩子提高人际交往能力，而且可以在小范围的活动中逐渐提高孩子行动的能力。比如当小组需要他发言的时候，他可以在自己信任的人面前毫无顾忌地说出自己的观点。而当孩子能够及时行动的时候，父母一定要给予孩子鼓励和赞美。

"焦虑多疑的小曹操"——怀疑型孩子

人格特点：注意力集中，责任感强

小威有着同龄孩子少有的踏实稳重。无论是家长还是老师，都会很放心地把事情交给他来完成。只要能够给小威明确的交代，他就能出色完成任务，因此他是深受他人信任的。但是小威最害怕的是被人赋予"决定权"，他很害怕由于自己的决定失误而导致任务失败。在家长和老师的眼里，小威是个可以信赖的好孩子和好学生，但是却独独缺少了些担当的魄力。很明显的一点是，每次班里竞选班干部，他都会躲得远远的，即使老师和同学都很看好他，他也绝不会参加。

小威是个典型的怀疑型孩子——待人主动忠诚，做事小心谨慎，为别人做事拼尽全力，特别顺从父母，有些孩子也会表现出很强烈的反抗性，他们不喜欢引人注意，不喜欢变换环境，性格忧虑多疑，充满矛盾，缺乏安全感。

怀疑型孩子也被称为"忠诚型孩子"，忠诚是他们最大的优点。他们为人真诚，以身作则，做事善始善终，很注重承诺，有责任感，一旦答应了别人，给了别人承诺，他们就是不吃不喝不睡也要会完成，因此绝对是一个值得信任的好帮手。

怀疑型孩子的团体意识很强，一旦在集体中获得别人的信任和依赖，他就会恪尽职守，认真履行自己的职责，毫无保留地为团队贡献自己的力量，所以这类型的孩子在学校里是很受老师和同学欢迎的。

怀疑性孩子很讲义气，对待自己人忠心耿耿，在对方遇到危险时总是能够在所不辞地出手相助。如果能够有朋友或者团队支援怀疑型孩子，他们就会很自信，既信赖别人，也信赖自己，此时的他可以最大限度地展示出他的优势和潜能。

怀疑型孩子是不愿意在团队中担任领导的，他们只喜欢跟随那些能给他们明确行动指示的人，因为只有这样才能让他们感到安全。所以，怀疑型孩子对于团队的忠诚是建立在安全感的基础之上的，一旦失去了这份安全感，或者认为自己没有得到信任，那么怀疑型孩子就会以最快的速度转变成团队特立独行的人，要么明确反抗，要么对团队成员退避三舍，独来独往。

怀疑型孩子的工作能力是很出色的。当他们处于制度明确、组织架构清晰的工作环境或是面对一系列非常明确的命令时，他们会完成得非常出色，加上被赋予的义务和责任使他们内心的疑虑顿消，他们会充满力量，踏实作战、勇往直前，浑身散发着迷人的光辉。不过，怀疑型孩子如果不是生活在团队中，他们靠一己之力是没有办法生存的，他们最害怕的就是得不到别人的支持和引导，所以他们即使工作再出色，也不愿意在团队中担任领导或是做某项决定。

怀疑型孩子希望自己总是处于可以预料和控制的状态之下，但是这种安全第一的想法往往让他们过于小心谨慎，有时候甚至会显得木讷，不够灵活，缺乏自信。不过这种小心翼翼的性格在团队生活中也有好处，这会让他们行事充满计划性，善于发现和防范别人发现不了的陷阱，同时也能够帮助团队中的其他人走上正轨。

性格枷锁：缺乏安全感，爱猜疑

丁越说，不知道从什么时候起，自己总是被一种焦躁疑虑的情绪困扰着。他的疑心病很重，有的时候在班里看见有同学围在一起交头接耳地说说笑笑，他就会情不自禁地怀疑同学们在谈论他的是非，在议论或嘲笑他，然后就开始莫名地焦躁。丁越知道自己这种心理很不好，但也不知道如何调整。

小曼是个眼泪很多的胆小鬼。爸爸每次去上班，她都哭哭啼啼，不舍得和爸爸分开。而且她还有杞人忧天的毛病。有一次在电视上看见了一个火灾的画面，从此她就陷入了恐慌之中。每天晚上都会担心家里着火，经常睡着睡着就惊醒，然后把妈妈摇醒，让妈妈去检查有没有关煤气，有没有拔下电源插头……小曼的脾气也很怪，可能前一秒还玩得好好的，下一秒就会突然发脾气。

怀疑型孩子的洞察力很强，这也正是他们的潜能所在。他们能够轻易感受到身边的人哪个心里高兴却装得很平静，哪个内心悲伤却面带微笑，这又是甚至会让大人们感到惊讶，奇怪为什么身边的人和事都逃不过孩子的眼睛。

其实这与怀疑型孩子的思维模式有关，他们天生就充满了警觉性，认为这个世界充满了威胁和危机,所有的事物都难以预测和肯定,人与人之间也很难建立起真正的信任,如果轻易相信别人的话就只会让自己的处境更不安全。所以他们总是在仔细辨认着周围的情况中哪些是有利的,哪些是不利的,这样他们就可以在潜在的威胁和问题变得一发不可收拾之前做出适当的预防措施。

怀疑型孩子对安全感的渴望促使他们对可能的危害和威胁具有一种先天的直觉,一眼就能看出环境中可能存在的问题,并立即采取措施趋利避害以确保周围每个人的安全,这无论是对他们本身还是对他们周围的人,都是有极大帮助的。

怀疑型孩子对潜在的危险和问题的想象力十分丰富,总是不自觉地放大危险性,所以做事经常犹豫不决,对事情过于认真。他们总是想得太多又没有决定的魄力,所以在采取行动前总是充满困扰。如果你仔细观察过怀疑型孩子,就会很容易发现他们从很小的时候就喜欢说"慢"、"等等"、"让我想想"等词语,而且跟别人说话的时候声音总是颤抖的,不敢直视对方的眼睛。

怀疑型的孩子在遇到困难的时候通常会出现两种选择,一种是逃得远远的,另一种就是闭着眼睛跳进火坑,一面瑟瑟发抖一面继续作战。如果选择逃避,他们就会表现出顺从的样子,以避免他心中认定的某些伤害;如果选择面对,那么他们就会勇往直前,用带些冲动的行动去掩盖自己的不安情绪。无论哪种反应,怀疑型孩子从心底都是不会相信他人的。

怀疑型孩子从小就对世界怀有一种悲观的看法,觉得世界上有很多坏人和不可预测的事,所以自己必须特别小心,极力顺从,这样才能防止自己受到伤害。他们总是在告诉自己不要轻易被事物的表象迷惑,必须要深入探索真实的情况。正是因为这种观念,使得怀疑型孩子长期怀有一种恐惧和疑惑的心理,很难去相信别人,做事畏首畏尾,与任何人都保持着一定的距离。

可以说,他们最大的枷锁就是生活在一种矛盾的情绪中,他们一方面很希望得到大家的喜爱和认同,另一方面有止不住地想要抵抗和质疑别人,所以怀疑型孩子有时候会非常乖巧听话,有时候又会公开反抗别人,给人一种捉摸不透的感觉。

要解开这类孩子的心理枷锁,家长要面临的首要任务就是必须让孩子知道,人与人之间是值得互相信赖和依靠的。

开锁密码:"无论什么时候,我都会保护你"

假如你是怀疑型孩子的父母,要让怀疑型孩子去办一件事。刚开始的时候你会很细心地指导他,直到他把这件事出色地完成。等你确定你不给他指导,他也可以轻车熟路地完成这件事的时候,你自然就不会再向开始那样去仔细地去指导他,而是会放手让他独立去做。但是怀疑型的孩子内心却不是这样想的,他甚至可能会因此产生恐慌,心中充满被抛弃的悲凉情绪:爸爸妈妈是不是不管我了,他们是不是不在乎我、不爱我了?

怀疑型孩子天生就被一种焦虑和不安全感所笼罩。在他们童年的时候,他们最重视的就是自己的父母,很害怕受到父母的冷落,得不到父母的支持。所以怀疑型孩子强大的洞察力最早就是从观察父母的态度开始的,而且在察言观色的过程中还养成了犹豫不决的坏毛病。

他们总是会产生一种无助感。但是这并不意味着怀疑型孩子的父母没有给孩子足够的关爱,因为即使是很爱自己孩子的父母,也可能会让孩子在一瞬间产生得不到信任和支持的失落感，但是孩子的人格类型有一部分是天生的，并不是所有的孩子都因此对父母产生怀疑，但是怀疑型的孩子就会因此觉得自己是被孤立的小孩，并且时时刻刻都充满着焦虑。随着年龄的增长，他们又从焦虑中发展出了怀疑的特质。所以，他们对父母的感情是矛盾的，一方面为了得到认同而想要服从，另一方面又因为未能获得信任而蓄意反抗。面对外界的问题，他们常常"心有余而力不足"。他们害怕被人抛弃，怕没人支援。由于心灵深处的这种恐惧，他们不知道面对一些可以信赖的人的时候究竟是该依赖还是该独立，所以总是给人若即若离的感觉。

怀疑型孩子的想象力过于丰富，而且所想象的内容几乎总是悲观的，这就导致了他们多疑的世界观。他们总是习惯于去想象最糟糕的情况，而很少去考虑最好的情况。他们会不自觉地去寻找环境中对他们有威胁的线索，而把那种对最好情况的想象视为一种天真的幻想。怀疑型孩子很渴望安定，看重安全，他们的内心时刻对预测不到的未来有一份深深的焦虑和恐惧。为了安抚这种不安的情绪，怀疑型孩子发展出了两种不同的行为模式——保守沉默和冲动莽撞。在九种人格特性中，其他的人格都只有一个性格，但是怀疑型孩子有两种，一种是对抗性怀疑型，另一种是逃避性怀疑型。而且一般情况下，怀疑型孩子在人前和人后的表现是不一样的，如在家是逃避型，外边通常是对抗型；反之亦然。也就是说，几乎所有的怀疑型孩子都存在两种性格，只是所占的比重不同。

对抗性怀疑型的孩子会主动寻找危险，并显出强烈的进攻性，而逃避型的孩子则选择敏感地逃跑，以此来回避这种恐惧。但是他们的心理是相同的，那就是失败带来的恐惧感要比成功的期望大得多。所以他们在计划一件事的时候，总是会想到"出错了怎么办"，并因此迟迟不敢行动。这严重阻碍了他们的行动和发展的脚步。

为了培养他们的行动力，父母可以试试这样的方法。如果家里有件事情需要有人做决定，可以试着问问孩子"你认为该怎么办"，其实大多数的怀疑型孩子都能很有条理地说出他的想法，因为他早就在心里清清楚楚地想好了要怎么做。这时候父母要趁势鼓励他说："你说得很好，就这么做吧，出什么问题都没关系，还有爸爸妈妈呢！"听到这样的话，他就会立刻高高兴兴地动手去做了。

其实为了解开怀疑型孩子的心理枷锁，就一定要保证孩子有个安全的心理环境，父母最应该扮演的角色是他们的保护者和引导者，应该无条件地为孩子提供心灵深处的支持和抚慰，引导他们凡事都要向积极的方面看。当他们产生焦虑不安的情绪时要宽容并表示理解，而且要给予适度的安慰。总之，父母一定要让孩子相信自己是安全的，无论在什么时候，父母都会保护他，不会扔下他一个人。

培养技巧：让孩子保持冷静，学会相信他人

怀疑型的孩子总是缺乏安全感，所以他们总是渴望得到强有力的保护，因此他们常常遵从周围大多数人的意见，忠于职守，总是努力和其他人友好相处以确保自身的安全，希望以此来得到别人的信任，得到别人的保护。对于他们来说，家人和朋友是十分珍贵的，他们喜欢和自己信任的人在一起，共同面对"竞争对手"。

不过又因为他们对周围的一切总是抱着一个怀疑的态度，所以常常会在心里质疑他所看到的或者听到的事情。如果他们一旦发现保护者的言行自己无法理解，他们马上就会出现排斥和反抗。

对抗性怀疑的孩子固执、叛逆，喜欢对别人冷嘲热讽，总是对比自己强大的人抱有敌意，时常对他们的权威提出疑问和反抗。这样的孩子其实是想用自己的积极进攻改变

自己的被动地位，同样也是为了摆脱恐惧感，获得安全感。

而逃避性怀疑型的孩子并不是一味逃避没有其他的想法，当看到别人违反纪律的时候，他们的内心就会产生怀疑："为什么只有我遵守这些规矩呢？"如果这种想法没有得到及时疏解，那么他们随后会出现两种情况，一种是内心不安，继续逃避；另外一种就是产生颠覆一切的冲动，所作所为让人大跌眼镜。那些平时看起来很温和的怀疑型孩子，当压抑许久的愤怒爆发时，往往会让所有人害怕。有研究表明，历史上很多反抗君主暴政的起义领袖都是怀疑型的人。

有时保守沉默，有时又冲动莽撞，并且这两种行为方式会突然发生转换，总是让人感觉很紧张，你永远不知道这些怀疑型的孩子下一步到底想要怎么样。所以父母要帮助孩子学会冷静，学会客观地分析事情。

要想让孩子保持冷静，最重要的就是要让孩子感觉到无所不在的安全感，只有这样他才能情绪稳定，不会过度顺从或者过度反抗。父母要给孩子创造一个充满安全感、氛围舒心的家。这类型的孩子总是提心吊胆地生活，他们害怕自己吃的饭是否绿色健康，担心自己出门的时候会不会遇到抢劫，害怕会不会发生地震。所以父母要时刻关注孩子的心理状况，一旦孩子出现惶恐不安的表情，一定要温柔耐心地询问孩子出现了什么情况，然后抱抱他，告诉他不管什么情况下爸爸妈妈都会保护他，不会抛下他，让他的心情恢复平静。

怀疑型的孩子精力充沛，但是总是会把精力放在担心未来的事情上，所以父母不要让他无所事事，要给他安排一些有趣的事情做，用这些事情来转移他的注意力。

此外，怀疑型孩子似乎总是和每个人之间都保持着距离，他们和家长并不是特别的亲密；如果仔细观察他们的交往情况，你也会发现虽然他们看起来有很多的朋友，并且也表现出一副融入其中的样子，但是实际上并没有几个能够真的让他们放开戒备完全展现自己的人。

怀疑型孩子的家长要告诉他们："事实上你对别人的不满只是表明了你对别人的态度，别人对你可能不是这样看的，事实上，并不会有人想要刻意伤害你。在你的生活中肯定有那么几个人，他们总是无微不至地关心你而且值得信任，你可以随时找到他们诉说自己的痛苦，寻求心理安慰。"要时时刻刻向孩子传达这样的观念，如果依然没有发现孩子身边有他信任的朋友，就要鼓励他主动去与人交往。另外家长还要给孩子打好被人拒绝的预防针，让孩子在心里明白即使被人拒绝也是很正常的，这并不值得焦虑和恐惧。

虽然怀疑型孩子不太容易与人建立亲密关系，但是他们一旦认定了一些朋友，绝对会是忠诚可靠的好伙伴。怀疑型孩子看似很淡漠，不会总是对别人甜言蜜语、嘘寒问暖，但是只要别人有需要，他们绝对是第一个伸出援手的，所以他们更有可能收获长久的友谊。因此怀疑型孩子的家长只需引导孩子学会敞开心扉交朋友，而不必担心孩子没有知己，因为这类孩子的关系网通常是属于不繁琐但很坚实的那一类，也就是说，虽然他们跟人的关系很难建立，不过建立之后通常会比较稳定而持久。

"活泼外向的开心果"——活跃型孩子

人格特点：喜欢探索，动作夸张

淘淘就和他的名字一样是个小淘气包，从小就特别好动，一刻都不得安宁，整天像个小猴子一样上蹿下跳。他在学校里也是这样，上课时精力不集中，一会儿写张纸条，一会儿在本子上画幅画。做作业的时候也很难静下心来，总是三心二意，草草了事。不过，淘淘也是家里人的"开心果"，他个性开朗，总是高高兴兴的，当爸爸妈妈工作劳累一天回到家，他就嘻嘻哈哈地想尽办法逗他们开心，每次也都能把爸爸妈妈逗得哈哈大笑。而且有时候因为他的淘气，父母会狠狠地批评他，当时他会看起来满脸不高兴，不过用不了多久，他的脸上就会重新绽放笑容，把刚才的事情抛到九霄云外，所以父母批评他的时候也不会有什么心理负担。

淘淘是典型的活跃型人格——性格外向，精力充沛，乐观开朗，过度活泼好动，想法多样而且有时候不切实际，逃避责任和压力，很少有负面情绪，贪图享受，追求充满刺激的生活，喜欢冒险。

在九种人格类型里面，活跃性孩子是最外向最活泼的一个，这个类型的男孩就像个小猴子一样整天上蹿下跳无法安静，这个类型的女孩也是大大咧咧、敢作敢为，几乎没有女孩的安静气质，是别人眼中的"假小子"。

活跃型孩子精力旺盛，总是东奔西跑的，很难在一个地方安静地待一会儿。他们的动作总是很大，如果让他们坐着，他们一定不会端端正正地坐在那里，而是会不断地扭动身体，一副坐立难安的样子。他们说话时身体动作和手势都很大，表情也会很夸张，要么不笑，笑起来一定是咧开大嘴痛痛快快地笑个够，在他们的脸上很少会出现含蓄的微笑。他们还喜欢用不屑的眼光瞪着周围的人，不过并不是因为生他们的气，只是因为他们觉得这样很好玩。活跃型的孩子总是有点"口无遮拦"的倾向，说话喜欢一针见血，大有语不惊人死不休之势。这种性格有时会让身边的人开心不已，但是有时候也会因为场合的问题使人陷入尴尬。

活跃型的孩子似乎永远不知道什么是累，他们总是有做不完的事情把自己的一天塞得满满的，每天晚上回到家都是一副意犹未尽的样子。即使回家的时候已经很累了，如果他们发现了什么有趣的东西，还是能马上拿出热情继续游戏。

他们很善于发现快乐，不仅让自己的生活充满乐趣，还能够全身心地投入到欢乐的海洋中。他们是天生爱玩的类型，适应能力很强，不管在什么环境下都能找到可供嬉戏的素材。他们喜欢探索，尝试新鲜事物，并且有足够的精力去营造各种刺激。

在别人眼里，他们是爽朗活泼、富有魅力的孩子，而他们自己也会有一点儿自恋倾向，总是认为自己非常优秀，而且对此深信不疑。不过，这些孩子的快乐来得快去得也快，他们的计划永远赶不上变化，而且行事散漫，没有计划。当他们高兴的时候，可以很快地完成一件事，但如果不在状态就会一拖再拖。

不过，最令活跃型孩子苦恼的是，这个世界充满了规范和限制，这让他们感到被束缚。所以他们才会通过追寻自由和快乐以逃避痛苦、脱离规范。他们最理想的生活是多姿多彩、充满无限可能的，所以他们不屑于外界的限制，总是表现出一副爱谁谁的姿态，口头禅也常常是"管他呢"、"先……再说"这一类表示不屑的话。

性格枷锁：专注力差，害怕挫折

活跃型孩子固有的思维模式使他们认定每个人都应该努力破除各种障碍，致力去寻找美好欢乐的体验，同时避开所有不美好的感觉。因此，他们最害怕的就是失去快乐，只有在快乐的环境下，他们才能摆脱内心的恐惧感到安全。在他们心中，永远充斥着

"我要想办法让自己快乐起来"的欲望,正是因为如此,当活跃型孩子面临痛苦、麻烦时,他们也会选择以玩乐的方式来麻痹自己,逃避这些负面却真实存在的问题。这种想要逃避的心理,正是活跃型孩子性格中的最大枷锁。

只想要快乐的经验而不想遇到挫折感受痛苦,实际上这也是在给自己设限。要解开活跃型孩子的心结,最关键的是要帮助孩子认清现实并勇敢面对生活的喜怒哀乐,让他学会承受,培养他勇于担当的品质。

家长鼓励孩子勇敢行事是正确的,但是由于活跃型孩子不喜欢生活中的条条框框,所以如果家长不分情况地去鼓励活跃型孩子勇敢地去做事,那么活跃型孩子极有可能会犯下一些严重的错误,让家长后悔不迭。所以面对活跃型孩子,家长最好还是在理智地限制他的某些行为的基础上再去鼓励他,另外还要教会他为自己的行为承担起相应的责任,不要让他过于无拘无束,否则只会让他更变本加厉地逃避。

另外,活跃型孩子还有一个很大的性格缺陷,那就是他们活跃的性格让他们的热情和兴趣来得快去得也快。在准备一项计划的时候,他们通常会充满热情,但是过了最初的计划阶段,开始进入实施阶段后就会丧失最初的热情,并且兴趣会慢慢发生转移。

对活跃型的孩子来说,最难做到的就是"坚持"两个字,他们的兴趣的确很广泛,而且头脑灵活,善于运用大量的设想和理论来代替枯燥而艰苦的工作,但是如果不能坚持把想法和计划完成,那么所有的计划都只能称之为空想。所以活跃型孩子的这种专注力差的特性,使他们很可能会错过某种长潜能的发展,最终与成功擦肩而过。

活跃型孩子不喜欢接受规范的教条限制,喜欢我行我素,他们总认为"只要我喜欢,没有什么是不可以的",所以他们行动有点散漫。他们很害怕沉闷束缚,所以在做事的时候很少会列出一份详尽的计划,更多的时候是随性而为,想做就去做。

活跃型孩子不论担任什么角色,一旦丧失了兴趣就想溜之大吉。他们从来不会怀疑自己的能力,在事情做到一半的时候,他们可能会想:"做到这个程度就差不多了。"然后就会放弃去寻找新的刺激。这种散漫的个性,其实是很不利于活跃型孩子在某些方面的长足发展的。有的时候,他们还可能会被自己的这种散漫个性连累,给人留下不好的印象,白白浪费很多大好时机。

活跃型孩子的生活目的似乎就是不惜一切代价寻找快乐,他们需要源源不断的新鲜刺激点燃生活的激情,激起自己的生活兴趣,所以有些时候他们会为了获取快乐而冲动行事。这种冲动在与人交往的过程中表现得很明显,他们总是喜欢根据自己的心情和兴趣转移话题,很少去倾听别人的需求,照顾别人的感受,所以他的这种冲动性格也会给他们的人生发展带来一定的阻碍。

开锁密码:"遇到困难,我们一起面对"

活跃型孩子从很小的时候就很喜欢挑战和冒险,即使面对那些会令其他孩子非常恐惧的事情,他们也总是表现出一副满不在乎的样子。有的孩子小时候很害怕虫子之类的小东西,但活跃型孩子会把它们抓在手里研究,并显出"有什么好怕的?它们很好玩啊!"的样子。父母从他们身上根本找不到任何焦虑恐惧的影子,好像就没有什么事是能让活跃型孩子感到这是一件很困难的事情。活跃型孩子给人的感觉一直是轻松、阳光、快乐的。家长们常常会在心里问自己是不是这类孩子天生就不懂得什么是困难,什么是害怕呢?

其实,活跃型的孩子和其他类型的孩子一样,内心深处都潜藏着深深的恐惧,不过他们处理这种恐惧的方式却跟别的孩子不一样，比如怀疑型孩子在面对困难的时候总是时刻充满了忧虑，表现出一副谨小慎微、惴惴不安的样子，而活跃型孩子则采取大而化之、满不在乎的样子，他们习惯用一种寻找快乐的方式来掩盖或者逃避内心的恐惧。如果家长认为活跃型孩子天生胆大不知道什么是困难的话，那真的是误解他了，其实他们在某些时候也是个"胆小鬼"，害怕面对困难，而且他们的行为越夸张的时候，很可能正是他们越觉得害怕的时候。

除了故作轻松地面对恐惧之外，活跃型孩子由于兴趣广泛，他们做事情常常会出现虎头蛇尾的情况，因为一旦在完成这件事情的过程中遇到困难，这种类型的孩子就会觉得这件事没有乐趣，马上就会丧失对它的热情，转而去寻找下一个有趣的事情。所以，活跃型孩子表面上看起来似乎总是不会遇到困难，但实际上是他们一遇到困难就逃跑了，这种承受不了挫折的个性其实对活跃型孩子的发展是很不利的。

那么活跃型孩子的父母要怎样帮助孩子摆脱这种个性呢？首先来了解一些父母在这种类型的孩子眼里是个什么样子的。活跃型孩子认为自己人生最大的挫折就是来自外界的条条框框，而父母是最早给他设置这些规矩和要求的人。在他们眼里，父母虽然能够给自己足够的照料和关爱，但是他们总觉得父母存在一定的问题，感到父母并不是可靠的持续的养育之源。

因此他们在面对父母的时候，常常会产生一种受挫感，他们不认为自己可以依靠父母来获得自己需要的东西。

为了帮助孩子形成面对困难不退缩的性格，父母应该经常跟孩子说："不管在什么情况下，我们都会照顾你的。有了困难和挫折，不要害怕，爸爸妈妈会帮助你渡过难关。"千万不要对孩子说："依赖别人是弱者的表现。"因为这种类型的孩子本来就不喜欢请求别人的帮助，如果父母总是用这种说法强化他的心理，那么他肯定会与父母的关系越来越远。

父母首先要帮助孩子延长专注于某一件事情的时间。当活跃型孩子对一件事情过于投入时，他们心里反而会生出负面情绪，这种专注让他们感到恐慌，所以他们会同时关注多种事物来逃避这种恐慌。所以当父母看到孩子专注于某一件事情的时候，即使有话想对孩子说也要忍住。还可以注意一下孩子喜欢玩的游戏，可以从游戏入手提高他们的专注力。

要培养活跃型孩子的坚持习惯，比较有效的方法是帮助他把大目标分解成一个个小目标。每当孩子完成一个小目标时，就要和他一起庆祝，分享他达成目标后的喜悦，同时鼓励他向下一个目标前进。孩子熟悉这种完成目标的方式之后，要引导他自己去制定每个小目标。当他们把这种做事方式变成习惯，孩子自然而然也就能够做到坚持了。

培养技巧：生活有欢乐也有痛苦，学会承担才能成长

一位活跃型的成人这样回忆自己的童年：

我从小就很聪明，鬼点子特别多，还特别擅长搞恶作剧。每当看到我周围的人因为我的某些行为笑得前仰后合的时候，我总是产生一种特别的满足感和成就感。我的精力特别旺盛，有好多感兴趣的东西，而且我从很小就很会自娱自乐，流行的游戏和活动几乎没有我不会的。我觉得人生就是用来追求快乐的，活着的目的就是体验无休止的快乐。

这就是活跃型孩子的典型心理。他们总是希望过一种享乐的生活，把人间所有的

不美好化为乌有。他们喜欢纵情于娱乐，喜欢物质生活，喜欢享受，喜欢探索新事物，不爱受别人管束，不喜欢遵守规矩，总是希望生活中充满了刺激、冒险和各种各样的选择。他们总是马不停蹄地出发去寻找通往快乐的捷径。

活跃型孩子的脑子里想的都是一些积极的和对未来的美好幻想，而且时常沉醉于这种快乐的气氛里。但是因为孩子的年龄很小，心智发育不成熟，所以他们的计划里总是充满了不切实际和没有可行性的计划。不过，他们是很难通过自己的理性思考认识到这一点的。他们永远有无数的计划，而且灵活多变，但是真正实现的却没有几个。这种思维惯性很容易让他们陷入到一种不务实的态度中去。不过活跃型孩子的胆子其实很小，只要是经历过伤害的事情他们就绝对不会再尝试第二次。对于痛苦和规范，他们常采取一种逃避的方式。为了逃避痛苦，活跃型孩子总是用快乐把自己的生活填得满满的，不留一点喘息的时间，所以他们很容易陷入一种疲于奔命的怪圈。又因为他们太执着于享乐，所以轻则轻佻浮夸、没有责任心和专注力，严重时就会发展成一个贪图享乐、沉溺幻想、没有上进心的人。而长期在内心的痛苦，也极有可能大量累积后突然爆发，导致某些身体疾病。

所以家长为了提升孩子的幸福感，就一定要让孩子明白人生中既有欢乐也有痛苦，我们不仅要学会享受快乐，也要学会承担痛苦。如果想要活跃性的孩子拥有健康的身心，最重要的就是要陪在他们身边，与他们一起体验生活中各种不同的感受。要让孩子知道，困难、痛苦和悲伤并没有想象中那么可怕，这些感受和快乐一样都是生活的一部分，而且正是有了痛苦等负面的感受，才会让快乐显得非常珍贵。虽然所有的家长都希望自己的孩子拥有一个快乐的童年，但是对于活跃型孩子来说，让他们适当地去感受一下令人难过的场面，是对他们的健康成长是大有帮助的。

另外父母要培养孩子的责任感，告诉他们不能一遇到困难就逃跑，把失败的痛苦全都留给别人，要让孩子学会为自己的行为负责。活跃型的孩子喜欢新鲜事物，有着很多看似完美的计划，而且他们喜欢拉上朋友一起参与。但是一遇到困难或者自己失去了兴致，就会把事情扔给朋友。父母应该时刻提醒孩子，这种没有责任感的行为会给朋友带来麻烦。

活跃型孩子的父母应该成为孩子的调控者。当他们精神涣散、三心二意或是难以坚持的时候，要帮他们踩稳油门，帮助他们脚踏实地地坚持把一件事情完成；当他们一时兴起、冲动莽撞或者过度活跃的时候，要及时帮他们踩住刹车，控制他们的速度，避免他们横冲直撞留下隐患。

如果活跃型孩子能够得到父母很好的引导，他们会表现出生气勃勃的优点，懂得珍惜快乐和幸福，但是如果家庭很好地塑造孩子先天的性格，活跃型孩子就有可能成长为回避困难、不知满足、耽于享乐的人。

九型妈妈PK九型娃：巧适合不如会磨合

以符合孩子性格的方式表达对孩子的爱

现实生活中，我们经常可以看到父母非常疼爱孩子，但是孩子却与父母关系紧张的情况发生。很多家长也会奇怪地问："这世界上哪有不疼爱孩子的人呢？可是孩子就是跟我不亲近。"的确，大部分父母都是爱孩子的，但是问题的关键在于你的爱有没有被孩子感受到。意大利天主教神父、慈幼会的创办人若望·鲍思高曾经说过："只有爱是不够的，一定要让孩子感受到爱才行。"

爱是需要沟通和共鸣的，只有这样，爱才会像春风一样温暖孩子的心灵。那么怎样才能让孩子感受到父母的爱呢？要达到这个目的，第一步就是了解孩子的性格。只有孩子的天生性格被父母认可，孩子才能感受到父母的爱。即使父母希望孩子做出一些改变，也要首先尊重他们的性格，只有让孩子感到自己是被父母尊重的，他才会对父母敞开心扉。

苏联教育家马卡连柯曾经说过这样一句话——尊重人、信任人是教育人的前提，其中"尊重人"所指的正是尊重人的人格。教育的核心就是让孩子始终体验到自己的尊严感。不过在现实生活中，不注重尊重孩子人格的现象屡屡发生。家长常常打着"关心孩子，为了孩子好"的旗号，将自己的意志强加在孩子的身上；还有些家长总是认为孩子"应该"怎样，然后想方设法把孩子塑造成自己理想中的模样，却从没想过孩子实际上是怎样的人。这些行为无疑否是对孩子人格的漠视。

人格是从一出生就确定的，是稳固的、独特的个性心理特征，是与生俱来的，而且本质上是不会发生改变的，这是所有研究九型人格与发展心理学的学者们公认的事实，并且推测这可能与遗传、胎儿时期的子宫环境、母亲在怀孕时的精神状态有关。但是无论是何种原因，"气质是天生的"，这是不可改变的事实。所以父母研究九型人格，不能把创造或者改变孩子的人格类型作为自己的目的，而是应该承认和尊重孩子的人格类型，接受他们的内在价值体系，协助他们根据自身的人格类型发挥独特的潜力。

也许有家长会说："既然人格类型不能改变，那么家庭教育还有什么用处呢？"其实在社会中我们很难把人简单地划分为9类，这是因为即是同种类型的人格也有着健康状态、一般状态和不健康状态之分，并且在不同状态下人们的行为方式和性格惯性也不尽相同。比如一个健康状态下的活跃型孩子充满活力、自信乐观，而不健康状态下的同类孩子就可能是终日玩乐、脱离实际的人。一个人成年后的人格类型处于哪个状态，这在很大程度上取决于他童年时期的经验以及父母的教育方式。如果父母能够清楚孩子的性格并据此因材施教，孩子的人格就会向着健康状态良性发展；而一个生活在父母施教不当环境中的孩子，他在成长过程中会不自觉地关闭自己的情感沟通渠道，同时还会建立起各种各样防止受到侵害的防御反应。简单来说，如果父母能够根据孩子的天生性格来表达对孩子的爱，把对孩子的教育建立在尊重孩子人格基础上，那么孩子就会按照自己的天性成长，发展出健康的人格；否则就会让孩子受到伤害，使其发展处于不健康的水平。

忽视孩子本身的性格特质，无论多么重视家庭教育、耗费多少精力，也是于事无补，甚至可能会过犹不及。所以，对孩子的教育，一定要建立在尊重孩子的天生性格的基础上。

总而言之，父母要学会观察孩子的人格类型，并且以其所属类型的最佳发展来与其相处，而不是试图去改变他们。要知道，每种性格都有自己的闪光点，如果父母一味培养孩子与天生性格不一致的特征，孩子就会无法发展个性中固有的特点，甚至会造成孩子含混不清的性格，让孩子变得缺乏自信和存在感。只有充分发挥自身性格优势，孩子才能自信地面对生活。

以下是各种人格类型的健康标准：

	健康状态	一般状态	不健康状态
领袖型	具有出众的领导才能，心胸宽广，能够保护别人	争强好胜，做事直接，有很强的控制欲	行为有暴力倾向，疯狂追逐权力
和平型	性格随和，兼收并蓄，目标明确	优柔寡断，常常劳心伤神，性格温和	偏执，丧失人生方向，相信宿命论
完美型	冷静沉着，理智，具有批判意识	完美主义者，行为谨慎	行为具有破坏性，伪善，冷血
助人型	乐于帮助别人，富有创造力	具有奉献精神，心中充满母爱	在依赖别人的同时希望支配别人
成就型	才能出众，值得信任，诚实	实用主义者，有出人头地的愿望	狡诈的投机主义者
浪漫型	富有创造力，人际关系良好	情趣高雅，追求美和浪漫	神情恍惚，颓废，脆弱
思考型	富有创意，精力旺盛，睿智	善于分析和思考，但是总是扮演着旁观者的角色	被孤立的状态下会陷入虚无主义，行为古怪
怀疑型	忠诚，勇敢，大胆	恪尽职守，做事小心	胆小怕事，依赖别人，但是行为具有攻击性
活跃型	多才多艺，而且能够享受内心的平静	好动，快乐至上，思想肤浅	陷入某种癖好不能自拔，自制力差，不听劝告

与孩子性格相同就和谐吗

有很多家长可能以为孩子是自己生的，必定会与自己有着相同的性格，有些则认为孩子会遗传自己的性格，还有一些家长抱着这样的态度：孩子与我朝夕相处，他最终会与我拥有同样的性格。

我们经常看到很多父母总是这样骄傲地描述孩子："我们家孩子真是跟我一模一样！"的确，孩子在长相、体型和才能方面有很多地方会和父母相似，这是遗传的作用，是理所应当的事情。但是研究表明，性格不一定会遗传，孩子的固有性格只可能会受到父母性格的影响，而不会与父母的性格完全一样。

一些家长认为如果孩子与自己拥有一样的性格就能够更好地理解孩子的需要，亲子之间的相处就可以更融洽，这不一定正确，心理学家认为：即使父母和孩子是相同的性格，但是根据观察视角和阅历的不同，每个人的感受和认识也不相同。即使父子两个都是活跃型的人格，都具有活泼开朗、社交广泛的性格，但是由于两个人的生活经历完全不同，所以感受也不会相同。就像同样一个行为，有人认为是死心眼、不会变通的表现；有人则认为是有毅力能坚持。所以，父母没有必要因为自己和孩子不是相同的性格就暗自苦恼，认为自己与孩子的相处一定会出现问题。

要想让自己能够与孩子和谐相处，父母要做的第一步就是承认孩子的性格可能与自己的不同。因为人与人之间的相处，最重要的就是要接受其他人与自己的区别。如果不承认对方与自己的区别，强行要求别人跟自己一样，那么一定会把双方的关系弄僵，这个原则同样适用于亲子之间的相处。从来没有人能够强迫别人改变本性，这样做的结果只能是导致关系破裂。有些妈妈是活跃型的人格，而孩子是思考型的人格。在妈妈的眼里，孩子这么安静，生活该是多么无趣啊！于是她经常带着孩子出去游玩，希望孩子能够变成活泼开朗的孩子，但是实际上妈妈不知道，思考型孩子觉得安静的生活才有乐趣，无休止的外出只会让他疲惫不堪。而妈妈的活跃也会在这些活动中无形中给孩子带来很大的压力，让他变得更加孤僻。当情况反过来，妈妈是思考型而孩子是活跃型，如果妈妈没有认识到孩子的个性并根据他的个性加以引导，那么妈妈会认为孩子是一个散漫没有礼貌的孩子，时间长了，孩子就会因为能量没有释放而感到郁闷。以上两个例子都是告诉我们，当固有的人格类型没有得到认可，孩子会认为自己是不受欢迎的人，会变得缺乏自信。

世界上没有完全匹配的"性格八字"，即使两个人具有一样的性格类型，也并不能代表能够很好地理解对方，而性格相反的时候也不代表一方就感受不到另一方的魅力。作为父母，最重要的是要正确把握自己和孩子的性格，理解和接受孩子的性格。只有父母能够尊重孩子的性格类型，多多站在孩子的角度认识问题，才能打造完美的匹配性格。每个人都有不同的性格，没有必要一定要求孩子的性格与自己相同或者相反，只要双方能够互相理解，互相信任，相信无论什么样的性格组合都能找到合适的相处之道。

妈妈有脾气，九型妈妈大PK

前面的几节，我们详细介绍了各个类型孩子的特点和培养技巧，那么各个类型的妈妈都有什么优缺点呢？只有了解自己才能更好地扬长避短，所以下面来看一下各类型妈妈的独特魅力。

领袖型妈妈富有献身精神，既是孩子勇敢的卫士，也是孩子体贴的仆人，正直、诚实、开朗、自信，是孩子的楷模。不过领袖型的妈妈有过于严格的倾向，她们很享受那种高高在上的感觉；另一方面，她们又会对孩子过分地保护和干涉，总喜欢用自己的想法操纵孩子，习惯性地忽略孩子的意见。如果孩子的性格不像妈妈一样强势，那么妈妈其实很难理解孩子的软弱。领袖型妈妈在教育孩子的时候要注意不要用强力压制孩子，要承认自己与孩子的区别，尽量采取平易近人的方式对待他们。

和平型妈妈性格随和，能够理解孩子，让孩子感受到温暖，也能尊重孩子的天性。在和平型妈妈的怀抱中成长的孩子，通常会觉得世界充满了爱和信任。但是和平型妈妈也有自己的缺点，她们常常对孩子有求必应，疏于管教；而且和平型妈妈性格保守，所以会妨碍孩子对新事物的探索；当孩子站在人生的十字路口时，妈妈也很难为孩子指点迷津。其实，和平型妈妈应该树立起自己的威严，有时候在孩子面前要表现出不容反抗的坚决态度；还要改正自己"事不关己，高高挂起"的态度，因为孩子的人生是你必然要参与而且要给予指导的。

完美型妈妈责任心强，是孩子可以信任的人；同时她们会不遗余力地为孩子创造良好的条件，能给孩子带来安定感。不过，这种类型的妈妈教育方式不灵活，她们不仅对自己要求严格，对孩子的缺点也不肯放过，哪怕只是一个无关紧要的小错误。她们喜欢按照自己的标准要求孩子，不尊重孩子个性。完美型妈妈一定要学会灵活地教育孩子，对孩子多一些宽容，时刻反省自己是不是过多地干预了孩子的生活。

助人型妈妈是典型的"贤妻良母"，不仅能够理解和支持孩子，而且在这个过程中她们自己也感到满足。不过，助人型妈妈有过分保护孩子的倾向，即使孩子明确表示不需要妈妈的帮助，她还是会不辞辛劳地替孩子做事。其实这样反而会引起孩子的逆反心理。助人型妈妈一定要学会与孩子保持距离，这样才能让孩子形成独立的人格和个性。

成就型妈妈勤奋努力，热衷于教育，孩子通常能够健康成长。不过她们具有强制教育孩子的倾向，有时候过于理性，不重视别人的感受，甚至会为了显示自己对孩子提出苛刻的要求。其实成就型妈妈应该告诉自己不要只重视名利，要放慢脚步去享受生活；还要告诉自己孩子不是实现梦想的工具，要尊重孩子的"平凡"。

浪漫型妈妈感情丰富，能够给孩子带来无限的欢乐。她们尊重孩子的个性和主张，能给孩子充分的自由。不过她们有时候会给孩子过多的自由，甚至有让孩子放任自流的倾向。浪漫型妈妈最需要注意的问题是要学会控制情绪，因为自己情绪波动大，往往会给孩子造成很大的压力。而且这类型的妈妈在处理日常事务时显得很不熟练，也会让孩子觉得生活吃力。

思考型妈妈理性、开明，尊重孩子的兴趣，但是她们不善于表达爱意。孩子总是希望得到关爱，但妈妈总是一副不冷不热的样子，这会给孩子带来极大的伤害。当思考型妈妈思考问题时，如果孩子靠近还会显得很不耐烦。思考型妈妈应该学会多多向孩子表达自己的爱和关心。如果喜欢所有事情都有条理地进行，那么可以发挥自己善于计划的长处去规划一次家庭聚会或旅游，这不仅能让孩子快乐，也能让自己感到舒适。

怀疑型妈妈养育孩子时认真负责，尽心尽力，认为培养出一个优秀的孩子是自己的使命。不过怀疑型妈妈总是紧张，不喜欢享乐，而且过于关注一些无谓的琐事，舍不得放手，生怕孩子受到伤害。其实怀疑型妈妈应该尊重孩子需要独立的心理诉求，并学会享受生活中的点点滴滴，只有这样才能为孩子创造一个轻松的、让孩子感到安全的环境。

活跃型妈妈总是能让家里充满欢声笑语，理解孩子的冒险心理，能够包容他们的过失。不过孩子对于活跃型妈妈来说似乎只是一种消遣，如果与孩子之间产生了问题，就有对孩子放任不管的倾向。这个类型的妈妈应该给孩子创造一个有规律的安定的环境，多给孩子一些时间，与他们一起努力，战胜困难，而不是遇到困难自己逃得比孩子还快。

看了上面这些分析，希望各个类型的妈妈在教育孩子的时候多多反省，保证孩子能够在健康的家庭氛围中快乐成长。

第八章

孩子13岁以前，妈妈要懂的教育误区

教育要保持一颗平常心

玩是婴幼儿时期孩子的唯一任务

德国著名的教育学家福禄贝尔说过，"游戏是儿童成长的全过程。"很多家长可能不太就理解这句话的意思，他们大多认为成长指的是懂知识有文化。但是对于孩子来说，玩具有很重要的意义，是婴幼儿时期的孩子需要认真完成的任务。

除了能够让孩子变得热爱学习，玩还能给孩子带来很多其他的好处。

首先玩能够让孩子的大脑得到发育。孩子会通过游戏对身边的事物感兴趣，进而对事物进行观察和体验。在这个过程中，孩子的好奇心得到满足。而且游戏可以再现生活中的场景，孩子可以练习用自己的方式解决生活中可能出现的问题。

游戏可以帮助孩子茁壮成长。孩子在游戏的过程中，会奔跑、拉扯等，这样身体就能得到锻炼，体质也会增强。

游戏可以让孩子的性格变好。孩子白天能够尽情玩耍，专注地游戏，晚上就能够充分的休息，这样就可以形成一个良性循环。如果孩子休息得好，就可以充分调动他们游戏的积极性。当孩子游戏的愿望得到满足的时候，孩子也会变得快乐和活泼。

孩子也会在游戏中学会如何与别人交往。研究表明，满4岁的孩子就会开始体会到和小伙伴一起游戏时的快乐。和父母相比，他们更喜欢和同龄人一起玩耍。在游戏中，他们需要积极的合作，还需要遵守特定的规则，也学会了理解其他小朋友的情绪。在游戏的过程中，孩子的社会性得到了飞跃式的发展。

源源今年刚刚5岁，幼儿园的很多同学都在外面上了特长班，妈妈开始着急了：以前一直觉得让孩子自由玩耍很重要，但是不能让孩子与其他孩子相比落后啊！于是，妈妈一口气给孩子报了绘画、钢琴和英语三个特长班。突然间暴增的学习让源源手忙脚乱，无从适应，结果不仅什么都没有学好，源源的性格反而变得不活泼了，无论做什么都提不起兴趣来。

正如源源的妈妈一样，一时决定抛弃功利心让孩子自由玩耍可能并不难；但是要自始至终地贯彻这个教育思想，对很多家长来说并非易事。在讲求效率和速度的现实面前，妈妈未必能够稳住阵脚。

但是家长们要知道：磨刀不误砍柴工。成功不能一蹴而就，成才也是如此。在孩子幼年的时候放手让他去玩耍，这就相当于"磨刀"，实际上是为孩子今后的学习打下牢固的基础。如果孩子小时候通过游戏完善了智力和性格，那么他将来面对学校的生活和学习的时候会显得游刃有余，而且掌握知识的速度会明显比那些经过填鸭式智力开发的孩子快。在家庭教育中，家长的耐心有多大，孩子的进步空间就有多大，"慢养"才能出"大器"！

被剥夺童趣的孩子只能沦为失去养分的花朵

一份报纸曾经报道过这样一个事件：两个三年级的孩子逃学出去玩耍。后来在民警帮助下，家长终于找到"流浪"街头的孩子。面对父母的询问，两学童委屈地说："我们什么都要学，一点玩的时间都没有，真想有像你们一样快乐的童年！"

很多家长总是羡慕现在的孩子们，认为他们赶上了好时候，玩的玩具非常高档，而且都是高科技产品；想要发展自己的兴趣也是有各种各样的辅导班可以上。父母总是面带羡慕地对孩子说："我们小时候哪有你们现在这么好的条件，只能玩弹弓、跳皮筋、打水战、跳格子、玩泥巴……"

但是父母不知道的是，自己小时候的生活也正是孩子所羡慕的，他们的愿望那么简单："真想有像你们一样快乐的童年……"，那些简单的游戏，就是孩子最大的愿望。

"知心姐姐"卢勤曾经讲过这样一件事："去年我到非洲，虽然当地生活很贫困，可不论我走到哪里都可以看到孩子们面带微笑。"中国孩子也会笑，可是他们笑得并不真实，只能用照相前的"茄子"来掩盖自己的疲惫。我们的孩子为什么不笑了，或者笑得那么牵强？那是因为现在的孩子缺少了童趣。

确实，随着社会竞争压力越来越大，小孩子最简单愿望被父母强制忽视了，尤其是生活在城市的孩子们，自由越来越少，负担却越来越重。家长们带着他们不停地穿梭在各种补习班、辅导班、培训班之间，希望以此来增加孩子的竞争砝码。孩子们也因此变得早熟、世故，而原本孩子身上最普通的天真烂漫、纯洁无邪、活泼可爱、无忧无虑都荡然无存，他们的童真和童趣被世俗消磨殆尽，他们的快乐也不见了踪影。

其实谁也不能否认，父母这样做是出于对孩子的爱。然而，让孩子不快乐的爱，还是真的爱吗？孩子们过早地承担了太多的负担，超纲幼教、艺术特长、智力竞赛、学习重担等等，通通压在小孩子稚嫩的肩膀上，让他们喘不过气来。尽情游戏成为一种奢望，无忧无虑变成不可能，而童真童趣就在这些有形无形的压抑中提早消失。

现在的父母拼了命地去为孩子构筑一切，不管孩子需不需要、喜不喜欢，打着为了孩子好的旗号，无情地把他们和童趣分开，也无情地剥夺了他们自己选择喜爱事物的权利。这种盲目的爱，只能体现出家长根本不知道该怎样爱孩子，这样世俗的爱注定结不出美丽的花朵。而且，没有童趣的孩子，即使在其他方面再有成就，他也不会感受到人生中真正的快乐。当你看到孩子脸上的笑容没有你小时候那样灿烂，当你看到孩子拥着高科技的玩具却不能尽情地玩耍，这样的现状，父母们满意吗？当你长大成人之后有可供回忆的美好童年，但是孩子长大成人之后能够回忆起什么呢？

没有童趣的孩子就像失去了养分的花朵，是永远盛开不起来的。所以，如果父母真的爱孩子，就一定要牢牢记住：你可以引导孩子的行为，但是不能践踏孩子的童心，不能剥夺孩子的童趣和童真。所以父母有义务让孩子在童趣中享受快乐的童年，让他们拥有值得一生回忆的美好时光。

"小大人"不应成为妈妈炫耀的资本

王思和张倩是小学五年级的学生,她们是最要好的朋友,每天都形影不离,一起上下课。

明天就是教师节了,两个孩子在放学的路上商量着送什么礼物给老师。

"我们一起去买一张好看的贺卡送老师吧!"王思建议道。

"你真老土,现在谁还送贺卡啊!要送也要送点实惠的!"张倩对王思的建议非常不满。

"那什么东西是实惠的呢?"

"那天我看到齐智给老师买了一个非常贵重的礼物,我们也得买这样的,要不然老师就不会喜欢我们了。"张倩凑过来在王思耳边说道。

"我们哪有那么多钱啊?再说这不是送礼吗?老师不会喜欢我们送礼吧!"

"王思,你怎么那么笨啊,现在谁不喜欢别人送礼啊!我爸妈逢年过节都要给老师送点东西呢,要不然老师怎么会关照我啊?咱们赶紧回去要钱,去商场买个贵点的礼物,千万别被别人给比下去了!"

这是在现代社会中孩子们非常常见的对话。诸如此类的对话数不胜数:"你看×××长得又黑又瘦的,长得不好看吧,穿得也那么寒酸,估计家里不怎么样。那×××果然是有钱人家的孩子,浑身上下都是名牌,就是不一样!""我们班有个同学可虚伪了,在老师面前是一副惟命是从的样子,在同学面前就大摇大摆的,我们班的两面派怎么那么多呢?""就他那成绩,能进重点中学,不说大家也知道,不就是家里有关系嘛!不过这也正常,我们家是没这个关系,如果有,我干吗不用啊,不用白不用"……看到这些对话,不知道家长作何感想。可能有的家长会笑着说现在的孩子都是"人精",一个个说话都跟个小大人似的,特别成熟!其实这些不仅仅是一句话,它们也代表了孩子们那一颗颗被世俗沾染了的心!

孩子的心灵原本都是一张白纸,那些世俗的色彩是家长或者其他大人在生活中不小心涂抹上去的。有些父母经常会在家里谈论一些家长里短,对其他人品头论足,说别人家的闲话;还有的父母甚至会当着孩子的面就毫无顾忌地大肆宣扬世俗的思想。可能有些父母会辩解,我并没有故意说给孩子们听,再说他们哪里听得懂这些,他们的世界又没有这些事情。虽然看上去孩子在一边玩着,没有听大人说话,但事实上他却一直竖着耳朵留意父母在说些什么。父母说的话都会给孩子带来不同程度、不同方面的影响。听的次数多了,孩子就会对大人的世界更加好奇,对大人的模仿也会加大力度,他就会像父母一样对周围的人评头论足。电视,也成为孩子学习社会世俗的另一个重要来源。有些家长只是根据自己的兴趣选择电视节目,从来不顾及身边的孩子,他们以为孩子看不懂,就让孩子一起看一些世俗色彩浓厚的电视剧。时间长了,孩子就会模仿电视上的人物的行为表现。孩子就应该有孩子的样子,如果发现孩子的行为语言超过他的年龄时,父母就要去关注和分析原因。孩子这种小大人的行为并不值得夸耀,不要觉得孩子言行像大人一样就表示了孩子的聪明才智而沾沾自喜,那正是孩子丧失应有的快乐的信号。孩子在生理上和心理上都有着与大人不同的需求,过于成人化的东西会给孩子的心灵带来不利的影响。。

对于这些世俗的观念,父母要以健康的心态来引导孩子,比如给老师送礼的时候,就要告诉孩子，这是为了向老师表达谢意，是对老师的尊重，而不是为了得到特别的照顾；当孩子对同学进行评价的时候，要引导孩子从同学的各个方面去评论，让他们给予同学客观积极的评价……家长是成人，已经有了成熟的世界观和价值观，有能力应对世俗，能够分辨哪些是正确行为，哪些是错误的，但是孩子们没有这种能力，他们需要根据家长传递的信息来建立起自己的世界观和价值观。所以，不要把对世俗的无奈提前传达给孩子，这是对孩子的不负责。家长都曾经拥有一个纯洁美丽的童年，孩子们也有权利拥有单纯的童年生活。

幸福和快乐是妈妈最应给予的东西

5岁的坤坤是个活泼可爱的男孩儿，他聪明好动，对什么东西都充满好奇。在公园里，他会追着蝴蝶不停地跑，也会在草地上打滚，还会一边给鱼儿喂食，一边跟它们说话；他还喜欢在楼下和小朋友们玩游戏、搓泥巴、捉迷藏、过家家、坐滑梯……每次他都玩得很尽兴，但总是会出现点状况，有时候是衣服破了，有时候是书包脏了，甚至有的时候还会挂点彩。但是他回家的时候从来都没有战战兢兢，因为他的爸爸妈妈是不会因为这些问题责备坤坤的，也不会因此禁止他的玩耍。坤坤爸爸妈妈的要求就是只要他不影响完成功课，没有生命危险，那么他想玩什么就玩什么，爸爸妈妈绝对不会阻止他。

正是因为有了这么开明的父母，坤坤总是玩得很过瘾，令人羡慕的是他的成绩也一直名列前茅。老师和同学都夸赞坤坤聪明绝顶智商高。但是只有爸爸妈妈明白，让孩子有一个快乐的童年很重要，成绩再好也换不来孩子的幸福，所以，他们从不逼迫他学习。而坤坤在如此轻松快乐的氛围中成长，智力和体力都开发得很好，这些反而给爸爸妈妈带来很多惊喜。

苏联教育家苏霍姆林斯基有一个远大的教育理想：把每个学生都培养成幸福的人。他说，教学大纲、教科书规定了要给予学生的各种知识，但是没有规定给予学生的最重要的东西，那就是：幸福。因此作为关爱孩子的父母，一定要在家庭教育中弥补学校教育带来的不足，为孩子提供一个幸福的源泉，让孩子拥有一个快乐的童年。

然而，我们在现实生活中却总是很遗憾地看到这样的情景——孩子在楼下玩得正高兴，妈妈在旁边使劲催促："好啦，别疯玩了，快点回去做作业吧。"晚上，看着孩子在灯下熬夜的辛苦样子，妈妈不是劝说孩子早些休息，而是赞赏地说："孩子，好样的，'吃得苦中苦，方为人上人'。"其实，这是一种非常不健康的心态。因为持这种心态的父母大多认为：童年是不重要的，快乐是不重要的，人生中最重要的就是成功。其实这是一种错误的想法，让孩子学业有成、事业成功并不是家庭教育的最大目标。成功，永远无法代替幸福和快乐。在家庭教育的目的中，"让孩子感觉快乐"是最大的目标，那是家庭教育的最高境界，也是为人的最高境界。

童年，理应是一个充满梦想和快乐的时期。所以父母的一个很重要的任务就是让孩子不断地感受幸福和快乐。家长要明白，最应该给予孩子的礼物就是"幸福"。那么，怎样才能让孩子感受到幸福呢？

首先父母要保证家庭生活的美满和谐，这也是培养孩子幸福感的一个主要因素。有关资料表明，在和睦的家庭中成长起来的孩子，成年后能愉快生活、健康成长的比例要比在不幸家庭成长起来的孩子多得多。

同时一个会感受幸福的孩子还知道如何调整心理状态。在孩子遭遇挫折时，父母要让他相信前途总是光明的，使他在得到安慰的同时恢复快乐的心情，这样孩子的幸福感就会多一些。父母一定要让孩子明白，有些人能够一生快乐的秘诀就在于具有很强的适应力，这种适应力能够让他们从失望中很快振作起来。

父母要给孩子幸福感，最重要的一点就是让孩子有机会享受"不受限制"的快乐。我们常常看到这样的情况：妈妈辛辛苦苦把屋子收拾得干干净净，而且周围的邻居又喜欢安静，如果这时候孩子开始玩耍、喊叫、跳跃，妈妈一定会想办法制止，孩子只好越来越乖。表面上，这是妈妈管教有方，但由此带来的后果却是严重的，因为孩子的热情和活力在一点点消失，心灵也受到了压抑。孩子毕竟是孩子，他们需要带着无尽的想象力尽情地玩耍，需要有时间去打打闹闹、看天上飘过的白云——这些孩子自己去探索世界的活动，更能给他们带来真正的快乐。有的妈妈会给孩子买很贵的玩具，但孩子却喜欢玩水、玩泥巴、捉迷藏、过家家。成人永远无法理解孩子的世界，你喜欢的他不一定喜欢，你觉得无聊的事情他可能做起来津津有味。所以妈妈不要总把自己的好恶强加给孩子，要让孩子做他们喜欢做的事情，只有这样他们才能在快乐的玩耍中感受到幸福。

关注过程，慎求结果

现在是一个快餐时代，很多人都匆忙地追逐成功的结果，却忽略了享受追逐的过程。这种只重视结果的情况在家庭教育中也很常见。现在的孩子很小的时候就被父母逼着去学这学那，而现在的很多学校招收学生的时候也存在一些误区，不看学生品德怎样，学习能力如何，而是看你英语、数学、作文有没有获过奖，有没有音乐、美术、体育方面的特长……所以社会浮躁的氛围扭曲了教育的本质，让教育变得功利。

一位中学老师讲述了这样一件事：
学校举行了一次绘画大赛。大赛要求学生在规定的时间内对一些瓶瓶罐罐进行静物写生，最后由美术组的老师进行评定。
比赛结束后，一个初二的女生获得了第一名，一个初一的男生取得了第二名。按理说第二名也是一个很好的成绩，可是这个孩子的脸上却没有一点笑容，第二天的妈妈还跑到了学校找老师理论："我的孩子在小学就参加过绘画比赛，从来都是第一名，这次怎么会是第二名呢？你们一定是搞错了！"这位家长一直要求老师重新评定。其实奖品也并不是多么珍贵的东西，只是一个奖状而已。我真不明白这位家长是怎么想的。

其实这位家长就是一个典型的追求结果的家长。她关注的不是孩子勇敢地报名参加了比赛，也不关心孩子参加比赛过程中的心态，更不关心孩子在这个比赛中获得了什么样的体验，而是孩子是不是战胜了所有的人，取得了最后的胜利。

其实在家庭教育中，关注孩子为某一个目标奋斗的过程更加重要。如果父母只知道关注结果，孩子取得了好成绩自然皆大欢喜，可是如果孩子没有取得好成绩，那么他面对的将是父母冷冰冰的脸。这样孩子就很可能不会再去尝试同样的东西，所以他也就失去了能够取得进步的机会，更丧失了人生中本来可以拥有的乐趣。

西方国家的孩子学画画，家长的目的常常是让孩子得到精神上的享受以及受到艺术熏陶；而中国的孩子学画画，常常是父母为了让孩子获得更多的证书，为将来的升学就业增加更多的筹码。似乎孩子学习一样东西的目的就是拿到尽量多的证书，至于孩子是不是真的喜欢这些东西或者学的过程有什么痛苦和快乐，这些都不重要。

这样的父母并没有把孩子当作独立的人来看待，他们只是把孩子当实现自己理想的工具或者是表现自己教育水平的工具。为了表现自己，他们天天逼着孩子学这学那，还要逼迫孩子多拿证书、快拿证书。

以获奖、拿证书为目的，单纯追求结果的教育对孩子的危害是非常大的。这种教育实际上是把急功近利、急于求成的心态传给了孩子。

复旦大学的校长杨玉良曾经批判过这种功利的教育，他说这样的教育导致孩子总是希望找秘诀、走捷径。他说"我深刻地感受到现在许多学生对成功的理解非常偏颇。"他还说复旦大学出现了一种现象：学校邀请的大学者作完报告之后，总有学生一拥而上，拿出事先准备好的推荐信，直截了当地说："请您签个名，我要去美国。"杨玉良校长认为这样只追求结果，喜欢走捷径的孩子将来无论从事什么工作都不会让人放心。

要改变孩子，首先要改变的是父母。父母要在关注孩子取得成绩的同时，关注孩子学习的过程。比如，孩子能够取得好成绩固然很好，但是如果这个成绩是抄袭得来的，这并没有什么值得骄傲的；反过来说，孩子虽然成绩不好，但是一直在努力，从未放弃。这种精神反而更值得家长珍惜。家长要知道，自己现在对孩子的教育理念决定了孩子的未来，一定要放弃一味追求孩子的成绩、忽略过程的错误教育，让孩子学会在过程中提高自己的品质，并且享受过程中的美好。

把握好自己的角色

孩子不是大人的宠物，大人也不是孩子的玩具

在一则新闻中，被采访的一位小学生说："我就像是爸爸妈妈养的宠物，每天在房子、车子、教室这3个大笼子里养着，不知道什么时候才能被'放生'。"

我们是怎样养宠物的？变着花样给它喂好吃的，给它洗澡，给它打扮，给它穿上花背心，还扎个蝴蝶结，定期去做宠物美容；带它遛弯，用根绳子套住它的脖子，还要挂一个铃铛，告诫它在外边不能轻易撒野，不能跟外面的猫猫狗狗轻易亲密接触，行动上限制它；高兴的时候就搂着它亲昵调笑；不高兴的时候，就赶得远远的，甚至打骂拿它们出气。简而言之：物质上贵养，精神上贱养。

思考一下自己对孩子的养育是不是也与养宠物有相似之处呢？

宠物不可以四处撒欢撒野跟伙伴们畅快淋漓的玩闹，它没有选择的机会和权利，它的行为受到限制和约束。父母可以回想一下孩子是不是在做事情之前，都要先看看爸妈的眼色，发话了才敢动手。他想做这个，偏不让他做；他想尝试点什么，承担点什么，做出什么改变，最先站出来反对的肯定是家长。因而，孩子失去了自由，失去了认识世界和体验生活的机会，更失去了联想和创造的本领。

"服从命令，听指挥"，主人的指令就是最高原则，绝对执行。它不能跟主人做对，也不能要求主人怎么做。很多父母从孩子一出生开始，就情不自禁地按照自己的喜好和性情去为孩子"设计"他的人生，大事小事一切都必须听从父母的指挥，并且觉得

叫孩子干什么，都是为了孩子好。如果孩子有任何反抗或者抵触，就认为是孩子"不听话"、"叛逆"，甚至会捶胸顿足怒不可遏。在父母如此强势的管制下，孩子的个性是最先被吓跑的。

居高临下的关爱，父母给予的是带着压力的关怀。有些父母认为自己是过来人，是权威，按照自己的是非观念来引导孩子，告诉他们什么对什么不对，而不是"蹲下身来"，更多地考虑孩子需要什么，孩子怎么想的，这样容易忽略孩子的成长特点，忽略孩子的心理感受，孩子甚至会惧怕家长。

很多家长都喜欢在外人面前展示孩子的才能，博来赞叹和夸奖，当然，优秀的孩子是父母的骄傲，这毋庸置疑，但是，如果过于炫耀，甚至彼此之间互相攀比，这样不仅助长了家长的虚荣风气，而且孩子也会滋生骄傲的情绪。这和宠物比美真是异曲同工啊！

大人在外工作，每天的工作生活中会遇到很多烦恼，心情也会时好时坏，如果回家就拿无辜的孩子撒气释放不良情绪，孩子容易产生严重的焦虑，惶惶不可终日。

孩子再小，也拥有独立的人格和智慧，是一个具备思考能力的人，别把孩子当成自己的私人财产或者附属品，孩子不等于宠物，对待孩子要加入更多的心力智慧。

同样，大人不是孩子的玩具。因为政策原因，很多家庭都是独生子女，4个老人加上爸爸妈妈一起围着"小太阳"转，对孩子百般呵护，孩子是全家的掌上明珠。最好吃的要给孩子，最好用的要给孩子，手头再紧也要给孩子买名牌球鞋，工作再忙也不让孩子插手家务。每天早上父母提前起床，将洗脸水放好，将牙膏挤在牙刷上；每天晚上又是父母把洗脚水打好，让孩子洗完脚，再替孩子用毛巾擦好脚，铺好被窝，伺候孩子躺下，再读一段童话故事书，哄孩子进入梦乡。

在溺爱中成长的孩子，常常会滋生出优越感。父母对于这样的孩子来说，只是满足自己需要的取款机，他与父母没有正常的依恋情况，不会把自己的心事和苦恼告诉父母，也不会与父母分享愉悦的感受。通常被父母娇惯的孩子都不会尊重父母，他们可能会把父母当作"玩具"，自己有需要的时候才会想起父母。如果不喜欢和父母说话，那么不管父母做出什么样的努力想要和他们交流，他们都是爱答不理的。

不管是父母把孩子当作宠物来养，还是孩子把父母当作玩具，这两种不正常的亲子关系都是父母造成的。所以父母要时刻提醒自己把握好角色，父母应该是孩子幸福生活的引路人。父母要知道孩子是一个独立的个体，要给孩子足够的尊重，允许自由选择的机会和权利，只有这样，孩子才能走好自己的人生道路。

妈妈不是孩子的"保护神"

曾经有报纸刊载过这样的一条新闻：文章标题非常醒目"家长'陪训族'留守大学城"，副标题为：开学多时家长不肯走，怕儿苦又怕儿累日日陪"太子"军训。

凡事依赖别人的"太子"们，即使获得了本科文凭、硕士文凭，又怎样把所学的知识运用到实践中呢？如果父母继续这样一路相随的话，恐怕孩子们将来的生存都是问题。

望子成龙是天下父母共同的心愿，家长们为这一心愿可谓耗尽心力，然而真正成"龙"的区区可数。其实，子女是否成"龙"，并不取决于父母心愿。古往今来那些真正成"龙"的，有几个不是自己在人生路上闯荡白手起家的？又有几个是在父母的保护下变成真正的龙的呢？所以现代父母应该从"护"子成龙的误区走出来。给孩子一个自由的成长空间，把孩子锻炼成独立坚强的人，才是当务之急，而不是时时处处做孩子的保护神。

1. 引导孩子独立思考

当孩子面对问题时，父母应该鼓励孩子去想、去分析、去应用自己学会的知识与经验、看书、查参考书等，去寻找答案。如果孩子实在无法找到答案，父母可以亲身示范、请教他人、陪同孩子一起查阅资料等，让孩子从旁学习思考的技巧。

2. 让孩子为自己做决定

一些父母在孩子提出意见时，常以"你要听爸爸妈妈的话，好孩子！""小孩子懂什么？""你的意见是错的，应该听大人的！""以后再说"等压制孩子发表意见。日后，孩子将变成一个没有主见的成年人。

3. 放手让孩子自己做

当孩子提出要帮忙做家务时，父母常说："你不必做这些事，去温习功课吧！""你去休息好了，这些事由我来做。"孩子长大后，只会饭来张口，衣来伸手，至于家务事却毫无责任感，不只不会做，而且根本不愿做。为避免这种后果，父母应该鼓励孩子自己的事情自己做。

4. 让孩子学会管理自己

我们经常看见：孩子东西乱扔，大人来收拾；衣服弄脏了，妈妈立刻洗。孩子出外前，父母千叮咛万交代是否带齐东西？为此，孩子从依赖父母的心里，形成一种"安全感"，而自己对一切事情不闻不问。结果，一旦父母有疏忽，或与离开父母，自己就无法生存。父母应该让孩子自己处理事情，累积经验，学习如何管理自己，包括管理自己的生活、学习以及情绪。

5. 让孩子学会自我保护

一些父母爱孩子总是无微不至，看见孩子拿小刀削铅笔，就生怕他会弄伤手指，于是马上接手替孩子削铅笔。如此一来，孩子没机会从体验危险中学习如何应付周围环境所发生的事情。父母应该在孩子小的时候，多与孩子讨论现代社会中的社会现象，教会孩子分辨是非，提高孩子的分析能力。此外，父母要告诉孩子一些求救的方式，教会孩子如何应付陌生人，哪些电话号码是他可以求救的。如此即使没有父母守护在旁，孩子可以应用自己的经验、智慧，自我保护。

不让孩子自己做主，就是把家长放在强势的位置。你越强孩子就会越弱。父母有责任训练孩子从小就学会自立，不依赖他人。这也是父母对孩子表达爱的方式。

父母不是监工，教育不能靠"管"

父母就像是电脑中的杀毒系统，总是给孩子安装新软件，自动隔离各种插件，而且定期给扫描。对待孩子，屏蔽社会不积极信息，耳提面命各种大道理，生怕孩子走一点弯路，生怕孩子受一点委屈。

书包太重，妈妈来背；路上车多，爸爸接送；作业太多，擦桌子扫地之类的活计就由大人平分了，小孩子不用做。至于郊游、爬山、远足一类的项目没有家长陪同，怎么可以独自结伴？这些做法相当于把孩子的手脚都捆了起来，让孩子变得什么也不会，最后失去自信。

渐渐地，孩子在家长的这种管束下，变得很"乖"，同时也变得亦步亦趋……同样在一个教室，同一个老师教，别人家的孩子能听懂，你的孩子却反应不过来，本来灵巧的双手，却什么也不会了……

孩子自己会怎么想？这些乖孩子的潜意识里，总浮现的是一个"笨"字。他们没机会接触这些东西，这时候的家长则开始指责、抱怨、甚至谩骂、殴打。可你别忘了，当初是你蒙住孩子的眼睛、堵住孩子的耳朵和嘴巴，捆住孩子的手脚，是你严厉的"管"，导致了这种结局。

"好孩子不是管出来的"。的确，为什么要管？

"管"从字面上解释就是在权力范围内对人、事物的管束与制约。是一种由上往下施加压力的行为，因而双方也就自然地处于了一种对立与不平等的地位，更存在着主动与被动的关系。然而，今天的孩子，在个性上都有着她独立的人格与个性，父母与孩子为什么就只是一个"管"与"被管"的关系呢？

"管"的目的，无非是希望孩子能按着父母意图发展，或者说是听父母的话与指令。然而，这不又很矛盾吗？做父母的不都是抱着望儿成龙、望女成凤的心愿，都指望着儿女将来能超过自己吗？

可是，如果要让子女变成一个完全接受父母指令的机器，那又怎么可能使得子女超越自己呢？难道父母能很自信地说自己就是一个成功的教育专家吗？

不管孩子，那么我们又该如何做父母？相信下面这位妈妈的做法可以给我们一些启示。

我的女儿读小学六年级了，为了她我曾经非常头疼。有一段时间，她在家里对我们很不尊重。我开始寻找问题的症结。有一次，我们俩因为一件小事争执起来，女儿大声对我嚷嚷："我愿意和我的老师交朋友，就是不愿意和你交朋友，因为你只知道命令我，压制我，从来没有想过我的感受，而我的老师却很尊重我。"这句话深深地触动了我，我不得不开始反思：女儿虽然是一个孩子，但她还是有思想、有个性的，那种传统的家长制作风对她的教育是行不通的。

于是我开始在她面前转换角色，以一个朋友的身份与她相处。我还特意做了一个母女交流本，每次当我们有什么心里话要说时就写在上面，我们在这里平等地交流沟通，字里行间都流露出女儿成熟的思想和个性，也反映了一个母亲对女儿的深切关怀和教育。我们之间开始变得民主平等，女儿在家里也变得懂事多了。

好孩子不是管束出来的，家长整天跟在他们身后这也不许，那也不许，反而会招来反感，甚至造成与孩子的隔阂和争论。鼓励与沟通才是我们的桥梁。

做妈妈要有大智慧

做家长要有点儿"悟"性

教育孩子要讲究方法，这点已经得到了家长的普遍认可，他们也在乐此不疲地学习，这点从家教图书的畅销中可见一斑。但是为什么还有那么多家长对孩子的行为感到困惑、对孩子的教育一筹莫展呢？一位教育专家说，这是因为"人们在学习中最容易犯的错误就是'照抄照搬'。"

首先，学习是一个调动自身潜力、系统吸收知识的过程，绝不是简单地照搬一些"例题"的答案就可以完成的，而是应该在得到答案的提示后，思考自己是不是可以从另一个角度来解决问题，最后可以把这些方法汇总，变成自己的思想。"照搬家教经验"实际上就是在"抄答案"，只学到了形式却没有掌握精髓，这不可能获得良好的学习效果。

其次，家长也不能盲目照搬经验。专家的建议往往是建立在统计结果之上的，解决的是大部分孩子的问题；成功家长的经验则只针对他自己的孩子，不一定适用于你的家庭；另外过去的家教方法有可能已经落伍。

著名教育家斯托夫人曾经在自己的书中记录了这样一件事：

维尼芙雷特4岁时有段时间非常淘气，她每天故意把房间里的东西扔得到处都是，但是，我没有采取激烈的反应，而是耐心地观察。有一天，我见女儿又开始"发作"了，便走过去问她为什么这么做。维尼芙雷特听完并没停下来，反而当着我的面把桌上的一本书拨到了地上。我极力按捺住自己愤怒的情绪，控制自己不要发火。不一会儿，维尼芙雷特的吵闹突然停止了，代替它的是伤心的哭泣声。这时，我用温柔的语调询问。这时候，女儿突然扑到了我怀里，放声大哭，一边哭一边说："妈妈，我觉得自己好孤独啊！你总不爱搭理我，整天就知道在书房里写字，你一点不在乎我……"女儿委屈地把小脸蛋放进我的怀里。

哦，原来是这样！那段时间，我需要完成很多稿件，所以没有像平时那样陪她，然而我没有想到，这居然会给她造成这样大的痛苦。于是，我就对女儿详细讲了我的工作，并请她理解我。事实上，女儿就是想知道我是否还在乎她，所以当我让她知道我仍然爱她之后，她就再也没有故意捣乱了。有时候，我有时在工作的间隙去房间看她，她甚至还会这样说："妈妈，你去忙你的事吧，没有关系，我知道自己怎么玩。"看到女儿懂事的样子，我心里真的感到高兴。

最后斯托夫人得出了这样的结论：其实教育孩子就是这样简单，只要父母认真观察，走进孩子的内心世界，懂得他们的所思所想，就能适时进行合理的指导，让他们健康、快乐地成长。

确实，要想真正地了解一个孩子，哪怕是自己的亲生孩子，也是一件很不容易的事情。所以做父母，一定要做智慧型的父母，教育孩子的过程中需要有点儿悟性，除了给予孩子各方面的关心和照顾之外，还要注意从细小的方面观察自己的孩子，走进孩子的内心世界，然后采取不同的方法来进行指导、帮助，以便更好地培养孩子。

教育孩子的方法不能生搬硬套

"哈佛女孩"刘亦婷大家都很熟悉，1999年她被哈佛大学全额奖学金特招录取，2003年6月从哈佛大学本科毕业。在哈佛的中国本科生中，刘亦婷可能是名气最大的一位。刘亦婷的妈妈也写了一本以女儿本人为主人公的书《哈佛女孩刘亦婷》，这本书创下将近200万册的销售纪录，感动了不知多少中小学生和他们的父母，刘亦婷的成功也被人们认为是家庭教育成功的范本。于是，社会上掀起一股"刘亦婷热潮"，妈妈们都期望把自己的孩子教育成像刘亦婷那样成功的人。很多妈妈甚至按照刘亦婷妈妈的教育方法直接实施在自己孩子身上。不过妈妈们并没有培养出自己的"刘亦婷"，甚至原本快乐的孩子还出现了问题。一位妈妈说，每当提起"哈佛女孩刘亦婷"时，女儿就会大哭。

为什么在别人身上如此成功的方法就不能复制在自己的孩子身上呢？其实答案很简单，因为你的孩子不是他的孩子，你也不是刘亦婷的妈妈，你们的家也不是他们的家。要知道，培养孩子是一个富有创造性的工作，每个孩子都是唯一的，其他人的经验只能借鉴，不能照搬，每个妈妈都要根据自己孩子的特点创造出一套适合孩子的教育方法。

很多妈妈认为，孩子从出生就有了优劣之分，只有优秀的人才能养育优秀的子女。但实际上几乎绝大部分健康的儿童，智商都是差不多的，即使存在天赋上的差异，经过妈妈富有创新意识的教育，这种差异是往往是体现不出来的。天赋的优劣是一回事，能否以创新的方式激发孩子的天赋是另外一回事。妈妈要做的，就是通过科学、适合孩子自己的方法来教育自己的子女，尽可能多地激发他们的潜能，培养他们的学习能力和处世方式，将他们引向精英之路。

世界上没有两片完全相同的树叶，也没有两个完全相同的孩子，所以也没有一模一样的教育方式。因此妈妈在学习教育理论的时候，阅读成功父母经验的时候，一定不能盲从，也不要死守教条。

教育规律是一样的，但是每一个孩子都是特殊的。他们都有着自己的特点，好的教育方法必须是"量身定做"的，人不可能在机械化的生产线上培养。妈妈很想把自己的孩子教育成优秀的人，这种愿望是可以理解的，但是一定不要把家教书中说的方法完全照搬到自己的孩子身上。

每个孩子身上都蕴藏着极大的潜能和各种各样的特质，等待着妈妈为他创造条件来施展。如果妈妈照搬别人的经验，却得到了完全不同的孩子，这不是妈妈对教育的方法和技巧孤陋寡闻，而是妈妈在教育孩子的过程中不懂得因材施教，犯了照本宣科、生搬硬套的错误。

一个善于创新的妈妈，在熟悉教育技巧和方法的情况下，要善于创新，只有这样才能培养出优秀的孩子。比如，当孩子偶然考试成绩不理想的时候，多数妈妈都会采取同样的办法：让孩子认识到失败的原因，鼓励他继续努力。但是曾经有一个妈妈却放弃了这种常规的做法，给孩子发了一个失败奖，结果收到了很好的效果，孩子的成绩也稳步上升了。当妈妈发现失败奖反而很容易让孩子找到信心时，就把这种方法沉淀到了自己的思想意识中，以后不管遇到什么事情她都会给孩子发奖，就这样孩子一步步获得了成功。

所以妈妈们在教育孩子的过程中一定不能生搬硬套，而是要在教育孩子的过程中用心思考，创造出为孩子量身打造的专属教育法，只有这样懂创新、会创造的妈妈才能造就天才。

孩子的梦想要保护，"科学家"和"菜农"都不能少

斌斌对海底世界可感兴趣了，他总有问不完的问题问妈妈。妈妈发现孩子的问题越来越有深度，自己真的回答不上来了，于是她就到新华书店，为斌斌搬回来许多有关海洋知识的图书。斌斌对这些书中讲的知识入了迷，他认识了五彩斑斓的鱼和形形色色的水生植物，那些反映海洋世界的动画片和电视节目，也是斌斌最喜欢看的节目。

每当幼儿园里的小朋友遇到不认识的鱼,都会来问斌斌,而他总能答上来,大伙都崇拜地叫他"海洋专家",斌斌对此称谓也感到很自豪。每当大人问斌斌长大后的理想,斌斌总会毫不犹豫地说:"海洋专家!"

随着斌斌知识的增加,他产生了去海边看看的愿望,想看看大海到底长得什么样。妈妈见斌斌对海洋这么有兴趣,就趁暑假带斌斌去了一趟海边。斌斌可兴奋了,他和妈妈一起在海边拾贝壳、捡海螺、看潮起潮落。妈妈还带斌斌参观了海洋馆,买了许多海底世界的图片。斌斌每天都盼望着自己快快长大,能够早日实现自己的梦想!

梦想有着无穷的魅力,它对孩子的成长能够产生巨大的牵引和激励作用。一个孩子心中拥有了梦想,就会在希望中生活,并不断地创造生命的奇迹。梦想就像人体成长所需要的维生素,缺少它,大脑的营养就跟不上,思维就会迟钝,没有想象力、失去创造力。妈妈尊重孩子的梦想,让孩子在梦想中健康快乐地成长!

"每天暂停十分钟,听听小儿心底梦。"这是某个电视台经常出现的一则公益广告,它劝告妈妈要善于倾听孩子的梦想,用心去栽培孩子的愿望。曾经有人对爱迪生、毕加索、达尔文等成就卓越的人进行研究分析,结果发现这些伟人在童年时期都有一个绚丽多彩的梦,而他们一生为之奋斗的目标就是实现早年的梦想。因此可以说,没有梦想的孩子是没有未来的,也是不可能有所作为的。

"心有多大,舞台就有多大",梦想决定着人生的高度。而在每个孩子的内心深处,都有一个属于自己的梦想。对于孩子们来说,他们的任何一个梦想都是宝贵的。所以,妈妈最不应该做的事情,就是对孩子的梦想武断地说"不"。我们常常可以听到孩子各种各样的梦想。也许有的孩子梦想当一个科学家,这时候他的家长就会自豪地扬起笑脸;而另一个孩子可能最想做的事情就是拥有自己的农场,成为一个"菜农",听到这个梦想,很多父母的脸上都会表现得不高兴。

梦想没有高低贵贱之分。当一个孩子有了自己的梦想,妈妈就应该为他有了一个"理想的我"而感到骄傲和自豪,并且一定要给予肯定,哪怕那个梦想有些不可思议,哪怕那个梦想在世俗的社会中看来很卑微。

当妈妈对孩子的梦想坚信不疑,孩子就能够从妈妈那里获得力量和勇气并树立信心。事实上,让孩子追逐自己的梦想,可以使孩子在追逐的过程中迸发出最大的力量,并且获得愉快的自信体验。一个真正爱孩子的妈妈,一定会精心保护孩子的梦想,因为只有这样,孩子梦想的种子才有可能成长为参天大树。

为了使孩子的梦想能够成为现实,在孩子追逐梦想的过程中,妈妈还应该给予多方面的关注,为孩子的圆梦计划提供建议和支持;另外在孩子灰心失望的时候,妈妈要提醒他"你还有这样的梦想",还要列举孩子曾经为这个梦想做出的努力,给予肯定并且鼓励孩子继续坚持。

任何人都不能保证别人的生命。即使是给予了孩子生命的妈妈也不能保证孩子的生命中会出现什么,不会出现什么。生命也不需要被保证,每个人除了要拥有超越生命束缚的梦想外,还要有对梦想持之以恒的追求。妈妈要做的,就是呵护孩子的梦想,支持孩子对梦想的追求,而不是为了给孩子一个安安稳稳的生活,人为地限定孩子的人生。

像珍视宝物一样欣赏自己的孩子

媒体在学校进行过一堂家庭教育课进行测试,结果发现:家长对自己孩子的缺点几乎都能一口气说上十条八条的，可一提到孩子的优点却要考虑半天，大多只说出一两条。专家指出，测试结果并非个别现象，六七成中学生的家长对孩子都有很多不满，最不满意的就是学习成绩。

专家总是谈起这样一项测验，说一次几十个中国与外国的孩子一起进行某项测验，测验后的分数让孩子分别拿回家给各自的父母看，结果中国的父母看了孩子的成绩后，有80%表示不满意，而外国的父母则有80%表示满意。而实际成绩又是怎样的呢？实际上，外国孩子的成绩还不如中国孩子。

这件事情说明中国的父母习惯用挑剔的眼光来看待孩子，而外国父母则习惯用欣赏的眼光看待孩子。只有家长们用欣赏的眼光去看待孩子时，孩子们才能学会去发现别人的长处，真诚赞赏他人。

作家叶兆言曾经讲述了他与女儿之间的故事。在女儿的成长过程中，身为父亲的他一直用自以为是的"理论"管教女儿；另一方面，女儿则在潜意识里与父亲进行着多方面的抗争。直到有一天，女儿出国留学前把自己的日记本交给父亲，叶兆言在认真阅读后开始反省自己的父亲角色。叶兆言满怀愧疚地说："小女曾说过，我这个当作家的父亲让她还没有学会欣赏之前，就先教她学会了批评，这一点真让我汗颜。"

一些家长认识到溺爱对孩子成长的危害，就极力对孩子严格要求。从严要求孩子没有错，但是一些家长曲解了严格要求的本义，动辄严词呵斥。有的为维护家长的权威，即使自己做错了，也从不向孩子道歉。父母最爱用"没出息"这句话训斥孩子，孩子考试成绩没满分，是"没出息"；孩子写不好作文，是"没出息"；孩子完成不了作业，是"没出息"；孩子上课讲话，是"没出息"……在这些家长眼里，孩子们没出息的事实在是太多了。

孩子探索世界的过程中，也许会出现家长不希望出现的结果，会遭遇挫折和失败。我们当然不能仅凭这些事就断定孩子没有前途、没有志气，做父母的必须学会给他们以正面的引导，一味地指责"没出息"是一种负向的心理暗示，只能使孩子走向自暴自弃，走向真正的"没出息"。如果我们以宽广的胸襟容纳、欣赏和支持孩子，那么就能使他们在获得尊重、信赖的同时，培养探索兴趣，增强自信心。

如果对孩子抱有不切实际的过分期望，达不到家长的要求，家长就会对孩子否定，进而发展到孩子的自我否定。于是，孩子在成长中遇到困难就会恐慌、退缩，对孩子的心理造成伤害。在孩子成长过程中，经常使用带有惩罚性质的话语，会使孩子养成自卑胆小的性格，或者产生对立情绪。孩子虽小，心中也有一杆秤，成人的每一句评语，都能让那些敏感的心灵快乐，或者悲伤。"哀莫大于心死"，用尖刻的语言奚落、讽刺、挖苦孩子，表面上看比体罚"文明"，但它带给孩子的伤害绝不会比体罚小。受"心罚"的孩子自尊被摧毁，自信被打击，智慧被扼杀。

每个孩子好比是父母的"作品"，不同的父母雕琢出的"作品"自然也不尽相同。尊重自己的"作品"，只要学会欣赏孩子，与孩子宽松相处，他就会在成长的道路上不断进步、不断追求。

下篇

孩子 13 岁以前,妈妈要掌握的心理学技巧

第一章

"小行为大心理"，揭开孩子行为背后的心理真相

小孩子的"怪癖好"

孩子为什么爱扔玩具

宋梅家的孩子9个月了，最近开始了一个新游戏——扔玩具，见什么扔什么，而且越扔越开心。只要东西拿到手上，他常常不遗余力地扔出去。宋梅以为是孩子不小心把玩具掉在地上的，于是就弯腰去把玩具给他捡起来，但是每次刚把玩具还给孩子，他又会用尽力气扔出去。这样反反复复好多次，宋梅这才发现原来是孩子在故意扔东西，于是就不再理他了。可是看到孩子眼泪汪汪地依旧用手指着地上的东西，宋梅只好又一次次地去把玩具捡起来给他。

很多9~10个月的孩子都会出现扔东西的情况，妈妈们总是苦不堪言。其实孩子喜欢扔东西并不是他存心捣乱，而是这个时期孩子的年龄特点决定的，这是一件好事，因为扔东西代表着孩子长大了，他开始了对世界的探索。

儿童心理学家认为，"扔东西"是孩子学习过程中的必经阶段。到了一定的年龄，孩子就会对事物的因果联系非常感兴趣。比如偶然把球扔出去的时候，孩子发现球是滚动的。开始他并不知道是自己的原因引起了球的滚动，但是经过多次的"偶然"，孩子就发现了"必然"，发现自己扔的动作引起球开始滚动的效果。这让孩子意识到自己具有某种力量，并且发现自己和其他物体之间存在着某种关系。同时，在扔东西的过程中，孩子还意识到了自己与动作对象之间存在区别，这是自我意识发展的第一步。而孩子在扔东西后，东西总会掉到地上，并且不同的东西会发出不同的声音或者产生不同的改变，这对孩子来说是很新鲜的体验，于是就有了对世界最初的探索。

另外，孩子总是反复地扔东西也可能是想向大人显示自己的力量，渴望得到大人的表扬。刚出生的时候，孩子的手部动作还不灵活，不能够拿住东西。但是随着个体的发展，他发现自己不仅能够拿东西，还可以把东西扔出去了。这让他异常兴奋，认为自己又学会了一项大本领，所以经常非常高兴地进行多次重复，同时也希望引起爸爸妈妈的注意，给予他表扬。

当然并不是所有的扔东西都是孩子在探索和发现新世界或者显示自己的力量，有时候他们是想向大人传达某些信息。比如当孩子把自己手边的东西扔在地上的时候，他可能是因为发现自己长时间没人关注，于是想吸引家人过来和他一起玩；如果他把盖在身上的被子扔在地上，很有可能是告诉爸爸妈妈他热了，父母要细心留意孩子的需求。而

在这种扔东西的过程中，孩子和父母之间就建立了"授受关系"，这也为孩子最初的社交活动拉开了序幕。

为了孩子的健康成长，爸爸妈妈应该充分满足孩子"扔"的欲望，为孩子提供扔东西的环境。

当然，当孩子把大人的贵重的手表或者手机丢出去的时候，也千万不要发火，因为孩子不像大人那样有"爱惜物品"、"不把东西弄坏"的意识。所以，为了防止孩子造成不必要的损失，父母最好把贵重物品或者易碎的东西保管好，放在孩子拿不到的地方，然后可以让孩子玩一些不容易摔坏的玩具，比如铃铛、小球等。

但是凡事都有一个限度，在孩子扔东西的时候，父母可以制定一些必要的规矩。例如可以告诉孩子球可以扔着做游戏，但食物就不能扔在地上。如果你不能花许多时间为孩子捡东西，那么可以让他坐在铺有垫子的地板上，自己去玩扔东西。当孩子自己爬过去或走过去把东西拾起来的时候，要及时给孩子鼓励，这样可以避免孩子养成"丢"东西的坏习惯。

孩子喜欢扔东西，父母不必烦心，这只是一个很短暂的过程。当孩子学会正确地玩玩具和使用工具后，他的兴趣会逐渐转移到更有趣的活动上，"扔东西"的现象会自然消失。但是如果孩子到了2岁左右，仍然喜欢随意扔东西，那么就应该让孩子改变这个坏毛病了，因为这个时期已经不再是孩子扔东西的特定时期了。

孩子为什么总是说"不"

妈妈带着刚满3岁的女儿丫丫和她的表哥去踏青，路上，妈妈说："丫丫，让哥哥拉着你的手走，这样不会摔倒。"丫丫想都没想就很坚决地吐出了一个字："不！"妈妈听了，就继续劝她说："哥哥拉着你会很安全的！"丫丫还是倔强地说："就不！我就不！"于是妈妈就让丫丫表哥主动去牵丫丫的手，这下可把丫丫气坏了，竟然大哭起来，不仅把哥哥的手甩开了，还一屁股坐在地上不走了……丫丫妈妈真是奇怪起了："女儿最近怎么总是这样反常呢，这么倔强，情绪也很暴躁，以前那个温顺可爱的女儿去哪里了呢？"

正常情况下，一周岁左右的孩子就已经可以步行甚至小跑，他们发现自己即使没有妈妈的帮助，也可以去自己想去的地方。与此同时，孩子也开始对各种新鲜事物产生兴趣，思维也逐渐形成，并且开始试着表达自己的意见。

当孩子两岁左右的时候，运动能力、思维方式以及语言能力的发展让孩子学会表达自己的想法和主张。这时候的孩子，任何事情都希望亲自去做，很讨厌大人的帮助，比如洗脸的时候会拨开妈妈的手；还不会用筷子，却偏偏要自己拿筷子吃饭，如果帮他摆正拿筷子的方法，他还显得很不耐烦，会大发脾气。

妈妈总是突然发现原本乖巧可爱的孩子怎么好像变了一个人一样，无论妈妈要求他做什么，他都是一样的回答，"不！"很多妈妈为此烦恼不已，还有可能会对孩子大打出手。

其实当孩子说出"不"的瞬间，妈妈就应该意识到自己的孩子长大了！他说出"不"说明孩子正在形成自我意识，从此开始逐渐独立，不再任何事情都依靠妈妈了。"不"可以说是孩子向妈妈发出的独立宣言。

面对孩子的独立，妈妈应该高兴并且支持孩子的尝试。当孩子开始说"不"并且一切都要自己去尝试的时候，妈妈一定不要批评孩子的失误，更不能对孩子的失误冷嘲热讽。比如当孩子拨开你的手一定要自己吃饭，最后却打翻了饭碗时，妈妈千万不能说："非要自己吃，打翻了吧？"这是对孩子独立要求的否定，会延缓孩子自我意识的形成。如果妈妈不顾孩子的想法，总是用命令的态度来对待孩子，这会让孩子感到耻辱，还会磨灭他想独立完成某一事情的意识，最后的结果只能是父母自己吃苦头。因为如果孩子小时候不能表达自己的主见，到了容易产生困惑的青春期甚至成年后，他可能会因为情绪不能自控而出现更大的问题。

当孩子自我意识形成的时候，他很可能会提出很多无理的要求，这个时候妈妈要怎么办呢？难道就听之任之？当然不是，这就需要妈妈开动脑筋去引导孩子形成好习惯了。比如，当孩子自己不会穿衣服的时候，给他穿上后他又偏偏哭着要脱下来坚持要自己穿的时候，妈妈不要训斥孩子是在制造麻烦，而是要表扬他能够自己试着做事情；妈妈也可以不跟孩子说自己的目的，只把孩子放在特定的环境里。比如孩子应该睡觉的时候，妈妈可以直接把孩子抱到床上，这样就可以减少被孩子拒绝的机会。如果孩子仍然大喊："我不睡觉。"妈妈可以说："不是让你睡觉，你可以在床上玩一会儿。"

其实父母如果意识到孩子的反抗是长大的体现，每天都为孩子的成长而感到高兴，这样不论抚养的过程多么艰难，父母也不会感到累，反而会体验到看着孩子成长的乐趣。

"人来疯"宝宝心里在想啥

"小麻雀"是王爸爸送给女儿的昵称，这个孩子从小就活泼好动，今年已经4岁了，虽然依然是个小淘气，但是也坐下来安安静静地玩玩具或者看看书。爸爸经常觉得女儿长大了，开始懂事了，非常开心。可是，每次带女儿去亲戚家，或者参加婚宴，又或者家里来了客人的时候，小家伙就会马上恢复"小麻雀"的本性，变得特别兴奋，欢呼雀跃，大喊大叫。一会儿打开电视，把音量放到最大；一会儿上蹿下跳，模仿动物的叫声；一会儿又把洋娃娃抱出来，在客人面前玩过家家……如果爸爸妈妈制止她这种行为，她反而会闹得更厉害。

相信很多家长都遇到过这种尴尬的场面，甚至平时乖巧、礼貌的孩子也不例外，一旦有客人来了就无理取闹、撒野，弄得父母很难堪，不知如何是好。为什么孩子会出现这种"人来疯"现象呢？

儿童心理学家认为，家长的过度溺爱或者严厉的管束都有可能会造成"人来疯"现象。我们知道，现在的孩子大多数是"独生子女"，平时就是全家围着孩子转，无限制地满足孩子的一切要求，导致孩子"自我为中心"的意识特别强。孩子在心里觉得自己的地位"至高无上"，而且已经习惯了这种待遇。但是，在家里来了客人或者到别人家里做客时，父母的关注的焦点发生了转移，把主要精力放在招待或应付客人身上了，对孩子的行为和心理状态没有平常那么敏感，孩子一下子感觉到自己从"宝座"上摔了下来，心理落差很大，所以要通过任性、不听话等方法来引起父母、客人的关注，这实际上是在提醒父母：还有我呢，不要把我忘记了。

过度严厉的管束也会引起孩子的"人来疯"现象，平时家长不让孩子与外界接触，孩子就像笼中的小鸟，被抑制了爱玩的天性。如果家中来了客人，而且客人还夸奖孩子活泼，这时候家长又很宽容，不好意思当着客人的面训斥孩子。孩子会敏感地感觉到这种变化，利用这个机会来解放自己。

另外父母要反思自己的家庭生活是不是过于平静，日复一日，气氛单调，所以有人来做客才会打破往日的平静，给孩子带来强烈的刺激，使孩子发"人来疯"。

那么，面对孩子的"人来疯"，父母应该怎么做呢？

首先，父母应该改善家庭教育方法，平时要多给孩子机会与外界接触，多与人交往，以减少看见客人时的新鲜感。家里有客人来时，让孩子与客人接触，学会问好和招待，使孩子懂得一些待客之道。同时还要注意把孩子介绍给客人，这样可以使孩子感觉到不受冷落，大人们交谈的时候，如果不需孩子回避，就尽量让他参加；如果需要孩子回避，也不要把孩子单独支到一边，可以派出父母中的一个去陪他。

其次，当孩子发生"人来疯"的行为时，家长不要急于改变这种情况，因为直接的说教可能会使孩子产生逆反心理。为了改正孩子的"人来疯"情况，家长应该试着和孩子玩在一起，等孩子丧失了戒备心之后，再有针对性地慢慢沟通和解决问题，而不要只是一味强硬地要求孩子改正。

另外，在批评孩子的行为的时候，也要注意方法。如果孩子还小，家长应该抓住时机及时教育，让他清楚自己错在什么地方。要对孩子讲清楚，这种行为是对客人的不礼貌，大家都不喜欢。但是最好不要采取过激的态度，因为那样不仅会让客人尴尬，孩子也听不进去。如果孩子比较大了，最好不要当客人的面教训他，因为这时候的孩子自尊心很强，如果当着别人的面批评他，揭他的短，会让他觉得很难为情。

最后，家长也可以利用孩子的"人来疯"，引导孩子在客人面前展示自己的优点和其他特长，出于一种爱在别人面前炫耀自己的心理，孩子在客人面前的表现往往比平时好。

偷东西的孩子就是贼吗

小童今年5岁，聪明伶俐，是个帅气的小男生。这天下午放学后，妈妈把他从幼儿园接回家，就去厨房准备晚饭了。客厅里响着轻柔的音乐，一向顽皮的小童，今天居然也安安静静地在屋子里看起了画册。

妈妈从厨房里探出头来："小童今天好乖哦。"小童拿起画册，兴冲冲地说："妈妈，这本故事书好好看！"

看到那本书，妈妈的脸沉了下来，原来，并没有人给他买过这本书。"你怎么会有这本书呢？"小童紧紧抱着那本书，喊道："这是我的！"

"瞎说，爸爸妈妈没有给你买过这本书。"

"我的……是爷爷买给我的。"

爸爸回家后，妈妈把这件事情告诉了他。

晚饭后，爸爸对小童说："小童，我们去看看爷爷好不好？"

小童一听，似乎明白了爸爸的意思，连忙说："我明天还要上学呢，不想去了。"

"爷爷给你买了这么好看的书，不去谢谢爷爷多没礼貌啊！"爸爸又说。

小童见事情没法再隐瞒，就羞愧地道出了事情原委："今天下午，我看见欢欢的桌子上放着这本书，我很喜欢，就趁她不注意拿回来了。爸爸，我错了……"

"这怎么得了，才5岁的孩子就学会说谎，还偷别人的东西，长大以后还不知道会怎么样呢……"妈妈指着小童怒气冲冲地说。

在这种情况下，很多父母都会担心自己的孩子有小偷小摸的倾向，其实这不过是情绪发育过程中的正常现象。著名心理学大师皮亚杰认为2~7岁儿童思维属于"前运算阶段",是从表象思维向抽象思维过渡的阶段。处在这一阶段的孩子,往往分不清什么是"你的"、"我的"、"他的",他觉得只要是自己喜欢的东西,都可以把它带走,年龄越小,这种现象就越普遍。因此,我们不能把孩子的"顺手牵羊"称之为"偷窃"。

但是对孩子的这种行为听之任之也是不可取的。必须让孩子知道,在没有得到许可的情况下,拿走别人的物品是绝对错误的行为。妈妈必须要在孩子的世界里建立"所有权"的观念——让孩子清晰地知道,什么是别人的,什么是自己的。同时也要让孩子知道,在拿别人的东西之前,需要得到对方的同意。

其实,建立所有权观念,应该从小做起。在家里,应该有明确的"所有权"概念,这个东西是爸爸的,那个东西是妈妈的,这个东西是孩子的。另外,要建立孩子的所有权概念,妈妈还要学会尊重孩子的所有权。例如当需要拿孩子拥有的物品时,要先征得孩子的同意,归还时还要对孩子表示感谢;如果有小朋友想要借孩子的物品,告诉他们这个东西是孩子的,让他们去征求孩子的意见……一旦孩子感到自己的所有权得到了尊重,那么他在不知不觉中也就学会了尊重他人的所有权。

怎样剪断妈妈的"小尾巴"

4岁的男孩天天最近经常缠着妈妈,成了一个不折不扣的"小尾巴"和"醋坛子"。天天以前都是自己睡觉,最近忽然要求妈妈和他一起睡。有一天,妈妈给他讲完故事,看他已经闭上了眼睛,便想悄悄离开,不料妈妈刚一动身,他就猛地睁开眼睛,拉住妈妈的衣服央求道:"妈妈,我想和你一起睡。"

另外如果妈妈带着他到公园,他也不愿意离开妈妈去和其他的小朋友玩。如果勉强去和小朋友玩了,一旦看到妈妈在对某一个小朋友笑,就会马上冲过来抱着妈妈,对那个小朋友"示威":"这是我的妈妈!"

妈妈对此非常发愁,她想儿子这么黏人,长大之后怎么成为一个有担当能独立处理问题的男子汉呢?

其实这是一个很正常的现象。因为这时候的孩子进入了情感表达的敏感期。当孩子到4~5岁的时候,他的情感世界就会被父母的爱唤醒,他对情感也产生了更加深刻的认识。所以,这个时候的孩子特别喜欢跟妈妈和爸爸在一起,总是喜欢和父母黏在一起,感受来自父母的温暖。这就是为什么孩子会忽然变得特别依恋妈妈的原因。

此外,这时候的孩子还希望父母能够把爱都给他,不能分心,否则他就会怀疑父母是不是不再爱自己了。所以如果妈妈去忙别的事情,或者跟其他的小朋友稍微亲近些,甚至妈妈笑着跟别人说话他都会很难过,会马上跑过去阻止妈妈去做这样的事情,有的时候甚至会哭闹不止。

那么这时候的父母应该如何满足孩子的情感需求,让孩子顺利地走过情感敏感期呢?

首先父母要尽量满足孩子的心理需求。当孩子处在情感敏感期的时候,一般都会表现得比较"脆弱",所以父母一定要理解孩子,尽量去满足他的心理需求。比如当孩子晚上要求妈妈抱着他睡觉的时候,如果妈妈同意,他的感情需要就得到了满足。其实,表面看来是孩子要求妈妈抱抱,孩子真正的意思却是说自己想要得到妈妈更多的爱,当妈妈哄孩子睡觉时,可以一边拍着孩子一边说:"妈妈喜欢宝宝,妈妈会永远爱宝宝的!"这样孩子的心理需求就得到了满足,孩子就会很快安然入睡。

其次，父母要给孩子表达感情的自由。因为孩子的语言能力发展并不完善，但是他们又急于表达自己的情感，所以处于情感敏感期的孩子总是喜欢亲吻父母，会经常往父母的怀里钻。其实，这不仅是孩子向父母索取爱的过程，也是向父母表达爱的过程。这个时候，父母应该高兴地接受孩子的感情，配合孩子，一定不要用自己的主观意识去解读孩子的行为，或者根据自己的心情去回应孩子。

不过值得注意的是，虽然孩子对妈妈产生依恋是正常的而且是成长过程中的必要阶段，也为孩子将来能够成功地与他人和睦相处打下基础，但是孩子的这种依恋不能长时间地存在下去。随着年龄的增长，到了上小学的时候，孩子还是强烈拒绝和父母以外的任何人亲近，这个时候就属于过度依恋了。这种过度依恋对孩子来说并不是好现象，所以，妈妈千万不要以为孩子眼里总有自己而感觉甜蜜。要知道，这种甜蜜的背后隐藏的是孩子成长的问题。

孩子为什么离不开他的破枕头

2岁的小哲有一个蓝色的枕头，这个枕头从小哲一出生就陪伴着她，小哲非常喜欢这个枕头，时时刻刻都离不开它，甚至有时候去奶奶家过夜也要抱着自己的破枕头去。现在这个枕头的枕套已经破了，而且看上去很脏，妈妈就自做主张换了一个新枕套。不料小哲发现之后大哭大闹，一定要原来的那个枕套。妈妈没有办法，只好把那个旧枕套补了一下还给了小哲。

孩子依恋枕头或者布娃娃的行为是一种典型的儿童恋物现象，但是父母不必害怕，因为这绝对不是个别现象，很多小孩子都会出现这样的恋物现象。这种恋物现象与孩子早期的生活是分不开的。幼儿时期的孩子会通过各种感官体验来满足探索世界的需求或者安抚自己的情绪，比如，吸奶嘴、手指是为了满足口腔吸吮的欲望；抚摸被角、毛巾、毛毯、棉布等物品是为了寻找触觉的舒适感。

一般来说，8~9个月大的孩子就会开始对柔软、触感好的东西表现出强烈的喜爱，比如衣服、毯子、玩具娃娃等。这些物品被称作"过渡期对象"，它们能给带来孩子心理安慰。在孩子的心里或者潜意识中"这些东西就是妈妈，妈妈是我的。"

为什么这些物品被称作"过渡期对象"呢？这是因为此时的孩子正处在离开妈妈、获得精神独立前的过渡状态，如果孩子想要离开妈妈、获得独立，就必须要找到能暂时代替妈妈的东西，而这些东西就是孩子们眼中的"无价之宝"，是无论什么东西都取代不了的。

孩子在睡觉或者承受较大心理压力的时候，会表现得更加依恋这些物品。比如，当孩子身处医院等让他感到害怕的环境中或者是陌生的地方，他就会通过抚摸喜爱的物品来让内心安定下来。

通常情况下，孩子在4岁左右注意点得到转移，对过渡期对象的需求也就不会那么强烈了。在孩子4岁前强行阻止恋物行为会给孩子造成压力，因此是不可取的。

如果孩子长大之后依然有恋物行为并且还出现了性格孤僻、不善交际和忧郁敏感的情况，这就要引起爸爸妈妈的注意了。因为只有当孩子与父母没有形成良好的依恋关系时，他才会对一件物品产生病态的依恋。如果孩子对父母的信任感减弱，孩子的恋物行为就会变得更严重。这时候父母要去请教专业的医生，并且要为孩子准备"迁移载体"，使孩子无法对依恋物"专情"。当然，最重要的是加大对孩子的感情投入，增加与孩子的接触和互动，让孩子形成安全感。修补好出现了问题的亲子关系才是解决孩子病态恋物癖的根本。

如果孩子只是单纯地依恋某件物品，并没有出现性格上的缺陷，那么父母其实也没有必要紧张，只要未来孩子的配偶不介意，父母也没有必要强行制止这种行为，因为那可能只是孩子形成了一种习惯而已，并不是心理问题。

比"网瘾"还可怕的"考试瘾"

东辉是海口一所重点高中高二的学生。他家离学校很近。每天放学后，匆匆吃完饭，他就钻进自己的卧室开始学习。一般情况下他都会学习到凌晨两三点，早上五六点又起床准备上学。妈妈看他这样拼命，总是劝他注意休息，但是无论怎么说都无济于事。他的爸爸还很骄傲地跟别人说："我们家孩子太爱学习了，不让学还很生气。"

东辉的这种学习状态可以追溯到初中时候。那时，东辉经常考全班第一名，但他对此很不满意，他一直以考全市第一为目标，对于学习丝毫不懈怠。上初三时，为了考上最好的高中，东辉开始了更加疯狂的学习。初三本来就很紧张，所以东辉的妈妈没有太在意孩子的这一做法，但上了高中后，东辉仍然如此拼命，甚至在暑假期间，他仍然每天都发奋学习。他对自己的要求是，高一就要把高中三年的知识学完，保证自己在这所全国重点高中拿第一。他妈妈当时觉得苗头不对，想带东辉去看心理医生，但东辉的爸爸反对，他认为这是孩子太爱学习的原因，不能批评，更不容另眼看待。

但后来，东辉这个高二的孩子身体日渐瘦弱，神情过于亢奋，终于有一天承受不住，住进了医院。

目前的应试教育压力极大，学生们容易对上学和考试产生消极抵触心理，这很容易理解，而像东辉一样，强迫自己超负荷学习，最终导致身心崩溃，这就属于不太正常的心态了。因为人天生就有"趋利避害"的心理机制，它包含两方面内容：人会对来自外界与自身的压力和不利因素本能性地进行反抗和逃避；人会对自己想要的东西有着本能性的向往，想占有，想获得，并且会采取一定的行动来实现它。这是一种健康的心理机制。

对东辉来说，学习的压力很大，正常的心理反应应该是逃离这种压力，而东辉却恰恰相反，主动去接近这种压力，这实际上是一种"趋害避利"的心态，是一种不健康的心理机制。东辉的这种"瘾"并不是"学习上瘾"，而是"考试上瘾"。学习上瘾的孩子，享受的是知识带来的快乐，而"考试上瘾"的孩子所追求的，不是追求知识时感到的快乐，而是家长、老师等外部世界的奖励和认可。

家长常常会害怕孩子染上"网瘾"，但很少有人会担心孩子有"考试瘾"，甚至有些家长还希望孩子能有"考试瘾"，认为只要孩子喜欢考试，他就会喜欢学习，就能学到更多的知识了。其实，这种"考试瘾"甚至比"网瘾"还害人。网络成瘾的孩子，在心理机能上基本上是正常的。这些孩子染上"网瘾"的原因通常是在家里感受不到父母的爱，父母给的压力太大或者在学校得不到老师的关注，所以这些孩子本能地产生"趋利避害"的心理，逃离家庭和学校，进入网络世界寻找温暖；而"考试成瘾"的孩子则颠倒了这种本能，他们几天没考试、不学习就非常难受，这是不正常的心态，干预起来也比较困难。在孩子的成长过程中，如果任由这种心理机制发展下去，他最后一定会成为偏执型人格障碍。成绩将成为他精神上的唯一支柱，一旦这个支柱坍塌，孩子就有可能走向精神分裂。

要防止孩子染上"考试瘾"，聪明的妈妈首先要懂得把孩子的成绩看淡些，不要只根据孩子成绩好坏奖罚孩子。孩子取得了好成绩，那种开心的心情就已经是最好的奖励了，父母完全没有必要再画蛇添足地给孩子很多外部奖励。外部奖励太频繁，孩子内心的喜悦就会被夺走，最终孩子的学习动机也会变得很不单纯。当然孩子没有取得好成绩的时候，家长也不应该责骂，而是应该给予理解。

此外，妈妈要鼓励孩子多发展其他的爱好，或者让孩子适当地参与家务劳动，总之不要让孩子把追求好的学习成绩当成是人生唯一的任务。只要学习成绩不是孩子唯一的精神支柱，孩子就不会患上"考试瘾"了。

孩子总是欺负同学怎么办

8岁的轩轩散漫、冲动、好斗，言行极具攻击性，一年级下学期就闻名全校。成绩门门红灯高挂，调皮捣蛋得出奇。老师见他头疼，同学见他害怕，上课破坏纪律，下课欺负同学，一会儿把同学的球抢过来扔掉，一会儿把女同学正在跳的橡皮筋拉得有十来米长，一会儿又故意用肩去撞对面过来的同学。如果谁说他一句，他就会对他拳打脚踢。

孩子之所以欺负人，其实是调动了自己的心理防御机制，将自己所遭受的虐待和承受的痛苦转移到别人的身上并从这个过程中取得自己心理上的平衡。孩子往往不懂得如何恰当地运用心理机制，那些曾经受过家庭虐待、遭受父母遗弃的小孩多数会选择这种心理防御机制。他们不敢或没有机会将父母带给他们的愤怒直接返还给父母，就把这种愤怒转移到另一个对象上去了。这些"替罪羊"多为更加弱小的孩子，甚至是一些小猫、小狗等宠物。

孩子转移不安的方法通常是采取攻击性行为，也就是欺负别人。攻击性行为不单单指动手打架，它在不同的年龄阶段有不同的表现形式。幼儿园阶段主要表现为打架，是一种身体上的攻击；稍微长大一些的孩子更多的会采用语言攻击、谩骂、诋毁，有意给对方造成心理伤害。从性别上来分析的话，采取暴力攻击的多数是男孩，女孩以语言攻击居多。

通常具有这些暴力行为的孩子，家庭都不太和谐。培养出暴力孩子的家庭通常也有暴力父母，孩子经常会被父母的暴力手段惩罚，这会使孩子产生一种抵触情绪，并把这种恶劣的情绪"转嫁"到别的人身上，找别人出气；有时候父母喜欢看一些暴力电影，经常玩暴力游戏，这也会在无形中影响孩子的行为。此外，家长过度的溺爱也会铸就这种惹事"小霸王"。有时候，父母看似为孩子好的一句话也会引起孩子的暴力行为。

有儿童心理专家曾经提出过这样一个观点：那些总是去欺负别的小朋友的孩子，其实在心里觉得自己是非常弱小的。的确，只有那些觉得自己非常弱小的孩子，才会通过欺负别人的方式来证明自己的强大。但是很明显，孩子的这种自我意识是非常不健康的。

那么，有哪些因素使得孩子把自己定位为弱小的人呢？不管家长愿不愿意承认，家长都要对此负有不可推卸的责任。总是有些家长认为，自己的批评可以使孩子变得强大，但事实却正好相反，孩子不仅没有变得强大，他反而会觉得自己是不被父母接受的孩子，在这个复杂的世界中只有自己才能帮助自己，这让孩子顿时觉得自己很渺小。同时家长的批评让他对人际关系产生很强的恐惧感，这种恐惧感很有可能会伴随他一生。在人际关系恐惧感的影响下，他不会交朋友。但是如果孩子错过了学习如何交朋友的最佳时机，他以后都不会在社会交往中有很好的表现。

为了改正孩子的攻击行为，父母应该注意以身作则，停止自己的那些攻击性言行，创造一个良好家庭气氛；要注意控制有暴力镜头的电影、电视，不让孩子玩有攻击性倾向的玩具；不要鼓励孩子的攻击性行为，要引导孩子进行换位思考，让孩子慢慢放弃用暴力解决问题。

孩子得了"多动症"怎么办

5岁的明明是个很难管教的男孩。他几乎没有一刻安静的时候，总是动来动去，即使是在房间里，也总是不停地跑跑跳跳，不是撞到茶几，就是打翻杯子。他出门之后再回家，腿上总是青一块紫一块的，连自己都不知道是什么时候磕的。他吃饭的时候也不老实，总是扭来扭去的，不能安静地吃东西。连睡觉的时候，他都在不停地动，一会儿踢开被子，一会儿把枕头弄到地上。

明明的妈妈听人说，得了多动症的孩子就是这样"屁股长钉子"，怎么也坐不住，因此她觉得孩子患上了多动症。但是医生说，明明只是活动量过大而已，并没有多动症。

那么，什么是多动症呢？它和活动量过大有什么区别呢？

活泼好动是儿童的天性，也是他们的可爱之处。但是日常生活中有些孩子不是活泼好动，而是不听家长、老师的劝阻，不分时间、地点地乱动乱跑，这些儿童很可能就是患上了儿童多动症。

儿童多动症又称为注意力缺陷障碍，是一种以注意力缺陷和活动过度为特征的行为障碍，一般在学龄前出现，其中男孩多于女孩。

多动症的主要表现就是活动过度，多动症儿童经常不分场合地过多行动；但是不是所有的活动量过大都是多动症，那只是多动症的一个表现而已。多动症患儿的行动往往没有目的性，做事经常有始无终。而活动量大的孩子行动是有目的性的，自己还会对行动进行计划。

此外，注意力不集中也是多动症的一个显著特点，与正常儿童相比，多动症儿童极易受外界的干扰而分散注意力，总是不停地从一个活动转向另一个活动。他们在任何场合都不能较长时间集中注意力，即使是在看动画片的时候，也不能专心去做；而那些仅仅是活动量过大的孩子，在做自己喜欢的事情时，是能够全神贯注的。

情绪不稳、冲动任性，易激动、易冲动等都是多动症儿童的典型特征。有研究表明，80%的多动症儿童都喜欢顶嘴、打架、纪律性差，有的甚至还有说谎、偷窃、离家出走等行为。同时由于注意力不集中，多动症儿童还常常出现学习困难，但是要注意的是多动症儿童的智力发育是正常的。

多动症如果得不到及时治疗，将会影响一个人生活的各个方面。青春期时，患儿就会出现一系列问题，如逃学、反社会行为等。到成年期，虽然很多患者会发展出一套行为机制来隐藏多动症症状，但是他们依然无法避免多动症带来的影响：难以与他人融洽相处，因此社会关系紧张；很难较好地完成工作任务，因此无法维持固定的工作并且收入低。

那么面对患有多动症的孩子，妈妈应该采取什么样的方法来最大限度地减少多动症带来的影响呢？

首先妈妈要正视现实，给孩子更多的关心、教育和培养，带孩子去医院进行心理咨询和检查，听听医生的分析。如果确定孩子患有多动症，就要配合医生进行治疗。目前对多动症的治疗主要是药物治疗，但是要在医生的指导下进行，家长不能胡乱给孩子用药。

另外还有一系列的心理治疗方法，妈妈要协助孩子完成。首先是提高孩子自我控制能力。妈妈可以试着给孩子一个简单的题目，让孩子在完成题目之前做好一系列的动作。首先停止其他活动；然后看清题目，听清要求；最后，回答问题。这种训练可以随时随地进行，比如当孩子要看书的时候，让孩子自己把书本、凳子摆好，打开台灯，完成这一系列动作之后再看书。需要注意的是，在进行自我控制训练时，任务要由简到繁，时间要短到长，自我命令也要由少到多。

另外在生活中，多动症儿童的父母还要注意以下几点：

（1）要正视孩子，不能歧视他，要有耐心地进行教导。

（2）对孩子的要求要适当。不要用对正常孩子的要求来要求患有多动症的孩子。要先把他们的行动控制在一定范围内，然后再慢慢提高要求。

（3）多动症儿童的注意力本来就很难集中，因此在孩子吃饭、做作业时，父母千万不要主动分散他们的注意。

最重要的是，多动症患儿的父母一定要明白爱才是影响孩子治疗效果的决定性因素。父母应该全面了解孩子的病情，关心孩子，爱护孩子，这样孩子才能逐渐好转。

这些行为要理解

孩子打人有原因

王莉很苦恼地跟好朋友抱怨说："我们家宝宝最近不知道怎么回事，简直变成了一个'暴力分子'，他总是喜欢打我的脸，打我的头，有时候会狠狠地拽着我的头发不放手。对他奶奶也是，下手特别狠。而且他只打和他亲近的人，要是邻居哄哄他，抱抱他，他都不会动手。"

相信很多小宝宝的妈妈都会有这样的烦恼，这是为什么呢？是低龄的孩子都有"暴力倾向"吗？

关于这一点，儿童心理学家为孩子做出了辩解：

婴幼儿打人的行为是他们表达爱的一种方式。每个孩子都能感受到家长对他的爱，可是因为孩子还没有掌握语言，也不知道怎样更合适地表达自己的爱，所以他们只能用最简单的表达方式——打人，来向自己亲近的人传递自己的感情。

不过这是对于年龄很小还不会说话的婴儿来说的，随着孩子年龄的增长，尤其是孩子能够自己走路和说话之后，很多家长就不再像孩子小时候那样去关注孩子的每一个动作和每一个表情了，但孩子对家长关注的需求却丝毫没有减少，这时候孩子难免会产生失落感。如果孩子偶尔一次打人被父母发现，父母大多会开始教育孩子打人是不对的，但是孩子却发现打人原来是吸引家长注意的一种方式，只要他有打人行为，他就可以成功地获得父母的关注。因此，打人的行为就成了孩子吸引家长注意力的一种手段。从这种情况，家长们也可以知道，如果自己对孩子的打人行为不那么敏感，那么孩子就不会用这种手段来吸引家长的注意了，他也就不会把打人变成一种习惯。

对于孩子打人的这两种情况，家长应该分情况解决。

当孩子用打人表达爱的时候，家长应该教会孩子正确的表达爱的方式，比如亲吻、拥抱、握手等。

对于这些年幼的婴儿来说，他们还没有灵活地掌握语言，也不会用其他的方式来表达自己的爱。所以，在这种情况下，家长最应该做的就是教会孩子正确地表达自己的爱，而不是把注意力放在孩子打人这种行为上。

孩子学会了表达爱之后，忽然又出现了打人现象，那这时候父母就要反思是不是自己给孩子的关注不够多，导致孩子为了吸引家长注意而打人。家长要注意的是，虽然孩子长大了，活动的范围也变广了，但是孩子对大人关注自己的需求并没有减少，家长不要因为孩子可以自己玩了就减少对孩子的关注。

骂人的孩子不一定是坏孩子

第一次听到孩子冷不丁地说出："我打死你"、"你是猪"等骂人的话或者其他脏话时，大多数父母想必都是心头一震，大声斥责："你这是跟谁学来的？""谁教你的？"这些不好的话当然不会是孩子自己想出来的，而是孩子听见别人说，然后才跟着学会的。

孩子听到别人说的话以后会跟着学，这就是学习语言的过程。骂人、说脏话也是一样的，孩子并不知道自己所说的话的意思，他们只是在重复自己刚刚学到的语言。另外，当孩子学会骂人说脏话的时候，这意味着他的社会关系正在逐渐扩大，已经超越了单纯的家人范围。家长们不必为了孩子骂人说脏话而过分担心，认为孩子有什么问题，要认识并接受孩子的这种成长过程。但是这并不是说家长可以允许孩子用脏话来表达想法，当孩子骂人、说脏话的时候，家长要告诉他如何让正确的表达自己的思想。

在孩子2岁半左右的时候，孩子的自我意识开始萌芽。这时候，孩子忽然惊奇地发现，语言是一种神奇的力量：语言能让人发脾气，能让人伤心落泪……正是因为这个原因，孩子开始快乐地试验语言的力量。其中骂人、说脏话也是他们体验语言力量的一种方式。

由于家长对这些骂人的话和脏话非常敏感，当孩子使用这些语言时，家长或者会强行制止孩子，或者会对孩子大发雷霆。家长的这种表现反而让孩子更加深刻地感受到了语言的力量，体会到了语言所带来的快乐，所以他们就更加喜欢使用这些语言。

那么，面对孩子这些骂人或诅咒的语言，家长应该如何科学地对待呢？

一天早上，郑丽正在给3岁的女儿穿衣服，女儿忽然来了一句："臭妈妈，你真坏！你弄痛我了！"郑丽也是心头一惊，但是脸上没有表现出来，反而平静地对孩子说："衣服穿好了，快去洗漱吧！"女儿脸上露出有些惊奇的表情，但她不甘心，嘴里不停地喊着："臭妈妈、坏妈妈……"郑丽假装没有听到，仍然忙着手里的家务。最后，女儿终于沉不住气了，她一边摇妈妈的胳膊，一边对妈妈说："妈妈，我在说'臭妈妈'！"

郑丽依然一脸平静："是，妈妈听到了。乖女儿，我们该吃早餐了吗，去吃饭吧！"女儿有些奇怪地结束了这个无趣的游戏。

之后的一段时间里，女儿开始全面地运用这种语言，叫奶奶叫"老臭奶奶"，叫爷爷"臭老头"，有时候还会专门跑到有些严肃的爸爸面前喊道："臭爸爸！笨爸爸！"

但是全家人都对此没有反应，依然该怎么对待孩子还是怎么对待孩子。原来，郑丽已经偷偷跟全家打过招呼了：不管孩子运用多么"恶毒"的语言，我们都不做出任何反应。

没过几天，女儿终于彻底放弃了这个无聊的游戏。

孩子第一次骂人说脏话的时候，大部分情况不是为了表达生气的情绪，而是淘气。他只是发现语言具有力量之后，一边试验语言的力量，一边与身边的人玩激怒你的游戏。但是如果家长对孩子的游戏不做反应，孩子很快就会主动放弃这个没意思的游戏。

对待2~6岁这一年龄段孩子的骂人行为，家长们没有必要对孩子发怒或者急于纠正孩子的行为，而是应该对孩子的这些语言不做任何反应。但是如果孩子长大后并且已经明白骂人的目的之后还出现这种情况的话，妈妈就应该用非常严肃的语气指出孩子这样做是不对的，并且让他改正不再重犯。

我的孩子是个破坏王

在刘老师的心理咨询室里，坐着小亮母子俩。

小亮是一个聪明伶俐，又很调皮的小家伙，讲起话来手舞足蹈，有意思极了。小家伙在咨询室里一点儿都不害怕，反而做出各种各样奇怪的表情，惹得刘老师哈哈大笑。

看着小亮的"表演"，妈妈觉得又好气又好笑，她问道："刘老师，我这孩子是不是有多动症？您看他这样子，没有一刻能安静下来。我们家里的东西几乎被他拆了个遍，现在弄得家里垃圾一大堆，简直就成了废品收购站。刚开始的时候，他只是拆拆闹钟等小东西，因为都是小东西，我们也没在意，心想坏了再换一个就是了。后来，这孩子就变成了见什么拆什么，前几天把我的电脑主机给拆了，还把一些主要零件也弄坏了，害我花了2000多块钱才修好。为此我狠狠地揍了他一顿，原以为他会改好，可是安分了几天他又开始折腾了。我们这工薪家庭哪经得起他这么折腾啊。"听完妈妈的诉说后，刘老师给小亮做了检查，排除了小亮有多动症的可能。那么小亮为什么这么爱搞破坏呢？

有很多孩子像小亮一样，非常喜欢把家里的闹钟、收音机、电视等拆开，想看看这些东西为什么能工作，会发出声音；有一些孩子的破坏行为则表现为经常扔他人的玩具和文具；还有一些孩子喜欢在墙壁上乱涂乱画、摔东西等。这一切在妈妈们眼中都是搞破坏的行为，但是这些行为其实是有很多类型的，妈妈应该细心地去观察，不能粗暴简单地采取打骂形式来应对孩子的破坏行为。

像小亮那样看到闹钟能走、收音机会唱歌、电视机能显示画面等新鲜的东西就想知道原理的孩子，其实是强大的求知欲在吸引着他"搞破坏"，他们对这些现象往往十分好奇，想了解其中的究竟。这些孩子中可能有些愿意与妈妈共同探讨，有些孩子则愿意自己动手去弄明白。如果父母总是没有时间和孩子一起来探讨这些东西，或者指导孩子去拆卸，那么这些孩子的行为在许多妈妈就变成了具有极端破坏力的行为。

而那些喜欢拿别人的物品撒气的孩子，有可能是因为遭到了别人的欺负或者讥笑，但是又没有人帮助他正确地处理，他内心想反抗，又不敢付诸行动，于是只能把怒气指向了别人的物品，通过破坏这些物品来发泄自己心中的不满。

还有一些家庭中，孩子没有得到妈妈足够的关爱，没有感受到家庭的温暖。在这种情况下，孩子就有可能通过破坏物品来发泄心中的怒气，同时期望以此引起妈妈的注意。还有一些是在溺爱的家庭中长大的孩子，长期为所欲为，也有可能会产生通过摔门、摔椅子、撕衣服等破坏性行为。

当发现孩子出现破坏性行为时，很多妈妈的反应首先是愤怒，然后不分青红皂白地对孩子一顿打骂。对孩子的这些行为，妈妈首先要做的应该是耐心地与孩子交流，找出孩子出现破坏行为的深层原因。

如果孩子的破坏性行为是出于好奇，妈妈就不应该责备孩子，以免抹杀孩子的学习兴趣。这时候，妈妈可以跟孩子订立一个规定，对于一些比较便宜的物品，妈妈可以提供参考书，让孩子单独进行探索；对于一些较为昂贵的物品，比如电脑、电视等，妈妈可以抽出时间与孩子进行共同研究。让孩子能够在成人的指导下进行研究，这不仅能减少物品的损坏情况，还能更好地满足孩子的好奇心，增强孩子的兴趣，而且也可以让孩子学会适当约束自己的行为。对于那些通过破坏来报复、发泄内心不满的孩子，妈妈可以与孩子共同商讨解决问题的可行途径，使孩子明白破坏他人物品的报复行为并不是解决问题的有效办法，从而学会采用更恰当的方式来解决问题，既不破坏自己与同伴之间的关系，同时也能够很好地表达自己内心的愿望。

有些长期被溺爱的孩子一旦父母没有满足他的要求，他就会赌气，故意损坏东西，以此来要挟大人，发泄对父母的不满。对于这种故意破坏物品的行为，家长绝对不要姑息迁就，既要严厉批评，也要让孩子为自己破坏物品的行为负责。比如故意摔坏玩具，就至少在半年内不买新玩具；砸坏了碗碟，告诉孩子两周内不能吃他最爱吃的冷饮，省下的钱用来买新的碗碟。这样的孩子受到惩罚后，就会在脑海里留下深刻印象，就不敢再由着性子发脾气了。

孩子为什么故意"考砸"

一位心理学专家曾经说过："医生的孩子经常生病，老师的孩子不爱学习，是我在咨询过程中经常会遇到的案例。"

小枫是一个初三的学生，他学习很努力，在一般的随堂测验中总是表现出色，但是一到了大考试，像是期中、期末考试，他就总会考砸，几乎没有例外。

小枫的父母都是教师，他们想尽了各种办法，但就是无法帮孩子提升大考时的心理素质，无奈之下，妈妈带着儿子来看心理医生。

母子俩见到心理医生后，妈妈先发了一通感慨："我是优秀教师，在全市都很有口碑，我教出了那么多优秀的学生，但就是教不好自己的孩子，我觉得自己很丢脸。"说完这番话，她用"恨铁不成钢"的眼神看着小枫。小枫把头垂得很低，不肯看妈妈的眼神，也不和心理医生对视。

听完妈妈的话后，心理医生请她离开咨询室，留下小枫做心理咨询。在妈妈离开的一瞬间，小枫把头抬起了一点，而且脸上的那种羞愧马上就消失了，取而代之的是一种倔强的神情。

心理医生一下子看出小枫那倔强的表情下面隐藏的是对妈妈的不满。小枫说在家里感到很压抑，爸爸妈妈总是太在乎他的成绩。每次大考结束后，拿到成绩单，发现成绩不怎么样时，他的心里一开始总是闪过一丝快感，然后才会觉得又考砸了，又让爸爸妈妈失望了。

听小枫这么说，心理医生顿时明白了，实际上小枫内心深处其实是不想考取好成绩的，这种一闪而过的快感才是问题的根本所在。

心理医生对小枫的妈妈说最好别再盯着小枫的学习，放手一段时间。小枫的妈妈犹豫了很久，但还是答应试一试。结果中考结束后，小枫以优异的成绩考入了市重点高中。

案例中小枫在大考中成绩不佳的原因是他对父母教育方式不满的表达，他的潜意识中存在着这样一种心理：你们最在乎这个，那我就偏偏不给你这个。但是你们不能怪我，我努力了，肯定是你们教我的方式有问题。其实很多青少年也存在和小枫一样的心理，只不过是没有意识到而已。他们只是隐隐约约地在拿到糟糕的考试成绩后闪过一丝快感，或故意做错一件事，因为"捣乱"被批评后反而会得到一种满足。

其实这些都是典型的"被动攻击心理"。这种心理就是用消极的、恶劣的、隐蔽的方式发泄自己的不满情绪，以此来"攻击"令他不满意的人或事。在孩子当中，最常见的表达方式就是有意无意地做错一些事情，惹得父母特别生气。结果，父母对孩子进行一番攻击。看上去是父母攻击了孩子，实际上是孩子在内心深处故意惹父母生气。

这种心理其实很不健康。当事人不能用恰当的、有益的方式表达自己不满的情感体验。尽管他们知道应该与人沟通，寻找解决办法，但是却极不愿意去做。更不愿大大方方地表达出来。而是采取只有他自己才清楚的、将事情越弄越糟的"宣泄"方式来使自己的心理获得某种平衡。这种不健康的心理行为如不及时纠正，必将严重化，当孩子进入社会时，他会把最初只针对父母的被动攻击心理演变一种比较恶劣的人格心理。

一般出现"被动攻击"情况的孩子，他们的父母都会有以下三个共同点：第一，对孩子的期望很高；第二，对孩子的控制欲望非常强烈，生怕孩子遇到任何挫折，于是希望尽可能完美地安排孩子的一切；第三，不允许孩子表达对父母的不满，他们认为孩子最好的优点就是"听话"。

这三个特点结合在一起，会让孩子感到窒息，并对父母产生深深的不满。要改善这一点，最好的方式就是"适当放手"，即父母给孩子制定一个基本的底线——认真生活不做坏事，然后让孩子去选择自己的人生，只在非常必要的时候才去帮助孩子。

而且，父母还要注意自己家庭中的沟通氛围，要保证孩子在家里可以直接对父母表达情绪和不满。因为如果孩子心中产生了不满，却又被禁止表达，那么他们就会采用这种"被动攻击"的方式表达出来。

因此，要消除孩子故意"考砸"和"捣蛋"的行为，最好的办法是做个理解孩子的父母，尊重他们的思想，让他们为自己做主，允许他们有自己的秘密，给予他们充分自由独立的空间。

孩子犯了错误总是狡辩怎么办

田女士是一个讲民主、尊重孩子的妈妈，一般不会强迫女儿做什么事情，女儿也因此思维活跃、能言善辩，不过现在田女士却面临着一个困惑：女儿越来越喜欢狡辩，无论做什么事总有自己的理由，不愿意听取父母的建议。比如，孩子见到田女士的好朋友从来不叫阿姨，田女士告诉她这样不礼貌之后，她还是不叫，而且还列举了各种理由：我不喜欢叫；我不喜欢这个阿姨；我当时想睡觉等等。几乎所有的问题，只要她不想做，都有很多理由。田女士不禁为孩子的表现担心起来。

在一个民主自由、喜欢讲道理的家庭中，孩子比较容易养成能言善辩、自做主张的行为习惯，相应地，也容易变得不愿意听取别人意见，喜欢一意孤行。好的教育应该让孩子既有主见，又能听取别人的合理意见，并对自己的行为做出调整。这样的孩子对自己和他人的意见具有较强的分辨能力，不至于演变成顽固地坚持自己想法的人。

讲道理是值得提倡的教育方法，但是为什么很多父母感到给孩子讲道理没有用呢？对于孩子来说，尤其是12岁以下的孩子，他们的心理发展特点是以形象思维为主，还很难理解许多抽象的名词概念，因此这时候对孩子的教育应该以行为训练为主，最好不要用讲大道理的方式进行。比如当孩子不喜欢叫"阿姨"的时候，不必讲很多为什么不叫"阿姨"是错误的大道理，只要培养孩子礼貌待人的行为习惯就好。

另外家长还要反思自己是不是在某些时候对孩子的狡辩表示了赞赏的态度。比如有时候，孩子"狡辩"之后，家长会说："你这小嘴还挺能说！""你还挺有主意！"还有的家长会用假装生气的态度对孩子说："不许狡辩！"但是内心却存在对孩子的欣赏。这种潜在的欣赏比直接的表扬更让孩子有快感，于是他知道了：反驳父母的建议反而能获得父母的好感，所以不听取父母建议的习惯就这样形成了。

此外，父母还要注意的一种情况是，虽然在大多数情况下，父母的要求和做法都是正确的，但还是不能忽略孩子的态度和意见。现在是个多元化的时代，教育的难度增大了。但是我国多年形成的文化中，总是希望孩子听话。可是如今的孩子有了自己的思想，对家长不再言听计从，有时候甚至还会对着干。面对这种情况，家长应该与时俱进，转变观念，和孩子一起成长。时代进步了，不能把自己看不惯的事物通通看作"大逆不道"。要对孩子进行正确地引导，学习与孩子沟通的技巧，建立良好的关系，而不是单纯地责怪和打骂。

父母应该常常鼓励孩子说出自己的想法，不要以"小孩子不懂什么"为理由剥夺孩子表达自己的权利。如果孩子长时间得不到尊重，就会变得不自信，失去应有的创造力；或者会变得非常叛逆，无论什么事情都要进行狡辩，与父母关系恶化。父母在给孩子的建议应该为他留下一定的自由选择空间，让孩子感到配合父母的建议是快乐的、身心愉悦的，这样的话他合作的积极性就会提高。

孩子遇到困难只会哭鼻子怎么办

常听到家长说，孩子一遇到困难就哭，比如玩积木、拧瓶盖什么的，只要是弄不好，就会大发脾气，开始大哭。

两岁多的欣欣在玩新买的积木，这种拼插的塑料积木是她第一次玩，有于拼插的接口不一，需要仔细观察找准相对应的接口才能拼插好，这对她而言是一次新的挑战。玩了一会儿后，欣欣碰到困难了——两块积木怎么也插不进去！欣欣小脸憋得通红，用尽全身之力再试一次，还是不行！她气急败坏地把玩具往地上一扔，大哭起来，"这个玩具不好，拼不进去，我要扔掉它们！"

很多孩子遇到困难也像欣欣这样，喜欢哭或者发脾气，比如扣子总是扣不上、玩具总也插不进、剪纸老是剪不好，碰到这样的挫折时，烦躁得不得了。孩子为什么一遇挫就哭呢？

这是因为孩子年龄小，各项能力还不足，某些事情大人能轻而易举地完成，对于孩子却无比艰难。这时，大人要做的是安慰他，告诉他做不好是因为他还是个小孩子，力气不够，手还不够灵巧，等他多多练习就会做好的。孩子慢慢会明白他做不到不是因为自己不够好，只要多多练习和时间够长的话，他最终能成功。

每个父母都希望自己的孩子能够独自面对社会的压力，越能抗压，说明孩子越强大。其实，锻炼孩子的抗压能力，家长不必刻意制造挫折，只要利用生活中的"挫折"顺势而为即可。孩子在遇到挫折哭闹时，家长要充分信任孩子，相信孩子有抗挫折的能力。孩子在克服困难后会产生成就感和自豪感，感觉到自己的"力量"，并激发下次面对挫折勇于挑战的信心。

但是，中国的父母有的时候，却非常乐意去干那些为孩子扫清前进障碍的活。其实，在最初的时候，每个孩子遇到困难时，都有一种强烈的内心需求：想通过自己的力量去思考、探索、克服，哪怕这个过程历尽千辛万苦。所以孩子碰到成人在提供不必要的帮助时，他们会反抗会哭泣。但是如果成人长期给予孩子不必要的帮助，孩子就会依赖于成人的帮助，不去尝试、不去探索，更不去自己思考了，遇到困难直接找大人求助，自己不会解决。这种情形才是令人担忧的。

在孩子看来，不必要的帮助等于成人在对他说：你不行，我帮你。这样，他不会认为你在帮助他，他感觉到的是你的不信任和轻视。孩子只有通过自己一次次错误和失败的尝试而解决问题后，才能得到自豪感和成就感，从而建立自信。这比成人对他泛泛的说你真棒要有用很多。

有些成人意识到了不必要帮助的弊端，但是有时候克制不住帮助孩子的冲动，其是看到孩子做某些事情完成得很糟糕或是让我们胆战心惊的时候，就会情不自禁地对孩子施以援手。比如当孩子笨拙地提起裤子，裤子没有整理好的时候，妈妈会情不自禁地想帮孩子把裤子整理好；又比如孩子颤颤巍巍跨小水沟似乎又跨不过去的时候，家长忍不住一把把孩子提起来，帮他跨过去。这样其实破坏了孩子独立完成一件事情的完整性，给孩子传递的信息是：孩子什么都不会做，什么都做不到，要在大人的帮助下才会成功。

所以，家长要尊重孩子所做的努力，尊重孩子的劳动成果，哪怕这个结果不太完美，甚至有些糟糕。在当今世界，事业的成败、人生的成就，不仅取决于人的智商、情商，也在一定程度上取决于人的抗挫折能力。不仅是成功，幸福的人生一样要有较强的抗挫折能力，这样在任何挫折面前才能泰然处之，永远乐观。

孩子任性其实是一种心理需求

生活中，经常见到一些孩子特别任性，为达到某种目的哭闹不止，把家长搞得精疲力竭。

4岁的明明看到邻居小弟弟的电动小汽车与自己的不太一样，他急于探究这种区别存在的原因，于是明明可能会在夜里无休止地哭闹着，任性地坚持要妈妈给自己买一辆一模一样的小车来延续自己的探索活动。

一个3岁的孩子正兴高采烈地玩气球，妈妈不小心给碰破了，孩子会顿足大哭，怎么哄都哭闹不止。

人们往往把这种任性归咎于家长对孩子的娇惯，其实这种结论过于简单和武断。

美国儿童心理学家威廉·科克的研究表明，孩子任性是一种心理需求的表现，与父母的娇惯没有必然的联系。他指出，幼儿随生理发育，开始逐渐接触更多的事物，但对这些事物的正确与否，他们却不能像成人那样做出准确和全面的判断。孩子只会凭着自己的情绪与兴趣来参与，尽管有些参与行为会对他们不利。

处于独立性萌芽期的幼儿，对一切事情都想亲力亲为、想弄个透彻，这原本是好事。但是，孩子肯定有他的幼稚性和不成熟性，不可能像成人一样理性。因此，孩子的这种"亲力亲为"的心理行为，往往会不合情理地表现出来，这就导致了我们所说的任性。家长有时需要进行换位思考，从孩子的角度看待他们的行为表现，对其要求不可包办代替或断然拒绝。而要根据当时的实际情况采取不同的措施区别对待，毕竟孩子任性有时也是一种心理需求，应该得到尊重。

但是，绝大多数家长是以成人的思维更多更全面地考虑结果，却往往忽略了孩子的情绪和兴趣。实际上，这些兴趣与要求也正是孩子心理需求的一种表现形式。这些事情表面看起来是孩子太任性，在无理取闹，其实真正的原因是孩子的好奇的心理需求没有得到满足。当这种心理需求得不到安抚和满足时，孩子只能以哭来表示抗议。

随着孩子的成长发育，他们越来越多地接触更多的事物，这些事物带给宝贝很多意想不到的困惑，为了解开自己心头的疑问，宝贝总希望通过自己的方式来解决问题。如果明明哭闹的时候，妈妈能够问明原因并理解他的这种心理需求，并及时表扬明明爱动脑筋，再讲清楚当时的情形下为什么无法满足他的要求，大概孩子就不会哭闹了。

另外，3岁的孩子正兴高采烈玩的气球，被妈妈不小心给碰破了，孩子便哭闹不止。妈妈会认为孩子任性，无理取闹。如果妈妈当时可以从孩子心理的角度去分析，便会明白这是因为孩子已经把这个彩色气球拟人化，把它当作自己的玩伴，气球破了，"玩伴死了"，自然会使他伤心欲绝。婴幼儿的这种心理得不到理解和安抚时，无奈中只得以哭闹来抗议。

总之，面对任性哭闹的小儿，对其进行严厉的批评毫无意义，父母应该把重点放在分辨孩子的哭闹原因上，再想些帮助他的办法。否则，孩子的任性就会越来越严重，这实质上是一种与家长对抗的逆反心理，多因家长初始没有理解和重视他们的心理需求所致。所以，年轻的家长应该多了解孩子的心理，从而理解和接受孩子的心理需求。

"为什么"没有错，回答有技巧

孩子总是有着无比强烈的好奇心，他们从不管自己问的问题是不是可笑，也不会去想爸爸妈妈能不能回答自己的这些问题。尤其是当孩子到了快要入学的年纪时，他们会变成一个"十万个为什么"。他们见到什么问什么，想到什么问什么。"为什么有的豆子是青色的，有的却是黄色的？""为什么妈妈穿裙子，爸爸从来不穿？""天为什么是蓝的？""月亮为什么不会掉下来？""我们为什么会有五个手指？""我是怎么来的？"……

如果妈妈对孩子的问题能够认真、充分地解答，孩子会感到被尊重，好奇心也得到发展。所以，妈妈应该保护好孩子的好奇心，认真回答孩子的每个问题。如果当时实在没有时间和精力去解决孩子的问题，也要记住在自己空闲的时候，给孩子解答。有时候，孩子问的问题可能自己也解决不了，或者给孩子解释不清，那么应该告诉他，这些是自己不能解答的，或者告诉孩子等到他长到一定的年龄，才能听懂这些东西。

但是，实际生活中，当孩子们不断地问"为什么"时，妈妈一般都会不胜其烦，就算有耐心的妈妈，也未必有能力一一解答孩子的问题。

所以，在问问题的时候，孩子们常会"碰壁"："小孩子，不懂的不要乱问！""不是告诉你了吗？你怎么这么事多？""你怎么这么多事？我也不知道！"……于是，这个小家伙伤心地走了，他这才知道原来问问题需要一些条件，原来问问题是错误，原来大人也有不知道的时候……于是，很多小孩子都乖乖地闭上了嘴巴，看到一些新鲜的事情，也不会马上就大喊"妈妈，那是什么？"所以，我们会发现，孩子越长大，问题也就越少了，家长也不必费尽口舌地告诉他，这是什么，干什么用的，为什么会出现这样的现象？总之，解脱了！

可惜的是，孩子天生的好奇心在问题消失的时候，也随之慢慢消失了。这是一个失败教育的开始。随着好奇心的泯灭，孩子就不再去主动认识世界，自然而然地，孩子认识世界的能力也降低了。同时，他们也很少再有主动获得知识的快感。随之而来的，他也就失去了本身应该具有的独创性，而这才是他们人生中重要的东西。一个人没有了好奇心，没有了独创性，也就没有了主动认识问题、解决问题的能力。

其实，妈妈回避孩子不断问问题的心理虽然可以理解，但是不能提倡。妈妈在孩子心中的威严并不完全建立在"博闻多识"这一条上，对事情的态度、对孩子的信任和尊重、在工作上取得的成绩、夫妻之间的评价都会影响到孩子对妈妈的认识。如果妈妈在平时的生活中很积极，面对家庭的困难也毫不气馁，对爸爸和孩子都呵护备至，常常得到邻居的称赞，那她在孩子心目中就会有很好的形象，即便遇到问题不会回答，孩子也不会因此改变对妈妈的崇拜。

另外，承认错误是一种勇气，承认自己的无知更需要勇气。当妈妈在孩子面前真实地说出自己也不知道的时候，孩子与你的距离会更近。当然，承认自己不知道还只是回答问题的第一步，如果只说一句"我也不知道"就走人了事，会让孩子感到失望。怎么办呢？当孩子的提问兴致在没有回答的情况下大减时，妈妈不妨说："虽然我现在不知道答案，但是我知道在哪里可以找到答案。让我们去图书馆寻求神秘的答案吧！"听到妈妈的这番话，孩子会马上兴奋起来，想去图书馆探个究竟。

不要因为怕自己丢面子，怕在孩子面前没有权威，随便编个答案告诉他。这对孩子没有任何好处。在他没有知道事情真相之前，会把你的答案当作真理，告诉别的小朋友。这样，带给他的很可能是嘲笑和讥讽，而在他知道真相之后，就会不相信你了。

独立解决问题的能力是拉开人与人之间的差距的重要指标，当孩子向你提出难以回答的问题时，不要回避或假装知道，尽管把真实的情况告诉他，让他学会独立解决问题，这样的他才能成长得更扎实、更健康。

孩子有自慰行为时应怎么办

幼儿自慰行为，是指幼儿用手或其他方式刺激自己生殖器的现象，如采取夹腿的姿势，骑坐在某些物件（娃娃、枕头或桌椅的棱角）上，通过触碰生殖器以达到快感。几乎所有儿童在生长发育过程中均会出现这种表现，不到1岁就可能发生，幼儿期和青春期比较明显。

根据研究，引起孩子自慰的原因通常有以下几种：

（1）缺少必要的关爱。3~6岁的孩子已处于一个特殊的性心理发展阶段，这个阶段被称为"性蕾期"。如果这一阶段幼儿的情感世界缺少关爱，就会通过触摸自己的性器官而得到安慰或消除自己情绪上的不安和焦虑。

（2）好奇心强。幼儿期正是人的一生中第二个激烈变化的时期，是好奇心极为旺盛的时期，孩子可能很早就感觉到父母对性器官及性问题的回避。家长对性器官及性问题的回避，恰恰引起孩子更大的兴趣和好奇，促使他忍不住摆弄自己的性器官。

（3）生理因素。生殖器局部的疾患常常是幼儿自慰的原因，如湿疹、局部发炎、不够清洁等引起的瘙痒。幼儿感到不适就可能经常触摸这些部位。

（4）衣服太紧。很多家长为了漂亮或是其他原因，给孩子选择不适合的衣服。衣服紧贴在身上，会使孩子感到紧绷不适，从而逐渐产生触摸性器官等自慰行为。

（5）心理因素。曾经受过性侵害的孩子，会在心理留下极大的阴影，而处在幼年的孩子心理还不健全，不会去合理地排遣，因此极有可能通过自慰来消除心中的恐惧和不安。

父母和老师对孩子的自慰行为不必大张旗鼓、兴师动众地寻求治疗途径，既不要惊慌失措，更不要打骂吓唬孩子，以免使孩子产生"性罪恶感""性恐惧感"。自慰一般不会使幼儿出问题，倒是父母的过度反应会造成幼儿精神上的负担，甚至导致孩子成年后的性心理障碍。那么家长和老师发现孩子有自慰行为时，该如何做呢？

（1）首先父母和老师要纠正观念上的错误，从科学的角度正确的看待孩子的自慰行为，认识到这是孩子在成长的过程中的自然现象。同时了解性教育的重要，它也是一种人格的教育和情感的教育，养成幼儿对性的健康态度，有正向的行为并展现适宜的性别角色认同，培养幼儿的健康态度和解决问题的能力。

（2）找出幼儿自慰的原因。例如检查一下孩子的裤子是否太紧、太脏；孩子的阴部是否发炎，有外伤；孩子是否在模仿影视片中或父母的性行为等。只有找到孩子自慰背后的真正的原因，才能够更快更彻底的消除这种行为。

（3）注意力转移法。丰富幼儿的生活，使之多样化、趣味化，把幼儿的心思和精力都用在感兴趣的活动上，如：画画、游戏等。避免孩子因过分寂寞无聊而将注意力集中在自己的生殖器官上。

（4）监视、制止幼儿的自慰行为。父母应平心静气地告诉孩子不要随便玩弄这些部位，既不好看，也不卫生，可能引起炎症。切忌使用刺激性语言，以免挫伤孩子的自尊心。

（5）家长和教师对自身行为的注意与修正。3~6岁的孩子出于对身体的好奇，常有好奇的窥视欲望。为此，父母应避免在孩子面前过度亲热。父母对孩子的亲热行为也要有度。当然，也不要刻意剥夺孩子与异性亲人的正常情感交流，防止孩子产生不必要的逆反心理，避免强化孩子的恋母或恋父情结。

（6）培养幼儿养成良好的卫生习惯、睡眠习惯，尽量减少环境中诱发自慰行为的刺激，父母要注意孩子阴部的卫生，保持干燥、整洁。孩子的内衣裤要柔软、宽松。让孩子早睡早起，注意睡眠姿态，入睡时不要把手夹在双腿间，不要俯卧。不要让孩子从事有可能刺激性区的活动，如爬树、抱枕头等。

从本质上看，幼儿自慰行为是求知欲、好奇心和生理需要的表现。任何年龄的孩子自慰都是正常的，只要家长和老师有足够的耐心，孩子的自慰行为的矫正不是问题。

孩子是在自残吗

孩子为了达到某种目的，有时会出现用头撞墙或地板，打自己耳光等伤害自己身体的行为。妈妈说一句"不行"，孩子就能哭得背过气去。

这是因为，孩子周岁后开始明白"不行"这句话的意思了。于是，当自己的要求得不到满足时，他们会用头撞墙、扔东西来表示心中的不满。但是，这和大人们认为的带有明显目的性的自残行为不一样，这不过是无法自如地控制情绪的一种表现。

就像有断奶期一样，在情绪发育的过程中，孩子也有一个表现厌恶和负面情绪的阶段，这是孩子发育过程中的自然现象。虽然存在个体差异，但1岁半前的孩子不可能完全掌握调节冲动的能力，还处于熟悉和学习的阶段。因此，周岁前的孩子只会用过激行为表现与愤怒相关的情绪，对于这种现象，父母要给予理解。

孩子心里生气，却不知道该如何表达，所以才会打自己或是用头撞墙。这里并没有"这样做，妈妈就会注意我"的意思，因此只要妈妈注意安抚孩子的情绪，孩子一会儿工夫就会好转，仿佛什么都没有发生过一样。

从大脑的发育过程看，故意让妈妈发火或目的性的自残行为多发生在孩子36个月以后。36个月后的孩子再出现打自己或撞墙等行为，才可能是有意的。但这种情况下，仍然应该先了解上述行为发生的原因，并从根本上解决问题，不分青红皂白的批评孩子是错误的。这种情况下，妈妈应该采取如下解决措施：

（1）不要吓唬孩子，注意安抚情绪：对于孩子缺乏自控而出现的行为，不要吓唬孩子，而是尽可能去安抚他的情绪。过于严厉的训斥只会让情况继续恶化。比如，如果孩子有故意用头撞墙的习惯，可以在房间里事先铺好垫子，反复撞了几次后，他们就没兴趣了。

（2）引导孩子自己收拾残局：这种方式可以告诉孩子，他们的行为会带来怎样的后果，必须对自己造成的后果负责。孩子正处于自我意识的形成阶段，会对自己的行为感到自责。在收拾残局的时候，孩子可以减轻这种自责，也有利于孩子自我意识的开发。

（3）不要被孩子的情绪影响：孩子发生过激行为的时候，妈妈千万不能被孩子的情绪影响。妈妈乱发脾气，只会进一步刺激孩子，导致更加极端行为的发生。因此，妈妈需要作出理性的判断，耐心对待。这时候，不妨深吸一口气，静静等待孩子平复紧张的情绪。一般情况下，用不了10分钟，不用大人劝，孩子就会安静下来。这时候再对他说："这样发脾气可不好呀！"可能效果会更好。即使孩子听不懂妈妈的话，他们也会知道自己的做法是解决不了问题的。而且，他们会明白妈妈不会理睬这样的行为，做了也没用，只是使自己更不高兴而已。慢慢地，他们就会改变做法。有时候，为了观察自己不在时孩子的行为，或者希望孩子自己恢复平静，妈妈甚至会故意躲起来。其实，诱发孩子自残的一个重要因素就是孩子离开父母后的不安全感，所以这样做只会刺激孩子，是绝对错误的。

总之，即使孩子还听不懂很多话，妈妈也要让他明白他的行为是错误的。周岁前后的孩子还不能完全听懂妈妈的话，但是通过妈妈的表情或者动作能够明白什么该做什么不该做。如果耐心地给孩子讲道理，孩子也会意识到自己做错了事。妈妈讲完道理后，要一如既往的抱抱孩子，让孩子知道虽然他做错了，但是妈妈能够理解他的行为，而妈妈对他的爱是永远不会改变的。

第二章

"再穷不能穷精神"，满足孩子的心理需求

满足孩子家的归属感

归属感是孩子最早的安全感

建筑师要想修建一所结实的房屋，需要有又稳又深的地基。人的生命要想健康长久地成长，也需要有稳固的地基。小孩出生后，地基便开始"建筑"，在这里，生命的地基便是人的"安全感"。

安全感是一种人在社会生活中感到安心不害怕的感觉，当环境中可能出现对身体或者心理有危险甚至潜在危险的情况时，安全感能够使人预感到出现的环境变动，人在其中主要表现为确定感和可控感。

安全感是生命的地基，即心理健康的基础，孩子在满足了安全感的基础上才能带着稳定的心理去探索未知的广阔世界，追求更高一层的需要，带着自信心去和小伙伴打交道，融入到学校生活里，在小伙伴和学校里体会到自己的价值。相反，如果孩子有过度的不安全感，将会引发孩子的心理问题和疾病，导致精神障碍，甚至神经症。

当孩子从妈妈身体中分离出的那一刻起，脱离了妈妈身体的庇佑，孩子面对陌生的环境十分恐惧和不安。为了减少恐惧，孩子会在妈妈那寻找心理上的安全感和归属感。而这安全感和归属感会成为影响孩子身心健康的基础。变动可以引起孩子极大的无归属感和无安全感。

2009年，深圳市妇儿工委办联合市妇儿心理咨询中心对全市1500个8~17岁的流动儿童心理情况进行了抽样调查。调查结果显示，深圳市近六成流动儿童感到自卑、敏感、情绪不稳定，他们与人交往合作能力较差。其中，自卑是这些流动儿童心理问题的集中表现，近30%的流动儿童感受压抑、被歧视，认为城里人看不起他们。这些孩子大多性格内向，行为拘谨，自卑心理较重，自我保护、封闭意识过强，存在相对孤僻性，以至于不敢与人交往，不愿与人交往。占一半以上的流动儿童通常是与自己的老乡一起玩耍，因为熟悉和有伙伴，这些小孩更喜欢老家，而不是现在生活的地方。

流动儿童是伴随我国经济的快速发展，越来越多的农村剩余劳动力流入城市里出现的现象。这些孩子出现的自卑、敏感、情绪不稳定等各种心理问题，都是由于流动问题导致他们没有家的归属感。孩子在幼年时期缺乏家的归属感在流动儿童中最为典型。妈妈们可以从这些流动儿童中看到归属感对小孩的人格发展的影响是多么重要。

所谓归属感，是指孩子觉得自己属于爸爸妈妈组建的家庭中的一员，属于学校班集体里的一员，属于伙伴们中的一员。在这一个个集体中，自己被集体中的其他成员接受、认可，在集体中是有价值的，必须存在的，不是可有可无的，能和集体有共同的感受。当孩子觉得自己被加入的群体接受时，会感到一种安全感和踏实感。

据有关研究发现，归属和爱的满足与生活满意度有很高的相关度。流动儿童因为生活的颠沛流离，有先天的生活条件不足的缺陷而得不到归属和爱的满足。美国著名心理学家马斯洛在1943年提出"需要层次理论"，他认为，"归属和爱的需要"是人的重要心理需要，只有满足了这一需要，人们才有可能"自我实现"。

研究人员给31名严重抑郁症患者和379个社区学院的学生寄出问卷，问卷内容主要集中在心理上的归属感、个人的社会关系网和社会活动范围、冲突感、寂寞感等问题上。调查发现，归属感是一个人可能经历抑郁症的最好预测剂。归属感低是一个人陷入抑郁的重要指标。

早在1998年夏天，美国心理学专家就断言：随着中国商业化进程的不断推进，心理疾病对自身生存和健康的威胁，将远远大于一直困扰中国人的生理疾病。上述表现概括起来就是思想上无所寄托，生活上丧失信心，对亲友无牵挂感。说到底就是归属感不强。

在孩子的安全感形成过程中，归属感是孩子最早的安全感。归属感和安全感从来都是相伴左右，有着密切的关系的。妈妈们在孩子小的时候，给了孩子充足的归属感，孩子能够体会到父母的爱和家的温暖。孩子会对世界感觉到安全，认为这个世界是安全的、可靠的、善良的，并在此过程中建立对世界和对自己的基本信任。因此，妈妈要给与孩子充分的归属感，让孩子感受到安全，并在安全的环境下健康成长起来。

缺少归属感，孩子更叛逆

一名师大幼儿园老师曾经在报告中提到过班里一些小孩子的特别表现：

班上有个叫九斤的幼儿，他刚刚从别的幼儿园转来时，是让老师一个头两个大的"小捣蛋"。做活动的时候不仅不听老师的指令，还四处欺负班上小朋友。老师一旦教训九斤时，他便和老师对着干，唱对台戏，情绪特别激动，易怒。在班上时，老是和小朋友发生冲突。

班上还有一个小女孩叫薇薇，妈妈把她送来幼儿园时，显得很怕生，十分抗拒幼儿园的新环境，不跟旁边的小朋友玩，也不听老师的话，将近一个月后才开始和邻桌的小朋友说话，一起玩。

这些孩子的特别表现在幼儿园里比比皆是，孩子总是不愿意去上幼儿园，家长为了哄孩子上幼儿园被弄得焦头烂额，好不容易软硬兼施软磨硬泡地把孩子送上了学，孩子却在幼儿园里不合群，家长们为此伤透了脑筋。孩子不合群有很多因素，最重要的还是因为小孩没有产生对幼儿园的归属感，不愿意离开爸爸妈妈待在幼儿园里。于是，孩子为了摆脱幼儿园，轻则像薇薇那样孤僻拒绝接受幼儿园和幼儿园里的事物，被动防御，重则做出像小孩九斤这样过激的行为。由于缺少对幼儿园的归属感，孩子行为变得更叛逆。对于孩子来说缺乏归属感的表现有不适应集体生活，不喜欢与同伴交往，不愿意在老师同伴面前表达自己的想法等。

　　孩子归属感的培养是孩子社会性发展的重要方面，归属感对孩子将来形成积极的社会交往和在这种交往中掌握到的与人交往的能力有着重要影响。孩子归属感的养成有利于帮孩子在集体生活中形成安全感信赖感，在安全感的基石上流露本性，自然认识自己和他人，与人交往，这样将会促进孩子身心健康发展。

　　美国密歇根大学的研究人员的一项最新研究显示，缺乏归属感可能会增加一个人患抑郁症的危险。一个在集体中没有归属感的儿童，往往会形成压抑、不安、自卑等不良情绪，而一个具有归属感的儿童却能愉快、自信地与人交往。培养儿童的归属感很有必要。

　　其实，归属感不只是对生活环境的简单认同，而是对环境中的物质环境、心理环境及文化氛围的综合性的确认。不只是在幼儿园，在家里有的孩子也会因为各种原因而缺乏归属感。

　　随着芬奇的渐渐长大，芬奇妈妈发现孩子越来越叛逆了，芬奇妈妈回忆孩子自上小学五年级后，便对自己很不耐烦，有时候总是和妈妈顶嘴。尤其是当芬奇妈妈问他学习方面的事情时，他就特别厌烦反感，老是跟父母顶嘴。为了缓解孩子和自己的矛盾，芬奇妈妈提议全家一起出去郊游，借此增进感情。爸爸知道芬奇喜欢吃草莓，还专门安排了全家一起去果园采摘草莓的活动。但是芬奇对此一点兴趣都没有，当得知就一家三口单独去时，还嘟囔："我不去，和你们去没意思。"

　　我们通常把这类现象称为"家庭剥离感的初步形成"或"归属感的初步丧失"。经过了解，我们认为芬奇的这种表现主要是因学前不合理的"分享"培育，也就是说，妈妈总是鼓励芬奇把自己的玩具和小食品带给幼儿园的小朋友们，芬奇不愿意，妈妈就耐心提醒，有时还不高兴甚至生气。这种"分享"往往会使芬奇混淆"学习类物品"和"玩具食品"，从而在和妈妈的日常沟通中出现"理解误差"，芬奇也就越来越无法和妈妈沟通。那么，归属感也就开始逐步丧失，就自然形成了上述这些生活中的逆反现象。

　　要合理修复这种状况，就要合理搭建母子沟通平台，在不以学习为主的前提下，母子能够顺畅和理解，借以有效提升孩子的家庭"归属感"，清除孩子已经出现的家庭"剥离感"，也就自然避免了使妈妈头痛的所谓"逆反"了。当孩子拥有了健康良好的家庭"归属感"后，妈妈再和孩子围绕"学习主题"进行沟通，孩子才会在妈妈的引导下主动而快乐地开始学习。

让孩子顺利找到归属感

　　每个人都有觉得自己强烈归属于某个地方、某个群体的需求，孩子也不例外。也许孩子会对自己的这一潜在需求不自知，不会向家长表达自己的需求，但是妈妈们作为一个成人可以用自己的切身感受来设身处地地为孩子设想他的需求。而往往这些需求正是家长们易忽略的地方。有一位苦恼的家长曾经向儿童心理学教育工作者写过这样一封信诉说自己在教育孩子时遇到的困难：

老师，你好！

　　我的孩子今年9岁，即将就读小学四年级。但是孩子很贪玩，一点都不爱学习，回到家就打开电视看动画片，不写作业。现在放暑假了，孩子成天都不着家，在外面和伙伴们四处玩耍，一整天都见不着人影儿。老师布置的暑假作业基本没怎么写。孩子不写作业，不听话，爱撒谎，还跟大人顶嘴不认错！有时候孩子实在调皮得让人生气，我就动手打他了，没想到孩子不仅不怕，还骂人，甚至还手。我实在管教不了这孩子，总觉得这么下去天不怕地不怕，哪天就惹个什么事儿出来，孩子对世界没有敬畏，指不定某天做出什么无法弥补的错事，现在越想越觉得害怕！现在我们都不打他了，只有实在太生气才打他。也许是以前打孩子打太厉害了，孩子才出现这么过激的行为吧？您说孩子这样应该怎么办啊？该怎么管教这孩子呢？谢谢了！

一位苦恼的家长

中国有句古话是"黄金棍下出人才"，多少年来这句话一直作为父母教育孩子的传统育人法宝。然而父母要做到的是用心去了解孩子的心理，打孩子可能出现的最大弊端便是孩子归属感的缺失或转移。妈妈对孩子打骂的次数太频繁，打骂的程度太严重，孩子会渐渐排斥妈妈，心不再和妈妈贴在一起，认为自己的归属感不在妈妈这里，从而把归属感转移到其他地方去。成人的心理核心是安全感，而孩子的心理核心是归属感，孩子所必需的吃饭穿衣他自己解决不了，所以他必须有归属，孩子的归属感在谁那儿，他就愿意听谁的话。孩子不听话，正是归属感缺失的迹象。

孩子出生后最初的需求只限于父母带给他的爱，然而孩子一天天长大，开始接触到除父母以外的朋友、群体和机构，开始有自我意识。这时候，孩子通过归属于某个群体，学会与他人和睦相处，在群体活动和他人的交往中形成对自我的认识。孩子一旦归属于某个群体，便意味着这个群体也需要他，接受他，这会为孩子判断自己是一个什么样的人以及该如何行动提供指引。如果男孩子在长大成人的过程中，觉得自己既不归属于家庭，也不归属于学校，觉得自己被人嫌弃（比如因为遭到他人不留情面的批评），他就可能到别的什么地方寻求接纳并获得归属感。为了让孩子顺利找到归属感，家长们得采取一些施爱小技巧。

培养孩子的归属感，首先要培养他对自己家庭的认同感。第一，家长要试着寻找机会多跟孩子交流，主动分享孩子感兴趣的事情，让孩子对家长产生认同心理。你会发现，在某个瞬间，孩子突然对你敞开心扉。其次，偶尔给孩子讲讲自己家族的故事，让孩子了解自己与家长的渊源，对自己的家庭产生兴趣。凡是举行家族活动时，尽可能让孩子参加，不要因为孩子小不懂事，给大人添乱，放弃了让孩子融入到家庭里来的宝贵机会。

其次，学校是孩子成长的重要场所，培养孩子对学校的认同感十分必要。第一，家长可以多支持孩子参加学校组织的一些社团大型活动，例如义卖会、音乐会等，让孩子在学校中找到归属感。其次，平时多留意孩子的言行，当发现孩子有太多的独处时间时，建议孩子加入一些社交俱乐部，或者某个兴趣团体，避免孩子出现"孤独"的征兆。再次，老师对学生要做到尊重，让每个孩子都觉得自己是班里平等的一员，每个孩子都有机会参与，受到大家的重视。

最后，孩子最终要走向社会，培养孩子亲社会的态度显得十分重要。父母应帮助孩子弄清时尚和服装何以会成为人们归属感的标志，给孩子以经济上的帮助，让他"融入其中"，并不是一直打压孩子的跟风的追求，因为这恰好是孩子寻求归属感的表现。

小孩子也需要被尊重

许下的诺言要实现

父母对小孩子许下的诺言是否应该认真遵守呢？很多时候，父母都以为小孩子年龄小，不懂事，对小孩子许下的诺言不重视，无论是否兑现都不在意。但是在小孩的眼里，正是这些不在意的许诺变得极为重要。

浙江的小毛今年以优异的成绩考上了初中，全家人都非常开心。但是开心之外，全家人都陷入了一种尴尬而又尖锐的境地中。

原来，小毛的父母为了让小毛能够全力以赴准备考试，在考试中表现出色，曾经信誓旦旦地许下诺言，只要小毛能在考试中考取前五名，就带他去海南旅游一趟。这个许诺对于从来没有出过远门、没坐过飞机的小毛来说无疑是巨大的诱惑。为了能去海南，小毛非常努力的复习，考试也超常发挥了。成绩下来后，小毛取得了地区第一名的好成绩，全家人还为此举办了庆功宴，但是却对带小毛去海南的事支支吾吾，岔开话题，仿佛对曾经许下过诺言一事忘得一干二净。小毛因此十分生气。

小毛认为既然父母没空陪自己去，当初为什么还要许诺呢。小毛父母也有自己的说法，他们认为当初许诺只是想以此刺激小毛努力学习，并没有当真，以为孩子考好了一高兴就把这事给忘了，谁知道小毛把这事记得这么牢。"现在孩子每天吵着要去海南，我们也烦恼"，小毛父母说道。

小毛和父母之间之所以引起误会发生矛盾，正是因为小毛父母没有尊重小毛，履行承诺。

在现实生活当中，很多父母也都有失信于孩子的行为。他们往往向孩子许下这样那样的承诺，但很少有兑现的时候。久而久之，孩子对父母的做法习以为常。而且，当父母不能依照承诺履行诺言时，孩子就会对父母的口是心非感到生气，且不再相信父母的话。累积的怨气不但会严重影响亲子间的和谐关系，也会降低孩子对父母的信任度。家长对孩子的影响深远而关键。

父母失信于孩子，害处是相当大的。有的时候，孩子并不能真正了解事情的原委，所以会认为父母说话不算数，从而不再信任父母。以后父母再要求孩子什么，答应孩子什么，在孩子心中都会打折扣，使得父母与孩子的交流、沟通出现障碍。而且，家长会失去自己在孩子心目中的威信。

如果父母常把对孩子的承诺不当回事，会让孩子觉得一个人可以说话不负责任，答应的事也可以不办，这可能会让孩子变得不遵守诺言、不承担责任，或是总以猜忌、多疑、不信任的态度对待其他人。这对孩子的社会交往、人格魅力的形成都是很不利的，会对孩子的一生造成影响。

再有，父母越是用所谓的"权威"强迫孩子就范，孩子就越是怀疑或不相信父母，从而与父母之间出现矛盾、隔阂，影响亲子的感情交流和相互信赖，甚至出现逆反——父母越是让孩子往东，孩子越是要故意往西，使很多原本不该出现的问题尖锐化。

相互履行承诺不仅是与孩子交流的一种合理形式，也是培养孩子健康人格的一种教育手段。当孩子认识到自己答应了的事情就必须做到时，便有了责任感，从而督促他们学会履行责任，养成良好的道德习惯。一诺千金不仅仅是简单地兑现某个诺言，更重要的是可以培养孩子遵守诺言的意识，这是一个非常重要的品质，甚至可以说是无价之宝。

别跟"别人家孩子"比

中国社会科学院的研究结果显示，中国人九大生活动力中，对子女的发展期望排名第一。

以前的时候，信息闭塞，那些别人家孩子也仅限于邻居或者父母同事的孩子，但是现在有了网络，信息几乎可以一瞬间传遍全球，肯定会有很多妈妈指着那些世界各地优秀人才的"传奇故事"，苦口婆心地教育自己的孩子。每天面对着这些"完美"的同龄人，怪不得孩子们会感慨自己是个"只会吃喝拉撒"的笨蛋呢。

"望子成龙，望女成凤"是中国父母们的普遍心理。为了激励自己的孩子，"别人家孩子"几乎成为父母挂在嘴边的口头禅，可他们并不知道"别人家孩子"正在深深地伤害着自己的孩子。

一位母亲曾经这样回忆因为"别人家孩子"而与女儿的一段不开心的往事：

女儿那时候刚刚上六年级，有一次我无意中在女儿面前说起同事的女儿在英语竞赛中获得了二等奖。没想到女儿立马很委屈地哭着说："你为什么总是说别人的好？你找别人的女儿做你女儿好了！"以前看到女儿这种反应，我都会批评她不谦虚，见不得我表扬别人。可是这次女儿竟然说出"你找别人的女儿做女儿好了"，我才觉得问题有点严重。

见贤思齐是我们国家的传统，妈妈都认为榜样的力量是无穷的。不过，这样优秀的"别人家孩子"对孩子来说已经不仅仅是榜样，更多的是给孩子们造成自惭形秽的压力，从而令他们看轻自己、怀疑自己甚至是放弃自己。

教育的核心是培养孩子内在的自信和乐观。我国目前的教育体系中没有把尊重孩子的差异性放在一个十分重要的位置，孩子们从小就经受着各种各样的选拔，有些孩子就在这些教育体系中被冷落了。如果回到家里，孩子仍然被"别人家孩子"的尺子判断着，那么他怎么放松，他的自信又从哪里来呢？

慧慧妈和佳佳妈是好朋友，两家人还住得很近，所以，两个孩子从小就形影不离，关系特别好。上小学之后，慧慧的成绩好，尤其是作文，总是全班第一，而佳佳的语文成绩却是倒数，因此妈妈总是抱怨佳佳："天天和人家慧慧一起，怎么就一点都不向人家学习呢？和班里成绩最好的同学在一起，你成绩却这么差，不觉得不好意思吗？"

而慧慧妈却是这样抱怨慧慧："你整天在家什么家务都不做，将来自己独立生活了怎么办？你看看佳佳，一回家就帮着妈妈扫地择菜，你俩这么好，你怎么就不向人家学学呢？"

两个孩子总是这样被妈妈比来比去，最后导致一看到对方就觉得自己很差劲，因此在心理上两个人慢慢疏远了……

妈妈如果总是喜欢将自己孩子的不足与其他孩子的优势作比较，这会令孩子产生强烈的挫败感，不利于培养孩子的自信心。没有哪一个孩子愿意承认自己差，他们都希望能得到大人的肯定，这种肯定对孩子自信心的建立培养很重要的，也将会影响到孩子的自我认知。妈妈如果总是强调自己孩子的不足之处，就会令孩子在潜意识中形成自我否定。总是自我否定的孩子，在遇到困难时只能是向后退缩，而不会有坚持挑战的勇气。可见，妈妈总是拿别人家孩子的长处来突显自己孩子的短处是非常不可取的。

　　由于家庭和成长环境的不同，孩子们的发展不可能是同步的。如果学校不能很好地尊重孩子之间的差异和个性的话，那么妈妈就一定要多制造孩子充分发挥自己特点的机会，而不是让孩子跟另一个孩子作比较。比较明智的做法是，多和孩子的过去比，这样就能够发现孩子的独特之处，以及他每一个小小的进步。这样一来，孩子也更容易提升自信，获得成长的动力。学着去把自己的孩子当成"别人家孩子"来看待，多发现孩子身上的闪光点，多多赞美，你就会发现，自己的孩子本身就已经很优秀了。

尊重孩子的小秘密

　　小辰今年上五年级了，有一天回家，她发现妈妈竟然正在看自己写的日记。她很生气，就对妈妈抱怨说："我们老师说了，日记是自己的秘密，任何人都不能偷看！爸爸妈妈也不能！""这怎么是偷看呢？妈妈有权利了解你的思想动向，这样发现问题之后好及时帮助你啊！""我不需要你的帮助！反正老师说了日记不能让其他人看。"见女儿冲自己大喊大叫，妈妈的火气也上来了："你怎么说话呢？我是你妈妈，难道我把你养大，还没资格看看你的日记吗？"女儿听完这句话，一把夺过妈妈手里的日记本，躲进了自己的房间。从那以后，小辰就开始和妈妈"打游击"，原本不上锁的抽屉上了锁，还把日记本用头发丝"封"了起来，每天回家第一件事就是检查头发丝是不是断了。

　　随着年龄的增长，孩子的生活领域日益扩大，情感世界逐渐变得丰富，同时他们的自我意识不断增强，开始渴望独立并且受到社会和家庭的尊重。所以，孩子们开始有了自己的"小秘密"。从教育学的角度来说，拥有秘密对于孩子的成长具有很重要的作用。因为秘密往往与责任紧密相连。不管孩子保守的是什么秘密，是自己的还是别人的，当他决定对我们保密，他就与自己的灵魂订下了一个契约。

　　同时，孩子有了秘密，还代表孩子有了独立思考的能力，他会产生许多只属于自己的思想，虽然这些思想有时不一定正确，但却深深地刻下了"我"的烙印。父母不可能替孩子消化食物，同样父母也不能替孩子思考。孩子自己探索生活的这个过程本身就是可贵的。

　　但是当孩子有了隐私，很多妈妈总是很担心，总是想方设法地去侦察，如偷看日记、私拆信件，甚至盗取聊天密码。妈妈们总是觉得，孩子的心里能藏着多大的事呢？都是些小事，我看一下也无妨。可对孩子来说，再小的秘密也是大事。妈妈不尊重他的隐私，就是对他的不信任、不尊重，这极大地伤害了孩子的自尊心，破坏了他的安全感。

　　其实妈妈们想要了解孩子的"小秘密"也并不是一件很难的事情，要了解孩子的秘密最重要的是要压制住自己的好奇心，尊重孩子拥有秘密的权利。

　　一位家长是这样做的：

　　有一天晚上，我去女儿的房间送牛奶，我一走进去，女儿就迅速地合上了桌子上的本子。我笑着摸着女儿的头发说："我的女儿长大了，有自己的小秘密了！"女儿调皮地说："妈妈，你可不要偷看哦！""妈妈知道，妈妈像你这么大的时候也有自己的小秘密，还把它锁在抽屉里，现在想起来，那些小秘密都是妈妈曾经的快乐。""妈妈，其实我的日记里也有很多快乐。""妈妈很希望跟你一起分享这些快乐，当然也希望分担你的忧虑，不过如果你更愿意把它记在日记里，妈妈也尊重你。以后如果你有不愿意被爸爸妈妈看到的东西，就在显眼的位置标上'个人隐私，谢绝观看'，爸爸妈妈保证不会看，好不好？""妈妈，你这样说，我反倒是很愿意跟你分享我的小秘密了。"

其实，隐私是可以转化的，当孩子不信任家长时那些东西是隐私，当他信任你的时候，那就不是隐私，他会主动和你分享。所以家长应该通过关怀、尊重等方式赢得孩子的信任，让孩子主动与你分享他的成长故事。不过家长也要注意，如果承诺了不会窥视孩子的秘密，那就一定要守信。

妈妈应该尊重孩子的隐私，让他有种平等的感受，这是对孩子人格的保护，妈妈也会因此而赢得孩子的敬重和爱戴。

孩子作为一个独立的个体，具有自己的隐私和敏感的自尊心。他有被尊重、被承认的心理需求，妈妈就应该满足孩子的这种需求。孩子得到了妈妈的尊重后自然也会懂得如何去尊重妈妈、尊重他人。懂得尊重孩子的妈妈在孩子心中也必定是有威信的，懂得尊重孩子隐私的妈妈，必定是孩子愿意告之一些隐私的妈妈。

人类最不能伤害的就是自尊。家长请不要通过不良手段窥探孩子的隐私，因为在这个世界上，没有什么关系比亲子关系更亲密，而要建立亲密的亲子关系，就要从尊重孩子、尊重孩子的隐私做起。

小成员也有权参与家庭讨论

有的孩子由于被家人过度宠爱，无论想要什么东西，家长都会设法满足。看见别人家的东西好看就想要，分不清什么东西是自家的，什么东西是别人的。到了其他人家，仍然想要什么就要什么，得不到就哭闹。出现这种情况是由于小孩家庭观念教育的缺失。而小孩家庭观念的缺失，家长有着不可推卸的责任。

很多家长考虑到孩子年龄还小，尚不懂事，不能想出什么有用的解决家庭事务的办法，想当然地觉得家庭里的事务跟孩子没有关系，孩子不需要参与家庭讨论。殊不知，孩子虽然没有独立解决事务的能力，但正是家庭讨论促进了孩子这方面能力的发展。培养孩子参加家庭事务，把孩子当成小主人，久而久之，孩子不但自己的事情会自己做，而且家里的事情，也会积极参与，还会自觉地认为家里的事也是自己的事，自己也要为家里的事操心，如果形成习惯，家长也就不用为孩子的学习费心了。

一位育儿经验丰富的妈妈曾经在孩子的家长会上给家长们传授教育经验：

我们十分注重培养孩子的家庭观念，当女儿能听懂我们大人们说的话后，我们就一遍遍耐心地给她讲解什么是家庭，什么东西是家里的，什么东西是别人家的，家里的东西应该怎样对待，别人家的东西又应该怎样对待。通过这样的讲解，女儿似乎对家庭的观念有所意识。

有一次女儿生病了，我抱着女儿到校医务室去打针，当时孩子只有八九个月大，还只能说一个个的单字。打针的时候，女儿因为害怕哭了，但是打完针后，即将离开时，女儿突然指着桌子喊电,我很纳闷,便顺着女儿手指的方向看,才发现原来手电筒忘记了拿走。同样还有一次,有一年春节我和妻子带着女儿回我父母那里过年,三更半夜下火车后,妻子忘了穿大衣就下了火车。我们当时已经走了一段路了,女儿突然想起妈妈的大衣还在火车上,就拼命往火车上跑。当时我一愣神,半天才回过神来有危险,这样突然跑过去的话,万一火车开动了怎么办,于是我也扔下东西就去追女儿。当我跑到车门口时,女儿已经从火车上拿着大衣挤下来了,当时女儿才八岁。

这说明女儿八岁时便有了小主人家的意识,开始懂得不仅要为自己的事操心,还要为父母的事操心,从小便养成了责任意识和主动精神。下车后,大人们都忘记了自己的事,而女儿却在想东西拿全了没有,有没有丢掉东西,正是因为这样,女儿才能发现妈妈的大衣忘在了火车上。

把孩子培养成小主人,就是培养孩子的责任感。孩子有了责任感,就有了责任意识和主动精神。这样孩子不论什么事都会自己动脑筋考虑,也会为父母和家庭着想。现在许多家庭为孩子的学习发愁,要陪着孩子学习,陪着孩子写作业。其实之所以出现这种情况,就是父母没把孩子当成小主人,而且把孩子当成什么事都不懂的孩子。既然父母觉得孩子什么都不懂,什么都得父母来管,都得父母来操心,孩子当然不会去想什么。久而久之,孩子不仅不会有责任感,连脑筋都会懒得动,自己的什么事,自己都不会去想。

不少人抱怨孩子长不大,已经二十多岁的成年人了,什么事都不管,什么事都不考虑,什么事都得父母管,都得父母来操心。其实之所以出现这种现象,主要是教育不当的责任。现在许多孩子是独生子女,父母有充足的时间来管孩子,而且管得太多,管得太细,有的孩子不但父母亲管,爷爷奶奶外公外婆也管,这么多人管着,而且都要求按大人的意愿去办,孩子当然不愿意自己考虑,也没法自己考虑,因为更多时候自己考虑了不管用,说了也不算。因此,就养成了孩子不仅不当家,也不闻不问家里的事情,教育成了典型的公子公主,衣来伸手饭来张口,缺什么就向家里要什么,根本不考虑家里的情况,也不知道家里的情况。这样的孩子,不仅没有责任感,也不会知道自己将来要干什么,父母需要他干什么。孩子属于家庭里的一员,让孩子在享受家庭权利的同时也适当分担一点家庭义务,这既是对孩子的尊重,也是对孩子成长的帮助。妈妈们应当维护小成员参与家庭讨论的权利。

授予被爱和爱人的体验

微笑是最甜蜜的礼物

微笑不仅仅是一种简单的面部表情,更是一种通向心灵的心语交流。人与人的交流离不开微笑,心与心的沟通需要微笑,对于如何教育好孩子,妈妈们更加需要依赖微笑。因为妈妈的微笑犹如冬日里温煦的阳光,温暖、关爱着孩子,能瞬间拉近亲子的距离,架接亲子的友谊桥梁。

一个孩子突然将一个鱼缸打碎了,父亲飞奔过去,看见孩子正在洒满水的地上聚精会神地抓鱼时,父亲很生气,一把抓起孩子。孩子被突然的一下吓到了,睁大眼睛诧异地看着父亲。

这时母亲急忙抱过孩子，然后笑着对孩子说了一句话："孩子别怕。"就是这一句，孩子诧异的眼神没有了，喘了一口气委屈地告诉妈妈："妈妈我只是想看看鱼的脚长在哪。"

这个例子告诉妈妈们，请微笑面对孩子，一定要给孩子时间和机会去说话，不要破坏孩子的注意力，孩子打碎鱼缸，看似做了错事，但是犯错的背后是出于对生命的探索好奇，可能就是你对孩子的误解扼杀了孩子追求的动力。微笑是妈妈给孩子最甜蜜的礼物，妈妈要学会用微笑和孩子说话。这种和谐、愉悦的家庭氛围，不仅能给全家带来快乐，更加有利于孩子的身心健康与成长。

妈妈的微笑、平和的心态是培养孩子阳光般性格和心灵的重要保障。孩子是妈妈的一面镜子，言传身教自然意义重大。0~3岁的婴儿，可能由于妈妈的微笑而奠定开朗乐观的性格，并从小养成一种良好的习惯；3~6岁的幼儿，可能因为妈妈微笑的关爱而懂得珍惜生活、关爱他人；入学后的孩子，更会因获得妈妈的微笑而快乐、坚强、自信，一步步的带着微笑走出精彩、走向成功。

父母的微笑有种神奇的力量，它能够带给孩子力量与信心，它传达着一份信任与理解，蕴含着一种真诚与关爱，代表了一份支持与赞许。父母无言的微笑胜过千万句语言。孩子在父母的微笑中感受到生活的阳光，在耳濡目染中也学会了微笑面对现实五彩的生活，将来无论遇到任何情况，都能平和地直面生活。他们的人生十分富有，因为生活中还有微笑这一种特殊的礼物陪伴，也相信所有的问题在微笑中也都会烟消云散的。

妈妈的微笑是教育子女的有利臂膀。当孩子淘气、不听话、犯错误时，请妈妈试着微笑地教育孩子，相信这一微笑教育的效果可定胜于严厉的训斥。调皮的孩子从小到大听多了大声的呵斥，他们有些已经习惯了这种电闪雷鸣式的教育方式，对老师循循善诱的话语往往充耳不闻。

上午课间休息喝水的时间到了，小欣飞快地跑过去，也不管有谁在排队就挤了进去，拿了杯子倒了水就往外走，结果不小心把一杯水全都洒在了自己身上，还滑了个大跟头。老师闻声过去，看到这副情景，很是生气，真想好好地批评她一下，但看到她从地上爬起来时那一瞬的眼神——又害怕、又羞愧、又紧张……那企求原谅的眼神使老师又有些不忍心了，刚刚心中升起的一鼓怒气又压了下去，老师知道此时的她已经意识到自己的错误了，如果老师再批评她的话，那或许会让她更难过，不妨把老师的怒气化成一个微笑。于是，老师真诚地笑了笑，并对她说："看你，摔疼了吧？下次注意，好吗？"小欣看到老师笑了，知道一场风波已经平息，紧张的神情一下子舒展了许多，同时也向老师友好地笑了笑，并轻声说："老师，以后我不这样了。"

在接下来的日子里，小欣一改往日里叽叽喳喳的特点，在教室里很安静，还不时地对在喝水的小朋友提醒说："小心点，要排队拿。"

小欣是班上有名的"自由王"，平时老师教育了她多少次呀，可她总是屡教屡犯，没想到无意间的一个小小微笑竟产生了这么大作用！这使老师忽然感受到这微笑的背后所隐含有无可比拟的力量。

老师的微笑使孩子觉得自己不好意思了，逆反心理也自然无从谈起，这时自觉理亏的孩子也自然很容易听进师长的教诲之言。宽容、理解的微笑不仅能教育孩子，更能赢得孩子的心、赢得孩子的敬重。

其实孩子的心是纯真的，妈妈无意间的一举一动都会深深影响着孩子，对孩子的关心和爱护，每时每刻都在感染着他们。一个眼光，一个微笑，一个动作足以能使孩子感到爱的温暖。虽然说孩子的智慧、情绪、意志表现在成人看来往往很幼稚，但就是他们在活动中发挥出的潜力，让你常常会惊讶地发现给你增添的许多惊喜和意外的收获。

爱孩子，不妨直接告诉他

孩子在成长过程中需要糖、蛋白质、脂肪和维生素等各种营养物质，父母为了孩子的健康成长也尽最大努力为孩子补充各种营养素。然而孩子们不光需要物质上的营养品，还需要另外一种特殊的营养物质——对孩子爱的表达。

科学研究显示，如果婴儿能够得到妈妈更多的拥抱和抚摸，那么孩子长大后就会遇事不惊、沉着冷静，并善于调节自己。妈妈的关爱为何与孩子今后的个人素质产生了神奇的关系呢？这其中的奥妙便是拥抱和抚摸会使孩子大脑中的激素水平明显不同，抚摸会使体内的"压力激素"水平降低。这就是触摸与爱抚的神奇作用，专家解释说，触摸能刺激孩子体内分泌更多的激素。此外，触摸还能诱发分泌另外一些激素，这些激素可以促进营养成分的吸收，使孩子保持良好的身体状态。

有报道说，有位年轻夫妇单位距家远，每天早出晚归，每当他们回到家中时，孩子已经睡着了。为此他们感到很内疚，双休日给孩子买来爱吃的食品和玩具，可是孩子又砸又摔。爸爸看到儿子如此"无理取闹"，气急了就狠狠地打他的屁股。可这时孩子却静静地趴在爸爸的腿上任其打，并有一种奇特的满足感。这种情况以后又反复发生，令家长无法理解。殊不知，这正是孩子长期得不到亲人的爱抚与触摸，感情营养失调而产生的变异现象。这种"无理取闹"，实际上是一种无意识地企求父母"皮肤触摸"的反常行为。

心理学家研究认为，人类和其他所有热血动物一样具有一种天生的特殊需求，即互相接触和抚摸。这是一种无声的爱的语言，是必不可少的良性刺激，是儿童发育的心理营养素。这是一种情感上的需求，而这种需求是无法从饮食中得到满足的。孩子们这种天然的感情需要，若能从感觉上给予适当的满足，他们与父母的感情就会更加深厚，心理就会产生良好的刺激，大脑的兴奋与抑制也会变得协调，因而能更好地促进大脑的发育和智力的提高。妈妈如果爱孩子，不妨直接用语言和行为告诉他。

如果经常对孩子说"我爱你""真高兴，你是我的宝贝"等体现对孩子的爱的话语，以及经常拥抱、抚摸和亲吻孩子，会慢慢地给孩子以自信。孩子们长大后注定要在充满压力的环境中生存，而自幼就得到亲子行为温暖的人更能对付社会环境的压力，并避免那些与压力有关的疾病。

因此，为了您的孩子身体、智力的健康成长，一定不要忽视抚摸的作用。家长应积极为孩子创造条件，让他们通过正常、合理的方式来满足这种心理需求。具体说来，应从以下几个方面入手：

首先，建立一个温馨、和睦的家庭。在温馨亲切的家庭和亲密无间的氛围中成长起来的孩子，大多数性格开朗活泼，心理素质好。

其次，尽量自己哺乳。母乳不仅营养丰富，还可以增加母婴之间的皮肤接触，增进母子之间的感情。宝宝在母亲的温暖的怀抱中，安静地"享受"母亲甘甜的乳汁，对促进身心健康、解除"皮肤饥饿"大有裨益。

再次，掌握"皮肤饥饿"的周期性。人的某种需求是有周期性的，孩子的"皮肤饥饿"同样也有周期性。对于婴幼儿，每天至少应由父母接抱一次，每次临睡前再做一次背部或颈部的按摩。对于大一点的孩子，则要全身地搂抱，抚摸背部、颈部或按摩手臂。

最后，想方设法弥补不足。工作极其繁忙的父母，如果没有时间与孩子接触，可托付给爷爷、奶奶，或外公、外婆照料，但要嘱咐他们每日搂抱、抚摸孩子，时间不少于两个小时。外出散步、游玩时，不要总是推着童车，也要适当给予孩子搂抱或抚摸。

让孩子学会表达爱

每个父母都爱自己的孩子，恨不得把所有的爱全部倾注在孩子身上，但父母在付出爱的同时，忘记了教会孩子如何表达自己的爱，而不是一味的只知道给予。爱是相互的，父母爱孩子就要把自己的爱以适当的方式传递给孩子。让孩子学会表达爱也是爱孩子的一种方式。

一位妈妈曾向教育专家倾诉孩子不知道体谅自己的辛苦。

儿子今年13岁了，从他小时候起，每天我都很辛苦地为他做事，从日常生活的饮食起居，到学习辅导、兴趣培养，都由我一手打理。可是孩子却很冷漠，对我所做的一切毫不领情，我有时抱怨他不知体谅我的辛苦，他反而不耐烦地说："是你自己愿意做的，又不是我让你做的。"我既生气又寒心，孩子怎么不知道感恩呢？

在现实生活中，有许多父母有类似的困惑：为什么我为孩子做了那么多，孩子却没有心存感激呢？究竟父母应该怎样做，才能让孩子学会感恩呢？父母仅仅爱孩子是不够的，在父母为孩子付出一切的时候，如果没有把爱以适当方式传递给孩子，孩子内心便无法真正感受到父母的爱。孩子不感恩，有很多原因，妈妈可以试图让孩子学着爱人，给孩子表达爱的机会，让孩子渐渐明白父母是如何爱自己的。

为此，父母一方面要引导孩子表达爱，另一方面要对孩子的爱给予积极的回应，使孩子感到他们的爱是父母生活中的一种力量。比如，孩子的爸爸过生日，妈妈可以与孩子一起为他精心准备礼物，做一顿丰盛的美食，孩子可以从中学习如何表达爱。爸爸感动于母子两人的爱心，流露出激动与喜悦，会使孩子得到鼓励和信心。英国教育家夏洛特·梅森认为每个孩子心中都有一口爱的源泉，它唯一的事情就是流淌，而在父母这方则要保持体贴、友好、感恩、孝顺、奉献这些渠道不封闭、不阻塞，而且永远向前流动。让孩子感觉到他们每一次爱的流露所创造的喜悦，从小在家庭中培养感恩之心。当孩子学会对父母心存感激之时，才会把这种情感扩大到他人与社会。

爸爸妈妈让孩子学会表达自己的爱，就要通过自己以身示范如何爱人。

帮助孩子实现自我认可

珍惜孩子的每一次成功

"知心姐姐"卢勤曾经讲过这样一件事情：

一次，北京二中一个叫李萌的女孩打电话请我去他们班里谈心。我答应了她，她高兴地说："星期四下午3点半，我在学校门口等你，我穿一条牛仔裤，手里拿一张《中国少年报》。"

那天，我到达之后果然看到了那个小女孩。

结果过了几天，一个叫李紫科的男孩打来电话，也请我去给他们班的同学谈谈心。我一问才知道，李紫科是李萌的弟弟。我知道，自己无论如何也要去，如果不去，在姐弟的竞争中，弟弟就失败了。我答应了他。他同样高兴地说："星期四下午3点半，我在校门口等你。我穿一条牛仔裤，戴一顶鸭舌帽。"

不巧，那天正好开会，我赶到他们学校的时候，已经4点了。孩子们见我来了，都激动得哭了。李紫科说："我真害怕你不来。"

几个月后，我收到北京二中"家长学校"的邀请，给家长们谈谈孩子们的心声。会后，一位母亲拉着我的手说："我是李萌和李紫科的妈妈。我的两个孩子都让你费心了。过去，我一直喜欢我的女儿，她学习好，能干，却一直嫌儿子胆小不用功。结果他也成功地把你请到了学校。经过这件事，他就像变了一个人，不仅爱说爱笑了，做起事情来也痛快多了……"

"知心姐姐"总结说，这就是激励的作用。如果父母让孩子时常品尝到成功的喜悦，那么他将来一定会是一个成功者。有时候，孩子的成功总是小得微不足道，父母也总是很难抓住这些鼓励孩子的细节和机会，慢慢的，孩子也渐渐失去了挑战自我的兴趣。

想要孩子获得成功，妈妈就应该学会相信孩子，让孩子慢慢独立，安心等待孩子的每一次的成功，特别是当他们生疏缓慢地学习新知识时，更要相信他们。如果妈妈不焦躁，静静等待的话，孩子会用平稳的心态去接触、理解新事物。不知不觉间，孩子就长大了，仿佛滴滴细雨汇成江河。所以，放手让他们自己去做。如果孩子做得好，父母也不能疏忽，要及时给予赞美和鼓励；如果心里着急，也要静下心来等一等。毕竟我们不能代替他们呼吸，他们长大后只能靠自己，所以应该选择适合母子生活的方式。

如果父母什么都替孩子做好会很方便，也节省时间。可是，当这个小生命离开妈妈的身体，降临在这世上时，人生就是他自己的了。孩子出生后，只有剪断脐带，孩子和妈妈才能生存。虽然孩子自己做事又慢又生疏，但我们还是应该耐心等待。如果孩子慢慢做好自己应该做的每一件事，他们就会有成就感，妈妈也能体会到抚养教育子女的欢乐。换句话说，如果父母不放手让孩子自己动手，其实是在剥夺他们自己成长的权利。孩子自己动手做的每一件事情，妈妈都可以当成孩子的一次小小成功，今天我的孩子能自己叠被子了，今天我的孩子学会打扫自己的房间了，这些都是孩子的进步。当孩子入学后，离开爸爸妈妈了，孩子能做好学校里的每一件事了。

妈妈可以制作"成功箱"盛满孩子的点滴进步，以此来激励孩子不断前行。

一位妈妈从儿子很小的时候开始，逢人便夸奖自己的孩子："我儿子特别听话，从来不惹我生气。"当着孩子的面，她更是毫不吝啬赞美的话语。有朋友到家里做客时，妈妈会说："你看我的儿子，回家总是先写作业，从来不到处去玩。"客人越多，她越这样说。在她经常有意无意夸奖下，儿子越来越自觉，果然如她所期望的那样，一直都很听话、懂事，很少惹她生气。

这位妈妈还给儿子准备了一个"成功箱"，里面装进了孩子点点滴滴的成就和进步。成功箱里的第一件东西是儿子1岁时画的一幅画，一根歪歪曲曲的直线上勾了几个不规则的圆圈，那是一串冰糖葫芦。曾有人问这位妈妈："这也能算成就吗？"妈妈自豪地回答："1岁的孩子就知道冰糖葫芦是由棍跟圈组成的，就已经很棒了。"儿子上幼儿园了，妈妈为他制作了一个成功表，儿子的每一个进步都用象征性的东西贴上去。如今，儿子的"成功箱"已装不下了。

现在的孩子缺少这种成功感。多年来的应试教育培养了大批的失败者。现在提倡将应试教育转化为素质教育，这就给孩子创造了更多的机会。当孩子获得了成功以后，对于大人来说，要郑重其事地为他鼓掌，不要轻视他的第一次成功。孩子的成长，的确像运动员一样，需要别人为他加油。

给孩子创造成功的机会

在孩子的成长教育中，母亲扮演着十分重要的角色。一句话，一件事都会对孩子产生巨大的影响。推动世界的手往往是推动摇篮的手。母亲的一言一行将会对孩子今后的发展产生重大的影响。

美美是个内向的女孩子，她的妈妈对美美的这种性格不是很满意，认为她做事总是慢慢吞吞的，而且见到陌生人也不像其他的小孩子那样显得活泼可爱，因此妈妈总是试图去改变她的性格，带着她去学跳舞，学唱歌，但是美美常常因为羞涩扭捏受到妈妈的批评。

突然有一天，美美从幼儿园拿回来一个奖品，妈妈甚至不敢相信，自己家那个无论做什么事情都退缩的孩子也能得到奖品。美美高兴地对妈妈说："妈妈，这是我在幼儿园的'打扮布娃娃'比赛中赢来的。大家都说我打扮的布娃娃最好看！"看着女儿神采飞扬的表情，妈妈陷入了沉思。

后来，妈妈不再逼迫女儿去学习看起来外向活泼的歌舞了，而是经常陪着孩子拿针线给娃娃缝衣服或者是跟孩子一起做小手工。美美每完成一件事情都非常开心，拉着妈妈蹦蹦跳跳。后来妈妈还和小区里的家长们组织了一次手工制作比赛，美美最终赢得了第一名。妈妈还给幼儿园提意见，举办了一次"变废为宝"的大赛，美美设计的"塑料时装"也赢得了大家的好评。看着美美变得越来越自信，妈妈的心里感到很欣慰。

每个妈妈都希望自己的孩子将来能够出人头地。如果妈妈能够尽量多地给孩子创造成功的机会，将会使孩子更容易走向成功，而创造成功机会最重要的一步就是培养孩子的成就感。

首先父母要尊重孩子的独特性。每个孩子都是一个独特的智慧组合，他们都有适合自己的最佳模式。孩子都有各自不同的优势智能，这种优势表现在不同的领域。家长们不能主观地认为哪个孩子更聪明。忽视或不欣赏孩子的独特性，是父母在教育孩子的过程中经常会出现的一种失误。很多父母会对孩子的感情需求和意见充耳不闻，常常会对孩子的意见采取轻蔑或粗鲁的态度来进行驳斥。令人不安的是，许多父母对孩子所有的事情都一手包办，他们希望孩子的一切都能符合他们的要求，一旦孩子没有达到父母的要求，他们就会指责孩子，"你太笨了"、"你怎么什么都干不好？"时间长了，孩子就会逐渐丧失自信心，自卑感渐渐在他心里生根发芽。

父母要知道，每个孩子都有自己擅长的东西，要在尊重孩子独特性的基础上，帮助孩子去体验成就感，成就感会激发他们做事情的欲望和兴趣，同时也会激起他们争取更大成功的欲望。

因此，父母要尽量创造条件让孩子取得成功。成功感是在一次次取得成功的基础上发展起来的，孩子屡次失败后会丧失成功的信心，并对此产生怀疑。因此，无论孩子学什么、做什么，都要为之创造条件，耐心引导。切忌冷嘲热讽，伤害孩子。

另外，父母需要注意的是，在孩子取得成功的时候要及时给予正向回馈。适当及时的鼓励和支持能够成为激发孩子成功的动力。这种正向回馈可以用具体而明确的语言表达，也可采取孩子感兴趣的其他方式。

孩子的自信心建立起来之后，父母要鼓励孩子勇于涉足新领域，敢于去尝试没有做过的事情。妈妈经常会因为爱子心切，习惯于去责怪孩子的冒险行为："太危险了！""那可不能去！"实际上，这种禁令和责备在孩子的成长过程中有害无益。培养新兴趣的机会和接受新鲜体验的经历都会受到摧残。最终孩子会变成一个缺乏成功欲望的人，而一个没有兴趣去成功的人怎么可能在以后的日子里做出大的成就呢？

最后，父母需要做的是帮助孩子不断总结经验教训。如果孩子做一件事情失败了，父母可以帮助孩子想想哪些地方存在不足，如果重新做时应怎样改进会做得更好，使孩子的聪明才智和成就欲得到更好的发挥，并且为他在下一次尝试时取得成功打下基础。

和孩子一起设计奋斗目标

在许多孩子小时候，大人们都喜欢问他们长大了要做什么。孩子的理想是五彩斑斓的，有的想做科学家，有的想做艺术家等等。可是随着孩子一天天长大，曾经的理想渐渐化为幻影，许多孩子对未来迷茫，不知道以后做什么，每天只是按部就班地机械读书。家长也开始担心自己的孩子明天能做什么。每年高考前填写志愿成为家长与孩子在未来的计划上矛盾激化的焦点。

许多家长都会把自己当年未完成的梦想寄希望于孩子身上，希望孩子帮自己圆梦。家长们简单地认为孩子是我的，我把他生下来就有权决定他的一切，包括他的将来。这种想法对孩子来说是不公平的，当孩子从母体中滑落的那一刻起，孩子和母亲便是两个独立的个体，孩子将要独立承担起生活给予的好与坏，独立面对社会带给他作为人的权利和义务。家长只是孩子实现理想的助手，不能喧宾夺主。

孩子在处事时喜欢体现自我意识，有创新意识和竞争意识，但阅历较浅考虑问题时往往简单化，而家长具有更丰富的生活阅历，但过于看重现实，如何家长和孩子优势互补，一起设计奋斗目标，家长根据孩子的特长、爱好、条件，帮助孩子确定理想，分析问题的利弊与得失，制订实施计划等，而不是包办代替。家长起辅助作用，做一个民主的家长，让孩子摆正位置，树立起远大的理想，孩子会更加尊重你，家庭关系也更融洽。家长还是孩子实现理想的精神支持者、物质提供者。如果家长一味的简单行事，把自己的意愿强加给孩子，只会加剧孩子与父母之间的紧张关系。

家长和孩子一起设计奋斗目标，首先要帮助孩子改变择业观念，多和孩子交流沟通。家长要善于表达自己的意思，要从孩子身心发展的特点考虑问题。多和孩子进行沟通，了解孩子的兴趣、爱好、专长和性格等，找到适合孩子发展的方向，不要把自己的意愿喜好强加到孩子身上。如果孩子的想法过于荒诞，家长可以冷静地和孩子分析实现目标的困难。

其次，帮助孩子学会调整期望，变对立为合力。大家都知道可望不可即的期望只会使人产生自卑和抑郁，最终选择放弃。所以家长与孩子一起设计奋斗目标时，目标要符合孩子的身心发展规律，符合孩子的个性差异，根据孩子身心发展，兴趣变化和学习水平的实际状态进行调整，通过与孩子的沟通，调整期望，变对立为合力，变压力为动力。

再次，帮助孩子建立高尚生活情趣，挖潜力为实力。家长应看到孩子身上的特长优势，根据孩子的特点进行有目的的培养，充分挖掘孩子的潜能，还要注意多元智能的开发。对孩子多鼓励，及时肯定孩子的成功，让孩子对自己的未来充满信心。"条条道路通罗马"、"行行出状元"，只要孩子充分发挥潜能，选择适合孩子的、有兴趣的理想，将来"爱一行，干一行"总会有出息的。

最后，孩子有了大目标，还要帮助他制订小目标。行为心理学家认为，一个好的计划如能坚持21天，就能成为一种良好的习惯，如能坚持72天，就能内化成为一个良好的品德。因此，家长应帮助孩子制订长期目标，如高一孩子的三年后的目标，十年后的目标；制订短期目标，如学期计划，月计划，周计划，甚至每天的计划，要把理想化成一个个容易实现的小计划。这样，孩子不会觉得理想那么遥远，那么空，一个个小计划实现起来不难，有了信心，就容易完成计划，最终实现理想。

给孩子充分的信任

信任是最大的尊重

著名作家费尔德曼《给成功的孩子们》一书中写道："作为家长，你是孩子生活中最为强大的力量，你可以通过给孩子鼓励，并对他们取得的每一点成绩给予鼓励和赞赏，来让孩子振作精神，勇于创新。你不必总是对孩子的每种做法表示赞同，但你应当让他们时刻都坚信：你是他们坚定的支持者。"

信任孩子是对孩子最大的尊重。信任孩子，意味着爱护他们善良美好的心灵，意味着任何时候都支持孩子的决定，意味着放弃家长的权力和优越感，也意味着一种涵养和宽容待人的高尚品格。家长的信任，传递给孩子的是一份自信、一份勇气，让孩子勇于改变自己，奋力进取，不断突破。

一位母亲曾经这样写道："女儿从小就是个活泼可爱的孩子，她待人热情，喜欢和人打交道。后来这一切都变了，她变成了沉默寡言，孤立人群，躲在自己的世界里的孩子。

这一切变化的转折点，来自于在她小学一年级的时候。那时，我离开她去外地工作。她不适应刚进入的学习生活，对新的环境手足无措不知道怎么面对。有一天，老师给我电话，说你的孩子不对劲，好像自闭了，不和任何人说话，只躲在角落里。

我立刻结束了外地刚刚开始有起色的事业，回来陪伴我的孩子。无数次，我被老师喊到学校训斥，说我的孩子如何如何不好，我做到的是，让老师这些负面的批评性的语言到我这里就结束了。回到家，看到忐忑不安，以为要受到训斥的孩子，我说的是，老师说，你在什么方面比以前有了进步。开始孩子嘴上不相信，可是我却能感觉到孩子想要努力做到最好的那股动力。遇到无数的挫折和否定，这个小小的孩子，还是默默的努力想做好。"

可见，无论何种情况下，这位妈妈都永远选择站在女儿这边，选择信任孩子。

孩子的内心世界很丰富。要了解孩子，就要用心换心，用信任赢得信任。但是，总有些家长习惯以自己的观念养育孩子，要孩子走自认为他们应当走的路，或希望他们走的路。这听起来好像没什么错，但实际上，每个人的人生经历都不同。对于孩子来说，通过自己亲身实践所获得的人生经验，远比被家长强行灌输的人生经验宝贵得多。

信任本身会产生一种巨大的力量，能使人产生强烈的自信心和责任感，不断克服前进路上的重重阻碍，充分发挥潜能，直至抵达成功的顶点。对于孩子来说，家长是对他们最重要的人，家长的信任是他们获得自信、自尊的源泉，也是他们正确认识自己的途径，要想孩子获得最好的成长，就要放手让孩子去尝试、去实践、去获得，充分信任孩子，相信孩子可以做得好。妈妈的角色，应当是孩子背后的守护者和指导者，而不是孩子人生的规划者和领导者。信任孩子，给孩子空间自由选择自己的人生，并且陪伴他成长，才是妈妈给孩子的最好的、最正确的爱。

相信孩子做出的选择

1631年，英国剑桥商人霍布森从事马匹生意，他对人们说："你们买我的马、租我的马，随你的便，价格都便宜。"霍布森的马圈大大的，有很多马匹，但是马圈只有一个小门，高头大马出不去，出去的都是瘦小的马，买马人左挑右选却只能选择瘦马和小马，因为霍布森只允许人们在马圈的出口处选。

后来人们为了讽刺霍布森，就把这种没有选择余地的选择称为"霍布森选择"，也就是后说做选择的人无法通过自己的对比和判断来主动地进行选择，而只能被动地去接受那些没有选择余地的选择。

在孩子的教育方面，这种霍布森选择效应也经常可以见到。一些父母总是高举着"父母当家，为儿女做主"的旗帜，一意孤行，强迫孩子按自己的意愿来做。这些父母认为为孩子做出选择的初衷是为孩子好，可是家长自作主张强迫孩子做不愿做或者根本做不了的事，往往会事与愿违，甚至与自己最初的目的南辕北辙，到头来还有可能耽误了孩子的前程。实际上，每个孩子都有自我管理和选择的潜在能力，父母给予孩子的机会越多，孩子就会成长得越快、越健康。

谢军是世界闻名的国际象棋大师，曾经获得过多项世界冠军。她的成就让无数人羡慕。可是你知道吗？她能够取得今天的成就与她的父母给她自主选择的机会有着密不可分的联系。

1982年的时候，谢军才12岁。在她小学快毕业时，她站在了人生的第一个十字路口上，她面临着是升入重点中学还是继续学棋这两条路。小学6年中，谢军有7个学期被评为"三好学生"，学校已经决定要保送她上重点中学，这样品学兼优的孩子，可以说是谁见谁爱；但是国际象棋的黑白格世界同样吸引着谢军和她的一家人。面对着这两个选择，谢军真是左右为难。是按妈妈的意愿，将来进高等学府继续深造，还是当运动员呢？继续深造是父母的期待，但是下棋同样难以割舍。

后来，妈妈叫来了女儿，用商量的语气对她说："谢军，抬起头来，看着妈妈的眼睛。告诉妈妈你是不是很喜欢下棋？"这是母亲对女儿未来选择的提问，也是对女儿命运的提问。谢军的家庭氛围是民主自由的，她的父母对孩子的选择采取了审慎的商量的方法，充分尊重女儿的意见和选择。谢军听了妈妈的话，抬起头来严肃地看着妈妈的眼睛，坚定地说出了7个字："我还是喜欢学棋。"

得到女儿的回音后，妈妈同意了谢军的选择，但是她又极其严肃地对女儿说："好，既然你喜欢下棋，爸爸妈妈都支持你！但是你要记住，下棋这条路是你自己选择的。既然你做出了这个重要的选择，今后你就应该负起一个棋手应有的责任，如果中途遇到困难也决不能轻易放弃，或者为今天的选择后悔。"

谢军点了点头，最终她坚持了自己的选择，并成为一名世界著名的国际象棋大师。

生活中，像谢军的父母这样民主的家长并不多，大部分父母在孩子的衣食住行上倾尽全力，但却经常忽略孩子的理想、人生规划等精神层面的问题，最终导致孩子陷入"霍布森选择"的陷阱中。

冰仔是个可爱的小男孩，他很喜欢看书，总是会从图书馆借自己感兴趣的书回来看，而他的妈妈从不干涉。有一天借完书，冰仔兴冲冲地把新借的书交给妈妈。妈妈看到第一本很开心，因为这是很符合他现在的阅读能力的书；看到第二本，妈妈有些失望，这是一本关于颜色的英文书，每页只有一个单词，图片就是这种颜色的各种物品的图片。书很漂亮，但对冰仔来说过于简单。妈妈的脸上没有表现出不快来，还是带着孩子开开心心地回家了。

结果回家之后，孩子借的第一本书需要妈妈认真读给他听，而看到第二本书的时候，他兴奋地站起来说："我要做小老师，把这本书的知识教给妈妈！"

结果全部过程中她的语言使用完全超出了书中那几个简单的单词，甚至有些很难的物品单词妈妈都不会，还是从儿子那里学到的。

父母要想使孩子成为有主见，对未来充满信心的人，就要在日常生活中多给孩子做选择或决定的机会。比如孩子到商店买什么衣服，选择什么玩具，送给朋友什么礼物等小事，可以让孩子自己去做决定，这样他会很高兴，主动性变强，最终变得果断起来。

此外，家长还要给孩子参与家庭会议的机会，父母在谈论家庭事务时，可以有意识地问孩子："你觉得这个建议好不好？""你认为这些东西该不该买？"等问题，久而久之，孩子必然就会成为一个有主见的人。

给孩子一个可以打破的碗

孩子小的时候好动，拿东西拿不稳，不能掌握轻重程度，于是许多家庭害怕孩子吃饭时打破碗，便给孩子预备一个打不破的专用碗使用。然而有个妈妈却反其道而行之，给孩子一个可以打破的碗。

丝丝一直没有固定的碗，每次吃饭都和大人使用一样的瓷碗。丝丝在2岁的时候，有一次吃饭，不小心把碗掉在了地上，"砰"的一声打破了。丝丝第一次打碎碗，看见满地的碎片十分惊恐，"哇"地一声哭了。当孩子看到自己因为不小心把完好无缺的碗变得粉碎，心中肯定充满了不安和自责。于是妈妈安慰丝丝说："没关系，我们一起收拾碎片，一起想办法以后怎么才能不让碗打破？"丝丝跟妈妈一起清扫了碎片后，妈妈又给丝丝拿了一个碗，丝丝非常开心，十分小心地把碗放到桌子上，还用手护着碗不让它掉下去。从那以后，丝丝就很少打破碗了。

孩子第一次打破碗时都十分害怕，因为孩子不是故意的。由于他们的小手还不太灵活，没拿稳才把碗打破了。当他们打破一次碗后，就会小心翼翼想办法不再把碗摔破。倘若大人因为孩子打破了一只碗就不再信任小孩，不给他们使用瓷碗，那么孩子会感受到大人对他的不信任，他们会觉得自己只会给爸爸妈妈添乱，损坏爸爸妈妈的东西，自己什么事也做不好。孩子世界观还未发展成熟，会从爸爸妈妈的行为和对自己的评价那里定位自己，久而久之，孩子就会因为这种不被信任的感觉怀疑自己，变得不自信。那些平时用不锈钢碗或者是塑料碗的孩子很容易打碎碗，因为他们的家长不信任他们，没有给他们用过瓷碗，令他们没有"陶瓷易碎"的经验。

给孩子一个可以打破的碗，不仅仅是锻炼孩子的肢体动作，更重要的是让孩子得到家长的信任，变得有自信。不过，家长的信任不是盲目给的，当孩子做某些可以预见可能产生危险后果的事情时，家长一定要事先检查，排除可能伤害到孩子的隐患，尽可能避免危险发生。比如让3岁的孩子收碗，一定要保证地面不潮湿，孩子的鞋是防滑的，挪开周围的障碍物，以防孩子摔倒撞伤。孩子有着巨大的潜力，事实证明，很多事情孩子能够做到，只是家长不相信孩子，没有给孩子足够的机会。

妈妈都希望自己的孩子自信阳光，但是却在不经意间流露出对孩子的不信任。自己都对孩子不信任，怎么让孩子充满自信呢。孩子能够感觉到妈妈对自己是否信任的感觉。

一次，丝丝在草地上画画，丹丹拉着外婆的手，好奇地围拢过来，丹丹外婆夸丝丝是个聪明的孩子，"看，画的多好啊，丝丝长大以后要当画家吗？"丝丝开心地说："我要做画家，丹丹要做什么呀？"丹丹说："我要做歌手。"丹丹的外婆说："她能做什么歌手啊！唱歌唱得不好，还胆小，在不熟悉的人面前胆小得不得了。不像丝丝，画画得这么好，唱歌也不错，还那么大方！"丝丝和丹丹顿时愣了，尤其是丹丹，听外婆这么说，脸上的笑容不见了，站在旁边发呆。

让孩子做一些能让孩子觉得有价值的事情，不要刻意保护。这怕那怕，会硬生生地夺掉了孩子宝贵的学习机会，会让孩子否定自我。家长没有让孩子试试，怎么知道孩子不能当歌手呢。如果家长对孩子多一点信任，多一份鼓励，少一点打击和否定，也许孩子长大以后真能向他们的想法发展呢？

孩子的自信是建立在独立做好一件事情后获得的成就感的基础上的，倘若天天把"你真棒"挂在嘴上，不让孩子真正独立完成一件事，孩子的自信还是建立不起来。家长要放手让孩子去做，不是口头夸奖，让孩子去做他感兴趣的事情，哪怕这件事情看起来让孩子不能完成。如果担心孩子的安全，那么家长要做的是给孩子创造一个安全的环境，让他能够在一个安全的环境下独立做事，而不是阻挠孩子。

你信任孩子，孩子就信任你

人与人之间需要理解，相互沟通，建立相互信任的关系，彼此接纳。分享的喜悦是加倍的，分担的痛苦是减半的，妈妈和孩子之间也需要相互信任，彼此理解，妈妈和孩子才会相互接纳对方，减少心理防卫。妈妈与孩子建立彼此之间的相互信任十分重要，因为有了彼此的信任，孩子才能从爸爸妈妈那里得到这个世界对他的正面评价，孩子才能在信任的眼光中充满自信地健康快乐成长起来。有了彼此的信任，孩子才会在关键时刻考虑和听从父母的建议。信任是孩子和家长之间彼此的亲密关系，相互之间的尊重、有效的沟通和对孩子无条件的爱可以赢得孩子的信任。

有位妈妈讲过这样一件事情：刚开始为豆豆换学校时我和豆爸爸都很紧张，唯恐豆豆说不喜欢这个学校，要回老学校，为此豆爸爸还做了两手准备，和豆豆的学校商量好不行再回来。为了让豆豆放心，豆爸爸耐心地告诉豆豆，转到新的学校了，你还可以再回来看你的好朋友和老师，5岁的生日我们特意为豆豆安排了老同学专场，而且保持和老学校的关系，继续参加老学校的一些活动。

开学第一天，豆豆嘴里说不愿意上学，但路上却一直在练习写自己的名字，因为新学校的要求上有这项，豆爸爸看在眼里，眼泪都快要掉下来，说孩子换学校的压力一定很大，看豆豆的表现就可想而知。

到了学校，看到有个小班的孩子在衣帽间里哭，孩子的家长一直在安慰着孩子，但孩子还是哭个不停，豆豆开玩笑安慰我们说：你们俩真幸运，幸好哭的孩子不是我。到了教室，小人儿就好像完全变了一个人儿，找到写有自己名字的座位，拿着桌上早已准备好的画笔和添图就画了起来，对我们说：你们放心走吧，我没问题，下午见。

放学的时候，我们一起来接豆豆，豆豆说：这个学校的活动很有趣，我喜欢这个学校，我和豆爸爸明白小人儿是在安慰我们，看看豆豆白衬衫的扣子有两个松开了，我们心里明白小人儿对新的环境一定是有些紧张，用手摆弄扣子，所以扣子才会开的，豆豆不这么说，他会说：不知道为什么扣子会开，这样的情况持续了几天，后来就再没有发生，现在小人儿已经完全适应了新学校的学习。

经过了半个多学期的时间，豆豆学到了很多的知识和技能，变得越来越独立，对我们的选择也非常的感激，有时会对我们说：谢谢爸爸妈妈为我选的新学校，我真的好喜欢。爸爸问当初你同意到新学校试试，是不是出于对爸爸妈妈的信任，豆豆点头答是。

豆豆的爸爸妈妈根据平时的经验发现豆豆愿意尝试一些以前从未遇到过的东西都是出于对爸爸妈妈的信任。孩子面对不太确定的事情时，因为没有尝试过，会拿不定主意，十分害怕。但是信任爸爸妈妈的孩子会在爸爸妈妈的鼓励下答应尝试，因为孩子知道爸爸妈妈真心爱他，会为他好，他也知道爸爸妈妈不会强迫自己做不想做的事。出于对爸爸妈妈的信任和尊重，孩子会很愿意尝试新事物，也很听话。你信任孩子，孩子就信任你，信任是相互的。

1996年，美国有一位身无分文的青年，他特别看好电子商务，并下决心在这个领域发展。那么资金问题如何解决呢？他首先想到父母，当时他父母有30万美元的养老金。当他向父母说明了他的用意后，他的父母商量了一会儿，就把钱交给了儿子，并说道："我们对互联网不了解，更不知道什么是电子商务，但我们了解、相信你——我们的儿子！"这位青年就是当今个人财富达105亿美元、亚马逊创建者——贝索斯。

不能说贝索斯的成功完全归功于他的父母，但是他的父母所起到的作用确实非常重要。除了先期的资金支持外，他们对贝索斯的信任给贝索斯带来了无穷的精神力量。尊重、沟通和对孩子无条件的爱会赢得孩子的信任，平时，爸爸妈妈对孩子十分信任，鼓励孩子做许多事情，相信孩子在学校一定会做得很好，这会让孩子每天都充满自信。

距离产生美，让孩子独立自主

独立意识从娃娃抓起

有两位妈妈带孩子去放风筝，女孩用力一扯，风筝破了，男孩很生气，一巴掌就扫过去，女孩立刻哭了。这时，男孩的妈妈脸色一变，就像触电一样从座位上弹起来，女孩的妈妈连忙把她拉住。男孩的妈妈急得脱口而出："你真残忍！"女孩的妈妈却笑着说："你才残忍！"

男孩的妈妈说："你眼看着孩子被打，哭了，身为母亲，不去呵护，还阻止我去干预，这不是很残忍吗？"女孩的妈妈却说："孩子争吵算什么？被打一下，也没受伤，为什么不让他们去自己解决呢？"

两位妈妈这时望向孩子，只见他们一同跑过来，说："妈妈，风筝破了，你能把它修好吗？"

女孩的妈妈认为孩子们在一起，争争吵吵是家常便饭，但是他们很快就会自己解决。孩子们在这种争争吵吵、哭哭笑笑的历练中会不断成长，学会处事和做人。"爱孩子"就要从小培养孩子的独立意识，孩子将来会遇到各种各样的困难，父母不能时时刻刻陪伴在孩子身边，帮孩子解决所有的问题。所以从一开始就应提供机会让孩子学习与人相处及解决问题的能力，使她以后能独立生活，凡事不依赖他人，长大了才能学会面对困难，解决困难。相反，对孩子太多干预，替他安排一切，帮他解决一切难题，这样一来，孩子失去了学习的机会，将来怎能做事，怎能生活呢？

莉莉的出生给爸爸妈妈带来了无限欢喜，爸爸妈妈都是高干子弟，接近四十才生了莉莉，所以他们对莉莉千般宠爱、万般呵护。妈妈四处向专家咨询，给莉莉精心制定了营养的三餐；对每一件给莉莉买的衣服或是玩具都细心检查，生怕质量不过关影响孩子的健康；莉莉上的是最好的双语幼儿园；为了莉莉有更多的时间来学习，妈妈不让她用做任何家务活，书包也是妈妈帮忙背。总之，妈妈帮莉莉安排好了生活学习的一切。但是娇生惯养的莉莉并没有比其他孩子出色很多，在学校时总有些畏畏缩缩，体育课上要跳高，她被吓得大哭；老师让她起来回答问题，她总是害羞得说不出话。家里的娇小姐在学校慢慢地逊色下来,也慢慢和同学们的距离越来越远!

"关爱孩子"是每个妈妈的本能。不少妈妈对孩子百般呵护,她们都是"慈母"。然而,这样的"慈母"很可能是残忍的母亲。妈妈替孩子做了自己本来可以做的事,实际上是剥夺了孩子自己的亲身体验,剥夺了孩子发展能力的机会,也剥夺了孩子的自立及自信心。如果把磨难和体验全部省略了,一切都替他包办,看上去是顺利了,是舒适了,结果却使他软弱而闭塞,胆怯而无能。

生活能力低下,缺乏正常的与人交往、克服困难的能力,成为了时下许多孩子,尤其是独生子女的共性问题。而这一切,就归咎于妈妈长期包办了孩子的日常生活,不肯放手让孩子锻炼,不让孩子自己做决定,久而久之,孩子就养出了依赖妈妈的习惯,缺乏独立意识和自立能力。

现在有一种现象,叫"30岁儿童",到了而立之年,凡事仍不能自立,没有长辈陪在身边就惶惶不可终日。相信所有的妈妈都不希望自己的孩子是这样一种成长状况,那就切记:关爱不要过度,保护不能过度,从小就注意培养孩子的独立意识。因此,妈妈让孩子自己感受生活吧!让孩子的世界里不再只有爸爸妈妈,让孩子成为自己世界的中心。不要代劳孩子安排他的生活,他的人生终究要自己负责。缺乏独立意识的孩子只会成长为温室里的娇美花朵,遇到社会的风浪会被摧残,而只有能屈能伸的坚毅杂草,才能"野火烧不尽,春风吹又生"。所以,培养孩子的才能重要,培养孩子的独立意识更为重要。

为了孩子的成长,对孩子照顾过头的妈妈们不妨做做"懒"妈妈,对待孩子时,记得以下几个"不要":不要替孩子做一切家务活,剥夺他锻炼独立生活的能力;不要把自己的意志强加于孩子,剥夺孩子做自己的权利;不要对孩子监护过度,剥夺孩子的自由;不要给予孩子过度的保护,折断他应对挫折的翅膀;不要逼迫孩子追求成绩或是功名,把世俗功利的思想植在他的心上;不要满足孩子不合理的消费要求,让他远离自制和节俭的美好品格;不要过早地给孩子准备资产,剥夺他自我创造的动力;不要替孩子解决一切困难,阻碍孩子坚强意志的生长……总之,不要为孩子安排好一切,对妈妈来说,是一种解脱;对孩子来说,是一种恩赐!

别让"自己的事情自己做"成为口号

苗苗是个四年级的小学生,喜欢睡懒觉。每天早晨,她妈妈喊她起床的时候总是需要反反复复好几次,而苗苗总是不情愿地往被窝里缩缩:"我再睡会儿。"如果迟到了,她就会抱怨妈妈没把她叫起来。

妈妈觉得这样下去不行了,于是某一天她告诉女儿:"上学是你自己的事情。从明早开始,该几点起床你上好闹钟。如果闹钟响了你还不起,那你就赖吧,肯定没人叫你,一切责任自己负!"女儿朝妈妈扮了个鬼脸,跑了。结果,第二天早晨,闹钟响了,苗苗还在床上赖着不起,父母都没有管她,结果那天女儿上学迟到了。妈妈知道:孩子可以跟父母撒娇,在老师、同学那里还是很注意自己形象的,怎么会总迟到呢?果然,第三天闹钟一响,女儿就"腾"地跳下床来。从那以后,女儿早晨起床上学再也不用大人叫了。有时候,父母还在睡觉,女儿就已经骑车上学去了。

"自己来穿衣,自己来穿袜,叠叠自己的小被子,洗洗自己的小手帕,自己的事情自己做，不靠爸爸和妈妈。"这是每个幼儿园都会教孩子的童谣，但并不是每个孩子都读懂了这个歌词，因为他们的妈妈太勤快了，他们从来没有实践过。他们"自己的事情自己做"的权利被剥夺了。如果孩子没能从小形成"自己的事情自己做"的意识，那么他今后就很难养成"自己的事情自己做"的习惯。

惰性是人类天性中的一部分，如果妈妈过于勤快，对孩子的事情大包大揽，这就等于剥夺了孩子的锻炼机会，无形中助长了孩子惰性的发展，妈妈的好心反而做了坏事，这是极其不明智的。

现实中很多妈妈都会被母爱冲昏了头，不知不觉中成为一个勤快过头的妈妈，结果就是养出一个"懒"孩子。所以，妈妈应该时刻提醒自己不要过界，做一个称职的"懒"妈妈，最关键的一点就是要做到"身懒心不懒"。

要做一个"身懒心不懒"的妈妈，首先，要和孩子划清"界限"，让孩子清楚地知道什么是自己的事，什么是妈妈的事，同时妈妈还要通过谈话、讲故事、做表率等方式，让孩子知道"自己的事情自己做"的道理，让孩子懂得依赖大人是没有出息的，从而培养孩子自己做事的自觉性和积极性。

其次，妈妈要对孩子有信心和耐心，不要看着孩子在穿衣服或鞋子，穿了半天没穿好时，就冲到他面前，边数落边迅速地帮孩子把衣服和鞋子穿好。妈妈要知道孩子的动作都是慢的，因为这个世界对于他们来说就是新的，大人看上去很简单的东西，对他们来说可能是很困难的，都要慢慢地去学，反复练习才能做到。妈妈要记住，今天孩子学习自己做事耗费的时间，是为了明天节省更多的时间。另外当孩子做好自己事情的时候，妈妈应该给孩子奖励，这个奖励不能是物质的，最好是口头上的，比如摸摸他的头、冲他笑一下，或者给他一个大拇指，这样就够了。孩子从你的表情、动作上就可以感知你的鼓励。

再次，妈妈要创造让孩子独立做事的环境，在孩子力所能及的范围内，妈妈不要插手帮孩子做事，另外，妈妈还可以引导孩子从身边的小事做起，由易到难，循序渐进。如帮大人扫地，到邻居家借东西，下楼买日用品等，不让孩子因为负担过重而讨厌做事；当孩子做得好时，可以给予适当奖励，让孩子体会到做事情的满足感，以鼓励他再接再厉。

此外，妈妈还应该制定严格的要求，并且持之以恒地严格遵守。只有先制定好规则，孩子才有做事情的方向和准则。而一旦有了要求，就一定要严格遵守，只有这样孩子才能养成良好的习惯。孩子自觉性的提高，不是一朝一夕就能奏效的，所以，妈妈应该长期坚持对孩子的引导。

最后，妈妈可以给孩子一个属于孩子自己的独立的小房间或者小角落。在这个属于孩子的空间里，应该让孩子自己来布置、设计，包括选择书桌、装饰品、图书及各种学习用品等。允许孩子在自己的空间里做一些自己感兴趣的事，比如养花养鱼等等，让孩子感觉自己是自己的小主人。

其实每个孩子都有自己动手的欲望，不同的年龄段有不同的表现。比如1岁多时喜欢甩开大人自己走路、自己去抓饭、自己穿鞋子等，当孩子有想去做一件事的欲望时，妈妈脑海里首先想到的应该是鼓励，而危险或可不可行，然后才是怎样帮助孩子去做的问题。很多时候并不是孩子懒，而是妈妈太勤快，剥夺了孩子体验的机会。

从故事中苗苗的变化可以看出，孩子可以做很多事情，潜力很大，只是妈妈的包办剥夺了他自立的能力。比如孩子的学习也是他自己的事，只有依靠孩子自己认真听讲、认真思考、认真预习和复习，独立完成学习任务，才能真正掌握学习本领。而大人陪读、陪写甚至帮写，都是在帮倒忙，是在用自己的辛苦培养懒孩子。

孩子独立自主的习惯是在生活中的点点滴滴中养成的。如果妈妈只是在口头上对孩子灌输理念，"自己的事情自己做"就很有可能只是成为孩子的一句口号，只有让孩子通过实践经验，才能锻炼出他勤劳自立的好习惯！

创造条件，让孩子独立

作为家长，应该有意识的锻炼孩子的独立意识。在日常生活中，妈妈可以创造条件让孩子学会独立。比如让孩子当一次家既锻炼孩子独立面对问题的能力，又能让孩子获得一定的技能和技巧。

然而，根据不久前的一项抽样调查显示，某个城市的高中生近六成起床不叠被子；五成从不倒垃圾，也不扫地；七成不洗碗，不洗衣服；九成从不洗菜做饭。还有部分高中生什么家务也不做，个别人连整理书包都还要妈妈代劳，更别说给她一次当家的机会。

针对孩子做不了家务，当不了家的情况。一些妈妈给出的理由是，她还只是个孩子，她现在的任务就是学习，这些事等她长大了再学做也不迟。其实，这些妈妈的一片"苦心"，反而害了孩子，轻则是孩子们不会做家务，更严重的则是养成了衣来伸手、饭来张口的坏习惯，孩子们习惯了接受照顾，而不会照顾别人，以为别人为自己做什么都是应该的，不会为别人着想，不知道自己也有关心与帮助别人的一份责任，缺乏同情心和社会责任感。爸爸妈妈总是体谅小孩年纪小，对小孩的缺点视而不见，但是小孩长大以后，一旦进入社会，肯定不会受到欢迎。

孩子小时，正是品性形成与发展的重要时期，极具可塑性。不能因为孩子年纪小不懂事，而让孩子的缺点放任自流。孩子虽小，却也具有独立的人格，也是家庭中的一员，妈妈应该适时教育，加以指导，让孩子在家里承担一定的责任，为其养成独立的习惯创造机会。

当前我国儿童普遍存在独立生活能力差的问题。究其原因，大多数人都归之于"独生子女"。其实在西方发达国家，许多家庭也是独生子女，但他们对待孩子的态度则与我国的妈妈很不相同。西方国家的妈妈十分注重培养孩子的独立能力，摔倒了鼓励孩子自己爬起来；遇到挫折了，鼓励孩子自己克服困难。孩子在成长过程中，需要妈妈给予孩子空间和机会学会独立成长。

有一个懂事善良的小孩子，名叫曼丽。在她5岁的时候父亲已经过世，陪伴着她的，只有穷困的母亲和一个2岁大的妹妹。她很想帮上母亲的忙，因为母亲挣的钱总是难以养家糊口。

一天，曼丽帮着一位先生找到了他丢失的笔记本，于是这位先生给了他10块钱。曼丽把钱放到一个谁也找不到的地方。她母亲一直教育她要诚实，绝不能拿任何不属于自己的东西。她把这10块钱用来买了一个盒子、三把鞋刷和一盒鞋油，接着她来到街角，对每位鞋不太干净的人说："先生，能让我给您的鞋擦擦油吗！"她是那样的彬彬有礼，因此人们很快便都注意到了她，并且也十分乐意让她替鞋擦油。第一天她就挣了50美分。

当曼丽把钱交给母亲的时候，母亲情不自禁地流下了热泪，喃喃地说："你真是一个懂事的好孩子，曼丽。我以前不知道怎样才能赚更多的钱来买面包，但是现在我相信我们能够过得更好了。"从此以后，曼丽白天擦鞋，晚上到学校上课。她挣的钱已足以负担母亲和妹妹的生活了。

俗话说："穷人的孩子早当家。"穷人家的孩子，由于家境贫困，从小就经历了痛苦和磨难，因而较早地体味到生活的艰辛，从而更加珍惜现在，努力创造未来。从这个意义上说，孩子能否早日"当家"，其实并非只取决于家境，而是看他有没有经受过艰辛。我国古人也指出："妈妈之爱子，则为之计深远。"因此，对妈妈而言，只有立足于现在，适时地让孩子吃点苦，才能帮助孩子将来早当家。

在此，妈妈为了孩子将来能更好地适应社会，让孩子了解妈妈的辛苦与不易，在孩子上小学高年级或初中时，周期性地让孩子当一天（或两三天）家，是一个行之有效的办法。妈妈可以找一个周末，让孩子为第二天的生活与活动安排做一个预算与计划，然后从第二天早上起床开始，就由孩子上岗指挥与组织一天的家务与游玩。妈妈则在孩子指挥下加以配合，需要多少钱，买什么菜，到哪里玩，坐什么车，走哪条路线，均由孩子来筹划。

妈妈要放手、信任，不要干预，即使孩子安排得不是最合适，也不要当即否定，而是等第二天再与他一起总结，先让他自己提出改进意见，然后再补充。相信孩子对这样的活动会兴致很高，也会十分用心和负责任，快乐与收获定会出乎你的意料。

聪明的妈妈要"无为而治"

菲菲已经是小学二年级的学生了，是一个可爱的小姑娘。但是，这个可爱的小姑娘却非常粗心，她做作业的时候从来不检查，总是把很简单的题目都做错。每次菲菲写完作业，就对着妈妈叫道："妈妈，我写完了！"然后，把作业本、文具盒往桌子上一扔，就匆匆忙忙离开桌子，打开电视或者跑到外面去玩。接着，菲菲的妈妈就帮菲菲收拾书桌，把课本、文具等收拾到书包里，然后，再将菲菲的作业从头到尾检查一遍，用铅笔把错误的题目勾出来，叫菲菲来改正。对于妈妈指出的错误，菲菲从来不问为什么，想一下就拿起笔来改，因此，她改过的题目经常还会出现错误。这时，菲菲就会不耐烦地嚷道："妈妈，到底应该怎么做呀？"妈妈见菲菲不肯动脑筋，一边抱怨菲菲不自觉认真学习，一边只得把正确答案告诉她。

生活中有很多像菲菲一样的孩子，他们好像一个傀儡一样，不会独立检查作业，不会独立收拾自己的书包，也不会自己思考错题的改正方法，好像没有自己的思想一样。妈妈们会抱怨他们不自觉，什么事情都依赖妈妈，好像没了妈妈什么事都做不了。殊不知，孩子的不自觉正是妈妈们无意识中宠出来的坏习惯。因为妈妈把检查作业、收拾书包的所有该孩子自己做的工作都代劳了，孩子在妈妈的帮助下毫不费劲的做好事情。久而久之，孩子一遇到困难，就求助妈妈的帮忙，理所当然地认为妈妈会帮自己解决问题，这样就养成了孩子不自觉的习惯。妈妈对孩子的事情件件亲力亲为，为孩子包办一切，这样既限制了孩子自身的发展，自己也整天为孩子的事情不断操心，筋疲力尽。妈妈费心费力，某一件事做得不好时，还被孩子抱怨管太多，费力不讨好，最终还落下了"笨妈妈"的印象。

妈妈在孩子刚出生的时候，照顾孩子是应该的，因为这时候的孩子生理、心理的各项功能都还没有发育成熟，他无法独立生存，需要依靠他人的照顾。但随着孩子身心发育的健全，他学会了爬行、学会了走路、学会了说话，学会了自己出门、学会了与人交往……孩子学会的东西越来越多，他能学会的还有更多。妈妈应该适当放手让孩子去学会更多的东西，做一个"无为而治"的聪明妈妈。

但是，在许多妈妈心里，孩子再大也是自己的孩子，她们已经习惯了无微不至地照顾孩子：给孩子喂饭、帮孩子洗脸、帮孩子收拾书包、帮孩子做作业……基本上能帮的都帮了。在这种情况下，孩子能学会自觉吗？他从未尝试过自己做自己的事情的味道，怎么会平白无故地学会自觉呢？即使他一时兴起自觉做了某件事，但是习惯于依赖妈妈的他自然会觉得做事情很费劲，还不如让妈妈做好。久而久之，孩子越来越依赖妈妈，越来越懒散，而离自觉就越来越远。实际上，不自觉对于孩子的成长是很不利的。对于孩子的自身素质来说，独立性是最重要的素质之一，而不自觉的孩子完全依赖于妈妈，四体不勤，无法独立生活。所以，明智的妈妈应该从孩子的长远发展来看，让孩子从小就做一些力所能及的事情，注意从生活的各方面来培养孩子的独立性，对孩子进行自觉主动的自主教育，逐渐养成孩子的自觉意识和习惯。

自觉主动的自主教育的内容是从孩子的实际情况出发，调动孩子的内在积极性，发掘其潜能。美国著名教育心理学家赫施密特指出："自觉主动的自主教育实现的是受教育者和教育者的合一，使教育的对象成为主体，由于自身掌握了主动权，个人将在发展的过程中拥有无穷的力量和智慧。如此，不仅使受教育者的潜能得以极大的开发，而且使教育者得以身心的解脱。而这里的关键在于，教育者必须掌握以一驭万、能够真正诱发受教育者主动性的策略。"然而，自主教育中的教育与被教育的关系并非固定不变的。在自主教育的前期，妈妈是主要的教育者，到了后期，当孩子已经掌握了方法并将之应用到自己的生活中，孩子就发生了转变，从实质上变为了自主教育的自觉者，这时，他们会自觉主动地去求职学习，在某些时候，他们的独特见解和新的发现甚至会影响到妈妈，反过来使作为教育者的妈妈受到启发。

所以，激发和引导孩子自觉主动，妈妈不需要付出太多时间和精力，就可以培养出成功的孩子，就可以更轻松地成为成功的妈妈！

第三章
"好妈妈就是好导师"，做好孩子的心灵导师

孩子迷茫时，做好心灵咨询师

"妈妈，我从哪儿来"

每个孩子自出生开始都对自己从什么地方来这个问题深感好奇，提问者的年龄不同，提问对象不同，答案也是多种多样。多数时候，孩子都是向父母提问，而父母常常会感到尴尬含糊其辞地说"你是被妈妈从垃圾桶里捡来的"、"你是装在篮子里从小河上游游下来的"、"你是被天鹅叼来的"等诸如此类的答案。

对于父母来说，这只是一个用来应付孩子的玩笑话，可是对于孩子幼小的心灵来说，在他们的世界观判断力还没有完全定格之前，很容易因此而被伤害。

一个幼儿园教师曾经说过这样一件事：有一天，她发现平时表现很活跃的一个孩子自己一个人躲在角落里，也不和其他小伙伴玩，觉得非常奇怪，就过去问他："聪聪今天怎么了，怎么不高兴？"聪聪一下就哭出来了，说："我问爸爸妈妈我是怎么来的，他们说我是垃圾堆里捡来的，是不是什么时候我不听话了，他们又会把我扔回去？"

对于孩子来说，父母说的每一句话他们都会相信，父母对于孩子的影响也正在于此。孩子会因为"来自垃圾桶"这句话而想到自己是不是可以偶然的来，或许有一天也会因为这样就偶然的消失，从而开始缺乏安全感而沮丧，甚至会在此后的人生中形成阴霾。

"生命的起源"这个词在父母的眼里大多数时候等于"性"，而这个词是父母在教育孩子的同时常常忽视甚至逃避的一点。但是，随着孩子年龄的增长，该了解的时候他们必然会了解。与其让孩子自己到时候毫无头绪的摸索，为什么不用科学的态度给他讲述关于他是怎么来到这世界上的，从而为他树立起正确的价值观和人生观呢？

经典卡通电影《小天使》里有一个故事是这样讲的：从前，在妈妈的肚子里住着一颗叫作"卵子"的种子，但是慢慢的，卵子长大了就觉得特别孤单，没有小伙伴和它玩，于是爸爸不忍心，就送了一颗名叫"精子"的种子。精子和卵子玩得特别好，每天都舍不得回家，于是它们就找啊找，找到一个叫作"子宫"的地方住在了一起。

慢慢的，它们长成了有鼻子、嘴和两只眼睛的小天使。小天使每天吸收妈妈给的营养，有时候爸爸妈妈还会为他唱歌、讲好听的故事，讲了整整十个月。

后来，小天使长大了，而妈妈的肚子又太小了。于是，小天使就跑了出来，降临到了这个世界，成了爸爸妈妈的小天使。

这个故事既生动有趣，又把生命形成的整个过程完整地说给了孩子听，让他一想到自己的来源就会感到温暖。他是爸爸妈妈爱的结晶，爸爸妈妈爱他，也愿意保护他，这其中的联系是割舍不掉的，孩子也会因为感到安全而对这个世界充满希望和勇气。

圆圆有一天趴在妈妈肚子问自己是怎么来的，妈妈笑着指着肚子上一条疤痕，一边摸着圆圆的头一边讲当初生他的过程。

圆圆听了哭得很伤心，抚摸着妈妈的疤痕流着泪问她，"妈妈，现在还痛不痛？"

"不痛，你的出生是妈妈最大的幸福。"妈妈一脸欣慰的回答。

许多孩子会对自己出生的细节好奇而究根问底。家长这样告诉他，既能在说明事实时表达自己对于孕育他的幸福，孕育的辛苦，也能让孩子从小就拥有一颗感恩的心。感受爱的过程，并且了解真相，这样一次经历对于家长和孩子都是一次成长的经验。

如果家长正为此感到苦恼，那么不妨看看以下几点建议：首先，要用正确的心态解答孩子的问题，不要欺骗，不要敷衍。其次，可以采取比直接回答更好的方式来解答，例如将答案用童话的方式或者充满爱意的故事传达给孩子，也可以结合趣味横生的图案，比如百科全书，这个时候你只需在一旁指点孩子也能弄清楚真相，在乐于身心的同时，也能更好的达到目的。最后，可以让你的孩子通过科学书籍了解生命来源的具体细节，并寻找良好的时机，结合你自己亲身感受，或许是剖腹产，或许是自然分娩，告诉他并完全表达你的爱，让他了解而不再有疑问，不再有困惑，并且充满勇气的生活。

"妈妈，我怎么和别人不一样"

随着年龄的增长，孩子感兴趣或觉得好奇的事物也会越来越多。大约从4岁开始，孩子就进入了性别敏感这个时期。为了明确自己的性别角色，孩子开始不断提出关于性的问题，关于自己和另一个性别的人之间的不同，问题层出不穷。这是因为孩子对性不解且感觉好奇，是他们性心理发展的表现。

这个时候，父母的态度对孩子来说就尤其重要。是极力回避斥责，还是正确引导孩子，不同的选择对孩子的影响差别也是极大的。

当孩子表现出性欲望时，如果父母比较保守，就有可能会对孩子加以斥责，孩子的性意识被压抑，心理就无法得到满足。有这样一个现象，当人们十分想得到一件东西的时候，你越是不让得到，那么得到它的愿望就会越强烈，孩子也是这样。当他们心理上得到满足，性意识就会得到发展，也就能很好地对性进行理性的控制。反之，如果孩子的性意识发展被干预，那么他们探索的欲望就会更加强烈。在这种强烈好奇心的驱使下，加之孩子没有正确的知识常识，他们就有可能做出一些令他们自己和家人后悔莫及的事情，造成不可挽回的伤害。因此，家长要以正确客观的态度对待孩子所提出的关于性方面的问题，给予正确的引导和在孩子接受能力范围之内的解答，满足孩子的好奇心和探索欲。

在3~5岁这一阶段，孩子很容易对异性的身体产生兴趣，问出"为什么他和我不一样"一类的问题。有时这样的问题会让家长不知道怎么回答，但是如果这个问题得不到解决，孩子在你这里得不到答案，性意识得到压抑，就会自己另找渠道去了解答案，而这些渠道有正确的也有错误。如果孩子找到的是错误的方法，那么就会在青春期或以后出现一些的错误行为。家长的正确引导也十分重要，如果引导不当的话，也会为孩子带来不利的影响，有时甚至会令孩子形成沉重的心理压力。

小雨今年5岁了，正在读幼儿园。因为爸爸妈妈工作都很忙，所以她一直住在奶奶家，每天奶奶都会来接她放学。

有一天，奶奶给小雨洗澡的时候，对她说，"小雨以后尿尿的时候不要让男孩看，也不可以看他们尿尿。"小雨就记下来了。

从那以后，她在幼儿园每次上卫生间的时候都会记着关上门，在爷爷和爸爸进卫生间的时候，她也会大声的冲他们说要他们出去。

因为幼儿园的小朋友们都是混住的，本来就不避讳这些，于是小雨渐渐地就不愿意再去幼儿园了。妈妈问她为什么，她也只是涨红了脸，小声说："幼儿园的小朋友都不知羞。"

奶奶的隐私教育是为了保护小雨，但是却过早地让小雨产生了过度的紧张感，这违背了孩子希望探索的天性，让小雨感到只要被任何异性看到了她的身体，就像被侵犯了一样。当她看到了异性的身体，又会觉得自己不是好孩子从而对自己产生否定情绪。这是不适宜孩子的心理成长的。

如果仔细观察和了解孩子的话，家长就会有许多不同的发现，例如孩子会对妈妈的乳房感兴趣，会对男女生理上的不同感兴趣，会对异性产生比同性更强烈的好感，也会因此而感到害羞。这个时候，家长须尽快满足孩子的好奇心，扫除孩子的羞怯感。一旦孩子的好奇心得到满足，羞怯心得到缓解，那么他们便不会过多纠结于此。

对孩子性方面的问题，家长要尽量客观、自然地去引导，即使孩子表现出不好意思的时候，家长也不能因此而回避。作为家长要知道的是，你是他的第一位老师，对他有着至关重要的作用，你对这件事的态度，一定程度上影响了他以后对这件事的态度。

一位妈妈发现他的儿子上幼儿园之后明显对男同学和女同学的态度不同，特别爱讨女孩子欢心，不仅给女孩子吃自己的零食，还给她们玩自己的玩具。

有一次，一个男孩子和一个女孩子一起到他家来玩。他不停给小女孩好吃的好玩的，而在一旁的小男孩就受到了冷落。家长看在眼里，就笑他说他的眼里只有姑娘。

"异性相吸"，本就是自然法则，在孩子身上表现的明显也是正常的。如果家长为了单纯好玩而借此嘲笑孩子，虽然出发的意思是玩笑，但因为孩子此时的分辨力还完全没有形成，他就可能会因为家长的嘲笑而觉得这件事是不正确的，或许从此就会不再如之前一样对待异性，因为混乱而不知所措，从而走向另一个极端。

在面对孩子的种种问题或行为时，家长不用觉得尴尬，这是孩子成长过程的正常反应。用正确的方式来教育，坦然地回答孩子的问题，满足孩子的心理求知的欲望，就能顺利帮他们度过性别敏感期。

让孩子没有负担地质疑老师

美国教育家杜威说"理智的自由才是唯一的、永远具有重要性的自由。"无论什么时候，思想上的独立和自由才是保持立于这个世界的基础。要想做一个有所成就的人，首先就要做一个有独立思想的人。然而现实中，很多人所缺乏的，正是这种独立且自由的思想。

美国的一位心理学家在给某大学心理学系的学生讲课时，做过这样一个实验：他向学生们介绍了一位老师，说这个老师是国外有名的化学家。在上课的时候，这位"化学家"拿出了一只装着蒸馏水的瓶子，有模有样地介绍起来这是他发现的一种具有独特气味的化学物质，接着就让每个学生都闻了一遍，然后他请闻到气味的同学举起手来。大多数同学都举起了手，心理学家揭晓了答案——原来，这位"化学家"其实是外校请来的德语老师，而这瓶"有气味的化学物质"，其实也是没有气味的。

这个故事其实就反映了当今社会普遍存在的一个现象——"权威效应"。如果一个德望高，权威重，让人信赖的人说的话，那么即使这话还没有被实验证实，也会被多数人重视并且相信。就像学生多数相信老师所说的话一样，老师的标准就是学生的标准，他们认为如果按照老师说的去做，那么自己也能得到更多的认可，自己所做的这件事的"安全系数"也会随之提高。很多时候，孩子就会因此而丧失了自己本来的思想，变得人云亦云。

一味地遵循"权威效应"对孩子的成长是很不利的，孩子需要有自己独立的见解，不建立在任何人的观点之上。在这个过程中，老师这个角色对孩子独立思考的培养也是起着不可豁免的作用。

绝大多数孩子对于老师都是尊敬甚至是有些畏惧的。当老师在某些方面犯了错误，一些孩子敢于提出，也有一些孩子则因为畏惧而不敢发言。有的老师比较小心眼，认为自己就是权威，对于孩子提出的质疑直接驳斥，慢慢地，孩子就不敢再有其他的想法，思想也会被禁锢。有的老师在孩子提出不同意见时则会循循善诱，嘉奖孩子的质疑精神，有勇气说不，从而培养起了孩子勤于思考、敢于质疑的好习惯。如果说孩子是祖国的花朵，那么老师就是祖国的园丁，身为家长，必然要从小教育孩子尊重老师。不过在让孩子尊重老师的同时，也要让孩子知道不能对老师盲目崇拜，鼓励孩子在老师面前提出不用的想法和质疑，即使老师不喜欢孩子的质疑，家长也要呵护好孩子的质疑精神，同时让孩子知道质疑本身是没有错的，质疑老师并不等于不尊重他。如果老师对此仍有异议的话，那么家长要做的，就是及时与老师进行沟通，共同找出一条更好的教育路径。

小圆今年上五年级，有一天思想品德课上，课后作业问为什么要尊重老年人。老师给了统一答案是：因为老年人在年轻时为国家做出了贡献。

小圆很不认同，反驳老师说，"老年人里面也有做小偷的啊。"可是老师却驳斥了她的这个质疑。

回家以后，小圆委屈地将事情告诉了妈妈。小圆妈妈很赞赏女儿的想法，小小年纪便有了提出质疑的能力，便对女儿说，"老师说的没错，你说的也没有错。不过，尊重他人是美德，但是对于不同的人，尊重的程度也不同。对于为国家做出过贡献的人，应该给予崇高的景仰。而对于一般的人，就要给予人做为人之本身最基本的尊重。"

在质疑和提出新的看法的过程中，小圆妈妈在小圆和老师之间起了协调的作用，孩子在自己的看法与老师相冲突时，会感到委屈，这个时候，家长要对孩子的情绪先进行安抚，带着公正的态度的询问是否觉得老师做得不对，自己的看法是否对自己更好，循循善诱，一问一答，让孩子敢于提出质疑，如果事情的本身让孩子认为自己的做法对自己更有意义，那么就要对老师敢于说不。

当然，在孩子拥有自己的想法时，也不一定完全是有利于他的，也有可能会过于偏激而伤害到孩子本身。当孩子出现不同想法是，家长首先要对他的想法和勇气表示肯定，其次要引导他逐渐开阔视野，能够接受社会各个方面的人和事，要让他知道除了自己的想法之外，还有千千万万种可以采纳的不同想法，让他慢慢地吸收，慢慢地得到成长，无畏任何事物。总而言之，家长就是要让孩子在拥有健康的批判精神的同时，更有开阔的气度，以及吸收众家所长的高度。

此外，家长也要与老师在这方面多沟通，彼此得到谅解，保持良好的关系。让孩子拥有出色的创新力，拥有自己独特的想法，成为真正的人才，这其实是家长和老师共同的期望。既然是同一个目标，那么为什么不让孩子在通往这个目标的路上更加方便而快捷呢？

天上不会掉馅饼，帮孩子拒绝外界的不良诱惑

随着社会的高速发展，孩子所能接触到的新鲜事物也越来越多。在丰富了孩子童年环境的同时，也会为关心孩子的妈妈带来一丝隐忧，因为有些事物可能会对孩子的成长发育和心智素质造成不利的影响。为了防患于未然，让孩子远远脱离这些危险，妈妈就要让孩子学会拒绝外界的不良诱惑。

拒绝诱惑最重要的就是要形成自控力。人的自控能力并非天生就有，而是在后天的环境中，随着对事物认识的发展以及所受的教育影响而产生的。在日常学习生活中，孩子接触最多的非游戏莫属，孩子喜欢游戏这是众所周知的，所以妈妈不妨借助游戏的力量帮助孩子形成自控力。比如，当孩子玩拼图类游戏或者拆卸旧物件游戏的时候，孩子对于手部动作和材料的专注力较大，但对外界抗干扰能力和自制力较差，同时对在动作的反复过程中的游戏规则比较容易忽略，所以此类游戏就特别能锻炼孩子对游戏和外界的控制能力。此外，一些需要孩子发挥耐心的游戏也可以帮助孩子形成良好的控制力，妈妈不妨多和孩子进行这一类的游戏训练。常进行有目的性的训练，妈妈就能看到满意的结果。

其次，妈妈就是孩子的榜样。孩子在出生后的前几年，对于知识以及新事物的接收学习就在于模仿，他们极其容易受到外界的感染，情绪也很容易被周围事物感染，这也是为什么经常几个孩子一起一个孩子哭就能带动全体哭的原因。所以，妈妈要给孩子树立一个易于控制自己的榜样，让孩子看到自己的控制行为，给孩子做好榜样和示范。这样一来，孩子自然就能懂得理解关于自控的含义并且能够熟练地运用了。

当然，这个过程是缓慢甚至艰辛的。孩子的不稳定性需要妈妈有长久的耐心，当孩子表现良好或是较好地控制了自己时，及时给予适当的奖励，让孩子认为这个活动有趣而且充满挑战，于是孩子就会为了下一个奖励而充满斗志，难度也会减轻。

这种奖励可以是物质上的也可以是精神上的，但是尽量不要给孩子过多的物质上的奖励，要让孩子从精神上，从内在上，为自己感到满意，为自己的成果感到满足，形成家长与孩子之间的习惯。需要注意的是，当孩子按照要求或标准做了以后，家长就要及时兑现自己承诺的诺言，不能让孩子对家长失望。只有家长言出必行，孩子才会养成同样的好习惯。

除此之外，妈妈还要让孩子了解不同诱惑之间的区别，哪些诱惑会让自己犯错，

哪些诱惑会伤害到别人，哪些诱惑甚至会影响到自己的人生，这些都是要一一说明的。孩子在小的时候并没有准确的判断力和明确的是非观，只有不断地进行渗透和正确的引导，才能确保孩子的身心健康成长。

2009年3月10日，2000多名母亲和孩子齐聚华南师范大学附属中学体育馆，联合签名呼吁帮助孩子抵御网络诱惑，万名母亲网络签名，期望孩子与家长共同搭建一个抵御不良网站的平台，遇到随便让不满18岁孩子进入的网吧和不良网站，及时举报。

被采访的华师附中高一年级的一位姓张的同学说，网络有自由平等也有虚伪，她不高估自己的自制力，所以希望家长能够帮助自己。此外，她还发布了倡议书，倡议妈妈们要多与孩子沟通，与孩子一起共同应对网络中的种种问题，一起解决，以培养孩子良好的分辨能力和自我控制能力，远离有害信息。

从以上事例当中不难看出，妈妈除了要让孩子逐渐养成自控的习惯外，还要让孩子知道为什么要抵制诱惑，用实际行动来告诉他。当孩子看到妈妈所做出的正确的引导后，就会知道如何去抵制，以及抵制的方法。

磨砺孩子的意志，培养孩子顽强的毅力，这是抵制诱惑的根本。最后，还要有慈悲善良的心，孩子的本性总是好的，只有多加指点，列出事实的正面反面，多引导孩子去考虑别人的感受，才能让孩子远离诱惑。

孩子有压力时，做好心理治疗师

及时去掉心理包袱，让孩子轻松前行

美国自然科学家、作家杜利奥曾经提出过这样一条心理定律，并将它命名为"杜利奥定律"——没有什么比失去热忱更可怕，一旦失去热忱，人便垂垂老矣。这条定律要说明的是，如果人的精神状态不佳，那么一切都将处于不佳状态。从根本上来讲，杜利奥定律要说的就是人与人之间其实只有极其微小的差距，可就是这微小的差距，却可能会导致人成功或失败。如果差距的属性是积极的，那么就是成功；如果差距的属性是消极的，那么就是失败。换句话说，成功与失败只在一线之间，而这条线，就是人的心态。

在宜男的记忆里，从来就只有他的爸爸和爷爷奶奶。由于妈妈的早亡，他从小就过着单亲家庭的生活。

每次看到同学朋友和爸爸妈妈一起合家欢乐的时候，他就由衷地感到羡慕，而且总是梦想着自己也能得到爸爸妈妈共同的呵护和关爱。但是，他也知道那是不可能实现的，所以上初中之后，他就越发的变得消沉，内向话少，很少和同学打闹，有意封闭自己，越来越孤僻。

他知道自己的梦想永远不可能实现了，所以就把寄托放到了高考上，一心要考出好成绩，考进理想的大学。可是，两年以前高考时，因为之前用脑过度又过于紧张，他在考场上出现了记忆空白，惊慌失措等症状。也正是因为这样，他落榜了。这一年的九月，当他看到昔日的同学纷纷进入大学校园时，不免开始感到深深的自卑。从此以后，

宜男就患上了忧郁症，身体也越来越不好了。

情绪的作用是巨大的。对于孩子来说，孩子比大人拥有更敏感更脆弱的心灵，这在孩子青春期时体现得尤其明显。因为这个时期孩子的心理还没发育健全，还没有足够的应对能力，所以在面临挫折或是突发意外时，往往会有比较大的情绪浮动，表现为叛逆心理、易烦躁、情绪多变等等。

孩子的心灵是很脆弱的，忧郁这个词常常在孩子的人生中作为一大阻碍，孩子会因为不同的事使情绪低落。妈妈是孩子最好的呵护者，也应是孩子最好的心理治疗师，因此要密切注意孩子的情绪发展状态。当孩子出现负面情绪时，要站在孩子的角度分析他的顾虑，及时帮他理清自己的情绪，去掉心理的包袱，让孩子步履轻盈地走过成长之路。

作为家长，当孩子出现负面情绪时，不能自乱了阵脚，要时刻保持冷静，理性和孩子一起所面对事物的利与弊，引导孩子回到正常状态上来。或是还可以帮助孩子发现有趣的事物以转移他的注意力。当孩子充满负面情绪时，他的注意力往往很难从当前这件干扰他心绪的事情上转换出来，所以妈妈不妨多让他出去和同学玩，或是发掘他的兴趣。最重要的是，要告诉你的孩子无论如何你都在他的身旁，让他感到自己不是孤立无援的，"没有什么问题解决不了"、"开心面对每一天"。积极的心态能战胜一切，让孩子获得心灵上的支撑。

小静家境优越，又是家中独女，所以从小就被家人抱以很高的期望，她对自己的要求也很高，成绩一直很优秀，每次考试也是名列前茅。直到有一次期中考试前，小静因为感冒发烧没有复习好，所以那次考试不是很理想，为此小静一直闷闷不乐，不过她的父母并没有因这次考试责怪她，反而鼓励她下次加油。但是，从那以后，小静的心情再也没有像以前那么好了。为此，小静妈妈为女儿请了假，并和班主任谈论了小静的情况。班主任也发现，自从期中考试后，小静就开始沉默寡言。后来，小静好像封闭了自己，成绩下降，记忆力下降，人也不再开朗……

不被注视的失落感、失去自由玩耍的机会等等，这些都有成为导致孩子抑郁的原因，会让孩子感到不快乐、忧郁和恐惧。如何让孩子摆脱这些负面情绪，甩开不必要的包袱，重新变得快乐起来，也是妈妈最需要注意的地方。

比较好的办法是，多鼓励、多倾听，让孩子用自己的方法减轻压力，比如大哭一场，或是通过运动来排解不良情绪。孩子不像成人那样善于运用倾诉的方法，所以有的时候他们并不能够有效地通过交谈来抒发缓解自己的负面情绪，或许是因为无法正确表述自己的意思，或许是因为觉得家长和自己有代沟无法说到一起去。这个时候，身为最关心孩子的妈妈，就要少说教多倾听，多从小细节处发现孩子的想法，听他说他的烦劳。即使孩子并不能完整的表达出他想说的意思，也能让他感到妈妈是能够理解他支持他的，这自然能缓解他心中的紧张情绪，产生安全感，减轻烦恼，及时从困扰中抽离出来。

理解孩子，小孩也会"心累"

小迪由于刚刚上了初中，对初中的学习和生活不太适应，所以每天疲于应对各科作业，对那些课堂小测验更是应接不暇，后来干脆书本连碰都懒得碰，总是用尽各种方法逃避上学，迟到早退、赖床，无所不用其极，最后索性不再去上课。

小迪的父母很是着急，怎么劝说都没用。问她原因，她也只是说看不清黑板上老师的板书或者身体不舒服等。面对父母的责备，小迪的情绪也反反复复，今天说一定会努力，争取考上重点高中，明天又说不考了。

小迪的情况其实就是学习上的疲劳。学习上的疲劳分为两种，一种是生理性疲劳，这种疲劳用短暂的休息就能得到消除；另一种是心灵上的疲劳，这种疲劳单靠休息是不行的，小迪这种正是由于功课和考试的紧张所导致的心理上的疲劳。当孩子遇到类似于这种情况时，妈妈就需要严加注意了。

一般情况下，心理疲劳表现为无精打采，对曾经爱好的事物也提不起兴趣。举例来说，体育场上的运动员比赛，胜利的一方会因胜利的喜悦而冲刷掉疲劳生机勃勃，失败的一方则通常会表现的懊丧不已，甚至会短暂地失去信心。即使提起精神应对下一场比赛，也会失去热情，丧失斗志。

别以为孩子年纪小，就不会感到疲劳。孩子同样会出现心理疲劳的现象，具体到行为上，就会表现为不想上课、不愿做作业、注意力无法集中、对父母过问学习上的事表现得极其不耐烦、上课打瞌睡、下课也不够活跃等等。这种心理上的疲劳一般都不是突然发生的，而是长时间的压力过人导致精神紧张所造成的。长期在这种紧绷状态下，孩子就会因为精神后劲供应不足而产生心理疲倦，学习精神也随之衰竭。这就像心脏血液的供给，一段时间内处于高速供应状态，一旦出现纰漏，那么就很容易出现心脏衰竭的情况。

科学家研究表明，如果只讨论脑的话，大脑即使在工作8到12个小时之后，也完全感受不到疲倦。那么，孩子的这种疲倦感又是从何而来呢？

如果让一个成年人连续不断地做一件事情时，他也会感到厌倦，孩子就更是如此。厌倦的情绪会令人提不起精神，做事无力也无热情，进而形成心理上的疲劳。如果妈妈发现孩子已经有心理疲劳的迹象，那么就应帮助孩子放松，多和孩子唱唱歌、听听音乐、做做游戏等，多让孩子感受生活的乐趣，同时放松身体。有的时候，身体疲劳的减轻也有助于心理疲劳的缓解。

对孩子过高的期望也会给予他沉重的压力，进而造成心理疲劳。如果孩子达不到家人的期望值，就有可能会对自己的能力产生怀疑，甚至还会自暴自弃，这无论是对孩子当前的学习还是今后的生活都会造成极其恶劣的影响。身为孩子的妈妈，更要经常对孩子表达鼓励之情，巩固孩子的自信心，即使他取得了一丁点儿的进步，也要及时进行鼓励。成功是一步一步走出来的，即使孩子一时失败了，也要相信他，不要让他过于自责，因为一定的自我反省可以让人得到发展，但如果过于自我苛责的话，非但不会发展，反而会让孩子消极。

股神巴菲特曾经这样总结他的商业经，"我和你没有什么差别。如果你一定要找一个差别，那可能就是我每天有机会做我最爱的工作。如果你要我给你忠告，这就是我能给你的最好忠告了。"比尔·盖茨和巴菲特总结的也是差不多，"每天清晨当我醒来的时候，都会为技术进步给人类生活带来的发展和改进而激动不已！"可见，保持积极的心态，对所做的事情充满喜爱之情，是避免心理疲劳的最有效办法。

因此，妈妈就要在平日的生活中多挖掘孩子的兴趣，让孩子对所做的事物充满喜爱之情，让他摆脱疲倦的状态重新燃放出活力，这是最重要的。对于学习来说，不以分数为衡量孩子价值的区别，不做横向比较，多做纵向比较，和孩子一起理好近期和远期的奋斗目标，这是妈妈最应该做的事。

总而言之，当你的孩子对事物感到厌倦时，不如就让他停下来歇一歇，告诉他"妈妈理解你"、"你做到现在已经很棒了，对自己的要求要符合你自己的实际情况，不要过分苛责自己"、"只要你尽了力，无论什么结果，对于妈妈来说都是最好的"让孩子感受到来自妈妈的关心、理解和关爱，这是解除他心理疲劳的最有效的办法。

开心的父母才有快乐的孩子

对每个妈妈来说，让孩子生活得幸福快乐，让孩子时刻感受到自己被爱和快乐所包围，是宁愿倾自己所有也愿意为孩子实现的。从某些方面来讲，孩子的幸福就是为人父母的幸福，当你忙碌一天回家，看到孩子那张洋溢着快乐阳光的脸时，便会觉得再辛苦也值得。

如何才能让孩子体会到幸福快乐呢？妈妈永远都是孩子的典范，一个懂得营造家庭轻松气氛，让家里充满温馨，懂得如何让生活轻松而快乐的妈妈，对于孩子的成长中所起的作用是老师或者孩子周围任何其他人都替代不了的。美国作家杜利奥曾说过，只有开心的父母，才有快乐的孩子。

金金是一名小学生，学习成绩优秀，还弹得一手好钢琴，同学们都很羡慕他有一个作曲家爸爸。可是金金却一直闷闷不乐的。有一次，金金去同学家里玩，这个同学家里条件没有自己家里好，但是家庭很温馨。回家的时候，金金拉着同学妈妈的手说："阿姨，我真想住在你们家！"原来金金的爸爸总是忙于自己的工作，由于工作的特殊，爸爸的眉头总是拧得紧紧的，每当缺乏灵感他更是会大发雷霆。这种情况下，金金的妈妈总是一声不吭地躲进房间抹眼泪。

对于孩子来说，家庭是可以避风的港湾，即使受到再多伤害，只要一回到家，就能重获安全了。在一个幸福快乐的家庭里成长起来的孩子，比那些在不幸家庭里的孩子要幸福得多，因为他们从小被快乐的氛围所熏陶，自然就会有乐观的性格，遇到事情能以乐观的心态看待并积极地想办法去解决，而不是消极的逃避或者听之任之。

孩子的情绪很容易受到大人的影响。做一个快乐的妈妈，比做一个为了孩子而放弃了自己的快乐的妈妈，为孩子带来的幸福要更加的长久。有些父母省吃俭用一生，为孩子牺牲太多，每天很少有余力去开拓自己的兴趣，这也相当于放弃了自己的一部分快乐。每个人都有自己的精神世界，放弃了自己兴趣和快乐的父母无形中就会将自己放弃的东西寄托在孩子身上，这样一来免不了会为孩子带来压力。试想，一个背负了巨大压力、且生活在没有欢声笑语的家庭里的孩子，又怎么能感受到快乐呢？

小林在和朋友的一次聊天中，回忆起了年幼时爸爸妈妈为了节省从未吃过一顿好的，从未穿过一件好衣服，感慨不已。于是，他下定决心："一定要舍得为自己花钱，平时多出去玩玩，和朋友到处逛逛，要让自己开心，不要想着为孩子省钱而放弃了自己的快乐。即使你已为人父母，也有享受自己生活的快乐的权力。"

小林的一位朋友对此也深感认同。她的妈妈是一位永远懂得如何追求自己的生活目标的人，"每次想到她，我就可以全身都充满活力去追求自己的目标，战胜困难。"

只有自己先感到快乐，才能带给别人快乐。只有家长自己心灵得到充实以后，才会由内而发出乐观积极的心态，并将这种乐观积极的心态传递给孩子。拥有物质上的一切并不代表快乐，真正的快乐是极易感染到他人、让他人从心里感到温暖和快乐的。营造和谐快乐的家氛围，将自己的快乐传递给孩子，就能让孩子更快乐。

要营造和乐的家庭气氛，妈妈不妨偶尔制造一些意外的惊喜。比如，圣诞节的时候给自己戴一顶圣诞帽，然后在孩子的鼻子上放一只红红的麋鹿鼻子，让他觉得很滑稽也很快乐。再比如，休息日带着孩子出门踏踏青，多接触大自然，给孩子一个可以接触新鲜事物的机会，培养他开朗豁达的心境。

有这样一个说法，"一个人一天需要4次拥抱才能存活，8次拥抱才能维持，16次拥抱才能成长。"当你心情愉悦的时候，就不要吝啬表达你的快乐心情，不妨笑出声来。有的家长为了保持威严，经常在孩子面前摆出一副严肃的形象，殊不知那只会让孩子不再敢与你接近，而笑声则能让你与孩子的距离更加贴近。妈妈们，不妨多笑一笑，在有益自己身心的同时，也能让孩子得到快乐。

改变不了事实，就改变"想法"

换一种思维，往往能发现另一片天地。在成长的过程中，孩子不可避免地要经历许多挫折，有些挫折孩子可以应对，但是也有许多挫折孩子无法靠自己走过去。当孩子无法依靠自己的力量应对挫折时，妈妈不妨积极引导孩子从另一个角度来看待问题，在有效缓冲的同时，也能更好地来思考这个问题，从而找到问题的答案，最终带着他走出困扰他的这个难题。

《伊索寓言》里讲了这样一个现象。有一天，一只饿极了的狐狸在林子里四处闲逛，抬头一看，突然发现头顶上的葡萄架上挂着一串鲜嫩欲滴，紫红紫红的葡萄，于是狐狸不断往上蹦啊蹦啊，希望能够到那串葡萄，可是狐狸太矮了而那串葡萄又太高，最后只好以失败告终，狐狸一边离开一边悻悻地想，"那葡萄是酸的，我才不想吃呢。"

这个现象在心理学上被称作"酸葡萄心理"：当人们努力追求一件事情但是结局却失败时，为了冲淡心里的不适常常将之前追求的目标降低为自己不想吃的"酸葡萄"，从而在心理上得到安慰，压力也得到缓解。同样，当人得不到葡萄却只得到柠檬的时候，常常会把自己的柠檬想作是"甜的"，让自己觉得自己得到的是最好，人们把这个称之为"甜柠檬心理"，与酸葡萄心理合称为"酸葡萄甜柠檬心理"。

孩子在日常生活中，也经常出现这样的情况，比如孩子参选班级里的干部，最后却败给了另一个同学，那么他就会说"我只是去试试而已，当干部劳心又劳力。"虽然嘴上对同学是这么说，但是暗地里这个孩子就会暗暗分析自己失败的原因，然后加以补足，这样既能避免失败所带来的负面情绪，又能在原来的基础上得到更好的发展。所以，正确的应用"酸葡萄甜柠檬心理"，对孩子日后的发展是有益的。

瑶瑶当了好几个学期的中队长，上学期又是三好学生，所以对于这次班级上的班长评选，她是十拿九稳的，看到老师一脸笑容地走进教室，瑶瑶情不自禁地挺直了腰背，等待老师的竞争选举开始的口令。

已经陆续有好几个同学毛遂自荐了，瑶瑶羡慕的同时也开始忐忑，正当此时，瑶瑶听到老师点了自己的名字，于是站了起来，小心翼翼地说自己也想当班长。

谁知刚一坐下，前排的同学小红立马就站了起来，大声地推荐了自己。瑶瑶羡慕她的勇气。老师让大家开始投票选举，结果出来后，瑶瑶惊呆了，小红竟然比自己还多了两票。大家开始纷纷祝贺小红，瑶瑶坐在位置上看了小红一眼，对她说了声祝贺。那天后来的几节课，瑶瑶都无法集中注意力。

对于心里十分有把握的瑶瑶来说，这次的失败无疑是一个巨大的打击。但是这个时候，班长的位置已定，也就是说已经既成事实，无法改变。既然无法改变事实，那么就改变自己的想法。与其深陷在自己负面的情绪里，不如想想"那个位置很忙，难免会影响到学习。"此类的想法，缓解自己的压力，改变自己的想法，暂时的改变不代表放弃，而是为了弥补自己的不足，下一次能成功。

"酸葡萄心理"其实是一种积极的自我调节方式，避免走极端或钻牛角尖，家长应该积极的引导孩子从不同的方向看待问题，强化"酸葡萄甜柠檬心理"，作为缓解压力的调节剂，蓄势待发，消除心理紧张，减少攻击性冲动，让恶性刺激转化为良性刺激，促使孩子不断前进。

很多时候，只要引导孩子换一种思维方式，便能在拐角处发现一片新的天地。如果你的孩子要在一个班上拿第一名，但是没拿到，那么他心里应该想："枪打出头鸟，第一名有什么好。"让孩子不为失去第一名而感到自责和焦虑，反而放下包袱，暗暗加油，更利于及时调整心态，确立新的学习目标。让孩子正确认识到自己的优缺点，经常反省自己，合理的认识自己，从而更容易获得成功。有人做过调查统计，发现成年后最成功的那些人，往往并非求学时在班上经常拿第一名的学生，而是常常拿第十名的学生，即所谓"第十名现象"。

但需要注意的是，这种心理也不可经常运用，因为过度使用的话，就会容易将"酸葡萄"变为为自己开脱的借口，进而导致孩子缺乏进取心，形成不良的道德意识和行为习惯，就如同鲁迅先生笔下的阿Q，经常为自己所受的不公平待遇寻找不合理的理由，甚至会诋毁别人。

爱能让孩子从沮丧中重生

如果家长总是对孩子提出过高要求，孩子又因为本身的原因不能达到的话，那么家长就可能会说出一些严厉的话来教育孩子，比如"你怎么这么笨，连这个都做不好"、"你看看隔壁家的孩子，他比你好多了"、"这题这么简单"等等。孩子的心灵本就是脆弱的，他们也希望能做好一件事，但是一旦某件事情没能做好，没有达到家长的标准，被家长苛责的话，这就无异于往他们脆弱的心灵伤口上撒盐，会令他们对自己产生怀疑，变得沮丧不得志。心理学研究表明，当一个人长期处于挫折和失败所带来的不良情绪时，会产生绝望的感受从而对人生失去信心。

著名心理学家马丁·塞利格曼和梅尔做过对于以上现象一个实验，他们将一只狗取来放进笼子里，笼子放一块隔板，这个笼子的一端由金属制作所以一通电后，就会引起电击反应。但是只要狗越过隔板就能避开。

他们把这只狗安置在金属的一边，只要一通电，狗就跳过隔板跑到不是金属的一端，开始几次如此反复，又一次通电时，他们把狗约束住不让它跳过，又是几次狗挣脱不了只好在原地痛苦呻吟，后来，心理学家把约束解除不再约束狗的行为，可这时的狗已不像先前那样会跳过隔板，还是停留在原地痛苦不堪直到电击解除。

狗在多次电击无法逃脱之后产生消极反应，进而感到绝望，对可以生存的机会毫无反应，这种现象在心理学上就被称为"习得性无助"。这个实验推及于人，也得到了类似的效果：当一个人对某个事件多次努力但是都失败后，那么他就会停止尝试。如果这种情形出现得太过频繁，那么就会产生对凡事都无能为力的消极心理。

孩子也会如此。如果经常要面对现实对他的一次又一次的否定，那么他很容易会产生自责、自卑、无助和退缩心理，最终导致他对失败的经验产生习得，无法走出失败的圈子。当孩子在学习和生活中只能得到习得性无助，那么这些对于教导孩子成长的这个意义又何在？

王兰如愿以偿地进入了一所重点初中，这让她很高兴，学习也很刻苦，但是慢慢的，她发现比她刻苦的不少，成绩比她优秀的更是很多，这让一直是以前班上顶尖学生的王兰压力很大，于是在一次考试中，王兰只在班上排到了中等名次，还有她最得意的数学也只得了个刚刚及格的分数。这让王兰非常沮丧。

她没有放弃，继续努力。可是又一次摸底考试分数下来时，她的名次竟然又下滑了10名，这让王兰的自信心很受打击，班主任也叫她去了办公室，严厉的批评了她，她觉得自己很委屈，即使努力了也不能成功，未来变得十分渺茫，自那以后，尽管王兰还是在努力，但是成绩依然在下降。以前的辉煌已经成了遥远的过去式。

后来每次班主任找她谈话，她都只回答"我不行"，渐渐的，这三个字成为了王兰的口头禅，作业也经常不做，上课不专心听课，放学也不再复习当天所上的科目。

缺少表扬的孩子会对自己缺乏自信心，从而对自己能做到的事产生畏惧心理，然后退缩，变得不再主动地做一件事，长此以往甚至会产生一种对一切都漠不关心的态度，对自己失去信心，对生活失去斗志。

漠视和责备可以让孩子在沮丧中沉沦，而爱则能让孩子从沮丧中重生。因此，要避免孩子产生习得性无助，最好的方法就是家人多给予理解和关心。当孩子遭遇失败或挫折时，妈妈无论如何都不应去指责孩子，而是应当给予爱和鼓励，肯定孩子做得对的地方，给予他积极的评价。

妈妈要给予孩子积极的评价，这不单是关于孩子的学习，还要在孩子的各个方面。比如，孩子今天体育课跳高跳出了一个新高度，这在以前孩子是做不到的，就要及时告诉他这非常棒，让孩子感受到妈妈的爱，并且让孩子的情感围绕在他身边。给孩子营造一个充满安慰，适宜鼓励的环境，让孩子觉得不孤单。

俯身看看孩子的眼睛吧！让孩子不用再仰望你的目光，"加油你可以的"、"做得很好"这些亲切的语言则能让孩子备受鼓励，让孩子相信自己是可以做到的。创立一个轻松自在的环境，善于发现孩子的闪光点，对孩子进行积极的评价，让孩子在充满爱的环境中自如发展，这是每个称职的妈妈都应该做到的事情。

及时扑灭不正常的小火苗——消除孩子的心理障碍

恐惧症：生活是黑暗的

涂涂今年9岁了，是个勇敢、坚强的小小男子汉，打针的时候眉头都不皱一下，平时最喜欢带着小朋友玩探险游戏。可是，有一天涂涂和小朋友玩的时候，不知道从哪里蹿出一只野猫，涂涂一见，立刻打了个哆嗦，大叫一声，转身没命地往家里跑。原来，涂涂最怕猫了。还是涂涂小的时候，妈妈带涂涂去公园，把他放在长椅上。忽然有一只猫被淘气的孩子追得慌不择路，竟然一下子跳到了涂涂的脸上，还把他抓伤了，涂涂吓得大哭。从那时开始，涂涂就非常怕猫，连动画片《猫和老鼠》都不敢看。

其实，涂涂怕猫是恐惧症的一种表现。

儿童恐惧症，是指儿童对日常生活中一般客观事物和情境产生持续的、不现实的、过分的恐惧、焦虑，达到异常程度。

虽说恐惧心理是一种痛苦的情绪体验，但它是一种自我防御机制，它会促使人们快速离开危险的环境和物品，显然是有利的。正常儿童对一些物体和特殊情境，如黑暗、雷电、动物、死亡、登高等会产生恐惧。每个儿童都要经历由不怕到怕的心理演变。

不过儿童的恐惧也分异常和正常两种。如果儿童的恐惧程度轻、时间短，没有超越儿童的年龄、认知水平和环境，则可以视为正常。反之，如果恐惧持续的时间较长，超越了儿童的年龄、认知水平和环境，或明知某些物体或情境不存在危险，却产生异常的恐惧体验，就应当视为异常。患儿会由于恐惧产生退缩或回避行为，不易随环境和年龄的变化而改变，任何劝慰、说服、解释都没有用，严重影响着儿童的正常生活和学习。

儿童恐惧症根据内容可分为三大类。对损伤的恐惧，如怕鬼怪、怕受伤、怕出血、怕生病、怕死等；对自然事物和现象的恐惧，如怕黑、怕高、怕打雷、怕动物等；社交性恐惧，如怕陌生人、怕上学、怕考试、怕当众讲话等。

儿童恐惧症是一种心理性的问题，最有效的办法是心理治疗。首先应明确引起恐惧的诱因，然后有针对性地进行治疗。

认识治疗法：帮助患儿建立治疗信心分析恐惧对象，使患儿充分了解怕的对象，从而正确评价自身及恐惧对象。

暴露治疗法：将患儿骤然呈现在恐惧对象之前，刺激其建立对恐惧对象的正确认识。这种方法治愈速度快，但是刺激性太强，患儿必须有一定身体条件。

最为常用的方法是系统脱敏法，这是目前被认为治疗恐惧症最安全而有效的行为治疗方法。即设定阶梯性恐惧值，循序渐进地消除其恐惧心理，先用轻微的较弱的刺激，然后逐渐增强刺激的强度，让患儿逐渐适应，使之对刺激的恐惧程度逐渐降低，最后达到消除恐惧症的目的。

引起儿童恐惧的原因多种多样，但主要是两种因素：先天遗传和后天习得。研究发现，多数儿童恐惧症的起因是后天习得的，也就是说，儿童生长所处的环境和接受的教养方式至关重要。比如家长对不听话的孩子采用恐吓的办法，当着孩子的面毫无顾忌、绘声绘色地讲述一些可怕的情形等，会造成儿童恐惧心理，严重的会形成恐惧心理障碍。过分严厉和教条化的教育，过分粗暴或压抑的环境，也会诱发儿童恐惧症。

家长要注意从细微处做起，防患于未然，防止儿童异常的恐惧。有意识地防止将自己的恐惧传达给孩子，注重培养孩子独立生活和解决问题的能力与胆量，对孩子不理解的事物进行解释，尽量避免孩子接触恐怖书刊和影视，平时鼓励孩子多交朋友，多做交流，培养孩子乐观向上的生活态度，如果孩子的恐惧并不严重，对正常生活和学习没有影响，就没有必要渲染和过分关注，可以直接忽视，让孩子在成长的过程中慢慢适应。

抑郁症：童年是灰色的

洛洛是老师和家长眼中的好学生、好孩子，学习成绩好，每门功课都很优秀，家长也以此为傲，对她抱有极高的期望，老师也经常表扬她，要小朋友们都向她学习。有一次考试，洛洛因为发烧，身体不舒服，精神不集中，没有考出理想的成绩。慢慢的，大家发现，洛洛变得沉默寡言，也不爱和小朋友们玩了，上课的时候发呆，整天都没精神。家长以为洛洛生病了，带她到医院也没检查出有什么问题。医生认为洛洛是因为家长和老师的过度期望，心理压力太大，加上第一次遇上挫折（考试失利），精神受创，患上了儿童忧郁症。

到底什么是儿童抑郁症呢？

儿童抑郁症是指由各种原因引起的发生在儿童时期以持续心情不愉快、情绪抑郁为主要特征的心境障碍或情感性障碍。抑郁对儿童的身心发展十分有害，会使儿童心理过度敏感，对外部世界采取退缩、回避的态度，对儿童身体成长也有不利影响。

一般来说，儿童在日常生活中因遇到挫折等而表现出悲伤、焦虑等情绪都是正常的，通常随着时间过去，都能自己调整好，重新高兴起来。但是，如果儿童在环境改善后仍不能摆脱抑郁的心境，并导致不能正常进行生活和学习的，那很可能是患上了儿童抑郁症。

儿童患上抑郁症会在情绪、身体、行动上有所改变。情绪上，抑郁症儿童会突然变得沉默寡言、情绪低落、胆小怯懦、对事情没有兴趣、常伴有自责自罪感等。身体上，抑郁症儿童会出现食欲不振，睡眠障碍或嗜睡、疲劳乏力、胸闷心悸等不适症状。行动上，抑郁症儿童一般有两种表达形式：外向型症状和内向型症状。外向型表现为脾气暴躁、冲动不安、喜欢顶嘴等，内向型表现为注意力不集中、经常发呆，与同学关系疏远等。

儿童抑郁症的诱因有很多种，主要是心理刺激方面。比如受到歧视或者虐待，使儿童心灵受到创伤，长期处于自卑状态，认为自己处处不如人，抑郁成疾；家庭动荡、失去亲人、父母离异等使孩子心灵蒙上阴影；家长期望过高，管教过严，超出孩子承受能力，导致其压力过大，情绪紧张；儿童生活环境闭塞，缺乏交流，感情压抑，情绪不能充分发泄等。

家长作为孩子最亲密的人，也应该是帮助孩子远离抑郁的最好的医生。

营造温馨愉快的家庭氛围。父母在孩子面前要注意自己情绪的表达，避免专制的家长作风，关心孩子，尊重孩子，理解孩子，多跟孩子进行交流，接受孩子的倾诉，让孩子充分体会家庭生活的亲密和温馨。

鼓励孩子多交朋友。多组织孩子们的集体活动，教会孩子与他人融洽相处，培养孩子广泛的爱好和乐观宽容的性格，让孩子在交往中体会友情的温暖。

对孩子的教育要适度。根据孩子自身的能力和兴趣进行培养，不要对孩子期望过高，避免对其造成心理上的压力，适量给予孩子一些时间和空间，让孩子自由发展。

提高孩子抗压抗挫折能力。对孩子克服困难给予充分的肯定和鼓励，培养孩子的自信心和应对逆境的能力，避免过度保护，教孩子学会忍耐，在困境中寻找精神寄托，如运动、书画等等。

对已出现抑郁症状的孩子，首先要分析孩子抑郁的原因，消除环境因素的影响，此外，要帮助孩子建立积极的态度，指导孩子调整情绪并进行适当的发泄，如：倾诉、哭泣等，释放消极的情绪，恢复心理的平静；陪孩子做一些开心或是振奋的事情，以愉快的心情抵消消极情绪；实行目标激励，帮助孩子树立目标，使孩子有方向感。也可根据具体情况采用药物治疗或者心理治疗。需要注意的是，儿童抑郁症严重时会伴有危及生命的消极言行，对于有自杀倾向的孩子，家长要高度警惕，严密监护，并请心理医生进行长期治疗。

缄默症：沉默不语

小牧从小就胆小怕生，家长带他出去，碰到了熟人，他都躲在父母身后，问他话也不回答。妈妈以为可能是孩子个性胆小、害羞所致，以后长大就好了，也没有重视。谁知道，小牧上学后情况就更严重了，不但不喜欢和别的小朋友一起玩，老师点到他回答问题时，他也不说话，要不就是用点头或摇头来回答。老师将情况跟妈妈讲后，妈妈很奇怪，小牧在家和邻居的小伙伴也玩得很开心，除了胆小一点，也没有什么不正常的。

其实，这是儿童缄默症的表现。

儿童缄默症是指患儿智力发育正常，言语器官无器质性损害，但不愿用语言表达自己的意见或回答问题，取而代之以书写或手势或摇头、点头的动作与人交流，表现出顽固的沉默不语。

缄默症患儿并不是不能说话，他们有正常的言语理解及表达能力，只是因为心理作用的影响，导致他们不愿意说话，其实质是一种社交功能性障碍。

缄默症根据儿童在不同环境中的表现，可以分为全面性缄默和选择性缄默两种类型。前一种类型的儿童在任何场合中都不喜欢说话，或者是拒绝说话；后一种类型的儿童在已获得了语言能力后，因为心理或精神因素，在某些场合中始终保持沉默不语，"缄默"状态对环境和对象具有高度的选择性。

选择性缄默症多在儿童3~5岁的时候发病，胆小、害羞、孤僻的儿童身上多见，女孩发病率高于男孩。大多数患儿在陌生环境中表现为沉默不语，长时间一言不发，但是家里或是熟悉的人面前讲话，甚至表现活泼，如父母、亲人、某些小伙伴等。少数患儿正好相反，在家不讲话而在学校或陌生场合讲话。缄默时，患儿会采用动作手势等代替语言来表达自己的意见，如点头、摇手等，或仅用简单的字眼来表达，如"是"、"不"、"要"等，偶尔也会用写字的方式来代替，部分患儿拒绝上学。

儿童发生缄默症的原因很多，有儿童自身性格因素，如患儿往往具有敏感、胆小、害羞、脆弱等性格特征；有家庭因素，如家庭封闭、隔代抚养、父母过于保护等；有发育因素，如语言能力发育迟缓、功能性遗尿等发育性障碍；也有心理因素，如在受惊吓、初次离开家庭、环境突变或其他明显的精神刺激后发病。部分缄默症病例与遗传因素有关。有部分观点认为，儿童保持缄默是出于自我保护，排遣不安的心理感受。

儿童缄默症会严重影响儿童的正常生活和社会性发展，因此一旦发现征兆，要尽早治疗。缄默症是心理障碍，治疗上应以心理治疗为主。

避免刺激。尽量避免各种会给孩子造成心理影响的刺激，消除紧张因素，提供平和安宁的生活和学习环境，鼓励孩子积极参加各种集体活动，引导孩子学会和别的小朋友交往，邀请老师或小朋友到家中做客，在孩子熟悉的环境中同客人进行交流，培养孩子广泛的兴趣爱好和开朗豁达的性格。

营造宽松自在的家庭环境。家长要戒骄戒躁，改善家庭关系，减少对孩子的粗暴呵斥，营造温馨和谐的家庭氛围，不要让孩子生活在恐惧和紧张之中，解除孩子的心理压力和困扰。

淡化言语问题。对于孩子的缄默，不要过分关注，否则孩子很难放松下来，更不能逼迫孩子讲话，以免进一步加重孩子紧张焦虑情绪，甚至出现反抗心理。可以采取转移注意力的方法，如陪孩子做游戏、讲故事、外出游玩等，分散其紧张情绪。

诱导矫正。对孩子多鼓励，当孩子主动和客人交流时，包括眼神、手势、躯体姿势、言语等，要给予赞扬，孩子一开口，就要及时地鼓励，增强孩子的自信心。也可以用孩子最想要、最喜欢的东西作为奖励，诱导孩子说话。

每天半小时。家长每天固定至少半小时时间同孩子说话，跟孩子聊他们喜欢的话题，如喜羊羊、灰太狼、奥特曼等，并允许孩子不做回答，消除孩子内心的紧张和焦虑。

症状较重的患儿要在医生的指导下采用药物治疗。

感觉统合失调：都市儿童的流行病

杰瑞5岁了，长得聪明可爱，亲戚朋友都很喜欢他。刚上幼儿园的时候，也很受老师和同学们的欢迎。可是，幼儿园老师渐渐发现，杰瑞很不适应幼儿园的生活，他上课的时候注意力不集中，东张西望；吃饭时习惯用手抓不会使用筷子，爱挑食；做游戏的时候，动作总是比别的小朋友要慢。杰瑞的妈妈很困惑，他担心孩子是不是生病了。后来，妈妈带杰瑞到一家儿童医院进行检查的时候，看到很多情况类似的孩子，经医生介绍，妈妈才知道杰瑞患上了感觉统合失调症。

感觉统合失调症又称为"神经运动机能不全症"，是一种中枢神经系统的障碍问题，是指外部进入大脑的各种感觉刺激信息不能在中枢神经系统内形成有效的组合，使机体不能和谐的运作而产生的一种缺陷。

感觉统合失调症多发生在五六岁至十一二岁的儿童身上。通常，这些孩子智力发育正常，却有学习或行动上的障碍。患有感觉统合失调症的孩子，常表现出，手脚笨拙、动作不灵活、不协调；阅读困难，经常从一行跳读到另一行去；经常分心，走神儿，注意力不集中；说话口齿不清或是意思表达不准确；胆小腼腆，与人接触特别的害怕紧张；胆大鲁莽，做事冲动不计后果；不喜欢被触碰，防御攻击性强，不容易与别人建立情感交流。

是什么引起儿童的感觉统合失调症呢？其原因主要有三个方面。第一是孕妇在孕期不当的饮食、行为习惯，如孕期孕妇营养不良或是吸烟、饮酒、饮浓茶、咖啡等；第二是哺育期间如果父母对孩子溺爱、过度保护，都会促使感觉统合失调的发生；第三是幼儿培养期教育方法不当，如让幼儿过早地接受认知教育，对孩子造成精神压力；过多的纵容孩子，导致孩子放任不服管教；给孩子提供的生活环境过于封闭，导致孩子封闭胆小。

儿童感觉统合失调意味着儿童无法控制身体感官和支配身体协调活动，会在不同程度上削弱儿童的认知能力和适应能力。会严重影响儿童的健康成长，在学龄期时，在学习能力上会出现障碍；到了青年期，工作、交际、适应能力都会出现问题；走上社会后会影响正常的生活。

一般来说，感觉综合失调的儿童智力很正常，很难引起家长的重视，从而贻误最佳治疗时机。其实通过进行专业训练，儿童的感觉统合失调是可以缓解和治疗的。一般来说3~13岁是"感觉统合失调症"最佳治疗时间。心理专家通过测查，诊断孩子的感觉统合失调程度和智力发展水平，制定相应的训练课程，通过一些特殊研制的器具，以游戏的形式让孩子参与，一般经过1~3个月的训练，就可以取得明显的效果。但是，感觉统合失调超过12岁就会定型化，影响孩子的一生。

所以对于家长、老师来说，要注意观察孩子在各项感知能力方面的发展情形，善于发现了解儿童某些行为背后的因素。面对孩子的不听话、不懂事，切忌责备惩罚孩子，因为他们可能控制不了自己。研究表明，几乎所有的孩子都存在感官失调，只是表现轻重程度不同。

家长要学会正确引导教育孩子，提供合适的玩具来帮助孩子各项感知能力的均衡和谐发展。平时在生活中，多和孩子玩感觉游戏，如连续吹大小不一的泡泡，玩滑梯，走"独木桥"，玩滚筒等，让孩子在玩耍中建立愉快的情绪和良好的自信。

孤独症：蚂蚁比小伙伴更有吸引力

已经四岁的小鑫平时不怎么爱说话，近几个月来越来越沉默寡言。他不喜欢跟同龄的孩子一起玩耍，总是一个人躲到角落，对身边的事情没有任何兴趣和疑问；并且每天都在反复而毫无目的地翻着同一本书。小鑫在幼儿园也是整天一个人待在旁边，不与其他小朋友交往，明显愿意离群独处。这些奇怪的行为被幼儿园的老师发觉，于是幼儿园的老师及时向小鑫的父母反映，而小鑫的父母同样发现，小鑫对于身边的亲人的感情很冷漠，对身边发生的一切事情都没有什么反应；即使对于妈妈的关心他也不在意。

小鑫到底是怎么了？又是什么原因导致他现在的状况？经医生诊断，小鑫是患上了儿童孤独症。

在当今社会儿童孤独症是一种多发疾病，它发病年龄主要在两周左右，并且男孩患病概率大于女孩。儿童孤独症的症状主要有：言语障碍，患儿症状主要体现平时在很少主动与周围人交流，并且对于周围人有种"恐惧"的状态，整天沉默寡言，异常的安静；情感冷漠，对于父母朋友的感情没有回应，神情低落；喜欢独处，对于周围发生的事情没有兴趣，主观没有参与的意愿，并且表现出"逃避"的状态；语言能力缺乏，患儿不善于并不主动与人交流，会用一些肢体语言来表达自己内心想法，表现出"懒惰"的状态；智力低下，多数患儿智力较于常人低下，患儿平时会把自己的感情倾注于如一个毛绒玩具，一个杯子，并产生依恋的神态，平时会把它们作为倾诉的对象，较于家人，患儿更喜欢选择跟它们说话。

儿童孤独症的病因至今尚无定论，但较为明确的是不大可能由心理社会因素引起，可能与遗传因素、器质性因素以及环境因素有关。有资料表明至少有一部分病因与遗传有关，患儿家族中患孤独症和语言障碍的概率较正常人群高；脑损伤、母孕期风疹感染等器质性损伤也可能导致儿童孤独症；有人认为幼时生活单调，缺乏适当的刺激，没有教以社会行为，是发病的重要因素。

据不完全统计我国现在儿童孤独症的患儿有60多万，平均1000个小孩子中就有4个儿童孤独症患者，并且每年还在成上升的状态增长，目前我国还没有成形的治疗方案，心理治疗是目前采用最多的最有效的方法。

家长如果发现孩子有以上的状况应尽早采取措施，6岁以前为治疗的最佳时期，家长可以尝试干涉教育的方式，比如花更多的时间多陪陪孩子，例如讲故事、做游戏等让孩子通过故事、游戏等活跃思维并主动表达他们内心的想法，每天跟他们谈谈一天的所见所闻，了解孩子思想的变化，平时多注意发现并培养孩子的兴趣，让孩子的好奇心得到肯定，另外可以采用药物、针灸等方法。做父母的对于孩子要善于表扬，而他们做错事要耐心的解释让他明白什么是错的，怎样才能避免，以后应该怎样做，过分惩罚会导致抵触而不与父母交流。

怀疑癖：樱桃到底什么颜色的

有一次，鹏鹏家来了一个客人。妈妈端出了樱桃来招待她，这位客人拿起一颗樱桃，逗鹏鹏："鹏鹏告诉阿姨，这个樱桃是什么颜色？"鹏鹏犹豫着了半天，还是没敢说出是什么颜色，只是一直看妈妈。妈妈催他快说，于是他怯怯地问："妈妈，是红色吗？妈妈，我不知道，你告诉我吧！"

这个孩子为什么如此不自信呢？即使自己清楚地知道樱桃是什么颜色，仍然要向妈妈来寻求所谓的"正确答案"。在现实生活中，为什么总是有人喜欢依赖于他人，让别人来做决定呢？

其实是这些人害怕犯错误，一直在逃避可能出现的不良后果。在这种心理状态下，他们一步一步地，跟在别人后面，直至变成一个没有主见，完全依赖他人的人。其实这是一种心理病态，被称作"怀疑癖"。"怀疑癖"的最明显症状就是不能独立做决定，同时当事人也会陷入深深的痛苦之中。

在一家专治神经错乱的医院里，有这样一位"怀疑癖"的病人。他喜欢一遍又一遍地检查垃圾桶，这是为什么呢？原来他是担心有价值的东西被忘在了垃圾桶里。甚至在他决定要带走垃圾的时候，还会拎着垃圾爬上楼梯，挨家挨户地敲门，询问各家各户的垃圾桶里是否有值钱的东西，直到确信没有后才能离开。但是过一会儿，他又会返回来，再次确认垃圾桶里是否有值钱的东西。人们只能反反复复地告诉他，垃圾里没有任何值钱的东西，你可以放心了。他终于决定离开了，仿佛已经放心了。可是过了一会儿，他又回来了！他再次询问："我真的可以放心了吗？"人们只有再次告诉他："你确实可以放心了！"但是他无论如何都不肯相信，直到他妻子出现并把他强行拉走。

上面的例子是"怀疑癖"的典型案例。其实这种情况在日常生活中并不少见，只是程度有深浅而已。比如，一个人准备出门，当他锁门之后，会下意识地将锁摇动几下，更有甚者会在走出十几步之后折回来，重新拽一下锁，检查自己是否真的把门锁上了！虽然他清楚记得自己已经锁上了门，但是他仍然不能相信自己。这种情况在小孩身上也很常见，许多孩子在睡觉前都会检查一下床底是否有猫、狗或者昆虫之类的东西，其实这也是怀疑癖的一种表现。

家长们总是喜欢用自己的地位来强行要求孩子要这样做，不能那样做。我们总是从自己的角度出发，告诉孩子什么是正确的，什么是错误的。其实正是在这样的殷切关怀和教育下，我们毁灭了孩子自己做决定，做判断的能力，把孩子变成了教育的牺牲品。所以家长们要警惕这种一方面期待孩子长大，另一方面却又在压制孩子长大的行为，时刻提醒自己孩子是一个独立的人，他们有自己的思想和想法。家长不要把自己的思想强行塞进孩子的脑子里，让他们丧失自己的思考和决定的能力。

强迫症：不断洗手的孩子

军军上小学三年级，学习成绩优秀，平时也很乖，不淘气，爸爸妈妈一直很放心。可是大概从一年前开始，妈妈发现，军军好像太爱干净了：每天要洗手几十次，说手上脏，沾了灰尘、细菌等等；明明衣服刚穿上没多久，就非得让妈妈给洗，洗好晾干后还要再洗一次；他的东西别人碰到了就立刻扔掉；书也不看了，怕书上有脏东西；整天觉得周围很脏，精神紧张，连学校也害怕去。妈妈很担心，带军军去医院咨询，医生经详细诊断，认为军军患有强迫症。

强迫症是一种明知不必要，但又无法摆脱，反复呈现的观念、情绪或行为，是一种较常见而且较顽固的心理障碍。患者虽然意识到这些观念、意向、行为是不必要的或毫无意义的，但就是难以将其排除。

有数据统计发现，有半数成年强迫症患者起病于儿童时期。儿童强迫症多见于10~12岁的儿童，患儿智力大多良好，通常特别爱清洁，多数性格敏感、胆小害羞、谨慎、办事刻板、拘谨、要求完美。

但是，这也并不是说孩子出现重复行为就是得了强迫症，正常的儿童在其发育阶段，也可能会出现一些类似强迫症的现象，比如：走路的时候踢小石子，不受控制地碰触周围一些东西等等习惯性动作。然而，这些动作没有痛苦感，不伴随有任何情绪障碍，对儿童正常的生活和学习没有影响，而且会随着年龄的增长而自然地消失，所以，这些都是正常的现象。

强迫症患儿除上述情况以外还有其他强迫性症状，主要为强迫行为和强迫观念。其症状表现也多种多样，比如：强迫性计数，反复数路灯、电线杆、吊灯、图书上人物的数目等；强迫性洁癖，反复洗手、反复擦桌子、过分怕脏等；强迫性疑虑，反复检查门窗是否关好，反复检查作业是否完成，反复检查东西是否摆放整齐等；强迫性观念，反复回忆某些事物，反复考虑一些无意义的问题等。

强迫症患儿的强迫行为多于强迫观念，而且年龄越小这种倾向越明显。通常，患儿并不会对自己的强迫行为感到苦恼和伤心，只是刻板地重复强迫行为而已。如不让患儿重复这些动作，他们反而会感到烦躁、焦虑、不安，甚至发脾气。

引发儿童强迫症的原因有很多，一般认为与儿童的气质类型、父母的性格影响、教养方式、精神因素等有关。患儿性格大多敏感内向、胆小拘谨、不活泼、行为古板；父母性格过分谨慎、缺乏自信、优柔寡断、过于克制自己，有洁癖、强迫行为，也会对儿童造成一定影响；父母对孩子过分苛求、管教严厉、责骂过多，也可诱发本症的发生；孩子患严重疾病、受到突发事件刺激、精神长期处于过度紧张状态等，也可能成为该症的诱因。

对儿童强迫症的治疗应以心理治疗为主。家长要注意纠正自己的不良性格，如特别爱清洁，过分谨慎，优柔寡断等，控制自己的焦虑情绪，以乐观积极的态度给孩子树立榜样。平时要注意不宜过度压制孩子的行为，要给孩子一定的自由空间。帮助孩子树立自信心，鼓励孩子对自己要有正确的评价，创造条件让孩子多获得成功，同时也要让孩子了解到，凡事不可能尽善尽美，总会有一些困难出现。培养孩子多方面的兴趣爱好，转移孩子的注意力，鼓励孩子多参加集体活动，多交朋友。当孩子出现强迫现象时，指导孩子用意念努力对抗强迫现象，放松心情，告诉孩子这些行为没有意义。也可用行为对抗疗法帮助孩子矫正，如拉弹手腕上的橡皮圈，来对抗强迫现象，经过训练，逐渐减少拉弹次数等。如果孩子强迫症状比较严重，则需要在医生指导下，辅以药物治疗。

不正常的占有欲：丧失自我的"物质小奴隶"

玲玲今年两岁了，长得粉雕玉琢，又漂亮又可爱，非常受大家的喜爱。这天，妈妈的同事带着小女儿到家里做客，妈妈拿玲玲的毛绒小熊给小姑娘玩。谁知道，玲玲一见，马上跑过来，一把抢过来，大声地喊："这是我的！"妈妈又拿来玲玲早就丢在一边的小汽车给小客人，玲玲又抢了过去，紧紧抱在怀里，就是不松手，妈妈让她拿出来，她就放声大哭。妈妈觉得很丢脸，客人走了以后，妈妈狠狠地批评了玲玲。之后，妈妈又很担心，玲玲的占有欲这么强，以后怎么跟别人交往？

其实，玲玲的妈妈不用担心，玲玲的"占有欲"是这个时期孩子的正常表现。

这种"占有欲强"的现象在1岁前和3岁后的孩子中较为少见。因为一岁前的儿童，以个体活动为主，自我意识发展不够，还不能区分自己和客体的区别，可能会抢玩具，也可能会主动给别人。而3岁后的儿童，自我意识已有一定发展，能清楚地区别主体和客体的关系，而且头脑中已经有了"我的"、"你的"、"他的"概念，懂得玩别人的玩具需要借。

但是，儿童在18个月大到3岁期间有一个非常核心的任务，就是自我意识的建立。这期间儿童会非常积极的全副身心投入到自我意识的构建当中，这是儿童意识发展的一种本能。

这个阶段孩子的典型表现是占有欲很强，把"我"、"我的"挂在嘴边，时时刻刻都特别关注自己的物品的所属权，会跟别的小朋友争抢玩具，喜欢把属于自己的东西寸步不离地带在身边。

在该时期的儿童眼中，在他周围的一切，凡是他所看见的，都是属于他的，他通过对物品专属的占有权，通过不断地宣示"我"、"我的"，而建立起强烈的自我意识，通过对物品的占有，巩固自我认同并增强安全感。

在此期间，一旦有别人侵犯了属于他的东西，比如玩具等，他就一定要争抢回来，不达目的决不罢休，即使是价值微乎其微，甚至是他已经丢弃的玩具。这是因为，儿童在建构他的自我意识的过程中，已将"我的"物品视为他自身的一部分，当其他的小朋友触动到属于他的玩具，孩子将会感受到如同自身被侵犯般的痛苦。

从另一方面来说，孩子的占有欲强代表他自我认同感提升，这也是个好现象。家长在遇到孩子独占、争抢东西时，不要简单的归咎为孩子自私自利，采取简单粗暴的教育方式，也不宜在孩子哭闹时马上满足，否则孩子会以为只要哭闹就能得到满足。要尊重孩子在这阶段的心理需求，帮助孩子成为一个自信、独立、且稍长后即懂得分享的人。

不要强迫孩子分享。这种做法将使孩子觉得连父母都想抢走他的东西，孩子在表面上不得已接受父母的做法，但是由于自我意识建立不完全，会促使他占有欲更强。家长要尊重孩子的自我意识，接受并善加引导。

承认孩子的所属权。家长应该给孩子明确的支持，比如带着孩子在室内走走，并告诉他，哪些是专属于他的东西。同时也要明确告诉孩子有些东西不属于他，不如可以先从身体开始，告诉孩子"这是妈妈的眼睛，不是宝宝的。"帮助宝宝早日建立所有权的概念。

培养孩子分享的好习惯。教导孩子学会分享，比如给家人买东西时每人一份，帮助孩子发现分享的快乐，减轻独占的心理。教会孩子交换、借与还的概念，比如拿苹果跟孩子换梨子。

树立榜样进行暗示。在别的孩子表现出分享行为时，要进行夸奖，大加赞扬，鼓励孩子向他们学习，孩子肯定也不甘落后。也可以通过讲故事来暗示孩子，比如大方的小猫咪咪很受大家欢迎，小气的狐狸大家都不喜欢，没有朋友等。

当然，如果孩子在3岁以后依然不会分享，无论见到什么都说"这是我的""要！要！要！"，那么爸爸妈妈就需要关注一下孩子的心理问题了，因为占有欲过强的人极有可能发生心理病变。当孩子发生心理病变的时候，他会在爱和占有之间选择占有，这种不正常的占有欲会促使他们迫不及待地去抢夺自己想要的东西，然后用尽一切办法去保护自己抢到的东西。

其实这种病态的占有并不是孩子的本性，最初他们只是对物品好奇，但是如果好奇发展成了物质对他的吸引，那么他就会占有物质，就会变得贪婪自私，成为物质的奴隶。

因此，家长在面对孩子的"占有欲"问题时，首先要确定这是他成长过程中的正常现象还是他已经变成了对物质病态的追求。如果是前者，就要注意培养孩子的自我意识，同时慢慢引导他学会分享；如果是后者，就要学会转移孩子的注意力，帮助孩子培养更多的兴趣，分散他对物质无止尽的需求。如果情况很严重，要主动去寻求心理医生的帮助。

第四章

"心病还需心药解",由心治疗学习困难症

谁扼杀了孩子的学习兴趣

好奇心是学习的催化剂,兴趣是最好的老师

1665年的一天,牛顿正在自家后院的一颗苹果树下思考着行星绕日运动的原因,正当他苦思冥想不得其解的时候,一颗苹果从树上掉了下来并落在了他的脚边。这次苹果掉落的瞬间启发了牛顿,后来,他发现了闻名于世的"万有引力"定律。

这一对后世影响深远的物理定律,源于一件毫不起眼的小事——牛顿对掉落在地上的苹果产生了兴趣。

兴趣对于孩子具有巨大的推动力,一旦兴趣被激发,孩子就会主动去发现和认识的新事物。孩子天生对新鲜的事物总是会抱有强烈的好奇心,他们想认识这个世界,于是就产生了强烈的求知欲和好奇心。一旦求知欲和好奇心得到满足,他们就会感受到精神上的快乐,就像少年诺贝尔在实验中发现炸药的配方之时,大声叫出"我找到了"时,所感受到的快乐足以让他完全忘记了频繁的实验所带来的劳累与艰辛。

心理学家研究发现,兴趣是人们积极探索某一件事物所表现出的意识倾向,而兴趣和人们的情绪又有着最为直接的联系。兴趣一旦被激发,人们就会愉快而又紧张地主动去探求未知,这也正是推动人类去探索未知世界、带动科学发展和社会进步的主要力量。

在孩子成长的过程中,兴趣所扮演的角色是十分重要,不同的兴趣直接影响到孩子对于学习的态度、方向和未来的选择。但是,从产生兴趣到因为这个兴趣而有所作为的这段时间里,孩子的表现是极为不稳定的,因为周围能让他好奇的事物太多了,这就会令他不知如何选择,选择之后也可能会因为新出现的事物而放弃,见异思迁。这个时候,妈妈就要从旁协助,引导孩子不断激发自己的兴趣,在学习和生活中提高自己。

艾伦十分喜欢爸爸送给他的玩具,尤其喜欢他五岁生日时爸爸送给他的汽车模型,经常没事就拿在手里玩。

有一天,他突然想看看自己喜爱的玩具到底是怎么构成的,兴趣一来就立马动手去做,结果把汽车模型拆开之后就安装不回去了。零件散落在周围,到处都是。

这个时候艾伦妈妈进屋里来,看到这个场景很生气,"你怎么能这么对待爸爸送给你的礼物,如果被爸爸看到了该多么生气!"艾伦很害怕,也不敢对爸爸说这件事。

谁知晚上爸爸还是知道,但是他没有像妈妈一样,只是把儿子叫道身边来,说:

"来，跟爸爸一起把模型安装回去好吗？"艾伦点了点头，和爸爸一起动手安装起来，第二天，家里最显眼的地方，正放着那辆艾伦最爱的汽车模型。

艾伦拆开了模型，说明他对这件模型的构成产生了兴趣。父母不同的态度对艾伦产生了不同的影响，妈妈一味地批评让艾伦感到害怕，这从某一个程度上来说就等同于扼杀了他的兴趣，阻止了他探索的欲望。艾伦的爸爸发现了这一点，鼓励他去分析，循循善诱，这就促进了他的求知欲望，鼓励他发出行动，并从中获得新知。

孩子的兴趣通常分为三个阶段：一开始，孩子被新鲜事物所吸引，比如听到一首欢快的歌曲、看到一幅颜色鲜艳的图画，他就会觉得有趣，感到好奇，这个时候的妈妈就要有足够的耐心去引导，让孩子兴趣的种子得以萌芽。然后，孩子会觉得有趣，会想去了解这件事物的起因、发展和结果，这个时候原本的有趣就变成了乐趣，具有一定的时间性和稳定性，妈妈要在孩子问问题的时候细心解答，让他的好奇心得到满足。最后，孩子拥有了广泛的兴趣，而且形成了自己独有的爱好，这时，妈妈就要尊重孩子的兴趣，引导孩子朝更积极的方向发展。

此外，如果孩子不愿意做某件事的话，妈妈也不可把自己的意志强加于孩子身上，凡事以孩子的兴趣出发。比如，孩子在一个科目上缺乏兴趣和足够的心理准备，如果妈妈硬要孩子学习，那么孩子就容易产生厌烦和逃避情绪。所以，在孩子学习新事物的时候，妈妈须注意孩子是不是真的有兴趣以及在心理上做足了准备。

对于孩子来说，没有比兴趣更好的老师。因此，只要妈妈能够给孩子一个良好的、宽松的、利于激发兴趣的环境，在孩子对事物有兴趣的时候循循善诱，让孩子的兴趣往积极的方向发展，孩子就能学有所得，拥有健全的心智。

教孩子识字越早越好吗

"不要让孩子输在起跑线上"这句话在很多父母心里引起了共鸣，许多早期教育班和学校在社会发展越来越快的同时如雨后春笋般冒了出来，以为孩子越早接触学习对孩子越好，三四岁的孩子每天背着小书包去接受各种早期教育的例子也是屡见不鲜。

汉字作为象形文字，具备了便于让孩子学习的先决条件。同时，也有许多家长认为，孩子越早开始识字，将来智力水平越高。因此，这些家长往往在孩子只有一两岁的时候就开始对其进行识字教育了，如买幼儿图书在睡前给孩子讲解，将识字卡片贴在家中的物品上随时复习，看电视、逛街时也抓住一切机会教孩子认广告、招牌上的文字等等。父母过于注重孩子的智力教育，却忽视了孩子在这一时期大脑发育的必经过程。

想让孩子在学习上取得进步，就必须遵循孩子大脑的发育过程，不能违背自然规律。研究表明，孩子的大脑发育可以真正达到学习知识的水平是在6岁之后，语言和数学方面的学习最好也应该在6岁以后。在3~6岁的这段时期，是孩子最有想象力的时候，天马行空的想象力在这段时间得以最大的体现，对世界的认识也有自己的一套独特的方法，孩子的创造性思维也得到显现。如果父母操之过急，就会破坏孩子自己形成的体系，使孩子的创造性思维在发展的道路上受到阻碍，甚至会有损孩子的身体健康。

6岁的豆豆从小就喜欢看天气预报，每当城市的名字出现在屏幕上时，爸爸妈妈就念给他听。他就这样开始识字了，而且还学会了看地图，普通话也说得特别标准。如今，豆豆已经能读报纸了，而且对自然科学知识也很感兴趣。但是，由于看书、看电视过多，豆豆患上了近视眼，并伴随斜视。医生指出，孩子从小长期做精细视觉活动，虽然从中学到不少东西，使脑部潜能得到发挥，却直接损伤了孩子的视力。

苏联教育家马卡连柯说过："教育的基础主要是在5岁以前奠定，它占整个教育过程的90%，在这之后教育还要继续进行，人进一步成长、开花、结果，而精心培育的花朵在5岁以前就已绽蕾。"孩子能不能识字，取决于孩子是否具备了学习汉字的心理机制，也取决于成人所采用的方法是否符合孩子的学习规律。

0~6岁这段时间是孩子从抽象到具体，由理性到感性的一个过程。这个时候的孩子需要同时发展很多能力，比如情绪、运动、审美等等，这些对于孩子的成长是很重要的，如果过早地注意某一个方面的培养，就会让其他方面能力的发展受到损害。把识字当作一个任务让孩子去接受，就会破坏孩子自主学习的能力，把识字的观念以先入为主的方式注入到孩子的想法里，那么孩子在看到一副有图画也有文字的页面的时候，最先注意的就是文字，而削弱了图画的观赏能力。

孩子们的大脑发育速度有快有慢，每个孩子在一定阶段所具备的学习能力是不一样的。不同的孩子的性格特点以及特长都不同，大脑发育有快有慢，智力开发存在差异也是正常的。因此，妈妈完全没有必要看到自己的孩子某种能力的发展不如同龄的孩子就开始不安，开始抓住孩子给他恶补。妈妈应当学会针对自己孩子的特点用对教育方法，不能因为其他孩子做到什么事就让自己的孩子也去做，这样很有可能会适得其反，因为很多孩子本身还学不会，但是为了取悦家长就去死记硬背，这样一来不仅不能学习到文字，反而把其他方面的能力也削弱了，一旦打破孩子正常发展的规律，孩子自主发展和认知的能力也随之下降。

而且，如果在大脑还没有充分发育的情况下强行把那些抽象的知识灌输给孩子，会导致孩子的社会性和情绪发育的迟缓。近年来，因为过早的教育导致孩子的社会性和情绪发展异常而前往医院看病的孩子正在逐渐增多，所以早期教育必须慎重而行。

孩子在早期发展的阶段，父母要做的不是让孩子过早地接触超过他们能力范围的事物，而是让孩子顺其自然地用自己的方式来认识这个世界。有的时候，家长在孩子幼年时期教一百遍也教不会的东西，在孩子的大脑发育完全的时候一遍就可以学会了。如果用学习的放松让孩子识字，那就会剥夺孩子的创造性思维得到锻炼的机会。不如让孩子在不经意间对这件事产生兴趣，激发孩子的兴趣和求知欲，然后用鼓励的方式告诉他想知道的。

总而言之，识字和其他各种学习在孩子上学之后再进行也不晚。妈妈对于孩子学习千万不要抱着越早越好的态度，有的孩子在上学之前并没有进行其他的学习，但是比有过早期教育的孩子更加热爱学习，学习效率也更高。在学前的这段时期里，妈妈不妨和孩子之间多多娱乐，给孩子一个放松快乐的童年，开发他的各种创造力，为以后上学做充足的准备，培养起孩子一整套独立的对外部世界的思维方法。

孩子厌学，妈妈怎么办

在生活中，每个人的发展都并非一帆风顺的，孩子和大人一样，也会遇到各种各样的挫折与失败，厌学问题就是其中之一。孩子厌学，其实就是对学习产生厌倦甚至厌恶的情绪，从而面对学习时间会有逃避的心态。厌学是消极的心理态度导致，对于孩子的学习和成绩都有负面影响，有的时候甚至会影响到孩子的身心健康。

星星初三了，还过几个月就是中考，因此星星的爸爸妈妈对于星星的学习抓得比以前紧。每天都会问问星星的学习怎么样了之类的话，可是慢慢的，星星妈妈发现孩子越来越不爱学习了，以前放学回家跟父母说几句话就会进屋学习，最近却连作业都不做了。

星星的妈妈为此很着急，但是一看星星，面对成绩下降不仅没有抓紧，反而优哉游哉起来。每次问他的学习也只是被他含糊敷衍过去。一问他做了作业没，他没马上窜回屋子里去不吭声，爸妈怕影响他的情绪也不敢多问，后来只要有关学习的事孩子都不回答了。

后来事情每况愈下，星星不仅不学习，连学校都不想再去了。

很明显，星星产生了厌学情绪。孩子不会无缘无故讨厌一件事物，一定有他的理由。当孩子表现出明显的厌恶情绪时，就代表他遇到了麻烦，而这个麻烦的内容也是特定的。上例中星星是因为学习紧张所以反感，那么家长就要找出事情的根本原因来。

孩子厌学其实和孩子的智力没多大关系，多数情况下是源于对周围环境的反应。

首先，身为父母，难免会对孩子提出许许多多的期望，独生子女父母的期望往往会更高。过高的期望值让孩子望而生畏，当孩子对这些期望无法承担时，就会对自己的能力产生怀疑，失去信心，进而厌学，甚至弃学。"你不好好学习，将来就找不到工作"，"不学习的孩子不是好孩子"，听到这些话，孩子不会为了获得知识而感到快乐，而会想学习只是为了工作为了利益，那么就会觉得学习没有意思，学习在孩子心里也成了家长的负担。

其次，学校是孩子学习的地方，是除了家以外停留的最久的地方，孩子与同学、老师的关系是否处理得当也会对学习产生影响。如果一个孩子性格开朗活泼，和同学关系好，老师喜欢他，那么这个孩子产生厌学心理的几率就会比较小。如果一个孩子性格内向，总是孤独一个人，常常被老师忽视，那么他就会觉得学校是一个让人讨厌的地方，因此讨厌学习。

最后，还有一个原因是孩子的学习方法不当。孩子希望能够通过自己的努力把成绩提高上去，也十分刻苦努力，甚至比那些学习好的孩子更加热爱学习，但却总是不能得到一个理想的分数，最后导致自信心下降，学什么都学不进去。学习方法没用对，这也是导致孩子厌学的原因。

每个孩子的大脑发育程度不同，喜欢的事物也不尽一样，家长要了解孩子应该学习什么，那么就放手让他去做他喜欢的事。如果孩子的厌恶情绪已经不能让孩子压抑住而开始逃避，那么不如先暂停，找到原因然后纠正。在孩子不愿意的情况下，肯定收不到任何积极的效果。

如果你的孩子也出现了这些厌学的情况，不要着急，静下心来和孩子仔细沟通，从自己身上多找找原因，想想自己对孩子是不是太苛刻了，是不是家庭让孩子感受不到温暖等。要对孩子自己做出理智的分析与恰如其分的估计，不要盲目乐观，也不要低估孩子，这样才能帮助孩子走出不自信的泥沼。不妨创造一个让孩子成功的机会，让孩子看到自己的能力，增强自信心，克服自卑。孩子的社交群体往往是很重要的，帮孩子与同学建立良好的关系，和孩子的老师多沟通，多带孩子参加集体活动，增强孩子对集体活动的适应能力，这也是妈妈可以考虑采用的。此外，改变一下一直使用的教育方式，改口头教育为纸条交流，许多嘴上说不出的话或许能通过纸条得到更好的传达，经常嘉奖孩子的优点，树立他们的信心，这对于改善孩子厌学情况也是有一定效果的。

看似"没用"的书，也许最有用

有一位初一学生的家长，发愁自己的孩子不会写作文，便去请教老师如何才能让孩子学会写作文。当老师了解到她的孩子很少读课外书这个情况后，便建议她在这方面加强，并给她推荐了两本小说。

这位家长马上就给孩子买了这两本书，孩子读了果然很喜欢，读完了还要买其他小说来看。为此她给我打了电话，显得非常高兴。但过了一段时间，孩子又不喜欢读课外书了，这位家长无奈之下又去求助了老师。

原来，她在孩子读完这两本小说后，就急忙给孩子买了一本中学生作文选。按照她的理解是，读课外书是为了提高作文水平，光读小说有什么用，看看作文选，学学人家怎么写，才能学会写作文，可孩子不愿意读作文选。于是，她就给孩子提条件：你读完作文选才可以再买其他书。孩子当时虽然答应了，但一直不愿意读作文选，结果作文选就一直在那里扔着，孩子现在也不再提要买课外书了，刚刚起步的阅读就这样又一次搁浅了。

这位家长的做法真是让人感叹。她既不理解小说的营养价值，也没意识到阅读是需要兴趣相伴的，只是主观认为读小说不如读作文选有用。

即使对成人来说，持久的阅读兴趣也是来源于书籍的"有趣"而不是"有用"。而且，书真正有无用处，也是因人而异的，这当中关键就取决于每个人对它的内容是否会发生兴趣。对于孩子来说，只有他自己觉得有趣的书，他才能坚持读下去，才能从中发现新的知识。而如果某本书是他觉得无趣的，那么这本书在家长的眼里即使是再"有用"的，对孩子也不会有太多的帮助。

有个男孩总是怎么也写不好作文。他听从妈妈的嘱咐，每次去书店都会买一大堆作文指导书，他其实非常不喜欢读这类的书，他更想读那些优美的散文，情节一波三折的小说，但他妈妈认为那些书都是"没用"的书。她常对儿子说："读那些小说和散文都是浪费时间的事情，一点用处都没有。这样吧，你读完这些作文书才可以去买其他的书。"孩子虽然当时答应了，但依然很反感那些作文选。结果作文一直在抽屉里放着，孩子再没有提出过买小说和散文作品，他的作文依然没什么进步，并且阅读也搁浅了。

而另一位初中女孩子的妈妈则不同，她的女儿起初作文也不太好，但她并没有像男孩的妈妈那样，为孩子买一大堆的作文辅导书，她让孩子自己挑选感兴趣的书，这样，孩子选了一些小说、传记、历史、随笔。不到一年的时间，她的作文水平突飞猛进，并且语文成绩也好了许多。当孩子上初三时，为了把握中考作文方向与要点，才买了一本作文辅导书。

两个孩子遇到了同样的问题，可是两个妈妈采取了截然相反的对策，结果使得两个孩子的语文水平拉开了差距。

男孩的妈妈犯了一个常识性的错误——以偏概全，即认为凡是与学习有关的书都是"有用"的书，凡是与学习关联不明显的书都是"没用"的书。她被"有用"的光环所笼罩，对孩子所读的书都做出了一个十分片面的判断，并试图将这种想法强加给孩子。

这种行为其实正中了心理学上"光环效应"的圈套。"光环效应"这个心理学概念最早是由美国著名心理学家爱德华·桑戴克于20世纪20年代提出的。他认为，人们对人的认知和判断往往只从局部出发，扩散而得出整体印象，也即常常以偏概全。一个人如果被贴上了"好人"的标签，他就会被一种积极肯定的光环笼罩，别人会认为他拥有一切好的品质；如果一个人被贴上了"坏人"的标签，他就被一种消极否定的光环所笼罩，并被认为一无是处。这种现象像极了月晕，是从一个中心点而逐渐向外力散成越来越大的圆圈，据此，桑戴克为这一心理现象起名为"光环效应"。

生活中经常会遇见光环效应的现象，无论是在学校还是在家里。例如，某个孩子数学不及格，老师就会片面认为这个孩子没有学习的天分，太贪玩，也就不在他的身上花心思了。但实际上，这个孩子数学成绩不好，但也不证明他所有的方面都不好，也许他会在语文、音乐或是其他方面有特有的长处。如果没能得到施展的话，那么他本身蕴含着的才华就会被淹没。

因此，妈妈在指导孩子阅读的问题上，切忌"以偏概全"，用"有用"和"没用"这种多少带有一点功利性的评判标准来概括书籍。在给孩子选择阅读书目时，要了解孩子，然后再给出建议，不要完全用成人的眼光来挑选，更不要以"有没有用"来作为价值判断，要考虑的是孩子的接受水平、他的兴趣所在，要尊重孩子的意愿，看孩子愿不愿意读书，调动孩子阅读兴趣，先考虑有趣，再考虑其他，这样才能确保孩子在"悦"读的前提下进行阅读，学得新知。

再有，妈妈自己如果经常读书，心里十分清楚哪本书好，可以推荐给孩子。如果妈妈总能给孩子推荐一些让他也感到有兴趣的书，孩子其实是很愿意听取大人的指点的。但如果妈妈自己很少读书，就不要随便对孩子的阅读指手画脚，选择的主动权应交给孩子。

阅读量够大，走遍天下都不怕

恒恒从小就喜欢听妈妈讲故事，每天晚上睡觉之前都要听妈妈讲那些有趣的故事。恒恒妈妈担心孩子太小还听不懂，所以经常把故事里难懂的语言用通俗的方法讲出来，速度也特别慢。

在给孩子讲故事时，许多家长为了让故事显得易懂，常把故事的语言换成通俗的语言，这样的方法对培养孩子的阅读能力没有多大用处，应该让孩子接触标准、丰富、有趣的语言，因为精彩的故事情节和生动有趣的语言可以激发孩子阅读的兴趣。

此外，给孩子读书的速度也不宜过慢。人的阅读能力是在后天培养的，阅读的同时想法也在形成，孩子会迫切地想知道后面的内容，如果让孩子一字一字地读，就会阻碍孩子想法前进的过程。一旦孩子在阅读速度上有了一定的水平，有的适合甚至会比一个成年人的阅读量还多。速度与阅读量相辅相成，所以，要让孩子提高阅读的速度，只要保持相应的阅读量就可以达到这个目的。

在孩子4岁半至5岁半这段时间里，孩子的阅读兴趣尤其旺盛，也就是俗称为的"阅读敏感期"。当然，"阅读敏感期"的出现和孩子周围的环境是有密切关系的。如果孩子在这之前较少接触书籍，那么他的"阅读敏感期"就不会出现或者出现得比较晚。当孩子到达一个年龄的时候，他就会进入一定持续的敏感期，这个时候家长就要为孩子提供相应的环境，以刺激孩子的读书兴趣。要让孩子觉得读书是件有趣的事，要让孩子是因为"有趣"才读书，而不是因为其他什么目的。

小雨3岁时，妈妈开始学习电脑技能。当时很盛行的是讲五笔输入法编成的"字根表"，小雨妈妈每天都在背，朗朗上口也没有多难。背的时候小雨总在身边或玩耍或在一旁安静的看电视。有的时候妈妈有一些地方一时想不起来，她还能在一旁提醒。当妈妈全部完整的背下来之后，才发现小雨其实早就会了。

到小雨5岁的时候，妈妈给她买了一套古诗词选集。没有刻意的要求小雨做什么，只是有的时候吃完饭会把书拿出来，妈妈和女儿像做游戏一样，一起读再然后一起背，小雨也很喜欢这样的做法。

后来在小雨上小学之前，已经全都会背这些诗歌了，这本书里面的诗歌大概有一百多首，每首都很短，每次老师只要提到了第一句，小雨就能够很快把接下来的内容背完。

中国的古诗词是中国几千年历史长流中的文化瑰宝，浓缩了古往今来语言的精华。诗歌里面美丽的语言和情景，如果可能的话，家长还应该在孩子背诵的过程中尽量还原，帮助孩子理解它的本意。在孩子两3岁的时候，可以只把诗歌当作简单的游戏，你念一句他跟着念一句，不用理解诗歌的意思。但是等孩子到了四五岁的时候，家长就要注意讲解其中难懂的词，比如"采菊东篱下"，家长就可以告诉孩子"东篱"是篱笆的意思，从篱笆下采了很多很多开得鲜艳的菊花，有黄色的，还有红色的，有的开得热烈，有的却还是一朵花骨朵。那么孩子就会被这样的情境吸引，从而加深印象。需要注意的是，家长只要稍加提点就行了，因为你永远都想不到孩子的想象力有多么丰富，在启发他发散思维的同时，也不要限制他的想象力。

此外，培养孩子阅读的动机一定要单纯，不要在孩子学会阅读后就总让他在亲戚朋友面前表现，那么孩子就会认为背诗只是为了得到别人的夸奖，从而不把这件事当作一件有趣的事来做。要让他感受到文字的优美和灵动，从心理上认为孩子应该大量的阅读，对阅读产生好感。

启发孩子阅读的兴趣，家长也要注意技巧。比如孩子正处于"阅读敏感期"的时候，可以实行奖励制度，孩子天生就对奖励抱有莫大的兴趣，"你今天表现得好，妈妈就给你多读一个故事"，"宝宝今天帮助老人过马路了，那么就给宝宝讲宝宝最爱听的故事"。在启发兴趣的同时加了双倍，就会给孩子留下深刻的印象，阅读的能力也就此提高。

巧用心理学，让学习更高效

为孩子营造最佳的读书氛围

在忙碌一天回到家以后，除了打开电视以外，妈妈们其实还有很多更好的放松选择，比如和孩子一起读读书。读书的时候全身心投入到书本里面，选一本使自己身心放松的书，还能给孩子启迪和熏陶。

书有香气，这种气味弥漫在家庭的周围，会让家庭更温暖，也会让孩子爱上阅读。当孩子看到妈妈正拿着一本书津津有味的阅读着，就会好奇那是什么，然后自己也会拿一本书起来看。对这本书产生兴趣，从而好奇读书吸引人的地方在哪儿。

根据中国出版科学研究所发布的《2008全国国民阅读与购买倾向抽样调查报告》来

看，我国的阅读主体是18周岁以下未成年人，他们因为学习，阅读率达到了81.4%，而成年人大部分由于工作繁忙没有时间等原因，阅读率只占到了49.3%。成人人均年阅读图书为4.72本。

成年人的这个数字不得不说是让人失望的，成年人有各种各样的原因，比如工作忙、太累没有经历读书、找不到自己想读的书、对读书没有兴趣等等。但是，家长在给出这些理由的同时，孩子也正在一旁看着。所以，如果想让孩子从小爱上书的话，家长就要摒除这些不读书的理由吧！多读书对人是有益的，不仅可以提高自身的文化涵养，还能起到净化身心的作用，所以，如果你想让孩子多读书，不如就给孩子做个榜样，给孩子营造一个良好的阅读环境。

联合国教科文组织曾做过这样一个调查，他们抽取了世界各个地方的人询问了多长时间读一本书后，发现在以犹太人为主的以色列，14岁以上的人平均每月读一本书，位于世界之最。

犹太人是热爱读书的，这个众所周知。据说每一个犹太人的孩子降临到这个世界的时候，他的母亲都会在《圣经》上点一滴蜂蜜，然后告诉孩子"书是甜的"。美国人对于犹太人的印象可以用一句话概括，"美国人的钱在犹太人的口袋里，全世界的人的财富都在犹太人的口袋里。"

为科学做出莫大贡献的达尔文、爱因斯坦、革命的领头人马克思、哲学家心理学家弗洛伊德、华尔街超级富豪摩根、著名导演斯皮尔伯格、毕加索、卓别林、门德尔松、钢铁大王卡耐基、股神巴菲特……都是犹太人，他们为这世界做出了卓越的贡献。而对于他们来说，最珍贵不是财富，不是权力，也不是闪耀在外的光环，而是智慧。

一位犹太母亲问了孩子一个问题，"如果起了大火，你第一个要带走的东西是什么？"孩子们纷纷回答是粮食，钱财，或者珠宝。犹太母亲摇了摇头，"不，是智慧。"

但是，犹太人的智慧并不代表死记硬背的智慧，而是要具有深刻的逻辑能力，创新的精神，以及从广泛的书籍中发掘出对自己有用的东西，从而获得提高的能力。

犹太民族和其他民族最大的区别在哪里？许多人会回答是宗教信仰。其实不然，最大的区别其实是在对于知识的态度。犹太民族一直是一个希望把这个世界和人类之间的秘密——揭示摊开在人们面前的民族，给他们的孩子营造了一个极佳的获取知识的氛围。

家长引导孩子作广泛的阅读，并不仅仅在那些对孩子"有用"的书。要让孩子自己去选择自己喜欢的书，不一定要看《钢铁是怎样炼成的》、《在人间》或者《我的大学》这样的名著，关键是要启发孩子去主动寻找自己的兴趣。如果孩子看那类名人故事比较多，那么就带他去买关于这个名人的书籍，让他了解不是所有名人都可以一开始达到目的，名人背后大都会有许多不为人所知的艰辛。如果孩子喜欢看战争故事，那么就为他买一本《三国演义》之类的书籍，了解古代人的智慧。

除了符合孩子的兴趣爱好，给孩子读的书的内容也不宜超出孩子年龄段的正常理解范围。孩子如果没办法理解书里内容的话，当然不会想读，这样只会打击孩子读书的信心。一旦他在书里发现许多自己无论如何也不懂的地方，那么就会把这本书搁置一旁，阅读的兴趣也大大地被破坏了。所以，多带孩子去书店吧，让孩子自己去他喜欢的地方挑选书籍，家长可以适时地给予建议，然后自己也挑选一些书和孩子一起看，相信书的味道可以让整个家庭都沉浸在一个温馨、充满智慧的氛围。

多种感官齐动员，学习效率提上来

大文学家苏东坡的文章广为流传，这不仅是因为他会写文章，还和他的习惯有关系。苏东坡读书从不敷衍，不仅认真读书，还养成了看一遍就抄下来的习惯，像《汉书》、《唐书》、《史记》这样的书他都抄过。在不断的抄写中加深记忆和理解。

有一次朋友去看他，问他在做什么，苏东坡回答道，在抄《汉书》。朋友很不解，继续询问原因，苏东坡微笑答道，这其实是我第三遍抄《汉书》了，第一遍我每段抄三个字为题，第二遍每段抄两个字为题，到了第三遍每段只抄一个字就能理解内容。这样我就能掌握全本书的内容了。

宋代学者曾提出过一种行之有效的学习方法，那就是"三到"："读书有三到，谓心到、眼到、口到。意思是，读书要心到、眼到、口到，如果心思不在书本上，那么眼睛就不会仔细看，心和眼既然不专心一意，却只是随随便便地读，那一定不能记住，即使记住了也不能长久。

后代的文人经过试验后把这句话奉为真理，因为它同时提到了两种感官的运用——视觉和听觉，这两种感官的结合让事情的效率得到提高。眼里看着，嘴里说着，耳朵同时也能听到，这种方法也叫作"感官协同原理"，在当今的教育中多有运用。比如说现在的视听教学课程，就是利用感官协同原理，将孩子看到的画面与听到的声音结合，对事物的感知也就更加生动形象，得到了更好的学习效果。

美国心理学家格斯塔做过这样一个实验，他找来十个孩子，分为两组，让他们各自待在两个房间。第一个房间里面放了5本《圣经》。第二个房间里面也放了5本《圣经》，但是除了这几本书之外，还放了一些关于宗教的画集，收音机里也放着宗教的音乐。

实验到尾时，格斯塔让孩子们把看到的内容能记住的都默写下来，结果第二组的结果明显比第一组好。第二组的孩子在背诵的同时也能说出所背内容的意义出来。

不难看出，第一组孩子在记忆的时候只用了一个感官，但是第二组孩子在记忆的同时却调动了几种感官。所以第二组的效果比第一组要好，也证实了"感官协同远离"的真实性。

人在收集信息的过程中，使用到的感官越多，那么收集到的信息也就越多越丰富，所收集到的信息在印象里也就能留下越深刻的印象。多种感官的同时使用能够提高感官的感知能力，效率会大大提升。科学研究表明，当孩子在获取知识的过程中，听觉能够获得的知识并且能记住的是15%，视觉能够记住的是25%。当两种感官结合能记住的是65%，这比分开使用的效率高了不少。

所以，家长要教育孩子在学习的时候多用口、手、眼。尽量多使用几种感官，以获得在学习上的事半功倍的效果。比如学英语，现在许多孩子学英语只是听老师怎么讲，自己从来不开口，单词反复记了很多遍也记不下来。那么就要告诉孩子在学英语的过程中不仅要听英语，更要自己说，看别人怎么说然后自己再说，这样就可以记得更快。

有的老师在教育孩子的时候也用到了这个方法，比如小学数学课的课堂上，当孩子被一道数学题难住的时候，老师就要孩子拿出许多小棒，自己分一分，在学习的同时边做边想边说。在做期末复习的时候，老师通常会让孩子自己做复习提纲，自己亲自动手比老师在黑板上写出来再抄下来的印象深得多，要是做题的时候突然想不起来了，还可以回忆当时自己用心推导的过程以及顺序，这相当于又重新记忆了一遍，记忆会更加深刻，答案也会迎刃而解。

所以，妈妈不妨告诉孩子在读书的时候用到各种感官，在记忆的时候耳朵、眼镜、手都要配合起来。孩子可以在动用各个感官的同时加深对事物的理解，基础也就越扎实，比如在上课的时候可以让孩子把图形折叠出来，通过剪、切、拼、搭，既可以培养孩子对空间的想象能力，使形象更加具体，加深印象又可以解答出答案，学习也就能达到事半功倍的效果了。

妈妈假装不知道，虚心向孩子"请教"

妈妈和孩子，看起来总是教育者和被教育者的身份关系，妈妈总是教导孩子做这个做那个，孩子习惯性地接受，总是处在一个被安排，被教育的地位。一旦孩子总是达不到要求，那么就会很容易产生厌学、弃学等问题。但是如果有一天，妈妈和孩子的身份对调一下又会怎么样呢？让妈妈来做孩子的学生，虚心向孩子请教，假装自己不知道，孩子会感受如何呢？

当两个孩子玩在一起的时候，总会与对方在心理上做出个高下之分，对事情能够很快理解并且掌握技能的孩子就会比较积极，而另一个孩子老是处于弱势只要这样几次就会失去兴趣。无论什么时候，孩子都是需要有自己的一个优点的，那么让什么人来做发现让孩子自己发现这个优点的人呢？最佳人选不是另一个孩子，而是孩子的妈妈。这也就是说，妈妈除了做孩子的教育者，有的时候也要做孩子的"学生"，就某些问题装作"无知"的样子，向孩子请教，从而提升孩子的自信心，让孩子对学习更有兴趣。

孔子生于春秋时期，一次，孔子去鲁国国君的祖庙参加祭祖典礼，一进太庙他就十分的好奇，于是就向别人问这问那，几乎什么都问到了。

有人觉得他不懂礼仪，也有人说他，"孔子学问这么出众，还需要问？"孔子听到了，就说："遇到不懂的就问，有什么不好？"

那个时候魏国有个大夫叫孔圉，聪慧又好学，待人有礼，于是在他死后，世人都称他为孔文子，孔子的学生不服气，就问孔子："为什么他可以叫作'文'呢？"

孔子答道："敏而好学，不耻下问，是以谓之'文'也。"意思是说孔圉聪明好学，不以向不如自己的人问问题为耻，所以将"文"字作为他的谥号。

连孔子都赞成要"不耻下问"，自己为什么就不可当孩子的学生呢？所以说妈妈当孩子的学生是正常的。当孩子给出问题的答案时，妈妈要给予充分的肯定，表示孩子教给自己的东西让自己"懂得"了这个问题，并对孩子表达感谢之情，让孩子感受到成就感，孩子天生就对自己有优势的地方更有兴趣。

小兰最近的考试的成绩比以前低了不少，也不如以前那么有自信心了，小兰妈妈在旁边看着心里着急，认为小兰是基础知识没有抓稳抓牢。于是就想了一个办法。

有一天看到孩子正在抓耳挠腮地诵书里的一段概念，就拿了点点心进去给孩子让她休息一会儿，在休息的间隙就问孩子，"你背的是什么啊，听起来好像很有意思。"

"是今天地理老师讲的地中海气候。"

小兰妈妈坐了下来,接着问:"什么是地中海气候啊?以前老在电视上看到听到。"

"就是根据气候的特点,把全球各个地方的气候分成不同的类型,这是一个地理气象学上的术语,而地中海气候分布的地方没有其他气候多,主要集中在地中海区域。"

说着就指着书本里一页的地图上,"看,这里分布的就是地中海气候。"

小兰妈妈也一脸惊奇的凑了过去,看了之后感叹了一句,"真不错,妈妈总算了解了。"

小兰看妈妈这么感兴趣,就主动提出:"要不我以后就教妈妈学习这个?"

小兰妈妈赶紧点头,于是自那以后,每天小兰都会给妈妈上一会儿课,周末也会一起对于这个星期的课程做个总结,有的时候对于妈妈提的问题自己也不懂的话就会去问老师,如此循环,成绩很快就重新提高了上去。

这个妈妈显然是花了功夫的,放弃了自己的休息时间来做好孩子的学生,提的问题也通常是孩子容易错的地方,让"小老师"再回去询问老师。来回几次,孩子对知识的理解就更为透彻了。

不过,在向孩子请教时,妈妈的态度一定要真诚。如果在请教的时候表现出很明显的虚假情绪,孩子就会想明明爸爸妈妈知道答案,为什么还要来问我呢?他是不是故意这样做的?然后,孩子就会对这种方式失去兴趣,甚至还会厌恶。因此,在向孩子请教的时候,一定要全身心投入其中,要认真向孩子问问题,如果这个问题真的能让孩子一起思考那就更好了。

孩子为什么只记得开头和结尾

1962年,加拿大学者默多克做了这样一个实验:他给被试者一系列词汇,里面有肥皂、氧、枫树、蜘蛛、雏菊、啤酒、舞蹈、雪茄烟、火星……让被试者先观看这些词汇,然后再进行回忆,将看过的词汇一一列举出来。实验结果发现,只有两个词的出现频率最高,这两个词分别位于第一位和最后一位,而中间的词汇很少有被试者能够记住。

心理学家把这个效应称作"系列位置效应",并绘出了图形完整地表达这个效应。这一图形画出后呈现在人们眼前的,是一条U字形的曲线,心理学家把这个称为"系列位置曲线"。这个实验证明了人们在记忆一件事的时候,通常事情的开始和结尾都会记得比较清楚。这也揭示了为什么很多孩子在读一篇课文后,留在记忆里的多数是这篇课文的开头和结尾。而在一天之内,早晨发生的事和晚上发生的事更能给孩子留下深刻的印象。

很多父母都为孩子的记忆问题苦恼,尤其是当老师要求孩子背诵课文的时候。有时候孩子很努力地背下了整篇文章,但是过了两三天,当父母再问的时候,孩子就只能说出最开始的一段和最后一段了。很多父母会觉得是孩子贪玩忘掉了,不仅会批评孩子,也会为孩子的学习效率担忧。

其实这是记忆过程中很容易出现的正常现象,家长不应该因为这个原因责骂孩子,而是应该根据这个"系列位置曲线"帮助孩子更好地进行学习和记忆。

首先,父母应该让孩子了解自己的记忆规律,减轻他们的心理负担。如果孩子用脑过度导致脑机能下降时,记忆率就会降低,所以这个时候可以让孩子歇一歇,做做广播体操或者眼保健操等运动,缩短学习中间部分的时间,提高学习的效率。告诉你的孩子,把最重要的事情放在最重要的时间做,早晨起来把这一天要学习的重点科目预习一遍,晚上回家之后再把这一天之后学到的科目重点好好回忆一遍,加深印象。

当背诵文章和单词时,可以把文章或者单词中比较难以理解的部分重点勾画出来,放在最开始的部分开始学习。长时间单纯地记忆一门学科的知识这个方法不好,因为具有相同性质的资料对于大脑的刺激比较低,时间一长,对于大脑的负担就会过重,大脑的兴奋状态也会改到保护性抑制状态,容易疲劳,注意力也不容易集中,这不利于记忆。所以,充分利用开头和结尾的时间,可以用同样的精力取得更加显著的效果。

当孩子记忆大篇幅的名词时,可以改变这些的名词的次序,每次重复记忆的时候可改变一次开头和结尾,平均分配复习的力量。让每重新复习一次都成为一种新的体验,而每次开头和结尾因为轮流次序的不同都得到了强化加深记忆。达到显著的记忆效果。当孩子学习一段时间后,可以让他休息一段时间,最好是10~15分钟。背诵课文时,最好在顺读一遍之后再从中间开始背,这样又增加了开始和结尾的来回次数。再有,早晨和晚上这两段黄金时间,家长注意也不要让孩子轻易错过,这两段时间可以记住很多在中间时间费尽力气也记不到的事。

同时,家长要注意教导孩子合理地组织材料,尽量减少相同类型资料的相互影响,比如学习完语文后,就不要马上去学历史,让大脑保持新鲜感。打乱记忆的序列,这样能记住的东西也会比较多。

此外,著名教育家丰子恺先生曾经说过这样一个有助记忆的方法,名为"二十二遍读书法",这二十二遍并不是一气呵成,而是分四天进行,第一天读十遍,第二天、第三天各读五遍,第四天读两遍。这种方法叫作分布识记法,比较方便,也比较科学,妈妈不妨也让孩子试一试。

记忆有曲线,别忘捡起旧知识

人的记忆是有规律的,或许你会发现,一件事情如果时间久了,也就忘得差不多了。德国著名的心理学家艾滨浩斯通过实验发现了一条记忆规律,即"艾宾浩斯遗忘曲线",他发现人的遗忘是从学习之后开始的,而这个遗忘的过程进行得也并不均匀。最开始的速度会很快,然后慢慢的速度就会变慢。如果一个人学习20分钟之后,遗忘率就会达到41.8%,此后遗忘的速度会逐渐变慢,到此后第31天的时候,遗忘率才会达到78.9%。在这个记忆消失的过程中,会产生一个长时记忆痕迹,这条痕迹所代表的正是人最关心、最在乎的东西。

多数孩子会对新的事物比较好奇,对新的事物有强烈的求知欲。然后新的事物源源不断,又会对刚刚学的东西失去了兴趣,过不久就会遗忘。等到需要用到这些知识的时候再回过头来看,又要重新学习一遍,费时又费力。其实,只要掌握住记忆规律,在学习的同时及时对学过的知识进行复习,就能得到更好的学习效果。

小雨今年初三,成绩很优秀。这天是星期一,照例是开班会的时候,在班主任总结了上个星期班级上的情况后,就叫小雨去讲台上对大家说一下自己学习的感受。

"人人都说我聪明才学的好,其实并不是我聪明,我比很多同学都要笨,有的时候一道题解很久都解不出来。

"只是我知道学习之后要及时复习,比如说语文文言文的背诵,大家经常在课堂上一起背诵,然后相互抽背。当时在课堂上是背得全,但是下课后各自去玩了,等到该用的时候才发现已经忘得差不多了。

"其实我没有学习的秘诀,就是及时复习。

"背完单词之后,下课时可以抽几分钟出来在脑子过一遍刚刚学到的单词,如果是语文或者历史政治,就会大概总结一下中心思想,早晨会花10分钟把昨天学到的知识通通过一遍,这样就加深了记忆。到这个周的周末,会抽出时间加起来想一遍。这样一个星期两个星期三个星期,知识就全都掌握到了。比如第一天我会用10分钟的时间来复习,那么第二次在复习这个知识的时候就是在第三天,第三次复习的时候就在一个星期以后,中间想起来了还会想一想,但是不要轻易放弃,这是一个长久而持续的过程,因为无论是什么样的记忆,都是容易遗忘的。考试之前即使不太准备也能得到好成绩。"

小雨的方法得很对。有的时候老师有随堂测验,孩子会着急,然后马上打开书复习,这个时候学到的东西对于马上的测验是有用的,但是一放学回家,又会忘得差不多了。短暂的记忆是有效的,但是过了不多久就会忘记,如果不及时复习,遗忘速度加快就会降到原来的25%。孩子有可能会想先放一边等过一会儿再复习,但是过了一会儿在原来的基础上知识已经消失了不少。

在及时复习的基础上,艾宾浩斯还提出要勤于复习。他发现,要记住12个无意义的音节,平均要重复16.5次,要记住36个无意义的音节,则需重复54次,但是要记住六首诗词里的480个音节,只需要平均8次。这个例子说明,只要全面理解了知识就能记得更稳固。那些无意义的词即使记住了,以后回忆起来也会更费力气。所以,艾宾浩斯提醒对于知识不仅要及时复习,还有经常拿出来多加复习。

俄国伟大的教育家乌申斯基曾经说过:"不要等墙倒塌了再来造墙。"这句话要告诉孩子的是:不要学到知识后就放心的放在一边,要及时的复习。因此,想要孩子学得的知识稳固持久,妈妈就要在孩子刚刚学习到新知识的情况下提醒孩子立即复习,短短几分钟的时间过一遍,加强记忆。但是,不要以为只复习一次就行了,之后也要经常复习这些知识,只是每一次的复习间隔时间要随着次数的增多而增加,比如这次是第一天复习,下一次是第三天,那么再下一次就是一个星期以后,循序渐进。总之,不管时间多长,都要在记忆遗忘之后立即进行复习,强化记忆力。

此外,妈妈还可以和孩子一起回忆这些刚学到的知识,寓教于乐,让复习知识的这个过程变得快乐而有趣,同时还能增进与孩子之间的感情。

别用贿赂向孩子要成绩

为了鼓励孩子好好学习,很多家长都倾向于采用物质奖励的方式,给孩子一些"小恩小惠",如买些小玩具、给点小零食等等。等到孩子长大一点,有些家长甚至以金钱或昂贵的电子产品如手机等作为诱饵,希望换来孩子的好成绩。

也许在刚开始,这种物质奖励的方式确实颇为奏效,孩子一回家就好好看书,温习功课。可是,时间一长,就慢慢变得不尽如人意了,有些孩子开始出现厌倦学习的情绪,有些甚至把学习作为交换奖赏的筹码,逼得家长只好不停地增加奖金的数目,但效果仍然不大。如果从心理学的角度来讲,这种奖赏之所以慢慢地失效,是因为"德西效应"在起作用。

心理学家德西在1971年做了一个专门的实验。他随即抽调一些学生去单独解一些有趣的智力难题。在实验的第一阶段，抽调的全部学生在解题时都没有奖励；进入第二阶段，所有实验组的学生每完成一个难题后，就得到1美元的奖励，而无奖励组的学生仍像原来那样解题；第三阶段，在每个学生想做什么就做什么的自由休息时间，研究人员观察学生是否仍在做题，以此作为判断学生对解题兴趣的指标。结果发现，无奖励组的学生比奖励组的学生花更多的休息时间去解题。

可见，奖励组对解题的兴趣衰减得快，而无奖励组在进入第三阶段后，仍对解题保持了较大的兴趣。实验足以证明，当一个人进行一项愉快的活动时，给他提供奖励结果反而会减少这项活动对他的内在吸引力，这就是所谓得"德西效应"。

对于任何事情来说，兴趣才是更大更持久的动力，一旦失去了兴趣，做事的动机就会大大下降。所以，家长如果让孩子养成了为获得奖赏才去努力学习的习惯，孩子就体会不到出色完成一项工作之后的激动与兴奋，单纯的求知的快乐可能会逐渐降低。

因此，用贿赂向孩子要成绩的做法，非但收效甚微，还会令孩子养成不良的习惯，深受其害。当孩子多次被贿赂之后，就会变得依赖贿赂，甚至做点普通的事也是这样。不过有些家长还是乐此不疲。当孩子长大一些，他们为了让孩子劳动，就给孩子支付工资，比如，扫一次地2块；刷一次碗3块；擦一次玻璃5块……当然，最重要的"贿赂"是学习方面的，孩子进入前十名，奖励100，进入前五名，奖励300，第一名，奖励500……结果孩子本应该拥有的义务感、责任心、荣誉感和求知欲却全部被"物质欲"代替了。并且，很多大人并不能区分贿赂和奖励，对于给孩子"贿赂"，他们大多是以为在给孩子奖励。

的确，物质奖励是奖励的一种，可以填满孩子当时的小小欲望。但是，当孩子以自己的成绩为要挟来取得奖品，父母又答应的时候，不正当的交易就开始了。

4岁的文文感冒生病之后，就再也不愿意去幼儿园了。每次妈妈带她去幼儿园，她都哭得昏天黑地，拉着门不肯走。妈妈说："幼儿园里有很多小朋友正等着文文呢，难道文文不想他们吗？"文文仍旧是大哭不已。

"幼儿园阿姨昨天打电话过来说，专门给文文办了欢迎会呢，文文不要辜负老师的期望啊！"文文不为所动还大叫头痛。无奈，妈妈拿了杀手锏。"文文，你要是乖乖去幼儿园，我周末就带你去买玩具。"

文文抬起泪汪汪的眼睛，"妈妈说话要算话。"

"算话，算话。咱们现在去幼儿园好吗？"

"嗯，妈妈抱我。"妈妈长舒了一口气，把文文抱上车，带她去幼儿园。

家长如果经常许给孩子一些小惠小利，以求孩子能按照家长的安排去做的话，久而久之孩子在做事时就会渐渐产生一种功利的心态：要是不给好处就绝不做！

其实，奖励是以奖赏激励人，调动孩子内部动机，让孩子去争取更大的成绩。而"行贿"只是以"奖品"买通孩子去实现自己的某种愿望，最多只能调动孩子暂时的外部动机而已。并且，奖励孩子并不是说一定要给孩子物质奖励，精神奖励才是更重要的、更持久的方式。所以，如果家长要想真正地奖励孩子，适当的赞扬要比金钱来得实际和有效得多。

适度减压，让孩子在快乐中学习

要求从低到高，每天进步一点点

　　缺乏把事情做到底的习惯，是许多孩子的通病。我们常可以看到一些孩子学到一半时放下手里的东西，不再学了，又开始干起别的事情来。例如，有的孩子练习钢琴时，开始还把手放在琴键上，没多久就不弹了，开始坐在那里发呆。

　　有些时候，孩子之所以不能将一件事情从头到尾坚持做好是因为缺乏能够起到激励作用的目标。目标对于一个人的行动具有强大的吸引力和推动力，如果目标是合适的、正确的，那么人们就会主动发出积极的行动，朝着目标的方向不断努力。但是，如果制定的目标没有吸引力，或是根本是一个人力所不能及，那么这个目标非但不会对人起到任何正面的吸引力，甚至还有可能产生阻力。

　　明明平时考试成绩在班上总是落后。有一次他考试成绩有进步，名次跃居班里中等，父母知道后兴奋不已，对他说："这次进步很大，期末一定要考个全班第一！"

　　听了父母激励的话语，明明不但没有半点喜悦，还背上了沉重的思想包袱，整天唉声叹气。因为他知道，自己在这短短的一段时间里，就是不吃不睡，使出全身解数，也考不了全班第一名。

　　可见，家长为激励孩子所设的目标既不能太低，也不能过高。就像篮球架的科学设计那样，如果太容易达到，就不容易形成动力；如果太难达到，就会让人望而却步。只有合适的目标才对孩子有吸引力。

　　心理学上有一个"篮球架效应"，说的是如果篮球架有两层楼那样高，那么对着两层楼高的篮球架子，几乎谁也别想把球投进篮圈，也就不会有人犯傻了；如果篮球架跟一个人差不多高，随便谁不费多少力气便能"百发百中"，大家也会觉得没啥意思。正是由于现在这个跳一跳就能够得着的高度，才使得篮球成为一个世界性的体育项目，引得无数职业篮球运动员奋争不已，也让许许多多的爱好者乐此不疲。

　　篮球架子的高度启示我们：一个"跳一跳，够得着"的目标最有吸引力，对于这样的目标，人们才会以高度的热情去追求。给孩子树立的目标也是如此，一要让孩子力所能及，二是要让孩子能够不断提高。也就是说，既要让孩子有机会体验到成功的欣慰，不至于望着高不可攀的"果子"而失望，又不要让孩子毫不费力地轻易摘到"果子"。只有不断给孩子定出一个"篮球架子"那么高的目标，让他"跳一跳，够得着"，才能收到好的效果。

　　根据篮球架效应，妈妈可以采用分割目标的方法，把一个大目标分解成几个小目标，最先拟定容易达到的目标，达到了之后，再开始追求下一个小目标，这样孩子才容易把一件看似很大的事情做到底。就拿学钢琴来说，妈妈在让孩子用功学习时，不要只反复说"好好学习"，而应该说"再学习30分钟"，这样就给孩子指出了短期目标，孩子干起来就有了劲头，而达到目标的喜悦会使他增强实现下一个目标的动力。这种分割目标的方法，既能帮助孩子建立起自信心，还能提升孩子的行动力。

一个中学生每天睡懒觉，6:30才起床。爸爸强迫他每天早晨5:30起床，6:00开始读英语。一下子提前了一个小时，孩子感到比较为难。妈妈出面调停，允许他6:15起床，他才轻松答应。半个月后，妈妈又让他提前15分钟起床，他又同意了。这样一步一步提高对他的要求，两个月后，他就能在5:30起床了。

总之，妈妈不要从一开始就给孩子提出过高的目标，而使孩子受到挫折。应当适度地定出孩子能够实现，但又有一些难度的小目标，通过小目标的逐步实现，来增加孩子的自信。这样，就可以培养出做任何事都能"持之以恒"的孩子。

"第一名"不骄傲，"第十名"也很好

受应试教育的影响，许多家长评价孩子好坏的唯一标准是孩子的学习成绩。他们认为，孩子如果学习成绩好，就是优秀的孩子，将来就有出息，自己的教育就是成功的；反之，如果成绩不好，不管其他方面怎么样，将来也一定没有什么大发展。如果家长持有这种观点，那么无疑对孩子是极为不公平的，从心理学角度讲，这是一种以分数代替一切衡量标准的"晕轮效应"。

在"晕轮"的影响下，家长将注意力集中放到了孩子的不足之处——成绩，于是衍生出一系列孩子"莫须有"的罪状。这也难怪家长，我国目前的应试教育的直接后果是从学校到家庭，都把分数作为衡量孩子的最主要标准，只要与升学搭边的学科就重视，否则即使大纲有要求，课时也难免被挤占，真正能保质保量上好德育、美育以及劳技课的学校微乎其微。这种"唯分是举"的人才选拔方式，不仅剥夺了孩子正当的娱乐、休息，扼杀了孩子们宝贵的兴趣、爱好，而且将造就缺少生机与活力的畸形人才。

1989年，杭州市天长小学老师周武受邀参加一次毕业学生的聚会。当时他暗自吃惊：那些已经担任副教授、经理的学生，在学校时的成绩并不十分出色。相反的，当年那些成绩突出的好学生，成就却平平。

这个现象引起了周武的好奇心，他开始追踪毕业班学生。经过十年、针对151位学生的追踪调查，周武发现，学生的成长是一个动态的过程。在这种动态变化中，小学的好学生随着年级升高，出现成绩名次后移的现象：小学时主科成绩在班级前五名的学生，进入中学后名次后移的，占43%；相反，小学时排在七到十五名的学生，在进入初中、高中后，名次往前移的比率竟占81.2%。

周武的这个发现正是我们现在经常会提起的"第十名效应"，即成绩在班里第十名左右的学生，有着难以预想的潜能和创造力，让他们未来在事业上崭露头角，出人头地。当然，这里所指的第十名并非刚刚好第十名的学生，而是指那些成绩中庸的学生。根据周武的进一步解释，处于中庸位置的孩子，他们受老师和父母的关注不那么多，学习的自主性更强、兴趣也更广泛。至于那些名列前茅的学生，由于从小就受到父母、师长的过分关注，过分强化学科成绩，反而会扼杀了潜能和学习自主性的发展。

一个人的成功并不完全由学习成绩高低决定。事实上，学业成绩主要考查的是孩子两个方面的能力：逻辑思维能力和语言能力。而人的潜能是多方面的，其他的诸如人际沟通能力、领导管理能力、艺术创作能力、动手能力等，对一个人的成功也很重要，却很难在考试中体现出来。因此，以成绩论英雄，以成绩来评判孩子的好坏，是不科学

的。对于每位妈妈来说，鼓励孩子考第一可以，但是也要根据孩子自身的能力来衡量，不要因过分追求成绩而给孩子背负上沉重的压力。孩子是成长中的人，他拥有无限的可能，除了学习成绩以外，他还需要发展各种能力，这当中既包括想象力、创造力等综合素质能力，也包括情绪调节力、情绪控制力等心理能力。

俗话说，"三百六十行，行行出状元"，即使孩子考试分数不好，他在其他方面也不一定没有特长和能力。作为妈妈，最重要的是挖掘孩子潜在的特长和能力，鼓励孩子发展自己的兴趣，施展自己的长处，而并非只关注孩子的学习成绩。此外，妈妈自己一定也要保持一颗平常心，不要为了满足自己攀比、虚荣的心理或是为了让孩子达成自己求学时没能达成的愿望而过高要求孩子。对于孩子来说，拥有健康的体魄，拥有健全的心理素质，拥有最基本的品质道德，拥有快乐成长的环境，这就足够了。

奖励要适当，否则可能毁前程

在心理学上，有一个著名的"雷珀实验"：心理学家雷珀挑了一些爱绘画的孩子并把他们分为AB两组。A组孩子得到许诺：画得好，就给奖品，B组孩子则只被告之"想看看你们的画"。两个组的孩子都高兴地画了自己喜爱的画。A组孩子得到了奖品，B组孩子只得到了几句平常的赞语。三星期后，心理学家发现，A组孩子大多不主动去绘画，他们绘画的兴趣也明显降低，而B组孩子则仍和以前一样愉快地绘画。

"雷珀实验"提示我们：适度的表扬和奖励的适度能够激发孩子积极向上的情绪和愿望，适当的奖励有利于良好个性和优秀品质的形成，也有助于孩子能力的发展、知识的积累和审美情趣的培养。不过，奖品固然可以强化某种良性行为，但它也有使人只对所获奖品感兴趣而对被奖行为本身失去兴趣的危险。在现实生活中，不少家长在运用表扬和奖励的时候也存在着一些误区：

有个妈妈为了激励她的孩子，尝试了很多办法。孩子考得好，就带他去游乐场，买名牌运动鞋，吃西餐，甚至许诺说要考到某个程度就带他出国旅游。可每种办法只能用一两次，然后就没效了，孩子的学习也一直没什么起色。

这位妈妈似乎用了很多办法，但分析她的方法，其实只有一种，那就是物质刺激，区别只是奖品不同。

人对奖品的热爱程度取决于他在这方面的欠缺和需求程度。或许家长还习惯于给孩子物质奖励，但实际上，现在的孩子多数都衣食无忧，在物质上并没有太大的欠缺，所以物质奖励并不能真正刺激他们的热情。即使能带来一些动力，也只是阶段性而已，并不能持续多长时间。而且，物质奖励非但不能从根本上解决问题，起到激励的作用，有时甚至还会产生一些副作用。

首先，物质奖励会让孩子的学习目的发生变化。例如，一个孩子如果为了一双名牌球鞋而去学习，他在学习上就会变得功利了。在短时间内可能会取得好成绩，可一旦得到了这双鞋，对学习就会懈怠。庸俗奖励只能带来庸俗动机，它令孩子不能够专注于学习本身，把奖品当作目的，把学习只当作是一个拿到奖品的手段，真正的目标就在这个过程中不知不觉地丢失了。

其次，它败坏了孩子实事求是的学习精神。学习最需要的是对知识的探究兴趣和踏实的学习态度，如果家长总是把奖励当作学习的诱饵提出来，其实这从某种程度上讲是一种成人要求儿童以成绩回报自己的行贿手段，会令孩子对学习不再有虔诚之心，只把心思用在如何换取奖品、如何讨家长欢心上。这样一来，孩子的心就总是悬浮在半空，患得患失，虚荣浮躁，学习上很难有心无旁骛、脚踏实地的状态，这无疑是一种对学习本身毫无利处的不正确的态度。

可见，妈妈对孩子的奖励一定要慎重，当孩子取得进步时既要及时以奖励作鼓励，又要注意选择正确的奖励方式。

一个人除了物质需求外，还有被尊重、被认可、被理解、被关爱等多方面的精神需求。这也就是说，除了物质奖励，精神上的肯定和鼓励对于孩子也非常重要，它所发挥的作用有时甚至会超越物质奖励。不过，给予孩子精神上的奖励也需要讲究方法，而且不能过度。有些家长在孩子每做对一件他们所应该做的事，每回答对他所应该回答出的问题时，都要抛出如"真乖"、"真好"、"真聪明"等之类的赞赏的话和报之以喜悦的脸色，久而久之，这些话就失去了它应有的效用，因为人的心理就是这样：越容易得到的东西越不会引起重视和珍惜，没有做多少努力便能得到的表扬也只能是廉价的。这样的表扬越多，孩子便越会对它无动于衷，更谈不上珍惜，也不会有什么荣誉感，有时还会产生不表扬就不去做的错误意识。

因此，对于孩子的精神奖励要适度而行，而且所说的话要具体，即具体到孩子的某一具体行为上，如"你今天做了一件……的事，妈妈很为你感到骄傲"，这种具体到细节上的表扬可以让孩子知道，妈妈正在关注着自己，自己所做的每一件事情妈妈都能看到。这样一来，孩子既收到了来自妈妈的关爱的信号，同时也因为被肯定而提升了自信，进而做事更充满活力。

孩子遭遇学习低谷怎么办

很多孩子会在一段时间出现学习和复习效率停止不前，甚至对已经学过的知识还感觉模糊，有时头脑昏沉，心情烦躁，学习效率降低，越学越没有劲头。这种学习进步的速度减慢甚至停滞，人的学习状态落入低谷的现象，在心理学被称为"高原现象"。

心理学研究表明，人在学习各种新的知识和技能的过程中，其能力和水平的发展并不是直线上升的。一般来说，在人刚开始学习一项事物时，通常较为费劲，提高较慢，当他初步掌握了该知识、技能的重要规律或找到了"窍门"后，成绩就会明显提高，学习者因此得到鼓舞，提高了兴趣，树立了信心，取得更大的进步。但是紧接而来的，就有可能是学习的"高原期"了，此时学习者这时已经掌握了一定的知识，也具备了一定能力、水平，剩下的多是疑点、难点，加之精神、心理等诸种因素的影响，进步速度比较缓慢，尽管学习者很用心学习，但成绩提高不大，有时甚至会下降，水平总体上处于一种停滞状态之中。当学习者通过有效的方法克服高原现象以后，学习成绩又开始逐步上升，能力水平达到新的高度。

高原现象的产生也是多种多样的，具体来讲，当学习一段时间后，孩子的好奇心已满足，学习兴趣减弱，学习动力随之下降；也许目前使用的学习方法已不再适应这一阶段学习的要求；也许是生理与心理的双重疲劳；也许是原来形成的知识结构网络不适合进行新的学习……诸多因素，都将致使孩子的学习停滞不前。

蒙蒙是小学六年级的学生，学习不算卖力，对待老师、家长的批评是"虚心接受，坚决不改"，但凭着一些小聪明每次成绩也都能保持在班级十名左右，发挥较好时甚至能进入班级前五名。父母亲戚、老师同学都说他学习潜力很大，上初中后仍然有很大的进步空间，就连他自己也认为如此。

不过，在小升初考试的前两个月，蒙蒙决定突击学习，考入一家好的中学。他抛弃了以前所有陋习，全身心拼了起来，可成绩却不见起色，依然维持在10名左右，甚至有一次摸底考试还下滑到了班里的19名。蒙蒙这下子慌了，他更拼命的努力，可却发现只要一拿起书本头就嗡嗡直响，听课时也会莫名其妙地走神，注意力总集中不起来，好像有劲却怎么也使不上。他开始怀疑，老师和家长过去对他"聪明"的评价是对他的嘲讽，怀疑自己的潜力也已经被挖掘殆尽了。

如果孩子已经处于"高原状态"，要想帮孩子不慌不乱地走下"高原"，首先要明白，"高原现象"不是"学习的极限"，而是一种正常现象，如同运动员在长跑中会出现极点一样。要鼓励孩子再坚持一下，学会为自己加油，增强信心，这种感觉就会消失。用一种平和的心境看待它，告诉孩子在合适的时候学习合适的内容，比如早晨可用于早读，中午休息，下午整理消化当天复习内容，晚上三门学科交叉系统进行。尽快把头脑中较为混乱的知识排序重新组合，通过比较、分析、归纳、概括等手段，使自己已有的知识系统化，这样可以避免在知识调用时出现混乱，人为造成"高原现象"。

其次，可以帮助孩子改进学习方法。孩子在学习过程中所养成的学习习惯和学习方法会影响和制约着学习的成绩，因此，要走出"高原"，进一步提高成绩，妈妈不妨和孩子一起讨论，看看在学习中哪些习惯、哪些方法是有效的，可以继续保持的；哪些习惯和方法是有害的，必须克服和改进的，一一进行调整和改进。

再有，妈妈在平时应多关注孩子的学习情况，经常与孩子进行学习和生活上的交流。在孩子的学习过程中，对其学习行为中的闪光点加以肯定和鼓励，同时如朋友般与孩子一起分析错误形成的原因，并找到解决的办法。妈妈要记得多尊重和理解孩子，在孩子取得突破时及时予以鼓励，让孩子体会到努力后的成功感，增强孩子学习的信心，以期取得更好的成绩。

最后，加强锻炼，增强营养，保持充沛的精力，这也是克服"高原现象"的一个重要的条件。

总而言之，知识技能的学习与提高要经历以上四个阶段，"高原现象"是学习过程中迟早都要面临的。当孩子进入学习上的高原阶段，妈妈不应该对孩子加以指责，武断地认为孩子不用功，而是应该和孩子一起分析问题，认真诊断，找出症结所在，然后对症下药。只要孩子平安度过学习上的高原期，就能跃上另一个台阶，突破原有局限，取得新的成绩。

给学习压力大的孩子做做情绪疏导

俗话说，井无压力不出油，人无压力轻飘飘。适当给孩子施压是应该的，毕竟每位家长都希望自己的孩子能长成一个优秀的成年人。但是，凡事都应有个度，过重的压力非但不能让孩子获得前进的动力，反而会让孩子感觉到生命所不能承受之重，出现逆反心理，最终事与愿违。

佳佳的父母在社会上都是有头有脸的人物，他们对佳佳倾注了很多心血，同时也为佳佳设置了极高的标准。在学习上，佳佳必须要争第一，因为在父母眼里第二都不是优秀，只有第一才是赢家。

为了达到这个目标，佳佳从小就学习时间长过其他孩子，她没有时间看动画片，没有时间出去游玩，放学后不是参加补习班，就是到钢琴教室弹钢琴。佳佳是个懂事的孩子，为了自己能使父母感到欣慰，她卖力地学习，因此成绩一直都很优异。不过，即便如此，佳佳偶尔也会失去第一名，而这种时候，父母就对她冷言冷语，怪她懒惰不知上进，逼她增加更多的学习时间……

在越来越多的压力中，佳佳的学习成绩反而越发不稳定了，第一名的次数越来越少，学习的后劲也越来越不足。看着同学们飞速进步，而自己却不进而退，佳佳心里产生巨大的挫败感和失落感，同时，还要面对父母越发严厉的批评。最终，佳佳的情绪崩溃了，她变得暴躁不安，情绪波动很大，并且经常失眠。她再也听不进去父母的话了，也不跟同学老师来往，把自己封闭了起来。

父母给予的巨大学习压力是佳佳身心受损的最根本原因。给孩子太大的压力，会使他精神紧张，甚至与父母的期望适得其反。这是因为，人做事的动机如果过强的话，就容易产生压力，从而变得紧张，思维局促，甚至在极端的情况下，大脑会一片空白，这样的情况，当然不利于发挥水平了。只有在动机适度，人比较放松的情况下，人的能力才能得到充分的发挥。

所谓的动机，指的是人渴望完成任务的程度。心理学家认为，人的各种活动多存在一个最佳的动机水平。动机不足或者过分强烈，都不是一种好现象，比如一个整日混日子、没有什么理想的学生，很难有学习的兴趣；而一个对学习抱有太大的期待，过分追求学习功利性，学习动机过高的学生，势必会为自己制造巨大的压力，最终影响到他的学习效率，而学习效率的下降，反过来又会增加他的压力。可见，太强或太弱的动机都不利于人的学习和发展。那么，什么样的动机水平才是最适度的呢？

美国心理学家耶克斯和多德森认为，中等程度的动机激起水平最有利于效率的提高。所以，当孩子的压力超过中等程度时，妈妈记得要帮孩子做做情绪按摩，以减轻他的压力。缓解孩子的压力，妈妈可以从以下几个方面着手：

（1）当学校老师为孩子施加压力，让妈妈监督孩子学习时，妈妈最好不要让老师牵着鼻子走，而要做到"不管"和"不说"。孩子们已经够累了，就让他们在这种"不管"、"不说"中学会自我监督、自我放松吧！

（2）无论妈妈有多紧张，都应该尽量避免在考试期间，与孩子发生情绪上的冲突，增加孩子的压力。

（3）确保孩子作息正常。考试的压力过大的孩子可能会在考试期间或者备考期间出现乱发脾气、头疼、发烧、肚子不舒服，甚至失眠等状况。调节孩子身心平衡，让孩子和平时一样吃好睡好，维持正常作息，孩子才能处于最佳状态。

（4）和孩子一起做运动。适当的运动，能够让孩子的紧绷状态松懈下来。几分钟的深呼吸，十分钟的暖身操，花半个小时去游泳、跑步，到公园散布，都是很好的解压方法。

让自卑的孩子相信自己的能力

小雯上五年级了，成绩一直都不错，一般都在班级前十名。一次小测试，小雯没有考好，老师一脸铁青地叫骂着："你丢不丢脸啊！居然才考80多分，你看人家倒数的小飞都超过了你！"事后，小雯宛若一个泄了气的皮球，眼泪汪汪地坐在教室里。

之后的一个学期，小雯都闷闷不乐的。她比以前更加努力学习，特别害怕考试成绩差被老师骂，但是似乎她越努力学习越吃力，成绩也是时好时坏，发挥很不稳定。渐渐的，小雯觉得自己学习真的不行了，她认为自己再努力也不能像以前那么好了，因为现在好像自己越来越笨，而其他同学都越来越聪明。从此，小雯不再对学习有热情了，学习对于她来说变成一个折磨，而她的成绩也一落千丈。

没有一个孩子天生就是自信的，也没有一个孩子天生就是自卑的。让孩子走向这两种极不同的端点，教育就是其中无形的手，好与坏其实都掌握在教育者那里。毋庸置疑，小雯幼小的心灵已经被老师深深地刺伤了。在老师的指责中，孩子陷入了深深的自卑无法自拔，因而再也没有自信好好学习了。

自卑是一种性格缺陷。自卑的人常常认为自己在某些方面或各个方面都不如别人，常用自己的短处和别人的长处相比，具体体现在遇事不相信自己的能力；办起事来爱前思后想，总怕把事情办错被人讥笑，且缺乏毅力；遇到困难畏缩不前。

孩子产生自卑心理有着多种多样的诱因。例如，爸爸妈妈总是指责孩子这也不是，那也不行，那么孩子在生活中就难以体会成功的喜悦，会觉得自己一事无成，怀疑自己的能力，形成一种自卑心理。再比如，有些家长总喜欢盲目地拿别人孩子的长处和自己孩子的短处相比，责骂训斥，讽刺挖苦，这也会令自家的孩子越来越自卑。等到孩子上学以后，成绩不好也会造成孩子的自卑心理。此外，容貌不够好看、家庭条件不好等等，都会在一定程度上造成孩子的自卑心理。

自卑对孩子的心理健康会产生很多负面影响，更会对一个人的身心的正常成长起消极作用。心理学家认为，每个人都有先天的生理或心理欠缺，在潜意识中，都有自卑心理存在。但是，一个人的自卑不是与生俱来的，大多是在后天的成长过程中养成的。所以，在现实生活中，妈妈如果不能正确地对孩子进行教育和引导，就容易使孩子产生自卑心理，反之，如果妈妈能够让自卑的孩子也看到自己的能力，让他发现自己也是有优点和长处的，那么就会令孩子重新获得自信。

那么，妈妈应当如何让自卑的孩子重新拾回自信呢？我们可以从下面这个妈妈的故事里总结一些经验。

因为妈妈工作忙，小盈刚满两岁就上了幼儿园。最近小盈总是闷闷不乐的，还总问妈妈自己是不是很笨。原来，是小盈所在的幼儿园为了提高孩子们的自理能力让孩子自己吃饭睡觉，有时候还进行比赛。小盈年纪小，总是落在最后，所以她很自卑。

妈妈了解到这种情况之后，在家的时候也会让小盈自己吃饭，即使孩子吃得慢也从不催她。孩子吃完后，妈妈还会鼓掌说："宝宝真棒，前两天还不会拿勺子，现在都能自己吃饭了！一定是幼儿园阿姨教得好对不对？"过两天，妈妈就会说："宝宝现在用勺子已经很熟练了，吃饭也不撒饭粒了，真棒！"每次听到妈妈的表扬，小盈都会开心地拍手，人也恢复了往日的活泼。

首先，妈妈要端正自己的态度，在生活中要注意并善于发现孩子的优点和点滴的进步，并不失时机地给予肯定和表扬，不要总拿孩子的缺点和别人的优点做比较，更不要贬低孩子。要记住的是，不管你的孩子表现如何，都不能随便作出"没有出息"之类的负面判断，也不能任意给孩子贴上"窝囊废"之类的灰色标签。不要单纯抽象地用貌美、聪明、学习成绩好等夸奖来满足孩子的自我表现欲，而要尽可能地在具体地不同层次上让孩子看到自己特有的优势，从而实现高质量的自我满足。最重要的是，要教育孩子重视自己每一次的成功，因为成功的经验越多，孩子的自信心也就越强。

其次，妈妈要让孩子既看到自己不足，同时也看到自己的优点，让他客观地认识自己，全面地接纳自己。

再次，要让孩子学会正确与人比较，不要总是拿自己的短处跟别人的长处比，同时自己也不应总拿孩子的短处和别的孩子的长处比。

最后，要引导孩子对自己有合理的要求，不要给自己太大的压力和太高的设想，以免因为理想与现实的落差使孩子坠入自卑的深渊。

第五章

"妙语生花出奇效",妈妈会说孩子才会听

对号入座,不同年龄的沟通小妙招

0岁至4岁孩子的对话方法

0~4岁的孩子大脑还没有发育完全,不能有意识地去完成一件事情,所以这个阶段的孩子通常会我行我素,父母很难与他们进行正常的对话。但是这个时期父母对孩子的态度却会影响孩子的一生。

0~4岁的孩子喜欢模仿父母对自己的态度,而且每天都有新的进步。如果父母不能很好地了解孩子的成长过程以及年龄特点,父母与孩子之间的对话和交流极有可能出现"对牛弹琴"的状况。

孩子刚出生的时候,我们所说的"对话"是广义的,泛指与孩子沟通的过程。初生的婴儿只会用哭声来表达自己的想法。他们在妈妈肚子里的时候,没有风吹日晒,没有严寒酷暑,生活得相当惬意。相对于那个小小的世界,现在自己所在的这个地方简直是太恐怖了!孩子会面临饥饿和寒冷,还有湿漉漉的尿布带来的不适。面对这些困难,他们会用哭泣来表示自己的恐惧,所以这时候父母与孩子之间最好的对话方法就是及时地把孩子抱起来,让他们感受到爱和安全。对这个年龄段的孩子来说,父母关爱的行动就是最好的对话。

1岁左右的孩子终于能够开始说话,这是他们表达自己意见的开始。当"爸爸"、"妈妈"等词汇从孩子的嘴里说出来的时候,父母就开始了和孩子之间的语言对话。这时候,当孩子看到喜欢的东西时,会说出"喔……"等单音节的词,还学会了用手指着那些东西。

值得注意的是,当孩子第一次说出"不"的时候,这表示孩子的自我观念已经开始形成。当孩子2岁的时候,他们进入了第一个"反抗期"。此时他们对世界的探索欲望和自我尝试精神将达到最大。虽然以他们的年龄来说都做不好任何事情,但是他们却坚持一切自己动手,此时父母与孩子之间最好的对话方法就是在保证孩子安全的情况下,尽可能满足孩子探索世界的欲望。当孩子的意见被别人接受的时候,他们就会产生"我能行"、"我可以"的自豪感和自信心,在孩子以后的人生中,这些自信心将成为孩子宝贵的财富。不过对于孩子一些危害人身安全或者会对别人造成伤害的行为,父母也要明确地制止。认可孩子探索行为的同时又明确地制止孩子不能做不该做的事情,这才是教育孩子最明智的方法。

随着对世界了解的日益增多,孩子的语言能力也得到了快速地提高,孩子逐渐学会

了更加准确地表达自己的想法。随着词汇量的增加，他们也能够表达出更丰富的感情。当孩子开始学会说"我高兴"、"我伤心"的时候，父母与孩子对话时就要把关注孩子的情绪放在第一位。当孩子表达自己的情感，尤其是悲伤难过的情感的时候，父母首先要问的不是"为什么"，而是应该首先对孩子的感情表现出认同。实际上每一个人都希望别人能够理解自己的感情，人们都喜欢跟首先认同自己感情的人接近。想想自己的经历，如果你板着脸对朋友说自己不开心，一个朋友说："为什么不开心？"，而另一个则同情地说："能看得出来你很不开心，其实有的时候我也会这样。"和再次讲述一遍让自己郁闷的经历相比，后一个朋友显然能给我们带来更大的安慰，这时候我们反而愿意和这样的人交流。所以父母要认真倾听孩子的心里话，试着站在他的角度去理解他，这时候孩子就会更加喜欢和父母交流。

另外在孩子0~4岁的时候，不要轻易去训斥他，因为此时他并不能理解很多大道理，如果想给这时候的孩子传达一些价值观，最好的选择就是以身作则。

5岁至小学二年级孩子的对话方法

5岁到小学二年级的孩子已经渡过了婴儿时期，开始进入儿童阶段，此时他们已经可以离开父母的怀抱独自完成很多事情。以前的生活中，父母就是他们的全世界，但是现在他们即将进入更加广阔的世界中，开始了逐步接触社会基本规则和规范的时候。不过这并不代表父母的教育已经不重要了，这时候的他们认为父母的话就是"规则"，所以他们会努力接受这些规则，并且期望得到父母的认可。所以，我们可以看到，此时父母与孩子对话的重点开始转移，那就是从对孩子无微不至的支持变成满足孩子需要认可的愿望。

为了得到父母的认可，他们可能会表现出各种各样的行为，有些可能会故意夸大自己的成就，有些可能会强烈地要求父母保证他的存在感。

阿淼是个6岁的孩子，无论在家里还是幼儿园，他总是表现很好。但是妈妈却有点烦，这是为什么呢？原来阿淼每做完一件事情就会马上跑到妈妈面前"邀功"。比如刚刚去帮着妈妈擦了一下茶几，擦完之后就会跑到妈妈面前说："妈妈妈妈，我擦完茶几了！你看干净吗？刚才还很脏，我厉害吗？"开始的时候，妈妈还很开心地表扬他一下，但是随着他"邀功"次数的增多，妈妈越来越烦，有的时候很想跟他说："这没什么了不起的！"但是又怕伤害了孩子，总是话到嘴边又咽了回去。

其实这个年龄段的孩子总是在想尽一切办法显示自己的能力。他们期望得到幼儿园或者学校的全部奖状，他们希望父母时时刻刻都看到自己的成就，这种实际上不是成年人眼中的"邀功"，而是在孩子的发育过程中出现的正常现象。他们需要这些东西来肯定他们对规则的尊重，如果故事中的妈妈真的把那句话说出口就严重地打击了孩子的自内心，也会影响孩子自信心的建立。

一个7岁的孩子正在公园里向妈妈发脾气："你为什么把我的皮球给那个小朋友玩？"孩子的妈妈看到孩子这样小气，有点生气，不过她还是面带微笑地说："对不起，妈妈应该先问你的！谢谢你把皮球让给其他小朋友玩！我儿子太棒了！"听到这些，孩子很自豪地笑了。

其实孩子的妈妈完全可以说："你不玩就借给其他小朋友玩玩怎么啦？"但是妈妈忍住了，而是用一句"对不起，谢谢"来肯定了孩子的贡献，这让孩子感觉到自己的价值。

另外，这一时期还是开发智力的好时候，家长要抓住机会多与孩子进行开发智力的对话。当孩子提出问题的时候就是展开对话的最佳时机。此时，家长应该把自己所知道的一切知识详细地介绍给孩子，也许孩子不能完全理解父母的话，但是看到父母这样认真的态度，他们会很开心。这种对话方法既能改善与孩子的关系，也能向孩子传授知识和学习方法。

这个年龄段还可能出现让人非常担心的问题，那就是撒谎。但是这个时期的孩子说谎时都有自己的理由。当遇到自己解决不了的问题时，他们就会说谎，而且根本不知道说谎的后果。所以此时父母不必非要揭穿孩子的谎言，有时候可以适当默认。这个时候父母要关注的是孩子说谎的原因而不是这个行为，不过很多家长通常会过于急切地纠正孩子的行为，这反而会给孩子带来压力，最终养成说谎的习惯。

小学三年级至青春期孩子的对话方法

孩子到了三年级之后，几乎都会变得更加懂事。此时孩子的成长速度非常惊人，不仅是身体，而且思维也开始变得复杂。父母的话不再完全是他们的规则，而他们也开始怀疑父母身上的行为和某些想法是不是正确。

小婕是一个非常漂亮的小女孩，以前每次妈妈这样对她说："哎呀，我的女儿好漂亮！简直是世界上最可爱的小公主！"的时候，她总是非常兴奋，会冲过去抱着妈妈亲了又亲。但是现在，她听到这句话的时候再也没有以前的那种兴奋劲儿了，而且每次妈妈说完，小婕都会在心里自己加一句："妈妈胡说！我们班的慧慧就比我漂亮！"

此时孩子已经懂得客观地看待自己，也能够理性地比较自己和别人，还会在心里形成自己的标准，进而就会怀疑父母的价值标准。

等孩子进了青春期，他们还会更进一步地认为："爸爸妈妈都是骗子！说得都不对！"这也是为什么青春期的孩子总是喜欢和父母对着干的原因。有些时候，他们知道父母的话是对的，但是常常没有特殊理由就会反驳父母："我又怎么啦？""我就不这样！""妈妈，难道你没这样过？"这时候，父母通常会很伤心，认为孩子不尊重自己。其实，这些孩子只是想通过顶撞你向你宣告自己不是小孩子了，并没有把这件事情上升到尊重别人的高度。

青春期的孩子自我意识发展到顶峰，他们总是把父母的建议当成是干预自己的生活，所以不断地反抗父母。心理学家曾经提出，青春期的孩子这样无原则地反抗父母是因为自己处于即将脱离父母的状态，他们害怕如果自己采纳了父母的建议就会回到小时候那样被父母管束的日子，这是他们最为恐惧的。

但是青春期又是父母能够改变孩子的最后机会，所以这个时期的对话要讲究一些策略。有时候孩子会提出非常荒唐的要求，父母此时不要感情用事，要尽量答应他们，这样才能在心理上拉近与孩子的距离。只有心理距离越来越近，孩子才会逐渐地接受你的建议。

有些父母可能会因为受不了孩子的变化而采用暴力或者威胁的手段，比如打孩子一顿或者对孩子说："再这样就不给你零用钱了！"其实对这一时期的孩子来生活，武力和威胁不能起到任何作用，反而会引起不必要的反抗，最后会出现更严重的问题。

此外，此时父母要注意改变自己说话的语气，要从原来"指示或者命令"的态度逐渐转变为"像朋友一样提建议"的态度。这对有些父母来说可能很难，但是如果你想继续发挥自己的影响力，抓住最后改变孩子的机会，就要努力做出这些改变，否则不仅会使当前的关系恶化，还可能影响未来的亲子关系。

如果孩子说出的话实在没有道理，也不要强行让他接受自己的观点，其实他也是不会接受的。这时候，你没有必要为这些无意义的事情与孩子争论甚至吵架，你可以静静地说一句："如果你决定了，那么所有的后果自己承担！"当你放手的时候，孩子反而会开始烦恼，并且会思考更合理的做法。但是这不是说父母就彻底撒手不管了，你要时刻关注孩子的进展，在他们身边给予关心和引导，这才是一个青春期孩子的父母应该有的教育智慧。

妈妈要会听孩子才肯说

80/20：对话黄金法则

在夫妻相处的时候，我们经常会发现，当女性需要倾诉的时候，她选择的对象往往不是与自己朝夕相处的丈夫，而是自己的"闺蜜"。产生这个问题的原因是男女之间对话的目的不同。男性通常是为了解决问题而对话，在没有找到合适的解决办法之前，他们不会轻易开口；但是女性不同，她们是为了表达自己当前的感受才说话的，希望得到的是谈话对象在感情上的认同。

比如妻子对丈夫说："我今天心情不太好……"丈夫第一个反应一定是："怎么了？需要我帮你做点什么吗？"其实这时候妻子只是需要丈夫安慰自己一下，但是丈夫的反应显然不是自己需要的，所以妻子就会重复这些话，丈夫最终会忍无可忍："你到底要我怎么办？"于是矛盾就产生了，因为丈夫的脑子里想的始终是"我必须提出一个解决方案"。

这种现象也会发生在孩子与父母之间的对话中。有时候孩子只是想表达一下自己的情绪，但是父母却误以为孩子在向自己咨询"解决问题的方法"。

上三年级的小敏就说过这样一件事：

有一个周末，她正坐在家里看电视，忽然之间感到很无聊，于是就伸了个懒腰说："啊！好无聊啊！"没想到这时候本来在做饭的妈妈冲了出来，对她说："无聊就出去玩玩！要不就去看看书吧！作业做完了没有啊，没做完作业的话哪有时间无聊？"她当时听了特别生气，感觉糟糕透了！她只不过说了一句话，只是想关了电视去找点别的事情做，没想到就被妈妈劈头盖脸地批评了一番！她决定以后再也不跟妈妈说这些了！

其实这时候的小敏就像是夫妻关系中的妻子一样，她只是想表达自己的感受，并期望得到妈妈的认同，她并不需要妈妈的主意或批评。

父母与孩子沟通时的对话可以分为两类，一类是"试图理解孩子情绪的对话"，另一类是"传递价值的对话"。所谓"试图理解孩子情绪"的对话，就是从孩子的角度出发，用孩子的眼光看世界。当小敏说"无聊"的时候，如果妈妈这样说"你是因为没有人陪你玩才无聊吗"或者"是不是电视节目太无聊了"，这样就不会引起孩子的反感。因为孩子通过这些对话清楚地感受到了父母为了理解自己所做出的努力。这样说完之后，不管父母再提出什么样的建议，孩子都会努力去接受或者尝试，因为他知道这个建议是爸爸妈妈站在自己的角度提出来的。

而"传递价值的对话"是从父母的角度出发，把想法单方面传递给孩子的对话，它是为了达到教育孩子的目的而发起的对话。指出孩子的错误行为，并且向正确方向引导孩子的对话都是典型的"传递价值的对话"，比如"你一定要认真听讲"、"回家之后必须先完成作业"等等。

看到这里，有些家长可能会想，既然孩子不喜欢"传递价值的对话"，那我们就只进行"试图理解孩子情绪的对话"好了。这种想法是不正确的，因为亲子之间的相处毕竟不是夫妻间的相处，孩子的世界观和价值观尚未形成，如果这时候只是单纯地进行"试图理解孩子情绪"的对话，孩子很容易误入歧途。

"试图理解孩子情绪的对话"和"传递价值观的对话"不能独立存在。父母在与孩子对话的时候，一方面要关注孩子的心情，另一方面也要把正确的价值观传递给孩子。现实生活更多的父母倾向于只传递价值观，他们认为，这些才是真正为了孩子的将来好，其他的都是次要的。如果父母只关注"传递价值观的对话"，孩子就会不自觉地对父母的话产生抵触情绪，因为在传递价值观的对话中，父母难免会批评和指责孩子，孩子的自信心就会受到打击，时间长了，他就会逐渐远离不承认自己能力的父母。所以，"试图理解孩子情绪的对话"和"传递价值观的对话"必须取得平衡，那么这两种对话如何才能平衡呢？

这就需要父母掌握和孩子对话的技巧，那就是著名的80/20法则。80/20法则原本是经济学中的一个公式，意思是说如果抓住了事情的关键，那么只要付出20%的努力，就可以取得80%的成效。因此在与孩子的十句对话中，至少有八句应该是关心、理解和赞同孩子情绪的对话，而剩下的两句可以是传递父母价值观的对话，这样孩子就能自然地接受父母的教育而不会产生逆反心理。

孩子有说话的权利，妈妈才有"听话"的机会

露露是小学四年级的学生，最近，张老师发现原本活泼开朗的露露变了。

露露以前爱说爱笑，上课积极发言，现在却变得沉默寡言，总是一个人发呆，学习成绩也下降了。经过老师细心地了解，她终于知道了露露不爱说话的原因。

露露以前很活泼爱说话，每天放学后，都会把学校里发生的趣事说给妈妈听，可露露的妈妈是个对孩子要求非常严格的人，她几乎把全部希望都寄托在露露身上，希望露露将来能考上一所好大学，出人头地。也正是这个原因让妈妈对露露的学习抓得特别紧。妈妈觉得露露说的这些话都没用，简直就是在浪费时间，所以每当露露正说得高兴的时候，妈妈总是会不耐烦地打断她："整天只会说些废话，这些话有用吗？一点用也没有！你把这心思放在学习上多好，快去做作业！"最近一次露露说班里发生的一件事，正说得兴高采烈时，妈妈忽然凶巴巴地说："说了你多少次了，让你别说这些废话，你还说，如果你以后再记不住，看我不打你！"吓得露露一个字也不敢多说，灰溜

溜地逃回了自己的房间。

慢慢的，露露在家里话越来越少了，每天放学都闷在自己的房间里，因为妈妈也不让她出去玩，渐渐的，露露的性格也就变了。

从露露的情况来看，亲子之间的沟通是影响亲子关系和塑造孩子性格的重要方面。许多父母都忽视了与孩子的交流，不重视倾听孩子的想法。也许短时间内，父母还会沾沾自喜，认为孩子变得乖巧听话了，但是时间久了，对孩子产生的不良影响就会表现出来。

父母不让孩子把话说完，一方面不利于孩子语言表达能力的发展，另一方面也使孩子产生自卑情绪。让孩子对着爸爸妈妈诉说内心的感受，是提高语言表达能力、增强社会交往能力的极佳机会。

每个孩子都渴望有人能听自己说话，在大多数的情况下，如果孩子与父母不能沟通，那就是因为每个人都在说话而没有人听。如果家长们能多尊重一下孩子的说话权，对孩子的倾诉多一点耐心，不急于打断孩子的话，那么孩子遇到事情时就会乐于向父母倾诉，同时与父母建立良好的沟通关系。

如果你发现自己与孩子不能进行良好的沟通，那么请你看一下自己是否有以下的行为？

不注意孩子倾诉的需求，当孩子有话与你说时，总是以"忙"为由，不去倾听。

孩子兴致勃勃地诉说时，你经常不耐烦地将其打断。

现实中，大多数妈妈在生活上都对孩子十分关爱，可是在真正平等地对待孩子、尊重孩子等方面做得却很不够。

当孩子学习和生活上遇到什么问题向妈妈诉说时，稍微不顺妈妈的意，话就可能被强行打断，有的时候还可能会换来一顿责，甚至打骂。面对拥有强权作风的妈妈，孩子们只能把话咽回去。据一项调查表明，70%以上妈妈承认没有耐心听孩子说话。

孩子的说话权得不到妈妈的尊重，久而久之，孩子就会与妈妈产生对抗情绪，以至双方相互不信任，沟通困难。一旦孩子的想法得不到妈妈的重视，他就会把自己的秘密埋在心里，做妈妈的也就很难再有机会知道孩子的所思所想，这样教育孩子的时候也会感到无所适从。

为了避免这种情况的发生，当孩子说话时，妈妈无论有多忙，一定要用温柔地注视着孩子，不要随意插嘴，尽量表现出你听得很有兴趣的样子，让孩子能够完整地发表他的观点，如果你在某一重要原则上表示不同意他的看法，应该明确地告诉孩子你不同意她的什么观点，并说出理由。此外在提出反对意见时要注意态度，不要过于武断，也不应该否定一切。即使孩子是在胡说八道，也要控制自己的脾气，不能妄下定论，直到确定自己完全理解清楚后再说出自己的看法。

妈妈该应尽可能多地与孩子交流，而且应该试着用不同的方法使孩子愿意跟妈妈交流。妈妈在倾听孩子说话时，应该更加富有同情心和耐心，应该努力地尊重孩子，从孩子的角度就分析问题和解决问题，这样才能营造出更加友好的语言氛围。

同时，妈妈应该学会正确"听话"，在听的过程中不责备、不打岔、不否定，以便孩子可以畅所欲言，也便于妈妈看清孩子的内心世界，并在此基础上创出更多与孩子交流的机会。

每个孩子都有自己的想法，需要有个会"听话"的妈妈来倾听。妈妈只有尊重孩子说话的权利，积极做个会"听话"的妈妈，才能够有机会了解孩子的想法和感受，亲子之间才能良好沟通，并建立和谐的亲子关系。

再忙也要留下和孩子对话的时间

一个初中一年的级男生曾经对老师说："我很害怕放假。"老师很奇怪，就问他究竟是怎么回事。他说："放假在家里，爸爸妈妈都上班了，只有我一个人在家，我特别害怕，也很孤独，根本没有人跟我说说话。爸爸妈妈一点也不了解我，他们只会问：'作业写完了吗？''这一天你都干什么了？'他们从来不问我在想什么，也不和我聊天。我想说的话只能晚上说给星星和月亮听。我不喜欢放假，我喜欢上学，因为学校里有同学，和同学在一起我感到很开心。"

一项"家庭教育大调查"显示，60%的妈妈每天与孩子相处的时间有4个小时左右；亲子共处时，最常从事的活动是：35%的妈妈看电视，25%的妈妈在辅导孩子学习，剩下的则是其他如游戏等。而妈妈每天和孩子说话的时间，则基本上在半小时以内，而且说话的内容多是"教育性"的。

许多妈妈觉得给孩子吃好的、穿好的，关心他的学习，孩子就会感到很幸福。其实科学研究证明，最有威信的妈妈反而是那些每天能安排一些时间和孩子说话的妈妈。要让孩子感到幸福，绝不仅仅是提供物质上的满足，更重要的是与孩子在精神上有很好的沟通。而每天抽出一定的时间陪陪孩子，就是与孩子进行精神交流的最好渠道。

但是在现在的社会中，上班族妈妈越来越多，他们常常是在跟时间赛跑。有时回到家里，孩子已经睡了。然而，聪明的妈妈总是能够挤出时间陪孩子聊聊天，分享他的心情。

下面这个职场妈妈就想出了一个聪明的办法：

她把抽出时间与儿子交流作为每天的工作内容之一。她下班晚，于是就要求自己每天中午必须抽出半小时与儿子"煲电话粥"。开始的时候，她主动打电话给儿子，问他学习有什么困难？老师对他有什么要求？需要妈妈给什么帮助？开始，儿子不太喜欢说这些，但是经不住她的启发和开导，慢慢地他就把学校的困难，与同学的交往，甚至有哪个同学欺负他等等，都讲给她听。听完儿子的问题，她会帮他分析原因，引导他正确处理，使他感到每次与妈妈"煲电话粥"都很愉快。渐渐地，每天中午，她不打电话给他，他就会打电话给她，向她汇报学习上的困难，讲述生活中的趣事。他还调皮地称中午时间是"妈妈时间"。

其实，即使真正陪伴孩子的时间很短，但是只要注重质量，仍然能让孩子感受到你对他的爱，建立良好的亲子关系。当孩子感到妈妈的爱与关怀的时候，他的情绪就会变得稳定，自信心就会持续增长。

注重与孩子的情感交流，是妈妈与孩子成为知心朋友的前提。与孩子交流的时间最好选在吃饭时和睡觉前，因为这是孩子情绪最为平稳的时候。职场妈妈在工作时，可以暂时把孩子交给保姆、老人或者学校，但是谁也取代不了妈妈在孩子心目中的地位，你一定要挤出时间陪孩子，因为孩子需要和妈妈"单独在一起说话"的时间，他需要从与你的对话中感知你对他的爱，从而获得安全感和幸福感。同时，他也需要你来与他一起分享喜悦，分担痛苦。如果缺少妈妈的陪伴与沟通，孩子就容易"情感饥饿"。"情感饥饿"的孩子可能会特别任性，偶尔还会做出一些古怪的行为，以引起妈妈对他的注意，同时也可能极端自闭，郁郁寡欢。当孩子出现这些情况以后，妈妈才发现自己的失职并且后悔不已，很可能已经来不及了。因为要修补受到伤害后的亲子关系，解决孩子的"情感饥渴"问题，或许要花很长很长的时间，也许永远也不能实现了。

要想好好听，先得好好坐

美国有一个评论型的电视节目，节目中找来的评论者都是美国知名的评论家，可是节目却总是无法掀起辩论高潮，每次收场的时候都显得气势不足，收视率也很低。

后来这个节目的制作人无意间和一位心理学家说起了这件事情，他苦恼地说："真是不知道怎样才能把节目办得更叫座一些呢？"心理学家听了他的问题，给他提出一个建议："改变一下座位的配置方式。"也就是说改变一下每个节目中评论嘉宾的坐向，由以往的横排而坐，变成两人相对而坐。

令人惊讶的是，自从接受这个建议后，这个节目每次都能引起热烈的辩论。没多久，这个节目的收视率就开始直线上升，成了美国最受欢迎的评论类节目。

其实，产生这种变化的原因是心理学上的"坐向效应"。所谓"坐向效应"，是指就坐位置的方向对人们的心理感受产生的影响。从心理学上讲，之所以会产生这样的"坐向效应"，是因为与人相对而坐，由于正面直视的视觉"感受"会自然地给对方一种压迫感和不自由感。两人相对而坐的时候即使不是有意凝视对方，但是由于彼此正面相对，视线强烈，也会有一种直刺对方心理的攻击性。所以辩论节目才会因为坐向的改变而产生了不同的效果。

毛先生对心理医生讲述了自己的困惑：

每次，我都是心平气和地和儿子坐在一起，想要了解一下他的学习生活情况。但是不知道怎么回事，每次我和儿子都是不欢而散。有时候我只是随意地问一下："最近学习上有什么困难吗？"孩子就会没好气地盯着我回答："没有！是老师又告状了吗？"一看到孩子这种表现，我也气不打一处来，最后就是两个人气哄哄地各自回房间。

心理医生听了这些话，询问了一下两个人坐的位置。果然，父子俩每次都是相对而坐。心理医生笑着说："下次再聊天的时候，试试和孩子坐在一起，而不是对着他坐。"

由前面介绍的"坐向效应"，我们可以知道，面对面地坐向容易造成紧张、对立的关系。回想一下，我们平时与人争辩的时候，是不是总是会不自觉地采取正面相对的姿势呢？人和人相对，容易产生对立情绪；相反，如果彼此横向而坐或斜向而坐，让双方的视线斜向交错，

这样就减弱了视线的对立性，因此也可以避免尖锐的对立状态，这种坐向会让人感觉比较和谐融洽。

其实，与孩子谈话的时候，要根据内容选择合适的坐向。不要因为横向而坐或者斜向而坐气氛比较和谐就不分情况地一律选择这种坐向。

首先，如果父母只是没有针对性地与孩子聊聊天，那么如果想要避免无谓的对立，最好选择侧身而坐，或采取直角的位置，尽量避免与孩子正面相对而坐。

当父母要表扬孩子的时候，一定要选择与孩子横向坐或者倾斜交叉而坐。如果对面而坐，就会造成与表达内容的矛盾，有时夸奖反而容易让孩子误解为讽刺或者挖苦。

在批评孩子的时候，则要根据情况选择坐向。如果要进行缓和的、温暖的批评，就要坐在孩子的身边，选择斜向或横向而坐。反之，如果孩子的错误很严重，必须进行严厉的批评，这时候就要选择坐在孩子对面，用视线直视他，给他的心理造成强烈的震撼。

所以父母一定要记住，"坐向"有着神奇的魔力，会产生完全不同的心理感受。在与孩子的交往中，应该根据不同的谈话目的选择不同的坐向，从而加强教育的效果。

做孩子最忠实的倾听者

自从儿子上了学，陈琪觉得儿子简直变成了一个"唠叨婆"。每天在回家的路上，儿子总是唧唧喳喳地说个没完：今天上了哪些课，都是哪些老师，老师批评了哪个同学，自己和谁闹了矛盾等等。陈琪总是很不耐烦，觉得儿子说的这些事情没有一件是值得听的。

与陈琪的解决方法不同，张先生则总是耐心地倾听女儿的每一句话，偶尔插上一两句话，发表一下自己的看法。从学校到家里的这段路，张先生总是故意把车开得特别慢，以便能够倾听女儿的话。通过这样的倾听，他对女儿每天在学校的情况都会有个大概了解，如果孩子有什么思想上的问题也能及时解决。

一位著名的心理学家认为，父母让孩子通过语言把所有的感情都表达出来，不管是积极的还是消极的，都是对孩子最大的保护。从孩子的角度来看，他们总是希望父母能与他们分享生活中的一切，不管是快乐还是悲伤，而父母却往往只喜欢听孩子传喜讯。如果孩子考试取得了好成绩，得到了老师的表扬，父母听到后就会很开心；而当孩子对父母说一些学校里发生的趣事或者完全与自己没有关系的同学的事情，父母就会很不耐烦："好了好了，妈妈很忙。不要再啰唆了！""好烦啊，一边玩去！"

长此以往，孩子就会对父母失望，并且将这种坏心情埋在心里。当消极情绪始终找不到发泄和化解的渠道时，它就会不断积累，等到一定程度就可能突然爆发，变成一种对抗情绪。这种对抗情绪会很严重地损害家庭关系。

其实，不管是大人还是孩子，只有感觉到对方真诚地想要了解自己的生活并且认真倾听自己的想法时，才能听得进对方的话。所以父母如果想要在教育孩子的时候更有说服力，首先要确定自己是不是了解了孩子的真实想法。而要想真正了解孩子的内心和思想，就要认真倾听孩子的话，确定自己没有误解孩子的想法。

父母在倾听孩子的话时，首先要做的就是耐心听孩子说话。耐心听孩子讲话，不仅是对孩子的尊重，而且是一种积极的倾听。这种倾听并不是指默默地在一边，单纯地听对方说话，而是要以平等的姿态去用心倾听对方的话，而不是随便敷衍一番。倾听者要暂时把自己的评判标准放在一边，不管你对对方的语言或行为持赞成还是批判态度，都要无条件地接纳对方。积极倾听更多的是关注对方的心理，而不是话语。积极的倾听不仅要感同身受地去体会对方的心情，还要引导对方抒发情绪，宣泄那些不满、愤懑、悲伤、快乐、喜悦……

妈妈大多数在生活上非常关心孩子，但是在真正平等地对待孩子方面做得往往很不够。孩子在向妈妈诉说时，经常会被打断，甚至还有可能遭到指责。在这种情况下孩子只能把话咽回去。还有的时候，妈妈只是机械地听孩子说话，却没有认真体会孩子倾诉时的情绪。这种情况下，孩子的想法往往得不到妈妈的重视，他们也会渐渐地把自己的秘密埋藏在心里，做妈妈的就很难再去了解孩子的所思所想，长此以往，妈妈对孩子的教育就会感到无所适从。另外，妈妈如果不尊重孩子的说话权，那么孩子就会从心理产生反感和想要与之抗衡的情绪，进而导致亲子沟通出现问题。

那么怎么做才是积极的倾听呢？首先一定要做出听的姿势，一定要与孩子平视，不要给孩子居高临下的感觉。身体要向前倾，表示自己对孩子所说的话很感兴趣。另外，不要在自己和孩子之间制造障碍，家长喜欢双手抱着胳膊，或者边翻书边听孩子说话，这些对孩子来说都是一种障碍。此外，一定要看着孩子的眼睛，用眼睛来告诉孩子你很期待与孩子的交流。

在谈话中最扫兴的就是别人说"行了行了，我早就知道了"或者"哎呀，你真烦！没看妈妈忙着吗"如果孩子刚刚开始说话，家长就说了这种类似的话，孩子说话的兴趣就一下子被浇灭了。

对孩子的倾诉行为最好的鼓励就是让孩子知道他所说的每一句话，你都认真听到了。这时候你可以用表情来传达自己认真听的状态。比如：保持微笑，而且时常做出吃惊的样子。孩子最爱"大惊小怪"，他喜欢看到大人对自己说的事情表现出吃惊的表情，因为这说明他很有本事。

很多青春期的孩子往往不喜欢听妈妈说话，更不愿向妈妈倾诉心事。但是如果他们向您谈起自己的心事时，请千万要耐心、感同身受地去倾听。因为这说明他正在努力向妈妈敞开心扉，试着缩小与妈妈的心理距离。当他们说出曾经所受的伤害时，就应当接受，去理解，并且积极寻找能够治疗这些"伤疤"的方法。

试想，如果妈妈听了孩子的话之后，常常因为孩子说出了自己的调皮事而训斥孩子的话，那么她很可能再也听不到孩子内心的想法了。这样的误解不仅会伤害了孩子的心灵，也会破坏亲子关系。其实，很多时候，妈妈把与孩子的交谈当作是朋友之间的聊天，就能得到完全不同的效果。

妈妈怎么说孩子才肯听

低声说与大嗓门，哪个更有效

现实生活中，我们总是可以见到这样的场景：面对放声大哭的孩子，母亲越是歇斯底里地高声斥责，孩子哭闹的声音反而越大。实际上，孩子的大嗓门是被母亲的高分贝吊上去的。这种母与子之间的交战，只有等双方中某一方的筋疲力尽才能结束。

美国的凯尼让大学语言研究班曾经与美国海军合作，研究在军事行动中一项指令的下达应该以多大的声音发出最合适。实验者们通过电话、舰船上的传声管，向接收者发送各种分贝的声音，结果表明：发送者的声音越高，接收者回答的声音越高；发送者的声音越低，接收者回答的声音越低。

这个规律告诉我们，当交谈双方的情绪处于紧张和敌对时，一方的低声也有助于降低对方的音量，从而缓解双方的对立状态。这就是心理学中的"低声效应"。这种效应给家庭教育的其实就是：有理不在声高。父母在批评孩子的时候，使用较低的声音要比使用较高的声音效果更好，而且越是批评、呵斥的话题，就越应该用低于平日的声调来讲。

妈妈有一天带着3岁的铭铭到邻居家做客。铭铭刚开始还很安静，但是过了一会儿，就开始在别人家床上蹦蹦跳跳，张牙舞爪。看到这种情况，铭铭的妈妈没有发怒，而是走到铭铭跟前，用轻得几乎让人听不见的声音在铭铭的耳边说："你觉得不经允许就随便在人家床上乱蹦乱跳，是一件好事吗？"

妈妈的声音十分轻柔，脸上挂着和蔼的微笑，但铭铭却像听到了严厉的批评一样，马上停止了乱蹦。

其实这个事例就体现了"低声效应"的作用。在家庭教育中，降低声调、压低声音的讲话方法有很多好处。

首先，从物理学的意义上来讲，一方用低声讲话，对方就必须要集中精力才能听清。在这种情况下，即使他并没打算认真听这些话，但是由于条件反射的听觉动作，还是会不自觉地捕捉你谈话的内容，并进行理解。

其次，洪亮的声音一般是用来面向公众的，比如用于演讲、舞台剧等；而小声说话则突出强调了这是两个人之间的谈话，不涉及其他人，是针对个人私下里讲的话，所以很容易形成一种"促膝长谈"的良好气氛。这对于正在挨批评的孩子来说，是一种不会引起紧张感的气氛。

此外，低声讲话给人的感觉是"理性"的表述，而不是感情的宣泄。低声讲话可以让听话的人感到你是理智的，从而让自己的话更有说服力，同时也促使听话的人保持理智。如果孩子在你的面前大声哭闹，那么你必须首先保证自己的情绪不被孩子的情绪感染，然后才能理智、冷静地分析孩子哭闹的原因，进而把孩子从波动的情绪中引导到理智的状态中来。

用不同于平日说话的低声来跟孩子交谈，其实也是在暗示孩子：现在爸爸妈妈的态度是异乎寻常的郑重，你一定要认真听才可以。

总之，低平的声音、沉稳的语调，能够促使对方认真倾听你的谈话，至少可以防止父母在教育子女时与孩子竞相拔高声音，使矛盾升级。低声说话可以使双方都处于冷静自制的状态中，可以为进一步说服孩子创造条件。相反，面红耳赤、声嘶力竭地数落孩子只会起到适得其反的效果。

南风效应：温暖的沟通法最得孩子心

法国作家拉封丹写过一则寓言，北风和南风相约比武，看谁能把路上行人的衣服脱掉。于是北风便大施淫威，猛掀路上行人的衣服，行人为了抵御北风的侵袭，把大衣裹得紧紧的。而南风则不同，它轻轻地吹，风和日丽，行人只觉得春暖身上，始而解开纽扣，继而脱掉大衣。北风和南风都是要使行人脱掉大衣，但由于态度和方法不同，结果大相径庭。

这则寓言反映出这样一个哲理：即使出于同样的目的，采用的方法不同，最后导致的结果也会不同。心理学将这一哲理称为"南风效应"。

南风效应告诉了我们一个道理：温暖胜于严寒。这也就是说，妈妈在教育孩子时，要特别讲究教育方法，如果你总是对孩子横加指责甚至体罚，就会令你的孩子把"大衣裹得更紧";而如果你采用和风细雨"南风"式的教育方法,那么你会轻而易举地让孩子"脱掉大衣",达到你的教育目的,收到更好的教育效果。

有个初三的女学生深深地爱上了她的同学而不能自拔,于是给他写了一封热烈的情书,没想到却被老师知道了。老师把这件事连同那封情书交给了女孩的妈妈,女孩既感到无地自容,又感到恐惧万分。

她硬着头皮回到了家里,可没想到妈妈并没有什么异样。女孩心里忐忑极了,她一晚上都在偷偷观察着妈妈,可最终也没发现妈妈有什么不寻常的变化。等到临睡之前,她的心终于稍微放松下来了,她随手翻起了放在桌子上的小说,却发现那封情书就夹在里面,另外还有一张妈妈的字条:"今天老师把这个交给了我,现在妈妈把它还给你。妈妈相信你可以自己处理好这件事情,相信你能权衡好感情和学业孰轻孰重。晚安,宝贝!"

俄罗斯思想家别林斯基说过:"幼儿的心灵最容易受到各种印象的影响,甚至最轻微印象的影响……常常受到强烈的惩罚而变得粗暴的人,会残忍起来,冷酷起来,不知羞耻,于是连任何惩罚对于他都很快变得无效了。"的确,长期生活在北风式教育方式下,孩子可能会走向两个极端,要么对许多事情失去兴趣,给自己和他人造成伤害;要么不敢寻找独立,成为父母和老师眼中的"好孩子"。这样的孩子走上社会后,要么缺乏解决问题的能力,不敢承担人生的责任;要么缺乏自信,一生唯唯诺诺,活不出自己。

孩子都有本能的自我保护意识,他一旦发现妈妈想要教育他,就会扣上心灵全部的纽扣,把整个心都封闭起来,进行紧张的心理防范。如果妈妈能从孩子的心理出发,消除被教育者——孩子的对立情绪,创造心理相容的条件,就能顺利开启孩子的心理围城,脱去他紧护心灵的外衣,敞开心扉。

因此,妈妈要时刻谨记:家庭教育中采用棍棒、恐吓之类"北风"式教育方法是不可取的。实行温情教育,多点表扬,培养孩子自觉向上的能力,才能达到事半功倍的效果。

教育不粗暴,说服有技巧

如果家长总是对孩子指指点点,就会给孩子造成咄咄逼人的感觉,令他难以接受,甚至因此引发对立情绪。相反,如果家长掌握说服孩子的方法与技巧,就能让孩子心悦诚服地接受家长的观点,收到事半功倍的教育效果。

有这样一个小故事:

齐景公生性好玩,常常爬到树上去捉鸟。晏子想说服齐景公改掉这个习惯。有一天,齐景公掏了鸟窝,一看是小鸟,就又放回鸟窝里。晏子问:"国君,您怎么累得满头大汗?"齐景公说:"我在掏小鸟,可是掏到的这只太小、太弱,我又把它放回巢里去了。"晏子称赞说:"了不起啊,您具有圣人的品质!"齐景公问:"这怎么说明我具有圣人的品质呢?"晏子说:"国君,您把小鸟放回巢里,表明您深知长幼的道理,有可贵的同情心。您对禽类都这样仁爱,何况对百姓呢?"齐景公听了这些话十分高兴,以后再也不掏鸟玩了,而且更多地去关心百姓的疾苦。晏子顺利地达到了说服的目的。

晏子的赞美最终说服了固执顽皮的齐景公。由此可见,赞美对人有一种无穷的力量。

心理学研究告诉我们：每个人的内心都有自己渴望的"评价"，希望别人能了解，并给予赞美。所以，家长在说服孩子时，不妨用"放大镜"观察孩子言行中的闪光点，给孩子一个超过事实的美名，让孩子得到心理上的满足，找回自信，进而在较为愉快的情绪中接受家长的劝说，学会自律。

如果你希望孩子按你的想法行事而孩子却并不愿意这样做，那么你就要想办法去说服你的孩子，而不是用简单粗暴的方式命令他。但是，说服也需要技巧，也就是说，要根据不同的问题选择适宜的说辞。如果不管是什么情况，都用同一种方法去说服，就很难顺利达到目标。因此，要想说服孩子，就必须巧妙妥善地运用各种表达方法。

欢欢放学回家，进门就嚷着要吃红烧肉，恰巧欢欢妈不在家。欢欢看见爸爸，就嚷着对爸爸说："爸爸，我快饿死了，你做了什么好吃的？"

欢欢爸想到儿子从来不愿意自己出去买东西，就准备借机锻炼一下他，于是说道："妈妈今天不回来，要吃饭就得我们自己做。我看干脆晚饭不吃了吧，煮饭麻烦，法律也没有规定一天吃三顿呀。"

"可是我肚子饿得不行了。"

"你想吃什么？"

"我想吃红烧肉。"

"那你去买吧。"

"拿钱来。"

欢欢的爸爸首先提议"不吃晚饭"，让欢欢感到"绝望"，再提出"去买肉"这个劝说目标，于是欢欢就非常痛快地答应了，从而顺利地解决了问题，达到了自己想要锻炼孩子的目的。

心理学中有一个"欧弗斯托原则"，指说服一个人的时候，利用巧妙的说辞，让对方不得不接受你的提议。可见，欢欢的爸爸在说服欢欢独自上街买东西时，就运用到了这个技巧。

想要说服孩子，家长就不要总是急于发表你的看法。如果你的孩子喜欢犟嘴，那么在说服他的时候，不妨先听孩子把他想说的话说完，然后你再发表你自己的看法。同时，还要多反省一下你自己的行为，因为孩子有的时候跟父母对着干，是对过分控制他们的家长或过度保护他们的家长所作的最直接的反抗。所以，当孩子反抗时，你要反省一下，自己是否说得过多？是不是老在下命令？是不是动不动就唠叨和责备孩子？

再有，任何时候只要有可能，就多给孩子一些选择。多问孩子一些类似选择性的问题，比如"你觉得……"、"这个怎么样"，切勿用"你应该……"、"你为什么不能……"这样的话。

最后，要想让孩子不加抵抗地改变主意，你就要学会晓之以理、动之以情，这是任何消极对立的观点都难以招架的。打动孩子的感情要比简单生硬的命令和责难强十倍，所以，家长对孩子说出的每一句话，都要有诚意，都必须是发自内心的，是真心实意地渴望与孩子交流的，并渴望得到孩子的认同与理解。

超限效应：说教切忌唠唠叨叨

小博从小身体就很弱，所以妈妈总是非常担心他的健康。每天早晨一起床，妈妈就开始了唠唠叨叨："小博，多吃点儿饭，这样身体才能好！""小博，今天天气冷，多穿点衣服别感冒了！""小博，外面刮风了，别忘了戴上帽子！""小博……"终于有一天，小博生气地对妈妈说："天天就是这些话，烦不烦啊！"说完背起书包夺门而出。妈妈则是眼泪汪汪，觉得十分委屈：我这不都是为了孩子好吗？孩子怎么能这么说我？

实际上父母过多的叮咛，并不能起到预期的效果，反而会因为过于"唠叨"使孩子感到不耐烦而听不进去，或者听得太多感到麻木，这都是因为产生了"超限效应"。

心理学上，机体在接受某种刺激过多的时候，会出现自然而然的逃避倾向。这是人类出于本能的一种自我保护性的心理反应。由于人的这个特征，在受到外界刺激过多、过强或者作用时间过久时，会使人的心理极不耐烦甚至产生逆反情绪。这种心理现象就叫作"超限效应"。"超限效应"提醒家长们：人的心理对任何刺激通常会有一个承受的极限，如果超过了这个极限，就会向相反的方向转化，也就是我们常说的"物极必反"。

当父母批评孩子的时候，应该记住：孩子犯了一次错，只能批评一次。如果需要再次批评的时候，要注意换个角度，用不同的话语去提醒孩子，这样才不会让孩子觉得因为同样的错误被父母"穷追不舍"，也不会因此对父母的说教感到厌烦。如果对于一个错误，父母一次、两次、三次，甚至四次五次地做出同样的批评，就会使孩子原本感到有些内疚不安的心情转变为不耐烦，最后发展到反感至极，甚至出现"我偏要这样做"的逆反心理。

为了避免批评时的"超限效应"，父母在教育孩子的时候要注意：要订立规则。如果孩子违反规则一次、两次，可以批评，但如果在此基础上仍旧违反，就要根据规则采取一些惩罚性的措施，不能只说不做，否则也会降低父母在孩子心中的威信。

有些父母可能认为，对孩子批评多了不好，那多表扬肯定没错了吧？其实表扬也同样存在着"超限效应"。表扬太多，会让孩子觉得父母是在哄自己，名义上是表扬，实际上是在提醒他这些方面做得不够好，要多注意。于是孩子一听到类似的表扬，就会感到不舒服。

还有些父母喜欢对孩子进行过多的大而空的说教。孩子即使认为父母的话在理，也会由于在短时间内遭受集中"轰炸"而感到难以承受。这也是许多青少年爱和父母犟嘴的原因。

从上边的内容可以看出，无论是批评还是表扬，甚至只是平时的教育，父母都应该掌握好"度"。任何事情如果过度，就会产生"超限效应"；如果不及，又达不到既定目的。所以只有掌握好火候分寸，做到恰到好处，才能得到理想的教育效果。

一个拥抱胜过十次说教

在人际交往中，身体语言往往能比口头语言传递更多的信息。所以父母在和孩子的交往中，不仅要留意自己的语言所传达的信息，还要学会利用身体语言。

当孩子跌倒的时候，我们常常可以看到一些家长嘴里说着："宝宝快起来，不疼不疼！"可是脸上却带着惊慌失措的表情，手也不由自主地伸向孩子。孩子看到妈妈这时候的表情，就会大哭起来。

其实孩子年龄虽小，但是第六感是相当敏锐的，他们能从父母微妙的表情和动作中判断出父母的态度。如果在孩子跌倒的时候，以坚定的目光看着孩子，并对孩子说："自己起来吧！"孩子就会知道父母不会帮助自己，然后就会自己站起来。

曾经有这样一个实验：

让妈妈面无表情地看着正在笑的六个月大的孩子，结果，不一会儿，孩子就不再笑了。当妈妈离开后，再次回到孩子身边时，他根本就不看妈妈。这个实验证明，面无表情或郁郁寡欢的妈妈很容易刺伤孩子的心。孩子虽小，但他却能清晰地从妈妈的表情、动作上感觉到妈妈的态度。

也许父母不知道，孩子对于表情的敏感程度，远远超出了家长的想象。据研究，在孩子语言能力没有成熟前，父母与他交流时，这种非语言的表达方式能占到97%的比重。大一点的孩子就更不用说了，他们更善于观察父母语言之外的其他东西。因此父母在与孩子的交往中，一定要留意自己的身体语言所传达的信息。

当孩子想妈妈了或者被别的小朋友欺负了，可以把孩子搂在怀里，脸贴着脸，缓缓地拍着他的背部，嘴里轻轻地说些安慰话，这样孩子那颗惊恐失措的心会渐渐趋于平静。当孩子说着不着边际的话时，家长最好也要面带微笑地等他说完再发表见解，可以伴些手势和面部表情，这会使孩子觉得自己像大人一样被尊重。当和孩子玩游戏时，调皮的孩子故意耍赖，妈妈要么刮刮他们的鼻子，要么摸摸他们的头，再不然就亲亲他们……这时候孩子们就会围着妈妈又蹦又跳，显得特别开心。

总之，除了正常的语言交流外，家长适时地给予孩子的一个拥抱或者一个吻，都可以很好地激发孩子的积极性，让他们体会到父母的可亲可敬。而对于那些调皮捣蛋的孩子来说，父母一个严厉的眼神，也许比责骂更有效果。

此外，在父母和孩子的交往过程中，还要学会读懂孩子的身体语言，以此来"透视"孩子的内心世界。当一个小孩撒了谎的时候，他很可能会在说完之后立刻用一只手或双手捂住嘴巴；如果不想听父母唠叨，他们会用手捂住耳朵；如果看到可怕的东西，他们会遮住自己的眼睛。当孩子逐渐长大以后，这些身体语言依然存在，只是会变得更加敏捷让别人不易察觉。

一个妈妈在与孩子谈话时，十分注意孩子的眼神。她这样总结自己的孩子："孩子眼神定向专注，表示注意力集中；眼珠发亮，表示思维活跃；眼珠放光，表示懂了；眼珠不亮，表示在思考，但还不明白；眼珠亮点闪烁，表示思想上处于矛盾斗争中；眼睛湿润，表示激动。"

不同孩子的身体语言不一定相同，但是只要父母认真观察，就不难掌握孩子的身体语言特点。

而在教育孩子的过程中，父母也要适当地运用肢体语言，这样可以强化口头语言的使用效果。特别是对年龄偏小的孩子来说，父母的肢体语言可以使他们柔弱的心灵得到莫大的安慰，一个鼓励的眼神、一个温暖的拥抱，都会使他们觉得温馨，具有安全感。

了解孩子的肢体语言，就可以在孩子需要帮助的时候像春风一样温暖孩子的心；学会用肢体语言表达自己的情感则会让孩子收获更多的关爱和欢乐。请父母们时刻把这样一句话放在心头：任何时候，孩子都更愿意相信父母的表情，而不是父母的话。所以，不要吝啬自己的肢体语言，让它们带给孩子一份特别的鼓励和关爱吧！

争论无罪，分辩有理

别把自己的想法强加给孩子

小伟从幼儿园回家后就一直在看动画片。外婆烧好了饭菜，叫道："小伟，吃饭啦！"小伟没有回答。过了一会儿，外婆又叫道："小伟，快来呀，要不饭菜都要凉了。"小伟头也不回地说："我不要吃饭，我要看动画片。"

听到小伟的回答，外婆对坐在一旁的外公使了个眼色，于是外公趁小伟不注意，悄悄把电视频道给换了。小伟立刻大哭大叫起来，外婆好说歹说小伟都听不进去。最后外公狠狠打了小伟屁股两下，才把小伟拉到了饭桌旁。但小伟是一边哭着一边吃饭的，看到这种情况家里的其他人这顿饭也都吃得没滋没味……

相信很多家庭中都遇到过类似的情况。有的时候大人们为了减少"麻烦"，干脆就把饭菜端到电视机前，让孩子一边看一边吃。其实这些做法对孩子的身心健康都会产生不利影响。

人与人各不相同，如果以自己的心思去揣度别人的心思，就很容易产生错误的判断。作为父母，要时时刻刻设身处地地为孩子着想，尽力去理解孩子的感受，同时也要教会孩子学会设身处地地理解别人。

比如上边的例子中，大人不爱看动画片，但是小孩爱看；大人喜欢按时吃饭，但孩子并不在乎。父母应该尊重孩子的喜好，或者采取适合的策略去影响孩子。比如，可以给孩子两个选择，要么"看完动画片，马上来吃饭"，要么"再看两分钟就来吃饭，然后吃饭后还可以再看一个动画片"。让孩子自己做出选择和决定，这样执行起来就会比较容易。

家长们必须承认，孩子正在逐渐成长为一个独立的个体，他们有自己的个性、兴趣、需求以及情感表达方式。父母应该学会站在孩子的立场上去理解孩子的感受，满足孩子的需要。父母在做出判断前，首先应该先让孩子表明自己的想法，然后再与孩子商讨得出合理的解决办法，同时根据孩子的特点、条件，给予合适的指导。在和孩子发生冲突的时候，父母一定要注意不要搞"一言堂"和专制主义，不能只允许自己发布命令，不允许孩子表达意见。比如父母认为学一门乐器很重要，因此就不管孩子是不是喜欢，就逼着孩子去学习。

不考虑别人的感受和看法，一切只从自己的意志出发，这就是心理学上的"投射效应"，也就说把自己的想法不分情况的投射到别人身上，强迫别人接受自己的意见。这在家庭教育中是应该避免的。"投射效应"提醒我们，父母和孩子对很多事情的看法和感受可能是截然不同的。父母不应该把自己的主观意志强加给孩子。在有些非原则性的问题上，父母其实完全没有必要强求孩子，在这些事情上，父母应该尽量尊重孩子自己的意愿。

为了避免"投射效应"，父母应该学会换位思考，试着把自己放到孩子的位置上去观察问题。当发现孩子在自己的抽屉上加了锁的时候，可以参照孩子那个年龄阶段的心理特点去理解，更简单的方法就是回忆自己在同样年龄的时候的心理特点，这样就很容易理解孩子的心理，进而理解孩子的行为。

除了自己要避免对孩子的"投射效应",也要注意引导孩子别把自己的意愿强加给别的小朋友,要教孩子站在别人的角度去理解他人的感受。比如当孩子打了其他小朋友的时候,首先要问清楚打人的原因,防止自己误解孩子。当明确了原因,这时就可以引导孩子站在别人的角度思考问题。可以问他:"要是因为这个原因别人打了你,你会不会不开心呢?你现在打了别的小朋友,他也很难过,你最好去跟他道个歉。"

有时候为了教会任性的孩子理解别人的感受,父母还可以采用"角色转换"的方法。比如,让任性的孩子去照顾比自己还小、还任性的孩子,从而让孩子体会到自己的"任性"给别人带来的麻烦,相信有了这些体会之后,孩子就很容易改变这个坏习惯了。

让孩子理解你,不是服从你

《新文化报》的记者曾经在一个地区的三所省重点中学发了280份问卷调查,结果令人震动:

问题一:你的袜子谁来洗?

95%妈妈或其他长辈洗;5%自己洗

问题二:你认为妈妈辛苦吗?

22%一般;59%很辛苦;19%不辛苦

问题三:你常与妈妈沟通吗?

22%经常;26%偶尔;52%几乎从不

问题四:你给妈妈做过饭吗?

20.5%没有;66%有过一两次;13.5%经常做

问题五:你为妈妈洗过脚吗?

17%洗过几次;20%只洗过一次;63%从来没洗过

问题六:你常对妈妈说感激的话吗?

39%是;20%只是偶尔;41%几乎从不

问题七:妈妈不高兴时,你安慰过她吗?

62.2%有;5.4%没有;32.4%有一两次

问题八:你觉得应该回报帮助过你的人吗?

20%没考虑过;62%应该;18%不用

问题九:遇见教过你并常批评你的老师,你会说话吗?

86%不理她(他),假装没看见;14%会主动上前打招呼

在这份问卷调查中,有52%的孩子表示自己几乎从来不和妈妈沟通。对于"你认为妈妈是否辛苦"的这个问题,有19%的孩子觉得妈妈不辛苦。"我一点也看不出妈妈辛苦。他们每天早上起来给我做早饭,然后送我上学,晚上再来接我回家。天天如此,从来没有听他们说过自己很辛苦啊。"妈妈只是没有把生活的辛苦和沧桑挂在脸上,孩子们就以为自己的妈妈一点都不辛苦。

从另一个角度上,很多妈妈总是以为只要给孩子吃好穿好,让孩子听话懂事就行了,她们不愿意让孩子知道自己工作生活上的辛苦,也从来没有给孩子理解自己的机会,只是觉得自己既然不辞辛苦为孩子撑起了一片天,孩子就应该服从自己,听自己的话。但是,孩子并不认同这个道理,他们并不会认为自己一定要服从妈妈。其实,让孩

子服从你，不如让孩子从内心理解你。当孩子越是了解妈妈付出的辛苦，就越会从心里理解和尊重妈妈，也才能真正心服口服地听从妈妈的劝告。否则，孩子只会觉得自己所得到的一切都是理所应当的。

其实，当妈妈与孩子之间是地位平等、相互尊重、相互理解的时候，孩子往往能更好地感受到妈妈对自己的爱以及妈妈做出的牺牲；当孩子完全从属于妈妈的时候，他们就会无视别人为自己所做的一切了。

如果你的孩子也是这样不理解妈妈，那就应该想办法引导孩子认真思考一下：妈妈每天不仅要做好自己的工作，还要费尽心思照顾全家人的生活。即使面对着工作和家庭的经济压力，也很少跟孩子提起，实在是很不容易。妈妈空闲的时候，也可和孩子讲一讲自己工作上的情况，让孩子对妈妈工作的艰辛心里有数。要让孩子明确这样一个观念：无论妈妈从事什么样的工作，都是靠自己的双手在劳动，凭自己的本领在吃饭，都值得孩子敬重。

为了让孩子更理解自己，妈妈可以试试以下的这些方法：

（1）教育孩子学会理解他人。凡事除了从自身的角度考虑之外，还要推己及人，站在他人的角度理解一下，这样才能不失偏颇。

（2）通过让孩子参加一些简单的家务劳动让孩子学会珍惜妈妈的劳动。在劳动的过程中让孩子体会到做任何事情都不是轻易可以成功的，必须要付出努力才可以得到好的结果。

（3）最重要的一点是要和孩子建立亲密的沟通，让孩子了解妈妈的烦恼和辛苦。妈妈可以在晚饭的时候和孩子多聊聊天，不仅要关心孩子的学习生活，孩子知道自己在工作中遇到的问题和烦恼。

当孩子不能理解妈妈的苦心时，妈妈应该静下心来与孩子进行交流，告诉他你的困难、辛苦以及工作的状况，让孩子去理解你、关心你，这样才能更有利于孩子的健康成长以及建立良好的亲子沟通关系。

巧用"近因效应"，用愉快结束谈论

相信大家都听说过"屡战屡败"和"屡败屡战"的故事。清代名臣曾国藩征讨太平天国的时候，一开始经常打败仗。在给皇帝写奏折报告军情时，他不得已写上了"屡战屡败"。这时他的一个谋士看到了，说："这样写，皇帝恐怕要降罪于您。"曾国藩说："可是还能怎么写呢？"谋士说："我看还是改成'屡败屡战'吧。"曾国藩就照做了。结果皇帝看了奏折，果然没有追究他的罪过。

字的顺序真的有那么重要吗？"屡战屡败"把"败"字放在后面，只是让人感觉打仗的结果大都是失败；而"屡败屡战"把"战"字放在后面，则给人以不屈不挠、不达胜利不罢休的印象。词的内容不变，但是顺序颠倒，会给人带来截然不同的感觉。这就是"近因效应"的作用。

在一组信息中，人们对位于开始部分和末尾部分的信息，比中间部分的信息记忆更牢固，前者叫"首因效应"，后者叫"近因效应"。"近因"是指最后的印象，它同"首因效应"一样会给人的认知活动造成强烈的影响。心理学实验表明，人与人之间的交谈中，相互之间对话语的理解，往往受近因效应的影响。也就是说，最后一句话，往往决定整句话的调子，并且能给人留下更加深刻的印象。

根据"近因效应"的心理学原理，父母在和孩子聊天的时候，要注意把消极的意思放在前面说，把积极的意思放在后面说，这样才能在整体上给人积极向上的感觉，也就说每次谈话留一个"光明"的尾巴。

比如当孩子面临升学考试的时候，父母和孩子聊天的时候如果说："随便考上一个学校该没有什么问题吧，虽然你基础不太好。"虽然父母也是抱着安慰孩子的心理和孩子说了这一番话，但是却给孩子带来了不悲观、不信任的感觉；但是如果换个顺序，这样说："虽然你基础不太好，但是总能考上一个学校吧。"这就给孩子一种鼓舞的感觉，孩子从这句话里体会到的意思是虽然有困难，但是最后仍然可能取得胜利。

所以父母和孩子谈话的时候一定要注意"近因效应"。如果要说的话中既有好听的，又有不好听的，那就要尽量把不好听的放在前面说，把好听的放在后面说。这样后面的话就决定了整句话的基调，会形成余音绕梁的效应，能让孩子更加积极乐观地面对问题。

在批评孩子的时候，"近因效应"会显得更加重要。

父母在批评孩子之后，可以用这样的话来结尾："也许我说的话重了一点，但是希望你能理解我的苦心。"听到这句结束语，孩子会有一种受到勉励的感觉，认为这一番批评虽然严厉了点，但父母都是为自己好。父母也可以在斥责孩子之后加上这样一句："其实，总体来说你还是挺不错的。"如果实在想不出安慰的话，或者不好意思再加上这样一句，那么身体语言也可以作为"光明的尾巴"。对挨了批评的孩子笑一笑，或者拍拍他的肩膀等等亲密的肢体语言都可以给孩子带去一种鼓舞。这种一巴掌之后赶紧给个甜枣的做法，能让孩子忘记前面的一巴掌之痛。相反，如果父母用"你懂了没有""如果再犯，我决不饶你"等怒气冲冲、命令式的结束语，只能给孩子留下一个更为恶劣的消极印象。

给孩子写信也能出奇效

在教育孩子的过程中，家长们常常会遇到这样的情况：自己有一肚子的话想要对孩子讲，但是又不知道应该从哪里开始讲起。尤其是遇到比较敏感的问题时，更不知道该不该对孩子说，怎么对孩子说。其实，这个时候，家长们可以试试最原始的沟通方式——写信。

书信，自古以来就是人与人之间沟通的好方法。给孩子写信，既可以避免与孩子面对面讨论敏感问题的尴尬，也可以让孩子在反复地阅读中平静自己的心情。

娜娜是个高一的女孩。有一次妈妈去学校开家长会的时候，老师告诉妈妈娜娜最近似乎对一个男孩子很有好感，但是那个男孩子不理她。她的情绪最近一直很低落，成绩也有所下降。回到家后，妈妈把情况跟爸爸说了一下，爸爸一听火冒三丈。娜娜一回家，爸爸就吼道："小小年纪谈什么恋爱？有那时间还不如好好学习呢？"娜娜本来回家的时候就很忐忑，听到爸爸的责骂，马上就钻进自己的小屋哭了起来。

这时候，妈妈狠狠地瞪了爸爸一眼，就去敲门想安慰女儿，可是女儿说什么也不肯开门。妈妈想了一夜，最后给女儿写了一封信，告诉她："妈妈很开心我的女儿开始知道喜欢别人了，这是一个女孩子成长过程中的一个必经之路。但是女孩儿要想让别人喜欢，就必须要努力提升自己，让自己变得优秀，这样才能让自己喜欢的人欣赏自己。如果你足够优秀，你的未来还会遇到很多欣赏你的男孩子。但是如果你不能把这种喜欢转化为让自己出色的动力，那么你就会丧失让别人欣赏你、想要和你共度一生的筹码。现在如果你能把这种失落变成让自己优秀的力量，也许那个男孩子就会对你刮目相看。如果多年以后，在那么多欣赏你的男孩子中间，你仍然喜欢这个男孩，那么爸爸和妈妈也不会阻拦你与他的交往。其实，妈妈很能理解你的心情，毕竟妈妈也是从你那么大的时候走过来的。如果你愿意听听妈妈的故事，那么我们找个时间单独聊聊好吗？"

给孩子写信，通过文字来表达自己的心情，不失为一种与孩子沟通交流的好方法。如果有些话题实在敏感，可以用书信和孩子来交流；有的时候父母犯了错误不好意思当面承认，也可以给孩子写封信来表达自己的歉意。其实很多时候，信不一定是要规规矩矩的按照格式来写，在信上给孩子画幅漫画，或者写上只言片语，这都是与孩子沟通的渠道。

家长可以写一封长长的信塞进孩子的房门，当然也可以用便利贴贴在孩子的门口。其实有的时候家里准备一块小黑板也是不错的选择，当孩子对你不满，有问题被误解的时候也可以是他发泄的场所。当父母意识到自己的错误，在黑板上写下一句道歉的话也可以很好地拉近亲子间的关系。

书信，自古以来是人与人沟通的好方法，如果家长们善于利用书信，一定会为亲子关系的建立留下一抹靓丽的色彩。

第六章
"对症才能下准药"，击破孩子的疑难杂症

家有小小"电视迷"

电视不是保姆

嘉嘉的爸爸妈妈工作都很忙，所以白天的时候嘉嘉总是和爷爷奶奶待在一起，奶奶爱看电视，尤其是电视剧，嘉嘉也经常和奶奶在一起看电视。过了一段时间，嘉嘉的爸爸妈妈发现孩子对任何事情都提不起兴趣，但是只要电视机一打开，他马上就会兴奋地跑过去看电视。有的时候家里来了其他的小朋友，他也不去和这些小朋友一起玩，最多看看他们，然后仍然是一个人坐在电视机前，沉浸在自己的世界中。嘉嘉的爸爸妈妈对此十分苦恼。

很多孩子喜欢看电视，有些家长也很乐意把孩子交给电视看管，因为孩子在看电视的时候都是安安静静的，不会给家长添麻烦，家长会轻松很多。但是我们要提醒所有的家长，电视可不是一个称职的保姆，它会对孩子产生很多负面的影响。

首先电视是一个单向传播信息的传播方式，不能够与孩子形成互动，在看电视的过程中，孩子丝毫不需要思考，这对孩子的成长是十分不利的。电视所传播的信息大多是跳跃式的，孩子只能从中得到一些零散的、不系统的知识；而且任何一个学习过程都伴随着思考，电视却不会给人留下思考的空间和时间，长此以往，孩子的想象力和创造力就会下降，最终孩子也会因此失去读书和学习的兴趣。

电视还会降低孩子语言能力和沟通能力。孩子沉溺于电视这种让人被动接受的媒体，会讨厌自己思考，不喜欢用语言表达自己的想法，只喜欢用眼睛看、用耳朵听。如此循环往复，孩子的语言发育就会出现问题。因为语言发育必须通过与别人沟通才能完成，只是被动的看和听是无法学好语言的。如果孩子把大量的时间用在看电视上，那么，他与外界交往的机会就大大减少，长时间的独处也会使孩子的心理发育产生障碍。

另外，电视画面的更新速度很快，这些画面不断刺激孩子的视觉神经，孩子接受的刺激强度过大，很容易使情绪受到影响。比如当孩子在电视上看到血腥和暴力的画面时，孩子可能产生不安和恐惧，这种负面的情绪会影响孩子相当长的时间。如果家长没有对电视节目进行筛选就把孩子放到电视跟前，这就更可怕了。因为小孩子是最善于模仿的，他们还不懂得区分好与坏，也不清楚自己模仿的东西有什么意义，因此他们很可能去模仿电视中的一些暴力场面，而这些会影响他们未来的行为模式。

此外还有研究发现，爱看电视的孩子兴趣单调。如果孩子长期坐在电视机前面，外

界的事物很难引起他的兴趣，带他去学习画画、弹琴、下棋等，他经常会半途而废。这是因为培养兴趣的过程是一个艰苦的学习过程，而看电视却是娱乐消遣的过程，会让孩子的精神长期处于松散的状态，两相对比，孩子必然对这些需要付出脑力和体力才能获得的知识和技能产生排斥。

　　此外，孩子迷上看电视后，不仅会有损视力，对身体的其他方面也会产生不良影响。消化功能不好的孩子，长时间坐着不动看电视会发展成厌食，不利于生长发育；而消化能力很强的孩子，吃饱后坐着不动就会发胖。

　　人的精力都是有限的，在这件事情上付出得多了，在另一件事情上的精力必然就少了，所以希望每个家长都能从小培养孩子的好习惯，不要为了贪图一时的轻松把孩子丢给电视，让孩子把所有的精力都投入电视中，孩子需要在行走、观察、触摸中认识世界，感受世界，只有这样，他们才能健康成长。

让孩子少看电视，妈妈最好以身作则

　　随着现代科技的发展，电视屏幕越来越大，越来越清晰，电视频道也越来越多，这在很大程度上满足了人们放松精神的需要，但是电视也给许多望子成龙的家长们带来了恼人的家教问题。

　　说起孩子的"电视瘾"，刘妈妈也很苦恼。她抱怨说孩子最喜欢吃饭的时候看电视，本来20分钟就可以吃完饭，他非要磨蹭着吃40分钟。有的时候如果关着电视他就拒绝吃饭。孩子离不开电视的习惯真让人犯愁。

　　小孩子，特别是小学阶段的孩子看电视上瘾影响学习应该怎么办呢？
　　首先最重要的是家长要能够以身作则，拒绝电视的诱惑。一些有经验的妈妈说，"要想让孩子能够专心学习，做家长的必须要首先关掉电视机。"因为即使家长们把电视声音调到很低，这些节目也会对正在做作业的孩子形成诱惑，让孩子不由自主分散注意力，总是想偷偷地看一眼，只有自己关掉电视机才能让孩子真正进入学习状态。如果不想让孩子看电视，并且培养孩子其他的兴趣，家长要多花点儿心思去创造更多有趣的活动，比如一起看书、一起参加活动、一起运动健身等，用丰富多彩的活动"占领"孩子看电视的时间，让孩子发现更有趣更有意义的活动。

　　另外家长们也可以制定看电视的家庭规则。看什么节目以及看的次数和时间都要有明确的规定，比如作业没做好不能看，没吃完饭不能看，看到几点就要去做作业或睡觉，这些都要事先跟孩子说好。而一旦做好了规定，大人和孩子就必须要共同遵守，严格执行，不能因为孩子的请求而心软，也不能因为自己是大人就擅自破坏规矩。

　　小玲今年上六年级，正面临"小升初"的考试。她原本是个小小电视迷，因为成绩一直不错，开始的时候妈妈并没有强制剥夺她看电视的权利。但是上了六年级之后，妈妈就不再允许她看电视了。这一天，小玲正在学习，忽然听到妈妈看电视的声音，就把房门拉开一条缝，躲在门后悄悄看，不料被妈妈发现了，妈妈大发雷霆。小玲嘀咕了一句："为什么我不能看，你就能看？"妈妈听了更生气了，大声训斥道："我是大人了，工作一天很辛苦，并且现在不需要学习，所以可以晚上看电视；你是孩子，需要好好学习，需要完成作业，所以你不能看电视！"

小玲的妈妈说的似乎没有错，孩子也没有反驳，但是这种说法造成的效果却非常不好，这些话潜在的意思是：看电视是一种特权，我现在已经有资格享受了；你还没有资格，你只有好好学习，才能获得这样的资格。

这种说法让孩子觉得他和大人之间是不平等的，他会认为大人是有特权的，而且"学习"的过程是痛苦不堪的，和"享乐"是完全对立的。其实孩子的心里明白自己应该去学习，可是天性中的享乐愿望又让他非常想看电视。如果这种矛盾经常出现，就会激起他对学习的厌烦和对电视更热切的渴望。

其实很多家长也知道以身作则的重要性，但是很多人也表示自己很难做到。连家长都觉得不想做的事情，凭什么要求孩子做到呢？其实，很多时候，身教都胜于言传，家长的行动往往比语言更有说服力。要尽可能减少环境中的诱惑，而不是劝说孩子去抵抗诱惑；家长应该主动走进孩子的内心世界，在看电视的问题上和孩子平等地沟通，发挥榜样作用，帮助孩子从小养成良好的行为习惯，让他终身受益。

循序渐进，不强行剥夺看电视的权利

小明今年上二年级，非常喜欢看电视，为此妈妈经常批评他。这天妈妈回到家，看到小明又坐在电视机前看电视。妈妈气不打一处来，冲过去就把电视关了，还拔掉了插头，回头对小明喊道："跟你说过多少次了？不让你看电视，你非得看！以后不许再看电视了！再让我发现，我就揍你，听见没有？"小明听到妈妈的批评，眼泪一下子涌了出来，冲进了房间说什么也不肯出来。

家长的愤怒并不难理解，这些孩子似乎太不懂事，太不自觉了。但是孩子们的不懂事不自觉不是在短时间内形成的，它多半反映了家庭中由来已久的教育问题，那就是无论遇到什么事情，家长在处理方式上总是充满强权作风，采用直接告知的方式来教导甚至训斥孩子，不注意体贴孩子的情绪、面子、能力和愿望等，比如要求孩子回房间学习，数落孩子看电视时间太长，强行关电视等。

这样处理问题的家长应该想一想，关了电视，就能关了孩子看电视的愿望吗？让他坐到书桌前去学习，他就是去学习了吗？如果不是出于自愿，不仅孩子学习谈不上用心，而且他看电视的愿望还会在压抑中被强化，这就会给孩子的内心造成矛盾和痛苦，这样不是在教育孩子，而是在损害他的自觉和自信。

其实，面对看电视上瘾的孩子，家长一定不要采取强行剥夺看电视的权利的方式，而是要采取循序渐进的方式来让孩子慢慢脱离电视的控制。

首先家长应该规定每天看电视的时间。美国儿科学会提出的建议是最好每天总计不能超过2个小时。家长还可以和孩子一起看电视，边看边聊为什么主人公会这样做。因为孩子在看电视的时候，大多不动脑筋，但是通过父母和孩子边看边讨论就可以让孩子边看边思考。但是即使是父母和孩子一起看电视，也不要让孩子看太长时间。美国一项研究表明，孩子每天看电视超过3小时，阅读能力就会大幅下降。

此外对电视节目也要严格限制。只让孩子看有教育意义的动画片和儿童节目，而且还要规定看的时间。曾经有一段时间，具有早教性质的电视节目收视率很高。这些节目都很有吸引力，孩子也愿意看。有些父母为了让孩子学习英语，就让孩子反复收看英文节目，但是并没有证据表明这样的节目有利于孩子语言等能力的开发。语言能力的发展并不依赖于简单内容的重复，而必须建立在逻辑推理等思考能力的基础上。反复观看同样的内容，对孩子的语言技巧并不一定能取得积极作用。

爸爸妈妈为了帮助孩子戒掉电视瘾，还可以从很多方面入手。现在有很多家长喜欢把看电视作为一种奖励，其实这样是不正确的，这样的话会让孩子把看电视看得很重要，反而在无意中加强了孩子看电视的欲望。另外爸爸妈妈一定要准备好电视的替代项目，而且要和孩子一起参与其中，不能把孩子支开去玩游戏，而自己却坐在电视前面不愿动。爸爸妈妈和孩子一起去参加一些活动，培养共同的兴趣，不仅可以转移孩子对电视的注意力，还可以增进和孩子之间的感情。

其实，客厅的摆设也可以帮助孩子戒除电视瘾呢！现在很多家庭装修的时候，都会在客厅的中心位置摆放电视，其实这在无形中提高了电视的地位，让电视更容易引起孩子的兴趣。美国儿科学会的研究表明如果不以电视为中心摆放客厅家具，孩子受到电视吸引的概率会小一些。

如果孩子看电视上瘾，父母千万不要如临大敌一般对孩子进行"围追堵截"，因为这样的话更容易强化孩子看电视的愿望。家长应该不动声色地帮助孩子把兴趣逐渐转移到其他事物上来，等到孩子有了新的爱好，自然就会慢慢远离电视的。

用阅读和亲近大自然的方式对抗电视的诱惑

为了打赢与电视抢孩子的争夺战，爸爸妈妈必须要想出一些比看电视更有趣的事情才能吸引孩子，那么什么是最有效的对抗电视的"武器"呢？

其实少看电视这件事情，预防更重要一些。如果少看电视的行为从孩子很小的时候就开始做起，实现起来就容易多了。家长如果在孩子小时候就纵容他无度地看电视，甚至主动把孩子交给电视去哄，想着"以后上学了孩子就不会再看电视了"就大错特错了，这种做法其实是在无形中给孩子的未来设置了一个障碍。

从小培养孩子的阅读习惯就可以有效地防止孩子日后沉迷于电视中不能自拔。研究表明：学龄前经常看电视的孩子和经常阅读的孩子相比，上学后智力差别很明显。孩子从小喜欢阅读，他的智力会发育得更优秀，也更容易对其他事情产生兴趣；同时他的思想也会更成熟更理性，能够分清事情的轻重缓急，不舍得让电视浪费自己的时间。

《好妈妈胜过好老师》的作者尹建莉老师是这样解决孩子的看电视问题的：在孩子很想看的时候让孩子心安理得地去看，不要让孩子一边看一边心里有负罪感；但是平时家里很少开电视，家长也能用行动来给孩子做出榜样。

女儿圆圆上大学后，尹建莉老师曾经问过她，是否感觉到父母对她看电视有过限制。圆圆说没有啊，你们从来不管我呀。尹建莉老师又问她是怎么做到看电视有节制的，她说她觉得看电视也挺好的，不过一直有种感觉，那就是不应该在上面花太多的时间。看电视还不如看小说。

其实这一切都是妈妈苦心经营的结果。在圆圆很小的时候，妈妈就不断地引导她，让她爱上了阅读。书本里面的故事可以让孩子思维活跃，更加富有想象力。爱上阅读的孩子不会沉溺于电视节目当中，因为阅读能够带给她思考的乐趣，这是电视所不能代替的。当家长成功地引导孩子把兴趣转到阅读的时候，孩子的心是不会被电视控制的，此时阅读已经成为他内在的一部分，这样电视的吸引力就大大减少了。家长要努力做到不去控制孩子的行为，而是引导他的内心，让他能够自觉地拒绝电视的诱惑。

除了阅读之外，大自然也是对抗"电视瘾"的有力武器。大自然能够为孩子提供丰富多彩的视觉、听觉、嗅觉和触觉刺激，是孩子认识世界的一本天然教科书，没有一个孩子能够抵抗大自然的诱惑。它带来的感觉是生动直观的，这一切都比电视上那个看得到摸不着的世界更生动有趣。

可是一提到大自然，许多父母的脑海里首先浮现的就是大森林、连绵的山脉等等，然后就会提出一堆不可行的理由。"工作太忙，哪里有时间带孩子旅游呢？"或者"孩子太小，受伤了可就得不偿失了！"其实，接触大自然并不是非得全家出动去一个风景名胜区才可以。对于经历丰富的爸爸妈妈来说，小区的花园也许算不上什么风景，但是它对于刚刚开始认识世界的孩子来说却是一个充满神秘色彩的世界，这里有花草树木，有蓝天白云，完全可以满足孩子走进大自然的愿望。

另外只要父母动动脑筋，还可以把大自然带回家。不时地在家里插一些新鲜的花束，也可以在阳台上种植一些绿色植物，养上几尾金鱼。买回来的蔬菜水果，甚至在海边捡到的贝壳石头，都可以作为大自然的一个部分呈现在孩子眼前。当孩子忙着照顾那些生动的动植物的时候，当孩子每天关注这些生物又有什么新变化的时候，孩子哪里还有时间去看电视呢？电视中那些只能看的鱼，怎么可能比眼前这些可以接触的小鱼更有吸引力呢？

家长完全可以开动脑筋，通过仔细观察孩子的特长和爱好，按照孩子的天性去引导，把孩子的兴趣内化为他的习惯，这样他一定能够抵抗住电视的诱惑，因为对于有自己的兴趣的孩子来说，那些爱好可比电视有趣多了！

孩子沉迷网络怎么办

不可阻挡的"e"时代

现在，互联网对青少年的影响越来越大，正日益成为他们工作、学习、生活和娱乐的重要组成部分。社会和科技的发展趋势不会倒退，因此到底让不让孩子接触互联网可以说已经不是父母需要考虑的问题了，现在的父母需要考虑的应该是如何引导孩子正确的使用互联网。

网络世界千变万化，充斥着形形色色的各类网站和各种难以分辨的分类信息。父母听说谁家的孩子沉迷于网络后总是会一脸同情地看着那个孩子的父母，然后变得十分紧张，更有甚者发展到了"谈网色变"的地步。

齐宁今年上五年级了，他很喜欢在网上学习。可是每次妈妈看见他坐在电脑前，总是忍不住唠叨："宁宁啊，别玩了！快去看书吧，整天这么玩，会上瘾的！"齐宁总是不在乎地对妈妈说："妈妈，我是在学习，不是在玩！""那么多网络成瘾的故事，妈妈就是担心你啊！""妈妈，现在是什么时代啦？网络时代，以后社会的发展离不开网络！"妈妈刚张嘴又想说什么，齐宁就抢先说："好了好了，妈妈我去学习了，您别再唠叨了！"妈妈笑了笑，但是心里也犯起了嘀咕：孩子说得有道理啊，这个网络还真是让人又爱又恨哪！

对于网络，家长们最常抱怨的就是孩子不会控制自己，将大量的时间和精力都消耗在上网浏览和聊天上，一旦开始网络游戏后更是一发不可收拾。这种现象的确比较严重，有的孩子可能会达到网络成瘾的地步，一天不上网就觉得浑身不自在，对学习提不起任何兴趣。

另外网络还可能影响孩子的人生观和价值观。现在网上鱼龙混杂，有的孩子沉迷于黄色网站；有的学会了网络漫骂；还有的利用网络进行犯罪活动。孩子的人生观还处在形成期，他们缺乏明辨是非的能力，很容易受到不健康思想的诱惑造成道德上的失控。

处在未成年时期的孩子，往往是情感超过理性，所以他们很容易被对方的花言巧语所迷惑，陷入"网恋"，造成情感上的失控。有些长期沉溺于网络世界的孩子，会逐渐将自己从现实世界中淡出，导致性格发生较大变化。他们对现实世界感到乏味，一旦进入网络世界，立即精神百倍。

不过，除了看到这些网络的负面影响，家长们也不可否认网络存在优势和积极意义。首先网络是孩子的一种学习资源。它为孩子提供了一种新的学习模式，让孩子能够开阔眼界、转变思维。借助网络，孩子可以获取新知识、新方法，促进学习能力的有效提升。

网络还给人们开辟了一个虚拟空间，让人们可以自由交流，孩子很快就能学会利用网络来"聊天"，而且可以自由选择交流对象，无拘无束，他们轻松地了解国外的同龄人正在做的事情，也可以在网络上寻找与自己志同道合的朋友，孩子们可以尽情地释放自己的压力。很多生性胆小的孩子通过网络"聊天"的训练，还可以改善与他人沟通的能力。

孩子的天性是喜欢游戏的，他们需要娱乐。网络给孩子带来了一种新的娱乐方式。他们可以在网络上阅读有兴趣的书籍，也可以玩网络游戏。通过这些娱乐活动，孩子从中获得了轻松和愉快，也在一定程度上缓解了孩子寂寞与孤独的心理。

最重要的一点是，网络是培养孩子创新能力的一条途径。由于教育中存在的一些问题，我国的孩子普遍缺乏创新能力，而网络中信息量庞大，能够给孩子足够的信息刺激，点燃孩子创新的火花。

每一个受到欢迎的新生事物必然有它独特的优势，既然网络大潮不可避免，那么就勇敢地去接受这种新生事物吧。父母千万不要因为害怕孩子受到互联网不良的影响，就直接让他们与互联网彻底隔绝。这是绝对错误的做法，这一行为很可能让孩子们错过吸收新知识的好机会，也可能会让孩子的未来落后于别人。父母最重要的任务是做好网络中的"灯塔"，让孩子的网络上遨游时不会迷失方向，为孩子的健康成长保驾护航。

孩子们都在网上干什么

为什么越来越多的孩子沉迷于网络难以自拔？网络究竟有什么吸引力让孩子无法抗拒呢？他们在网上都做些什么呢？

李先生的儿子最近三天两头地往网吧跑。一天，李先生悄悄跟踪儿子到网吧，发现儿子在语音聊天室里，用污言秽语交流谩骂……李先生看到这些心急如焚，他专门到学校向孩子的老师了解情况：原本就成绩不佳的儿子现在成绩越来越差，性格内向，很自卑……

儿子放假后，李先生马上放下手头的工作，带着孩子出门旅游。一路上，他一直细心地照顾着儿子，跟儿子说心里话……当儿子问他为什么对自己这么好时，李先生说："我是你爸爸，你是爸爸的儿子，爸爸不对你好还能对谁好啊？以前爸爸工作忙，对你关心太少，你可别生爸爸的气啊！"这一番话说得孩子眼眶都红了。旅游回来后，儿子变得比以前爱说话了，也不再往网吧跑了。

把网络当作逃避现实的出口是儿童上网的一种常见现象。这类孩子通常性格内向，在现实生活中又得不到理解和关爱。如果再加上因为长相、身材、或学习成绩不好而遭受打击，他们很容易去网络中寻找慰藉，逃避现实。针对这种情况，家长应该找出孩子沉迷网络的根本原因，高度重视孩子的内心世界，与孩子建立良好的亲子关系。在与孩子沟通交流时，要讲究方法和技巧，单纯的说教只会适得其反。

还有一种孩子是因为空虚、无聊或者纯粹只是为了跟同学们保持同步才走进网络的。这类孩子不一定成绩不好，而且上网目的性也不是很强，大部分只是在网上"闲晃"。对这类孩子，家长应该加强孩子的安全防范意识，除了平时多向孩子灌输如何让保护自己的方法之外，也要多注意孩子的上网动态，通过孩子的言行了解其内心变化。

儿子今年上初一，是一个贪玩的孩子。最近他一直叫嚷，要安装新游戏。这引起了爸爸的警觉，他趁着儿子去上学的时候，把电脑中的游戏软件全都删了，取而代之的是一些学习软件。儿子回来之后，免不了吵闹一番。后来，张先生儿子说带儿子玩个"更好玩的游戏"——制作幻灯片。果然，聪明好奇的儿子很快就迷上了这个新鲜游戏，看着自己亲手制作的"卡通电影"，他总是觉得特别有成就感。

故事中的儿子是一个典型的把网络当作娱乐场所的孩子。对待这样的孩子，父母可以不必强行把他从网络中拉回来，而是要有意识地引导他去发现网络中更有意义的东西，也可以像文中的爸爸一样，把将来可能会用到的学习软件当成一种"游戏"介绍给孩子，当孩子对有意义的新奇东西感兴趣的时候，就不会总是沉迷于网络游戏了。

其实在现实生活中，让孩子们不能放弃的不是网络，而是在网络世界中的那份自由，这里没有责备，只有奖励；做错了、做不好，不但没有惩罚还可以从头再来；在这个世界中希望永远比失望多。

面对孩子喜欢上网这件事情，家长们不能暴跳如雷，冲孩子大发脾气，也不要走到哪里都抱怨自己的孩子上网成瘾，是个网虫。事实上，很多孩子的情况往往没有父母所说的那样严重。

父母要试着改变对上网的态度，当孩子沉迷网络，屡劝不听的时候，要试着走进孩子的内心去理解他。

儿子迷恋上了网络之后，经常躲在自己的房间里不出来，作息时间和家人也产生了冲突，以致很长时间妈妈都没有见过他的面。看到儿子这种情况，妈妈下定决心要学会上网。不久以后，这个原本连电脑开关都找不到的妈妈学会了发送电子邮件。

而她的第一封电子邮件就是发给儿子的："老妈很关心你，可是最近总是碰不到你，所以发个邮件问候你一下。有时间来和我们一起吃早饭吧！"信的最后还附注了一句，"我发觉，电子邮件这个东西确实蛮方便的。"

结果当天这位妈妈就收到了儿子的回信，儿子在信中显得兴高采烈："老妈，真没想到你会给我发邮件！我好开心！放心，明天我会和你们一起吃早饭！"

这个做法很好，让孩子意识到父母是理解他的，不是毫无道理地完全排斥网络的，这样不仅拉近了亲子间的距离，而且父母以后再去引导孩子利用网络的时候也会更有说服力。

孩子们爱上网络的世界，很可能是在网络世界中找到了家庭生活中所缺乏的一些东西，所以父母看到孩子沉迷网络的时候，应该审视自己的教育是不是出现了问题。同时要改进和孩子的沟通方式，让孩子能够无所顾忌地说出自己心里的想法，而不是让他到网上去倾吐心声。

你的孩子上网成瘾了吗

青少年的网络成瘾问题现在已经成为一个让全世界父母都头疼的社会问题，怎么让自己的孩子戒除"网瘾"成了不少家长的心头大患。那么你知道什么样的孩子最易染上"网瘾"吗？

研究表明，以下这五类孩子最容易染上"网瘾"：

（1）学习失败的孩子。现在的家长对孩子的期望很单一，学习成绩的好坏往往成为孩子成就感的唯一来源。在这种情况下，一旦学习失败，孩子就会产生很强的挫败感。但是网络却给他们完全不同的感受，他们在此很容易体验成功，这种成就感是他们在现实生活中很难体验到的。

（2）原本学习特别好的学生。这些孩子在升入更好的学校面对更优秀的竞争对手时产生了心理落差。他们听父母的话，认为学习就是为了"上大学——找到好工作——挣钱"。当他们不能再保持原有的名次和位置时，他们就会转而去依赖更容易满足自己内心需要的网络。其实，造成这些孩子依赖网络的根本原因是没有形成正确的学习观。

（3）人际关系不好的孩子。这样的孩子多数性格内向、猜忌心强，而且小心眼，一旦碰到问题，如果没能得到及时解决，他们就容易沉迷网络，使得自己的学习和生活受到严重影响。

（4）家庭关系不和谐的孩子。现在社会上的"问题家庭"在增多，这些家庭中的孩子通常得不到足够的温暖。但是在网络上，他们提出的任何一点儿小小的请求都会得到不少人的帮助。现实生活和虚拟社会在人文关怀方面的反差，很容易让"问题家庭"的孩子陷进网络。

（5）自制力弱的孩子。上网成瘾者基本都有这个问题，他自己也知道这样不好，也不想这样下去，但是一旦接触电脑就情不自禁。人生最重要的事情就是选择，生活中要面对很多选择。孩子年龄还小，很多时候抵制不住诱惑，所以家长要帮助孩子学会做正确的选择，提高孩子的自制力。

孩子喜欢上网，但是并不是所有的孩子都到了上瘾的地步，家长们大可不必提到网络就咬牙切齿。

根据网瘾程度的不同，可以划分为3个级别：

1级：对网络有所依赖，但是程度较轻，或成瘾时间较短，这个时候孩子网络成瘾这个毛病是最好治疗的；

2级：对网络的着迷，已经对学业和人格造成显著的负面影响，这时候戒除网瘾难度就有所增加；

3级：病理性的网络成瘾，这是最严重的网瘾状况。这种状况是说网络不单单影响了他的学业和生活，还改变了当事人生理上的状态。这种严重级别的网瘾，与毒瘾、赌瘾的原理十分相似，上网时产生的愉悦会刺激当事人的大脑神经中枢，破坏内分泌的平衡，分泌出大量"多巴胺"，在短时间内会令人高度兴奋。如果孩子属于这一级的网络成瘾，就需要求助于专业的医疗机构的精神科医师了。

在孩子戒除网瘾的过程中，有些家长也会陷入误区，这些误区极有可能会延误孩子的治疗。有些家长认为"网瘾"不是病，只是把孩子对网络的痴迷单纯地当成是一种心理问题，认为不用治疗，只要善于开导，孩子就能恢复。事实上，如果孩子的网瘾达到了第3级，孩子不上网就会浑身难受，这时候是需要有效的药物和心理治疗配合才能治好的。

还有些家长认为"网瘾"戒了就好了，不会再复发了。很多事实表明，在戒除"网瘾"的过程中，有些不配合治疗的孩子会出现反复。这时候就需要家长开动脑筋，想办法帮助孩子在戒除"网瘾"之前不接触电脑。这里存在一个"间隔区"，这个"间隔区"根据不同的情况，时间长度会有很大区别，有的可能只需要一星期，有的则需要好几个月。在这期间，家长要不断尝试各种办法，耐心解开孩子心中的死结，这样才能让孩子平心静气地配合治疗，最终使孩子彻底地戒除"网瘾"。

妈妈的"新职业"：网络导航员

在现在这个信息社会中，限制孩子上网显然是有失偏颇的。孩子们喜欢上网，因为上网可以跟朋友聊天，还能听音乐、看视频，还可以收集有关资料，完成作业和开阔眼界，这个趋势是符合素质教育目的的，也充实了孩子们的学习和生活。如果因为孩子年龄小就限制甚至禁止他们上网，很可能会产生心理学上所说的"禁果效应"，成人越禁止他们去做，他们越有兴趣去探究，最终会产生适得其反的后果。但是有些家长为了省心，不闻不问，不加引导地让孩子们去上网，这也是不妥的。

强强拿着成绩单回家后，遭到了爸爸严厉的批评，因为每一科的成绩都大幅度下滑，问他原因还回答不上来。于是爸爸去问了强强的老师。老师说："强强本来成绩一直都不错，但最近上课的时候，常常魂不守舍，听说是迷上了网络游戏。"

强强的爸爸听到这恍然大悟，难怪儿子一放学就钻到自己屋里不出来，还以为他是去学习，原来是在玩网络游戏！想到这里强强爸爸非常生气，他回家之后就把强强房间的电脑搬了出来，决定再也不给他用了。强强回家后看到这个场面，也愤怒不已。这时候爸爸的情绪渐渐平静，他认为自己在孩子不在家的情况下就粗暴地把电脑和光盘统统没收，也许并不是解决问题的最好方法。那么有没有更好的办法呢？最后强强的爸爸和孩子进行了一次长谈，告诉孩子网络是有两面性的，聪明的孩子会利用网络中好的一面，然后爸爸列举了在网上哪些行为属于充分地利用了网络，是明智的上网行为。强强也恍然大悟，向爸爸表示以后一定要做一个聪明的孩子！

其实，在对待孩子上网这个问题上，做聪明的父母更加重要。家长应该首先充分理解孩子钟爱上网的心情。现在中国的独生子女回到家后与同龄孩子一起做游戏的机会很少，学习压力又很大，确实需要有个放松的机会和场所。

比较起来，网络还是利多弊少，如果能够善用网络，父母和孩子都能从中受益。那么家长应该如何引导孩子正确合理地使用互联网呢，做好"网络导航员"呢？

首先，家长自己应该对互联网的性质、功能、特点和操作技术有一个基本的认识和了解，只有这样才能与孩子一起分享上网的体验与感受，才能更有针对性地引导。在科技高速发展的今天，家长是需要与孩子一起学习、一起进步才能跟上社会的脚步和孩子的思维的。

其次，家长可以引导孩子带着一定的学习任务去上网。家长应看到，孩子上网，不仅可以娱乐，还可以发表对社会事件的看法以显示自己的思想。家长完全可以利用互联网信息量大的特点，把培养孩子的兴趣与互联网结合起来，如可以引导孩子了解时事政治，领略各地的风土人情，阅读优秀的文学作品，收集相关学习资料，开展研究性学习等。不要让孩子仅仅把上网当作是一种娱乐手段，而要把它变成满足兴趣和情感需求的手段。

家长还可以与孩子一起建立一个亲子博客，鼓励孩子在博客上写文章，让他去看同龄人的博客和成功人士的博客。这不仅可以锻炼孩子的文笔，让孩子有一个释放心情的空间；同时也可以为孩子树立起学习的榜样。不过，父母要注意的是不要随意质问孩子写作的内容，只要孩子的博客里面没有特别极端的想法，就要给孩子充分的自由去享受属于自己的网络空间。

很多家长反对孩子上网的原因是网络诱惑太多，不安全，但是如果因为这个原因就禁止孩子上网，那就是"因噎废食"的举动了。家长们要做的是把网络安全的规则灌输给孩子。父母要告诉孩子，最好不要在网上显示能确定自己身份的信息，比如家庭地址、电话，学校的名字，父母的名字和职业等等，以免被诈骗犯罪分子利用。另外最好不向网上上传自己的照片，不要自己单独会见网友，如遇到带有攻击、淫秽、威胁等使孩子感到不舒服的信件或信息，一定不要自己回复或反驳，应该让家长来决定如何处理。

既然社会发展到现在，想让孩子与网络隔绝已经是不可能做到的事情，那么家长就要学习大禹治水的方法，疏而不堵，引导孩子正确利用网络，让他在网络中漫游的时候不会误入歧途。

害人不浅的电脑游戏

电脑游戏是非多，巧妙利用能立功

肖钢是从一年前开始玩网络游戏的，那个时候中考刚结束，可以暂时歇口气。暑假里，没什么人玩，他就开始试着上网玩游戏，几乎在接触网络游戏的同时，肖钢就迷上了这种游戏。用他自己的话说就是："没想到网络游戏这么好玩！""我简直不能想象不能玩游戏的日子会是什么样的。"

肖钢在现实生活中是一个比较腼腆的男孩，学习成绩也只处于中游，在学校里属于不引人注目的学生。但是，在那个虚拟世界里，他是众人仰慕的大侠，有机会成为大富翁。在现实中没有办法实现的梦想，在网络游戏中似乎唾手可得。

不过，他也为此付出了相当大的代价。升上高中后，肖钢的成绩一落千丈，几乎每次考试都排在倒数的位置。家人一直以为是他不适应高中的教学方式，没有找到适合自己的学习方法的原因，却不知道他是偷偷地把时间都花在了玩游戏上。关于这一点，他掩饰得很好。每天放学后，他从不在外面逗留，总是准时回家。回家后除了吃饭，总是在自己的房间里埋头苦干，摆出一副努力学习的样子。父母看到肖钢这样，感到很欣慰，但是他们忽略了肖钢房间里那台可以上网的电脑。

提起沉迷网络，很多父母最头疼的可能就是沉迷于网络游戏了，有的甚至一见孩子开电脑就冲过去监视，或者一见孩子玩游戏就大加责骂，这其实是不可取的。爱玩是孩子的天性，父母无权剥夺也剥夺不了，因为电脑游戏已经成为当代青少年生活中不可或缺的一部分。无论家长喜不喜欢，他们最终都会去玩的，所以，在让不让孩子玩电脑游戏的问题上，家长已经不需要做决策了。这是时代的趋势，家长们挡是挡不住的。

另外如果孩子的同学们都在玩，当其他的孩子在一起交流游戏中的体会的时候，自己的孩子只能呆呆地站在一边插不上话，久而久之，孩子就会变得很孤僻、内向。家长们要明确一种观点，孩子的成长是建立在游戏上面的，孩子们总该玩点什么。既然电脑游戏能让孩子那么着迷，那么其中一定包含着巨大的快乐。电脑游戏也只是个游戏，它不是毒品，它的本质和家长们小时候玩得游戏没有任何区别，只不过这个游戏更有趣更复杂，而且采用了不同的载体而已。家长们小时候肯定也会有和小朋友做游戏忘了回家吃饭的情形发生，现在孩子对电脑游戏的喜欢和家长小时候喜欢游戏是一样的，但是现在的孩子很难找到那么多小伙伴一起游戏，所以只能在电脑上和虚拟的对象一起玩耍。如果孩子被剥夺了玩耍的权利，他极有可能就坐到电视机前面消耗时间了。与电视相比，电脑游戏至少是一个需要互动和智力投入的过程。

很多家长可能会反对这种说法，然后会列举出很多青少年因为沉湎于电脑游戏不能自拔的故事。看起来，这些事情似乎都是青少年出了问题，但是根本问题出在家长的教育上。对游戏有兴趣和病态的"成瘾"是两种状态，绝大多数孩子属于前者，很多事业上很成功的人也很喜欢玩电脑游戏，所以并不是游戏本身的问题，而是孩子缺少自我管理的能力才使事情变得不妙的。

想让孩子学会自我管理，就不要经常告诉孩子你要这样，你要那样。家长为孩子做的计划的确很合理，但是如果总是不厌其烦的提醒孩子该做什么不该做什么，实际上你就已经把管理的责任担起来了，这样的情况下，孩子哪里还有机会自我管理呢？

对于少数游戏成瘾的孩子来说，家长们就更要反思自己的教育了。如果孩子长期只活在游戏世界里，那么只能说明游戏外的世界让他感到不快乐。如果说这样的孩子因为游戏耽误了人生，那么即使他的生活中从来没有电脑出现过，他也会沉迷在其他事物中躲避现实世界中的不开心。

所以，面对电脑游戏，家长们要做的不是堵住源头，而是让孩子学会自我管理。这些游戏可以让孩子感到快乐，增加与同学们交流时候的话题。同时家长要注意的是引导孩子玩健康有益的游戏，最好是单机游戏，因为单机游戏总有结束的时候，而网络游戏就像一个无底洞，永远没有终点。有些时候，家长甚至可以把自己精心挑选的游戏推荐给孩子，这样总比孩子无目的地"乱玩"要好得多。

如何和游戏上瘾作斗争

现在玩电脑游戏的孩子越来越多，但是并不是所有的孩子都会上瘾，只有很少一部分才会达到不玩游戏就浑身不舒服的地步。如果自己的孩子已经到了游戏成瘾的程度，家长们应该怎样帮助自己的孩子逃出游戏的控制呢？

让我们来看一下孩子们沉迷于网络游戏的心理成因。美国临床心理学大师罗杰斯认为，爸爸妈妈无条件的积极关注会在孩子的心中形成一个"安全岛"，爸爸妈妈的爱就是安全岛的基石。但是，在成长的过程中，有的孩子的安全岛逐渐被瓦解，他们被妈妈"遗弃"了，他们的安全岛四分五裂。于是，这时候，他们就开始去网络上构建新的、虚幻的安全岛，在那里有人无条件地支持他，听他倾诉，对他没有任何要求，在那里他们可以找到安全感。所以当家长们抱怨自己的孩子沉迷游戏的时候，不要把所有的责任都推给游戏和孩子，而是应该从审视自己的教育开始做起。

那么，孩子已经游戏成瘾，父母要怎样和游戏上瘾作斗争呢？

首先父母要给予孩子足够的爱和关注。当孩子心中充满爱和安全感的时候，他就不会因为寂寞空虚而用游戏来麻痹自己或者获取温暖，因为不管网络游戏里有多少人支持自己，也不如在父母的怀里撒娇更有安全感，更温暖。

其实家长要帮助孩子发展多方面的兴趣，用其他的爱好代替网络游戏，比如美术、阅读、运动、音乐等。通过其他一些有益身心的兴趣爱好来代替电脑游戏，这样他就没有多余的时间去想网络游戏了，同时他对电脑游戏的依赖性就会渐渐减轻。

其次，父母还要多多培养孩子的自信，帮孩子找到他自身的优越感。优越感是孩子成长过程中必需的，他需要得到别人的肯定并且觉得自己很棒。有的孩子在生活中一塌糊涂，成绩不好，也不喜欢交朋友，但是在游戏里他很棒，他在游戏中能够找到优越感，也正是因为这个原因他才迷恋上了游戏。因此，父母要帮他构建这种自信心和优越感。生活中，父母不要总是盯着孩子的学习成绩，要多方面地观察孩子，找到他的闪光点，让他感觉到自己在有些方面还是很强的。如果孩子形成了这种优越感，那么以后他就不会那么强烈地需要游戏来证明自己的优秀了。

新新最近迷上了电脑游戏，妈妈说了他很多次他都当作耳旁风。这一天，妈妈的几个好朋友来家里做客，聊着聊着，都说起了自己家的"游戏迷"。新新在一旁很紧张地看着妈妈，生怕妈妈在这么多人面前批评自己，让他想不到的是，妈妈竟然一把搂过了他，说："我们家新新表现就不错，虽然喜欢玩游戏，但是我们约定了每天只玩一小时，他坚持得特别好！"那些阿姨纷纷表扬新新。朋友们走后，妈妈跟新新说："咱们真的来做个约定好不好？玩游戏可以，但是每天只玩一小时，新新能坚持吗？"想起刚才阿姨们的表扬，新新骄傲地点了点头。

实际上，在防止孩子游戏上瘾的问题上，制定规则是必要的，而且要强制执行。那么怎么才能避免因为强制执行孩子在心理排斥父母呢？

要在作规定的时候和孩子一起商量，不能"一言堂"，自己制定规则，孩子必须执行。另外在和孩子制定规则的过程中，一定要制定好惩罚方案，一旦孩子违反规定，决不能心软姑息。把玩游戏的时间长短和时间安排以及惩罚措施都做好之后，要明确告诉孩子"这是我们共同达成的协定，你要按照协定去执行"。其实这也是锻炼孩子自我管理能力的一个方法。此外，在执行规定的时候，家长要注意，如果此时是规定的游戏时间，那么父母绝对不要干涉孩子的自由，不能总是去监视，去提醒，既然想把这段时间给孩子，就放手彻底给他自由。

和孩子一起选择游戏、玩游戏

王奶奶最近特别心烦，为什么呢？原来是自己的孙子星星迷上了电脑游戏。"不给打开电脑就闷闷不乐，一打开电脑就上蹿下跳的，好像打了兴奋剂一样。而且我们老了看不懂，什么下载啦，搜索啦，都不懂，我真是不知道怎么去教育他了。星星的爸爸妈妈也整天因为这个和星星闹得不可开交，这一家三口真是不让人省心。"为了这件事，王奶奶最近总是愁眉不展的，连平时最喜欢去的舞蹈队都不愿意去了。

与王奶奶家形成对比的是陈先生的一家三口。每到周六的下午，陈先生的家里总是传来一家人兴奋的声音，"爸爸爸爸，快点快点啊！""儿子加油！"原来，这天是固定的家庭游戏日，陈先生和儿子约定，每周六一家三口都要拿出来两个小时来一起玩电脑游戏，但是时间一到就必须马上停止。每次的游戏也是各不相同，这总是让孩子感到很新鲜！陈先生的儿子经常骄傲地对同学们说："我爸爸妈妈周六的时候都跟我一块玩游戏呢！我还经常能打败他们呢！"那些小朋友听了都羡慕不已。

其实陈先生家那些新鲜的游戏都是陈先生精心挑选出来的，他想与其与孩子作对，最终把孩子逼到网吧或者其他场所，还不如让孩子跟着自己玩呢！

其实，陈先生的这种做法是很值得提倡的！电脑游戏现在已经成了我们生活中不可或缺的娱乐方式之一，正在不知不觉中丰富着我们的生活，它也不可避免地成为孩子闲暇时候的一种放松方式，假期的时候更是如此。

父母首先要明确的一点是：爱玩是孩子的天性，而电脑游戏也只是游戏的一种，它本身并没有错。其次是电脑在未来的社会生活中已经是一件必需品了，而富于探索精神是孩子的特点，他们很容易通过一些简单的电脑游戏来掌握电脑使用中的一些规律。保证孩子不沉湎于游戏以及保证孩子不会被暴力、色情游戏毒害才是父母要做的工作，因此选择和限制就显得更加关键。

那么，面对市场上的种类繁多、类型各异的游戏，父母应该怎样进行选择呢？

1. 最好选择单机游戏

目前的游戏主要分为两种：网络游戏和单机游戏。因为网络游戏永远没有结局，孩子就要把自己的精力和时间无休止地投入进去，这样时间久了，必然会影响孩子的生活和学习。另外，网络游戏中诱惑很多，很容易让孩子沉溺其中。

而单机游戏不仅可以让孩子享受愉悦和快乐，还可以调动玩家的情绪和创新思维。现在有很多优秀的单机游戏，还可以让孩子在其中学到很多知识。另外，玩单机游戏可以自由安排时间，不会耽误孩子正常的学习和生活。

2. 最好选择知名公司的正版佳作

现在的游戏厂商鱼龙混杂，质量良莠不齐，重视游戏的质量是对孩子的负责。家长们在选择游戏的时候最好选择知名品牌，因为一般在游戏市场上有一定知名度的公司，他们的游戏从质量到内容都是能够得到保证的。

3. 家长要根据孩子的特点有针对性地选择

让孩子接触一些小型益智类游戏是可以的，但是一定不要让孩子玩成人的大型游戏，因为这类游戏很容易上瘾也会让孩子们产生攀比心理，如果孩子的自控能力较差，很容易沉迷于电脑游戏之中。

另外，家长也要根据自家孩子的兴趣来选择游戏，比如有的孩子喜欢运动，可以选择一些体育类的游戏，比如有关足球或者篮球的游戏；如果孩子喜欢电影或者冒险类的游戏，那么可以给孩子选择一些根据电影改编的游戏；如果孩子对历史感兴趣，也可以选择一些以中国古代历史为背景设计的游戏。当然女孩可能不喜欢这些游戏，那么也可以根据女孩子的特点选择一些换装或者模拟人生等游戏。

4. 要选择难易适度的游戏

父母要根据孩子的年龄选择难易适度的游戏，多选一些寓教于乐、开发孩子智力的游戏。不要超出孩子的能力过多以致打击孩子的自信心。

最后，为了能够培养孩子对待游戏的正确态度，父母不仅要为孩子选择合适的游戏，还应该成为游戏的参与者和引导者。只有这样才能控制孩子玩游戏的过程，分享他们的快乐，帮助孩子建立正确的游戏观。

"追星"是把双刃剑

疯狂"粉丝"的疯狂举动

现在各种明星层出不穷，与此同时，各种各样的"追星族"也大批量的产生。现在追星族已经不满足于默默地搜集偶像的图片或者学会偶像的每一首歌了，他们期待着与明星的近距离接触，而且还出现了有计划的追星行动。

自1994年开始迷恋刘德华后，杨丽娟便做起了全职追星族，不上学不工作。杨丽娟的父母为了帮助女儿达成心愿，不惜倾家荡产，还给几家媒体发了写给刘德华的"请愿书"，希望刘德华本人看到"请愿书"后能够安排时间和女儿见面。刘德华知道了这件事情之后没有同意，还通过经纪人批评杨丽娟"不正确、不正常、不健康"的追星行为，呼吁她停止过火的行为。但是最终在舆论的压力下，刘德华会见了杨丽娟。但是随后杨丽娟竟然不满足于只与偶像留影纪念，他的父亲因为不能满足女儿再见刘德华的愿望而自杀，留下的遗愿竟然是希望刘德华能够再见女儿一面。

现在娱乐圈整体氛围浮躁，而我们身边的疯狂追星族大多是一些未成年人，他们年龄还小，还没有成熟的人生观和世界观，不懂活着是为了什么，也不懂是为谁而活，他们误以为追星就是他唯一想做、要做的事情。

如果说未成年人痴迷于追星尚可理解，那么有些家长跟着犯糊涂就危险了。"杨丽娟"事件是一个极端的案例。杨丽娟的父母过分溺爱自己的女儿，从顺从发展到对女儿有求必应的程度。有些医生认为杨丽娟的父母在心理上都已经出现了感应性的偏执性心理障碍，这是精神障碍中的一种特殊类型，是人们之间的长期互相影响，使得彼此的认知发生了改变。在杨丽娟父亲自杀后，她母亲依然认为自己的女儿没有错，错的是别人。

孩子喜欢明星不是大问题，但是要注意适可而止。追星是时代的产物，是一种社会现象，我们不能完全否定它，但是从一般性追星发展成过度追星和精神病态追星就是一种失控的追星状态了。

那么怎样避免自己的孩子变成"疯狂粉丝"呢？

首先，家长应该加强自身的心理素质。要树立正确的教育子女的观念，不要把子女当作"温室的花朵"来浇灌，要"施爱有度"。其次，要锻炼孩子的心理素质。由于生理情况、生活环境以及父母教育等方面因素的影响，有一些小孩可能会比同龄人的内心更敏感脆弱。对此，家长要在孩子小的时候就用正确的方法进行引导。在提高孩子心理承受能力的时候，父母一定要坚持原则。对待同一个问题，要始终保持一致的态度，不能在同一件事情上今天说孩子是对的，明天又说是错的。另外在各种事情上，我们要把孩子往有利的方向引导。这样，孩子从小就接受了潜移默化的影响，使他们能够正常成长，形成完善的人格。

对那些追星追到已经出现心理偏执的孩子，家长要保持良好的心态，不要急于改变孩子的行为，而是要对现实进行客观地分析，并和子女进行平等的沟通。必要的时候，可以寻求心理医生的帮助。家长还可以着重培养孩子其他的兴趣爱好，转移孩子的注意力。

孩子为什么爱追星

说起孩子追星的疯狂，很多家长都不能理解。其实每一代人都有自己的偶像。上个世纪70年代，青少年心目中的偶像可能是董存瑞、黄继光等革命先烈；80年代初，青少年的偶像可能是爱因斯坦、爱迪生等科学大家。社会发展到现在，青少年的偶像则主要是体育"明星"和娱乐"明星"，如贝克汉姆、刘德华等。

一个小女孩曾经向自己的好朋友抱怨：

"我喜欢韩国一位男歌星，他的歌声特别好听，听到他唱歌我就能忘掉所有烦恼。可是我妈妈却不理解，还嘲笑我'你可真没出息，喜欢个唱歌的，还是个男的，真肮脏！'我当时就哭，我只是喜欢他唱歌，喜欢他的笑容，我怎么肮脏了？"

从这封信里，我们看到的是两代人对于追星的不同理解。可能女孩妈妈那一代的人都以崇拜某个科学家为傲，女儿这一代则更喜欢娱乐圈的俊男美女。青少年心理问题专家认为其实两代人都没有错，但是随着时代发展，母亲应该试着去理解自己的孩子，偶像崇拜是青少年时期的过渡性需求和标志性行为。在一定程度上，追星对于孩子的成长是有意义的，父母一定要给予理解，把追星当作一件"十恶不赦"的坏事严加禁止是完全没有必要的。

那么，孩子爱追星仅仅是因为那些名人的外表吗？还有没有更深层次的原因呢？

其实孩子追星在很大程度上存在着"从众心理"，别人喜欢这个明星，如果我不喜欢是不是别人就会讨厌我？别人都在追星，如果我不追星，是不是会显得太过另类？青春期的孩子心理状况往往非常复杂，一方面渴望得到同伴的认可，另一方面需要形成自我确认，而追星恰恰能满足孩子这两方面的心理要求。

我们也都听说过"随大流"这个词，从心理学上来说，"随大流"的本质就是"从众"心理，也就是想与多数人采取相同行动的心理。那么人为什么会有从众心理呢？首先，生活的经验告诉我们，个人所需要的大部分信息都是要从别人那里获得的，而众人似乎总是正确的。其次，人们都有害怕脱离群体的心理，每个人都希望群体喜欢他、接受他、优待他，因为这样就可以和群体融为一体，也可以在群体中谋取利益；反过来，如果与群体的意见不能保持一致，群体则会讨厌、虐待甚至驱逐他。

在人类社会中，从众心理既能产生积极作用，也能产生消极作用。在特定的范围内可以使群体保持一致，协调群体内成员的言行，这是从众心理的积极作用；但是另一方面从众心理也有弊端，就是在众人并不正确的情况下，它会误导我们，使我们变得人云亦云，丧失主见。

对于这种"随大流"的追星，父母要教导孩子别人有的东西自己不一定要有；别人做的事情也不因为人多就是对的，每个人要有自己的思想和判断力。

另外由于孩子的认知和心理发展的特点，他们更容易被名人表面性的形象所吸引，也正是基于这个原因，他们喜欢的名人大多数是经常在媒体上露面的歌星和影星。

在生活中，由于名声的影响，他们对大众往往有更大的影响力，这就是"名人效应"。比如南唐的李煜喜欢小脚，就导致了后世的缠足风，这种情况一直延续到民国；而在信息高度发达的今天，明星的穿着打扮、言谈举止，也很容易成为潮流的风向标，这些都是名人效应的体现。

面对这种情况，父母应该教会孩子正确地评价一个人。要让孩子知道，名人之所以能引起人们的关注，在某些领域必然有自己的过人之处，但是他们并非完人，他们身上也可能有不好的思想和行为；而且在他们不擅长的领域，名人跟普通人并没有两样。所以对于明星的崇拜，应该适度和理性。此外父母还要引导孩子，不要仅仅去关注名人的穿着打扮或者说话方式，而应该去关注这些人成功背后的努力，让孩子学习名人为了自己梦想坚忍不拔的精神。

总之，父母面对孩子的追星行为不应该直接否定和制止，而应该善于发现这些名人的闪光点，让孩子"取其精华，去其糟粕"，最终让这些名人对孩子产生正面的影响。

明星不是妈妈的敌人，教会孩子正确追星

现在孩子的追星现象很普遍，而且追的明星大多是娱乐圈的人，这让很多家长忧心忡忡，生怕自己的孩子学坏。其实，这些明星并不是洪水猛兽，也不是妈妈的敌人，只要妈妈善于发现，总是能从他们的身上发现闪光点的。

那些被崇拜的明星，往往被青少年当作他们人生发展的楷模以及心灵寄托。提供什么榜样或展示什么样的榜样对孩子成长十分重要。一个好的榜样胜过父母的千言万语，孩子天生喜欢模仿，仔细观察就可以从孩子身上发现家长自己的影子，其实那些明星也可以产生很强大的"榜样效应"。

那么，怎样来利用明星的榜样效应呢？下边这两位妈妈的做法也许会给家长们一些启示。

希希是一个小小"追星族"。而且这个小姑娘追星并不固定，可能今天喜欢周杰伦，明天就喜欢李宇春。

希希的妈妈开始非常担心，想管，又怕引发她的逆反心理；不管又担心她长期下去会耽误学业，甚至迷失自我。后来，这位妈妈想到一个好办法，那就是学习大禹治水的经验，疏而不堵。想要正确地引导孩子，就必须先要了解"敌人"。于是这位妈妈决定和女儿一起追星。

希希喜欢周杰伦的时候，妈妈对她说："你看人家周杰伦，不仅人打扮得酷酷的，

还会唱歌、谱曲、演戏、弹钢琴。长相是个先天条件，不过弹钢琴都是需要后天努力才能够达到的。你要是想和周杰伦一样成为一个全才，妈妈去给你报个声乐、器乐班培养一下？"希希听了毫不犹豫地点了点头。妈妈的心里偷笑不止，她想要是以前，希希肯定一口拒绝，看来明星这个"敌人"也不坏嘛！

有段时间希希爱上了看美剧，妈妈又趁机跟她说："哎呀，要是有一天你能见到这些偶像，人家用英语和你对话，你要是答不上来多可惜啊！"希希沉默了又说："妈妈，你放心，我一定会好好学习英语的！"

不久，希希又看上了韩剧。妈妈见到这种情况，马上就开始调查韩语的培训班，打算让希希去学一下韩语。

这位妈妈现在早已经不把明星看作"敌人"了，这些明星显然已经成了她最有效地培养女儿兴趣的工具。

那么，对于那些非常"专一"的"粉丝"怎么办呢？

笑笑就是这样一个专一的粉丝，她特别迷韩庚，只要在电视里一看见韩庚就会尖叫："啊！庚宝！"她还参加了学校的粉丝团，支持心中的偶像。妈妈看着顽了这么疯狂，心里很担忧：喜欢韩庚是不是有点儿过头了？虽然有很多疑惑，但是这个妈妈并没有对女儿暴跳如雷。

一天晚上，笑笑又坐在电视前目不转睛地看韩庚，这位妈妈也悄悄坐到女儿身边，装作不经意地说："我也来看看，我女儿这么喜欢的人一定有过人之处。"女儿马上兴奋起来，"庚宝的舞蹈一级棒，而且他很小的时候就一个人去韩国闯荡了。开始的时候，他都不能露脸，但是还是坚持下来了！庚宝好棒！"听着笑笑滔滔不绝的话看到她脸上那骄傲的神情，妈妈知道了韩庚在笑笑心中的位置。

从那以后，只要韩庚出现，妈妈都会和女儿一起观看，妈妈还会帮着女儿搜集关于韩庚的信息和各种海报。笑笑得到妈妈的支持，非常高兴，有一次她给同学打电话说："我妈跟你妈可不一样，我妈妈可棒了，对我喜欢庚宝可支持了！"

后来，韩庚就成了母女俩的话题。妈妈经常用韩庚坚持不懈的精神来教育自己的女儿，让女儿遇到困难不退缩。所以，韩庚也从妈妈心中潜在的"敌人"变成了一个战壕作战的"战友"。

其实，任何一个明星走到被人们所熟知和喜爱的地步都不容易，一定有他的过人之处。取得这样的成绩，单单凭借外貌是不可能完成的。所以，家长们对于孩子痴迷于某个明星完全不必过于担心，你要做的是去了解这个"对手"，挖掘这个"对手"身上的闪光点，然后用这个闪光点来激励孩子，让孩子去学习自己偶像身上的优点，最终内化为自己的特质。疯狂阻止追星不是明智的家长，能成功地把明星变成自己教育的手段，这样才是聪明的家长。

第七章

"梅花香自苦寒来",不可或缺的逆商教育

告诉孩子:没有人会一直做赢家

你的孩子是不是个"瓷娃娃"

不少妈妈认为,儿童年龄小,心理承受力差,只能接受良好的环境,并且以为"挫折"只能给孩子带来痛苦和紧张,所以把挫折看成是有百害而无一利的事情,无形之中孩子就被妈妈培养成了碰不得的"瓷娃娃"。其实,心理学家研究发现,让孩子从小就遭受一些挫折是很有好处的。作为孩子心目中偶像的妈妈,应正确地看待挫折的教育价值,把它看成是磨炼意志、提高适应力和竞争力的有力武器。

霍英东找到的第一份工作,是在一艘旧式的渡轮上当加煤工。可是他的身体实在太单薄了,顾得上铲煤就顾不上开炉门,刚上班就被辞退了。不久,霍英东找到了第二份工作,日本占领军扩建启德机场,需要大量劳工,但工资非常低,每天只给200克米和七角五分钱。而霍英东从他家所在的湾仔乘车到机场,路费就得要八角钱!霍英东没有办法,只好多吃苦步行,省下这笔交通费。

他每天天不亮就起床,步行赶到码头,花一角钱渡过海,然后骑车赶到机场上班。劳工们干的都是苦力活,挖石抬土,消耗很大,但食物却很少,一天只能吃到一碗粥和一块米糕。霍英东总是感到又累又饿。有一天,工头让他去搬重达200多升的煤油桶,结果被砸断了一根手指!工头也是中国人,出于同情,把霍英东调去学做汽车修理工。可是没过多久,喜欢冒险的霍英东自己试开汽车,结果把车撞坏了,又被炒了鱿鱼。

对于霍英东经历的这一切,母亲从来没有责备过他,而总是极力鼓励和支持,使得霍英东有了继续奋斗的勇气和信心。经历了无数挫折和艰苦,霍英东,最终成为人们眼中的超级成功人士。他是国际著名的房地产产业的巨头,亿万富翁。由他创办的霍兴业堂置业有限公司,拥有香港建筑所必需的国产海沙的输港专利权,形成了一个遍布海内外的庞大工商业体系。

霍英东之所以能够取得成功,不仅仅是因为他有一个聪明的大脑,合适的机遇,还跟他个人的努力分不开。但是最重要的还是妈妈对他的支持,对他挫败经历的认同和鼓励。

生活不是理想中的世界,生活中充满失败与挫折,所以妈妈们应该让孩子从小就懂得这一点,并培养他们在失败与挫折中奋进的勇气。妈妈可以通过古今中外许多历史人

物或现代成功名人的例子，让孩子知道"失败"并不可怕，可怕的是一蹶不振和永远地放弃自我。要让他们从小知道，失败并不可耻，只要肯努力，总会成功的。

有道是"人间没有不凋谢的花，世上没有不曲折的路"。妈妈要教育孩子坦然地面对挫折，把挫折看作是前进道路上必经的关口，从而增强心理的韧性。同时妈妈还要指导孩子调整努力的目标，扬长避短，努力发挥自己的优点和长处。

任何人的成长都要经历无数的挫折。如果孩子总是一帆风顺，那么一旦遇到困难，就会情绪紧张，束手无策。因此，妈妈在平时应有意识为孩子创设挫折情境，为孩子打下勇于面对困难的预防针，让他获得应对挫折的适应能力。比如妈妈可以让孩子负责某件事情等，但要注意，障碍设置难度要适中，否则屡次失败，容易引起孩子的自卑。

心理学家们研究发现，当孩子真的遇到挫折时，妈妈不能置之不理，采取"无视"态度或者指责、谩骂孩子，而应帮助孩子认真分析挫折产生的原因，采取正确的方法战胜挫折。同时还应让孩子认识到挫折本身并不可怕，重要的是要敢于面对挫折。因此，妈妈在孩子遇到挫折时，适时地扶他一把，给予鼓励，才能帮助孩子学会忍受暂时的焦虑与不安，加强对困境和压力的容忍力，并且有信心和方法去克服困难。

心理学家们指出，挫折是人生的一部分，接受它，就是接受成长。所以，妈妈要认识到，孩子一生中不遇挫折是不可能的，要想让孩子在竞争中立于不败之地，必须对孩子进行挫折教育，不让孩子变成碰不得的"瓷娃娃"。在适当的环境下放开手脚，留给孩子一个生活自理的空间，让他在摔倒中逐渐增强抗挫的能力，使孩子能始终保持积极心态，形成执着的品性。

世界"不公平"，心情要平静

妈妈们都明白，生活不总是公平的，就像大自然中，鸟吃虫子，对虫子来说是不公平的一样，生活中总会有些力量是阻力，不断地打击和折磨孩子。外界的事物什么样，这由不得孩子去选择和控制，但用什么样的态度去对待，可以由孩子自己做主。面对生活中的种种不公正，能否使自己像骆驼在沙漠中行走一样自如，关键就在于孩子是否足够的坚忍，能够用一颗平静的心去面对，这也是成大事者的一种格局。

周晓龙今天很不开心，因为自己的劳动成果被别人窃取了。

事情是这样的，上周学校组织了一场英语演讲比赛，对于英语每次都拿"优秀"的周晓龙来说他决不会放过这次锻炼自己的大好机会。不过学校对参赛选手有个要求，就是所有参加比赛的稿子都必须是原创。于是周晓龙用三天时间翻阅各种资料完成了一篇非常满意的稿子，就等着比赛那天"惊艳全场"。

时间很快到了比赛的前一个晚上，同是参赛选手的余天看晓龙这么胸有成竹，提出想看看周晓龙稿子："嘿，晓龙，明天就比赛了，把你稿子给我看看行吗？"

作为好朋友，周晓龙当然没有拒绝："可以，等会我就把稿子给你。"

让周晓龙没有想到的是，余天看完稿子后竟然把最精彩的几段挪用到了自己的稿子上，那天的比赛余天在周晓龙前面出场，于是裁判们普遍觉得余天的稿子更胜一筹，把冠军给了余天。

结果出来的时候周晓龙差点哭了出来："明明是我写的稿子，余天凭什么窃取成自己的东西？而且让人无法接受的是评委竟然把冠军给了那个'抄袭者'，这也太不公平了！"

我们必须承认生活是不平等的这一客观事实，但这并不意味着消极处世，正因为我们接受了这个事实，我们才能放平心态，找到属于自己的人生定位。命运中总是充满了不可捉摸的变数，如果它给孩子带来了快乐，当然是很好的，孩子也很容易接受，但事情往往并非如此。有时它带给孩子的会是可怕的灾难，这时如果孩子不能学会接受它，反而让灾难主宰了孩子的心灵，生活就会永远地失去阳光。

威廉·詹姆士曾说："心甘情愿地接受吧！接受事实是克服任何不幸的第一步。"孩子一定要学会接受不可避免的事实。即使孩子不接受命运的安排，也不能改变事实分毫，孩子唯一能改变的，只有自己。面对不可避免的事实，我们就应该学着做到诗人惠特曼所说的那样："让我们学着像树木一样顺其自然，面对黑夜、风暴、饥饿、意外等挫折。"

心理学家说，生活的不公正能培养美好的品德，孩子应该做的就是让自己的美德在不利的环境中放射出奇异的光彩。明白了这些，孩子就能够善于利用不公正来培养自己的耐心、希望和勇气。比如在缺少时间的时候，孩子可以利用这个机会学习怎样安排一点一滴珍贵的时间，培养自己行动迅速、思维灵敏的能力。就像野草丛生的地上能长出美丽的花朵，在满是不幸的土地上，也能绽开美丽的人性之花。

孩子也许正为一个专横的朋友而心烦，并因此觉得很不公平，那么放平心态，不妨把这看作是对自己的磨炼吧，用亲切和宽容的态度来回应朋友的无理取闹。借着这样的机会磨炼自己的耐心和自制力，转化不利的因素，利用这样的时机增强精神的力量。而朋友经过你的感化，将会认识到自己行为的不妥，从而改变对孩子的不公正的做法。同时，孩子自己也将提升到更高的精神境界，一旦条件成熟，孩子就能进入崭新的、更友善的环境中。

要好胜，也要输得起

生活中，好胜的孩子容易取得成绩，懂得如何去奋斗如何去进取，但这样的孩子一旦把握不好"赢"的度，就容易"输不起"，一旦出现什么打击就会一蹶不振。

在心理学上，"认识自己"也叫作"自我知觉"，即人对自我的感知。认识自己是非常重要的，一个孩子越了解自己，就越有力量。因为他知道如何扬长避短，如何最大程度发挥自己的潜力。很多成功人士都是了解自己的人。

英国作家哈尔顿在采访达尔文时，毫不客气地直接问达尔文："您的主要缺点是什么？"达尔文答："不懂数学和新的语言，缺乏观察力，不善于合乎逻辑的思维。"哈尔顿又问："您的治学态度是什么？"达尔文又答："很用功，但没有掌握学习方法。"达尔文既能认识到自己的优点，又能够理性地分析自己的缺点，才是真正全面而客观的自我定位。

自我认知贯穿于人成长的整个过程中。孩子们从懂事起，就开始不断追寻"我是谁，我从哪里来，又要到哪里去"这些生命的本源问题。他们在一次次反思中，开始了解自己。下面例子中的这个妈妈无疑为孩子树立了一个很好的典范：

一位作家的寓所附近有一个卖油面的小摊子。一次，这位作家带孩子散步路过，看到小摊子生意极好，所有的椅子都坐满了人。

作家和孩子驻足围观，只见卖面的小贩把油面放进烫面用的竹捞子里，一把塞一个，仅一会儿就塞了十几把，然后他把叠成长串的竹捞子放进锅里烫。

接着他又以极快的速度,将十几个碗一字排开,放作料、盐、味精等,随后他捞面、加汤,做好十几碗面前后竟没有用到5分钟,而且还边煮边与顾客聊着天。

作家和孩子都看呆了。

在她们从面摊离开的时候,孩子突然抬起头来说:"妈妈,我猜如果你和卖面的比赛卖面,你一定输!"

对孩子突如其来的话,作家莞尔一笑,并且立即坦然承认,自己一定输给卖面的人。作家说:"不只会输,而且会输得很惨。我在这世界上是会输给很多人的。"

她们在豆浆店里看伙计揉面粉做油条,看油条在锅中胀大而充满神奇的美感,作家就对孩子说:"妈妈比不上炸油条的人。"她们在饺子馆,看见一个伙计包饺子如同变魔术一样,动作轻快,双手一捏,个个饺子大小如一,晶莹剔透,作家又对孩子说:"妈妈比不上包饺子的人。"

如果以自我为中心,会以为自己了不起,可一旦我们把心安静下来,就会发现我们是多么渺小。我们应该正确地认识自己,既要看到自己的优点,也要看到自己不如别人的地方。

自我认知是一个艰难的历程,在大多数情况下,孩子借助复杂多变的外界信息来认识自己。由于外界信息复杂多变,因此孩子对自己的认识很容易受到外界信息的暗示,而不能正确地认识自己。在一段时间里,错误的认知很可能影响孩子对人生、未来的感知。比如考试失利打击了孩子的自信心,孩子由此一蹶不振;孩子上课自信满满地举手回答问题,结果答案错误得离谱被同学们嘲笑,于是以后就算自己真的知道答案也不敢举手回答老师提出的问题;再比如孩子每次都考第一名,偶尔被其他同学超过就心生怨气想打击报复同学;孩子一直表现不错总是得到妈妈的表扬,某天犯了错误被批评以后就受不了,觉得妈妈不爱自己,这些典型的"输不起"心态就好像长在孩子心里的毒瘤,影响他们的正常生活。

在现实的生活中,人们不会去嘲笑一个勇敢的失败者,因为知道他肯定会从头再来,夺取更大的成功。只有那些赢得起却输不起的孩子,才会遭到人们的鄙视。人们知道他们失去了奋斗的勇气,永远也站不起来了。

因此,在家庭教育中,家长要鼓励孩子绝不能向挫折投降,要勇敢地面对挫折,学会在遇到挫折时平衡自己的心理,开导自己,为自己解脱,从而更坚强、更豁达地面对挫折、面对困难。坚强地面对挫折可以让他们受益一生,它会让孩子变得更勇敢、更自信。

妈妈必须教导孩子做人既要好胜更要输得起:"孩子,你会赢,但也会输给很多人。""胜不骄、败不馁"是一种可贵的品质,这种品质决定一个孩子能不能走向成功。孩子表现良好的时候,正面的鼓励固然是一种积极的心理暗示,但是要有个度,不要让孩子的自满开始膨胀;孩子受到打击自暴自弃的时候妈妈也要告诉孩子"来日方长"的道理,要让孩子知道:一个人必须正确地认识自己,这是做人的一个最起码要求。

放手,让孩子去失败

心理学家们告诉妈妈,孩子是通过失败来学习的,经历过挫折、困难,孩子才能够有所领悟,获得成长。但是,性急的妈妈总是会因为孩子的困难和失败而心痛,从而剥夺孩子领悟如何从失败中学习的机会。

妈妈要想孩子独立性强,自律性高,就必须要让他自己从失败和挫折中领悟和学习。妈妈要有让孩子自己努力赢得自己想要的东西的智慧。如果妈妈要提供帮助，也应该是真正有意义的帮助，而不是干涉和唠叨。

一位母亲为她的孩子伤透了心，她在心灰意冷的情况下去找心理医生。

医生问："当您的孩子第一次系鞋带时，打了个死结，从此之后，您是不是再也不给他买带鞋带的鞋子了？"母亲点点头。

医生又问："孩子第一次刷碗的时候，打碎了一只碗，从此以后你是不是再也没用过他刷碗？"母亲称是。

医生接着说："孩子第一次整理自己的床铺，用了很长时间，您看不过去，从此代替他叠被子了，是吗？"这位母亲惊愕地看了医生一眼。

医生又说："孩子大学毕业去找工作，您怕孩子找不着工作，便动用了自己的关系和权利，为他谋得了一个令人羡慕不已的职位。现在您却为孩子的适应能力太差而感到恐慌了！您怕他不能胜任一份好工作，怕他娶不到媳妇，怕他以后过得很凄惨……"

这位母亲更惊愕了，从椅子上站了起来，凑近医生问："你怎么知道的？"

"从那根鞋带知道的。"医生说。

母亲问："我以后该怎么办才好？"

医生说："当他生病的时候，您最好带他去医院；他要结婚的时候，你最好给他买好房子；他没有钱时，你最好及时给他送钱。这是你今后最好的选择，别的，我也无能为力。"

母亲这种不肯放手让孩子去为自己的未来负责的爱，伤害了孩子，使他适应外界环境的能力，即"自适应心理"长期处于停滞生长状态或休眠状态，最终成为"母爱"的牺牲品。

在心理学上，"自适应心理"是指人们自我调节，应变适应环境的能力。这种能力与生俱来。保加利亚学者佩尔努曾作过一段描述："婴儿被相当于200牛的力推出，从温度为37摄氏度的温暖母体腹水中被抛了出来。在那个环境中，他像宇航员处于无重量的状态，现在来到空气温度为20摄氏度左右的寒冷环境中，而且在这个环境中还必须呼吸。"从他的这段论述中，我们不难看出，新生婴儿脱离母体的那一刻起，就已经用他天生的自适应能力来积极回应母亲子宫之外广阔的生活。他不仅能够适应这种内外温差，而且很快便开始在这种环境中健康成长。接下去，他会积极地适应家庭生活，以后还要适应复杂的学校生活，继而要适应更复杂的社会生活。

孩子不仅天生能够自我调节，适应外界环境，而且也确实应该主动去适应，这无疑对他们的未来产生极大的推动作用。心理学家认为，那些自适应心理素质好的孩子，他们对未来有着强烈的求知欲，他们会有选择地接受未来发生的事情，理智地分析生活中的变化。他们有主见，不盲从，明白想要的未来轮廓。因此，他们能够用"未来"的要求来规划自己的行为和思想，不断地为成长增值。

如果妈妈总是为孩子提供"善意的帮助"，剥夺孩子独立的处事能力，那么孩子长大后势必无法把握自己的生活。所以妈妈们不如放开手，让孩子去接受挫折的存在。在孩子向尚未经历过的事情挑战时，一般会饱受失败的折磨。不过，忍耐这种痛苦也是一种必需的经验。孩子在这个过程中，会调用内心深处的"自我帮助系统"来协助自己处理挫折与失败，从中得到各种各样的处理事情的方法。从而使稚嫩的"羽翼"渐进丰满。

不妨给孩子颁个"失败奖"

无论是在学校，还是在大多数家庭中，妈妈们总是给那些取得一定成绩的孩子以物质或精神的奖励，而对于那些失败了的孩子，要么持批评态度，要么只是安慰一下而已。但是不妨也给那些"失败"的孩子设一个奖励——失败奖。这样做，远远比安慰他更有效，这可以鼓励孩子努力去实现自我。

美国著名心理学家，第三代心理学的开创者马斯洛认为，人的需求有五个层次，其中，自我实现是最高层次，而挑战自我则是其中的一部分，是指正常的人都需要发挥自己的潜力，表现自己的才能。只有潜力、才能充分发挥出来，人才会感到最大的满足。马斯洛说："每个人都必须成为自己所希望的那种人。""自我实现的需要就是使他的潜在能力得以实现的趋势。"这些话的确揭示了人类深层的本性。

有一位跨国公司老总，在一次员工大会上讲述了他在美国留学时的打工经历。

刚到美国时，他和许多中国留学生一样，靠体力在餐馆、货场打工来维持自己的学业。半年后，他对这种在美国最底层的打工生活感到厌倦和不满，急切地想换一种生活。

一天，他在报纸上看到有位教授想招聘一名助教的广告，心想：做助教薪水不菲，还有利于自己的学业。不妨挑战自己，尝试一下。于是他报了名。经过筛选，共有50人取得了报考资格，其中有包括他在内的5名中国留学生。入围者都在暗暗叹息希望太渺茫了，甚至有人想退出。就在他一头埋进图书馆里查阅资料为决赛做准备时，另外4名入围的中国留学生退出了决赛。因为他们打听到，这位教授曾在朝鲜战场上当过中国人民志愿军的俘虏，肯定会对中国人存有偏见。

听到这个消息，他没有退却，坚持一定要搏一搏："就是教授真的对中国人有偏见，我也应该用行动证明给他看，我是优秀的。"

考试那天，他镇定自若地回答教授的提问。最后，教授对他说："OK，就是你了。其实你在他们中并不是最好的，但你不像其他入围的中国学生连试一下的勇气都没有。我聘你是为了我的工作，只要你能胜任我就会聘用。"事实证明，在后来的工作中，他与教授配合得非常默契。

故事讲完了，会场响起一阵热烈的掌声。最后，老总对他的员工说："广告语说得好，年轻没有失败。如果你真的失败了，记住：打败你的不是别人，而正是你自己。"

自我实现最重要的是"挑战自我"。有人曾经问过不少钓鱼爱好者：钓鱼中什么时候最高兴、最快乐？他们一致回答：在鱼上了钩把鱼提上水面的时候。对这些钓鱼者来说，吃鱼的目的倒在其次，最重要的是把鱼钓上来的刹那，让钓鱼人看到了自己的潜力、才能，从而满足了挑战自我的需求。还有，西班牙的斗牛运动举世皆知，那更是对死亡的直接挑战，也正因此，具有最强的刺激性。挑战自我体现了人自我实现的高级需要。

心理学家指出，人本性就是注定要向前发展。如果停滞不前，人会无法忍受。孩子们也不例外，比如，他们会因为冥思苦想做对了一道难题而欣喜若狂，会因为努力学习，取得好成绩而高兴好多天。但是也有这样的情况，孩子绞尽脑汁也想不出答案，费尽心思也没有答好一次试卷。这时，他们"挑战自我"没有达到预期的效果，可能会因为挫折而沮丧，也可能会屡败屡战。无论是哪种情况，妈妈一定要积极引导其向好的方面发展。

一定程度的失败，可以激发孩子克服困难的勇气和力量，如果妈妈剥夺了孩子应对失败的机会，不仅不利于孩子良好意志品质的形成，还可能会使孩子长大后难以适应复杂的社会生活，产生自卑、抑郁、厌世等不良心理。因此，妈妈们要想让孩子健康地成长，在竞争中立于不败之地，不妨给孩子颁个"失败奖"，让他们自小接受艰难困苦的磨炼，教会他们敢于自己面对失败，不怕失败，以培养他们坚忍不拔的意志和毅力。

"劣性刺激"有必要，给孩子一颗"钻石心"

有的妈妈常常抱怨自己的孩子胆小、娇气、耐挫能力差，平时说两句就哭鼻子，还有的妈妈抱怨孩子动不动就跟大人怄气，全然不在乎家长对他的爱。这不是孩子的错，因为自从生下来，他就没有权利选择妈妈对自己的教育方式，他们对饥饿、寒冷、委屈、挫折很少有机会体验，这时又怎能苛求他有巨大的承受能力呢？

老虎如果没有在深山野林生活，没有狂风暴雨的洗礼和林海雪原的磨炼，取而代之的是自幼得来的无微不至的关怀照顾，那么就没了锐气、软了筋骨。所以，妈妈在对待孩子成长时，必须改变原有的意识和方式，必须给孩子一些"劣性刺激"，让孩子在令人不快或不舒服的外界刺激下得到适当的磨炼，以提高对各种环境的适应能力，相比较温室教育，这才是孩子成长必需的良药。

一位美国儿童心理学家说："有十分幸福童年的人常有不幸的成年。"很少遭受挫折的孩子长大以后会因不适应激烈竞争和复杂多变的社会而深感痛苦。其实，孩子应付挫折的能力与素质，只有在挫折中才能锻炼出来，任何理论的说教都不可能产生好的效果。因此，妈妈要适时地为孩子提供适度的"劣性刺激"，给孩子一颗"钻石心"，从而让孩子从挫折经历中学会应对挫折的方法，增强耐挫力。

一个四十得子的农民妈妈对儿子非常宠爱，儿子要风得风，要雨得雨，做事却毛毛糙糙，还爱发脾气。

儿子上学了，从不知道爱惜衣物，回家时不是弄脏了衣服，便是把书包忘在田里，回家后就只知道哭鼻子。母亲即使每天跟在他身后，也没有办法。

一天，母亲拿着铁锹，在儿子回家的必经路上挖了很多坑，又在坑上搭起一座座独木桥。孩子回家时，走到桥边，不知所措。田野里没有人，只有风从树林中吹过，孩子想哭，却不知道哭给谁听。没有后路，孩子只好小心翼翼地走上桥，他胆战心惊地走过一座座独木桥后，学会了认真对待小桥。

回家后，孩子得意洋洋地告诉妈妈今天的经历。父亲不理解，母亲解释说："他走在平坦的大路上，当然不会注意脚下，现在路途艰险，他自然会集中精神走好路了。"

这是个聪明的母亲亲，她明白孩子如果从小能经历很多的挫折，对孩子进行适当的"劣性刺激"，那么孩子长大后，不会轻易被困难打倒。

心理学研究表明，有两种人能经受考验：一种是在逆境中成长起来的人；另一种虽没有逆境可言，但从小受过良好的教育，心胸开阔，有坚强的个性。现在的孩子由于生活条件的改善，大多没有逆境。要想让这些孩子成材，让他们学会正确地应挫，成了挫折教育的重点。时下，妈妈们更多地关注孩子的早期智力开发，而较为忽略非智力因素的培养。大多数孩子"娇"、"骄"二气严重而阳刚之气不足，很大程度上是由于对他们性格、意志等非智力因素引导训练不足而造成的。

阿费烈德先生是一位著名的外科医生，他发现一个奇怪的现象：病人患病的器官并不像人们想象的那样糟，相反在与疾病的抗争过程中，这些器官为了抵御病变，功能反而不断增强。他在给一些美术学院的学生治病的过程中，又发现了一个奇怪的现象，这些搞艺术的学生的视力大不如人，有的甚至还是色盲。后来，他把自己思维的触角延伸到更为广泛的社会层面，发现了这类现象很普遍。于是，他提出了心理学上的一条定理——跨栏定理，即：挫折越多，人的成长就越快。日本本田机车创始人本田宗一郎说过："世上的人都知道我的成功，其实都不知道我有99%是失败的，开始搞本田机车，就是搞摩托车，差点做不下去。今天我成功了，那些人只看到我1%的成功，却没有看到我99%的失败"。

其实生活中大大小小的逆境，都可以磨炼孩子的意志和毅力。但是在孩子经历挫折的过程中，妈妈要引导孩子用正确的态度应对挫折，使之长久地保持"我一定能把困难搞定"的热情和信心，坚定地朝着自己的目标前进，实现生命的价值，享受成功的喜悦。

请绕行：挫折教育的误区

孩子在经历挫折时常会产生比较消极的情绪和抵触心理，经历一定的挫折，对形成他们的坚强意志是有益的。从孩子的心理特点出发，孩子的随意性活动占主要地位，所以在新的教育观念下妈妈应多为孩子进行挫折教育，孩子摔倒了之后让他自己爬起来，这对孩子来说是一个非常重要的磨炼过程，这样既强化了孩子的意志又锻炼了孩子克服困难的能力。

但是，很多妈妈混淆了"挫折教育"的概念，一味地给孩子制造困难，结果适得其反。据心理学家们统计，我国目前中小学生存在的心理疾患中，30%左右是源于年幼时经历的挫折和打击没有得到妈妈正确的引导。

据心理学家的调查结果显示，妈妈们在对孩子进行挫折教育时，最容易走入的误区是：障碍设置过难，为了安抚孩子的情绪而将失败归咎于外界环境以及妈妈心太急，希望孩子的挫折教育能够一蹴而就三点。

家长在对待幼儿挫折教育的问题上，首先，要意识到幼儿期是个体个性形成的关键期，有意识地让孩子品尝一些生活的磨难，让孩子懂得人生的道路是坎坷的，学会在挫折中接受教育，这对培养他们吃苦耐劳的精神、独立意识、应付困难的勇气和心理承受能力，是十分必要的。

妈妈为孩子设置的情境必须有一定的难度，能引起孩子的挫折感，但又不能太难，应是孩子通过努力可以克服的。同时，孩子一次面临的难题也不能太多。适度和适量的挫折能使孩子主动调节自己的心态，正确地选择外部行为，克服困难，追求下一个目标；对孩子过度的挫折教育会损害他们的自信心和积极性，使孩子产生严重的挫折感、恐惧感，直至最后丧失应对挫折的兴趣和信心。

其次，心理学家们提醒，妈妈要了解挫折教育是贯穿在每一天中的，贯穿在那些成人看起来是不起眼的小事中进行的。如孩子摔倒了，有些妈妈会赶紧跑上前扶起孩子，还对孩子说："都怪这块儿地板让我们家宝宝绊一跤，看妈妈打它。"然后妈妈做出狠踩地面状。这样的结果是使孩子把跌跤归因于外因，不敢正确地面对挫折。正确的方法是妈妈帮助孩子了解产生挫折的原因和应付的对策，比如告诉孩子："这是因为你走路不看地面才绊到石头摔倒的。"知道了原因，孩子才能很好地改正。

在学校举行的中学生体育文化艺术节才艺比赛中,最终只有三位同学获奖,他们捧着奖杯在台上喜笑颜开。

经过一番努力最终却没有得奖的孟小松坐在台下难受极了,只见他默默无语、表情严肃。坐在一旁参加活动的妈妈见儿子这副摸样很是担心,于是问:"小松,你怎么了?"

"没什么。"孟小松不想让妈妈看见自己失态的样子,连忙说:"一会就好了,你看你的节目吧。"

十月怀胎朝夕相处,妈妈怎么会不了解自己的儿子,于是妈妈想安慰安慰儿子,可是脑袋里翻来覆去也没有找到什么好词儿,于是妈妈伸出胳膊揽过孟小松的脑袋说:"妈妈的乖儿子,没关系,输就输了吧,其实得奖的小朋友们还没有咱们演得好呢,你没得奖是因为评委们没眼光,哼!"

孩子为比赛输了难受并非坏事,因为这既是情绪的自然发泄,也是一种争强好胜、要求上进的表现。但此时心理学家们指出,妈妈不能对孩子说:"输就输吧,没关系,输是评委没眼光不公平",这样将失败归咎于外界环境,会助长孩子无所谓的心态,妈妈最正确的做法应该是帮助孩子分析失败原因,认识到自己的不足,才能让孩子有收获。

最后,妈妈对孩子的任何教育都是一个缓慢的过程,挫折教育不能一蹴而就。心理学家指出,孩子的挫折教育在出生后就应该开始。每个阶段妈妈都应该积极地与孩子建立健康的亲子关系,让孩子对妈妈及环境产生美好的信任感觉,为与孩子在挫折教育中的沟通打下基础。而不是哪天妈妈想起来就进行下,没想起就算了,时断时续反而让孩子不能严肃地去看待这件事情,起不到应有的教育效果。

孩子遭受挫折后怎么办

正确归因,让孩子认清事实

心理学家说,犯错是孩子的惯常行为之一,错误本身并没有可怕之处,最让人担忧的是,当错误已成事实的时候,孩子却选择了逃避,而没能从中学到生活的经验。由此,当孩子犯了错误之时,妈妈绝不能毫无原则地让步,更不能姑息放任。妈妈必须帮助孩子正确归因,让他们认清事实,知道自己为什么失败,为什么犯错,错在什么地方。

报纸上曾经登载过这样一件事:

三年级学生李某一天放学后在回家的路上走,两名中学生拦住了他的去路:"喂,借点钱给我们用用。"10岁的李某虽说从来没碰到过这种场面,但也毫不示弱:"我不认识你们,没钱。"其实,那两人早就看到他的裤袋里藏了个鼓鼓的钱包,干脆抢了就跑。这可是李某攒了180天的零用钱,共180元。他哭着喊着去追赶,可哪里还追得上。旁边的大人还以为是小孩在吵架,谁也没当回事。

一星期后,李某在班主任许老师的护送下,与同学一起排队走出校门。上次抢钱的一名中学生出现了,不同的是,这次他的身边还站着一个大人。大人把李某叫到一边说:"对不起,我儿子不争气,抢了你的钱包。你的180元钱和钱包现在在他同学手里,我马上通知那个同学的家长。"只一刻钟,当时结伴的另一名学生也赶到了,大人让两个孩子一起向李某道歉。

原来，这名抢钱的中学生的妈妈得知儿子与同学合伙抢了一名小学生的钱包后，寝食不安，仅凭儿子一句"那个学生可能在某某学校读书"，她便每天上学放学，带着儿子到那一带的小学逐个认人，终于发现了背着书包排队出来的李某……

这位正直而充满勇气的妈妈，用另一种方式，一种比惩处更有效的方法，为自己的儿子、为更多的妈妈上了生动的一课：当孩子犯了错误时，千万不要偏袒他们，而是应该正确归因，让孩子认清事实，让他们为自己的行为担起责任。

心理学家指出，躲避责任，只会让孩子留下人生的硬伤，甚至一错再错。生活中，当孩子犯了错误的时候，家长们要把握好分寸，让孩子多从自己身上寻找原因，不断地完善自己，学会为自己所经历的一切负责。有一个年轻人，他在自己的文章记录了母亲在一件事情上给过他的启悟：

中学时，我是住校生。每次离家前，母亲总不忘叫我带上一小袋米，因为我所就读的中学要求学生自己带米。

又是一次返校，因为疲劳，一上车我就昏昏欲睡。突然，一个紧急刹车把我从梦中惊醒。我睁开眼睛，浑浑然间感觉前面有一摊耀眼的白色。定睛一看，我大叫起来——"天啊，我的米！"不知何时，米袋口脱开，米从袋子里滚落下来，摊在地上成一堆白色。当我失声大叫的时候，一个冷漠的眼神从旁边斜射过来。我看见一张写满不屑的脸，仿佛在告诉我他看到了米滑落的整个过程。刹那间，我的整个肺都要气炸了，他怎么可以这样冷漠？世界上竟然还有这样的人存在！我不知道应该用哪一种方式去让自己平静。我只是蹲在那个年轻人的面前，用双手一捧一捧地把米送回袋子，然后安静地等着下车。

此后，我一直被一种从未有过的愤怒和惘然所包围。我开始怀疑一些东西，重新审视身边的一切。

当我又一次回到家里，讲述那天车上的遭遇时，我余怒未消，用最狠毒、最丑恶的字眼来诅咒同车的那个年轻人。我满以为母亲会与我同仇敌忾，声讨这个年轻人的劣行。不料母亲却平静地说："孩子，你可以觉得委屈，甚至可以埋怨，但你没有权利要求别人去承担你自己的责任和过失。作为母亲，我只能希望我的儿子在别人的米袋口松开时，能帮忙系上。"

这位母亲的语言中充满了智慧，她很平静地告诉了儿子一生做人的道理：凡事不要把希望寄托在别人身上，更不要埋怨别人，永远也不要盼望着让别人来为你担当责任。从这位母亲的做法之中，我们可以参悟出培养孩子的心得：我们可以从身边的平凡小事中延伸到立身社会、处世做人的准则，经常告诫孩子凡是自己做错的事，自己就要负责任地做好，不能让别人来替你收尾，甚至来承担责任和弥补你的过失。自己的事情自己负责，这样的孩子在进入社会时，才会少一些尴尬，多一分练达。为自己的过错担当责任，孩子在面向广阔的人生天地时，才能赢得别人的信赖，并会有所成就。

失败也是另一种收获

失败带给孩子的除了痛苦、失望就没有其他收获了吗？

失败的结果就一定是惩罚吗？

其实不然，在这个世界上，每一个人都经历过无数次的失败。当然，也包括富人在内，他们的成功也并非是一帆风顺的。

一位成功人士曾这么说："人生是一个积累的过程，你总会摔倒，即使跌倒了也要懂得抓一把沙子在手里。"记得一定要抓一把沙子在手里，只有这样才有摔倒的意义。所以妈妈可以告诉孩子，跌倒并不可怕，关键在于孩子将如何面对跌倒。如果孩子经受不住跌倒的打击，悲观沉沦，一蹶不振，那么跌倒便成了他们前进的障碍和精神的负荷。如果孩子将跌倒看成是一笔精神财富，把跌倒的痛苦化作前进的动力，那么跌倒便是一种收获。

瑞典电影大师英格玛·伯格曼是对现代电影最具影响力的导演之一，曾经重重地跌倒过。

1947年，电影《开往印度的船》杀青后，出道不久的伯格曼自我感觉棒极了，认定这是一部杰作，"不准剪掉其中任何一尺"，甚至连试映都没有就匆忙首映。结果拷贝出了重大灾情，糟透了！伯格曼在酒会上将自己灌得不省人事，次日在一幢公寓的台阶上醒来，看着报纸上的影评，惨不堪言。

这时，他的朋友笑容可掬、幽默地说了一句话："明天照样会有报纸。"

此话给伯格曼深深安慰。明天照样会有报纸，冷嘲热讽很快都会过去的，你应该争取在明天的报纸上写下最新最美的内容。

伯格曼从失败中吸取了教训，在下一部电影的制作中，只要有空就去录音部门和冲印厂，学会了与录音、冲片、印片有关的一切，还学会了摄影机与镜头的知识。从此再也没有技术人员可以唬住他，他可以随心所欲地达到自己想要的效果。一代电影大师就这样成长起来了。

有时，我们虽然没有收获胜利，但我们收获到了经验和教训。失败让我们真正了解了世界，失败也让我们重新认识了自己。失败虽然给我们带来了痛苦和悲伤，但失败也给我们带来了深刻的反思和启迪。

心理学家们说，孩子的人生有高潮，也就会有低潮。有时候危机会成为一种打击，将孩子击倒在地，但是孩子千万不要就此一蹶不振。相反，孩子应该勇敢地站起来，因为当孩子站起来之后，他们会发现：危机已经走远。如果孩子站不起来的话，危机将永远压在他们的身上。危机就像是闪电，它可以将孩子一时击晕，使孩子昏迷在地，但是醒来之后，孩子依旧可以顶天立地，而这时雷电早已消散无踪。那些跌倒了也要抓一把沙子的孩子，便领会了重新站起走向成功的真谛。

别低估了孩子的抗挫力

生活中，妈妈总是喜欢低估孩子的抗挫能力，他们往往觉得孩子太弱小，无法独自克服困难。这种态度反过来又会使孩子认为，自己真的没有能力应对现实。

心理学家常常会接待这样的母亲，她们被自己的孩子伤透了心，因为孩子对任何事都没有热情，他们的口头禅是："我做不到，你别逼我。"心理学家发现，这些母亲的共同之处是：如果孩子第一次系纽扣的时候系错了位置，母亲们便不会再给孩子买有纽扣的衣服；如果孩子第一次洗碗的时候弄湿了衣服，母亲们就不再让孩子走近洗碗池。

这样的孩子永远也学不会系纽扣，学不会洗碗。他们长大后遇到困难也会想办法绕开，他们没有学会克服困难。有时候，妈妈们真的需要咬咬牙，放手让孩子去独立完成一些事情，让他们在这个过程感受挫折，寻求解决问题的方法，以此培养一颗强大的心。

有一位妈妈领着四岁半的儿子去游玩，遇到一个土坑，儿子非要下去玩。当儿子玩得高兴时，妈妈躲到不远处的地方，不让儿子看见。儿子玩够了，要上来，开始喊妈妈。妈妈却一声不吭，装作没听见。儿子开始直呼其名，她还是不理。

于是，儿子连哭带骂："坏妈妈，大坏蛋！呜呜……"可无论怎样叫喊哭骂都不见妈妈露面，儿子只好自己想办法。

他发现土坑里有一个小阶梯，便手脚并用地爬出了土坑。当他发现妈妈就在不远处蹲着时，便惊喜地扑上去，高兴地举着小拳头自豪地说："我是自己爬上来的！没有妈妈，我自己也能爬上来！"

孩子小的时候，对妈妈、长辈有所"依赖"是自然的，也是正常的表现。随着年龄的增长、自立能力的增强，做妈妈的就要锻炼他们的自理能力，渐渐帮助他们改掉什么事都依靠妈妈的习惯。帮助孩子改掉这种坏习惯，做妈妈的就应该从自身做起严格要求自己，不能什么事情都代替孩子做，因为孩子本身就是一个独立的个体。

妈妈们从开始就明白，孩子迟早都要独立生活，在成长的道路上吃一些苦，绝对不是坏事。风吹日晒过的小树才能成长为参天大树，才能做栋梁，孩子有自己的抗挫力，遇事如果没有妈妈在旁边"指手画脚"，孩子一样拥有自己解决问题的方法，只有通过这样不断的锻炼，孩子才有机会在同龄人的竞争中脱颖而出，所以，要成就孩子辉煌的人生，就请妈妈放手让生活的磨难去砥砺孩子坚强的品质和心性吧。

在这个过程中很多妈妈担心孩子会不会认为"妈妈一定是不爱我了"，其实，让孩子独立做事情，并不会让孩子产生妈妈不爱自己的情绪。如果是他力所能及的事，孩子其实是愿意尝试的。如果他表现出为难的情绪，妈妈先不要代替他，而是多多鼓励他，让他尽快尝试第一件事情，那样孩子就能很顺利地独自进入下一件事情了。

鼓励孩子向失败学习

常言道："失败是成功之母。"这是指失败既是坏事，又是好事。如果能从失败中吸取教训，砥砺人的意志，使人更成熟、坚强，激励人从逆境中奋起，就能使失败变为成功之母。妈妈鼓励孩子向失败学习，就是使孩子勇敢地面对失败，能变失败为成功之母。

心理学家说，失败是不可避免的人生经历。在日本，如何从失败中分析原因、汲取教训已经成为一门学问。已有10年历史的日本失败学会，不到一年的时间里就已经拥有了包括日本著名的东陶公司、日立制作所、松下电工公司、三菱重工业公司等42家大型企业法人和500名学员。

失败学会会长？村说，面对企业各种各样的失败案例，只有从人的思想深处和管理体制入手寻找深层次原因，才能避免再次发生事故。所以在失败学会中，各大企业法人与学会其他会员共享失败案例分析数据库的信息，每月举行一次研讨会，分析会员本身失败的案例，总结原因，向失败学习，然后提出对策，杜绝重犯错误。此外，失败学会还举行年会，分析世界一年来发生的事故和不幸事件。

每位妈妈都希望孩子能拥有更多的成功，从中体验竞争和胜利带来的快乐，但是，任何的成功都来之不易，需要不断进取和努力，更需要勇敢地去面对挫折和困难。孩子在生活和学习过程中遇到失败是难免的，而面对孩子的失败，往往最难受的就是妈妈，他们对孩子的失败比自己的失败更加痛苦，有些妈妈往往采取掩盖和安慰的方法去让孩子逃避失败。殊不知，妈妈这样害怕孩子失败的心态，可能会导致孩子一蹶不振，毁了孩子的未来。现在妈妈们面临的最大挑战，就是如何面对孩子的失败而仍然有信心去鼓励和支持他向失败学习。

如果妈妈永远都将孩子置于自己的羽翼之下，帮他挡住伤害与失败，那他就永远也学不会如何在人生的低谷到来时独自承受。

春游的时候，妈妈和3岁的女儿一起走在狭窄的山间道上。山路坑坑洼洼，对一个孩子来说很难应付。但妈妈并没有马上拉起孩子的手，而是任由她跌跌撞撞地走了一会儿，甚至看着她差一点被小石子绊倒。这就是一个聪明的母亲，她懂得如何让孩子自己去体验生活。

大一点的孩子有时会主动拒绝尝试新的或者是他们认为困难的事情。但是如果你确定的目标只是"试一试"而不是"成功"，那孩子们就比较容易接受了。

6岁的朋朋起初很害怕参加学校的钢琴比赛，但是妈妈告诉他："你不一定非要得名次，我们只是去学习如何在有很多很多观众的时候演奏。"最后朋朋高兴地去比赛了，而且成绩还很好。

心理学家指出，聪明妈妈的技巧就在于：即便是一次失败的努力，也让孩子觉得从中有所收获。

妈妈希望孩子事事成功。然而，在现实生活中，常胜将军是没有的，在人生的道路上失败是很难免的。这是因为客观事物是纷繁复杂而又不断地发展变化的，其关键问题就是尽量少些失败，多些成功，以及如何勇敢地向失败学习。当孩子没有经受过失败的痛苦，就往往不能以正确的态度对待失败。因此，妈妈应尽早训练孩子具备向失败学习的能力。

心理学家认为，妈妈可以帮助孩子分析失败，一旦发现了失败，妈妈就得引导孩子透过显而易见的表面原因追根溯源。这要求妈妈严格而积极地通过深入分析，确保汲取正确的经验教训和采取合适的补救措施。妈妈的职责是保证孩子在经历一次失败后，停下来认真分析和发掘其中蕴含的宝贵经验，然后再继续前行。

挫折越多，成长越快

在心理学上，有一个概念叫"跨栏定律"，是有心理学家阿费烈德提出的，即一个孩子的成就大小往往取决于他所遇到的困难的程度。也就是竖在孩子面前的栏越高，孩子跳得也就越高。

按照的"跨栏定律"，可以解释生活中的许多现象，譬如盲人的听觉、触觉、嗅觉都要比一般人灵敏；失去双臂的人的平衡感更强，双脚更灵巧，所有这一切，仿佛都是上帝安排好的，如果人们不缺少这些，仿佛就无法得到它们一样。按照这个定律，如果孩子所遭遇的挫折越多，那么成长得也就越快。要知道一个人的缺陷有时候就是上苍给他的成功信息。

蔡耀星，台湾花莲泰雅族人，因家境贫穷，小毕业即当了学徒。16岁时，他在工作中误触高压电，伤势非常严重，辗转进入了一家医院，才从死神手中抢回一条命，但是他双手全被截去，这注定他往后一辈子都是"无臂残障者"。

由四肢健全，一下子变成"无臂人"，真是晴天霹雳啊！然而祸不单行，父亲车祸过世，母亲改嫁，妹妹也远嫁，他一人独居多年，但"生命还是要活下去啊"！

没有手，怎么吃饭？蔡耀星看狗儿如何吃，就学狗儿一样"直接用嘴吃饭"！没有手，怎么穿衣服？他学会用嘴巴、用脚指头，慢慢将衣服套上！别人都是"双手万能"，可是，他却是"双脚万能"，凡是洗头、洗脸、刷牙等全都靠双脚来完成！连洗米、煮饭、切菜、切肉，也都用双脚来操作，一"脚"的好功夫，真是已经"神乎其技"了。而今天的成就，却是十年来，他辛酸走来的血与泪啊！

"我相信苦难会让我成长得更快，虽然以前我靠养鸡鸭、捡蜗牛为生，但我还是天天训练体力，在水中游、在路上走、在沙滩上跑，我不管别人是怎么看我，但我要为自己而活！希望有一天，我还能参加残疾人奥运会，这是我最大的梦想！"蔡耀星看着来访的记者，眼中也闪耀着期盼与梦想！

而这番豪言壮语，蔡耀星并不是随便说说而已，因为，无师自通的他，早已在前些年参加台湾区运会，成为蛙式50米、100米、仰式50米的金牌得主；近几年又获得蛙式、仰式等多项金牌，被好多人敬称为"无臂蛙王"。

心理学家指出，挫折是指孩子为满足自己的某种需要，在追求达到特定目标的活动中，遇到了无法克服或自以为无法克服的障碍和干扰，使他们的需要不能获得满足时，所产生的紧张状态和消极的情绪反应。一般而言，容易受挫的孩子往往或多或少地表现出以下的一些特点，如追求不切实际的目标；对追求目标过程中可能遇到的困难缺乏心理准备；能力不足，遇到困难不知如何应付；缺乏自信，把困难夸大成不可逾越的障碍等等。

其实，孩子经历的挫折越多，成长越快。美国著名职业教育专家霍兰德说："在最黑的土地上生长着最娇艳的花朵，那些最伟岸挺拔的树木总是在最陡峭的岩石中扎根，昂首向天。"确实，苦难是每个孩子生命中的茧，冲破它即成美丽的蝶。

然而在我们的身边，孩子因为妈妈的几句指责就离家出走、因为同学之间的小小矛盾就郁郁寡欢、因为老师的批评就产生逆反心理，厌恶学习，类似的现象屡见不鲜。

反思我们的教育，似乎妈妈在急切地想给孩子们自己没有的东西，却忘记了给他们最基本的，也是最重要的挫折教育、生命教育。结果他们虽然学了很多知识，却经受不了丝毫的挫折。比如现在的很多孩子会因为一次不成功的考试、一次面试的失败、一次老师的批评而结束自己的生命，这对一个家庭一位母亲来说是100%不可承受的结果。

心理学家告诉妈妈们，挫折如弹簧，你弱它就强。逆境充满荆棘，却也蕴藏着成才成功的机遇。只要孩子勇敢面对，就一定能从布满荆棘的路途中走出一条阳光大道。正如培根所说，"奇迹多是在厄运中出现的"。因为每个孩子的心底都有一座潜能的宝库，它无时无刻不在运动，一旦达到爆发的极限，它就将划破黑暗，照亮一切，辉煌孩子的人生，促使它爆发的是一颗永不衰竭的进取心和对幸福生活的向往。想成为一名生活中的强者，孩子就要勇敢地向挫折宣战，像一名真正的水手那样投入到生命的浪潮中去。

鼓励孩子多坚持一秒钟

告诉孩子：你是自己最大的敌人

很多妈妈都知道美国电影《阿甘正传》表现的是一个被常人称之为低能的人成功的故事。阿甘之所以能够成功，在某种意义上讲，是由于他自己并不知道自己智商和常人不一样。这使我们联想到动物界的故事。

有一种动物叫大黄蜂，它的身体肥大笨重，翅膀却十分短小。生物学家根据空气动力学原理，并经过仔细计算，最后断言，大黄蜂是绝对不可能会飞的。但令人不解的是，大黄蜂不仅能飞，而且飞行速度远远超过一般的蜜蜂。这是为什么？因为大黄蜂并不知道自己不会飞。

从某种意义上来说，挑战自我极限，意味着孩子要勇于超越，敢于打破自己体能和意志上的局限，就像奥运精神所倡导的那样，努力向"更快、更高、更强的目标迈进。"敢于挑战自我极限是推动人类文明发展的重要动力，而并不是异想天开，无数事实证明，孩子的潜能是超乎自己的想象的。

拿破仑·希尔说过这么一句话，"一个人成长中唯一的限制就是自己心中的那个限制"。妈妈想要孩子成就一番事业，就应当教会他们勇于打破自己内心的局限，勇于挑战，这样才能做最强的自己。

大象能用鼻子轻松地将一吨重的行李抬起来，但我们在看马戏表演时却发现，这么巨大的动物，却安静地被拴在一个小木桩上。

因为它们自幼小无力时开始，就被沉重的铁链拴在无法乱动的铁桩上，当时不管它用多大的力气去拉，这铁桩对幼象而言，都是沉重的东西，动也动不了。不久，幼象长大，气力也增加，但只要身边有桩，它总是不敢妄动。

心理学家指出，这就是自我设限的结果。成长后的象，可以轻易将铁链拉断，但因幼时的经验一直存留至长大，它习惯地认为铁链"绝对拉不断"，所以不再去拉扯。

有时候孩子失败，往往是因为输给了他们自己。世界上最难攻破的不是那些坚固的城堡和城池，而是孩子自己为自己编织的"心理牢笼"。因此，孩子要想走上成功的道路，摆脱不顺的现状，必须勇敢地冲出这个牢笼。

有句话这样说："自己把自己说服了，是一种理智的胜利；自己被自己感动了，是一种心灵的升华；自己把自己征服了，是一种人生的成熟。大凡说服了、感动了、征服了自己的孩子可以凭借潜能的力量征服一切挫折、痛苦和不幸。"其实，心理学家们指出，许多孩子的悲哀不在于他们运气不好，而在于他们总爱给自己设定许多条条框框，这种条框限制了他们想象的空间和奋进的勇气，模糊了他们前行的航向和人生的追求。他们看似一天到晚忙个不停，实际上自己已经套上了可怕的枷锁，注定碌碌无为。可见，敢于打破自我设定的障碍，冲出自己编织的"心理牢笼"，多一点超越，多一点豁达，生活就会不一样。

让孩子尝到坚持的果实

世界首富比尔·盖茨认为，巨大的成功靠的不是力量而是韧性。如今社会的竞争常常是持久力的竞争，有恒心有毅力的人往往能够成为笑到最后，笑得最好的人，对于孩子来讲，恒心和毅力是成功的必要条件，半途而废、浅尝辄止，那么梦想永远只能是梦想。

心理学家们指出，孩子无论做什么，轻易放弃是不会取得成功的。有时候，孩子多坚持一会儿就会有奇迹出现，多坚持一会儿就能够反败为胜。当事情愈来愈困难时，当失败如同排山倒海般地压过来时，大多数孩子会放手离开，只有意志坚强的孩子才能够坚持到底，不轻易言败，而最后的胜利，也往往属于这些意志坚强的孩子。据心理学家研究，孩子最开始能够坚持去做一件事，是因为他们尝到了坚持的果实。

生物课上，老师在黑板上出了一道题："草履虫有眼睛吗？"对于孩子们来说，这比证明三角形全等有趣多了，于是开始热烈的讨论。

大部分同学认为，既然叫"虫"，当然有眼睛喽，不然它怎么看东西呢。但是韦冰却不这么认为，他隐隐约约的记得以前上初中的表哥对自己说过，草履虫是种单细胞动物，没有眼睛，只有鞭毛。于是韦冰告诉周围的同学："草履虫是没有眼睛的。"

听韦冰这么说，大家纷纷质疑起来："你怎么那么确定呢？你的依据是什么？"同桌马小涛甚至说："你敢坚持你的看法吗，如果你赢了，今天的值日我就一个人全包了！"

听大家这么一说，韦冰的心开始打起鼓来："万一我错了多丢脸啊，而且那么多同学都说没有，我应该是记错了吧，可是……"韦冰又想"我隐隐约约记得好像自己的答案没有错啊，要不要坚持下去呢？"

经过激烈的思想斗争，韦冰还是决定坚持自己的答案，结果等老师公布答案的时候，韦冰果然是正确的，知道这个结果的那一刻，同学们都不约而同地鼓起掌来，为了韦冰能够坚持自己，经过今天的事情，韦冰一下子对自己充满了信心，心里甜滋滋的。

心理学家们告诉妈妈，一个孩子的恒心和内心的梦想结合以后，就会产生百折不挠的巨大力量。很多孩子的失败并不是因为自己能力不济，而是败在自己意志力不强，很多情况下，成功与失败只是一步之遥。据心理学家研究，孩子不敢坚持自己的看法是因为有的孩子属于"温和派"，很少大胆地向别人说"不行"，妈妈说什么他们就听什么，有什么反对意见在妈妈的强行压制下也就烟消云散了，慢慢地就养成了不敢大胆表达自己意见和想法的习惯，总认为别人说的可能说是对的，即使自己的意见正确，也不敢理直气壮地坚持。

还有的孩子害怕遭到妈妈的责骂。如果孩子说出自己的看法后，妈妈认为孩子的看法相当幼稚并且没有逻辑性，往往会指责孩子"反应迟钝"、"笨"，于是孩子下次遇到这样的问题，就会为了免于责骂而改变自己的看法。那妈妈应该怎样教导孩子呢？心理学家给出了这么几种方法：

一般欧美国家父母的做法是：鼓励孩子发表自己的意见，提出自己的要求，当孩子的意见和要求不妥当时，立即给予纠正，并说明父母不能满足孩子要求的原因。例如孩子认为自己晚上可以玩一会电脑，这样有利于调节紧张的学习，如果父母反对，就一定要能说出反对的理由："你是一个自制力不强的孩子，这样会影响你的睡眠，所以我们不同意。"妈妈还可以给孩子参加家庭会议的机会。比如全家人一起商量是否要买新房，认真参考孩子的意见，把孩子当作一个平等的个体来对待，是对孩子敢于坚持的最大鼓励。

让孩子把一件事情坚持做下去

心理学家指出，坚持到底，是执着的必备要素，也是孩子成功的重要条件。如果失去了这些条件，即使孩子成人后才识渊博、技能熟练，也无法成功。

卡勒先生曾经说："许多青年人的失败，都应归咎于他们没有恒心。"的确如此，妈妈们深有体会，大多数青年人，虽然都颇有才情，也都具备干一番大事儿的能力，但他们缺少恒心、缺少耐力，只能做一些平庸安稳的工作，一旦遭遇些微的困难、阻力，就立刻退缩下来，裹足不前。可见，不屈不挠、百折不回的精神，是获得胜利的基础。

但孩子长大后，一旦孩子拥有坚持执着，永不言弃的品质，不论在任何地方，都不难找到一个适当的职位。换种思维考虑，困难其实就意味着机会，解决问题，孩子就能够实现成功。如果妈妈能够引导孩子看清困难背后的现实意义，抱着执着的心态去面对每一项任务，一步一步地坚持努力，那孩子终将克服这些困难，远大的目标也会在这一步一步的努力中最终得以实现。心理学家认为，孩子在克服困难的过程中形成的坚强意志、大无畏的勇气、坚定的信心以及汲取到的宝贵经验和教训，这些都会为他们日后取得更大的成功创造有利条件。所以从现在起，妈妈就可以着手培养孩子，从让他们把某一件事情坚持做下去开始。

以前，妈妈总是把女儿媛媛当成小公主般宠爱着，吃的放在嘴边，穿的放在手边，要星星不给月亮。可是妈妈突然发现，女儿媛媛一到假期就睡懒觉，起床后就窝在家里玩电脑。

妈妈生气时责怪女儿媛媛，媛媛就回一句："时间是我自己的，我想睡懒觉就睡！"

哎，其实女儿这样，自己这个做妈妈的责任占大部分，于是妈妈决定：这个寒假，让女儿媛媛晨跑，而且要坚持下去！

媛媛平时很少锻炼，身体有点弱，动不动就感冒发烧。这个寒假，妈妈决定每天早晨陪女儿围着小区慢跑20分钟，相信坚持一个多月，不仅能增强她的体质，也能磨炼她的意志。

寒假一开始，妈妈就对女儿媛媛说出了自己的想法，没想到媛媛小嘴一撅，老大不愿意："妈妈，早起太冷了吧！"

继而，媛媛开始耍赖："小孩子睡眠不足会影响智力的，妈妈，你也不希望养个笨女儿吧……"

妈妈晓之以理、动之以情道："妈妈让你暂时吃点苦，是为你今后做打算啊，要是你能够坚持下去的话，身体也棒了，妈妈该多欣慰啊！你说是不是？"

媛媛听完只好点点头："那好吧，我试试。"

于是，妈妈陪女儿跑了一个寒假，媛媛也很好地坚持了下来！

心理学家指出，成功者的特征是：绝不因受到任何阻挠而颓丧，只知道盯住目标，勇往直前。世上绝没有一个做事半途而废的孩子能够成功。获得成功的前提就是坚持。人们最相信的就是意志坚定的孩子，当然意志坚定的孩子有时也许会碰到困苦、挫折，但他绝不会一蹶不振。

只要能够坚持到底，一个平凡的孩子也会有成功的一天，否则即使是一个才识卓越的人，也只能遭遇失败的命运。正是因为有了坚持到底的品质，人类才消除了各种障碍，建立起了人类居住的共同体；因为有了坚持到底的品质，人们才登上了气候恶劣、云雾缭绕的山峰，才在宽阔无边的海洋上开辟了通道。坚持到底的品质让天才在大理石上刻下了精美的创作，在画布上留下了大自然恢弘的缩影；坚持到底创造了纺锤，发明了飞梭；坚持到底使汽车变成了人类胯下的战马，装载着货物翻山越岭，在天南地北往来穿梭；坚持到底把对大自然的研究分成了许多学科，探索自然的法则，预言其景象的变化，丈量没有开垦的土地；坚持到底还让白帆撒满了海上，使海洋向无数民族开放，每一片水域都有了水手的身影，每一座荒岛都有了探险者的足迹。

鼓励孩子把一件事情坚持做下去，这是培养孩子恒心的最好方法，是成功的必经之路，唯有坚持，才能有丰收的果实。

坚持不一定到底，别让孩子做无谓的坚持

心理学家告诉妈妈们，执着是一种很好的品质，但有的时候并不一定是好事。无论是做人，还是做事，都要教孩子学会实事求是。因为只有具体问题具体分析，在特定的情况下选择是否坚守执着，才会找到方法，才会获得一条捷径。

俗话说："变则通，通则久！"在生活中，孩子应该向妈妈学着变通，不能死钻牛角尖，此路不通就换条路，千万不能一条路走到黑，生活不是一成不变的，人也应该求新求变。记载商鞅思想言论的《商君书》中有一段名言："聪明的人创造法度，而愚昧的人受法度的制裁，贤人改革礼制，而庸人受礼制的约束。"圣人创造"规矩"，开创未来，常人遵从"规矩"，重复历史。为什么孔子是圣人，而他的三千弟子不是？道理就在于思想是否灵活，是否善于变通，敢于自主地、实事求是地思考分析问题。

某个国家的火箭研制成功后，科学家选定一个海岛做发射的基地。经过长久的准备，进入可以实际发射的阶段时，海岛的居民却群起反对火箭在此发射。于是全体技术人员总动员，反复地与岛上居民谈判、沟通，以寻求他们的理解。可是，交涉却一直陷入泥潭状态，最后终于说了服岛上的居民，可是前后却花费了3年的时间。

后来大家重新检讨这件事情时，发现火箭的发射并不是非这个海岛不行。可是此前，却从来没有人发现这个问题。当时只要把火箭运到别的地方，那么，3年前早就发射完成了。但当时太执着于如何说服岛民的问题上，所以才连"换个地方"这么简单而容易的方法都没有想到。

心理学家说，种子落在土甲长成树苗后最好不要轻易移动，一动就很难成活。而孩子就不同了，孩子有脑子，遇到了问题可以灵活地处理，用这个方法不成就换一个方法，总有一个方法是对的。所以妈妈教孩子做人做事要学会灵活应变，不能太死板，要具体问题具体分析，但方向不对的时候，千万不要做无谓的坚持。心理学家说，这就好比孩子前面已经是悬崖了，难道还要跳下去吗？执着很重要，但盲目的执着是不可取的。千万别让执着成为送给孩子的一个虚假安慰，这样，他们的灵魂才不会被它所套牢。

有一位渴望成为作家的农民，十年如一日地努力着，他坚持每天写作500字，一篇文章完成后，他修改了又修改，然后满怀希望地寄给远方的报纸杂志社。

可是，多年努力，他从没有只字片言变成铅字，甚至连一封退稿信也没有收到过。29岁那年，他总算收到了第一封退稿信。那是一位他多年来一直坚持投稿的刊物的总编寄来的，总编写道："……看得出，你是一个很努力的青年。但我不得不遗憾地告诉你，你的知识面过于狭窄，生活经历也显得相对苍白不适合走写作这条路，不过我从你多年的来稿中发现，你的钢笔字越来越出色……"他就是张文举，现在是有名的硬笔书法家。记者们去采访他，提得最多的问题是："您认为一个人走向成功，最重要的条件是什么？"

张文举说："一个人能否成功，理想很重要，勇气很重要，毅力很重要。但更重要的是，人生路上要懂得舍弃，更要懂得转弯！"

从小到大，孩子常听到"坚持到底就是胜利"的训诫，所以无论遭遇何种困厄，都甘愿一次次地冲锋，直至头破血流。殊不知，孩子在坚持的同时，也应及时审视自己的方向，适时调整，不要做没有意义的坚持。

有的妈妈也许会说，我的孩子是强者，他可以克服一切困难，不需要绕道而行，绕道而行是弱者的成功法则，心理学家指出，这是一种大错特错的认识。即使孩子能克服眼前的困难，如果克服困难所花费的时间、财力和人力远远超过绕道而行，孩子为什么不选择后者呢？绕道而行的一个重要特点是避强突弱，即避开强大的障碍，从薄弱的地方突破过去，一分耕耘十分收获，何乐而不为呢？大多数情况下，正确的方法比坚持的态度更有效、更重要。坚持固然是一种良好的品性，但在有些事上过度的坚持，反而会导致更大的浪费。所以，要想孩子达到最终的人生目标，在人生道路上前进时，妈妈就要引导孩子要懂得调整方向和目标。

第八章

"他山之石来攻玉"，给淘气的孩子把把心理脉

小小淘气包，各有各的淘

讨好成人的操纵型小淘气

威威是个很乖巧的孩子，父母吩咐他的事情他总是会尽心尽力地完成；他也是最受爷爷奶奶喜爱的一个孙子，因为和兄弟姐妹相比，他总是很主动地去帮爷爷奶奶捶腿捏肩，嘴上还不停地给爷爷奶奶讲着笑话，看到威威来，这两位老人的嘴就乐得合不上。威威最喜欢别人夸他，一旦听见别人的表扬，他就会高傲地仰起脸，一副自豪的样子。

如果不是亲眼看见，爸爸妈妈一定不会相信那个颐指气使指挥小伙伴的孩子是自家的威威。那天爸爸妈妈下班回家看到威威正在小区里玩耍，和小朋友玩的时候他总是一副指挥官的样子："你，去那边！""琪琪，不要做那个，去挖土！"如果有小伙伴提出不满，他就会挥着拳头走到别人面前威胁："不听话你就走！我们都不喜欢你！"

威威就是一个操纵型的小孩，这类小淘气是典型的两面派。这类孩子非常善于讨成人的欢心，但是在同伴面前则是一副趾高气扬的样子。

这类孩子的优点是意志坚定，做事绝对不会三心二意，而且非常喜欢指挥别人。如果他们能够从事商业活动的话，通常能够取得非常大的成功。法国作家让·季杜罗曾经说过这样的话："成功的秘诀在于真诚——如果你连这一点都能伪装的话，那就没有什么办不成的事了。"

这句话是对操纵型最好的描述。他们在长辈面前通常会表现得十分低调，就像是一个稳重懂事的小大人。但是如果你仔细观察过的话，你会发现这类孩子在低调的情况下也会重视自己的权利胜于义务。

这类孩子总是野心勃勃、目标明确，对于现在社会的生存来说，这似乎并不是一个缺点。但是父母要注意的是，他们绝对不能忍受成为"第二名"，他们的处事原则是只看结果。如果取得成功的代价是一定要说谎或者进行一系列不光彩的行为，他们也会毫不犹豫地去做。而这类孩子一旦面临失败就会彻底崩溃，一蹶不振。

很多父母往往不能相信自己的孩子是这样的人，他们总觉得那个乖巧的孩子是始终如一的。但是如果这些家长看到自己的孩子与同龄人的相处模式，他们就会感到很震惊，似乎孩子一下子变成了另外一个人。他们在同龄人面前是一个大独裁者，他们在与小朋友相处的时候总是会拉帮结伙，并且会为了自己的利益牺牲别人。

如果这些孩子和父母有了矛盾，他们会妥协和谅解；但是如果他们和同龄人闹了矛

盾，那么他们的友谊常常是难以挽回的。他们会拉拢其他的孩子孤立这个"敌人"。所以操纵狂孩子除了为了达到目的不择手段之外，还有一个致命的弱点——交际圈子狭窄而且难以维护。所以父母要尽量帮助操纵狂孩子改变待人处事的方式，并且要告诉他如何维护友谊和处理与朋友之间的分歧。如果他们没有得到这方面的指导，那么他们很少会赢得别人的尊重，甚至会让多数人感到害怕，最终孤独一生。

幽默狡黠的谈判型小淘气

谈判型小淘气是非常精明的孩子，他们的座右铭就是"一切都是可以商量的。"父母的要求有任何漏洞都会被这些小淘气找出来。如果你给谈判型孩子两个选择，他们常常能够提出第三种选择，如果家长答应了这种孩子的第三种选择，他们马上就会得寸进尺地想出第四种方案。

谈判型的孩子通常古灵精怪，幽默狡黠，开始的时候父母会被他们逗得哈哈大笑，以为自己和孩子拉近了距离，回过神来才会发现自己上当了，不经意间自己已经成了孩子利用和嘲弄的对象。

这种类型的孩子也很适合商界，事实上他们很适合做市场营销的工作，因为他们似乎天生就拥有用不完的实用性智慧，而且善于取悦和笼络别人。大多数人们都喜欢这种类型的人。但是作为这类小淘气的父母，你经常会经历那种"冰火两重天"的感觉，有时候你会恨不得把他们抱起来不停地亲吻他，有时候又会产生一种把他们狠狠揍一顿的冲动。

谈判型小淘气的共同特点是他们都很善于依靠转移注意力来避开失败的可能性，所以父母在教育他们的时候一定要对自己所说的话进行仔细地斟酌。最好每次只针对一件事情进行讨论，因为如果议题太多，孩子就会很容易地转移话题，结果就是家长无功而返。

除了善于转移话题，这些孩子还很喜欢欺骗别人，所以这类孩子如果没有得到及时的管教，他们极有可能在长大之后缺乏诚信，只会说不会做，表面一套，背地里一套。当发现孩子说谎的时候，很多家长都会感到很忧虑，担心这种恶习接下来会引发偷盗、结交不良朋友和逃学等更加严重的问题。

其实孩子养成说谎的习惯是因为长期的说谎行为没有得到应有的惩罚，父母应该帮助这些狡猾的小淘气们回归诚实。那么怎么才能帮助他们克服说谎的坏习惯呢？

（1）杜绝任何借口。借口是谎言的温床。告诉这些孩子，如果说出来就一定要做到，否则就是在说谎，禁止他们为自己的行为找借口。

（2）在家里定下实话实说、言出必行的规矩。所有的人都要做到这一规定，包括父母在内。其实，父母的榜样作用也是很重要的。

（3）父母要担任起判定孩子行为的法官。如果你实在不能确定这类孩子说的话是真是假，那么就表情严肃地告诉他："我不太相信你所说的话，你要想办法证明给我看。"当然这只限于孩子严重违反了做人原则的时候，如果只是些无关紧要的小事情，父母大可不必这么紧张。

（4）不要因为孩子的谎话而大发雷霆，这是没有用的。当确定孩子说谎的时候，你可以平静地对孩子说："孩子，你的这种说法很有想象力，不过现在妈妈想听一下实话。"听到这句话，谈判型孩子就会清楚地意识到自己的行为已经被拆穿了，再隐瞒下去只能给自己带来更坏的结果，所以聪明伶俐的谈判狂是不会吃这样的"亏"的，他一定会及时说出实话，并且恳求父母的原谅。

（5）要对孩子撒谎的行为采取一些惩罚措施。他必须要为自己的行为付出一定的代价，只有这样他们对诚实的认识才会随着年龄而增长，最终改掉说谎的坏毛病。

关注公平的辩论型小淘气

英国前首相撒切尔夫人在接受一位记者采访的时候被告知有人对她的政策不满。撒切尔夫人的脸上马上笼罩了一层委屈以及受到侮辱的表情，似乎在说："他们凭什么对我的政策不满？"接下来她没有解释自己的政策，而是怒气冲冲地问究竟是谁对她的政策不满。

撒切尔夫人就是一个辩论型的人。这种类型的孩子就像一个天生的人权主义战士，时时刻刻在关注着任何有失公平的地方，不过这种公平只是相对他自己而言的。如果你经常听到你的孩子说"凭什么"，那么他十有八九就是一个辩论型的小淘气。比如：

"凭什么让我去倒垃圾？我昨天才倒过！"
"凭什么外婆给了表妹一个玩具没给我？"
"凭什么我的苹果比她的小？"

这类孩子的心里时刻装着一架小天平，一边放着自己的待遇，另一边放着别人的待遇，如果稍稍倾向自己这边，他可能会沾沾自喜；但是只要有一点点倾向别人，他们就会火冒三丈。如果引导得好，这类孩子会关注公平，此外他们还具有坚定的意志并且能言善辩，非常适合在司法部门工作。

不过，这类孩子也有一个缺点——搞不清楚自己内心的感受。他们对别人的厌恶非常敏感，但是却不愿意相信别人对他们能力的肯定和爱的程度，所以他们的心灵很敏感，很容易受伤害。

吉姆是个8岁的孩子，有一个姐姐和一个妹妹。他总是向父母抱怨自己得到的爱没有两个姐妹多。他的妈妈总是跟他解释："吉姆，你想得太多了，没有那回事！""那为什么上次你给她们买漂亮的衣服却没有给我买呢？""那是因为她们的学校有派对，需要准备一件小礼服啊！"吉姆生气地把头扭向一边，他的妈妈心里很不是滋味，就说："难道你忘了，上次我只给你一个人买了篮球？还有一次我们不是只带你去吃饭的？""那次你还带他们两个人去看电影而让我自己写作业呢？""那是因为你的作业太多了啊！"

无论妈妈怎样解释，吉姆始终能够找出反驳的理由，于是妈妈只好更频繁地满足吉姆的要求，同时妈妈也为忽略了其他孩子而愧疚。后来妈妈终于意识到，其实吉姆要的并不是礼物，而是确认自己在妈妈心里的地位。

吉姆就是一个辩论型的孩子。这类孩子总是觉得父母喜欢别人胜于自己，并且能够找到无数的论据来证明这一点。很奇怪的是，他们的记忆力也很好，似乎大脑中装满了证明自己不受欢迎的证据。

对于这类孩子，父母表达爱的方式不必非得是物质上的满足，当他们与你争论公平待遇的问题时，不要过多解释自己的做法，把孩子搂住，温柔地说："哦，宝贝，这一定让你很难过！"父母要做的是给予他们精神上的理解和支持。

其实父母可以与他们约定单独相处的时间，为了让他们有安全感，可以把具体的安排告诉他们，比如哪一天哪个时间段等等。总之，要用行为告诉他们，想要获得父母的爱和关注是不需要吵闹和争论的。其实，辩论型的孩子最缺乏的就是安全感，父母要尽量多地抓住机会向他们表达自己的爱，哪怕只是一个关注的眼神或者是一个简单的亲昵动作，他都会觉得自己始终是深受父母疼爱的。

一心求胜的竞争型小淘气

丘吉尔说过这样一句话："我会在厨房和你战斗，我会在浴室和你战斗，无论在什么地方，我都会和你战斗到底。"这就是竞争型小淘气的真实写照。

竞争型孩子拥有超强的斗志，他们生活的唯一目的就是"胜利"和"第一"。他们喜欢吹牛，夸大自己的成就，"第二"在他们眼里就是失败的代名词。如果他们与家长发生了冲突，那么家长永远不要指望他们能够认错或者中途离开，他们一定会与父母争吵到底，直到认为自己取得了胜利为止。

竞争型的孩子自尊心极强，怀着"宁为玉碎，不为瓦全"的信念，对他们来说"不胜利，毋宁死"。这类孩子成败看得过重，他们把不同意自己观点的人都看作是自己的敌人，不管这些人是父母还是朋友，只要触及他们的底限，就会翻脸不认人，会用尽一切办法把你打败。

当生活的目的只剩下"赢得胜利"的时候，竞争型孩子的生活会变得非常可怕。这时候即使他们能够赢得全世界，也会不可避免地陷入孤独的境地。而且向外界流露出自己软弱的一面对他们来说同样是一种失败，他们感到安全的方法就是无时无刻不让自己看起来是一个成功者。但是他们会把负面情绪放在心里，这样时间长了，他们的内心最终会被恐惧和自卑吞噬。当一个人的眼中只剩下输赢的时候，也恰恰是他面对失败最脆弱的时候。

竞争型孩子把输赢看得过重会给他们的生活带来几个方面的负面影响。首先，为了保持自己胜利者的形象，他们可能会放弃对新鲜事物的尝试来避免失败。一旦他们鼓起勇气去尝试了某种事物却没有取得成功，他们可能会走向极端——回避一切新鲜尝试。这显然对孩子的成长是很不利的。其次，因为他们认为自己是强者，所以在面对同龄人的时候，他们大多会采取一种居高临下的态度，这样很多人都会对他们敬而远之，然后只能孤独一人或者是永远没有稳定的友谊。最后，竞争型过于看重结果，他们会出现为了胜利不择手段的倾向。这对他们未来的影响是很可怕的，甚至有可能被人利用滑向犯罪的深渊。

对于父母来说，要想让竞争型孩子健康地长大成人，一定要帮助他们正是认识输赢，让他们能够勇敢地面对错误和失败，而不是一旦出现不符合自己期望的事情就情绪低落，独自饮痛。父母还要引导孩子学会表达自己的情绪，当自己失败、犯错误的时候如果感到很难过，要学会表达出来，并且愿意接受别人的安慰。父母还要告诉孩子如何与朋友相处，在与朋友交往时不要张扬跋扈，幸灾乐祸，帮助他们拥有固定而稳定的朋友圈子。竞争型的家长还要告诉孩子人各有所长。每个人都有自己的特色，这样社会才能正常运行。有些人可能只有一两项的特长，有些人的特长可能比较多。但是很多人能在一件事情上做得异常出色，关键不在于擅长事情的数量，而在于你知道如何发挥自己的长处。

刺激至上的冒险型小淘气

故事一：

史蒂夫·艾尔文于1962年出生在澳大利亚墨尔本。父母在昆士兰州经营着一个动物园，他于1970年搬到了昆士兰州和父母一起住，1991正式接管了这家动物园，并且给动物园重新起了名字"澳大利亚动物园"。淘气的他从小就经常在动物园中捕鳄鱼，有时还故意把鳄鱼放出去。因为他可以徒手捕捉鳄鱼，于是又被称为"鳄鱼先生"。后来他成为全球知名的环保人士，还是澳大利亚著名的电视节目主持人。他曾经创作了50部纪录片，把大自然完全地呈现在观众面前；他参与了许多公益广告，对待工作严肃认真。2004年，他做了一次大胆的行动，抱着一个月大的儿子在澳大利亚动物园喂鳄鱼。他说："不要再考虑了，我从不会伤害我的孩子，因为他们是我生命中最重要的部分，就像我的父母一样。"他认为自己这样做不会让儿子遭到危险。然而，2006年9月4日，"鳄鱼先生"史蒂夫·艾尔文在澳洲北部海域拍摄水底记录片时，被带有剧毒的黄貂鱼尖锐的背鳍刺穿胸膛，带着他的工作永远离开了。

故事二：

那天是平安夜，很多人来逛超市。大家都忙着挑选礼物呢，忽然广播里传来了一个声音："请哈利·布朗和莎莉文·妥妮斯顿到失物招领处，你们的儿子在这里等。"然后我看见一个爸爸样子的人急匆匆地穿过人流把孩子领了回来。过了不久，还是这两个人的孩子又让爸爸妈妈去失物招领处领他。这次是妈妈去把他领回来的。我心想，这对父母也太不用心了，于是就多观察了一下。结果发现是他们的孩子太活泼了，四处乱跑。果然不一会儿，广播里又让这对夫妻去领孩子。

故事三：

那天下午，摩天轮忽然停止了转动。所有人都惊恐地看着高处，生怕出危险。摩天轮上的人也是一脸害怕的样子。这时候只有一个孩子离开了座位在半空中荡起了秋千……

三个故事的主角都是典型的冒险型，这样的人个个精力旺盛，渴望刺激。这类孩子的父母教育孩子的时候并不比从事极限运动轻松。全世界大约有1/10的孩子是这样的类型，他们既不在乎自己的安全，也不管别人的安危，总是不断地受伤和闯祸。不过父母完全不必自责，因为这并不是自己教导无方，而是因为孩子的天性要求他一刻也不能停止冒险。

冒险型追求的是极度亢奋的状态，他们最喜欢的就是挑战和刺激。想要辨认这些孩子并不难，因为他们身上总是青一块紫一块，布满伤痕。

冒险型所尝试的事情总是让平常人看起来心惊胆战，而且他们做这些事情的时候通常不会提前做计划或者通知其他人，总是随性而至。他们这样做看上去似乎是出于一颗善良的心，不想让别人为自己担忧。但是真实的情况是，他们不知道什么是害怕，所以觉得别人也不会为他们担惊受怕。

既然天性驱使着他们去冒险，那么父母是阻止不了的，你能做的就是帮助孩子寻找安全且有趣的冒险活动，比如漂流、登山、越野赛等。

神秘敏感的消极型小淘气

先来看看下面两段对话：
妈妈："孩子，你今天过得怎么样？"
孩子："还行。"
妈妈："有没有有趣的事情发生？"
孩子："没有。"
妈妈："晚饭想吃什么？"
孩子："随便。"
老师："你怎么没交作业呢？"
孩子："作业？什么作业？没人告诉我有作业啊！"

看了这两段对话，相信很多人都会觉得这个孩子太闷了，一点个性都没有；两个大人一定被气得咬牙切齿，但是又没有办法发作，因为孩子没有做错事情。

这就是消极型的孩子。消极型的孩子给人的感觉是性格模糊、举止神秘，而且做事总是慢慢吞吞的。如果你与消极型的孩子开始一段对话，他大多会一脸茫然地看你一眼，然后消极地回答你所有的问题。

不论父母多么抓狂暴躁，他们总是一副气定神闲的样子，似乎没有什么能够让他们的情绪发生波动。一个消极型的孩子这样回忆自己的童年："我觉得我的童年很快乐，但是我的父母似乎很痛苦。"这类孩子的"杀手锏"就是装傻扮可怜，无论做什么从来不主动，喜欢低着头，得过且过。他们最讨厌的事情就是打破常规。

消极型的孩子总是一副世外高人的样子，似乎没有什么事情能够引起他们的兴趣。无论发生什么事情，不管是发生在陌生人身上，还是在自己家，他总是一副旁观者的心态，不会对此表达自己的看法和感受。周围的一切似乎都与他们没有关系。他们不喜欢出去玩，比起和小朋友一起奔跑，他更喜欢一连几个小时都窝在房间里面看书或者玩电子游戏。

其实消极型的孩子虽然不喜欢发表自己的看法，但是他们并不笨，大多数消极型的孩子都很聪明和敏锐，善于观察和分析周围的环境。消极型的孩子喜欢逃避的原因是害怕失败，他们认为不丢面子的最好方法就是什么都不做。

消极型的孩子的培养重点是帮助他们打破神秘而孤独的行为模式，让他们能够开放地和别人交流。因为他们不喜欢户外活动，喜欢窝在家里，所以他们接触同龄人的机会很少，这样也不会有很多朋友，所以父母要帮助他们学会沟通，拥有几个可以毫无顾忌地敞开心扉的朋友。消极型的孩子在与别人合作的问题上也有很大的困难，所以父母可以让他从照顾家里的宠物开始学习怎样付出自己的感情。不过前提是不要给他们敷衍的机会，这类孩子听到父母的要求之后，通常会说："我一会儿就去。"然后就永远不会去做这件事，所以父母要反复催促他们，并及时给予表扬。如果你能让这些孩子走出自闭的话，等于是为他们的未来奠定了良好的基础。

专治淘气包：用对药才能见疗效

操纵型：针锋相对，秘密调查都不可取

因为大多数操纵型的孩子都很善于在父母面前撒娇、装可爱，所以在面对操纵型的孩子的时候，父母首先要反省是不是自己对孩子的管教过于松懈了，另外还要关注他们与同龄人相处时候的表现。

很多父母对于操纵型的孩子的认识都会经历一个转变：首先他们不相信自己的孩子会存在这样的一面，父母会表现得难以接受。如果有别的家长告状的话，父母一定会反驳："你说的是别人家的孩子吧？"但是当自己亲眼目睹孩子的表现之后，家长会感到震惊，紧接着就是羞愧。在教育这类孩子的时候，父母常常会进入一个误区，那就是因为担心孩子有事情瞒着自己于是就暗中调查孩子的一切或者偷窥孩子的隐私。其实这样是不可取的，因为家长的行为和孩子的行为并没有实质的区别，反而为孩子树立了一个"两面派"的榜样。

另外教育这类孩子也不适合采取针锋相对的方法。因为这类孩子首先会抵赖，然后再把责任推到父母身上，最后的结果必然是双方不欢而散。

那么教育操纵型的孩子的最好方法是什么呢？其实很简单，那就是密切地关注他。虽然说起来很简单，但是事实上需要父母付出很多的时间和精力。你可以对孩子说："孩子，妈妈今天陪着你！"不必担心孩子的反抗，你只需轻松应对孩子嘴上的抗议就可以。因为当你决定时刻监督操纵狂的时候，他们的心里反而会产生一种宽慰的感觉，终于有人愿意完全对他们负责了。当然家长也不要带着一副看管罪犯的面孔，而是自然地与孩子相处，轻柔地指出孩子的错误，这样他们的行为就会慢慢改变。

13岁的于明就是一个老练的操纵型的孩子。他的父母早就离婚了，他充分利用了父母之间沟通不顺畅的问题，完成了很多小偷小摸的行为。这一天深夜，正当他正抱着一台笔记本电脑从别人家出来的时候被警察抓了个正着。父母和老师都不敢相信这是那个看起来很乖的孩子干的。最后父母和老师决定对他采取监督的办法。随后的几个星期中，无论他做什么事情都有大人陪着，不断地从旁指导他的行为和与人相处的技巧。于明开始也显得很不耐烦，但是过了不久就对这种时刻处于成人关注中的生活感到非常享受。

此外，操纵型孩子的父母还有一个非常重要的任务，那就是让孩子明白如何与别人相处，让他在从同伴那里索取的时候学会给予。让他们学会站在别人的角度去思考问题，这不仅是做人的基础，也是对这种类型孩子意志的考验。其实对于操纵型的孩子来说，他们往往拥有成为伟大领导者的潜质，父母可以让他们去选择自己的人生目标，在实现这个目标的过程中，父母要做的就是从旁引导孩子采取正确的竞争方法去取得成功，教会他们应对各种麻烦的方法。

谈判型：避免"以恶制恶"，重点关注行动

前面我们提到，谈判型孩子的伶俐可爱总是让父母开心地哈哈大笑，但是回过神来才发现自己被孩子利用或者嘲弄了。这时候父母就会产生一种懊恼的心态，于是就想要与谈判型孩子一争高低，大有"道高一尺，魔高一丈"的架势，这些父母恶狠狠地想："我一定要让这个孩子尝到苦头，知道我也不是好惹的！"这是一种"以恶制恶"教育方式，对于谈判型的孩子来说这种方式是不可取的，因为当父母与孩子在语言上争个高低的时候，其实是与操纵型孩子的父母悄悄调查孩子犯了一样的错误，也是用自己的行为给孩子树立了一个反面的典型。

操纵型孩子受到批评教育的时候一般不会表现出听从父母的话的样子，更不要指望这样的孩子嘴里说出"妈妈，我错了"、"爸爸，我下次再也不敢了"这样的话。谈判型孩子最害怕别人看到他们乖乖就范的样子，所以他们最大的认错行为可能就是满不在乎地耸耸肩膀、翻个白眼或者对父母说出一句玩笑话，永远不要指望他们会做出更多的反应。

但是这并不代表他们从不听从父母的建议，实际上，他们只是口头上不能服输，但是在行动上会有所改变。所以教育谈判型孩子之后要关注他的行动是不是有所改变，而不是为了孩子的一句话气得发疯。

珍妮特是个典型的谈判型孩子，她机智敏锐，简直就是一个特工。她经常把父母耍得团团转。不过最让她父母头疼的是，她竟然学会了逃学，而且能够在老师的眼皮底下逃回家玩上几个小时电脑再回去。父母苦口婆心地教育她，让她承诺再也不会逃学。开始的一段时间里，珍妮特的确会有所收敛，但是维持不了多长时间，她就会再次出现逃学的情况。

父母没有办法，只好带着孩子去求助心理医生。心理医生和珍妮特单独相处的时候，问她："你是不是故意在惹父母生气？"珍妮特抬起头，眼角闪过一丝狡猾的笑。随后心理医生给她的父母开了处方：停止要求珍妮特作出承诺，只看她的行动。另外，如果再出现逃学就要对她进行惩罚，比如不让玩电脑等。

她的父母严格执行了这个"政策"，珍妮特也发现父母不再和自己讲道理了，而是二话不说就开始惩罚，她知道自己的狡辩没有用了。激烈反抗了几次之后，珍妮特开始乖乖地去上学了。

谈判型孩子一般都很可爱，可是父母在教育孩子的时候一定要板起面孔，心里告诉自己："这不是表达疼爱的时候。"否则你一旦露出心软的迹象，孩子马上就会抓住并且利用它来达到自己的目的。谈判型孩子总是觉得自己十分独特，而这种独特可以让自己不必遵守规矩。父母一定要告诉他们："每个孩子都是独特的，但是规矩对每个人都适用。"

教育操纵型孩子的时候，最重要的一点就是设定底限。他们一旦逾越这个底限，就一定要想办法让他们铭记这个教训，绝对不能心慈手软。但是这个前提是一定要让孩子明确你的底限，并且告诉他没有商量的余地。

教育谈判型孩子的时候还要注意要找私人场所。因为观众越多，他们就越喜欢与别人争论，而谈判狂最擅长的就是争论，所以教育他们的时候要找个没人的地方。

另外，谈判型孩子其实很好取悦，因为很多这种类型的孩子也是物质型孩子，只要给他们一点小小的奖励，他们很快就会"缴械投降"，这比很多无谓的说教都管用。

辩论型：解释自己的行为没必要，孩子只是需要关注

辩论型的孩子无论是成年还是幼年都是在群体中很受人瞩目的角色，因为他总是精

力充沛，而且因为时刻关注公平，所以也会让周围的人不得安宁。

当孩子跟父母抱怨自己受到了不公平待遇的时候，父母常常会为自己的行为进行辩解，试图告诉孩子他的抱怨是没有理由的。虽然人人都希望别人了解自己是公平公正的，但是父母跟辩论型孩子解释的时候却是白费唇舌。辩论狂通常能言善辩，如果你想知道和辩论型孩子争论的场面，那么就可以打开电脑搜索一下西方国家议会争论时候的场面，没有任何一个政客会对自己的反对党说："你说得对，我支持你！"没错，辩论狂就是这样一个政客，你的解释对他来说一点价值都没有，甚至还有可能成为你有失公平的证据，你的解释在辩论型孩子眼里就是掩饰，这些解释会让他们感到自己受到的伤害更大。

而父母发现自己无论怎样解释都不能说服孩子的时候，往往会情绪激动甚至崩溃，这只能导致两种结果：一种是父母开始有意疏远孩子，减少与孩子相处的时间以减少争执；另外一种就是给孩子更多的解释。时间长了，父母和孩子会觉得对方永远不能理解自己，最终双方感情会日趋冷淡。

其实归根到底，这类孩子关注公平的原因只是希望能够衡量自己是否得到了和别人一样多的爱，换句话说，他们只是希望引起父母的关注。所以当孩子抱怨的时候，大可不必与孩子争论到底，只需要拉过孩子，拍拍他的脑袋，然后说："我知道你的这种感受，你如果感到难过的话就抱抱妈妈吧！"

让这类孩子感到自己得到关注的最好办法就是与他们单独相处，父母可以和孩子约定一个时间，在这个时间里，只是一家人在一起说说话，聊聊天，绝对不受外人的打扰。如果谈判型孩子只跟父母中的一个不断要求公平待遇的话，那么这个家长同样可以和孩子约定一个时间，比如每周一次，只和孩子待在一起。当然这也需要另外一个家长的支持。当辩论型孩子获得了这样的特权，他们就会发现原来自己没有必要通过吵吵闹闹去赢得关注。

不过要彻底改变孩子没有安全感的现象还需要一段时间，并且需要父母花费精力，时刻把这件事情放在心上。只要一有机会，就要向孩子表达自己的爱，可以是表扬，也可以是和孩子一起玩游戏、读书等。

另外辩论型孩子因为时刻关注公平，所以他们在幼儿园可能很容易与其他的小朋友发生争执。所以父母还要帮助孩子学会如何与其他人相处。父母可以与老师做充分的沟通，把孩子的个性跟老师交代清楚。当孩子指责或者怪罪别人的时候，可以让老师充满同情地拥抱一下孩子，然后说："我知道你很伤心才说出这样的话，让我来给你一个拥抱安慰你一下！"时间长了，孩子总是能够感觉到自己同样被老师爱着，就不会总是那样苛责别人了。

竞争型：不要争执或乞求，禁止拿别人作比较

教育竞争型孩子的时候，父母首先要知道的是：威胁对他们毫无作用。这类孩子最不喜欢受人指挥，会对任何事情都据理力争，对任何事情都表现出不在乎，因为他们受不了颜面扫地，最害怕失败。

父母要避免和竞争型的孩子发生争执，因为这次争执从一开始就注定了家长失败的结局。如果你对孩子说："你要再这样，我就把你关在家里，不让你出门！"他们的回答通常是："我不在乎，爱关就关，我刚好不想出门呢！"如果你说："我不给你零花钱了！"他们会毫不示弱地回答："不给就不给，反正我也不需要用钱！"总之，无论你想出什么样的威胁，他们都会表现出很不在乎的样子。

此时，有些父母可能就会采取另一种方式，哀求这些孩子："你要是听话，我就可以让你出门！"但是最好还是放弃这种方法吧。因为竞争狂最讨厌别人指挥他，即使你低声下气地去哀求，他也不会改变主意。

所以，父母可以开动脑筋想出另一种方法来"刺激"孩子的斗志，记住：一定不要直接命令。你可以试试这样说："几乎没人能相信你愿意……""有人说你不可能坚持做好那件事……""没有人会相信你这么小就能……"

另外与这种类型的孩子沟通的时候，一定要避免把他与别的孩子作比较，而是应该让他们对自己的前后表现作出评价。比如，"如果让你给自己的写作能力打分的话，半年前和现在分别是几分呢？"

竞争型孩子有可能为因为害怕失败而回避一切自己不擅长的东西，这时候父母应该教他们学会面对偶尔的失败。他们对压力更为敏感，同样的事情在成人眼里可能算不了什么，但是对他们来说却像是天塌下来了一样。当他们压力过大的时候，自己的表现往往不如平时或者没有达到自己所期待的理想状态，他们就会很沮丧，觉得自己是个没用的人，所以父母要确保孩子不会把某一次的失败变成对自己无能的证明。

竞争型孩子喜欢享受胜利的滋味，但是他们也会出现不按套路出牌，不择手段谋求成功的事情。因此竞争型孩子的父母可以让他们参加一些不分胜负的活动，比如即兴表演、玩飞盘、放风筝等。家长还要告诉孩子要正大光明地取得胜利，不要自吹自擂，说大话。

竞争型孩子很有责任感，但是却不喜欢合作，而与别人合作的能力是未来世界不可缺少的。所以父母可以引导他们通过合作来取得成功，在家里可以把一些协助别人的任务交给他们来完成，也可以让他们参加一些志愿者活动，并用他人的肯定来强化他合作的意识。

冒险型：避免战战兢兢，事先提出条件让孩子遵守

冒险型孩子的天性和所从事的活动让这些孩子的父母总是对他们的安全充满担忧，同时还要时时承受着其他的父母拉着孩子来告状的压力。

面对孩子的种种冒险行为，忧虑和暴怒是最常见的情绪。如果可以，冒险型孩子的父母真想在孩子的头上撑起一把保护伞，让他们远离危险。但是冒险型孩子的天性决定了他们必须先体验人生，然后才会总结经验教训，知道哪些事情可以做，哪些事情不能做。值得注意的是，冒险型孩子并不是只有男孩，也有很多女孩是冒险型孩子，虽然这些女孩不太会去从事危险的运动，但是她们的本性会体现在其他方面，比如社会交往方面的冒险，她们可能会在朋友的唆使下抽烟喝酒，也可能头脑一热就去见远方的网友。冒险型孩子的表现有很多形式，不要以为只有喜欢危险运动的孩子才是冒险狂。

每当冒险型孩子闯祸受到教育之后，他们的反应通常是这样的："有什么好担心的呢？""我一个人晚上走回家能出什么事呢？""下次我就知道了，在落地的时候要打个滚。"不可否认，冒险型孩子都是乐观主义的人，这种乐观总是让他们对自己产生错误的评价，一般是高估自己的能力。

但是父母强行阻止孩子的冒险行为是行不通的，所以你要为孩子准备一些安全的冒险行动——露营、蹦极等。

冒险型孩子的情绪波动很大，所以父母要努力为孩子营造一个平静温馨的家庭氛

围。在这样的气氛中，孩子过于冲动的毛病就可以得到一定程度的缓解。冒险型孩子做事通常是随性而至，所以他们没有时间三思而后行，也分不清事情的轻重缓急，所以家长跟他们约定，无论要去做什么，都要和爸爸妈妈打招呼。当孩子和你打过招呼之后，你要用提问的方式帮助孩子做计划："你去了要先做什么呢？""然后呢？""最后呢？""如果……你要怎么办？"通过这样的对话，你不仅可以对孩子的行为危险程度有个大致的了解，同时这也有助于孩子对他们可能遇到的危险有准备。

我们前面提到过，孩子的冒险行为是多种多样的，所以不仅要警惕身体上可能受到的伤害，还要帮助他们远离一些不好的影响。当孩子进入青春期之后，他们很容易产生烦闷的感觉，而抽烟喝酒就是一种消除烦闷的手段。很多孩子第一次抽烟都是在初中的时候，他们比成年人更容易上瘾，尤其在看到同龄人抽烟之后，他们内心的冒险因子就会开始活动，进而效仿其他人。

如果家长引导得好，能够让孩子逐渐学会保护自己，并且能够对可能出现的危险进行预估和判断，学会计划，这些孩子很容易在具有冒险精神的事业中取得成功，比如消防员、急救室医生、警察、杂技演员等。

消极型：不要做孩子的激励导师，让他去承担责任

消极型孩子的座右铭就是"多一事不如少一事"，所以他们对大多数事情都采取冷处理的方式，很少会对某件事情产生反应或者兴致。如果你就某一件事情去征求消极型孩子的意见，你得到的答案十有八九会是"什么？你再说一遍"、"哦，知道了"、"随便吧"、"好像是"等等敷衍的词。

如果你的孩子具有上面这些特点，首先要恭喜你得到了一个拥有巨大潜力的孩子。但是如何能把他们的潜力发挥出来呢？首先你要避免追问、哀求或者寄希望于孩子突然改变，也不要试图做孩子的情感激励师，每天都热情洋溢地出现在孩子面前强迫他兴奋起来，这样只会让孩子更愿意躲进自己的世界不想出来。

很多孩子都会经历这样一个"倒退"阶段，在这个阶段，他们不愿意继续长大，而是希望回到小时候。当孩子出现这种心态的时候，大多数会重新找出自己多年不玩的玩具，每天玩得不亦乐乎。很多家长看到这种情况都会很担忧，以为孩子受了什么刺激。其实孩子只是想通过这些玩具来找回自己小时候的回忆和感受而已。

消极型孩子可以看成是这种怀旧的孩子中很特殊的一群，他们喜欢躲在自己的世界里不与外界发生联系，只想像小时候一样静静做自己的事情就好。家长们通过规劝和诱导的方式并不会改变孩子的心态，所以也不会产生什么效果。

那么怎么让消极型孩子走出自己的小世界呢？

家长可以先试着和孩子培养感情。在这段时间里，家长不要哀求孩子，不要总是激励孩子，尽量保持冷静。对孩子有意见要直截了当地提出来，同时对孩子说："如果你有什么要求或者意见，也可以说。"此外，要明确告诉孩子，不要用手势或者身体活动来代替语言的回答，"不知道"、"随便"等敷衍的回答也是不被接受的。在与孩子培养感情的时间里，家长要避免向孩子施加压力，另一方面要增加和孩子在一起的时间，让孩子从心里知道，无论如何都不能回避和家人的交流。

一位家长为了让孩子与家人进行接触和交流做出了巨大的努力：

我的女儿总是说自己很累，作业很多，所以不愿意下楼和我们一起吃饭。开始我

也就由着她了。但是一个月过去了，全家人一起吃顿晚餐都已经成了奢望。我很生气，我决定要改变这种情况。于是我对女儿说："你要是不愿意下来与我们一起吃饭，那么我们就到你房间陪你吃。"结果一连一个月我们都去她的房间吃饭，然后把碗筷留在那里。终于她再也受不了了，同意下楼吃饭。这是让她跟我们接触的第一步，下一步我要想办法让她开口说话。

其实要帮助孩子走出自己的世界，父母还可以试试让孩子承担一定的责任。虽然他们不喜欢承担责任，但是如果接受了任务，他们一定会尽心尽力地完成。可以让他们照顾宠物或者弟弟妹妹，通过照顾别人，他们不仅会提高自信，而且会提高沟通能力。

扭转局面：让淘气的孩子服气

扭转不良情绪，你需要八个武器

想要改变孩子的心理首先要关注孩子的情绪，下面介绍8个可以帮助小小淘气包们拥有良好情绪的有力武器：

1. 保证小淘气们拥有良好的睡眠

足够的睡眠时间对孩子来说具有非常重要的意义。它不仅可以帮助孩子恢复体力，而且可以强化孩子的记忆，提高学习效率。

但是遗憾的是生活中很多孩子的睡眠时间不够长。除了课业压力之外，还有一个原因就是孩子们总是很容易感到兴奋，在夜晚很难入睡。为了保证他们的睡眠，父母最好不要在孩子的房间放置手机、电脑、电视等能够引起孩子兴奋的电子产品。强烈的灯光也会影响孩子睡眠，所以在孩子准备睡觉的时候，应该用一盏光线柔和的台灯来代替刺眼的日光灯。如果孩子晚间的睡眠无法保证的话，最好在白天睡个午觉。

2. 多带孩子晒晒太阳，享受自然光线

光线对孩子情绪的影响力远远超出我们的想象。我们已经知道，在日光灯下孩子会很烦躁，很难入睡。所以为了保证孩子处于情绪平和稳定的状态，家里最好采用自然光或者台灯。

有一项研究表明，人们在冬季患上抑郁症的可能性比其他季节要高，出现这种现象的原因就是冬季大家都减少了出门的次数。这也从一个侧面证明了光线对于情绪的影响。所以家长可以经常带着孩子走进大自然，充分地享受日光浴。

3. 饮食也可以改变心情

我们听到过很多这样的说法："我心情不好的时候就喜欢买很多零食来吃，吃完之后我就会觉得心情很放松。"从这里我们可以看到饮食对于人们的情绪的确是有影响的。当然我们并不是鼓励孩子们在心情不好的时候暴饮暴食，而是提醒家长，当孩子情绪低落的时候，不妨试试"饮食疗法"。

4. 用走动打破僵局

我们的身体是有记忆功能的，特定的姿势和动作会激活特定的记忆。比如昂首挺胸地走路总是会让人斗志昂扬，而弯腰驼背的姿势则更容易把人拉回愤怒或者烦恼的记忆中。走动可以帮助孩子改变心情，当孩子与你的谈话陷入僵局的时候，不妨对他说："我要去厨房拿些零食，跟我一起来吧，我们可以继续刚才的话题。"与孩子边走边聊并不能解决实际问题，但是它能够转换孩子的心情从而让双方变得容易沟通。

5. 用音乐帮助孩子改善心情

青少年大多数喜欢听音乐，这不是没有原因的。因为音乐的确能影响人的心情和大脑功能。研究表明，听莫扎特的音乐可以开发智力，很多舒缓的音乐也能够帮助人们放松自己紧张的神经。如果孩子喜欢，也可以让他们学习一种乐器，演奏乐器可以帮助那些内向的孩子发泄自己的不良情绪，当然也可以表现他们的开心和快乐。

6. 适量观看电视

电视也可以帮助人们改变情绪，这一点毋庸置疑，因为看电视的时候人是被动接受外来信息的，他会把自己全部的思绪放在电视上，没有时间去想让自己情绪低落的事情。但是电视并不能从根本上改变孩子的想法，只能暂时转移孩子的注意力，所以不要指望电视能够帮助家长解决问题，它只是能暂时稳住孩子的情绪。

7. 适当地玩电脑游戏

很多家长总是控诉自己的孩子无论干什么都提不起精神，但是只要做到电脑前面玩起游戏，马上就变得聚精会神、神采飞扬。这一方面体现了电脑游戏对于孩子的强大吸引力，但也证明了这种游戏可以帮助孩子改变心情。不过，它和电视一样起到的作用也是暂时的。

8. 用自己的乐观影响孩子

如果你想更有效地运用这些武器帮助孩子，自己首先要给孩子树立一个好的榜样，睡好、吃好，对一切都用乐观向上的心态去观察和理解。家长请记住："身教重于言传。"

让淘气包转变的五部曲

了解了淘气包的类型和他们各自的软肋和教育重点之后，家长们要做的就是帮助孩子扬长避短，改变孩子的思维模式，让他们能够更好地适应未来社会。其实让孩子改变并没有我们想象得那样困难，只需要5个步骤：

1. 停止你目前的做法

开始的时候，这些淘气包发起脾气来可能会让你感到措手不及，"不知道为什么，他就忽然发起火来了""事前没有一点迹象，一眨眼他就气得跑出门了"。但是如果你能稳定自己的情绪，暂时退后，冷静观察他们的行为，很快你就会清楚地知道他们发脾气也是习惯性的，做的"坏事"也是重复性的，你甚至可以了解他们每次发脾气的愤怒程度、生气时候的郁闷程度会有区别，但是模式一定是一样的。

掌握了这一点之后，你就要开始停止自己目前的做法了。怎么做呢？很简单，放手，什么都不做。当然你的突然放手可能会让孩子变本加厉，不过他们只是不适应你的变化，希望你能像平时一样冲他们大吼大叫。当你放手一段时间之后，孩子就会很奇怪，他会觉得一定有大事要发生了。所以他会暂时停止自己的做法，观察你的动态。

2. 培养顽童的归属感

当孩子暂停自己的做法之后，你就可以不动声色地开始第二步——培养他们的归属感。归属感是产生抗压能力的基础，也可以抚平孩子内心的恐惧感。归属感的形成可以帮助孩子更好地适应社会，学会如何与别人交往。要培养归属感，首先你需要确定孩子的淘气类型，然后明确孩子所需要的归属感是什么样的。可以通过和孩子一起做些事情来帮助孩子建立归属感，比如一起做饭，一起运动等等。

3. 培养顽童的合作习惯

淘气包的父母总是很头疼，因为家里时时刻刻充满火药味，总是让人感觉压抑。孩子觉得父母不理解自己，父母觉得孩子无理取闹，不可理喻，所以导致双方互相回避，最终争执、分歧毁掉了你们的感情。那么如何让孩子慢慢地转变，愿意与父母合作呢？很多家长不敢对自己的淘气包提出过多要求，因为多数会遭到拒绝。从现在开始试着改变，先让孩子帮助自己做些小事情，比如拿报纸、买东西等。父母要做好两种心理准备，被拒绝的准备和自己也要为孩子提供更多帮助的准备。而且父母在同意帮助孩子的时候要毫不犹豫，这其实是对孩子最好的教育。

4. 开创新局面

首先你要确定自己要达成的目标是什么，最好写下来。每次改变只设定一个目标，而且要用积极的字词去描述这些目标。比如不要写"我要改变孩子逃课的毛病"，而是写成"我要让他成为好学生"。在这个阶段，父母要对自己的孩子有充分的了解，正所谓"知己知彼，百战百胜"，你要知道自己在实现这个目标的过程中，哪个阶段会很轻松，哪个阶段会遇到孩子激烈地反抗。

5. 保持新局面

古往今来，父母控制孩子的武器就是威慑、贿赂和转移注意力。不过这些并不适于现在的家庭教育。现在的父母要学会用称赞、养成习惯和鼓励等积极的方式来保持孩子的优秀表现。父母可以给孩子准备一个本子，上面只记录孩子每天表现好、值得称赞的事情。时间长了，孩子就会在不知不觉中养成良好的习惯。习惯成自然之后，家长就可以设立新的改造目标了。

巩固转变成果，养成良好习惯

上一节中我们提到，要保持自己的开创的新局面，就要把孩子的进步内化为他的习惯，因为只有这样，他的这个进步才能变成他自己的性格特质。

家长对于淘气包的影响是不可忽视的，很多淘气包长大成人之后身上都体现着自己家庭的传统和习惯。所以，我们下面要告诉父母如何运用自己的影响力去帮助孩子改变思维模式，让经过改造后的行为能够长久地延续下去。"思想决定行动"，想要长久地保持行为，就必须让孩子从内而外地彻底改变。

1. 与孩子一起战胜焦虑

其实很多淘气包的行为都是来源于焦虑，如果能切断焦虑的根源，那么孩子形成良好习惯的时间会大大缩短。在今天的社会中，孩子们大多数时间都是在室内度过的，他们习惯于用电子产品进行交流，可以同时做很多事情，不仅父母不知道他们在做什么，很多时候他们自己也不知道。现在的孩子正处在一个信息大爆炸的时代，生活速度不断加快，世界的不确定性在他们身上留下了深刻的印记，而他们也因此变得更加敏感，表面的暴躁常常是对内在空虚的掩饰：操纵狂为了安全感不断讨好大人；竞争狂为了安全感不惜一切赢得胜利……那么怎么才能帮助孩子战胜焦虑呢？家庭能给孩子带来最初的安全感，所以父母要培养孩子的归属感，并且在孩子小的时候与他们建立起良好的依恋关系。

2. 维持健康的情感

在有一个淘气包的家庭中，愤怒、冲突、尖叫是生活中必不可少的色彩。一个不懂得控制怒气的人一定会失去所有的朋友，所以要帮助孩子学会控制情绪。可以在孩子情绪很好的时候与他们约定情绪失控的时候可以采取的措施。当孩子情绪崩溃的时候，父母不妨后退一步，给孩子一个自己的空间去梳理自己的情绪。很多父母看到孩子心情平静之后就会马上过去教育孩子，其实这也是不可取的。当孩子刚刚平复了心情的时候，父母最好的做法是走过去，抱抱他，陪着他静静坐一会儿，让他感受到父母的支持和爱。

3. 用鼓励帮助孩子形成"海豚思维"

所谓"海豚思维"就是会带来积极结果的正面想法；与之相对的是"鲨鱼思维"，这是一种能够吞噬你的自信心的负面想法。如果你的孩子思考问题总是喜欢从负面出发，那么就要培养他们形成"海豚思维"。家长要善于发现孩子身上的闪光点，然后经常与他们谈论相关的话题，这样孩子就会忽然意识到原来自己还有这样的特长。关系融洽的家庭中总是充满了家人之间的互相夸奖，肯定对方的努力，连空气中都充满了乐观向上的味道。当然你也可以在孩子取得成功之后询问细节，这样也能够帮助孩子学会自我肯定，进而巩固已经出现的良好习惯。

第九章
"巧打板子妙给糖"，好妈妈要善用赏识和批评

孩子喜欢被人夸

赏识——激发潜能的武器

每个孩子在内心当中都希望得到别人的赏识和肯定，教育家陶行知先生早在半个世纪之前就深刻地指出过：教育孩子的全部秘密就在于相信孩子和解放孩子。而想要相信孩子，解放孩子，首先就要做到赏识孩子，没有赏识也就没有教育。

哈佛大学的心理学家们曾经做过这样一个实验：

有两组男孩，先让他们一起长跑消耗体能，接下来，对第一组男孩给予严厉的批评，对第二组男孩给予热烈的称赞。接下来研究人员对这两组男孩进行体能检测，结果发现被批评的男孩无精打采，体能处于崩溃状态；而被表扬的那组孩子精力十分旺盛，体能恢复得十分迅速，而且充满自信。

因此，心理学家得出这样一个结论：在教育孩子的时候应该多给孩子一些适当的赏识，学会赞美孩子，这对孩子的心理发展十分有利。让孩子感受到父母对她们的关注和认可，这样既可以快速地抚平孩子身体上的创伤，同时也可以促进孩子的身心朝着健康的方向发展。

所以，适当的赏识和鼓励是十分必要的，而家长们也要注意不要对孩子赏识过了头，因为一个孩子如果受到的赞美太多，心理就会出现不同层次的膨胀，而且会找不准自己的定位。这样的孩子将来走在社会上，心理也会十分脆弱，经不起生活中的挫折。

捷克教育家夸美纽斯，被尊称为教育史上的哥白尼，他曾经说："应当像尊敬上帝一样尊敬自己的孩子。"人性当中最本质的需求就是渴望得到别人的赏识，没有一个小生命为了挨骂而活着。作为家长，轻易不要对孩子说出泄气的话，因为孩子成长的道路犹如赛场，他们渴望父母发现自己身上的闪光点，为自己呐喊加油。

周弘是我国著名的教育实践家，他的女儿周婷婷原本是一个聋哑的残疾人，但是周弘却用了将近20年的时间，不断地鼓励女儿，让婷婷对自己产生信心，认识到自己并不差。在周弘的赏识教育下，天赋不是很好的婷婷反而比其他的孩子优秀了很多，最终成为了留美博士生。周弘亲身实践出了这一套赏识教育理念，不仅让自己的孩子受益，而

且还改变了更多家庭的命运。

周弘认为，赏识教育的奥秘在于让孩子觉醒。他认为，每一个孩子都拥有巨大的潜能，但是孩子在诞生的时候都很弱小，在他们成长的过程中难免会有自卑情节，这时候就需要父母的赏识教育了。

德国著名的心理学家阿德勒也曾经透露过在他上学的时候，由于缺乏数学才能，对数学毫无兴趣，所以每每考试都不及格。但是后来偶然间发生了一件事情，让他的潜能开发出来了。他有一次在无意当中解开了一道连老师也不会做的数学难题，这次成功改变了他对数学的态度，他觉得自己实在是一个天才。在老师和家长的赏识中，他重新树立了自信，从此以后他的数学成绩突飞猛进，并成为了数学尖子生。因此，赏识教育的奥秘就在于让孩子觉醒，自觉地发现自己的潜能。

孩子相对于大人来说，知识少，经验少，缺乏思考能力，所以是一个非常容易接受暗示的群体。父母可以对孩子进行暗示教育，或许会收到更好的效果。

比如有的父母想要改变孩子偏食的习惯，一味地劝说他多吃蔬菜，他可能会很不情愿甚至是干脆拒绝。但是父母如果故意装出吃得津津有味的样子，孩子就会产生"这种菜很好吃"的猜想，从而对吃蔬菜产生兴趣。

除此之外，父母说话时的声音、手势、表情等等也可以形成暗示。比如父母说的同样一句话"你干得好"，但是如果声调、语气和面部表情各有不同，就可能会给孩子带来不同的感受，同样的一句话，他们可以理解成为称赞、表扬、嘲弄或者是批评。

父母也可以创造出一些特殊的情景，来对孩子进行心理暗示，创设情景暗示的教育方法有很多，比如说针对孩子的某些缺点或者是错误，父母可以选择适当的电影、电视剧，和孩子一起边看边议论，或者给孩子讲一些有针对性的故事，对孩子进行心理暗示。

多一点赏识，让孩子更看重自己

父母认为孩子"好"还是"不好"，对孩子一生的影响的确很大。作为父母如果敢于肯定自己的孩子，对孩子发出"你一定能行"的正向信息，那就会使孩子对自己越来越有信心。相反，如果父母总是对孩子心存过度的担心和保护，对孩子发出的是"你不行"的负向信息，那么时间长了，孩子会真的认为自己不够好。孩子能否有足够的自信心，实际上很大程度取决于父母和老师的态度。

心理学上有一个名词叫作"马太效应"，它来自于《圣经·马太福音》中的一则寓言。1973年，美国科学史研究者莫顿曾经概括过这样一种社会现象：越是有声望的科学家越是能够获得更多的奖项，而越是不出名的科学家得到的奖项就越少。莫顿将这种社会现象命名为"马太效应"。

强者越强，弱者越弱，这种效应在学校教育和家庭教育中普遍存在，如果稍微不注意的话，就很容易导致"优生更优秀，差生更差劲"的现象。在日常生活当中也经常会出现这样的现象，家长总是夸耀那些听话学习好的孩子，而对那些不听话学习差的孩子持有批评的态度，时间长了之后，这两种孩子的发展就拉开了差距。

当然，任何事情也都是过犹不及，假如有一个品学兼优的学生，无论是学校领导、班主任还是家长都很喜欢他，这些看似能够使他更"优秀"的因素，却不能给他带来快乐。有些孩子，老师越是夸奖，家长越是宠爱，他就会越发的骄傲自大，目空一切。这样的孩子极有可能会遭到别人的嫉妒、疏远、仇视、孤立。这也并不利于那些好孩子的心理健康，他们很有可能会在学习和生活中形成一种不健康的认知体系和心理模式。

兰心今年上小学五年级了，她长得非常漂亮，学习成绩也不错，成绩在全班总是名列前茅，不仅如此，兰心还能歌善舞，综合素质的发展比较全面，在学校中是个受欢迎的孩子。学校领导很重视她，班主任老师更是将她视为班级中的骨干，在家中，兰心是爸爸妈妈的掌上明珠，在家里说一不二。

但是兰心并没有像家长老师所期望的那样越来越优秀，反而变得自负起来，和同学之间的矛盾也越来越大。在这个学期开学之初，学校重新成立了班委会，班主任很想听听她的意见，她挨个说了同学的缺点，甚至刻薄地说：全班除了她，没有一个人还能有资格当班干部。她的这种态度，引起了同学们的不满，最终在班干部竞选时，她差了十几票落选，当时就哭了，回家之后任凭父母怎么劝说她都不肯吃饭，就因为这点小事郁闷了很长时间。

表扬孩子是必要的，只不过赏识也应该要有度，不能过分的赏识。

马斯洛说人有满足自我的需要，然而赏识就是满足自我的最大途径了。一个没有经历过任何赏识的孩子，心理就是不健全的，这样的孩子很容易自卑怯懦，长大之后也很少有勇气去面对自己想要做的事情，成功的概率自然也会很低。

当然，赏识孩子并不是一件容易的事情，赏识得不够、赏识得过多，都会对孩子内心产生不良的影响。对孩子的赏识是一种教育的艺术，作为父母要根据自己孩子的特点及心理，遵循一定的赏识原则才能够让孩子在赏识教育中受益。

首先，赞赏要及时。

如果孩子做了一件好事，或者取得了小小的成功，父母要及时给予肯定，及时的赏识可以强化他的记忆和感受。

其次，要根据具体的事物进行赏识和表扬。

一些不符合孩子内心的空表扬，对孩子来说并没有什么效果，所以表扬一定要很具体，让孩子知道自己为什么要受到表扬。比如孩子帮助老人拿东西，妈妈夸奖说"宝宝今天真乖"，孩子可能不会有什么感觉。如果妈妈说"宝宝今天帮助老奶奶拿了东西，做得真好"，孩子就会觉得自己得到了肯定，也会很高兴。

最后，要发自内心的表扬孩子。

如果爸爸妈妈对孩子的表扬并不是发自内心的，那么这样的表扬就是虚伪的，孩子也不会觉得这些表扬有什么意义。赏识是一种交流，如果用假惺惺的话来哄孩子，那孩子也不会相信的。所以在赞赏孩子的时候一定要发自真心，让孩子感受到你的真诚。

真心期望孩子变好，孩子就会更好

无论是谁，都既有优点也有缺点，既有长处也有短处。但是有的孩子心理承受能力比较差，别人说不得碰不得，听了别人的批评自己就受不了了，甚至还会因为一两句话而轻易地放弃自己的生命。这样的心理脆弱，一方面是从小被父母娇宠惯了，不能够清楚地认识到自己，另一方面则是过于的自卑，不相信自己。

而家庭是教育孩子正确看待他人的启蒙学校，父母双方先要能够客观的评价对方，比如爸爸评价妈妈"是个热心人，但是比较粗心"，妈妈评价爸爸"很稳重有责任心，但是过于挑剔"。孩子生长在这样的环境当中，就会从小有这样的概念：尺有所短，寸有所长。如果父母在家庭当中总是说对方坏话，那么培养出来的孩子就会是个心胸狭隘、爱搬弄是非的人。所以父母在家庭当中的言行，都会在潜移默化当中影响孩子。当父母给予孩子评价时，如果能够在符合客观实际的基础之上再多一些肯定，那么孩子一定会朝着父母鼓励的方向发展，这一点是毋庸置疑的。

这个道理，在心理学上有一个专门的名词叫作"配套效应"。18世纪时期有一个法国哲学家名叫丹尼斯·狄德罗。有一天，朋友送他一件考究的睡袍，当他穿着华贵的睡袍在书房行走时，觉得周围环境很不协调：家具破旧不堪，地毯粗糙不干净。于是为了与睡袍配套，他把旧的东西先后更新，书房终于跟上了睡袍的档次。后来他发现"自己居然被一件睡袍胁迫了"。

200年后，美国哈佛大学经济学家朱丽叶·施罗尔提出了一个新概念——"狄德罗效应"，也叫"配套效应"，即：人们在拥有了一件新的物品后，总倾向于不断配置与其相适应的物品，以达到心理上的平衡。

任何人对事物的看法都不是一成不变的，而是随着自己的身份做出改变，当身份有所改变的时候，这个人看待事物的态度和立场也就自然而然地发生转变了，人会在这个过程中获得心理上的平衡。假如一个人的身份变了，但是态度和行为不能及时配合的话，那么这个人就会感到一种强人的心理压力，在这种压力下，不得不调整自己的心理，直到态度行为与身份之间的不协调彻底消失为止。

洋洋原本是一个调皮捣蛋、不遵守班级纪律的后进生。一天，他与班上品行、学习较好的优秀生谢雨轩发生了争吵。

这件事被教师发现后，按照自己以前的"经验"，洋洋认为自己必先挨批，必先受老师呵斥，老师必"袒护"谢雨轩，但是教师却一反其常规，采取"冷处理"，经过询问，搞清原委，分清是非，公正处理。结果洋洋大为感动，一反常态，主动向老师道歉认错；教师则因势利导，告诉洋洋："其实你有很多优点，比如见义勇为、热爱劳动、具有很强的组织能力，像上次由你发起的篮球比赛，得到了同学们的一致好评。这些老师都是看在眼里的，老师想让你来当咱们班的纪律班长呢！你回去想一想，看采用什么方法能把班级的纪律管理得更好，想出一个方案给我，好吗？"

洋洋回到班级后，为了做个好班长，一改原来的恶习，不仅遵守纪律、关心同学，把班级管理得很好，而且课堂上也变得很活跃，主动举手回答问题，不会的问题主动提问，结果成绩很快提高了。

这个故事当中的调皮小孩，在当上了班长之后，这种"身份"上的转变迫使他对自己的行为和态度进行调整，尽量地改变自己以适应新的身份。所以，有的时候给孩子一些肯定，给孩子适当戴一顶"高帽子"，会促进他向着更好的方向发展，真心期望孩子变好，他就能够变好。

父母要想改变自己的孩子，不妨也给孩子几套有价值的"睡袍"，让孩子能够在潜移默化中朝着与"睡袍"配套的方向发展。相信孩子会在这样一个过程中，努力调整自己的态度、行为与身份之间的差别，努力达到"配套合一"的效果。需要注意的是，不要让孩子感觉到你的目的是为了改变他的不良行为，而是要让他觉得你是出于真正的信任。

妈妈的谎言也能成"真"

美国著名的心理学家罗森塔尔曾经提出过"皮格马利翁效应",也可以通俗的解释成为暗示效应。罗森特尔经过研究发现,人的情感和观念,总是会在不同程度上受到别人下意识的影响,任何人都会不自觉地接受自己喜欢、信任的人的影响和暗示。

在学校当中,每个班级中都会有一些所谓的"差生","皮格马利翁效应"的理论对这些差生们有特殊的意义,按照这个效应的理论,多对这些所谓的差生鼓励和肯定,也许会收获到意想不到的效果。

儿子上幼儿园了,她第一次参加家长会。会后,老师跟她说:"我们怀疑你的儿子有多动症,在板凳上连3分钟都坐不了,你最好带他去医院检查一下。"

回家的路上,她一直在思忖该怎样对孩子说。吃晚饭时,儿子问她:"妈妈,老师表扬我了吗?"她说:"老师表扬你了,说宝宝原来在板凳上坐不了1分钟,现在能坐3分钟了。全班只有宝宝进步了。"那天晚上,儿子竟然吃了两碗米饭,并且没让她喂。

儿子上小学了,又一次开家长会,老师对她说:"全班50名同学,这次考试,你儿子排第48名。我们怀疑他有学习障碍,你最好带他去医院查一查。"

回家的路上,她哭了。然而,当她回到家里,却对正在做作业的儿子说:"老师对你充满信心,他说你很聪明,只要能细心些,就会超过你的同桌。"第二天上学时,儿子去得比平时早。

孩子上初中了,又一次家长会上,她等着老师点儿子的名字。然而,这次老师告诉她:"按你儿子现在的成绩,考重点高中有点危险。"

她怀着惊喜的心情走出校门,此时,她发现儿子在校门口等她,路上她扶着儿子的肩膀,心里有一种说不出的甜蜜,她告诉儿子:"你的老师对你非常满意,他说了,只要你努力,很有希望考上重点高中。"

高考过后,儿子被清华大学录取了。儿子从学校回来,把一封印有清华大学招生办公室的特快专递交到她的手里,突然边哭边说:"妈妈,我知道我不是个聪明的孩子,可是,这个世界上只有你能欣赏我……尽管那是骗我的话……"

这个故事正好印证了心理学上所讲的皮格马利翁效应,热切的期望很有可能使被期望者达到期望者的要求。所谓的热切的期望指的就是正确积极的期望暗示,妈妈对孩子的积极期待能够使孩子的状态随之发生变化,由消极转变为积极,由自卑转变成为乐观自信,从而向着好的方向发展。大发明家爱迪生在小的时候,只上学3个月就被学校开除了,老师认为他实在是太笨了,但是爱迪生的妈妈坚信自己的孩子并不笨,她对爱迪生说:"你肯定比别人聪明,我从来不会认为你是笨孩子。"在妈妈的鼓励之下,辍学的爱迪生并没有停止学业,依然对于知识孜孜不倦地索求,最终成为了大发明家。

在现实生活当中,也时常可以看到期望成真的奇迹,那么,这种神奇的作用是如何发生的呢?心理学家通过研究认为,这就是通过对双方的暗示作用实现的。暗示是指用一种间接的方法对人的心理和行为产生影响,从而使人们能够按照一定的方式来行动,或者是接受一定的思想。暗示的结果会使一个人发生改变,甚至是发生巨大的改变。大人们的期望,也就是一种暗示,会对孩子的成长产生巨大的影响,父母或者老师会以积极的态度来期望孩子,孩子也可以朝着积极的方向来改进。很多闻名于世的伟人,就是在家长的积极期望当中成就人生的。

世界三大男高音歌唱家之一的帕瓦罗蒂就是在家人的期望当中取得成功的,当帕瓦罗蒂还是个孩子的时候,祖母就会常常将他抱在膝盖上,对他说:"你将会成为一个了不起的人物,我认为你有着高超的音乐天赋。"在家人的支持和期望之中,帕瓦罗蒂走上了舞台,并实现了祖母的期望。成名之后的帕瓦罗蒂说:"如果当年不是祖母和父亲积极地鼓励我,估计我永远都不会站在舞台上了。我的老师含辛茹苦地训练我,但是并没有一位老师说我会成名,只有我的祖母和父亲,她们的话鼓励了我。"

当人经常听到期望的语言时,就会变得非常自信,这个时候的心理、生理都会调整成为一个最积极、最活跃的状态。每个家长都要对孩子有一个好的期望,而且能够透过这些言谈举止来让孩子感觉到父母对孩子的期望,多对孩子说"这次有进步,下次努力加油"之类鼓励的话,这些积极的外部信息能够让孩子看到自己的进步,肯定自己,并激发出蕴藏于自身的巨大潜能。

罗森塔尔效应:给孩子积极的心理暗示

罗杰·罗尔斯出生在纽约一个叫作大沙头的贫民窟,在这里出生的孩子长大后很少有人能获得较体面的职业。罗尔斯小时候,正值美国嬉皮士流行的时代,他跟当地其他孩童一样,顽皮、逃课、打架、斗殴,无所事事,令人头疼。幸运的是,罗尔斯所在的小学来了位叫皮尔·保罗的校长,有一次,当罗尔斯正调皮的时候,出乎意料地听到校长对他说,我一看就知道,你将来能成为纽约州的州长。校长的话对他的震动特别大。从此,罗尔斯记下了这句话,"纽约州州长"就像一面旗帜,带给他信念,指引他成长。他衣服上不再沾满泥土,说话时不再夹杂污言秽语,开始挺直腰杆走路,很快他成了班里的主席。40多年间,他没有一天不按州长的身份要求自己,终于在51岁那年,他真的成了纽约州州长,且是纽约历史上第一位黑人州长。

大人的一句夸奖,有时往往是不经意的一句赞许,都会被孩子放在心上,对他们的学习、行为乃至成长产生巨大的影响。

1968年的一天,美国著名的心理学家罗森塔尔和雅各布来到了一所小学,说是要对孩子们进行一个试验,他们从一年级至六年级中各抽出三个班,对这些学生们进行了一次煞有介事的"未来趋势发展报告"。测验结束之后,他们给每个班级的教师发了一份学生名单,称根据他们的研究成果,名单上列出的学生是班上最优秀的学生。出乎很多教师的意料,名单中的孩子有些确实很优秀,但也有些平时表现平平,甚至水平较差。尔后,罗森塔尔又反复叮嘱教师不要把名单外传,只准教师自己知道,声称不这样的话就会影响实验结果的可靠性。8个月后,罗森塔尔和雅各布又来到这所学校,并对这18个班的学生进行了复试,奇迹出现了:他们提供的名单上的学生的成绩都有了显著进步,而且情感、性格更为开朗,求知欲望强,敢于发表意见,与教师关系也特别融洽,而且更乐于与别人打交道。

为什么会出现这样的现象呢?罗森塔尔是当时著名的心理学家,在大家心目当中具有很高的权威,大家对他的话都深信不疑。虽然老师们答应对这份名单保密,但是他们还会在日常上课时忍不住对名单上的学生更多一些的关注,眼神、通过音调等途径来向孩子们传达"你很优秀"的信息。这些学生在老师们的影响下,逐渐对自己树立了信心,最终也成为了优秀的学生。这种变化就被称作"罗森塔尔效应",也被称为"期望效应"，期望是人类一种普遍的心理现象，所以在教育的过程当中，"期望效应"常常可以发挥出强大而神奇的威力。

也有人用很通俗的讲法来讲罗森塔尔效应："说你行，你就行；说你不行，你就是不行。"所以，作为家长，如果想要让孩子发展得更好，就应该努力为孩子传递出一种积极的期望，促使他们向更好的方向发展，消极的期望则使人向更坏的方向发展。

有人曾经对犯罪儿童做过专门的研究，经过研究发现，很多孩子成为少年犯的主要原因，就在于他们从小被贴上了"不良少年"的标签，这种消极的期望引导着孩子，使他们越来越相信自己是不良少年，并且在潜移默化中朝这样的方向发展，最终走向了犯罪的深渊。由此可见在孩子们的眼中，积极的心理期待对孩子的自我肯定和未来的成长是多么的重要。

每个孩子都有可能成为天才，但是这种成为天才的可能性，取决于父母和老师能不能像对待的天才那样去爱护、期望、珍惜这个孩子，孩子的成长方向取决于父母和老师的期望，简单地说，你对孩子的期望是什么样的，他就会成长为一个什么样的人。

马斯洛说过，每个人都有满足自我的需求，然而得到正确积极的心理暗示就是满足自我最好的途径。一个没有任何经历的小孩子，他的心理本来就是不健全的，所以需要父母的鼓励和赞扬。所以，想要一个聪明、听话、乐观健康的好孩子，就不要吝啬自己的赞美吧。

赞美做到位，孩子更受用

赞美孩子，从一言一行开始

情商是近些年来心理学家们提出的智力与智商相对应的概念，它主要指的就是人在情绪、情感、意志等方面的品质。一个情商高的人能够很客观很全面的认识自我，并且能够成为自己的主宰。认识自我，也就是通常所说的"自知"。能够自知的人就能够很正确地认识自己，并且能够客观地评价自己，不会被别人的评价所左右。

心理学家们根据研究表明，6岁以前的儿童正处于构建自我的重要阶段，这个阶段的儿童，需要通过外界对他的评价来认知自己。所以这些孩子对外界的评价很敏感，如果他从小收到的信息是客观中肯、包容接纳的，那么这个孩子就能够很正确的认识和评价自己。

对孩子不能不夸，也不能盲目地夸，家长鼓励孩子的目的就在于要让孩子能够正确地认识自己，接纳自己。孩子的自信是建立在成就感的基础之上，而并不是建立在空洞的表扬之上。所以家长不需要过度的表扬孩子，否则会让孩子依赖于表扬，产生自大或者自卑的心理情绪。表扬不仅要适度，更要合情合理。

有一位教育专家曾经讲过这样一个案例：

有一个8岁孩子的妈妈问："孩子每做一件事情都要得到我的表扬，如果我没有表扬他，他就会大发雷霆。这是为什么呀？"

我问她："是不是表扬太多的缘故？"她说："是的，以前我批评得多，后来我发现这样不好，为了让他建立自信，给他的表扬就比较多了。现在他时刻关注我的情绪，如果我高兴，他就开心；如果我的情绪不太好，他就会暴躁。"

我跟这位妈妈说："这说明孩子不能正确认识和评价自己，他的情绪都建立在你的情绪基础上。他的内心不自信，所以他需要获得别人的表扬来证实自己。你以前批评多，后来表扬多，两者都不对，走了两个极端。"

那位妈妈问："那我该怎么办呢？"我说："你要减少对孩子的评价，更不要对孩子进行主观的评价。外界的评价尤其是不客观的评价过多，孩子将会失去自我评价的能力。你的孩子就在逐渐失去自我评价的能力，所以他必须要你表扬他，才能证实自己。"

那是不是就不能夸孩子了呢？当然也不是，夸孩子是给孩子积极的回应，孩子需要父母的认可、肯定和鼓励，并且通过父母给他的积极回应来认识自己，这个"积极回应"要怎么去回应呢？怎样夸奖孩子的效果才是最好的呢？

首先，不能将"夸奖"当成孩子前进的动力。这就要求家长观察孩子做事情的动力，是为了获得夸奖，还是从内心当中自发自愿的呢？另外，夸奖孩子一定要在事后，而不要在事前，很多家长都喜欢用夸奖的方式去引诱孩子做某些他不愿意做的事情，比如说孩子不太愿意画画，妈妈说："妈妈觉得你的画画得很好，来给妈妈画一张吧。"父母这样的方式影响了孩子的精神自由，孩子能够感觉到，成人试图在左右他。

而孩子事前需要的是鼓励，而不是夸奖。明明刚开始学习滑轮的时候，掌握不了平衡，摔倒过很多次，有一次他气坏了，哭着说："我不要这双滑轮鞋子了，我怎么老是摔倒呢。"妈妈很平和地对他说："学习滑轮是一件比较困难的事情，很难掌握平衡。但是我相信，如果你练习了很多次之后，总有一天是可以学会的。"在妈妈的勇敢鼓励之下，明明不断地跌倒，然后又不断地爬起来，不到一个星期之后就学会了。

其次，要让孩子感受到，无论是夸奖还是赞美，是真心的赞赏而不是虚假的敷衍，这一点很重要。夸奖，应该是真实的，客观的，既不能夸大也不能缩小。比如说明明在滑轮的时候摔倒了，如果家长还鼓励他说"你滑得挺好的"，这样名不副实的夸奖只会让孩子觉得大人的话是虚假的，不值得信赖的。

最后，夸奖必须是具体的，要用平实的语言来描述孩子做得好的事情，不要用"你真棒"、这样泛泛的语言来夸奖孩子。

当孩子能够独立地做好一件事情之后，他的成就感足可以让他获得最大的满足，他的内心充满着喜悦与自信，这是对他最大的肯定与表扬了。

发自内心的表扬才是有效的激励

每一个孩子都需要父母的肯定与鼓励，这一点毋庸置疑，但是如果仅仅是空洞的表扬，或者是不着边际的吹捧，并不能培养孩子真正的自信。父母要抓住孩子的长处，并且加以肯定和表扬，才能够将真正的自信植入孩子心灵的深处。

彤彤是一个浓眉大眼的小孩，既聪明又可爱，家里的人都很喜欢他。彤彤在家里早就听惯了各种各样好听的话，所以不免有些骄傲，但同时他对所有的赞赏都表现得不屑一顾，他觉得获得赞赏是理所当然的一件事情。可想而知，后来彤彤成长为一个很蛮横的小孩，别人根本说不得，什么话都听不进去。

美国心理学家里维斯博士认为，赞扬应当在孩子完成某一个值得肯定和鼓励的行为时进行，而且要恰如其分。对孩子空洞或不恰当的赞美，不仅无益，还会引起相反的效果。里维斯发现，许多妈妈常常用"你是个好孩子"之类的话来称赞孩子。这种总体的、笼统的赞美，起不了引导孩子正确自我估价的作用，因为他们无法知道自己好在哪里。妈妈应当对孩子具体的行为进行及时具体的表扬，如孩子洗了手绢，可以夸赞他洗得真干净；孩子收拾了玩具，可以表扬他收拾得真干净。只要孩子有进步就要鼓励，有好的表现就要加强鼓励的感情色彩。如果妈妈留心，总会找出具体理由来称赞与表扬孩子。

同时，家长对孩子具体行为的夸奖也要适度，廉价的赞美一定会贬值，这样的赞美在孩子心中不会起任何作用，或者使孩子形成不切实际的自我估价而盲目自满，总之是会危害他们成长的。

表扬是一门艺术，过多的表扬一定会影响孩子的行为动机，还会促使孩子为了得到表扬而采取行动。所以，聪明的家长一定要学会表扬孩子的方法，没有价值的赞美最好尽量杜绝。

那么要如何表扬孩子，才会成为有效的激励呢？

首先，要让孩子知道父母表扬他的理由，也就是说父母表扬得越具体，孩子就越明白哪些行为是好行为，也就越容易找准努力的方向。如果父母总是用一些泛泛的语言来表扬孩子的话，这样虽然从表面上看是提高孩子的自信心了，但是孩子会不明白自己究竟好在哪里，为什么受表扬，以后就会逐渐听不进去别人的批评了。

再有，要针对孩子的个性进行适度的表扬，对那些性格很内向、个性很懦弱、能力也很差劲的孩子，要多表扬才能够肯定他们的成绩，增强他们的自信心。相反，对那些虚荣心很强、态度又很傲慢的孩子，就要有节制地运用表扬的手段，否则就会助长他们的不良性格，影响他们的进步。

最后一点就是，表扬不仅仅要看结果，更要看到过程。比如说孩子好心办了坏事怎么办？家长是要表扬呢，还是要批评呢？聪明的父母看到这样的情况，一定要对孩子的"好心"提出表扬，然后再帮助孩子分析"坏事"的原因，告诉他要如何改进，这样就会收到良好的效果。

表扬孩子的方式有很多，不一定只是口头表扬，只要是适合孩子的表扬方式都能够收到很好的效果，比如说为孩子购买图书，购买玩具对其进行物质奖励，也可以是对孩子做出搂抱、竖大拇指之类的表情奖励。总之，恰当的表扬方式，会收到最好的表扬效果。

表扬要适量，多了孩子烦

在心理学上有一种现象叫作"超限效应"，通俗的解释就是：当人的机体在接受某种刺激过多、过强或者过长的前提下，就会调动起"自我保护"的本能，出现明显的逃避倾向。

这种"超限效应"在家庭教育中时有发生，比如说孩子考试失败了，父母会一次、两次甚至多次对同一件事情进行同样的批评，这种行为会使孩子的内心产生一系列的变化，他会从最开始的内疚不安，到后来的不耐烦，直到最后的反感讨厌，甚至会出现"我就是不学了！"的强烈逆反心理。

不论批评还是表扬，只要是说多了，孩子都会觉得父母很唠叨，让他们很受不了。其实父母的本意是好的，想通过强调这个问题，让孩子记忆更加深刻，以后能够保持住优点，只是，大人们这种喋喋不休的说教和嘱咐，最终导致孩子出现了"超限效应"，不仅是无动于衷，而且还会感到异常反感，过多的赞扬会让孩子认为父母"太假了"。

明明早晨喝完牛奶，随手把空牛奶盒从教室的窗户扔了出去，这个盒子恰巧被同班同学朗朗捡到了，并且丢到了班级的纸篓里。

这件事情被班主任老师看个满眼，他决定要在班上说说这件事情，表扬一下朗朗，批评教育一下明明。

"明明，刚才我看到你把牛奶盒子扔到了窗下，被朗朗捡起来了，你知道这种行为的恶劣性吗？"班主任厉声质问。

"老师，我错了，我以后再也不往楼下扔东西了！"这时，明明实在是内疚极了。与此同时，朗朗得到了老师的表扬和肯定而很高兴。

"幸亏你扔的是纸盒，如果是铁盒、砖块呢？还不把人家脑袋砸破？"班主任老师继续将问题放大。

"万一砸出人命来怎么办？"

班主任连连质问、斥责，由纸盒而铁盒而砖块而人命开始，说了一大堆，越说越严重，越说越玄乎，似乎还不满足，仍想继续"发挥"，但这时，明明已变得充耳不闻，表情淡漠了。

班主任老师说完明明之后，又当着全班同学表扬朗朗：

"这是一个好孩子，他在没有人监督的情况下做了这样一件好事。"

"通过这一件小事，可以看到朗朗平时一贯表现良好。"

"能够自觉主动的做好事，可以肯定朗朗在家里也是个好孩子。"

"我们全班同学都要像朗朗学习。"

这个时候，朗朗也听的不自在了，这原本是一件无所谓的小事，老师怎么会说起来没完没了。

所以家长在表扬的时候，要善于抓住孩子的"闪光点"，能够及时地捕捉孩子的每一点进步，但是如果表扬得过于婆婆妈妈，那么就近乎于"廉价"，所以表扬要适可而止。批评的时候，更要讲究艺术。

有的时候，家长给孩子的表扬过多，不仅会让孩子觉得很烦，更大的隐患在于，他们觉得这是很大的压力，他们所得到的表扬大于他们实际做的好事，这会让他们多少有些不安，而且他们会在潜意识中努力按照大人们所表扬的方向去努力。所以，如果大人们表扬的过于频繁，过于夸大，那么对孩子来说，就是压力，他们觉得去追赶这句夸奖，实在是很累。

总之，表扬孩子虽然是好事，但是也要适时适量，不要夸大其词。

表扬要高调，批评要低调

批评不可少，但绝不能多

有的孩子总是把妈妈的批评当成耳边风，甚至屡教不改，如你越是三番五次地对孩子说"你要将你的屋子收拾干净"，他就越把你的话当作耳边风，屋子杂乱依旧。甚至有的时候，你越批评他，他就越要犯同样的错误。妈妈们一面觉得孩子不听话，一面又继续不停唠唠叨叨地数落孩子，但似乎永远看不到孩子发生改变。妈妈们在"怒其不争"的愤懑之余，是否能够想到，是不是因为自己批评的话太多了，导致孩子这样呢？

美国著名作家马克·吐温经历过这么一件事：有一次他在教堂听牧师演讲。最初，他觉得牧师讲得很好，使人感动，准备捐款。过了10分钟，牧师还没有讲完，他有些不耐烦了，决定只捐一些零钱。又过了10分钟，牧师还没有讲完，于是他决定1分钱也不捐。等到牧师终于结束了冗长的演讲开始募捐时，马克·吐温由于气愤，不仅未捐钱，还从盘子里偷了2个硬币。

从心理学的角度来看，成人的短时记忆容量为72个单位，孩子的短时记忆容量相对更小，内容过量就会使孩子的短时记忆不断刷新，客观上导致孩子听了后面忘了前面，主观上也就会令孩子产生厌烦心理。

人的注意力主要受大脑额叶的支配，而额叶的髓鞘化要到7岁才完成。所以，就时间而言，即使是一个成人在有意注意的情况下，10~15分钟的言语刺激就已经是一个冲程，更何况是还未发育完全的孩子。如果家长对孩子不停地唠唠叨叨，这明显就是在挑战孩子的身心承受能力，必然会令孩子产生厌烦和逆反心理。

还有一些父母，喜欢对孩子进行过多的大而空的说教。孩子即使认为父母的话在理，也由于在短时间内遭遇"集中轰炸"，而感到难以承受，这也正是许多孩子爱顶嘴的原因。

如果想批评对孩子"生效"，那么对孩子批评的话就不要多。在生活中，孩子难免会犯一些错，毕竟每个人都是在犯错的过程中累积经验成长起来的。对于孩子犯的错，妈妈应当一事一议，犯了什么错就纠正什么错，不要加以引申，对孩子"翻旧账"。说教的态度要温和，语言要简明，指出改正错误的方法。而且，根据孩子身心发展的特点，当孩子犯错时，讲道理最好控制在3分钟以内，最长不超过5分钟，以免令孩子难以接受，产生厌烦抵触的情绪。

批评不是挖苦，别拿讽刺来伤害孩子

"妞妞过来，给叔叔表演一个丑女无敌。"5岁的小女子就摇摇晃晃地走到客人面前，跟着电视上面的样子学一些搞怪的动作，爸爸妈妈哈哈大笑，小女孩也跟着父母乐开了花。

很多家庭里都出现过类似的场景。其实，父母本来是想展示女儿的聪明可爱，可是这样的事情给女孩留下的印象就是"扮丑就是乖孩子"，她会越来越倾向于扮丑角。

还有一些父母，喜欢叫孩子"笨姑娘"、"傻妞"、"丑丑"这样的贬称。尽管父母没有恶意，但却会令孩子的自尊心受损，令他们在自我认同上，偏向别人对自己的称呼，就真的"越叫越胖"、"越叫越傻"。更有甚者，一对孩子发起脾气来，就开始用讽刺性的话如"你长脑子没有"，"脑子进水啦"，"笨得像个猪"，"天下第一蠢材"，用这样的话来打击孩子。

孩子有时出了差错，便遭到父母的指责，甚至讽刺和挖苦。可是，这种讽刺挖苦的教育方式，往往会造成与本来目的相反的效果。

当孩子还没有完全形成道德观念时，他分辨是非的能力还很差，对"对"和"错"的概念还不能区分清楚，也无法理解讽刺的真正含意。所以，当孩子听到讽刺、挖苦的话时，并不能清楚自己做的事错在哪里。久而久之，孩子就无法形成正确的是非观，甚至会将错的当作对的。

随着年龄的不断增长，孩子认识事物的范围逐渐扩大，对事物的理解逐步深刻，逐渐能从家人的神态、语气中察觉出某些话是在讽刺、讥笑自己。这就会令孩子反感、不满，产生反抗情绪，自尊心严重受损甚至完全泯灭，甚至会因此而酿成无法挽回的悲剧。

有一个14岁的女孩，因为上课的时候总是迟到而被请了家长。女孩的妈妈在老师的办公室，觉得很丢面子，于是随口就对低着脑袋站在一旁、本来已经惭愧不已的女儿丢了一句"胖得跟猪似的，能不迟到吗？"结果，第二节课之后，这个女孩从教室冲出去直接跳楼了，抢救无效死亡。

这个妈妈肯定没有想过自己的一句批评会要了孩子的命。但是，在众人面前讽刺挖苦孩子胖得像猪，即使这个孩子不跳楼，那么这句话对她的打击和伤害也可能是一生都挥之不去的。

如果家长总是讽刺挖苦孩子，那么孩子会觉得被当头打了一棒，失去信心，放弃努力，因为就连和自己最亲密的人都对他并没有信心，自己上进心的表现父母也只是不屑一顾。此外，孩子还会觉得父母不讲理、虚伪、不公平，因为他明白，如果他对父母也用这种嘲讽的口气，一定会遭到父母变本加厉的责骂。再有，这种讽刺挖苦的话还会让孩子学到不良的沟通方式，即用同样讽刺的话代替原本正常的交流，这必然不利于孩子的人际交往。最关键的是，这种讽刺挖苦会极大程度毁掉孩子的自尊心，令孩子与家长的关系变得疏离、淡漠。

孩子的自尊心既强大又脆弱，他们最看重的就是别人对自己的尊重，尤其渴望得到父母的尊重。批评孩子不等于挖苦孩子。所以，无论孩子犯了多么可笑的错误，妈妈都一定不要用讽刺挖苦的话来伤害孩子，而是应当就事论事，引导孩子主动去思考、去反省，这样才能使批评更有效，令教育达到预期的效果。

孩子有尊严，尽量私下批评他

伟大的教育家洛克说："父母越不宣扬子女的过错，子女对自己的名誉就越看重，因而会更小心地维护别人对自己的好评。如果父母当众宣布他们的过失，使他们无地自容，他们就会越觉得自己的名誉已受到打击，维护自己名誉的心思也就越淡薄。"

每个孩子都是活生生的生命个体，他们不仅仅满足于被爱，被保护，他们更渴求得到尊重和理解。但是，总有些家长喜欢当众给孩子"揭短"，越是人多的时候，就越是要批评他：

妈妈和客人正在客厅聊天，倩倩拿着试卷走上前来。"又考那么低！看看这分数！还好意思拿到我面前，真丢人！"妈妈抖着哗哗作响的试卷，像在寻求客人的同情。客人略显尴尬。

看着倩倩没有动静，妈妈更加生气："我说错了吗？她一直都这样，我看是改不了了！我也不报什么希望了！"妈妈气愤失望的表情让倩倩无地自容。

"孩子小，一两次考得不好是正常的情况，别这么说孩子。"面对客人的担忧，妈妈仍然"不解恨"地说："小孩子不说她就不懂，非得我来骂他两句！"

有的妈妈总是喜欢在众人面前批评自己的孩子，因为这可以让其他人在"无意中"看到自己做妈妈的"权威"，从而令自己"有面子"。但是，这种当众揭孩子的短的做法，虽然成全了妈妈的这种自私心理，却极大地损伤了孩子的尊严，让孩子觉得无地自容，脸上无光而羞于见人，无形中不良刺激强化了孩子的弱点。

其实，孩子的面子比大人的面子更重要，而且孩子越大，自尊心就越强。而且，孩子每一个行为都是有原因的，也许这些原因在成人看来是微不足道的，但在孩子的眼里那是很严重的事情，不了解原因当众批评孩子，非但不能解决问题，反而会使问题变得更糟，令孩子产生逆反抵触情绪，继而与家长产生深深的隔阂。

一个教育专家在和家长谈论对孩子的教育问题。

妈妈带着孩子来找这位教育专家，见到之后，跟孩子讲："问叔叔好。"

孩子很懂礼貌地和这位专家问好。

妈妈接着开门见山地当着孩子的面问这位教育专家："您说，我的这个孩子怎么老是比别人反应慢呢？"

教育专家示意家长不要当着孩子问这样的问题，故意把话题岔开了，但是家长并没有意识到。

等到把孩子支走之后，教育专家对这位妈妈说："大姐，我跟你说实话啊，不要在孩子面前评论他。这样还能指望他变聪明吗？"

其实，有的妈妈也明白孩子的自尊心非常敏感，不能伤害。但是有时候看到孩子还是老样子，就忍不住怒火攻心，恶语相向了。怎样避免这种情况呢？很简单，当你觉得自己在气头上的时候，就忍住怒气，离开孩子。当你有意识地躲避孩子，就会少说很多令他伤心的话。这也是一个无可奈何的解决方法。

在家庭教育中，教育者的心态和教育的出发点直接影响着教育结果。因此，不要因为他是你的孩子，就蛮横地在众人面前使他的缺点一览无余，或是因为无法掩饰你愤怒的情绪，无辜地伤害孩子。孩子的自尊心有时是透明的玻璃物，碎了就很难黏合起来，伤害是永远的。爱孩子，就要真正的为他着想，停下嘴中的不满，尤其在众人面前。即使孩子在众人面前犯了错误，妈妈也要先维护住孩子的"面子"，等到没有人的时候，在私下里心平气和地指出孩子错误的行为。这既保全了孩子的自尊，也会让孩子更容易认识到自己的错误，接受妈妈的批评。

三明治效应：批评需要讲艺术

电视里在进行某个比赛最后的pk赛，主持人或者评委都会对将要淘汰的选手先来一番表扬，接着会说他这一次可能在某个地方有些差强人意所以落败，最后还会鼓励他说希望以后继续努力之类的话；工作中，聪明的领导会先肯定某个人的工作成绩，然后再指出他的毛病或是需要改进的地方，最后会以肯定的鼓励表示自己对这个人的信心……

人们都喜欢听好话，都喜欢得到他人的肯定和赞扬。因此，聪明的批评者会在批评他人以前，先对其进行一番认同、赏识，积极地肯定对方的优点和积极面，以拉近批评者与被批评者的心理距离，进而产生情感共鸣；继而提出批评和建议，最后不忘再重复一遍鼓励、希望、信任、支持和帮助的话，令受批评者振作精神，重新再来，避免陷入一错再错的泥潭之中。事实证明，这种兜个圈子似的批评的方式，要比直截了当地批评更有效，会令批评者心甘情愿地认识到自己的错误和不足，愉快地接受，积极的改进。心理学家将这种"表扬——批评——再表扬"的批评方式，称为"三明治效应"。

"三明治效应"可以灵活地运用在生活中的各个场合，在教育孩子的时候，也能发挥神奇的作用。

有位老师曾经讲过这样一件事：有天，班里的李东向我请假说肚子疼，我没多想就同意了。下午，我经过一家网吧门口时却看见了他。我装作"无意"中看见了他，他又惊又怕，直往学校方向走去。

回学校后，我把他叫到办公室，他一副"视死如归"的样子。我说，"出去之前先请了假，这表明你还是很有纪律性的。而且看到我之后马上回到学校来了。"他有点不好意思，看到我没有严厉批评，小声说："老师，你看能不能不告诉我父母，我怕他们伤心。""你现在怕他们伤心，但如果你学无所成，最终他们不是更伤心吗？"他说："老师，我错了……"我看他已露出悔意，便接着把上网打游戏的危害告诉他，并告诉他如何学会自我控制，"你很孝顺，也很聪明，只要你去努力，一定能够成为一名很出色的学生。"然后就他在学习方法上出现的问题给出一些建议。从此，李东再没有出现过类似的情况，并成为一名品学兼优的好学生。

这位老师恰当地运用了"三明治效应"，先是肯定了李东的纪律性，然后用启发式的话引导他主动去思考"如果自己学无所成，父母会不会伤心"，进而给他清楚地摆明了上网的危害，最后给出了他一些关于学习的建议，表达了自己对他的肯定和期望。这样一来，这个孩子就能通过深刻地自我反省认识到自己的错误，并努力为此做出改变。

三明治式的批评之所以会比直截了当的批评更有成效，首先因为它有着去除防卫心理作用。在批评之前，先说些亲切关怀赞美之类的话，就可以制作友好的沟通氛围，并可以让对方平静下来安下心来进行交往对话。如果一开始就进行直接批评，加上语气十分严厉的话，那么对方就会产生一种自然的反射状的防御反应以保护自我。一旦产生了这种防卫心态，那么对方就很难再听得进批评意见了。即使批评是对的，也不会产生任何正面积极的效果。

其次，三明治法有着去除被批评者的后顾之忧的作用。许多破坏性的批评总是一而再、再而三地进行批评，到批评结束时，还会令被批评者心有余悸。而三明治法的最后一层，就起到了去后顾之忧的作用，它会给予被批评者的鼓励、希望、信任、支持、帮助，使被批评者振作精神，重新再来，不再陷于泥潭之中。

再有，三明治法给了被批评者足够的面子。这种批评既指出了问题，同时也易于让人接受，不会伤及被批评者的感情，也不会损坏他的自尊心，能激发起向善的良心，令其积极性始终维持在良好的行为上。

因此，妈妈在批评孩子的时候，也不妨尝试运三明治的方法。不过，孩子的心理有时会和成年人有所不同，如果妈妈在赞扬后用"但是"来一个明显的转折，这容易让孩子产生反感，认为妈妈的表扬不真诚。因此，妈妈可以将"但是"换成"如果"，比如"你的学习成绩很不错，如果你能多团结同学，多关心别人，相信你会更受同学欢迎的"这样的间接提醒，会比"但是"后面的直接批评，效果更好，孩子也更乐于接受。

值得一提的是，孩子一再犯错误又不肯改正，这种方法不但起不到教育作用，还会让孩子感觉大人也不过如此。这时，三明治法就起不到作用了，妈妈应该想办法，调整一个新的行之有效的批评方法。

用表扬"刺激"孩子主动反省

宁宁看见妈妈在厨房里忙碌，便过去帮妈妈择菜。结果，她把菜叶弄得满地都是。妈妈见孩子这样帮"倒忙"，气不打一处来，便明褒暗贬地对孩子说："你可真能干，我们家都快成菜市场了。"妈妈的这句冷嘲热讽的话，极大程度地打击了宁宁"尝试"的积极性。从此以后，宁宁再也不愿意帮妈妈干活了。

其实，如果宁宁的妈妈换另外一种说话的方式，比如"宝贝，你真的长大了，能帮妈妈干活了，不过让妈妈先来给你演示怎么择菜好吗"，那么孩子肯定就会开开心心地和妈妈学习择菜，并能由衷感受到快乐。

著名教育家陈鹤琴说过："无论什么人，受激励而改过，是很容易的，受责骂而改过，却不大容易，而小孩子尤其喜欢听好话，不喜欢听恶言。"可见，家长每一次对孩子的鼓励都是为他创造一次成长的机遇，孩子需要鼓励，需要信心，就如植物需要浇水一样，离开鼓励，孩子就不能进步。

在批评心理学中，人们把原本要批评的过错不给予直接批评，而是充分肯定或表扬其长处，使犯错者自我反省，进而认识过错，改正过错的现象，称为反弹琵琶效应。这种反弹琵琶式的批评方式，对教育孩子也非常有效。

成功学大师拿破仑·希尔从小曾经被认为是一个坏孩子。母牛走失了、树莫名其妙被砍倒了等诸如此类的坏事，人们都认定是他做的，甚至父亲和哥哥都认为他很坏。人们都认为母亲死了，没有人管教是希尔变坏的主要原因。既然大家都这么认为，他也就无所谓了。

直到有一天父亲再婚。当继母站在希尔面前时，希尔像枪杆一样站得笔直，双手交叉在胸前，冷漠地瞪着她，一丝欢迎的意思也没有。

"这就是拿破仑，全家最坏的孩子。"父亲这样介绍道。而他的继母则把手放在希尔的肩上，看着他，眼里闪烁着光芒。"最坏的孩子？一点也不，他是全家最聪明的孩子，我们要把他的本性诱导出来。"

继母造就了希尔，他一辈子也忘不了继母把手放在他肩上的那一刻。

无论什么人，受激励而改过是很容易的，受责骂而改过却不大容易，孩子尤其是如此。作为最关心爱护孩子的妈妈，更要善于从孩子的错误行为中发现孩子的闪光点，并对之表示肯定地赞扬，以此刺激孩子主动去反省自己的行为，获得最真实的感受。当孩子发自内心地认识到自己的错误和不足之处时，那么他想要改变，就会是一件特别容易的事情了。

不过，反弹琵琶批评毕竟是批评，不是完全的表扬，因此，批评二字不能忽略，不能把批评变成表扬。这也就是说，反弹琵琶批评可以先表扬后批评或批评寓于表扬之中，这都是可以的，但一定要让孩子感悟到自己的错误所在，并使其改正。否则，这种批评就不是反弹琵琶批评了。

让孩子承担犯错的后果

教育孩子不能"心太软"

孩子早晚都要脱离父母走向社会。因此，尽管妈妈都心疼自己的孩子，但是在教育孩子的过程中，也应该给孩子机会独立尝试，不能因为怕孩子吃亏受苦就心软，也不能因为爱孩子就处处向孩子心软妥协。这对孩子的成长是极其不利的。

5岁的欢欢虽然是个孩子，但喜欢玩火，只要是与火有关的东西，例如火柴、打火机，甚至于家里的炉灶他都要去摆弄摆弄。

欢欢的爸爸自己也喜欢各式各样的打火机，从气体、电子式到机械式打火机，甚至于还有古老的"火镰"……对于欢欢玩火的行为，妈妈从来没有给过任何处罚，觉得玩火也不是什么大错。

可是有一天，欢欢在家里玩一个爸爸刚买来的打火机时，一不小心把自己的帽子烧了个洞，脸上还蹭上了不少黑灰！欢欢的妈妈看到女儿的狼狈样，非但没有狠狠地教训他，反而笑得喘不过气……

几天后，妈妈带欢欢去农村的姥姥家，一不留神，欢欢居然和几个表兄弟一起玩起火来，不知什么时候开始，姥姥家的草垛已经燃起了熊熊大火！欢欢的爸爸跑来，怒发冲冠，拉过欢欢来就是一顿痛打！

有的妈妈会认为孩子的小错并无大碍，不用小题大做。孩子犯了小错可以不问，犯了大错就必须加以批评，其实不然，小错更应该引起妈妈的重视。这是因为，孩子的判断能力远不及大人成熟，他时常会犯错误。可能一开始只是小错误，但如果妈妈不及时予以制止纠正的话，小错误就会累积成大错误，令孩子受到更深的伤害。而且，即使是孩子，也具有区分好坏的基本判断能力，如果犯了严重的错误的话，孩子的内心深处一定会有所察觉，虽然不知原因，他也会自问是否做错了。倘若此时妈妈不将孩子的错误指出来的话，孩子也会不断地进行自我怀疑，在这个过程中就有可能出现思想上的偏差。所以，妈妈在教育孩子的时候，绝对不能心太软。孩子犯错误了就要及时教育，该独自去尝试的事情，妈妈就要放手让他自己去尝试。

此外，在孩子还比较小的时候，妈妈不妨根据自己和社会的价值观给孩子立规矩，从小为孩子建立起良好的行为习惯模式。妈妈要让孩子知道，并非所有的行为都是能够被接受的。妈妈可以运用"三区段"的方式让孩子明确哪些是可以做的，哪些是不可以做。在对不适当的行为设立限制时，父母还应该让孩子知道遵从或违反了这些规定的后果。良好行为的后果可以是正面的关切、赞扬、特权或奖赏，不良行为的后果是不予关切、特权的丧失或没有奖赏。

绿区：被认可及合适的行为。这是我们要求孩子采用的行为、允许孩子去做的行为。

黄区：不被认可的不当行为。但是，由于特殊的理由也能被容忍。比如孩子在生病的时候可以睡懒觉、在周末的晚上可以多看一会儿动画片。

红区：无论如何都不能容忍的行为。包括会危害自身或他人幸福的行为，也包括不法的、邪恶的、不道德的和其他不被社会接纳的行为。

总而言之，在日常生活中，妈妈不要有觉得孩子犯些小错无妨的意识。在孩子已经犯错时，要及时提出批评，切忌心软，但也要注意不要过于严重或夸大。妈妈在发现孩子犯下比较严重的错误时，既不能以孩子还太小做借口"得过且过"，也不要"大发雷霆"地惩罚孩子，应该仔细帮助孩子分析错误的原因，让他意识到错误的严重性，自己在反省中得到教训，避免日后重犯。

让孩子尝尝"自作自受"的后果

18世纪法国教育家卢梭认为："儿童所受到的惩罚，只应是他的过失所招来的自然后果。"这就是卢梭的自然惩罚法则，是世界教育史上的一个里程碑。

所谓自然惩罚法则，就是让孩子学会为自己的行为负责，让他尝一尝"自作自受"的滋味，强化痛苦体验，从而吸取教训，改正错误。例如，孩子不爱惜家里的东西，总是会弄坏一些东西，一次他把吃饭坐的椅子弄坏了，那么家长就不妨毫不留情地让他连续几天站着吃饭。简而言之，自然惩罚法则的关键就是让孩子感到受惩罚是自作自受，是应该受惩罚的。

一个孩子很任性，动不动就摔东西来表示自己的"抗议"。一天，因为妈妈没给他买他想吃的东西，他就把一件新玩具摔坏了，把一本书撕烂了。妈妈更是"强硬"，马上宣布一个月之内不再给他买新玩具和书，一个月后若他还没有改正的行为则继续延长惩罚时间。

英国教育家斯宾塞曾断言："真有教育意义和真正有益健康的后果，并不是家长们自封为'自然'代理人所给予的，而是'自然'本身所给予的。"自然惩罚实际上是自然后果带给孩子的惩罚，这种教育方法可以很好地避免孩子任性和依赖。

让孩子接受自然惩罚有三点好处：

首先，它是完全公正的。几乎每个孩子在受到自然惩罚时，都不会感到委屈，因为那是他自己造成的；如果受到人为惩罚，孩子们多少会有委屈感，因为人为惩罚常常会被放大。一个不爱护衣服的孩子把衣服弄脏，按自然惩罚的原则，只是让他接受洗衣服的苦头，而孩子则会把这里的原因归结为自己的不小心。相反，如果大人去责骂、体罚孩子，孩子则会觉得不公。

其次，它可以使孩子和父母避免冲突、减少愤怒。但凡认为惩罚、责骂孩子，父母和孩子往往都会生气、愤怒。但是在自然惩罚下，亲子关系因为比较亲切、理性而会联系得更紧密，亲子关系不会受到任何影响。

再次，它可以明确孩子的是非观念，强化孩子的责任心。责任心是一个人在社会中发展必不可少的品质，是孩子健康成长的基石。从小就有责任心的孩子，长大了才能对自己所做的任何事情负责任，才会成为一个站得正、行得端的堂堂正正的人。

不过，让孩子接受自然惩罚，妈妈必须明确的一件事——惩罚不是体罚。这也就是说，当孩子做出过失行为并造成自然后果时，你需要分析这种自然后果是否会伤害孩子的身体健康。如果这种后果已经对孩子的身体健康造成伤害，那么就会失去教育作用。

当孩子做出一种行为时，妈妈可以帮助孩子分析这种行为可能产生的后果并告诉他。如果孩子坚持做出这种行为并产生不良后果时，妈妈不必给孩子讲道理，让孩子顺其自然地接受后果，自己去处理他造成的烂摊子。但是，在孩子处理自己的烂摊子时，妈妈在一旁冷眼旁观即可，而不能添油加醋地嘲讽，否则就不利于孩子正视自己的行为，甚至还会变本加厉地重复错误的行为。

再有，每个孩子都有不同的个性特征，在实施自然惩罚时，妈妈还是应该有所区别。比如有的孩子对自然惩罚满不在乎，抱一种无所谓的态度：玩具坏了不给买，我不玩；衣服撕破了不给换，我就穿破的。如果是这类孩子，那么自然惩罚对他是产生不了刺激作用的，所以妈妈也没有必要采用这种教育方法，而应当换另外一种行之有效的办法。

不要因为错误而全盘否定他

有一个5岁的小朋友，他习惯饭前不洗手，这个坏毛病怎么都改不过来。妈妈就批评他说："之前说多少次了你都不听，今天我一定要好好教训你一下，否则的话你以后就该翻天了。"这样一边说着，一边把儿子拉过来，在他屁股后面使劲地打了几下。这个小朋友边哭边说："妈妈，你小时候就没有做错事吗？"当妈妈听了这句话，不由得愣住了，孩子说的并不是没有道理啊，不就是没洗手吗？别说是孩子了，大人又怎么能有十全十美的呢？

没有一个人从出生就是正确的，也不可能有人不犯错。所以在一个孩子成长的过程中，犯错是必然的生活体验，犯了错，父母要给予一些谅解和宽容。

每个孩子都曾在爸爸妈妈眼皮底下犯错。
1岁时：缠人，闹夜。
2岁时：不好好吃饭，咬人，抓人。
3岁时：乱拉屎尿，乱涂乱画，跟屁虫。
4岁时：捣蛋，恶作剧，不顺心就和大人对着干。
5岁时：撒谎，欺负比自己小的孩子，欺负小动物。
6岁时：乱跑，偷拿别人的东西，砸烂玻璃。
7岁时：贪玩，不爱学习，多动。

孩子小的时候，爸爸妈妈总是盼望着孩子能够快快长大，然而当孩子长大了之后，那些烦人的小毛病终于没有了，但是父母还会担心，怕他不好好学习，怕他沾染上各种各样的坏习气。可以这样说，一个孩子在任何年龄都有出现各种错误的可能，这简直是防不胜防。

当然了，一个孩子出现了错误固然是不好的，但是如果他从来没有出现过错误，从小就是个格外乖的宝宝，那么会更让人忧心。孩子小的时候，该犯的错误没有机会犯，到了不该犯错的时候，却用幼稚的行为去"补课"，那就得不偿失了。聪明的爸爸妈妈，当然希望孩子丢人都丢在最不懂事的时候。

所以，父母们千万不要苛求孩子不犯错误，正是在这些犯错误的过程中，一个孩子才可以得到成长。孩子可以在欺负别人或者是被别人欺负中，学会自我保护；在伤害小动物的过程中，明白怜悯和爱惜，这些，都是孩子可以从犯错中学到的宝贵品质。

错误能够带给孩子成长，这是有心理依据的，心理学家发现，人类的孩子和动物小的时候一样，要在游戏中训练攻击和防御，通过这样的方式来获得生存的能力。所以在孩子的成长过程中，他们需要一些犯错误的机会。

而那些一直受到贴身看护的孩子，那些得不到行为与情绪实践机会的孩子，他们长大了之后内心总有一些不踏实，有的时候甚至会以一种冲动的行为或者异样的举动来补偿那些小时候没有经历过的事情。也许有很多家长都会注意到这样的现象，小时候自己的孩子明明是一个懂事听话的乖宝宝，但是长大了之后却让人费心，整夜都在打游戏，不回家，别人说一句不中听的话就不高兴。出现这种现象的原因很简单，就是这些孩子在小的时候，根本就没有犯错误的机会，长大之后摆脱了父母的限制，就迫不及待地犯起错误来了。

一个孩子的成长经历就像是一盘录像，只有体验到了快乐、痛苦、悲伤、骄傲等等这样的情绪，才会在心灵上留下痕迹，也才能够在以后的成长道路上倚靠这些痕迹更加健康快乐地成长下去，这就是孩子的一种"心理反刍"。然而错误也是这种体验之一，也有存在的必要性。所以当孩子小的时候犯了一些小错误，他们会通过错误来确认与外界的关系，进而获得对错误的部分免疫，长大之后这些孩子再出现错误的概率也就会少很多了。

第十章

"事倍功半要不得"，爱得多不如爱得对

爱是孩子最不可或缺的情感

缺爱的孩子易患"心理性矮小症"

在日常生活中，人们常常能够见到一些孩子的身体和他们的年龄相比，显得过分矮小，生长发育情况不正常。以前人们认为，这是生理和遗传上的原因的造成的。不过，心理学家发现，自小缺乏父母关爱的孩子，也会出现这种问题。因缺乏父母的爱抚而另精神上受到压抑，继而导致机能发育出现障碍，是导致这一类孩子身体矮小的主要原因，医学上将这种病症称为"心理性矮小症"或"精神矮小症"。

心理性矮小症是指孩子缺乏父母的爱抚，精神上受到压抑，致使生长发育产生了障碍而出现的矮小症。美国著名精神病学家霍芬博士指出：孩子长期生活在精神压抑、无人关心或经常挨打受骂的家庭环境中，就会引起体内的神经——体液内分泌功能紊乱，致使生长激素、甲状腺素等有助于长高的激素分泌减少，从而导致孩子生长发育障碍，个子矮小。

家庭是孩子从出生后很长一段时间里主要生活的地方，家庭的气氛会直接影响着孩子的身心健康。在和睦温馨的家庭中无忧无虑、井然有序的生活，可以令孩子倍感温暖和幸福，这自然有益于孩子的身心发育和成长。但是，如果夫妻经常吵嘴打架，总是处于紧张的气氛中，甚至把孩子当"出气筒"或者做再婚的包袱加以虐待，在这种家庭环境下长大的孩子就会倍感痛苦压抑，活泼的天性被扼杀，身心健康受到严重影响。

研究发现，心理性矮小症与特殊的社会环境——离婚率高有着密切的关系。此外，留守儿童（长年不在父母身边）或由祖父母带大的孩子，也容易出现这样的情况。

张女士15岁的儿子壮壮身高仅仅一米四多一点，比同龄孩子整整矮了一头。她带着儿子去医院检查，医生给他做了详细检查，结果各项指标都正常，但是他骨骼生长线已闭合，无法再长高了。经过了解，原来张女士和丈夫常年外出打工，把壮壮一个人留在家里，平时忙起来也没有时间和孩子联络。久而久之，孩子就变得不爱说话了，性格越来越内向，不爱与人交往，总是一个人静静地坐在角落里发呆。

不过，与遗传性矮小不同的是，这种因心理问题造成的矮小症是可逆的，一旦解除孩子心结，发育就会继续。这也就是说，如果家长充分关心和爱护孩子，让孩子重新感受到父母的爱护、家庭的温暖，加上适当的运动，那么在孩子的生长发育完成以前，依

然还有机会长高。

在第二次世界大战中，西班牙、朝鲜、越南、德国等国失去双亲的孤儿，平均身高要比同龄其他儿童矮近10厘米。科学家们曾为此做过试验，他们将一批受到精神压抑而矮小的孩子，安置到和睦欢乐的环境中，让他们受到与正常家庭儿童类似的爱抚和温暖，3个月后，约有95%的孩子发育情况很快发生变化，生长停滞现象得以消除，身高得到明显的增长，接近其他同龄儿童身高增长的水平。

父母的关爱是最好的"增高剂"，而爱则是孩子成长最好的推动力。以积极的态度表达对孩子的爱抚，创造条件让孩子多接触同龄儿童，帮助他交朋友，鼓励孩子多参与集体活动，给他创造一个温馨和谐的家庭环境，让孩子每天都能获得安全的感觉和快乐的心情，这是预防孩子出现"心理性矮小症"的最根本的办法。

母爱是孩子心理的"安全岛"

母子关系主要影响孩子的情绪和情感表达方式。有关研究发现，成年人很多种心理疾病和障碍，都与童年时期缺乏爱、特别是缺乏来自妈妈的爱有关。

孩子在1岁以前，如果得不到来自妈妈的足够的爱，就有可能会造成性格方面的缺陷，甚至形成人格或行为障碍。心理学家认为，妈妈与孩子的关系是依赖性的，这种依赖性是除了妈妈以外任何家人都无法给予和替代的。这是因为，孩子需要妈妈的抚养，不仅是生理上的需要，吃、喝、换尿布，也需要妈妈的爱，而来自妈妈的爱可以让孩子形成充分的安全感。这种安全感，对今后孩子自我认知的发展以及自信、自尊等心理素质的发展，都有着至关重要的作用。

美国心理学家艾恩斯沃斯曾经做过一项"陌生情景"法的实验：他通过观察婴儿与母亲短暂分离、处在陌生情景中的反应和行为表现，来测定母婴依恋的模式，判断孩子是否具有安全感。实验发现：妈妈离开时没有反应，回来时也不拥抱孩子，那么孩子对妈妈是回避的态度，这样的孩子安全感较弱。而那种妈妈在场时很主动地探索周围，妈妈离开时哭闹一下，但很快就能自主地玩了，妈妈回来后拥抱亲吻以后，能很快平静下来接着玩的孩子，才是拥有健康亲子关系、也很有安全感的孩子。

母爱是孩子心理的"安全岛"，是孩子培养快乐的基地。刚刚出生的婴儿被妈妈抱在怀里吮吸乳汁时，他的一双小眼睛总是跳动着欢快的火花望着妈妈，显得那么舒服，那么自在。小孩子在妈妈身边可以无忧无虑地跑跳，遇到陌生人时就会紧紧地抱住妈妈，或是悄悄躲在妈妈的身后……这一切都说明，只有母爱，才能使孩子感到安全，才能让孩子毫无顾虑地去探索、发展，才能让孩子健健康康地成长。

琪琪从一出生，就得到了爸爸妈妈无尽的关怀和爱护。与多数妈妈不同的是，琪琪的妈妈会毫不吝啬地对女儿表达自己对她的爱意，告诉女儿妈妈爱她。两3岁的时候，琪琪似乎比同龄的孩子好奇心更强，更勇于探索，她可以坦然地摆弄家里的每一件物品，放心地和小朋友捡树叶、蹲在蚂蚁洞旁边看蚂蚁，胆子比年龄相仿的女孩大很多，而且特别自信，在幼儿园里可以完全自理，不需要老师过多照顾她，有时还能帮老师的忙一起照顾安慰其他小朋友。琪琪的妈妈觉得，女儿之所以如此"胆大心细"，正是因为在她小小的心里肯定了这样一件事——无论何种情况下，她都不会失去爸爸妈妈的爱，所以她是安全的。

爱孩子是每一个妈妈的本能反应。但是，有爱不代表就能让孩子感到快乐，不代表孩子就能感受到生活的幸福。妈妈的爱，只有让孩子感受到，才能让孩子感到安全，感到幸福。就像苏联教育家马卡连柯所说的那样："没有父母的爱所培养出来的人，往往是有缺陷的人。因此，社会要使它的每一个成员——不管他是多么幼小——都得到真正的父母之爱。"

作为孩子的妈妈，应该尽可能多地抽出时间和孩子在一起。每个孩子都需要从妈妈那里得到足够的重视。在每天工作之余，妈妈要尽量腾出一些时间参加孩子的游戏，和孩子一起读书，为孩子提供接触外界的机会，学会倾听孩子的心声，和孩子一同成长。

聊天是另一种形式的爱

每个孩子都有交流的必要。每天，孩子都会接触到不同的人和事，从外界获得许多信息，他们需要把这些信息与周围的人进行分享、交流，从而获得美好的情感体验。作为孩子的妈妈，常与孩子聊天，不仅可以使孩子养成倾听与倾诉的习惯，还可以令孩子充分感受到妈妈的爱。遗憾的是，很多妈妈与孩子之间可以聊天的话题太少了，聊不到几句就因"话不投机"而草草中断或是不欢而散。问题到底出在哪里呢？

> 瑶瑶放学回到家后，她迫不及待地和妈妈分享这天的感受。
> 瑶瑶：当班长太累了，又要自己学习，还要维持纪律。
> 妈妈：既然不喜欢，就和老师说说不做了。
> 瑶瑶：可是我也很喜欢做班长，它让我觉得很光荣。
> 妈妈：既然你喜欢，那就不要再嚷嚷着说累了。
> 瑶瑶沮丧：可是喜欢不代表不累啊！？
> 妈妈无奈：真不知道你到底要说什么。

聊天是表达妈妈对孩子的爱的形式。但是，很多妈妈却不知道如何与孩子聊天，如何与孩子聊好天。就像故事里的瑶瑶一样，她在与妈妈聊天后一定会觉得自己的情绪无处发泄，妈妈根本就没办法理解她的感受，所以她肯定不愿意再继续交谈下去了。但是，如果妈妈可以换另外一种谈话方式，更注意倾听孩子心声的话，站在孩子的立场去亲身考虑她的感受，那么谈话的效果就会有明显的不同：

> 瑶瑶：当班长太累了，又要自己学习，还要维持纪律。
> 妈妈：你今天好像很累。
> 瑶瑶：是啊，当班长让我觉得很光荣，可却也让我总觉得有压力。
> 妈妈：嗯，我明白你的感受，我也曾经有过这样的情况。
> 瑶瑶：我该怎么做才好呢，真头疼。
> 妈妈：妈妈相信你一定能处理好的，来，让妈妈抱抱你。
> 瑶瑶：谢谢你，妈妈，我觉得舒服多了。

妈妈在与孩子聊天时，话题不应当只局限于学习上。很多妈妈都会在这一点上出问题，这会令孩子越来越不愿意与妈妈沟通。反之，如果妈妈多关心孩子的日常生活及心理、情感状况，真正地走进孩子的心灵，不居高临下，而和孩子成为朋友，那么与孩子的关系就会越来越融洽。

当孩子对自己说出其内心的真实想法时，妈妈不要忙于对他们的看法加以评论，或打断，这样就会削弱他们聊天的兴趣。无论孩子想法的对错，妈妈都要先学会倾听，然后再站在孩子的立场去理解他，帮助他分析并告诉他应该怎么办。如果孩子在成长的过程中遇到了一些难以解决的困惑，妈妈就要耐心地给予指导和帮助，为孩子解除心中的疑虑。这样，孩子就会越来越信任妈妈，把妈妈当成可以放心倾诉心事的好朋友，无话不谈。

再者，与孩子聊天时还要学会观察孩子的表情。如果发现孩子比较兴奋，妈妈就可以微笑着问："今天这么高兴，是不是发生了什么令人高兴的事啊？说来给妈妈听听吧！"如果发现孩子面带沮丧，妈妈就要关切地询问："你是不是心情不好？遇到了什么困难和问题，需要帮忙吗？"如果孩子与同学朋友之间发生了不愉快，妈妈千万不要气急败坏地去指责孩子，而是要平静地问孩子到底发生了什么事，可以给孩子提供一些解决问题、化解矛盾的方法，但不要硬性干涉，让孩子自己去解决问题。

聊天是与孩子交流最简单、最有效的办法，这既可以随时了解孩子的想法，还可以让孩子感受到来自妈妈的关心和爱护。只要掌握平等、亲切、真诚、民主、爱护的原则，和孩子进行朋友般的对话，那么孩子就会认为你是最可信赖的长者，就会敞开心扉向你倾诉内心的一切。

别让爱被条件绑架

妈妈爱孩子，按道理说，孩子就应该感到非常幸福，对妈妈也应充满感激之情。然而，多项调查结果显示，目前在我国多数学龄孩子的心目中，妈妈往往既不是他们最亲爱的人，也不是他们最崇拜的人，而是最不理解他们、最不讲理的人。很多孩子不但不觉得自己幸福，反而认为自己是最辛苦的人。

诚然，造成这种局面的原因很多，比如传统中国式的家庭教育习惯、现行教育体制的不完善等。但从根本上讲，还是因为这种爱的附加条件太多，令孩子在享受来自父母的爱的同时，也背负上了沉重的心理负担，承受了难以承受的心理压力。如果这种形式的爱得不到改善的话，那么随着孩子的成长，他必然就会开始抵触甚至是反抗，因而也就自然与父母隔阂疏远，严重时还会出现敌对的现象。

也许妈妈们并不觉得自己给孩子爱的同时强加了条件，但仔细反思自己的行为，就不难找到一些线索。例如，你是否对孩子说过如下的话：

"听话！妈妈只喜欢听话的孩子！不听话我就不要你了！"
"你学习成绩好才是好孩子，妈妈才会爱你！"
"妈妈养大你这么不容易，你一定要好好争气，不然我就不再爱你了。"
"为了你，我天天这么辛苦。"
"你是我们的希望，我们愿意为你做任何事，只要你好好学习。"
……

妈妈是否都对孩子说过此类的话呢？这些就是有条件的爱。当妈妈说出这句话时，或者心里有这种想法时，就证明妈妈对孩子的爱是有条件的了。这样的条件存在于如下的潜台词中：你必须服从我、遵照我的指令去做、按照我的设计去成长，否则我就不爱你。乖乖地听话、取得好成绩、考上好学校、给妈妈挣得脸面和荣耀……不满足这些条件，妈妈就不爱你，甚至将你逐出家门。

例如，当妈妈说出"你是我们的希望，我们愿意为你做任何事，只要你好好学习"时，好好学习就成了妈妈爱孩子的条件，也是孩子得到妈妈爱的前提。如果孩子不能取得令妈妈满意的好成绩，就会受到妈妈的责怪，或是在心理上给自己背上沉重的压力。长此以往，孩子就会迁怒于学习，而学习也就成了横在妈妈和孩子之间的一座高山。这座山不搬走，孩子和妈妈的关系就很难融洽。

在心理学上，这种条件式的爱被命名为"非爱行为"，即指以爱的名义，对最亲近的人进行一种非爱掠夺。这非但不会令孩子感受到你的爱，对你产生感恩之情，反而会令孩子感受到莫名的压力，令孩子对你越来越反感。

爱孩子是不需要任何条件的。所谓无条件的爱就是全盘接纳你的孩子。美国亲子教育专家盖瑞·查普曼和罗斯·甘伯认为："无条件的爱就是无论孩子的情况如何，都爱他们。亦即不管孩子长相如何，天资、弱点或缺陷如何，也不管我们的期望多高，还有最难的一点是不管孩子的表现如何，都要爱他们。但这并不表示我们喜欢孩子的所有行为，而是意味着我们对孩子永远给予并表示爱，即便他们行为不佳。"

不过，对于有这种习惯的妈妈来说，要改变这种局面不是一件容易的事，它需要一个漫长的过程。最重要的是，妈妈不要再把孩子学习成绩好、孩子的表现符合自己的要求作为爱孩子的条件，而是应该在孩子成长的过程中给予他切实需要的帮助和爱，不用自己带有附加条件的爱使其窒息。只要妈妈在生活中多注意自己的言行，不要再表现出这些"非爱行为"，那么久而久之，这种现象就会渐渐消失。

溺爱会毁掉孩子的一生

溺爱其实是一种害

苏联著名教育学家马卡连柯曾经说："父母对自己的子女爱得不够，子女就会感到痛苦，但是过分溺爱虽然是一种伟大的感情，却会使子女遭到毁灭。"如果妈妈无视这个警告，一意孤行地认为只要尽力满足孩子的需要就能保证孩子健康幸福地成长，那么你的这种教育方式必然会影响孩子在各个方面的发展，例如当别人帮助自己的时候，这些孩子不会懂得感恩，反倒觉得是理所当然；当他看到别人比自己优秀，他首先想到的不是向别人学习，而是产生沮丧、嫉妒等消极情绪。

此外，溺爱还会令孩子的人格受损。在溺爱下长大的孩子，在家中依赖父母，日后在外面宁愿依赖同事、依赖上司，也不愿自己创造，不敢表现自己，害怕独立，又或者他喜欢做一个"小霸王"，自私自利，不尊重父母兄弟姐妹，脾气暴躁，性格极端。这些都意味着他的人格还没有趋于成熟和健全。

小帅小时候一直跟爷爷奶奶生活，读小学才回到城里父母的身边。小帅的妈妈总觉得亏欠孩子，出于补偿心理，她对孩子百依百顺、有求必应。渐渐地，小帅就从一个乖孩子变成了一个小霸王，一旦妈妈满足不了他的需求，他就发脾气，扬言不写作业，不上学，甚至要离家出走。

但是，小帅的妈妈总以为孩子长大了就会好的，所以对小帅的这些行为总是忍气吞声。可是，小帅并没有因为长大了就变得懂事，他变得越来越好逸恶劳，才12岁就明目张胆地在厕所里抽烟。再到后来，他干脆领着几个同学逃课出去上网，并且用妈妈给的零花钱请客，大手大脚。直到这时，小帅的妈妈才有些害怕了，可是却不知道怎么才能让孩子变好。

妈妈们应该明白，溺爱孩子实际上剥夺了孩子生活中许多重要的东西。妈妈首先要学会放开自己的双手，让孩子自己系鞋带，即使速度很慢，迟到了他会因此受到批评；如果系到一起，走路摔倒了他会感到疼痛，但是所有这些代价，都是让他学会正确做事的前提。不然，他将在未来错失更多的机会，付出的代价也会更惨痛。

溺爱看起来最富有牺牲精神，但其实是世界上最懒惰的爱。实际上，很多妈妈都已经意识到了溺爱的坏处，但是她们却还是走上了这条路，这是为什么呢？

其实每个人心中都藏着两个"我"。一个是"内在的父母"，即我们现实中的父母角色与理想中的父母角色的内化；另一个是"内在的小孩"，也就是我们对自己童年体验的记忆和自己理想童年的内化。溺爱的心理秘密是妈妈把这个"内在的小孩"投射到了自己的孩子身上。她把现在的孩子当作自己，按照自己曾经幻想的爱来给孩子。比如那些从小生活贫困的妈妈，她们通常会在物质上满足孩子的一切要求，因为她潜意识里极端排斥贫苦的日子，所以她不断满足孩子的物质要求，其实是在满足自己"内在的小孩"的物欲。妈妈们无节制地给予孩子爱，其实是无节制地满足自己的欲望。溺爱表面上看是牺牲自己满足孩子，心理真相却是在宠爱自己的同时牺牲了孩子。

每个妈妈都应该反思一下自己对孩子的爱。你是不是在按照自己的想法爱孩子，你是不是希望自己有一个和孩子一样的童年呢？如果答案是肯定的，请你反省一下自己的行为，也许正在有意无意地溺爱孩子。

孩子是需要经历挫折才能健康成长的，溺爱只会让孩子养成不好的生活习惯和性格。被溺爱的孩子很难遵守规矩，也不懂得自我约束，在他看来，规矩都是为别人准备的，与自己无关。

妈妈的爱不是越多越好，千万不要让你的爱泛滥成灾，最终将孩子的人生淹没在你的爱中。

妈妈注意：这些行为都是溺爱

郑晖是一个在学校里出名的不守规矩的人：上课时，他总是把一只脚放在课桌上，手上拿着一个玩具玩着，全然不顾老师和同学们的存在；体育老师喊立正，他偏要稍息；老师叫蹲下，他偏要站着，最后干脆跑到树阴下去玩……老师和班干部只要规劝他，他就开始"耍赖"，有几次甚至整个人躺在地上不起来。

老师曾经为此事请了家长。可没想到的是，郑晖的妈妈对儿子的行为却非常不以为然："我的孩子脾气很硬，不喜欢别人管他，他在家里总是把脚放在桌子上坐，已经习惯了。躺地上，那是老师惹他不高兴了，所以他就躺地上，在家里他就是这样。"

给予孩子正确的爱，会让他学会更好的爱别人，爱自己，爱生活；而过分溺爱孩子，则容易使孩子养成骄傲、任性、自私、虚荣、孤僻等缺点。妈妈在反对溺爱的同时，又在不知不觉中对孩子进行溺爱。有的时候，出现溺爱行为，其实也是妈妈的无心之失。妈妈虽然知道溺爱会对孩子造成伤害，但有时也会分不清"溺爱"是什么，更不了解是否自己家里就存在溺爱。那么，什么样的爱，才算是溺爱呢？

以下列出了五种最常见的溺爱行为。妈妈不妨对照着实际情况看一下，自己是否也曾有过这些行为：

1. 对孩子给予"特殊待遇"

很多孩子由于是家里的独生子女的原因，在家里的地位高人一等，处处都会受到特殊照顾。这样的孩子必然是"恃宠而骄"，滋生优越感，变得自私没有同情心，不会关心他人。

2. 对孩子的各种要求"无条件满足"

有的妈妈对孩子的各种要求总是无原则地满足，儿子要什么就给什么。有的妈妈觉得"再穷不能穷孩子"，即便是自己省吃俭用，也要满足孩子的要求，哪怕是无理要求。这样长大的孩子必然养成不珍惜物品，讲究物质享受，浪费金钱和不体贴他人的坏性格，而且毫无忍耐和吃苦精神。

3. 对孩子过分保护

有的妈妈为了孩子的"绝对安全"，不让孩子走出家门，也不许他和别的小朋友玩。更有甚者，变成了儿子的"小尾巴"，步步紧跟，含在嘴里怕化了，吐出来怕飞走。这样养大的孩子往往胆小无能，存在依赖心理，在家里横行霸道，到外面胆小如鼠，造成严重的性格缺陷。

4. 袒护孩子所犯的错误

当孩子犯了错误的时候，妈妈总是视而不见，反而说："不要管太严，孩子还小呢。"有时候爷爷奶奶还会站出来说话："不要教得太急，他长大之后自然会好了。"这样环境长大的孩子全无是非观念，长大之后很容易造成性格的扭曲。

5. 孩子出现意外时"大惊小怪"

所谓"初生牛犊不怕虎"。孩子在小的时候本来不怕水、不怕黑、不怕摔跤、不怕疼，摔跤以后能不声不响自己爬起来继续玩，可为什么有的孩子越大越变得胆小爱哭了呢？这往往就是妈妈和其他家人的"大惊小怪"所造成的。当孩子出现病痛或是遇见什么事情时，孩子还无所察觉，大人就已经表现得惊慌失措，不让孩子碰这碰那。这样娇惯的最终结果，就是孩子不让大人离开一步，越来越懦弱。

溺爱的家庭易养出"心理肥胖儿"

随着生活水平的不断提高、膳食结构发生改变，儿童肥胖症呈显著增多的趋势。现代医学认为，如果儿童体重超过同性别、同身高正常儿均值20%以上者就可诊断为肥胖症；超过均值20%？29%者为轻度肥胖；超过30%？39%者为中度肥胖；超过40%？

59%者为重度肥胖；超过60%以上者为极度胖。

豆豆是个名副其实的小胖墩儿，刚刚8岁体重就已经超过了80斤。他是家里唯一的男孩，从出生的那天开始全家人就特别宠爱他，好吃的都给他吃，看他吃得越多，家里人就越高兴。于是，这个孩子就一天比一天胖。现在，他甚至连多走几步路都有点气喘吁吁，更甭提上体育课活动了。妈妈带着豆豆去医院检查，才发现这么小的孩子，竟然已经患上了高血压。这下子，豆豆妈也开始着急了。

肥胖其实可以说是一种心理疾病，因为大多数人肥胖都是由于心理和行为问题造成的。现在孩子肥胖有几方面的原因：首先，是因为按传统的观念来喂养孩子，认为给孩子多吃东西是对孩子的疼爱。其次，现在孩子能接触到的食品非常多，除正餐之外，还过量摄入其他食品，再加上孩子们很少运动和劳动，致使摄入的能量不能消耗，只能积聚在体内，形成脂肪。

很多家长认为，把孩子养得胖是有面子的事情，对于孩子肥胖也持宽容态度，而且在孩子已经开始出现肥胖症的情况下仍然不对孩子吃的东西加以限制，让孩子随心所欲。孩子本身缺乏一定的控制力，对好吃的食物更是不懂得控制，也不懂得什么食物是健康的、什么是毫无益处的，如果妈妈们再不纠正孩子饮食习惯听之任之的话，那么孩子肥胖的情况就难以得到改善。久而久之，这种放纵的溺爱就会养出一个"心理肥胖儿"。

肥胖不仅影响孩子的身体健康和正常发育，还是孩子成年以后患高血压、糖尿病、冠心病、疸石症、痛风等疾病和猝死的诱因。如果要让孩子有效地减肥或防止肥胖，就必须从改变家长的观念做起，家长要及早为孩子建立起健康的饮食习惯和良好的行为习惯，不要在吃的问题上娇惯孩子。妈妈们要记住，爱孩子没有错，但是过度的爱，反而可能会害了孩子。

不要用爱扼住孩子的喉咙

"我都是为了孩子好"是谬论

美国家庭心理咨询师茱迪丝·布朗在《都是为了你好》一书中指出，"在家庭中，妈妈有着强大的需求，但是这些需求往往被高尚的托词乔装遮掩，暗中扭曲孩子的生活。""都是为了你好"就是最常用来遮掩妈妈内心需求的高尚托词之一。

孩子不想吃饭时，妈妈端着碗在身后追着喂："再吃一点吧，为了你的营养，为了你的身体好！"

妈妈给孩子报了钢琴班、美术班、舞蹈班、英语班，每天陪着孩子东奔西跑上课练习考证："为了你的将来着想，为了你的前途好！"

无论孩子做什么，妈妈都会参与其中，干涉孩子的想法："听我的，这都是为了你好！"

茱迪斯·布朗还曾经说，"妈妈们自欺欺人的通病就是，他们为孩子做的一切，无论如何满足了他们自己，却说成是为了孩子"。

"我都是为了孩子好"表面看起来很有道理，实际上却非常荒谬。在这个旗号下，妈妈不仅参与孩子所有的行为，强迫孩子接受妈妈的选择，甚至还会指导孩子何时何地应该以何种方式表达自己：委屈不许哭、失望不许生气、高兴不许喊、对妈妈的话要抱着感激的心情、对妈妈要时刻感恩戴德……

但是请妈妈们安静地思考一下之后扪心自问："你呕心沥血所做的一切，真的都是为了孩子好吗？"

冬季的一天，气温骤降。听到有人敲宿舍的门，小秀站起来去开门。打开门一看，自己的妈妈拿着一件羽绒服出现在自己面前。原来是妈妈听说降温，冒着刺骨的寒风骑车来学校给孩子送羽绒服。

小秀感到啼笑皆非，她告诉妈妈自己并不需要羽绒服。"我这里有足够的保暖衣服。这么冷的天，我们都在宿舍里念书，不会出去的。再说，您顶着大风来给我送衣服，就不怕自己生病啊？"

妈妈听了孩子的一番话，十分恼怒地说："我这不是怕你冷吗？怎么了，我关心你不对吗？我这不是为了你好吗？你怎么这个态度？"说完扔下衣服扭头就走了。小秀追出来让妈妈进屋坐一会儿，她好像没听见，连头都没回。

妈妈感到很委屈，她觉得自己这样心疼女儿，顶着寒风去送冬衣，简直是个伟大的英雄！一路上，她都在想象女儿看见自己时会多么的感激涕零。然而女儿的表现让她失望极了，孩子不但不领情，还将她拱手送上的温暖拒之门外。

女儿也很委屈，她觉得自己已经能够照顾自己了。这么多同学的妈妈都没有来，偏偏只有自己的妈妈来了，小题大做。妈妈总是命令自己无条件地接受关怀，也不看孩子到底是不是需要。

"我都是为了你好！"凡是这样说话的妈妈，内心都有一种自以为是的态度，她把自己当成孩子生活的总指挥，是居高临下的"救世主"，这样的妈妈总是在说"听我的，我知道什么是对你最有益的！"

但是"都是为你好"的隐含意思是"我为你好才这么要求你，所以你不论喜不喜欢，都必须照办"。实际上这里面存在着一个假设，就是出发点好结果就一定好，但是这个假设是不成立的。另外还包含了一个前提：孩子自己不知道什么对自己好，所以一切都要听妈妈的。对于很小的孩子，这一点或许是事实，但是对于比较大的孩子来说，相信是没人会认同的。

故事中的这个妈妈认为自己是伟大的，无论何时女儿都应该满怀感激地接受，否则就是没有良心。然而，妈妈的做法仅仅是照顾到了自己的利益，却丝毫没有考虑女儿的感受。茱迪丝·布朗将这种"爱"称作"慈祥的虐待"。实际上，这种"爱"所带来的心理伤害，绝对不亚于暴力行为留下的创伤。

当孩子置疑妈妈的行为时，妈妈用一句"我都是为了你好"蛮横地拒绝了孩子的意见。因为这句话的潜台词就是"我的动机是为你好，所以你无权置疑我的行为，即使事实证明我错了，我也不需要道歉，而且你下次仍然应该无条件地服从我。我整天都在为你好，你应该记住我的恩情，你欠我的。"妈妈怀揣着如此蛮不讲理的想法，哪个孩子还敢表达自己的意见呢？这时妈妈扮演的是"债权人"和"施予者"角色，扮演这种角色的目的是要保持对孩子的控制。于是妈妈就这样轻而易举地实施了对孩子的精神控制。

在这句话的威胁中成长的孩子往往既不会表达愤怒，也不怎么会表达爱。他经常压抑自己的愤怒和感情，习惯于以别人的标准要求自己，而且不敢和妈妈做直接的交流，因为交流之前他们的脑海中就已经浮现出了妈妈大怒的样子。

常把这句话挂在嘴边的妈妈们请好好反思一下，"都是为孩子好"真的是为孩子好吗？你真的确定你为孩子选择的就是最好的吗？你是不是用这句话扼杀了自己孩子原本存在无限可能的人生？妈妈们一定要时刻提醒自己，不要用爱限定孩子的人生道路，孩子的生活要孩子自己去创造。哪怕他们在生活中走了弯路，撞了满头包，那也是他们生活的一部分，这些经历会让他们自己的人生更加富有激情，而且妈妈们不妨放松一下自己的心情这样想："也许孩子选择的人生比我设定的要辉煌得多。"

封闭的爱会封住孩子的路

在一个访谈节目中，中国台湾的舞后比莉讲起了培养孩子的过程中，自己总是处于希望孩子快点长大，但又害怕孩子长大的矛盾心态中。比莉回忆说儿子小的时候，有一次送他去上学，正准备出门的时候，儿子堵在门口对她说："妈妈，以后不要再送我上学了，我都上初中了，同学们都没有爸妈送了！"听了儿子的这句话，比莉恍然大悟，她意识到儿子已经长大了，要放手让他自己去面对人生了。说到这里，比莉笑着对主持人说："其实我真舍不得让他长大！"

相信每个妈妈都有着和比莉一样的感受，一方面盼望着孩子快点长大，但是想到孩子长大后就离开自己，又开始舍不得他们长大，妈妈们多么希望孩子永远都这样天真无邪，单纯可爱，永远生活在我们的羽翼下，让我们永远拥有他，不要离开我们视野。妈妈们的心里深处大多会有这样的恐惧，害怕孩子长大独立，害怕孩子与妈妈分离。

所以，即使妈妈已经认识到了自己对孩子的这种"爱"是密不透风的，它会让日益成长的孩子受不了，甚至会使他们变得越来越糟糕，妈妈还是会不自觉地要给予孩子过多的爱护和管教。

当孩子越来越大、越来越独立、越来越渴望自己为自己做主时，妈妈就会感到巨大的分离焦虑，产生失落感。妈妈的内心很害怕孩子长大离开自己，于是有些妈妈会有意无意地阻碍孩子成长。

很多妈妈总是喜欢为孩子做事，了解孩子的想法，希望用这种方法来感觉到孩子仍然依赖着自己，消除自己害怕孩子长大的心理。这样的爱看似是对孩子的宠爱和负责，其实是妈妈的一种自私心理，为的是满足妈妈自己的安全感，如此自私的爱，不能算是真爱。孩子长大是必然，没有任何一个妈妈能够把孩子绑在自己的身边一辈子，即使把他绑住了，那也是对他巨大的伤害。

孩子长大了，必然会渴望独立的空间，希望能伸展拳脚，尝试自己的力量，这是一个生命成长的必然规律。妈妈们不要一相情愿地认为孩子是一个永远不懂事、永远不知道该怎么做事的小孩，其实你没必要为孩子的所有事情操心，不要总是像对待一个2岁的孩子一样去对待已经长大的孩子，这是对孩子无形的伤害。

一个合格的妈妈必须要舍得孩子长大，不能因为舍不得孩子离开自己就把他牢牢地圈在自己爱的包围圈里，这对孩子是错误的爱，想做一个好妈妈，就必须允许孩子与自己分离。要知道，不管妈妈的怀抱多么温暖，如果孩子自己没有一双强健的翅膀，妈妈不在身边时他就无法飞翔。不管妈妈的肩膀多么结实，如果孩子自己没有站立的力量，妈妈老去时他就无法独立行走于世界。所以一个合格的妈妈应该运用自己的智慧和能力训练孩子，让他成为一个能够独立面对世界的人。

妈妈要牢记：母爱是为了分离的爱

曾经有人说过：世界上所有的爱都是为了在一起，只有一种爱的目的是为了分离，这种爱就是——母爱。在动物世界里，每一个母亲在孩子该自立的时候都会把它们推出去赶出家门，让它们独立生活。目的是让它们真正地长大成人，开辟自己的生活。

人类亦如此。从怀胎十月，宝宝从妈妈的肚子里出来，到宝宝断奶、和妈妈分床睡，再到3岁上幼儿园、7岁上小学，接着读初中和高中，然后直到有一天，孩子去了另一座城市读大学，或是出国留学。等到完成学业以后，孩子就开始拥有自己的事业，组建自己的家庭。对妈妈来说，这就是孩子一步步离开自己的过程，也是孩子一步步成熟、自立的过程。妈妈是以保护的心态把孩子完全护佑在自己的臂弯里，还是以开放的心态鼓励孩子追求自我，对孩子的成长至关重要。

人们无时无刻不处在一个社会环境中，这就构成了人们社会交往中的人际关系。如果一个孩子无法适应他所在的环境，无法构建良好的人际关系，他不但不能正常地发挥自己的潜能，更不会根据环境调节自己，从而出现环境失调，即因无法适应环境出现种种生理或心理异常。出现这种问题的孩子，多数都能从童年时期妈妈的养育方式里找到根源。

张先生是一家企业的人事经理。一天，他在面试新员工的时候，遇见了这样一件"匪夷所思"的事：一个22岁的大四男孩，竟然带着妈妈一起来面试。这个男孩一米八几的个子，看起来又高又壮，但却格外腼腆，始终低着头，不敢直面张先生。

男孩的妈妈把简历给了张先生，然后开始为张先生"推荐"起她的孩子来。张先生几次想问这个男孩问题，都被男孩的妈妈"抢答"了。无奈之下，张先生只能摇了摇头，把男孩和他的妈妈一同请出了房间。

妈妈总是喜欢在孩子正在努力把事情做好的时候，费尽心思地去帮孩子，这其实是孩子发展时期最大的障碍。最简单的一个例子是，在孩子两三岁、开始学习自理的时候，妈妈们会给孩子梳洗、穿衣服，不让孩子自己动手学习，殊不知这样就等于无情地剥夺了孩子自主权。到处都设置条条框框、告诉孩子不能打破或者弄脏家里的东西、不能接触这个那个，这样一来，孩子就没有机会练习控制自己的身体，不能学习使用日常生活中的物品，不能遵循好奇心去探索新鲜的事物，许多学习必要生活经验的机会就这样无情地被剥夺了。

如果想要孩子健康地发展，妈妈们就要能够给孩子一个与孩子年龄相符、释放孩子精力的同时又配合他们心理发展的环境，给孩子充分的自由，让孩子自在成长。这样孩子将来才可能会大有作为。

需要注意的是，给孩子充分的自由，并不等同于对孩子不闻不问、听之任之。给孩子自由，但也不能忽略孩子所犯的每一个错误。妈妈们应该尽可能让孩子自然地成活与成长，提供给他成长所需要的，找出避免他犯错误的方法，当他犯错误后及时帮他总结经验教训。要知道，一个优秀的妈妈，不是要包办孩子大小一切事务，而是要告诉孩子生活的经验，然后让孩子独自去尝试、去感受、去总结，这无论对孩子的成长，还是对维系妈妈与孩子间的亲密关系，都大有裨益。

父爱，不可缺席与代替

母爱父爱大不同

一个幼儿园开了这样一次班会，主题是"假如我有一把锁……"，其中孩子这样回答："我想锁住爸爸的车、手机、电脑，这样爸爸就能和我一起玩了。"

一位医生爸爸曾经满怀愧疚地说："儿子今年5岁了，但是我觉得我欠儿子好多！有一次我好容易抽出时间跟儿子一起去野营，回家的时候儿子高兴地抱着我说：'爸爸，我今天特别开心！我也当了探险家，再也不用被隔壁的明明笑话了！'儿子很开心，但是我的心里却很难受。因为我工作忙，在家的时间很少，儿子连小男孩最喜欢的打仗游戏都很少玩，也没有机会去爬上爬下，因为妻子害怕孩子受伤。"

中国家庭的传统模式是"男主外、女主内"，很多家庭都是父亲在外赚钱养家，教育孩子的重任落在母亲一个人肩上。实际上，父亲在家庭教育中的作用同样重要。近几年，在家庭教育领域，"父性教育"受到越来越多的关注。

什么是"父性教育"呢？"父性教育"就是对孩子提供充满父亲角色特性的教育，也就是主要是由父亲来实施的体现父亲人格特征的家庭教育。专家们强调，"父性教育"和"母性教育"有机结合才是完整的家庭教育。

如果说母爱像水一样温柔，那么父爱就像山一样刚毅，父亲是勇敢、果断、坚强、豁达的代表。父亲胆子大，能够保护孩子的探索欲和好奇心，而母亲则更倾向于安全不冒险的活动。不过，不冒险也意味着缺少创造性，因此母爱和父爱对幼儿的智力影响是有差异的。孩子从母亲那里接受的大多是语言、物品用途和艺术性等方面的知识，而父亲则通过与孩子一起发明更多的活动方式给予他们更广阔的知识，大大提高孩子的动手能力、创新意识，促进孩子求知欲、好奇心的发展。

家庭教育中，父亲的参与对男孩形成男性气质起到决定性作用。男孩会通过仔细观察父亲的行为来形成自己的价值观。如果父亲不尊重妻子，经常发火，儿子就会对母亲和其他女性采取同样的态度；如果父亲酗酒，儿子以后也会成为一个"酒鬼"。如果父亲在家中能够成为一个很好的榜样让孩子效仿，这会比责骂、惩罚和哄骗等手段有效得多。所以，如果希望自己的儿子成长位一个有用的人，作为父亲不仅要诚实可信、自律、关心他人，同时还要用心经营自己的家庭，起到一个丈夫和父亲应用的作用。

"儿子需要父亲做榜样，那么女儿有妈妈做榜样就可以了，有女儿的爸爸就可以无事一身轻了。"是这样的吗？实际上，父爱对于女儿同样不可或缺。父亲对女儿的影响主要表现在自信心上。这可能是因为父亲对女儿评价往往不多，表达方式也与母亲不同，所以女儿似乎更看重父亲的赞赏。如果父亲经常夸奖自己的女儿漂亮、优秀，女儿就会不知不觉自信起来；如果父亲总是认为女儿很不起眼，或经常夸奖其他的女孩，那么孩子就会变得自卑。

很多父亲还有这样的错误想法："孩子还小，妈妈先照顾，他长大之后我再教育也不迟。"事实上，出生6周的婴儿就能分辨出父亲与母亲说话时的差别；当他们开始说话时，一般会先喊"爸爸"；开始学步的幼儿往往会去寻找自己的父亲；宝宝在电话里听到爸爸的声音也会感到惊喜；十岁后的孩子则会通过与父亲竞争、挑战父亲表达自己对父亲的需要；当父亲离别或者去世时，孩子们会发现自己对父爱的需要是那么强烈并持久不变。

因此，每个父亲应该充分认识到自己在子女成长过程中的特殊作用，给予孩子更多的关心、理解，建立良好的亲子关系，为孩子树立好的榜样。作为母亲，更应关心自己的丈夫是否能给予孩子适当、恰当的父爱。毕竟，只有当母爱和父爱两股洪流同时注入到孩子的心智中去时，孩子才更有可能长成一个健康的人。

教出坏孩子，爸爸责任大

家庭是孩子生活的第一个场所，家长是孩子学习的第一任教师，而且是终身的教师。培养孩子是所有父母义不容辞的责任。美国耶鲁大学科学家的研究成果表明，由爸爸带大的孩子更容易成功，他们的智商会更高，更主要的是他们在遇到问题时表现出的冷静与智慧。爸爸通常具有独立、自信、勇敢、坚强、开朗、大方等个性特征，孩子在与爸爸的不断交往中，既能潜移默化地感受着父爱，又能模仿、学习爸爸的言谈举止，从而形成做事果断干脆、思维反应迅速等特质和勇敢坚强的好品质。再有，爸爸会更多地与孩子玩运动量大而刺激的大游戏，令孩子充分感受到新鲜和刺激的感觉，这有助于培养孩子探索和冒险精神。但是，如果在孩子成长的过程中缺失了父爱，那么很可能就会给孩子带来不可逆转的负面影响。

"我儿子今年8岁，他爸经常出差，一出去就是十天半个月，不出差的时候还有很多应酬，很晚才回家，通常儿子都睡着了。早晨，要么儿子先起来上学了，他爸还睡着呢；要不他爸就已经出门了，真正坐在一起的时间很少。现在，儿子明显和他爸疏远了，觉得爸爸在不在都无所谓，我们也很无奈。"一个男孩的妈妈说。

美国心理学家通过调查发现，那些没有得到足够父爱的孩子情感障碍十分突出，出现焦虑、孤独、任性、多动、依赖、自尊心低下、自制力弱、攻击性强等行为缺陷的现象较为普遍，甚至孩子与成年后的不良生活习惯都有一定关系。心理学家据此提出了"缺乏父爱综合征"这一概念。

"缺乏父爱综合征"是由于父爱缺失，也即因父母离异、父亲长年不在家或者虽然在家，但是极少关注孩子，致使他缺乏父爱而带来的一种分离性焦虑，这种分离性焦虑的表现多种多样，轻度的表现为胆小、焦虑等情绪性症状，严重的甚至会导致植物神经功能紊乱，表现出心悸、头晕，甚至昏厥等生理性症状。此外，患有"缺乏父爱综合征"的孩子成年后出现神经质、精神病或人格障碍等心理疾病的比率以及犯罪自杀率均比其他宝贝偏高，并且有可能影响孩子成年后正确地处理两性关系，导致不幸的婚姻生活。

可见，爸爸在教育孩子中所扮演的角色是极为重要且不可替代的。孩子出现行为或心理问题，爸爸有着不可推卸的责任。为了避免孩子在成长过程中出现这些不必要的麻烦，让孩子有一个温馨和美的成长环境，爸爸还是应当多参与到孩子的教育中来，与孩子共同成长，共同发展。

一个向左一个向右——教育的大忌

只有一只手表，可以知道时间；拥有两只或更多的表，却无法确定几点。更多钟表并不能告诉人们更准确的时间，反而会让看表的人失去对准确时间的信心。这就是心理学上有名的"手表定律"，它所表明的一个事实是——在做一件事情的时候，只能有一个指导原则和价值取向，否则就会令人无所适从，更加混乱。

为了让孩子更好地成长，家长在养育和教育孩子的过程中就更要注意避免"手表定律"发生。简单来说，就是在对待孩子的问题上，家人的观点和态度要保持一致，不能一个向左一个向右，例如总是给孩子设定两个截然相反的目标，提出两种完全不同的要求等。这样矛盾的教育会使孩子无所适从，无法形成自己独特的价值体系，甚至行为上陷入混乱。这种不一致的态度，可以说是教育的大忌。

琳琳的爸爸是一家大型公司的部门经理，妈妈是医院的主任医师，家境富裕，条件优越。可是，几乎每天，爸爸妈妈都要因为她的教育而发生争执。因为妈妈总是认为，琳琳只要好好学习就可以了，不用做家务。但是爸爸却认为，好好学习是应该的，但是也该有适当的放松。妈妈还总是向琳琳灌输做人要有心计的思想，而爸爸则教育孩子要善良、诚实。

于是，琳琳家中就常常发生下面类似的场景：

6点半左右，琳琳吃过晚饭，问爸爸能不能看一会儿《猫和老鼠》再写作业。爸爸觉得很正常，同意了。可琳琳遥控器刚拿到手，电视还没开，妈妈一把就抢了过去，说："还不快写作业、看书！"

爸爸和妈妈对于琳琳的教育始终持不同的两种观点，时间长了，琳琳常感到无所适从。

有一次，爸爸和妈妈又因为琳琳的教育问题吵了起来，爸爸说了妈妈几句，刚好妈妈手里拿着一个牙签盒，脾气火暴的她一听爸爸说自己不对，手上的盒子就朝爸爸砸了过去。牙签撒得到处都是，琳琳着实被妈妈的举动吓了一跳。

从那之后，慢慢地，琳琳越来越沉默，在家的时候半天不说一句话，而且经常把自己关在房间里。她的脸上很少有笑容，上课时常常注意力不集中，成绩也由名列前茅退到了中后的位置。

琳琳接受父母截然相反的教育方式，最终自己也不知道该听谁的。孩子本身还不完全具有明确的是非观念，如果父母意见不一，孩子无所适从，很自然地倾向于保护他们的一方，那么持正确观点的一方所做的努力也就完全无济于事了，还会导致孩子亲一方、疏一方。

在家庭里，教育子女是父母的共同责任。但是，在履行责任的过程中，时常会发生种种矛盾，其中最明显、最突出的就是父母教育孩子的口径不统一。孩子有本能的自我保护心理，他们会利用父母对自己行为品质的态度不一这一点，去寻找有利于自己的保护。父母意见不一，就非常容易强化这种心理，使家庭教育效果大打折扣。

因此，家人在孩子面前，一定要保持"统一战线"。即便就某个问题出现了分歧，也不能当着孩子的面起争执，要尊重对方的意见，耐心平静的商量，互相理解和忍让，从而达成一致意见，而不能随意损坏对方的形象，以免给孩子留下不好的印象。毕竟，只有首先让孩子尊重家长，家长才能与孩子成为朋友，从而更好地引导孩子的成长。

给予宽严适当的父爱

父亲是家庭的保护伞，也是孩子走向社会的引路人，父亲的示范和启示，能够帮助孩子树立远大的志向，拥有一个完整坚固的精神世界。孩子将来在社会生活中需要的知识、沟通技巧都受到父亲的影响，而且这种影响力是持久的、牢固的。因此，爸爸们在孩子成长过程中所扮演的角色不是妈妈们的辅助者，而是切切实实的教育者，给予孩子切实的关爱，让孩子健康的成长。

可能有些爸爸会为此感到困惑：到底应当给孩子怎样的父爱？有些爸爸认为，妈妈所扮演的是温柔如水的角色，那么爸爸就应当摆出一副"严师"的姿态，我们常挂在嘴边的"严父慈母"更是体现了这一点。但是实际上，总摆出一副威严姿态并非最好的表现父爱的方式，如果爸爸总是动不动就对孩子吆三喝四，责令孩子做这做那，对孩子的行为指指点点，就会令孩子对父亲"敬而远之"。然而，这种远离只代表沟通的失败，没有任何教养的魅力，而且还会给孩子的心理带来阴影。

周云是个腼腆内向的女孩，尽管已经工作两年多了，可她一直非常害怕见到经理。每次一看到经理，她都特别紧张。经理向她布置日常工作时，她会显得手忙脚乱，语无伦次，眼睛不敢看经理，总担心又要挨批评。久而久之，这种恐惧的心理已经严重影响到了她的日常工作。无助的周云只好向心理医生求助。

周云对医生说，她从小是个害羞胆小的女孩，爸爸是个正统的军人，平时对她十分严厉，不苟言笑，几乎不允许她犯任何错误。每当她不听话妈妈总是拿"你爸爸回来了"来吓唬她，弄得她整天提心吊胆。从而在心中对爸爸产生了持久的恐惧。

最后，经过心理医生诊断，周云是患上了"权威恐惧症"。

"权威恐惧症"属于恐惧症中"恐人症"的一种最轻的类型，它的对象相当固定，往往是具有管理权和批评权的人。从精神学理论分析，在一般家庭中，父亲可以说是权力的象征，但如果父亲过度地、不恰当地使用了权力后，就会对孩子产生一种权力压力感，使子女对父亲的权力产生恐惧，这种恐惧感被压抑到潜意识领域，就会导致日后产生"权威恐惧症"。

一个能展现母性力量的父亲，不但不会使他的雄性力量逊色，反而会因为其刚柔并济而使他的雄性力量更具有深度。父亲是成人社会的典范，在孩子的眼里也代表着无穷的力量与强大的依靠。父亲角色的过度严厉、苛求甚至打骂，或多或少会使孩子养成自卑、胆怯、逃避等不健康的个性及心理，或导致反抗、残暴、说谎等异常行为，而过于宽松的爱则会令孩子无法感受到父爱特有的力量，也无法发挥出父爱特有的作用。

所以，父亲给孩子的爱要掌握好"度"，太宽会使孩子失去约束，不易管教；太严则会使孩子无所适从、精神紧张，时间长了容易产生逆反心理。只有宽严适当的爱，才是给予孩子的最优质的爱。其实，只要在生活中多关注孩子，多与孩子交流，善于发现孩子的优点和长处，适当肯定孩子的行为，尊重他们的意见和选择，在孩子的看法或行为出现问题时严肃且心平气和地说服教育，孩子就能接受到来自父亲的爱，就能接收到来自父亲的最正当最有效的教育。

别把严格与粗暴画等号

严格不是粗暴的遮羞布

过度的溺爱是害孩子，而过度严厉同样也是在害孩子。妈妈对孩子提出比较高的、比较严格的要求是必要的，但应当把握好"度"。

如果妈妈期望过高的话，就有可能会适得其反，这时孩子会觉得自己无论怎样努力也达不到妈妈的要求，无论怎样努力都是失败，渐渐地就会失去信心，对自己的能力产生了怀疑，有些极端的孩子干脆来个"死猪不怕开水烫"，反正无论如何都达不到要求，索性主动弃权，自暴自弃。

有一个小学四年级学生，是班里的学习委员，老师心目中的"尖子生"。但妈妈对她的期望过高、要求过严，要求她每门功课必须在98分以上。有时她考了95分，虽然在班里名列前茅，妈妈却仍不满意，对她严厉批评。在妈妈的严厉管教下，她的心理压力越来越大。渐渐的，她便感到力不从心、疲惫不堪，学习成绩明显下降，对学习也产生了厌倦，开始喜欢上了逃课，当老师找到她时，她蜷缩在路边，十分恐惧，并且哀求老师不要把她送回家去，她害怕回家面对严厉的妈妈。

慈母败子的错处在于让孩子自我无限的扩张，而严母毁子的错处在于让孩子自我无限的萎缩。妈妈过于严厉，不仅对孩子的身心发展有危害，还会孩子的价值观进行腐蚀。如果妈妈对孩子管教过于严苛，对孩子没有耐心，容易暴怒、动辄体罚，就会适得其反。孩子在这样的环境长大就会潜意识中把暴力植入自己的大脑，以为这就是解决问题的方法，久而久之就养成了崇尚武力解决一切的习惯，严重阻碍孩子的健康发展。

曾有位心理学家介绍过这样一起个案：有个妈妈总觉得7岁的女儿动作慢，对女儿横竖看不顺眼，经常打骂孩子，发展到后来，几乎每天都要打女儿。女儿看上去是个非常聪明伶俐的小姑娘，当他问这个小姑娘妈妈为什么要打她时，她一边怯怯地看着妈妈，一边不好意思地说是自己表现不好，老说妈妈不喜欢听的"脏"字。他扭过头来再问女孩的妈妈，这个妈妈则毫不在乎地说："她的缺点太多了，现在对她严格一点，将来她才能更好"。

接着，他拿出了一张纸，让女孩画出她心目中的爸爸和妈妈。女孩三下两下就画好了。画上的妈妈没有耳朵、眼睛很小。问她为什么妈妈是那样的形象，女孩解释说，她害怕妈妈，希望妈妈永远也看不见也听不见她的"坏"行为。

这个妈妈举着对孩子"严格教育"的幌子，实则是对孩子身体和心灵的粗暴虐待。严格不是粗暴的遮羞布，诚然每位妈妈都希望自己的孩子能与众不同、出人头地，但也要量力而为，不要强求孩子做超出他能力范围以外的事，更不要拿一把标尺去衡量他。毕竟，每个孩子的心理素质和自身能力是不同的，妈妈应当根据孩子的实际能力和水平，提出适当的要求。妈妈应该知道，孩子的成功与否并不是最重要的，快快乐乐地成长、幸幸福福地生活才是生命的真谛。

精神暴力比肢体暴力更可怕

上海市一次中小学生心理问题的调查显示，约有20%的学生存在着心理问题。各种心理障碍中，神经症状的比例最大，占42%。在辽宁，1.7万中学生心理素质检测表明：心理异常的比率高达35%，心理疾病的比率达5.3%。具体反映到行为上，主要表现为厌学、出走、自杀、早恋、打架、骂人等。

孩子的心理问题，无不可以上溯到家长对孩子造成的精神压力上。如今的年轻父母对子女不再有长辈那种"棍棒之下出孝子"的陈旧观念，靠体罚孩子而达到家教目的的做法，已被大多数父母放弃。但是，一些年轻父母因望子成龙心切，或有意、或无意，采取讽刺、挖苦、揭短等手段，使孩子在精神上造成了程度不同的伤害。这种行为，其实是一种精神上的暴力虐待。

"你看人家小玲，家长什么都不用管，她一回家就自己学习，年年拿奖状，你倒好，给你买这买那，你什么时候拿过一张奖状给我们看看？怎么我们就不能摊上一个好孩子呢！"

"多大一点孩子，还跟我们谈隐私，你小时候吃喝拉撒睡都是我一手照料的，现在看一看你的日记，了解一下你的思想状况，犯得着这样大吵大闹吗？你有没有一点尊重父母的意识？"

说这些话的家长，思考过已经在学习上感到挫败的孩子此时对家长的期待吗？思考过开始懂得羞怯、开始总结自己的生活的孩子此时对家长的期待吗？有没有意识过你正在对其施虐呢？

人们提起虐待孩子时，往往会认为体罚才算虐待孩子，而忽视了情感上的虐待。所谓精神虐待，指的是危害或妨碍儿童情绪或智力发展，对儿童自尊心造成损害的长期重复行为或态度，如拒绝、漠不关心、批评、隔离或恫吓，最常见的形式是辱骂或贬低孩子，如当孩子犯错误做错事后用污辱性言语指责他们；对孩子的话不信任，总是把坏事想到孩子的头上；将自己孩子的缺点和别人孩子的优点相比，让孩子自惭形秽，看不到自己的优点等等。

6岁的小明很喜欢咬指甲。他的母亲看了很生气，用尽了各种方法来纠正小明，小明还是改不掉坏习惯。小明的母亲暴跳如雷，每次一看到小明咬指甲，她就大声骂道："如果你再咬指甲，妈妈就离开这个家，不要你了。"小明吓得哭了，很怕妈妈真的离开他。他每天做恶梦，梦见妈妈丢下他。

可见，精神上的暴力虐待比肢体上的暴力虐待更可怕，对孩子的负面影响也越深。心理学家指出，幼年受过精神虐待的孩子，成年后会出现较多的心理与行为障碍及个性弱点，难以适应社会。孩子入学后，性格孤僻内向，敏感易怒，很难与同学相处，在班级中极易成为不受欢迎的人，不能很好地处理人际关系，还容易出现反社会行为。

管教孩子是天下父母的重任，是一门学问，同时它也是一个好妈妈的必修课。要避免出现精神上的暴力，妈妈们首先要具备一个稳定的心理状态，要学习如何稳定自己的情绪，尤其是面对犯错误的孩子，切莫要怒不择言。

其次，妈妈要学习使用正面鼓励的语言与孩子沟通，把孩子当作与自己一样有思想、有情感的人，尊重孩子的人格，以平等的、朋友式的言语与他们交流，切莫高高在上，随意训斥。

再有，妈妈要学习如何在日常生活中，多运用身体语言以促进亲子关系；用以身作则去强调和坚持某些基本的人生准则，这比用语言向孩子灌输效果要好得多。切莫禁止孩子不做的，自己却我行我素地做，要求孩子做的，自己却不做。

最后，要懂得接纳孩子。即使孩子犯了错误，也要严守"对事不对人"的原则，让孩子知道家门永远为他而开，妈妈永远是关心他、爱护他的。

粗暴是毁掉亲子关系的刽子手

我国自古以来，家长对孩子最拿手的教育方法就是打。"打是亲骂是爱"、"树不修不成料，儿不打不成才"、"棍棒底下出孝子"，这些都是历史上代代传下的教子经验。孩子犯了错，一些脾气暴躁的家长在恨铁不成钢的恼火下，失去理智地对孩子进行打骂，想以此来促使孩子改正错误。然而，这种粗暴的教育方法，真的能见成效吗？

家长打骂孩子，其目的是想使孩子克服缺点、纠正错误，帮助他们分清是非，明确努力的方向。但是，打骂本身并没有指明什么样的行为是正确的、应该的，起不了教育作用，随之而来的却常常是儿童的消极情绪。在父母的打骂下，性格倔强的孩子容易产生抵抗情绪，产生对父母的对立、怨恨情绪，也容易在家长的影响下变得性情暴躁，行为粗野，对同学和伙伴也常以拳脚相向；性格怯弱的孩子则会产生恐惧心理，在父母面前唯唯诺诺，胆小怕事，没有主见，只有服从；而灵活的孩子常用欺骗、说谎的办法来逃避父母的训斥、责打。

打骂这种粗暴的教育方法，不但不能达到家长的教育目的，而且会使孩子形成说谎、冷漠、孤僻、仇视、攻击等心理问题，而这往往会成为日后不良行为甚至走上犯罪道路的根源。在孩子小的时候，他可能会因父母的粗暴态度而产生较深的情感刺激，引起心理变态；如果是较成熟的青少年，则会因父母的粗暴态度，对其形成永久的仇视，视双亲为路人。

有个男孩曾经在周记里写道："每当我看见其他同学高兴地和爸爸一起时，我就更加恨我爸爸，因为他经常无缘无故地打我、骂我，特别是他打麻将输了时候，我得躲进房间把门反锁才能躲过一劫。有时候我真想自己睡醒后手里有一把枪，那样，我就可以摆脱这种痛苦的日子了。"

孩子为什么会有这样的想法，妈妈们自然能明白。可见，经常打骂孩子，对孩子的心理健康成长会造成多大的障碍。刚开始时，孩子可能还会慑于父母的权威而服从，时间一长，就会变为不理不睬，甚至反抗、犟嘴，对父母不尊重。到了这个地步，父母再怎么教育，孩子都不会再听话了。

可见，粗暴是毁掉亲子关系的刽子手。孩子认识世界是从父母身上开始的，如果父母运用适当的方法去教育孩子，孩子会乐意接受，但父母若采用简单粗暴的打骂方式，就会使孩子幼小的心灵蒙上阴影，觉得这世界很可怕，父母不可亲，进而渐渐地与父母感情上疏远，情绪上对立，不愿对父母说心里话，甚至看不起、仇视家长，怀疑自己是否父母亲生。这样一来，父母与孩子之间的亲情也就一并被毁掉了。

第十一章

"永远的避风港",别让家成为孩子的伤心地

删去家中不和谐的"音符"

角色倒置:母亲被儿女保护

有这样一位优秀的青年,名校毕业,在一家著名的跨国企业工作,但是爱情道路却十分坎坷。他爱上的第一个人是一位患有忧郁症,自杀未遂的女子。他爱上的第二个女孩,患有"厌食暴食症",情绪很不稳定,一旦感觉焦虑,就可以在几分钟内吃掉整个蛋糕。他第三次爱上的是位因丈夫有外遇而被抛弃的女性,他奋不顾身,努力关怀呵护这位受尽创伤的女子。但是这几段感情全部都是轰轰烈烈地展开,几个月后就痛苦分手。

他为什么只爱这些具有极端情绪的女子呢?原来,他12岁那年,父亲有了外遇。母亲为此痛不欲生,得了抑郁症,不断地摧残自己,最后染上重病。这个原本天真快乐的男孩,突然之间开始扮演妈妈的安慰者和照顾者。他看到母亲终日以泪洗面,心理非常难过,但是脸上却不得不强颜欢笑来安慰母亲。最终母亲还是被病魔夺走了生命。这个年轻人爱上的三个痛苦忧郁的女子实际上都是他母亲的影子。

美美是个初三的小女孩,美美的爸爸总是在外面忙着挣钱,妈妈则没有工作,经常打打麻将,逛逛街。妈妈的性格很像个小孩,天真无邪,偶尔也会发点小脾气。前些日子,美美的爸爸突然病倒了,去医院检查才知道得了糖尿病。美美知道这个消息后很伤心地哭了。这时她突然看到旁边的妈妈早已哭肿了双眼。

以后的日子,妈妈经常抱怨生活的不公,整天哭得跟个泪人似的。美美则很少哭,她为了减轻家里负担,一改平日花钱大手大脚的毛病,变成了一个从不买零食的孩子,而且她还经常安慰妈妈:"妈妈别哭,爸爸的病一定会好的,我们的生活还会回到从前!"

就这样,为了使妈妈宽心,这个小女孩初中毕业后没有报考高中,而是上了职高。她用自己业余时间打工挣的微薄工资孝敬妈妈,使妈妈回到从前花钱宽裕的日子。但她自己却感到好累好累!

第一个故事中的小伙子为什么会在爱情的道路上走得如此困难呢?因为在过去,他无法用自己的努力使母亲痊愈;现在,他想用关怀使那些心灵受伤的女子变得快乐。在爱情开始的时候他扮演的是"安慰者"的角色,但是当女孩子心理恢复之后,他希望自己成为一个"小男孩",享受从母亲那里失去的温暖。而爱情与亲情是不一样的,所以那些女性并不能把他在成长过程中无法得到的呵护与关爱加倍地回报给他。这样一来,小伙子苦心经营的爱情就必然失败。

第二个故事中美美之所以感到累，是因为以前她在家庭中本该扮演孩子的角色，处于"被保护"的地位，但是现在她却要扮演"妈妈"的角色。而她的妈妈则成了一个十足的"孩子"。不过这种颠倒是隐形的，妈妈虽然还是"妈妈"，但是实质上是"孩子"。

"角色倒置"这种现象并不少见。在许多家庭中，父母就像控制不住脾气、随心所欲的"孩子"，而孩子则是特别善于为父母考虑、特别有自制力的"父母"。长期的角色倒置会使孩子在本该无忧无虑的年龄变得过于老成，在不恰当的时候，注入太多的苦水，背负过于沉重的负担，甚至会影响孩子一生的发展。

但是实际生活中这种倒置的亲子关系常常具有很大的迷惑性。因为很多父母在对孩子随心所欲地提出各种各样的要求时，仍然打着"我是你爸、妈"、"我比你有阅历"的旗号，而孩子则因此陷入混乱，他会觉得父母似乎更加成熟。但其实只要略加思考，就不难看出父母的那些做法是非常孩子气的。

当你自认为是一个伟大的爸爸或妈妈时，当别人都夸你家的孩子是个懂事的"小大人"时，或许正是父母应该反思的时候：有没有对孩子或打或骂？有没有忍不住向孩子宣泄情绪？有没有把孩子当成倾诉的对象，把自己的苦恼转嫁到孩子身上？有没有经常朝孩子撒娇？

经常做出这样一些"孩子气"行为的父母应该警醒了！这种父母与孩子之间的"角色心理倒置"其实是一种不健康的家庭模式。要明白一颗稚嫩的心灵完全不足以承受如此沉重的负担，还是回归彼此最初的角色吧，你是成人，是孩子的父母，你不仅仅是孩子生活上的照料者，更应该是孩子人格的基石。而孩子仅仅是个孩子，他们不管多大，在你面前应该总是可以像最初那样淘气。

性别错位源自父母的"畸性"养育

盛夏午后，一场大雨将闷热的气息一扫而光。骤雨之后，天空显得格外清新，凉爽的天气也让人感觉很轻松惬意。

这个时候，妈妈刚刚匆忙地从菜市场买菜回来，急急地进入厨房开始准备晚饭。不过，妈妈似乎感觉到，家里太安静了，平时一向淘气的小伟今天竟然没有淘气地跑来"捣乱"。妈妈从厨房出来到阳台上拿围裙，路过自己的屋子时，不经意地发现9岁的小伟正在屋子里用化妆品给自己"梳妆打扮"。只见小伟那白皙的小脸上此时已经涂上了眼影、腮红……红的、绿的、紫的各种颜色涂得满脸都是，真像是一片彩绘的大地。

说起小伟，他妈妈可是伤透了脑筋，小伟已经上小学3年级了，但却总喜欢把自己打扮成女孩子的样子。本来，小伟从小就长得白白净净，很像小姑娘，加上爸爸很喜欢女孩，妈妈偶尔就会把他打扮成女孩，给他穿一些漂亮的小裙子等。结果，外人一见到小伟，都以为是女孩，都夸小伟漂亮。这样一来，家人也很高兴，就更经常地给小伟穿一些女孩的衣服。到后来，家人慢慢发现，小伟竟喜欢上了做"女孩"的感觉，上幼儿园了还经常跟家人嚷嚷着要穿裙子。原本，家人都以为小伟上小学后就不会这样了，但没想到，小伟上了小学依然很喜欢这种女孩子的打扮。

其实，小伟这种偏爱女性打扮的现象，我们可以称之为"性别倒错"。所谓"性别倒错"，心理学家的定义是：男孩子表现出过分温柔、缺乏男子汉气概的行为；女孩子出现过多的男性装扮和行为。

据研究，性别错位的产生原因大概有以下几种：

1. 遗传内分泌的影响

男孩女性荷尔蒙太多，或女孩男性荷尔蒙太多，都会产生异性化的行为。

2. 父母的角色期望

有些父母很喜欢某些性别，如有的父母很喜欢女孩，却生了一个男孩，于是就把男孩当女孩来养，把男孩打扮成女孩的样子，久而久之，就会产生性别倒错。

3. 教养方式不当

如果男孩被父母过分鼓励温柔、胆小的一面，就会成为娘娘腔；反之，如果父母对女孩过分强调阳刚的一面，也会造成性别倒错的现象。

4. 缺乏同性认同对象

有的家庭由于父亲早逝或父母离异，家中缺乏男性角色，使男孩完全以母亲为认同对象而导致性别偏差。

此外，父女或母子关系异常亲密，使孩子失去与同性相处、接触的机会，也可能导致性别倒错现象的出现。

人类学家认为：人的生理性别是天生的，但心理性别却在于后天的教育，尤其取决于儿童期接受的成人影响和教育。因此，妈妈应该从孩子出生后就开始进行性别角色的教育，让不同性别的孩子展现出与其性别相应的特点，即要符合"原型要求"，男孩要体现出阳刚之气，女孩要表现出阴柔之美。

日常生活当中，妈妈可以很自然地对孩子的性格给予指导，如给女孩穿粉色的衣服，给男孩穿蓝色的衣服；称男孩为"大胖小子"，称女孩为"小毛丫头"；男孩摔倒时，妈妈鼓励他自己爬起来，女孩摔倒后，则被妈妈抱起来等。这些提示能让孩子明白自己是男孩还是女孩。同时，当孩子表现出符合其性别的行为时，妈妈要马上给予口头的赞美，鼓励他再度表现出类似的行为。而对孩子的一些不符合性别的行为，妈妈要及时提醒，告诉他那样的行为是不对的。

性别教育，能让孩子明确自己的性别角色，及在这样一个角色下他要成为一个什么样的人，该承担什么样的社会责任，怎样尊重异性，怎样和别人交往合作等。因此，妈妈们责无旁贷，不要以为孩子小就可以不分男女，到真分不清男女的时候就后悔莫及了。

恋父or恋母，过度依赖的恶果

在老师眼中，岚岚是个懂事、听话的孩子，她学习好，多次被评为三好学生。但岚岚的妈妈却很烦恼，因为岚岚在家里的表现有点不合常理。

从小，岚岚就和爸爸的感情特别好，爸爸也很宠她，一有空闲就带她玩。很小的时候，岚岚曾认真地对爸爸说："爸爸，长大了我要嫁给你。"对此，爸爸妈妈并不在意。每次撒娇，岚岚也总是对着爸爸而很少理会妈妈。

开始时，妈妈并未在意，认为那不过是孩子气，长大了就懂事了。但岚岚现在已经上初一了，却没有任何改变，而且对妈妈更加仇视了。

对岚岚的种种行为，妈妈深感困惑"这孩子是怎么了？是幼稚、没长大，还是出了其他问题？长期这样，我们的关系岂不是会越来越僵？"

一位母亲去给儿子做心理咨询。她儿子乐乐今年上初三了，但还是跟她很亲密，非常依恋她。以前她也没觉得有什么，可最近看了一些关于心理学方面的节目后，她心里开始恐慌了。因为儿子总是什么事情都对她说，而且晚上散步也一定要跟她去，甚至班上哪个女孩子给他写了情书，他也会全部告诉她。现在她很担心，她怕儿子有"俄狄浦斯情结"，才会到现在还对母亲如此依恋。有时候，她爱人对此还很生气，说儿子不像个大人。她请求医生告诉她"怎样才能让儿子长大起来呢？"

岚岚有明显的亲近父亲、反对母亲的情绪和行为，而乐乐则与她相反，他亲近母亲，反对父亲。他们两个的"恋父情结"和"恋母情结"都统称为"俄狄浦斯情结"。

"俄狄浦斯情结"也被称作性心理倒错，是一种性心理障碍，一般源于孩子在3~6岁时没有得到正确的关爱和适当的教育。3~6岁的时期被称为"俄狄浦斯期"，孩子开始注意性别差异，并对性产生好奇心。此时的男孩恋爱母亲，嫉妒父亲；女孩亲近父亲，嫉妒母亲。弗洛伊德认为，这是一种本能的异性爱的倾向。父母一般都会把这种表现当作亲情问题，很多父母觉得孩子喜欢谁无所谓，尤其是那些感情好的夫妻，常觉得孩子亲谁都一样。但其实，这是孩子在进行性别角色方面的认同。在这个时期，男孩子就需要格外亲近具有男性心理特征的父亲，从他那里学习男性特有的性格气质和举止神态，将来成为一个被社会所承认的男人。同样，女孩也要亲近母亲，以学会如何做女人。

如果孩子的"俄狄浦斯情结"得到了正确的解决，认同了父母的价值观念，导致了自我的逐渐形成和发展，那么就会形成与年龄、性别相适应的许多人格特征。但如果孩子的"恋母情结"或"恋父情结"日益加重，孩子的心理和生理健康都会因此遭受消极影响，甚至导致孩子的性别角色认同产生问题，影响家庭的和睦关系。

在养育孩子的过程中，妈妈一定要注意观察孩子的心理状态。如果儿子过分依赖你而疏远爸爸，或女儿和你不亲密，你就应该想办法引导孩子回到合理的既爱爸爸又爱妈妈的状态中来。可以让被疏远的一方多单独和孩子相处，多给孩子关爱，也可以让被喜爱的一方对孩子进行"洗脑"，告诉他爸爸（妈妈）其实更爱你。

不过，让孩子顺利度过俄狄浦斯期的最好办法是——把夫妻关系放在最重要的地位，其次再考虑孩子。这是很难做到的，但从心理学角度看，必须这样做。孩子天生就有一种倾向：牺牲自己来平衡父母的关系。若父母关系不和谐，孩子就会做出一些异常举动来平衡这个关系。例如，妈妈常被爸爸欺负的话，儿子就会更加疼爱妈妈，想给妈妈更多保护。表面上，孩子是有了"俄狄浦斯情结"，但实际上，这是对父母关系发出的信号。

因此，父母必须要摆脱"爱孩子，轻老伴"的心理，让孩子知道：妈妈（爸爸）才是爸爸（妈妈）最爱的人。但即使如此，爸爸妈妈依然很爱你。这样，孩子就不会有太多沉重的心理负担，而是安心地做一个快乐的孩子了。

营造幸福的家庭环境

打造一个五星级家庭

一对夫妻共同接上幼儿园的女儿回家，途中不知为何两人大吵起来，最后竟然互相扬言要离婚。争吵暂告一个段落时，他们才意识到孩子还在后面。这时候，他们看到女儿正拿着画板在画画，画面上是两个表情愤怒的大人，他们中间躺着一个小孩。

妈妈好奇地问："地上怎么会有个小孩呢，他怎么了？"

"死了！"孩子说。

"怎么会死了呢？"

女儿沉默了一会儿，说："因为他爸爸妈妈吵架、分手……"

女儿的话深深震撼了他们。原来，平常在班里，女儿总看见那些所谓的"单亲儿童"神情忧郁、落落寡合，如今听到父母的争吵，她很害怕像他们一样。她幼小的心灵觉得，父母吵架、分手后，孩子就会被抛于旷野，一点点地死去。

这件事也让小女孩的父母产生了警觉：在孩子的成长中，最需要的就是安定、安心、安全的环境和父母完整的爱。当着孩子的面，父母最好不要吵架，夫妻之间要相互信任和体贴，以免给孩子带来精神上的恐慌。

几乎所有的孩子都希望自己的爸爸、妈妈能够相亲相爱，希望自己生活在一个和睦、友爱、温暖的家庭中。但很多父母却常忽略孩子的这点心理和要求。

良好的家庭氛围是孩子成长的重要依托，家庭气氛包括家庭物质环境和家庭心理环境。家庭的物质环境依照每个家庭富有程度的不同而不同，每个父母都会尽全力来满足孩子的物质需要。但很多父母却往往忽视要为孩子营造一个良好的家庭心理环境。其实，家庭心理环境对孩子的影响要远远大过家庭物质环境，一个家庭无论多贫穷，只要有家人间关切的爱和温馨的环境，孩子就会幸福快乐地成长，但一个冷漠严肃的家庭就算富可敌国，也买不来孩子的开心快乐。

要想把孩子培养成心地善良、感觉敏锐和能力强的人，父母就要保证家庭日常生活的和谐、欢乐、充满爱心，这是首要的条件。

安徒生小时候在丹麦一个叫奥塞登的小镇上生活。当时他家境贫困，父亲只是个穷鞋匠，母亲是个洗衣妇，祖母有时候还要讨饭来补贴生活。在他们周围，很多地主和贵族因为富有讨厌穷人，根本不允许自家的孩子和安徒生一块儿玩耍，因此，安徒生的童年孤独又落寞。

父亲很担心这样的环境会对安徒生的成长不利，于是他不但从没在孩子面前流露出自己的焦虑，反而还轻松地跟安徒生说："孩子，爸爸来陪你玩吧！"于是，父亲陪儿子做各种游戏，闲暇时还读《一千零一夜》等故事给他听。虽然没有玩伴，但有了父亲的陪伴，安徒生的内心也充满了阳光和快乐。

温馨的家庭环境是孩子健康成长的保证，童年时代的安徒生就因为生活在良好的家庭氛围中，才培养出了自己的童话细胞和一颗善良、充满幻想的"童话"之心。那么，怎样才能营造一个温馨和睦、"五星级"的家庭环境呢？

1. 给孩子一个快乐的童年

快乐的童年是人一生中不可缺少的精神财富，一定要像珍惜孩子的生命一样去珍惜孩子童年的快乐，这是儿童健康成长的基础。只有快乐的童年才能滋养出有快乐能量的孩子，让孩子更健康地成长。

2. 树立孩子正确的成长观

每个孩子都是唯一的，他们有鲜明的个性，有自身潜在的各种能力，在成长过程中，他们会表现出极为明显的个体差异，这都是很正常的。家长千万不要盲目攀比，用一把尺子来衡量所有的孩子。任何虚荣的攀比和不实事求是，都会影响孩子的健康成长。

3. 对待孩子的未来要理性

一味地追求孩子"成龙成凤"，其结果可能会恰恰相反。正确的方式应该是理性地对待孩子，尊重他们的兴趣、选择和发展。人生路十分漫长，孩子的成长是谁也代替不了的，妈妈要相信孩子可以选择自己未来发展的道路，不要越俎代庖，替孩子包办一切。

房间布置也能透出母爱

朵朵妈妈雇人把房子整体装修了一遍，一家人欢欢喜喜地享受着装修后的新房。可是不到半个月，妈妈发现了一个奇怪的问题，原本活泼开朗的朵朵忽然变得动作迟缓，眼神恍惚，而且总是和妈妈黏在一起，不敢待在自己的小屋里。妈妈很疑惑，就去请教心理医生。经过医生的一番询问，妈妈终于解开了女儿的秘密：原来是重新装修过的壁画惹的祸。那些抽象图案看起来跟动画片里的幽灵有点儿像，使女儿变得胆怯。第二天，朵朵妈妈就请人把墙壁涂上了可爱的花仙子图案。几天后，朵朵的状况得到了很大的改善。

孩子成长的一个重要标志，就是拥有自己的房间，离开父母单独睡觉。让孩子拥有自己的空间，对他的心理和人格的发展都有着积极的意义。当孩子拥有自己的房间后，他会对家产生更强烈的归属感，建立自我意识，了解自己的重要性，因此儿童房的布置对妈妈来说就显得格外重要。

但是家庭装修毕竟属于大额消费，伴随着孩子从婴儿、幼儿、小学到少年的成长阶段，儿童房不可能总是随着孩子成长而改变，所以这个时候，妈妈可以学会从家具和装饰的变化上来改变房间的格局，使房间的布置更适合孩子发展。

那么妈妈怎么做才能让孩子的房间常看常新，充满创意，并且让孩子住在自己的小空间里感觉到快乐和幸福呢？

除了实用性、安全性、启发性外，最重要的一点是要考虑到孩子的个性、喜好，让房间的布置尽量符合孩子心理的健康和成长的需要。

当孩子处在牙牙学语、蹒跚学步的婴幼儿时期时，多彩与安全是儿童房布置的重点。为了培养孩子的视觉和触觉，妈妈们可以在墙壁和天花板上挂上深色和浅色的花以及水果蔬菜之类的挂画，孩子的眼睛对色差较大的图案会产生很深的印象，他们会选择自己喜爱的图案与颜色。此外还可以在屋里无规则地摆放一些柔软的小玩具，激发他们的触摸欲望，锻炼孩子的灵活性。

心理学研究表明6岁以前是孩子创造力爆发的时期，如果这个时期孩子的生活空间过于呆板会扼杀孩子的创造力与想象力。所以这个时期儿童房的布置是无规律的，应该随着孩子兴趣爱好的改变而改变。妈妈可以把房间布置得五彩缤纷。孩子在多姿多彩的空间里既可以加深对外部世界的认识，又可以享受自由嬉戏的宽敞空间，使他们在玩乐中锻炼自己的想象力，发挥自己的创意。

上学以后的孩子，性格渐渐养成，也慢慢有了自己的需求。这时候物品怎么摆放需要妈妈的指导和帮助。给孩子设计一些分门别类的储物空间不但可以节省房子的空间，还可以给孩子一个动手动脑的机会。一张孩子的图画作品或者一件手工折纸都可以成为孩子房间经典的装饰。而且这时孩子的房间多了一些电器，因此可以在书架上、窗台上摆上一两盆花草调节屋内空气。

另外妈妈此时一定要注意灯在房间中的作用。除了顶灯外，床头灯是必不可少的，这样孩子夜里起来可随手打开。床头灯的灯光不能太强，否则会造成孩子不安。房间整体色调要统一，无论装饰材料还是配饰挂件，最好是亮色。

这时候可以慢慢强调孩子的性别意识，男孩和女孩的房间布置肯定是不一样的。想要培养小绅士、小淑女，最好在他们进入学龄阶段后，就多多在他们的房间里面下功夫。男孩的房间可以有世界地图、地球仪、小科学设备等；女孩子的房间则要有娃娃、人文书籍、漂亮的墙纸等。

此外，还要注意的是，在窗户边一定要设置护栏，而且采用圆弧收边；房间内尽量不要使用大面积的玻璃和镜子；选择尺寸比例缩小的家具，以及伸手可及的搁物架和茶几，这些能给他们带来控制一切的感觉，满足他们模仿成人世界的欲望。

当孩子自己动手改造房间的布局时，只要不是很危险的行为，妈妈不要大声斥责，因为这时你的孩子正在创作自己的作品，大声斥责只会阻碍他的创新。其实妈妈在设计孩子的房间时，多多听从孩子的想法也是很有必要的。

孩子的小小世界，体现了家人对他的尊重和爱，妈妈们多花一点时间在上面，会给孩子带来无穷的乐趣。

幸福的家里没有"瘾君子"

所谓"成瘾性"，是指人在心理和生理的某种尝试行为中产生了愉悦反应；这种反应的多次重复，形成了人对愉悦刺激补偿的渴求，这种渴求又带来刺激的不断强化，于是就形成了人对这种刺激的依赖。比如烟对人来说，是一种特定刺激物，人们发现抽烟可以使人产生欣快、愉悦和满足的感觉，于是一再抽它，从而形成了对烟的依赖。人们不断重复吸烟这一行为，这时一定数量的香烟所带来的快感就降低了，这就需要增加抽烟的次数来获得相同的满足，因此就出现吸烟快感的强化。于是人的烟瘾就会越来越大。酒瘾、网瘾、毒瘾等也是这个道理。对某种事物或者行为成瘾的问题现在已经引起了医学、心理学、社会学等学科的普遍关注。

现在生活中存在形形色色的"瘾"，比如赌瘾、毒瘾、酒瘾、网瘾……这些瘾不仅危害了当事人的身心健康，还严重影响了家庭和睦，使本来幸福的家变得四分五裂，甚至家破人亡。

除了这些常见的"瘾"之外，生活中还有一些在常人看来比较奇怪的"瘾"。比如工作狂，他们一旦做起事情就无法停下来，除了必要的休息，几乎从不闲着。人们以为这些人是工作上的"拼命三郎"，实际上，这也是一种"瘾"，这些人过于追求完美，只有通过拼命工作，保证他们的地位和能力，才能获得心理的安全感。另外还有一些人为了赢得赞许，经常强迫自己做出一些行为来满足人们对他的期望，这种现象被称作"表演上瘾"。另外，还有饮食成瘾、购物成瘾等各种奇奇怪怪的癖好。

上瘾程度虽有高低之分，但是大多瘾都对人们有危害。烟瘾不仅伤害吸烟者自己的身体，还会间接地损害家人的健康；酒瘾不仅伤身还容易滋事；网瘾则耽误；工作瘾使家庭氛围变得冷漠；购物瘾造成钱财大量流失；毒瘾则伤财害命，给当事人以及其家庭带来毁灭性的伤害。

但是就像硬币一样，凡事都有两面性，"瘾"也是如此，虽然大多数的成瘾行为都具有消极的影响，但是有些瘾则具有积极的因素，比如发明成瘾、读书成瘾、爱诗成瘾等等，这些都是能带来益处的"瘾"。

妈妈作为营造家庭氛围和养育孩子的核心人物，肩上负有重担，一旦家中出现"瘾君子"，幸福之家就岌岌可危了。妈妈要时刻记住这样一句话：温暖幸福的家庭环境胜过万种良药。如果是其他家庭成员某种行为上瘾，妈妈不妨来个家人总动员，帮助"瘾"君子从他的世界中走出来。平时多多关心"瘾"君子，多放一些与"瘾"有关的影视、广播、图片和实物等来引导成瘾者认识到"瘾"的坏处，也可以采取家庭讨论的方式，帮助成瘾者纠正他的错误认知。而那些"瘾君子"妈妈则要积极接受家人的引导，多多参加家庭活动，把自己的注意力转移到有益的活动中来。有的时候，虽然老习惯戒除了，但是一段时间内情感需求并未告终，这时候就要用一种有益身心健康的新习惯来代替老习惯所产生的满足感，如当酗酒的人又想喝酒时，不妨让其吃些平时爱吃的零食，或者干脆和家人出去做做运动，散散步，也可以和孩子一起听听音乐，玩会儿游戏，这样不仅会使其慢慢远离那些破坏家庭和谐的"瘾"，还可以增进和家人之间的感情。

幸福的家是妈妈送给孩子的最好礼物

一天，一对小夫妻吵架了，虽然他们的声音不是很大，但却表情愤怒，把家里的气氛弄得很紧张。就在他们争吵的间隙，他们一岁半的小儿子慢慢地走了过来，他先是抱抱爸爸的腿，然后又抱抱妈妈的腿，眼睛里面蓄满了眼泪，脸上全是恐惧的表情。看到宝宝的表情，夫妻二人才意识到，原来两个人吵架会对孩子的心灵产生这么大的影响，父母那愤怒的表情能让一个孩子幼小的心灵感到如此的不安和恐惧。

在孩子的心目中，唯一温暖的庇护所就是家庭，他们永远都希望家庭中充满爱。在孩子发现父母开始吵架的时候，就会一下子觉得这个家庭不再温暖，这个庇护所要被毁灭掉了，马上会失去基本的安全感。虽然，在大人看来，夫妻吵架拌嘴并没有太大的伤害，但仅是父母的表情就足以让孩子的心灵蒙受创伤。

一位儿童教育专家曾专门对小学和幼儿园的孩子做了个"你最喜欢什么样的家"的调查。结果显示，孩子们对家庭的要求放在首位的并非是经济、物质条件等这些关于吃喝用的方面，而是家庭的精神生活。孩子们最喜欢的家有五种，排在第一位的就是"和睦、团结、友爱的家"。孩子们最喜欢的是爸爸妈妈和和气气，不吵架、不斗嘴，全家老小和睦相处，家里始终充满爱。

另一位英国学者曾走访了20多个国家，对1万多名肤色不同、经济条件各异的学龄儿童进行了调查。他发现孩子们对家庭的精神生活及家庭气氛非常重视。根据调查结果，他总结出了各国儿童对父母和家庭最重要的10条要求，其中"孩子在场，父母不要吵架"高居榜首，85%的宝宝最怕的就是父母吵架。如果一个孩子长期生活在充满冲突的家庭中，很容易变得退缩、自卑，与人交往时往往很不自信、不主动，不能很好地处理人际关系。

夫妻之间，可能没有不吵架的，但无论是大的原则问题，还是鸡毛蒜皮的小事，都不能当着孩子的面来吵。当夫妻成为父母之后，吵架不仅仅是两个人的事情，还会牵扯到"第三者"——孩子。我们是不应该当着孩子吵架的,这是在任何情况下都应避免的。但是如果父母真的在孩子面前吵起来了,事后要怎么弥补呢?

1. 安抚受惊的孩子

安抚孩子,要鼓励孩子把当时的感受说出来,弄清孩子害怕的是什么,是父母吵架时的腔调和表情,还是怕父母以后不要自己了。妈妈可以适时地使用肢体语言,如拥抱或亲吻来传达对孩子的关爱,并向他保证父母不会不要他,让孩子安心。

2. 父母双方最好当着孩子的面和好

父母可以向孩子说明,吵架的事情已经过去了,爸爸妈妈以后再也不吵了。然后向孩子解释清楚,当时是因为一时冲动,没控制住自己的情绪才吵架的。或许孩子并不理解这个原因,但当他看到爸爸妈妈在一起跟以前一样心平气和讲话时,自然就会平静很多。时间一长,只要你们不再吵架,孩子就会忘掉这件事。

3. 让宝宝了解父母吵架和他无关

吵架之后,父母应该告诉孩子,大人吵架和他是无关的,不要让孩子认为是由于自己不好父母才吵架的,避免孩子产生自责心理。同时让孩子知道,不论你们之间是否有争吵,都会非常爱他。

父母之间的恩爱、和睦的家庭氛围可以让孩子对生活持有乐观的心,内心充满对生活的热情和信心。如果孩子在一个紧张压抑的家庭中成长,可能会逐渐变得抑郁不安、性格内向,甚至形成心理障碍。但在良好的家庭氛围影响下,孩子一定可以健康、茁壮地成长。

不完整的家庭也可以很温暖

让孩子了解家庭破碎的真相

莎莉上幼儿园的那年,她的爸爸妈妈离婚了。

那天,爸爸妈妈整整坐了一个晚上,说了一夜的话,或许是因为莎莉太小没有记住这些话,但她只记得爸爸说的一句话"你走吧,由我来向莎莉解释。"

妈妈已经走了好几天了,莎莉每天都在等着爸爸所谓的解释。

或许爸爸把他说的话给忘了,他仍旧像以前一样接送莎莉上学,给莎莉在学前班的家长手册上仔细填写她又学会的新字、又听到的新故事及纠正莎莉左手写字画画的情况。这些事情,在其他同学家里都是妈妈来做的,但在她家里却一直是爸爸来做。

每次,奶奶看到这些,就会叹气地说莎莉的妈妈"心早就不在啦",这时,爸爸就会马上用眼神制止奶奶,似乎在隐瞒什么。不过,莎莉并不追问,她相信总有一天爸爸会向她解释的。

妈妈走了快一个星期了。又是一个晚上,爸爸合上给莎莉读的故事书,帮莎莉压了压被角,就像平常讲故事一样对她说:"你一定听过很多天使的故事吧。每一个天使飞到一个地方后,发现那里有人很冷,有人很饿,有人在受苦,有人需要帮助,于是她就会留下来当差，做他们的父母兄弟。但如果一切都很好的话，天使就不用当差了，她们就会放心地飞走，继续寻找需要她帮助的人。在这个世界上，爸爸妈妈就是天使，是专门飞来照顾孩子的，在咱们家里，只要爸爸一个人就能照顾好莎莉了。所以，妈妈就放心地把莎莉留给爸爸，自己飞去一个叫澳大利亚的地方，像不当差的天使一样……"

莎莉还很小，但她听明白是怎么回事了，那就是妈妈离开了。

这是莎莉在以后的生活中，听到过的父母在孩子面前对"离婚"作出的最美、最好、最阳光灿烂的解释。

故事中的爸爸给女儿做了一个幸福又单纯的解答。这样的回答是一种单纯形态的幸福，是人们生活中苦苦追寻的、就算是最大的幸福也无法比拟的幸福。很多事情，只要我们解释得当，就算再不快乐，在孩子听来也会觉得美好，而不会留下阴影。

孩子的认识主要来自于妈妈，妈妈一定要尝试用美妙的语言来解释一切，就像莎莉的爸爸一样，那么再残忍的事情孩子也不会感到难过，而只会觉得快乐和美好。

向孩子保证：对他的爱永无终止

在幼儿园里，明明是个活泼好动的男孩子，脸上总是洋溢着笑容，而且对人也很有礼貌。但是上个月，他爸爸妈妈离婚了，他跟着妈妈一起生活。虽然，妈妈仍旧像以前一样照顾他，关怀他，甚至比以前更加经常地给他买玩具。但是明明却不开心。在幼儿园里，他总是一个人闷闷不乐地看着别人玩耍，脸上也没有了笑容，吃饭和做游戏的时候也没有精神，似乎丢了魂。幼儿园老师虽然理解父母离婚对明明的影响，但看到如此活泼的一个孩子竟然变成现在这样，也很心痛。于是，老师一有空就跟明明聊天，给他讲有趣的故事和笑话，希望能让他开心。但是明明却一直不见好转。好多天过去了，终于有一天，明明对老师说："老师，我妈妈不爱我了！"老师听了很诧异，赶紧说："怎么会呢？妈妈对你多好啊，怎么会不爱你呢？"明明的眼泪流下来了，他嗫嚅着说："妈妈就是不爱我了，她和爸爸离婚了，他们都不爱我了，我没有家了！"

现实生活中，父母离婚对孩子的影响是非常大的，尤其是对还很小的孩子。这其中，"爸爸妈妈不爱我"的心理是占很大比例的。就算抚养孩子的爸爸或者妈妈依然对孩子关爱有加，孩子依然会觉得父母不爱他了。因为在他看来，一个完整的家是最温暖、最美好的，一旦家庭破裂了，就不完美了，无论父母是出于什么原因离婚，他都会产生不安全感。在家庭完好的时候，父母对孩子的爱是一个整体，但离婚后，就算父母依然给他同样的爱，这些爱却要分成两部分来给，这跟之前的家庭整体的爱是无法等价的，孩子当然不会接受。

孩子的认知和思维都还没有定型，在面对父母离婚的时候，他们往往不知所措，心中固有的关于家庭和父母的概念会发生动摇，对父母对自己的爱会有所怀疑。这个时候，父母能做的最重要的事情就是，明确地告诉孩子，我依然爱你，并且对你的爱永无终止。这样，孩子才会觉得安心，才会在内心获得一个明确的承诺，从而消除因父母离婚带来的爱的缺失感。

那么，告诉孩子永远爱他之后，父母该以怎样的行为来履行这一诺言呢？

1. 父母应尽量避免在孩子面前流露反常情绪和行为

离婚对夫妻双方来说是一件痛苦的事，会带来双方在情绪和行为上的变化。对孩子，尤其是年幼的孩子来说，由于他们具有很强的模仿性，加上在压抑的家庭中生活，会很快受父母影响，出现心理上的不正常变化。因此，无论孩子和离异后的哪一方生活，都不要在孩子面前说或做一些过激的事情，以免再次伤害孩子已然受伤的心灵，让他们更加压抑和消沉。父母应该做的，是让孩子正确地认识和理解父母的行为，并接纳这个现实，帮他们尽快走出家庭离异的阴影。

2. 帮孩子改善人际关系，矫正他的自卑等不良性格

父母离婚，会让孩子产生一系列心理问题，如自卑、不安等，这会直接影响孩子的人际关系。对此，家长最好能取得老师的帮助，让老师在获知父母离异之后，尽可能多地给予孩子更多的关心和爱护，把孩子的注意力调整到学习和学校的各项活动中，使孩子在家庭中缺失的关爱，在集体中得到补偿，让他们更快地走出父母离婚的阴影，健康成长。此外，老师还要消除其他同学对离异家庭孩子的歧视，并鼓励和教导孩子在逆境中成才，理解父母，发奋图强。

3. 尽量减少、避免社会不良刺激对孩子的影响

父母离婚对孩子的影响，还会增强孩子对外界刺激的敏感度，这既有可取的一面，又有不利的一面。父母和老师要利用可取的一面，尽力采用正常化的方法来引导孩子，鼓励他们参与各种活动，增进同学间的友谊，降低对父母离婚的回忆。

总之，只要为人父母者能从子女教育的角度出发，多花一些时间来开导、关爱孩子，并给孩子正确的解释和引导，告诉孩子"我会永远爱你"，那么孩子就会健康地度过父母离异的时期，开心、茁壮地成长。

别对孩子抱怨前夫或前妻

2008年11月4日这一天，美国民主党总统候选人、伊利诺伊州国会参议员巴拉克·奥巴马获得了总统选举的胜利，成功当选为美国第56届总统，他也是美国历史上第一位非洲裔的总统。在令世界瞩目的美国政治舞台上，奥巴马这个政治新星仿佛是从世界的边缘走来的：出生在夏威夷的他，成长在印尼和美国本土，在儿时的梦想和种族漩涡的交缠中不断成熟。他没有万贯的家财，也没有显赫的家族荫庇，但却从社区底层一举崛起成为主流白人政治圈的黑人领袖。在他成功当选总统后，人们更是把他视为"肯尼迪第二"和实现马丁·路德·金"梦想"的最佳人选……

当奥巴马一举成为许多人心目中的偶像时，人们忍不住开始追寻他的成长之路，试图找出他是如何从社会最底层一步步成长为一个政治领袖的！

奥巴马拥有一个复杂的童年。他是在白人家庭中长大的黑人孩子，和很多的美国离婚家庭孩子一样，他的童年生活就是在失去父亲的情况下不断迁徙、动荡漂泊。可以说，这样的童年生活对一个孩子的成长是很不利的，但奥巴马却丝毫没有受到这种环境的负面影响，而是一步步地走向了成功。这一切，都要归功于他的母亲——安·苏托洛。

奥巴马曾这样描述自己的母亲"她是一生中对我影响最大的人"，"她是我所知道

的最仁慈、拥有最高尚灵魂的人，我身上最好的东西都要归功于她"。在跟老奥巴马离婚后，安有大堆的理由可以对老奥巴马表示愤怒：当时她一边带儿子一边求学，生活异常拮据，而且自他们离婚后直到1982年老奥巴马遇车祸去世，奥巴马只见过父亲一次。另外，老奥巴马从来没有支付过奥巴马的抚养费，尽管安从来也没提出要抚养费，但老奥巴马毕竟是没有尽到一个做父亲的责任。

然而对于这一切，安没有表现出任何愤怒和埋怨，甚至从来没有在奥巴马面前说过父亲的坏话。事实上，几乎每次和儿子谈起他的父亲，安说的都是优点：你父亲很聪明，幽默，擅长乐器，还有一副好嗓子……几乎奥巴马童年的每一个进步，母亲都会自豪地归结为是继承了父亲的智慧，是奥巴马沿着父亲的成功道路在走。这样的鼓励给了奥巴马很大的信心。在夏威夷普纳后私立学校读书的时候，奥巴马一度跟同学吹嘘说"生父是一个非洲王子"。奥巴马把父亲想象成一个非洲王子，他自己就也要配得上这样的好父亲。对一个孩子来说，这是一个多么美好的理想和信念啊！这个信念是母亲给奥巴马最好的人生礼物。正是这样一个"好父亲"的信念帮奥巴马摆脱了童年家庭离异的负面影响。相信，很多单亲妈妈都希望自己的孩子能拥有奥巴马一样的乐观豁达性格，那么首先她们自己就要做一个宽容懂爱的妈妈。单亲家庭的孩子，性格容易有缺陷，就在于缺失了部分的爱，长期生活在抱怨和仇恨中。面对家庭的分裂，很多妈妈会以一种哀怨仇恨的情绪生活，这样的环境也会让孩子变得消极灰暗。或许当妈妈抱怨爸爸不负责任时，孩子就会感觉自己被抛弃由此产生愤怒或自卑；当妈妈责骂爸爸的不良行为时，孩子就会为父亲感到羞愧和难过；当妈妈把对爸爸的愤怒转移到孩子身上时，孩子就会感到害怕和忧郁……总之，单亲家庭的孩子更需要妈妈精心的照顾和无微不至的关爱，妈妈要以自己足够的爱来驱赶家庭破碎带给孩子的不安全感和忧伤情绪，同时也调整好自己的情绪来面对家庭和孩子，以宽广的心胸走出伤心的过往，用阳光心态和积极情绪来感染孩子，让孩子远离怨恨、悲伤和不安。家庭虽然破裂了，但不能让孩子也跟着"破碎"，单亲妈妈要为此付出很大的努力。

让孩子在感激中长大

一对夫妻离婚了，9岁的儿子跟着妈妈一起生活。为了不让孩子觉得自己缺少了父爱，妈妈不但细心照顾孩子的饮食起居，还尽力打工挣钱，给孩子充裕的物质生活，希望以此来补偿孩子缺失的父爱。可是，小家伙一点儿都不懂得感激母亲，每天放学回家，他要么跟同学一起跑去玩，要么坐在家里看电视，对在一旁忙来忙去的妈妈视若无睹，甚至有时候妈妈由于忙着洗衣服做饭晚了，他还会大声斥责妈妈。对此，他妈妈伤心极了，她不明白为什么自己如此费心地照顾孩子，他却连一点儿感激都没有呢？

后来有一次体育课，学校老师要求每个人都在肚子上绑上八斤重的沙袋，孩子被累得要死。结果一星期之后，孩子郑重地对妈妈说："妈妈，我现在要做一个好儿子，我要帮你做家务，照顾你，以后当一个好父亲。"从那以后，小家伙就懂得了感恩，知道体谅妈妈了。

对离过婚的家庭来说，抚养孩子的一方都会尽自己所能给孩子更多的爱和好生活，因为孩子缺少了父亲或者母亲一半的爱。但很多时候，我们常常见到类似于故事中的情景，妈妈或者爸爸对孩子关怀备至，但孩子却不知感恩，冷漠相对。

对于不懂得感激的孩子，家长常常很心痛，这不仅是因为孩子对自己的关爱麻木不仁无所表示，更由于不懂感激将对孩子的生活产生消极影响。感恩是一种对生活的态度，是获得幸福的必要基础，如果孩子总是用怀疑、敌意的态度来对待他遭遇的一切，不懂得感激别人，时常怀着一颗冷漠、自私的心，那么他将来的生活必定不会太幸福。

那么，怎样让孩子懂得感激，在感恩中更好地生活、学习呢？其实，这还要归结于家长的教育。

（1）家长不要在物质和精神上给孩子太多。孩子拥有太多会导致孩子对于别人的善意、付出逐渐从习惯变成麻木，甚至滋生出任性、无理和贪得无厌。现在家庭，很多都是倒金字塔结构，全家人都护着一个孩子，这势必会造成孩子太过受宠而任性，这样的孩子很容易在一家人的溺爱下变"坏"，不知感激。家长迁就、娇宠孩子，是舐犊情深的表现，而孩子却极容易在这种情感中麻木，无法真切感受到别人的付出和爱，进而变得冷漠、自私，不懂感恩，甚至对父母也不知感激。

（2）要让孩子懂得感恩。拥有感激之心，家长自身就要在生活中表现出感恩之心。只有家长自己时刻怀着感恩的姿态说话做事，才能给孩子良好的教育和指导，让孩子去模仿和理解。如果家长本身就不具备感恩之心，对别人的帮助不知感激，那么孩子怎么可能学会感激呢？

（3）要有意识地培养孩子的同情能力。这里所说的同情心，不仅仅是指通常意义上的同情心、怜悯心，还包括觉察他人的能力和意识。通常，只有对事物有足够的了解和感触之后，才不会麻木不仁，也才知道感激。例如在给孩子过生日的时候，要让孩子理解"儿的生日是娘的苦日"。

（4）生活中，家长应该时刻以善意的态度来对待一切。如果家长总是用怀疑、敌意的态度来对待周围的一切，说话或者做事的时候，总是习惯从坏的方面来怀疑别人，猜测别人的心机，那么这种态度势必会影响孩子的性格形成，让他也变得对人不信任。

总之，感激之心的培养不是一朝一夕的，家长要从小开始，从小事开始，时刻给孩子灌输同情心和善良心的观念，多讲解感恩的意义和事例，给孩子良好的氛围。这样，孩子才能在潜移默化中懂得他人的辛苦付出，明白感激的重要。